国家出版基金项目
NATIONAL PUBLICATION FOUNDATION

"十三五"国家重点出版物出版规划项目

现代生物质能高效利用技术丛书

Efficient Utilization Technology of Modern Biomass Energy

# 生物质固体成型燃料生产技术

雷廷宙 何晓峰 王志伟 等编著

# PRODUCTION TECHNOLOGY OF BIOMASS BRIQUETTING FUEL

·北 京·

本书为“现代生物质能高效利用技术丛书”中的一个分册。该书总结了我国生物质成型燃料生产技术发展现状，分析了相关技术存在的主要问题和关键瓶颈，在充分研究生物质尤其是农作物秸秆等燃料特性的基础上，阐述了生物质干燥、粉碎、成型等关键环节的基本原理，对关键技术和设备设计进行了详细论述，分析总结了生物质固体成型燃料生产技术及燃烧应用技术等，同时根据技术应用实例对生物质固体成型燃料产业化体系进行分析，最后从宏观的角度探讨了生物质固体成型燃料技术及产业发展战略，以期在技术创新、产业政策和体系管理等方面起到抛砖引玉的作用。

本书具有较强的技术性和可操作性，可供从事生物质能研究的工程技术人员、科研人员和管理人员参考，也可供高等学校生物质科学与工程、环境科学与工程及相关专业师生参阅。

**图书在版编目（CIP）数据**

生物质固体成型燃料生产技术/雷廷宙等编著. —北京：化学工业出版社，2020.7
（现代生物质能高效利用技术丛书）
ISBN 978-7-122-36627-6

Ⅰ.①生… Ⅱ.①雷… Ⅲ.①生物燃料-生产技术 Ⅳ.①TK6

中国版本图书馆 CIP 数据核字（2020）第 068642 号

---

责任编辑：刘兴春 刘 婧　　文字编辑：汲永臻
责任校对：王素芹　　装帧设计：尹琳琳

---

出版发行：化学工业出版社
（北京市东城区青年湖南街 13 号 邮政编码 100011）
印 装：北京新华印刷有限公司
787mm×1092mm 1/16 印张 24¾ 字数 574 千字
2020 年 7 月北京第 1 版第 1 次印刷

---

购书咨询：010-64518888
售后服务：010-64518899
网 址：http://www.cip.com.cn
凡购买本书，如有缺损质量问题，本社销售中心负责调换。

---

定 价：148.00 元

《生物质固体成型燃料生产技术》

## 编著人员名单

王志伟　刘姝娜　关　倩　李在峰　李伟振　李学琴
杨　淼　杨延涛　杨树华　何晓峰　辛晓菲　张孟举
陈高峰　胡建军　姜　洋　雷廷宙

# 前言 PREFACE

生物质能是世界上仅次于石油、煤炭和天然气的第四大能源，具有储量大、分布广、环境友好等特点，在可再生能源中占有重要地位。但是生物质具有资源分散、能量密度低、容重小、储运不方便等缺点，严重制约了其大规模应用。生物质成型燃料生产技术可通过干燥、粉碎、成型等工艺将原来分散、没有一定形状的生物质原料压缩成密度较大、形状固定的成型燃料，从而节约运输和储存费用、改善气化和燃烧状况、提高转化效率、扩大应用范围。生物质固体成型燃料可用于生物质气化合成、直接液化、气化发电、直燃发电及混烧发电，还可以广泛应用于各类工业锅炉、窑炉、供暖锅炉等燃烧设备。生物质固体成型燃料生产技术的开发利用可节省煤炭、石油等化石燃料，改善我国能源结构，减轻环境污染，增加农民收入，促进新农村建设，对实现节能减排、改善生态环境和发展低碳经济等具有重要的意义。

经过数十年的研发及应用，我国的生物质固体成型燃料生产技术逐步完善和成熟，产业规模稳中有进。目前已基本探索出了适合我国国情的生物质固体成型燃料技术路线，成果应用和产业发展已具有了一定的基础，积累了一定的经验，但在这方面仍然存在发展的不足。欧美地区仍是世界上生物质固体成型燃料消费的主要区域，相关技术和产业发展已形成了从原料收集、储藏、预处理到生物质固体成型燃料生产、配送和应用的整个产业链。我国生物质固体成型燃料的原料主要为农林剩余物，生物质固体成型燃料的生产和应用技术还存在以下不足：成型模具使用寿命短、维修成本高、成型耗能高、一体化自动化水平较低、成型燃料燃烧设备的积灰结渣与腐蚀较严重等问题；原料收集、运输、储存和燃料应用等产业链发展不够完善，成型燃料生产和市场运行缺乏完善的标准，产业发展受煤炭等燃料价格波动影响较大。总体上，我国生物质固体成型燃料生产技术发展任重而道远，还需要结合自身资源优势和技术发展特点，进一步加强关键环节的技术研发，促进自主创新、集成创新和引进技术再创新。同时，制定相关标准和政策，加强产业建设，提高经济效益和环境效益，促进生物质固体成型燃料产业链的健康发展。

为进一步推动生物质能源技术的进步，更好地促进我国生物质固体成型燃料生产技术及产业化发展，本书总结了我国生物质固体成型燃料生产技术发展现状，分析了相关技术存在的主要问题和关键瓶颈，在充分研究生物质尤其是农作物秸秆等燃料特性的基础上，阐述了生物质干燥、粉碎、成型等关键环节的基本原理，对关键技术和设备设计进行了详细论述，分析总结了生物质固体成型燃料生产技术及燃烧应用技术等，同时根据技术应用实例对生物质固体成型燃料产业化体系进行了分析，最后从宏观的角度探讨了生物质固体成型燃料技术及产业发展战略，以期在技术创新、产业政策和体系管理等方面起到抛砖引玉的作用。

本书的编著人员全部为从事生物质固体成型燃料生产技术研究及产业推广的一线人员，主要来自河南省科学院能源研究所有限公司、中国科学院广州能源研究所、河南农业大学等研究团队。本书主要由雷廷宙、何晓峰、王志伟等编著，具体编著分工如下：第 1 章由雷廷宙、张孟举、姜洋撰写；第 2 章由杨延涛、陈高峰、李伟振撰写；第 3、4 章由李在峰、杨树华、刘姝娜撰写；第 5 章由陈高峰、李学琴、胡建军撰写；第 6 章由杨森、王志伟撰写；第 7 章由辛晓菲、何晓峰、关倩撰写。全书最后由雷廷宙统稿并定稿。

本书努力为从事生物质固体成型燃料生产技术研究和关心生物质能发展的专家、学者提供有益的参考，但鉴于编著人员水平及编著时间有限，书中可能存在不足和疏漏之处，衷心希望大家批评指正，以便能进一步修正和完善。谢谢！

编著者

2019 年 10 月

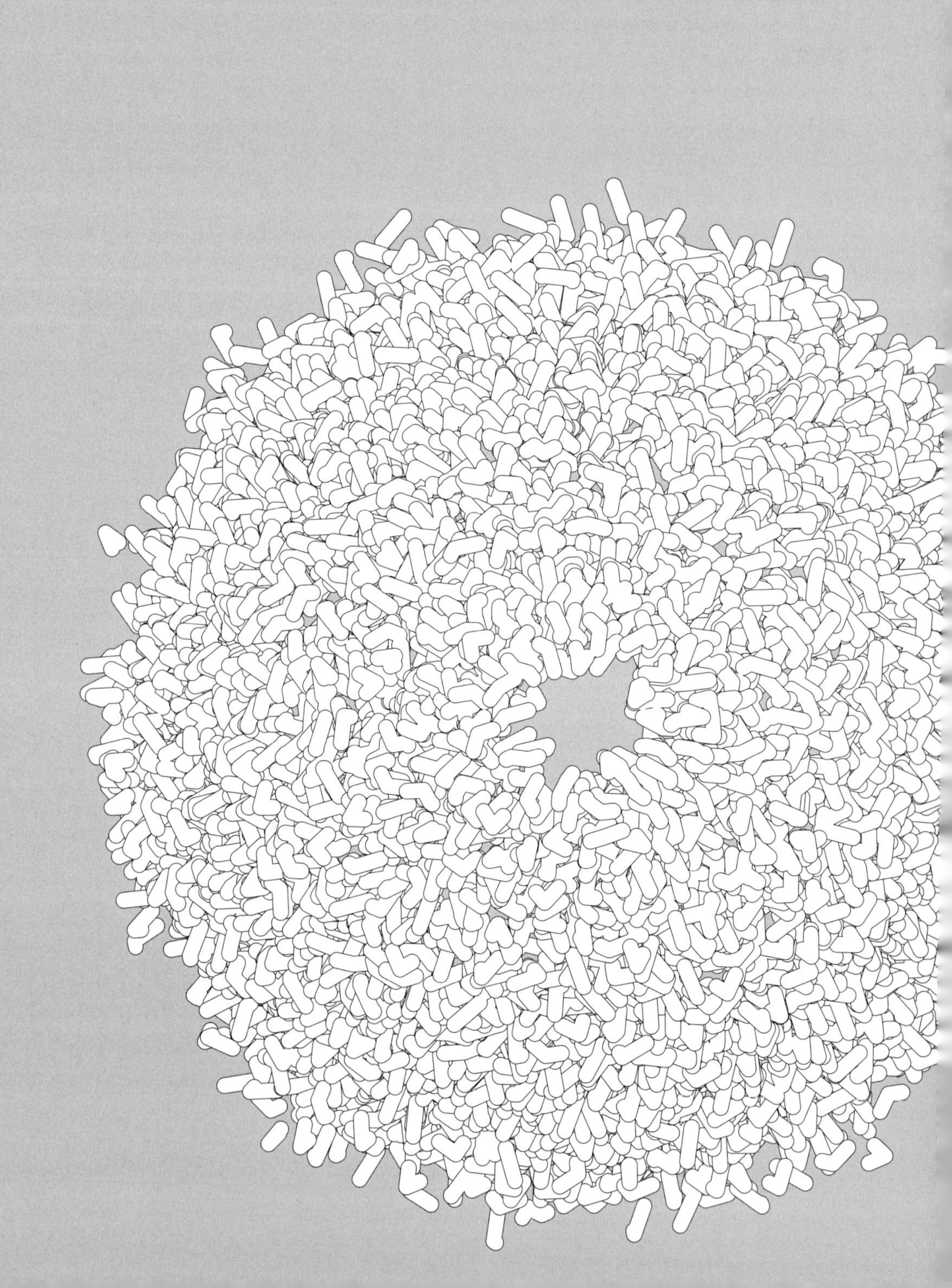

# 第1章

# 生物质固体成型燃料概述

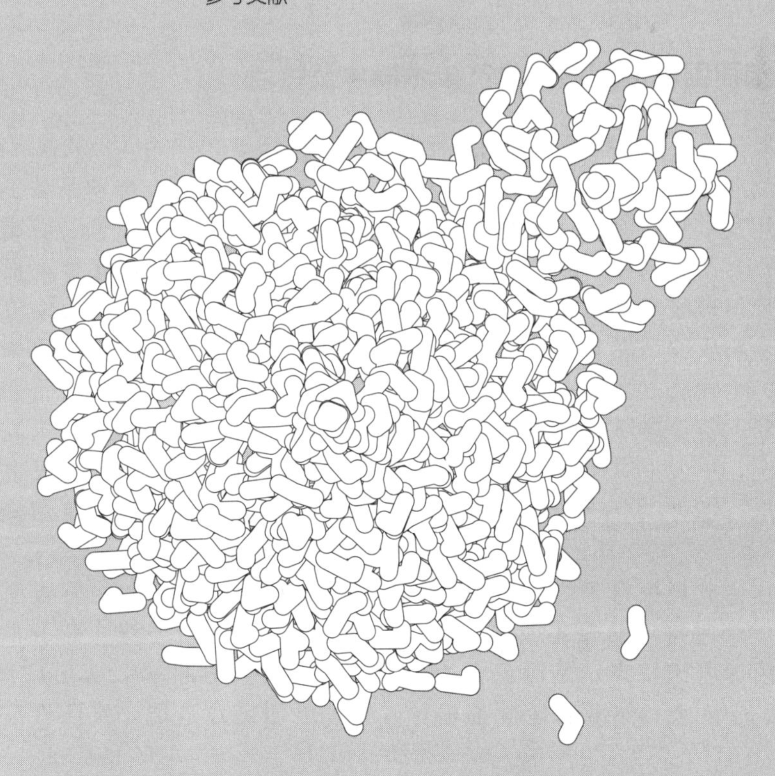

# 1.1 生物质固体成型燃料概论

## 1.1.1 生物质与生物质能概述

生物质是指通过光合作用而形成的各种有机体，包括所有的动植物和微生物；生物质能是太阳能以化学能形式储存在生物质中的能量。以生物质为载体的能量，其原料包括农业剩余物、林业剩余物、畜禽粪便、能源作物（植物）、工业有机废水、城市生活污水和城市生活垃圾等。生物质能是在世界能源消费总量中仅次于煤炭、石油和天然气的一种重要能源，在可再生能源中占有重要的地位。生物质能也是唯一一种可以培育、收集、储存、运输的最接近常规化石燃料的可再生能源，从原料构成到理化特性均与化石原料相似，生物质能的利用通过对二氧化碳的排放和吸收形成自然界碳循环，可近乎实现二氧化碳“零排放”。据估计，全世界每年由光合作用固定的碳达 2000 亿吨，含能量达 $3\times10^{15}$ MJ，可开发的能源约相当于全世界每年耗能量的 10 倍，资源开发利用潜力巨大。生物质能技术可将生物质资源转换为固体、液体、气体形式的燃料及电力、热力等。目前，生物质能技术包括生物质固体成型燃料（以下正文中简称生物质成型燃料）、生物质气体燃料、生物质液体燃料的生产和生物质发电与能源作物培育及利用等方向。

## 1.1.2 生物质固体成型燃料生产技术概念及特点

在最新的《能源技术革命创新行动计划（2016—2030 年）》中也指出，到 2030 年我国生物质能源化资源化利用率应达到 90%。因此，大力推动高效、清洁的生物质资源利用技术势在必行。但生物质具有资源分散、能量密度低、容重小、储运不方便等缺点，严重制约了其大规模应用。这使生物质有效利用率低，很大一部分生物质被就地填埋或焚烧，造成了严重的环境污染和资源浪费，极大地阻碍了其规模化利用。生物质成型燃料生产技术通过干燥、粉碎、成型等工艺将原来分散、没有一定形状的生物质（主要是农林废弃物）原料压缩成形状固定的块状燃料、棒状燃料和颗粒状燃料等产品，节约了运输和储存费用，燃料密度大幅度提高，从而改善了燃烧状况，扩大了应用范围。生物质成型燃料可用于生物质气化发电、直燃发电及混烧发电，还可以广泛应用于各类工业锅炉、窑炉、供暖锅炉等燃烧、热解和气化设备。

生物质成型燃料是绿色能源，具有清洁环保的特点。生物质成型燃料具有以下特点：燃烧时排放的硫化气体、灰分和含氮化合物远低于煤炭和石油等；成本比较低，而附加值比较高，是国家大力倡导的生物类清洁能源，具有广阔的市场空间；体积小、密度大，储藏和运输都相对方便；更加高效节能，炭活性高，灰分只有煤的1/20，而且灰渣中余热极低，燃烧率可达98%以上；应用广泛、适用性强，可广泛应用于工农业生产、发电、供热取暖、烧锅炉、做饭，可在单位、家庭中大幅度推广。

生物质成型燃料还可用于纺织、造纸、印染、橡胶、化工、食品、塑料、医药等工业产品加工工艺过程，并可用于机关、企业、餐饮、学校、宾馆及其他服务性行业。

### 1.1.3 发展生物质固体成型燃料的意义

目前，全球能源消耗以平均每年3%的速度递增，随着化石能源资源的逐年减少，凸显出了生物质能源资源巨大的市场潜力，在经历了多次世界性石油危机之后，生物质能的利用重新在国际上得到了认识和发展。中国是一个农业大国，5亿多人生活在农村，一方面，农村生物质资源极其丰富，资源总量达6.5亿吨标准煤以上，而农村生活还以利用低品位的生物质能源为主；另一方面，农村能源普遍短缺，尤其是优质能源，能源供求矛盾十分突出，每年有2亿多吨的生物质秸秆被废弃或荒烧，造成了严重的空气污染，极大地影响了社会、经济、环境、生态和人们的生活，成为各级政府关切的一个严重社会问题[1]。

根据生物质成型燃料行业历年运行情况以及源于贸易平台上下游客户交流反馈的信息和数据，我国北方大部分地区在每年10月陆续进入取暖季及生物质成型燃料需求旺季，也是商家大量储备燃料的时期。仅以木屑颗粒为例，一般出厂均价在800元/t左右，到旺季出厂均价达到900元/t左右，甚至更高。以中国在运行项目核算，生物质成型燃料锅炉供热与煤炭、重油、天然气等化石能源以及电相比，单位热量费用比值约为1∶0.8∶1.6∶1.4∶3，生物质成型燃料供热比煤炭价格高约1/4，但比重油和天然气价格低，尤其是远比电价格低。如果煤炭供热达到生物质成型燃料锅炉供热同等的清洁水平，要增加除尘、脱氮、脱硫、脱硝等设施，成本将显著超过生物质成型燃料锅炉供热。因此，发展经济、清洁、可再生的生物质成型燃料有着光明前景[2]。

### 1.1.4 生物质固体成型燃料生产技术可行性及应用

据世界能源消费预测，化石能源终将枯竭，地下石油、天然气及煤的储量与日递减[3]。而生物质成型燃料能够代替化石燃料，经过压缩成型后的生物质成型燃料其燃烧性能得到极大改善，热值相当于普通中质烟煤。因此，在我国人口密度大、总能耗高的条件下，这项技术必将有着广阔的发展前景。

从配套设备可行性来看，生物质成型燃料生产技术的配套设备已逐步完善。生物质秸秆在田间收集、干燥、粉碎、成型、燃烧等阶段所需设备必须配套，才能在农村、城镇中推广应用。其中，收集环节是瓶颈，解决不好将制约生物质成型燃料生产技术的发展。经过多年的研究，国内部分成型设备及其配套设备的发展已趋于成熟[4]，已研究出了以高耐磨陶瓷材料作为成型部件的成型机。采用双室燃烧技术设计的小型生物质燃烧炉具（生活和取暖）和专用锅炉已在农村应用，燃烧效果好，大大减少了生物质燃烧炉高温结渣和低温沉积问题。近年来，河南、辽宁、安徽等地已将成型设备、配套燃烧炉具进行了示范推广，取得了良好示范效果。

从环保效益可行性的角度来看，生物质成型技术进入生产应用领域后，越来越显示出了它在环保方面的优势。我国城市燃煤污染严重，大中城市已取缔 2t 以下燃煤锅炉，急于寻求清洁的替代能源。如果改燃天然气或石油，成本较高，并且天然气、石油短缺，若大量依赖进口，将影响国家能源安全。这便给生物质成型燃料生产技术的发展带来了“机遇”[5]。生物质成型燃料燃烧后的灰尘较少，排放指标比煤低，可实现 $CO_2$、$SO_2$ 减排，减小温室效应，有效地保护生态环境。生物质成型燃料进入规模化生产后，不仅环保效益明显，而且还可安排农民就业，增加收入，经济效益和社会效益同样显著。

从经济效益可行性的角度来看，生物质成型燃料完全可以代替煤用于锅炉燃烧，其价格在中国中部地区基本与煤相当，在中国东部、南部地区大大低于煤。并且，随着能源紧张以及环境问题的日益严重，煤等化石燃料的价格还会不断攀升，这又为生物质成型燃料的应用创造了巨大的利润空间。此外，国家已经逐步取缔城镇小型燃煤锅炉，更为此项技术的应用推广创造了一定的价格空间。

从技术领域可行性的角度来看，生物质成型燃料生产技术在世界各国历经近 80 年的发展，在中国又经过近 30 年的改进和完善，已日趋成熟。现今各种成型设备已经可以实行自动化或半自动化生产，不会产生有害体或污染物，从生产到运输均具有较高的可靠性与安全性。并且随着技术的不断进步，成型设备的主要工作部件使用寿命也越来越长，设备生产及稳定性也越来越可靠。目前，液压式成型机易损件的使用寿命已达 1000h 以上，改进后的块状环模成型机的模具寿命可达 800h 以上，粉碎与成型单位产品能耗也降至 60kW·h/t 以下。

从政策可行性的角度来看，2006 年我国开始实施《可再生能源法》，将可再生能源的推广和使用纳入了法制化、制度化轨道，为该项技术的推广铺平了道路。2009 年 12 月 26 日全国人大常务委员会通过了修改《可再生能源法》的决定，自 2010 年 4 月 1 日起施行，可见国家对可再生能源的重视。《生物质能发展“十三五”规划》指出加快生物质能开发利用是改善环境质量、发展循环经济的重要推手。在最新的《能源技术革命创新行动计划（2016—2030 年）》中也指出，到 2030 年我国生物质能源化资源化利用率应达到 90%。现今，我国已经开始研究制定此项技术的标准体系，以此来规范生物质成型燃料市场，为产业发展创造良好的市场环境[6]。

近年来，随着化石能源价格的上涨，世界各地对生物质能源的需求进一步增加，其中发达国家对来自农林剩余物的生物质能源利用和发展中国家农村生活用能利用都呈现增长趋势。据国际能源署统计，2015 年全球约有 9%的基本能源消耗源于生物质资源，1/2 以上生物质能为用于发展中国家的传统生物质能。在发展中国家贫困的农村地区，居民做饭和取暖的生活用能多数通过砍伐的林木直接获得，如非洲有近 90%的砍伐后林木资源被用于生活燃料。在一些经济合作与发展组织（OECD）成员国，如奥地利、芬兰、德国和瑞典等，越来越多的生物质资源被用于发电。虽然传统的生物质资源大多以传统的废弃物形式存在着，并仍将作为发展中国家农村生活用能的基本来源，但是随着现代生物质能源技术的成熟与推广，生物质资源利用模式也将从传统低效的薪柴消耗模式转变为高效的固体、液体、气体、供热和发电等模式。

# 1.2 生物质固体成型燃料发展历史

## 1.2.1 生物质固体成型燃料产业发展背景

生物质能是世界第四大能源，仅次于煤炭、石油和天然气。根据国际能源署（IEA）的研究，2013年全球能源消费总量约为$5.67\times10^{20}$J，到2050年可望超过$1.0\times10^{21}$J。生物质能资源主要有农作物秸秆、树木枝桠、畜禽粪便、能源作物（植物）、工业有机废水、城市生活污水和城市生活垃圾等，如果将其转化为能源，其生产潜力到2050年约为$(1.1\sim1.5)\times10^{21}$J。这意味着，如果全球生物质资源得到充分利用，生物质能至少到本世纪中期可以满足世界能源需求。

目前全世界从生物质获得的能源约$0.5\times10^{20}$J，只占全球能源消费的10%左右。未来生物质资源的主要潜力来自富余的农业用地和不适合耕作的边际土地。目前，可用作生物质能的农作物生长用地为$2.5\times10^{7}hm^{2}$，只占全世界农业用地面积的0.5%和全球陆地面积的0.19%。从能源作物所需的土地资源量看，世界未来发展生物质能具有潜力。

## 1.2.2 国内外生物质固体成型燃料发展概览

生物质成型燃料技术的研究始于20世纪30年代，此时日本、美国开始研究应用机械驱动活塞式成型技术和螺旋式成型技术。20世纪70年代，欧洲一些国家如意大利、丹麦、法国、德国、瑞士等也开始重视生物质成型燃料生产技术的研究，并研制生产出机械冲压式成型机、颗粒成型机等，并相继建成了生物质颗粒成型生产厂家30个，机械驱动活塞式成型燃料生产厂家40多个[7]。20世纪80年代，泰国、印度、菲律宾等亚洲国家也研制出了加黏结剂的生物质压缩成型机，并建立了生物质固化、生物质炭化专业生产厂。历经80年的发展，现今这项技术已逐步成熟，已进入大范围规模化、产业化应用阶段。

截至2017年，全球生物质成型燃料生产量3000多万吨。主要分布在欧盟、北美，其次是亚太和南美。欧美的生物质成型燃料生产技术及其相关标准体系较为完善，已形成了从原料收集、储藏、预处理到生物质成型燃料生产、配送和应用的整个产业链。美国生物质成型燃料的生产量约占世界的1/3。根据美国82家大型生物质成型燃料生产企业提供的数据，2018年美国的生物质成型燃料生产量为1176万吨，就业人数1230人，人均生产近万吨，显示出美国生物质成型燃料生产技术的自动化、一体化水平很高。生物质成型燃料出口平均价格为167.89美元/t，美国境内销售平均价格为162.98美元/t，生物质成型燃料半径尺寸主要为0.6～3.8cm，其烘焙技术也比较成熟，烘焙温度为250～950℃，烘焙后生物质成型燃料热值达到美国西部煤的水平。最近两家美国生物质能源公司在知识产权和技术方面达成共识，拟在路易斯安那州的纳基托什建立生物质成型燃料烘焙工程，一期工程将在建成后实现年产烘焙燃料 24 万吨，二期工程将在一期工程完成后 36 个月完成，建成规模为年产 40 万吨。生物质成型燃料的发展与政策紧密相连，例如美国加利福尼亚州等制定政策促进生物质能等可再生能源发展，规定到 2030 年可再生能源消费比例要占到 60%，2045 年实现零碳排放，促进了生物质成型燃料在供热发电领域中的应用。

欧盟非常注重生物质成型燃料的发展，专门成立了欧盟生物质成型燃料委员会。根据生物质成型燃料委员会的《2018 年成型燃料报告》显示，2017 年欧盟各国总计生产生物质成型燃料 1600 万吨，其中最成功的例子是斯洛文尼亚，仅 200 万人口的国家生产生物质成型燃料 100 万吨。欧盟的生物质成型燃料分布较广、种类繁多，示范厂和小型生产厂星罗棋布。生物质成型燃料委员会给出了生物质成型燃料在欧盟快速发展的原因，其中经济的复苏、工业和市场对能源的需求、强烈的环境保护意识是其中重要的原因，其次为新的能源消费和发展路线的制定和实施，居民对热能市场的需求，以及丹麦等国家对生物质成型燃料的重点支持和鼓励。同时还有一个重要原因就是，生物质成型燃料相比于其他可再生能源，是供热最稳定的原料，可以满足冬季漫长的欧洲尤其是北欧的供热需求。国内生物质成型燃料生产技术的研究开发已有近 30 年的历史。从 20 世纪 80 年代开始引进螺旋式生物质成型机，国内部分大专院校和研究院（所）经过引进、消化吸收、改进、自行设计，先后研制出了螺旋棒状、机械活塞和液压活塞式棒状及平模、环模颗粒和块状等多种生物质成型机、炭化机组及配套的生物质燃烧炉。这些设备虽然在推广应用过程中还存在着一些问题，但主要性能指标已基本达到了相应的技术标准，并形成了一定的生产规模。

我国的生物质成型燃料主要以农业剩余物和林业剩余物边角料为原料，生物质成型燃料生产技术逐步完善和成熟，产业规模稳中有进，目前主要分布在河南、山东、辽宁、黑龙江、吉林、安徽、河北、广东、北京等地，这些省、市都有多家设备生产、燃料加工、配套燃烧炉及营销企业投入运营。现有不同生产规模的生物质成型燃料企业 100 多家，年生产能力约为 800 万～1000 万吨，年产量约为 500 万～800 万吨。生物质成型燃料主要用于中小型燃煤电厂或改造升级的工业锅炉和炉窑、燃煤和燃油燃烧供热设备、民用炊事炉等。

我国“十一五”至“十三五”期间先后出台了《中华人民共和国可再生能源法》《可再生能源发展规划》《生物质能源发展规划》《能源发展战略行动计划》等法律和规划。国家农业和林业部门也制定了促进可再生能源发展的政策法规：《中华人民共和国可再生能源法》《中华人民共和国节约能源法》《可再生能源中长期发展规划》《可再生能源产业发展指导目录》《秸秆能源化利用补助资金管理暂行办法》《关于印发编制秸秆综合利用规划的指导意见》《关于印发促进生物产业加快发展若干政策的通知》《关于发挥科技支撑作用促进经济平稳较快发展的意见》等，这些文件明确支持发展生物质成型燃料产业，但目前我国的生物质能政策还不够完善和细致，且执行力度不够。我国“十三五”生物质能发展目标：到 2020 年，生物质成型燃料年利用量 3000 万吨。规划指出，积极推动生物质成型燃料在商业设施与居民采暖中的应用，结合当地关停燃煤锅炉进程，发挥生物质成型燃料锅炉在城镇商业设施及公共设施中的应用。在具备资源和市场条件的地区，特别是在大气污染形势严峻、淘汰燃煤锅炉任务较重的京津冀鲁、长江三角洲、珠江三角洲、东北等区域，以及散煤消费较多的农村地区，加快推广生物质成型燃料锅炉供热，为村镇、工业园区及公共和商业设施提供可再生清洁热力。这些政策的制定和实施为生物质成型燃料的发展提供了重要支持。

按照生态工业产业原理，以生物质能原料为基础，以生物质能利用技术和相关企业为保障和平台，构建生物质能利用产业链，产业链上的各种企业在农村地区形成企业群集，从而吸收大量的农村劳动力，消耗大量的生物质能原料。每年如果把 3000 万吨秸秆等农业废弃物用作生物质能来源，收集成本按照每吨 200 元，则 3000 万吨可为当地农民增收 60 亿元，覆盖农民 1500 多万人，人均增收约 400 元。同时，3000 万吨的秸秆等生物质能利用产业可满足 1 万～2 万人就业，对经济发展方式的转变起到积极的作用。还可缓解农作物秸秆等生物质随意焚烧带来的空气污染问题，替代化石能源，起到节能减排的作用，生态效益和社会效益前景广阔。

### 1.2.3　生物质固体成型燃料发展现状

生物质成型燃料广泛应用于工农业生产、发电、供热取暖、烧锅炉、做饭等方面，单位、家庭都适用。还可用作纺织、印染、造纸、食品、橡胶、塑料、化工、医药等工业产品加工工艺过程所需高温热水的燃料，并可用作企业、机关、宾馆、学校、餐饮、服务性行业的取暖、洗浴、空调与生活日用所需热水的燃料。

欧洲一些国家把秸秆加工技术主要用在燃料和发电上，目的是将秸秆作为油和煤的替代燃料。秸秆加工设备、锅炉、热风炉、发电设备等都已产业化，同时还把秸秆出口到中东一些国家。而美国是将秸秆作为重要的工业原料或饲料来加工和出口，加工出的产品大多不是燃料，加工过程实现了全程机械化或工厂化，秸秆在田间的收集方式主要是“秸秆打捆”技术。

我国现在很多地区的贸易商（东北地区、山东、江苏）已经开始囤积生物质成型燃料。随着国家环保节能方面需求的不断提高，生物质成型燃料的使用范围已经逐步扩大，全国各地不同规模的生物质发电厂、国家机关、事业单位、上市企业和民营企业都已开始使用。

2016 年 12 月发布的《生物质能发展“十三五”规划》提出，要加快大型先进低排放生物质成型燃料锅炉供热项目建设。发挥生物质成型燃料含硫量低的特点，在工业园区大力推进 20t/h 以上低排放生物质成型燃料锅炉供热项目建设。2017 年 3 月底，国家环保部公布的《高污染燃料目录》将生物质成型燃料从高污染燃料中除名。行业发展的春天似乎来临。但实际上，根据《生物质能发展“十三五”规划》，到 2020 年，我国生物质成型燃料年利用目标为 3000 万吨。截至 2015 年，生物质成型燃料年利用量只有约 800 万吨，据专家估算，当前我国生物质成型燃料的年利用量刚刚达到“十二五”设定的 1000 万吨目标。虽然生物质成型燃料正逐渐被市场接受，但部分城市（如深圳、张家口）仍限制使用生物质成型燃料。专用锅炉没有统一的质量体系，生物质能源综合利用政策不明确，这些困扰生物质成型燃料的问题仍然存在。据了解，我国于 2014 年发布并推行的“联合国开发计划署-中国生物质颗粒燃料示范项目”，目前看来，结果也不尽人意。

当前，生物质成型燃料的产业规模化、产品标准化程度仍然很低，这也是制约行业发展的原因。因此尽快完善相应行业标准，使产品标准化，同时发展相应的配套设备显得尤为重要，如提供部件统一的燃烧炉，以供标准化的生物质成型燃料得以高效率地燃烧。

推动生物质成型燃料推广应用的重要因素，是对生物质成型燃料燃烧的理论研究和技术研究。目前我国对生物质成型燃料燃烧所进行的理论研究仍有待加强，包括生物质成型燃料的点火理论、燃烧机理、动力学特性、空气动力场、结渣特性及燃烧设备主要设计参数的研究等。不同原料的生物质成型燃料对炉具有不同的要求，在未弄清生物质成型燃料燃烧理论及设计参数的情况下，就把原有的燃烧设备改为生物质成型燃料燃烧设备的做法不可取，改造后的燃烧设备仍存在着空气流动场分布、炉膛温度场分布、浓度场分布、过量空气系数大小、受热面布置等不合理问题，严重影响了生物质成型燃料燃烧正常速率与工作状况，致使改造后的燃烧设备存在着热效率低、排烟中的污染物含量高、易结渣等问题。

采用适当设备和技术，生物质成型燃料燃烧排放的烟尘、二氧化硫都能经济地达到天然气锅炉的排放水平，而氮氧化物的排放虽然优于燃煤锅炉，但与天然气燃烧相比偏高。为了使生物质成型燃料能稳定、充分地燃烧，根据生物质成型燃料燃烧理论、规律及主要设计参数重新研究与设计生物质成型燃料专用燃烧设备是非常重要的，也是非常紧迫的。

# 1.3 生物质固体成型燃料的原料来源与构成

## 1.3.1 生物质原料的基本特性

生物质成型燃料是以农业废弃物、林业三剩物（采伐剩余物、造材剩余物、加工剩余物）、有机垃圾、生活垃圾、能源植物等为原材料，经过粉碎、烘干、成型等工艺，制成粒状、块状、柱状的一定规格和密度的可在生物质能锅炉中直接燃烧的新型清洁燃料。由于生物质成型燃料含硫量和含氮量低，配套专用锅炉可以达到很高的清洁燃烧水平，一般只需要适当除尘即可达到天然气的锅炉排放标准，是国际公认的可再生清洁能源。

生物质成型燃料所用的原料主要有锯末、稻壳、木屑、农畜排泄物、有机化合物等。这些生物质原料细胞中含有纤维素、半纤维素和木质素，占植物体积的 2/3 以上。现有的生物质成型技术按成型物的形状可主要分为圆柱棒状成型技术、块状成型技术和颗粒状成型技术三大类。如果把一定粒度和干燥到一定程度的煤，按一定的比例和生物质混合，加入少量的固硫剂，压制成型，就成为生物质型煤，这是当前生物质成型燃料最有市场价值的技术之一。

生物质原料具有以下属性。

1）可再生性

生物质能是从太阳能转化而来，通过植物的光合作用将太阳能转化为化学能，储存在生物质内部的能量，与风能、太阳能等同属可再生能源，可实现能源的永续利用。长期以来，农林产品、禽畜在我国农牧生产中占据主导地位，而这些都是可持续利用的生态产品，具有可持续发展的优势，并且生物多样性加上丰富的生产模式，让这些可再生生物质能源持续不断增长，提供稳定、环保、健康的能源来源。

2）清洁、低碳

生物质这种新能源中的有害物质含量很低，属于清洁能源。同时，生物质能源的转化过程是通过绿色植物的光合作用将二氧化碳和水合成生物质，生物质能源的使用过程又生成二氧化碳和水，形成二氧化碳的循环排放过程，能够有效减少人类二氧化碳的净排放量，降低温室效应。生物质能源的开发过程并不影响原有的生态效益和经济效益的发挥，而是通过采集生产剩余物来实现高效率的能源转化。另外，生物质能源的发展还可以带动我国广大宜林荒山荒沙地种植能源林，既不占用耕地，又可以恢复植被。且以灌木为主的能源林收割后还能自然萌生更新，是能源建设和生态建设的最佳结合。从一个国家或地区的范围来看，生物质能源是林业管理和土地利用总系统中的重要部分，可以对林业和能源产业同时起到促进作用。因此，生物质能源的开发将成为农业、林业等方面可持续经营和管理的一项基本动力。

3）替代优势

利用现代技术可以将生物质能源转化成可替代化石燃料的生物质成型燃料、生物质可燃气、生物质液体燃料等。在热转化方面，生物质能源可以直接燃烧或经过转换形成便于储存和运输的固体、气体和液体燃料，可运用于大部分使用石油、煤炭及天然气的工业锅炉和窑炉中，未来生物质资源则更多通过专业技术直接转化。生物质能源的现代化生产，可以解决很多国家面临的废弃物问题，解决人口增长带来的能源需求问题。同时，发展能源替代技术，将为发展中国家农村居民和工人提供更加稳定的收入，提高地区整体社会经济水平和生态环境质量。

4）原料丰富

生物质资源丰富，分布广泛。据世界自然基金会预计，全球生物质能源潜在可利用量达 350EJ/a（约合 82.12 亿吨标准油，相当于 2009 年全球能源消耗量的 73%）。另外，根据我国《可再生能源中长期发展规划》统计，目前我国生物质资源可转换为能源的潜力约 5 亿吨标准煤，今后随着造林面积的扩大和经济社会的发展，我国生物质新能源转换的潜力可达 10 亿吨标准煤。在传统能源日渐枯竭的背景下，生物质能源是理想的替代能源，被誉为继煤炭、石油、天然气之外的“第四大”能源。

我国生物质资源具有分散性特征、生产不集中的格局，所以要充分考虑原料收集的难度。并且我国土地管理制度是家庭承包形式，收集方式主要以人力收集为主，与国外的机械化集中收集相比存在较大的差距，从而导致原料收集困难。没有充足的生物质原料，生物质成型燃料生产技术就不能快速发展。

目前，我国以秸秆原料为代表的生物质资源的收集主要有 3 种方式：

① 农民分散送厂，虽然这种方式一次性投资较少，但是运输成本高，供料不稳定；

② 在农村建立原料收购点，虽然这种方式运输成本降下来了，供料也相对稳定，但是一次性投资成本较高；

③ 加工企业直接收集，这种方式运输成本低，供料稳定性最好，但是一次性投资成本最高，并且干燥成本以及对交通条件的要求都比较高。

以上 3 种收集原料的方式虽然可以适用不同规模的生物质原料加工厂，但是在实际操作过程中就要考虑投入资金、利润收益、当地民情、政策扶持、技术工艺管理等多方面的因素，并且实际运行过程并不如理论分析的那么理想，存在着多种多样的问题。因此，生物质原料的收集是制约生物质成型燃料生产技术发展的瓶颈，不过生物质原料的收集技术发展也将经历一个由不成熟走向成熟的过程，根据产业生命周期理论，生物质能源原料收集技术的发展过程可分为形成期、成长期和成熟期。

总的来说，充足的原料资源是实现生物质能源规模化生产的前提条件。我国森林资源、禽畜粪便、工业有机垃圾、城市生活垃圾、能源植物总量丰富，具有很大的开发利用潜力。生活中所用能源系统在发挥其基本的经济功能和生态功能的同时，仍有大量的剩余物产出，成为目前相对经济和容易获取的生物质原料资源。并且，随着生物质能源产业的发展，原料收集技术也会越来越成熟，为未来生物质能源原料来源提供有力保障。

### 1.3.2 农作物秸秆

农作物秸秆是农业生产的副产物，是一种可再生的生物质资源，具有来源广、污染小、热值含量高等显著优势，曾是我国农村主要的牲畜饲料和生活燃料。由于农村秸秆综合利用率低（约为 33%），严重制约了农业的可持续发展，因此农作物秸秆的资源化、商品化，可以缓解农村能源、饲料、肥料、工业原料和基料的供应压力，有利于改善农村的生活条件，发展循环经济，构建资源节约型社会，促进农村经济可持续发展。因此，农作物秸秆综合利用技术的研究具有重要的现实意义。

秸秆是农作物收获后的作物残留，含有大量的矿质元素、纤维素、木质素及蛋白质等可被利用的成分，是一种可供开发利用的再生生物质资源。我国秸秆资源丰富，目前中国农作物秸秆的总量约有 8 亿吨，约占世界秸秆总量的 19%，位居世界第一。我国农作物秸秆具有产量大、种类多和分布广的特点。粮食作物秸秆是我国主要的秸秆类型，稻草、玉米秸和麦秸是产量最高、分布最广的三大作物秸秆，约占秸秆资源总量的 2/3。油菜籽和棉花是秸秆可规模化利用的主要经济作物。

由于区域种植方式、气候条件、耕作环境等因素的影响，我国秸秆资源存在地域性特点，呈现显著的南北差异和东西差异。整体上看，我国东北部地区秸秆资源相对比较丰富，西南部地区比较贫乏。按照各地人均秸秆资源占有量与全国平均水平（246kg/人）的对比结果，可将我国分为资源丰富区（东北区、蒙新区、华北区）、资源一般区（西南区、长江中下游区）和资源匮乏区（华南区、黄土高原区、青藏区），整体呈现北高南低的分布特点；按照各地区秸秆可能源化利用资源量与全国平均水平（$1.92t/hm^2$）

的对比结果，将我国分为分布集中区（东北区）、分布一般区（蒙新区、华北区、西南区、长江中下游区、华南区）和分散区（黄土高原区、青藏区），整体呈现东高西低的分布特点。

直燃供热即将秸秆直接燃烧获取热量，可以分为传统方式和现代方式两种。将田间收获的秸秆直接燃烧以满足农村炊事取暖的要求，是一种相对传统落后的能源利用形式，秸秆利用率低，生态效益、社会效益和经济效益差。随着社会主义新农村和城乡一体化进程的推进，农民的生活质量和环保意识也在不断提高，目前农户主要应用安全、卫生、方便的各类燃气进行供热，采用传统方式提供热量的农作物秸秆用量在逐年减少。

秸秆固化成型是一种对秸秆进行成型处理的现代化技术，利用成型设备将松散的、不定型的农作物秸秆压制成高密度、具有一定形状的生物质成型燃料。农作物秸秆经过成型处理，热效率相比于传统直燃方式提高了50%～70%，可替代木材、原煤和燃气等燃料，节约了大量能源。生物质成型燃料在运输、贮藏和使用的方便性上也要优于秸秆传统直燃方式。秸秆块易于实现产业化和规模化生产，在我国得到了广泛的应用。农作物秸秆压缩颗粒燃料的燃烧过程与煤的燃烧过程相似，可以分为干燥、挥发分析出及着火、焦炭燃烧等过程。当颗粒受热时，颗粒中部分水分首先蒸发出来，颗粒被干燥；温度继续升高时，发生热解反应，使燃料中挥发分析出，热解过程中挥发分析出后，剩余的就是焦炭和灰分组成的固态可燃物。

由于秸秆颗粒的密度大，所以燃烧效率高。燃烧时中心温度可达到1100℃，热值可达3700～4000kcal/kg（1kcal＝4.18kJ）；密度1.1t/$m^3$；含灰量小于8%，在同煤、石油的比较中，还显示着自己独特的优点。秸秆固体成型燃料在燃烧中具有整体不变形、不散架，容易燃烧的特点。由于高压成型，颗粒密度大，所以耐燃，燃烧时火力旺、温度高，加上合理配风，供氧充分，能实现二次燃烧，因而无污染，燃效高，与燃煤相比残灰少，收集的残灰可以直接还田，作为钾肥使用，是一种比较理想的清洁能源。使用秸秆固体成型燃料，燃烧过程清洁、环保，污染小。秸秆颗粒燃料燃烧时，排尘浓度（排放浓度）小于40mg/$m^3$，二氧化硫的排放量是燃煤的1/15、燃油的1/7。因此，使用秸秆颗粒燃料是改善空气质量，避免温室效应的有效方法。除此之外，秸秆颗粒燃料还具有运输方便、易存放的优点。

### 1.3.3 林业废弃物

林木生物质是指森林林木及其他木本植物通过光合作用，将太阳能转化而形成的有机物质，包括林木地上和地下部分的生物蓄积量、树皮、树叶和油料树种的果实（种子）。林木生物质能源是指储藏在林木生物质中的生物量经过转化形成的能源，主要是指通过直接燃烧或者现代转化技术形成的可用于发电和供热的能源。从利用方式来看，林木生物质能源包括以传统直燃为主的薪柴和通过现代生物质技术转化生产的现代林木生物质能源。

我国林木生物质资源种类丰富、生物量大、再生性强、燃烧值高，具有重要的开发利用潜力。林木生物质能源的开发和利用，不仅可以在化石燃料缺乏和集中电网不能到达的农村地区增加能源供应，而且对改进林业发展模式、增加农村劳动力就业、调整农村产业结构具有重要的推动作用。目前在能源需求和环境污染的双重驱动下，我国林木生物质能源开发利用已经初步具备存在的条件和发展的空间。

我国现有林木生物质资源主要来自林地林木生长过程和森林生产经营过程中产生的林木剩余资源，其资源构成如图 1-1 所示。

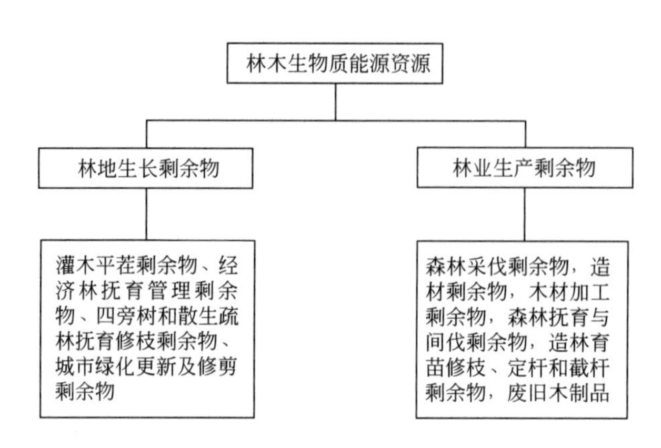


**图 1-1　林木生物质资源构成**

林地生长剩余物是指可以被开发利用林地上的各类林木生长量减去林木总采伐量，即林木生长总量中，未被工业木材生产和传统薪柴所利用的部分。根据我国现有的林木资源分类特点，林地生长剩余物主要是指来自灌木平茬（包括纯灌木林和天然次生林下木）、经济林抚育管理、四旁树和散生疏林抚育修枝、城市绿化更新及修剪等产生的各类林木剩余物资源。林业生产剩余物包括森林采伐和造材剩余物，木材加工剩余物，森林抚育与间伐剩余物，造林育苗修枝、定杆和截杆剩余物及废旧木制品等。

#### 1.3.3.1　林地生长剩余物

（1）灌木平茬剩余物

我国拥有灌木林 4529.7 万公顷，占全国林地总面积的 16.02%，主要分布于内蒙古、四川、云南、西藏、青海、新疆等西北和西南地区。其中西藏面积最大，为 764.6 万公顷；其次是四川，面积为 692.4 万公顷；内蒙古为 452.3 万公顷。根据已有研究成果，我国灌木林的生物量产出为 2～8t/$hm^2$，如果以每公顷 6t 计算，我国灌木林的现有生物量约 2.7 亿吨。若以 3 年为平茬轮伐周期计算，每年可以获得生物量产出约为 9000 万吨。

（2）经济林抚育管理剩余物

经济林是指以提供木材以外的其他林产品，如果实、树皮、树枝、树叶、树脂、树汁、花蕾、嫩芽等为主要经营目的的森林，又称特种经济林。我国有经济林 2140 万公顷，如每年对经济林进行更新、修剪等经营活动，产生的树枝、树杈等废弃物约为 1t/$hm^2$，全国经济林修枝每年产生的总枝条量约 2140 万吨。

（3）四旁树和散生疏林抚育修枝剩余物

在我国，四旁树和散生疏林约有 230 亿株，对其进行抚育修枝，按照每株每年产生

1.3kg剩余物计算，每年可获得枝条量约0.3亿吨。

（4）城市绿化更新及修剪剩余物

我国城市绿化森林及园林可折合面积400万公顷，林木生物量达6亿～7亿吨，每年林木修剪和树木更新产生的废弃物达0.4亿吨。

### 1.3.3.2 林业生产剩余物

（1）森林采伐及造材剩余物

森林采伐剩余物是指经过采伐、集材后遗留在地上的枝杈、梢头、枯倒木、被砸伤的树木、不够木材标准的遗弃林木等。由于不同地区森林类型不同、树种不同、木材的利用方式不同，采伐剩余物的比例有很大的差别。从全国总体水平看：树干是林木生物量的主要部分，约占70%；树枝、叶约占30%。另外，树木采伐后生产原木需要经过造材工艺，经不完全测算，采伐剩余物、造材剩余物合计约占林木生物量的40%。在森林采伐剩余物中有一部分被用于人造板加工生产，可作为林木生物质能源资源的部分仅是被丢弃不用的采伐剩余物部分。目前，我国达到采伐标准的成熟林和过熟林的用材林面积为1468.6万公顷，蓄积量27.4亿立方米，总生物量32.1亿吨；防护林和特种用途林中需要采伐更新的过熟林面积为307.8万公顷，蓄积量为7.1亿立方米，总生物量8.4亿吨。因此，从理论上来说，我国可以进行林木采伐更新的总量约40.5亿吨，可产生采伐、造材剩余物量约16.2亿吨。但是，由于采运条件、防护要求、国土安全等多方面的限制，这些木材并不能完全采伐。根据国务院批准的“十一五”期间年森林采伐限额，全国每年限额采伐指标为2.5亿立方米，换算为生物量约2.92亿吨，则每年可产生的森林采伐及造材剩余物约1.17亿吨。

（2）木材加工剩余物

在我国，木材加工剩余物主要来自商品用材林。进入木材加工厂的原木，从锯切到加工成木制品，产生树皮、板皮、边条和下脚料、锯末和刨花等剩余物，剩余物数量为原木的15%～34%。其中，板条、板皮、刨花等占71%，锯末占29%。根据有关部门不完全统计，全国各地的木材加工企业年加工能力约7245.9万立方米，其中，锯材1597.5万立方米，人造板5648.4万立方米，产生加工剩余物约3229.7万吨。

（3）森林抚育与间伐剩余物及造林育苗修枝、定杆和截杆剩余物

根据我国第六次森林资源清查结果，需要抚育管理的幼龄林面积4758.26万公顷，中龄林4430.43万公顷。中幼林面积占森林总面积的52.5%，是森林的主要组成部分。森林抚育期内平均伐材量6.0$m^3/hm^2$（按10年抚育期，20%的间伐强度来计算），可产生小径材5.4亿立方米，生物量为6.3亿吨，年可获得林木剩余物约0.63亿吨。我国每年造林约600万公顷，用苗量约120亿株，可以获得的育苗修枝、定杆和截杆剩余物约0.15亿吨。

（4）废旧木制品

废旧木制品是指各类木制家具、门窗、矿柱木、枕木、建筑木等各类废弃木制品。我国每年因危房改造和家具更新淘汰等产生的木制品废弃物多达2000万立方米，约0.8亿吨。

# 1.4 生物质固体成型燃料生产技术现状

目前由于化石燃料的大量燃烧利用，大气中排放的二氧化碳逐年增加，导致地球的温室效应日益加重。因此防止全球变暖、环境恶化、物种减少的发展战略势在必行。开发利用可再生的生物质原料已经成为减少对化石燃料依赖的一个重要途径。生物质成型燃料生产技术是生物质能开发利用技术的主要发展方向之一，它不仅可以为家庭提供炊事、取暖用能，也可以作为工业锅炉和电厂的燃料，可替代煤、天然气、燃料油等化石能源，解决相应的环境和资源问题，发展前景十分广阔。

## 1.4.1 生物质固体成型燃料生产技术原理

为什么生物质通过成型技术就可以成型呢？这需要从生物质本身的分子结构说起。通常情况下，木质素（木质素是在酸作用下难以水解的相对分子质量较高的物质，主要存在于木质化植物的细胞中，可以强化植物组织）是由苯基丙烷结构单体构成的具有三维空间结构的天然高分子化合物，赋予植物较高的硬度和刚度。在常温下，木质素主要部分不溶于有机溶剂，它属于非晶体，没有熔点但有软化点。当温度为 70～110℃时软化并具有黏性。当温度达到 200～300℃时软化程度加剧，黏性增大，此刻施加一定压力，可使其与纤维素紧密黏结，从而使植物体各部分在模具内成型（在热压缩过程中无需黏结剂)，即可得到与挤压模具相同形状的成型棒状或颗粒状燃料。

半纤维素由多聚糖组成，在贮存过程中容易水解，这些纤维构成了坚硬的细胞相互连接的网络。半纤维素吸水性较强，当温度和相对湿度一样时，生物质吸湿率主要取决于半纤维素的含量，含量越高吸湿率越高。纤维素是葡萄糖组成的大分子多糖，是植物细胞壁中的主要成分，赋予植物弹性和机械强度。纤维素一般不溶于水及有机溶剂，对热的传导作用轴向比横向大，这与其孔隙度有关。不同种类的植物都含有纤维素、半纤维素及木质素，但其组成、结构不完全一样，这些成分通常起到类似于混凝土中钢筋的作用。此外，生物质所含的腐殖质、树脂、蜡质等萃取物也是固有的天然黏结剂，它们对压力和温度比较敏感，当采用适宜的温度和压力时，有助于其在压缩成型过程中发挥有效的黏结作用。

从生物质的组成成分看，大部分纤维素都具有被压缩成型的基本条件，生物质中的纤维素、半纤维素和木质素在不同的高温下，均能受热分解转化为液态、固态和部分气态产物。将生物质热解技术与压缩成型工艺相结合，通过改变成型物料的化学成分，即利用热解反应产生的液态热解油（或焦油）作为压缩成型的黏结剂，有利于提高分子间的黏聚作用，并提高生物质成型燃料的品位和热值。

生物质成型燃料生产技术不改变生物质的内部结构和化学成分，保持了生物质易挥发和能燃尽的特点。但在压制成型之前，一般需要进行预处理，如粉碎、干燥（或浸泡）等，而锯末、稻壳无需再粉碎，但要清除尺寸较大的异物。

生物质的挥发分含量较高，一般在60%以上，因此生物质比煤易于燃烧，在400℃左右时大部分挥发分就可释放出，煤则在800℃时才释放出30%左右的挥发分。生物质的固定碳和灰分含量少，发热量在15MJ/kg左右，比煤小。生物质的碳含量越高，燃点越高，点火越难。生物质中碳含量一般在50%以下，以两种形式存在。其中，碳与氢和氮组成的化合物，燃烧时以挥发分形式析出，燃烧剩下的固定碳则在挥发分析出后在更高的温度下才能燃烧。因此，与煤相比，生物质更加容易燃烧[8]。

生物质成型燃料生产技术发展至今，已开发了许多种成型工艺和成型机械。但是作为生产燃料时，主要成型工艺有热压成型工艺、常温压缩成型工艺与其他成型工艺。

(1) 热压成型工艺

热压成型工艺是目前普遍采用的生物质成型工艺。其工艺流程为：原料粉碎→干燥混合→挤压成型→冷却包装。热压成型技术发展到今天，已有各种各样的成型工艺问世，总的看来可以根据原料被加热的部位不同，将其划分为两类：一类是原料只在成型部位被加热，称为非预热热压成型工艺；另一类是原料在进入压缩机之前和在成型部位被分别加热，称为预热热压成型工艺。两种工艺的不同之处在于预热热压成型工艺在原料进入成型机之前对其进行了预热处理。但是从实际应用情况看，非预热热压成型工艺占主导地位。

(2) 常温压缩成型工艺

生物质常温压缩成型工艺即在常温下将生物质颗粒高压挤压成型的工艺。常温压缩成型工艺一般需要很大的成型压力，为了降低成型压力，可在成型过程中加入一定的黏结剂。如果黏结剂选择不合理，会对成型燃料的特性有所影响。从环保角度，不加任何添加剂的常温压缩成型工艺是现代生物质成型工艺的主流。

(3) 其他成型工艺

除了上述主要成型工艺外，还有炭化成型工艺。该工艺可以分为两类：一类是先成型后炭化工艺；另一类是先炭化后成型工艺。先成型后炭化工艺流程为：原料→粉碎干燥→挤压成型→炭化→冷却包装，先用压缩成型机将松散碎细的植物废料压缩成具有一定密度和形状的燃料棒，然后用炭化炉将燃料棒炭化成木炭。这种工艺具有实用价值。先炭化后成型工艺流程为：原料→粉碎除杂→炭化→混合黏结剂→挤压成型→粉碎干燥→冷却包装，先将生物质原料炭化成颗粒状炭粉，然后再添加一定量的黏结剂，用压缩成型机挤压成一定规格和形状的成品炭。这种成型方式使挤压成型特性得到改善，成型部件的机械磨损和挤压过程中的能量消耗降低。但是，炭化后的原料在挤压成型后维持既定形状的能力较差，储运和使用时容易开裂和破碎，所以压缩成型时一般要加入一定量的黏结剂。如果在成型过程中不使用黏结剂，要保证成型块的储运和使用性能，则需要较高的成型压力，这将明显提高成型机的造价。这种成型方式在实际生产中很少见。

生物质成型燃料生产技术工艺流程如图1-2所示。

### 1.4.2 国内外生物质固体成型燃料生产技术主要特点

生物质成型燃料技术是生物质能开发利用的一项重要技术，具有广阔的发展前景。

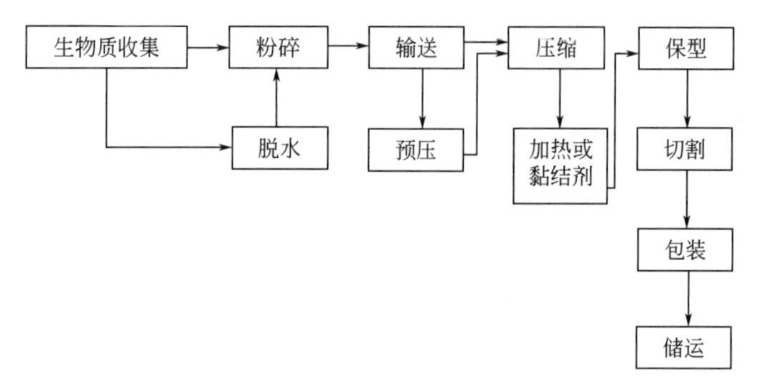


**图 1-2 生物质成型燃料生产技术工艺流程**

国际上生物质成型的主要方式有 4 种，即环模式颗粒成型、平模式颗粒成型、螺旋挤压式成型和机械活塞冲压式成型。螺旋挤压式成型机是最早研制生产的生物质热压成型机，主要有比利时 BMD、美国 Spodance、奥地利 Pini Kay 等，但螺旋杆的磨损修复周期仅 60h 左右。这类成型机以其运行平稳、生产连续、所产成型棒易燃（由于其空心结构以及表面的炭化层）等特性，在成型机市场中尤其是在印度、泰国、马来西亚等东南亚国家和中国一直占据着主导地位。

日本从 20 世纪 30 年代就开始研究用机械活塞冲压式成型技术处理木材废弃物，1983 年又从美国引进了颗粒成型燃料生产技术。西欧一些国家在 20 世纪 70 年代已有了活塞冲压式成型机和颗粒成型机。活塞冲压式成型机改变了成型部件与原料的作用方式，大幅度提高了成型部件的使用寿命，显著降低了单位产品能耗。根据驱动力来源不同，该类成型机可分为机械活塞冲压式成型机和液压活塞冲压式成型机[9]。生产机械活塞冲压式成型机的公司有瑞典 Bogma、丹麦 Dester、德国 Drupp、瑞士 Pawert 等，这类产品的最大问题是一次性投入成本大，每台最少需 10 万欧元以上，且曲轴偏磨问题很难解决。生产液压活塞冲压式成型机的公司有英国 Comafer、美国 FBN、荷兰 RSN 等，该设备生产率较低，一般为 65～100kg/h。

生物质成型燃料生产技术是采用各种类型的压缩机械，将生物质原料进行机械压缩，使其密度大幅度增加，一般为 600～1400kg/m$^3$，以便于运输和贮存。大多数生物质成型燃料压缩机在工作时对生物质原料施加 200℃左右的高温，存在于原料中的病虫害基本可以 100%地被杀灭，所以压缩成型燃料可以长久的贮存。

生物质成型燃料由于压缩的原因，单位体积内的固体物质大大增加，这意味着能量密度也大大增加。而且生物质成型燃料在生产过程中，原料没有发生化学反应，只是发生了物理变化，所以整个加工过程没有废水产生，加工工艺较简单，比较适合小规模加工。加工原料可以先选择农村当地的秸秆、树枝、木材等，加工过程可在农村就地进行。生物质成型燃料生产的工序主要是粉碎和压缩，不同工序最大的区别在于压缩成型机的不同。

中国从 20 世纪 80 年代才开始引进螺旋挤压式生物质成型机，至今已有 30 多年的历史。近些年来，中国加大了在生物质能源领域的投资力度，取得了显著成效，但多数生物质成型燃料生产技术企业仍处于工程化研究的初级阶段，距离技术推广的产业化目标仍然相差甚远。

生物质成型燃料生产技术初期发展速度慢，后期发展速度快。在 20 世纪末的 20

年内，生物质成型燃料生产技术的发展虽然没有大的突破，但在多家高等院校、研究院所、企业的示范作用下，吸引了上百家企业加入了这个行业，为生物质成型燃料生产技术的快速发展奠定了基础。近几年，生物质成型燃料生产技术的应用已初步形成了一定的规模。从 2009 年生物质成型燃料生产能力不足 50 万吨/年，每年以翻番的速度递增，到 2013 年生物质成型燃料的生产能力已超过 400 万吨/年，生物质成型燃料设备生产企业近 700 家，生物质成型燃料主要用作农村居民炊事取暖、工业锅炉等。

生物质成型燃料设备的生产企业多，种类、型号繁杂，发展初期模仿的多，具有自主知识产权的少。生产的燃料产品有块状、棒状、颗粒状等。有的研究单位和企业根本没有掌握关键技术，就盲目进行低水平扩张或低端竞争，不利于行业的长远发展；有的企业直接利用颗粒饲料机改造出了多种类型的环模式、平模式生物质颗粒成型机，其生产率低、单位产品能耗高、易损件使用寿命短、技术性能参差不齐，基本无法推广。

生物质成型燃料行业的兴起促进了生物质炉具的快速发展，且生物质成型燃料燃烧技术比成型技术成熟。河南农业大学相关人员从秸秆燃烧特性试验入手，研究出了“双室燃烧、分级供气”理论，用创新结构设计方法主动消除“结渣和沉积”现象，只需在 8000h 后检查表面并清理即可。经锅炉燃烧应用表明，生物质成型燃料是一种燃烧特性优于普通燃煤、价格低于煤、燃烧尾气污染成分少于煤的可再生优质燃料[10]。

国家农业部、国家能源局等部委先后立项制定生物质成型燃料生产技术与设备方面的相关标准，规范了生物质成型燃料生产技术行业市场。2010 年 9 月农业部颁布实施了《生物质固体成型燃料术语》《生物质固体成型燃料技术条件》《生物质固体成型燃料试验方法》等多项生物质成型燃料生产技术方面的标准。2012 年河南农业大学从国家能源局获批立项了环模式块状、平模式块状和活塞冲压式棒状生物质燃料成型设备技术条件 3 个标准的制定，这些标准于 2014 年 5 月颁布实施。

分体模块式环模生物质成型燃料生产技术是国内的最新研究成果。常用的环模结构形式有整体式、套筒式和分体模块式 3 种，环模以套筒和分体模块方式组合后，套筒和模块的结构尺寸可以单体设计，分别加工，产品易于实现“三化”（标准化、系列化、通用化）。分体模块式环模是由若干个模块组合而成，分体模块的结构尺寸、加工质量和精度直接影响环模的使用寿命和成型设备的产量以及燃料产品的质量，对用户的使用成本也有很大影响[11]。

### 1.4.3　生物质固体成型燃料生产技术发展主要问题与关键瓶颈

生物质能源属可再生能源，热压成型后作燃料，可得到高品位的利用，是替代化石能源的理想能源之一，具有广阔的发展前景。因此立足于国内外生物质成型燃料生产技术发展现状的基础上，解决中国生物质成型燃料生产技术发展中的技术问题尤为关键，例如中国生物质成型燃料生产技术的发展必须进行工程化研究，发展市场应立足于农村，同时需要国家的产业政策支持，对生物质成型机磨损部位材料的快速磨损、热处理工艺、运行参数试验优化、生产系统中的可靠性等关键技术问题进行进一步突破，最终实现产业化。

（1）生物质成型燃料生产技术发展主要问题

① 单位产品能耗高的问题　能耗随着生物质成型燃料尺寸的减小而增加，颗粒成型耗能高，棒状或块状成型耗能较低。套筒式平模和环模、分体模块式环模结构的成型设备，单位产品能耗在28～35kW・h/t；活塞冲压式成型设备单位产品能耗在40～50kW・h/t。目前棒状或块状成型加工过程中的能耗问题已基本解决。

② 成型可靠性低的问题　成型设备能否连续运转主要取决于成型机组的可靠性。有些企业没有自己的知识产权，仅凭几张照片或一段录像起家就开始步入生物质成型燃料生产技术行业，这样开发出的成型设备，在企业内部技术人员的精心操作下还可勉强运行，到了用户手中几乎无法正常运行，用户极不满意。这样的企业往往多年不见经济效益，最终转行。

③ 易损件耐磨性问题　生物质成型燃料设备的快速磨损问题是制约产业化发展遇到的重要瓶颈问题，不同类型的成型设备，磨损部位也不相同，选用的材料不同，设备推广状况也不尽相同。螺旋挤压式成型设备，其磨损的主要部位为螺旋杆头部和成型套筒内壁。由于螺旋杆与物料始终处于高速摩擦状态，螺旋杆螺纹的磨损非常严重，尤其是螺旋杆头部最后一圈螺旋叶片，磨损最为严重；环模及平模式成型设备依靠压辊与生物质之间的高速相对运动把生物质压入成型模孔内，压辊外缘与成型模孔快速磨损情况同样严重；机械活塞冲压式成型设备的成型套筒是主要磨损部件，通常设计成锥形筒，锥角的选择最为关键，由于采用了往复冲压成型方式，在往复运动速度较低的条件下成型锥筒的磨损速度较慢；对辊式成型设备中的一对成型辊最耐磨。目前最大的问题仍是成型模具的材料问题，国内市场上生物质成型燃料设备的使用维修周期一般在300h左右，耐磨性较低，使用寿命短。

④ 生物质原料的收集和预处理问题　由于国内地块面积小且分散，秸秆收集机械化水平较低，打捆和定向收集没提到日程，秸秆粉碎还田常作为政府的行政指令。因此目前秸秆收集是难点，有技术问题，也有社会认识的问题，要想把原料收集起来必须从管理和技术体系上创新，并配以得力的政策和法规。没有充足的原料，生物质成型燃料生产技术就不可能迅速发展，生物质原料的收集和预处理一直是制约生物质成型燃料生产技术发展的瓶颈[12]。

⑤ 生物质原料自身的多样性及复杂性　一是生物质原料的种类繁多，其木质素、纤维素、半纤维素、果胶质等成分含量有较大差别，受力变形情况也不一样；二是生物质原料力传导性很差，反弹性很强，被压缩成型的条件也有很大差异；三是生物质原料堆积密度只有0.1～0.15g/cm$^3$，要将其压缩到密度为1.0～1.3g/cm$^3$，如何提高生物质原料喂入量是一个大难题；最后是生物质原料的含水率随季节、气候、地域及秸秆种类不同相差很大，而成型工艺对生物质原料含水率的要求又较严格，所以生物质原料含水率问题成为制约热压成型的又一难题[13]。

⑥ 生物质成型燃料设备工作环境的不稳定及多变性　生物质原料在收集和存放过程中不可避免地会带有一些泥土、粉尘和砂粒，这些物质的存在一方面加剧了设备部件的快速磨损，另一方面还污染了设备的润滑系统，影响设备的使用寿命和稳定运行。因此，生物质原料在收集和存放过程中减少泥土、粉尘和砂粒的含量，可以提高生物质成型燃料设备易损件的使用寿命。

此外，技术比较成熟的螺旋挤压成型机在工作条件下，由于螺杆一直处于高温高压环境中，其磨损寿命不足 100h[14]，经过相应的研究和改进，一定程度上提高了部件在高温高压环境下的耐磨性，目前寿命已达 500h[15]。

由此可见，生物质成型燃料设备的工作环境是相当恶劣的，所以要采取相应的技术措施去克服，使设备能够长时间地稳定运行。并且，以农民为主的技术和设备使用人员，其自身技术水平和操作能力有限，所以我们还应考虑到设备需具有较强的适应性和易操控性。

（2）生物质成型燃料生产技术发展关键瓶颈

① 生物质成型燃料燃烧过程中的沉积、结渣与玷污倾向　生物质成型燃料中含有较多的钾、钙、铁、硅、铝等碱金属元素，在高温下极易沉积和结渣。并且，生物质成型燃料燃烧后形成的灰粒密度非常小，加之灰中碱金属氧化物含量高，所以易于形成沉积和结渣。

所谓沉积，是指生物质成型燃料在燃烧过程中形成的受热面结渣和灰分积聚现象[16]。所谓结渣，是指生物质成型燃料在炉排燃烧时，氧化层或还原层内局部温度达到灰的软化温度，这时灰粒就会软化，灰中的钠、钙、钾以及少量硫酸盐就会形成一个较大共熔体，较大共熔体下落到下面的水冷壁就会很快冷却，形成团体大块而结附在水冷壁上的现象[17]。结渣不仅会对燃烧设备的热性能造成影响，而且会危及燃烧设备的安全性[18]。所以说沉积、结渣这些问题解决不好，生物质成型燃料生产技术的推广与发展就会受到很大的影响。

生物质成型燃料的玷污倾向是指燃料在燃烧过程中，燃料中高挥发物在高温下挥发后，凝结于对流受热面上，继续黏结灰粒形成高温黏结灰沉积的现象，它的内层往上是易熔的共熔物或金属化合物包括灰料黏结在对流受热面上[19]。由此可见，炉排上的结渣和对流受热面上的玷污倾向二者之间难以分清，并且相互影响，很难处理。因此，生物质成型燃料燃烧过程中存在的沉积、结渣和玷污倾向在一定程度上制约了生物质成型燃料生产技术的发展。

② 生物质成型燃料燃烧过程中在低温条件下焦油析出问题　焦油在高温时呈气态，与燃烧烟气混合，随烟囱排出炉外，而在低温（<200℃）时冷凝[20]，容易与水、焦炭黏结在一起形成焦油。农村生活用能时，间断燃烧是其主要特点，要求燃料和炉具具有良好的封火性能。生物质原料作为农村用能的燃料时，由于封火后炉内温度降低，高挥发含量的秸秆会有大量焦油析出，在短时间内使烟囱、炉口等部位堵塞。

就目前而言，焦油析出问题并没有寻求到根本性的解决办法，同样也成为制约生物质成型燃料生产技术发展和推广应用的障碍。

## 1.4.4　生物质固体成型燃料生产技术产业现状分析

现代生物质能源转化技术使得生物质能源开发的转化效率、经济性和环境效益等得到明显改善。近年来，现代生物质能源的开发和利用已经在世界范围内得到示范和推广，特别是林木生物质能源的开发和利用已经得到很多国家的关注，并且在能源产业中已经占有一定的比例。

20世纪90年代以来，世界各国采用多种研究理论和评价方法对林木生物质能源资源潜力进行了评价研究，如采用多域GLUE模型、能源-MELA模型、自上而下分析模型及工程经济评价法等多种评价方法和理论，综合考虑技术、经济、土地、生态等基本要素，对全球及地区范围的林木生物质资源潜力进行估算。在全球生物质能源生产潜力的公开研究结果中，评价结果分布于很大的数值区间，其中林木生物质资源潜力为0～358EJ/a。近年来，我国部分学者根据森林资源自然特性、树种类型及地理分布，对不同地区的林木生物质资源类型和数量进行了统计调查和初步估算，尚未形成统一的评价结果和研究结论。

（1）国内外主要生物质成型燃料生产技术　美国秸秆收集方式主要是打捆技术，秸秆不作为燃料使用，而是用作饲料或其他工业的原料。欧洲国家主要把生物质用于燃料和发电，替代油和煤，加工设备、锅炉、热风炉、发电设备等都已产业化、规模化。日本、美国及欧洲一些国家生物质成型燃料燃烧设备已经定型，且已产业化，在加热、供暖、干燥、发电等领域已普遍推广应用[21]。目前国外生物质成型方式有4种，即环模滚压式和平模滚压式、螺旋挤压式、机械活塞冲压及液压活塞冲压式。国内主要生物质成型燃料生产技术及其优缺点见表1-1。

**表1-1　国内主要生物质成型燃料生产技术及其优缺点**

| 特点 | 螺旋挤压式成型机 | 机械活塞冲压式成型机 | 平模和环模滚压式成型机 |
|---|---|---|---|
| 优点 | 运行平稳、生产连续；成品密度高、质量好、可炭化、易燃烧；结构简单，设备投资少 | 成品密度高；对生物质原料的含水率要求不高，可达20%左右 | 生产率较高；不需要外部加热；对原料的适应性好，生物质原料含水率在12%～30%时都可生产 |
| 缺点 | 能耗高、生产率低；螺旋杆易损件寿命短；对生物质原料含水率要求高；设备配套性能差 | 生产率不高；产品质量不够稳定；产品不适宜炭化；成型套筒易磨损 | 成型模具及压辊易磨损，寿命短，材料要求高；对原料的适应性较差 |

（2）生物质成型燃料生产技术标准

在标准制定方面，国外如欧洲已经制定了比较详细的标准，例如奥地利的国家标准ONORMM7135（压块和颗粒）、瑞典的国家标准SS187120（颗粒）和SS187121（压块）、德国的国家标准DIN 51731（压块和颗粒）、意大利的国家标准CTI—R04/5（压块和颗粒）。欧盟也已制定了一个通用的生物质颗粒技术分类规范（CEN/TS 14961）[22]。

我国制定生物质成型燃料生产技术标准比较晚，2008年11月由河南农业大学主持制定了农业部《生物质固体成型燃料技术条件》和《生物质固体成型燃料成型设备技术条件》2个标准，已于2010年9月1日颁布实施。

（3）生物质成型的设备现状

用于生物质成型的设备主要有螺旋挤压式、活塞冲压式和环模滚压式等几种主要类型。目前，我国生产的生物质成型机一般为螺旋挤压式，电机功率达到7.5～18kW，电加热功率为2～4kW，生产的成型燃料一般为棒状，直径为50～70mm，单位产品能耗70～120kW·h/t。

活塞冲压式生产的也是棒状成型燃料。它具有生产连续性好、能耗低等优点，不足之处就是机器尺寸相对较大。活塞冲压式技术已经进入商业应用阶段。该技术采用电加热，冲压式成型，一般单机最大生产力达到1t/h，成型能耗为60kW·h/t，总能耗为70kW·h/t。

环模滚压成型方式生产的为颗粒燃料，直径5～12mm，长度12～30mm，不用电加热。物料水分可放宽至22%，产量可达4t/h，产品电耗约为40kW·h/t，生物质原料粒径要求小于1mm。该机型主要用于大型木材加工厂木屑加工或造纸厂秸秆碎屑的加工，颗粒成型燃料主要用作锅炉燃料。

（4）生物质成型燃料生产技术展望

① 中国生物质成型燃料生产技术的发展必须首先进行工程化研究　生物质成型燃料生产技术的发展是一项系统工程，“工程化”研究不是整台样机的研究，而是在集成多项技术基础上的“再创新”，在集成多项技术构成新的设备系统后必须进行工程化试验，提炼成熟的指标，解决新的技术问题。生物质的收集、干燥、粉碎、成型、燃烧所需技术与设备必须配套、协同发展。

② 中国生物质成型燃料生产技术的发展应立足于农村（场）或城乡结合部　中国乡镇和农村的秸秆、农林废弃物量很充足，属可再生资源，价格低廉，是生物质成型燃料生产技术发展良好的基础条件。工程化成型技术立足于农村可减少生物质原料和成型燃料产品的收集、储存、运输及供应问题。

③ 中国生物质成型燃料生产技术的发展需要国家产业政策的支持　从国家政策分析，该项技术符合中国能源、环保及建设节约型社会的要求。生物质成型燃料燃烧后的灰尘及其他指标的排放均比煤低，可实现$CO_2$、$SO_2$降排，降低温室效应，是保护生态环境、减少雾霾现象的有效途径，环保效益突出。中国政府应调整扶持政策，支持有创新能力的大型企业投入这项产业，鼓励农机行业的生产和技术单位参加收集、贮存、加工成型、燃烧利用等环节的生产和创新活动。从规范市场的角度分析，要求国内农业、能源和环保部门尽快出台包括农业生产环节在内的相关行业标准，规范生物质成型燃料生产技术、设备和产销市场，提高投资者的经济效益。

④ 生物质成型燃料的关键技术还有待于突破　生物质成型燃料生产设备（秸秆收集、粉碎、成型等设备）的加工工艺并不复杂，成本较低，操作简单，使用方便。虽然一些企业生产的生物质成型机易损件的使用寿命已达300～500h，粉碎与成型单位产品能耗已降至50kW·h/t以下，但与产业化和规模化的要求仍相差甚远。还需要进一步研究解决：生物质原料的收集、储存问题；成型机磨损部位材料的快速磨损、热处理工艺、运行参数试验优化等问题，如在环模、平模式颗粒成型机上改变成型模孔与辊轮之间切线的角度，增加正压力，模辊间隙可调，降低辊轮的转速，提高辊轮轴承的密封性，选择耐磨性好的模辊材料，合适的原料粉碎粒度与含水率等，以提高生物质成型燃料生产系统的可靠性。

⑤ 中国生物质成型燃料生产技术行业的发展最终是实现产业化　石油、天然气及煤等化石能源终究有消耗殆尽的时候，而秸秆类生物质能源属可再生能源，是替代化石能源的理想能源之一。根据中国能源发展规划，在生物质成型燃料的利用方面由目前的不足500万吨/年，到2020年要提高到2000万吨/年。因此，加大生物质成型燃料的利用力度，提高生物质成型燃料的生产能力和技术水平，实现生物质成型燃料的利用目

标，对改善和提高我国农业资源的利用效率具有重要意义。因此，生物质成型燃料生产技术行业的发展实现产业化是中国生物质能源利用的根本出路。

生物质成型燃料一直发展路径不畅，除了上述自身发展原因外，更重要的，在于各政府部门对生物质成型燃料是“廉价的清洁燃料”这一根本属性的认识不足。国务院、国家发改委、能源局、生态环境部此前曾有多个文件明确生物质成型燃料是“清洁能源”，但还是差点戴了“高污染燃料”的帽子。这亟需相关部委建立协调机制，共同推进。当务之急，是要抓住“压煤”的机遇，给予使用生物质成型燃料与“煤改气”同等的政策待遇，提倡“煤改生物质”行动，并尽快建立国家级科技支撑平台。

生物能源天然姓绿、天然姓农，所以国家会越来越重视，政策也会越来越到位。站在国家的发展角度来看，要想取得可持续发展，必须解决诸多的问题，包括“三农”问题、废弃物利用问题、全球气候变化问题。生物质能源提供了应对这些重大问题的“一揽子”解决方案，所以生物质成型燃料迎来了一个更大的发展机遇，以后将会更好。

## 参考文献


[1] 刘助仁. 新能源：缓解能源短缺和环境污染的希望［J］. 国际技术经济研究，2007（4）：22-26.

[2] 胡德斌，李月英. 短期能源短缺对国民经济的影响分析［J］. 国土资源情报，2004（5）：50-54.

[3] 李保谦. 秸秆成型燃料技术的研究现状与发展趋势［J］. 农机推广安全，2006（9）：10-12.

[4] 马孝琴，李刚. 小型燃煤锅炉改造成秸秆成型燃料锅炉的前景分析［J］. 农村能源，2001（5）：20-22.

[5] 吴岐山，赵一锦. 技术经济学［M］. 成都：四川大学出版社，1986.

[6] 田宜水，赵立欣，孟海波，等. 中国生物质固体成型燃料标准体系的研究［J］. 可再生能源，2010，28（1）：1-5.

[7] 张百良. 生物质成型燃料技术及产业化前景分析［J］. 河南农业大学学报，2005，39（1）：111-115.

[8] 杜伟娜. 可再生的碳源：生物质能［M］. 北京：北京工业大学出版社，2015.

[9] 张霞，蔡宗寿，等. 生物质成型燃料加工方法与设备研究［J］. 农机化研究，2014（11）：214-217.

[10] 杨国峰. 生物质成型燃料燃烧机理研究［D］. 郑州：河南农业大学，2010.

[11] 刘丽媛. 生物质成型工艺及其燃烧性能试验研究与分析［D］. 济南：山东大学，2012.

[12] 谢光辉. 非粮生物质原料体系研发进展及方向［J］. 中国农业大学学报，2012，17（6）：1-19.

[13] 石元春. 中国生物质原料资源［J］. 中国工程科学，2011，13（2）：16-23.

[14] 雷群. 生物质燃料成型机套筒寿命问题的探讨［J］. 农村能源，1997（5）：21-22.

[15] 黄明权，张大雷. 影响生物质固化成型因素的研究［J］. 农村能源，1999（1）：17-18.

[16] 张百良，王许涛，杨世关. 秸秆成型燃料生产应用的关键问题探讨［J］. 农业工程学报，2008，24（7）：296-300.

[17] 裴志伟. 大型电站锅炉炉内结渣问题研究［D］. 保定：华北电力大学，1999.

[18] 刘伟军，刘兴家，李松生. 生物质型煤燃烧污染特性的理论分析研究［J］. 洁净煤技术，1998，4（4）：40-44.

[19] 梁静珠. 煤中矿物质及炉膛结渣的研究［J］. 动力工程，1989（3）：25-28.

[20] Lopamudra Devi，Krzysztof J Ptasinski，Frans J J G Janssen，et al. Catalytic decomposition of biomass tars：Use of dolomite and untreated olivine [J]. Renewable Energy，2005，30(4)：565-587.

[21] 张百良，樊蜂鸣，李保谦，等. 生物质成型燃料技术及产业化前景分析 [J]. 河南农业大学学报，2005，39(1)：111-115.

[22] 吕增安. 加快制定我国生物质成型燃料的标准 [J]. 可再生能源，2006(5)：4-5.

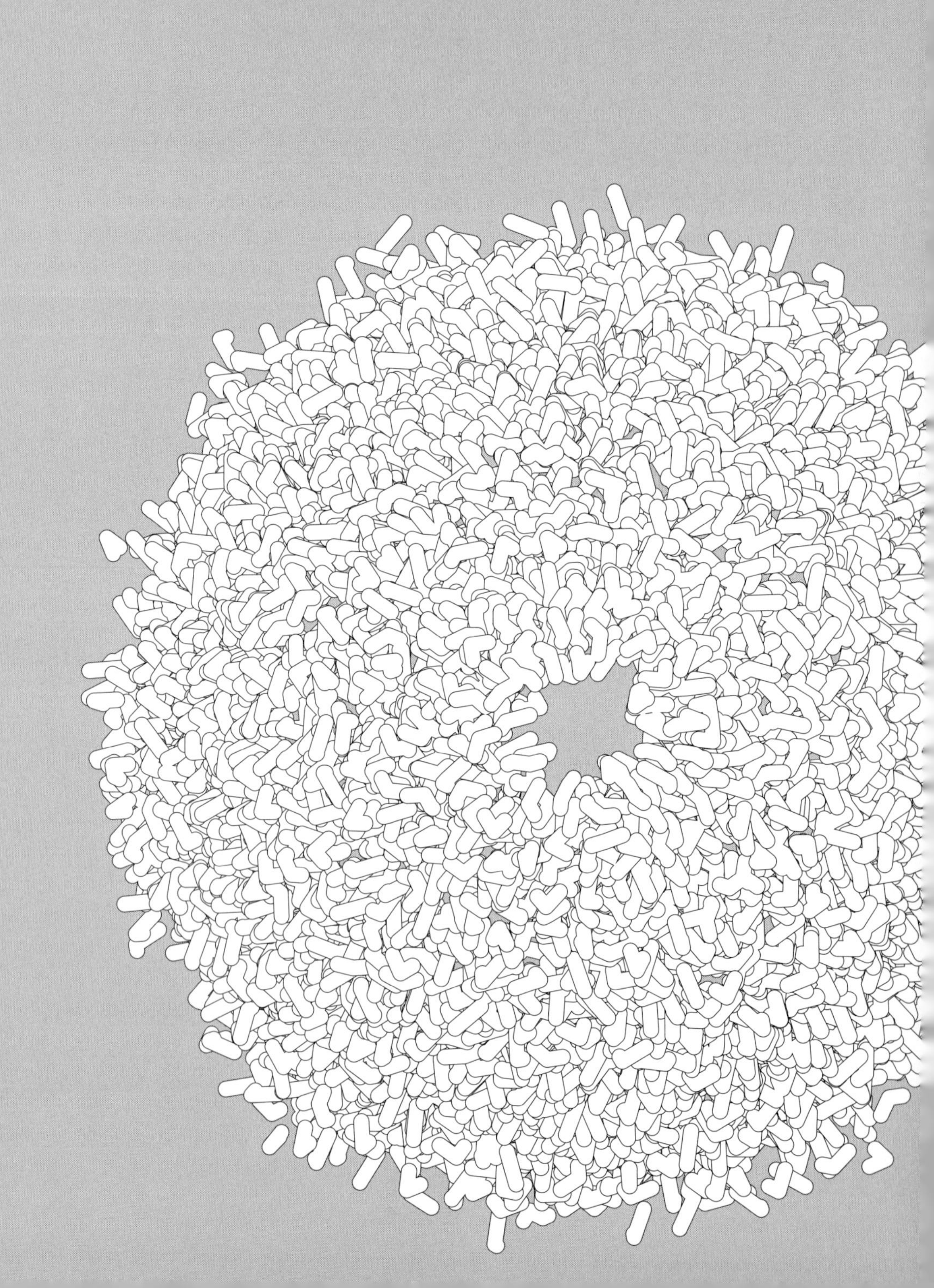

# 第2章

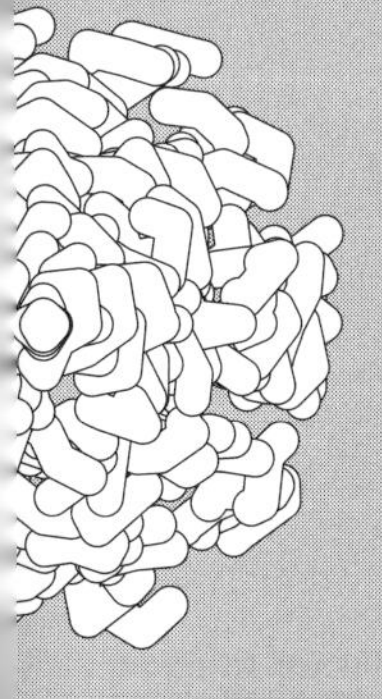

# 生物质的基本特性及成型机理

# 2.1 生物质原料的特性分析

## 2.1.1 生物质的工业分析

在生物质的能源化利用中，我们关心的是生物质中能够放出热量的成分，以及这些成分的准确含量，进而研究这些成分在干燥过程中会不会被析出而影响生物质干燥后的品质。生物质的工业分析能帮助我们解决这一问题。工业分析的内容包含水分、灰分、挥发分和固定碳等。

（1）生物质的水分

根据水分在生物质中存在的状态，可分为 3 种形式。

① 外在水分　外在水分也称为物理水分，它是附着在生物质表面及大毛细孔中的水分。将生物质放置于空气中，外在水分会自然蒸发，直至与空气中的相对湿度达到平衡为止。失去外在水分的生物质，称为风干生物质。生物质中外在水分的多少与环境有关，与生物质的品质无关。

② 内在水分　内在水分也称为吸附水分。将风干生物质在 102～105℃下加热，此时所失去的水分称为内在水分。它存在于生物质的内部表面或小毛细孔中。内在水分的多少与生物质的品质有关。生物质中的内在水分越高，在热加工时耗能也越大，导致有效能越低。内在水分高对燃烧和制气都不利。

③ 结晶水　结晶水是生物质中矿物质所含的水分，这部分水分非常少。

工业分析所得到的水分不包括结晶水，只包括外在水分和内在水分，两者综合称为生物质的全水分。

（2）生物质的灰分

灰分是指生物质中所有可燃物质完全燃烧后所剩下的固体（实际上还包含生物质中一些矿物质的化合物）。生物质灰分的熔融特性是燃烧和热加工制气的重要指标。

生物质灰分中存在一些矿物质的化合物，它们可能对热加工制气过程起到催化作用。灰熔点对热加工制气过程的操作温度有决定性的影响，当操作温度超过灰熔点时，可能造成结渣现象，导致设备不能正常运行。一般生物质的灰熔点在 900～1050℃之间，有的还可能更低。

（3）生物质的挥发分和固定碳

在隔绝空气的条件下，将生物质在 900℃下加热一定时间，将所得到的气体中的水分除去，所剩下的部分即为挥发分。挥发分是生物质中有机物受热分解析出的部分气态物质，它以占生物质样品质量的百分比表示。加热后所留下来的固体为焦炭，焦炭中含有生物质样的全部灰分，除去灰分后，所剩下的就是固定碳。水分、灰分、挥发分和固定碳质量的总和即生物质试样的质量。

挥发分的主要组分是烃类化合物、碳氧化物、氢气和气态的焦油。挥发分反映了生物质的许多特性，如生物质的热值的高低、焦油产率等。

由表 2-1 可知，7 种生物质水分普遍较高，玉米芯、黄柄树、竹子挥发分较高

(70%以上)，灰分较低。

表 2-1　生物质的工业分析　　单位:%（质量分数）

| 样品名称 | 水分 | 挥发分 | 灰分 | 固定碳 |
| --- | --- | --- | --- | --- |
| 玉米秸秆 | 10.3 | 69.4 | 4.1 | 16.2 |
| 高粱秆 | 10.2 | 68.7 | 5.4 | 15.7 |
| 稻秸秆 | 8.5 | 63.0 | 14.7 | 13.8 |
| 小麦秸秆 | 10.6 | 65.2 | 8.9 | 15.3 |
| 玉米芯 | 11.0 | 73.4 | 1.5 | 14.1 |
| 黄楠树 | 12.0 | 72.5 | 1.3 | 14.2 |
| 竹子 | 8.4 | 74.8 | 1.2 | 15.6 |

(4) 生物质的发热量

生物质的发热量是指单位质量的生物质完全燃烧时所能释放的热量，单位一般为 MJ/kg。其发热量的大小取决于含有可燃成分的多少和化学组成。发热量在生物质的热利用过程中是一项最重要的理化特性，决定了其进行工业利用的可行性。采用氧弹热量计测定的是物料的应用基高位发热量，应折算出其应用基低位发热量。

表 2-2 为部分生物质原料的发热量，与劣质煤的发热量相当。对照表 2-1 中的灰分含量，就会发现各种生物质原料的发热量差别主要是由灰分含量造成的，以 19.5MJ/kg 和 18MJ/kg 作为除去灰分后（无水无灰）生物质原料的发热量进行研究，结果不会有太大的误差。

表 2-2　部分生物质原料发热量（干基）　　单位：MJ/kg

| 样品名称 | 高位发热量 | 低位发热量 |
| --- | --- | --- |
| 玉米秸秆 | 18.101 | 16.849 |
| 玉米芯 | 18.210 | 16.963 |
| 小麦秸秆 | 18.487 | 17.186 |
| 棉花秸秆 | 15.830 | 14.724 |
| 杨木 | 20.795 | 19.485 |
| 稻草 | 18.803 | 17.636 |

### 2.1.2 生物质的元素分析

不同种类的生物质都是由有机物和无机物两部分组成的。其中，无机物包括水和矿物质，它们在生物质的利用和能量转换中是无用的。

有机物是生物质的主要组成部分，生物质的利用和能量转换是由它们的性质来决定的。生物质含有 C、H、O、N、S 等元素，其中特别是 C、H、O 元素的相对含量尤为重要，对生物质热值影响较大。将样品置于氧气流中燃烧，用氧化剂使其有机成分充分氧化，令各种元素定量地转化成与其相对应的挥发性气体，使这些产物流经硅胶填充柱色谱或者吹扫捕集吸附柱，然后利用热导池检测器分别测定其浓度，最后用外标法确定每种元素的含量。除此之外，生物质中也难免含有部分氯和重金属元素，对应的分析方法包括原子吸收法（AAS）、X 射线光电子能谱分析法（XPS）、X 射线荧光光谱分析法（XRF）、发射光谱仪法（ICP）、X 射线能谱成分分析法（EDS）、电子能量损失谱法（EELS），这些都是能够对未知元素进行标定的测试方法。

五种常见生物质所含元素中，可燃的碳、氢成分含量差别不大（表 2-3），硫元素的含量较低，这也是生物质能源化利用的优势之一，可以得出以下结论。

**表 2-3　五种常见生物质与杨木的元素分析**　　单位：%（质量分数）

| 样品名称 | 碳 | 氧 | 氢 | 氮 | 硫 |
|---|---|---|---|---|---|
| 玉米秸秆 | 42.17 | 33.20 | 5.45 | 0.74 | 0.12 |
| 玉米芯 | 41.59 | 28.40 | 6.32 | 2.52 | 0.19 |
| 棉花秸秆 | 43.50 | 31.80 | 5.35 | 0.91 | 0.20 |
| 小麦秸秆 | 41.70 | 35.98 | 6.28 | 0.87 | 0.10 |
| 杨木 | 60.04 | 33.29 | 5.98 | 0.52 | 0.17 |

① 尽管不同生物质的形态各异，但它们的元素分析成分的差异主要是因为灰分变化而引起的。排除灰分变化的影响后，碳、氢、氧这三种主要的元素分析只有细微的差别。一般认为以 $CH_{1.4}O_{0.6}$ 作为生物质的假想分子式已有很高的精确度，这提示了生物质的利用工艺具有广泛的原料适用性。

② 生物质中氢元素的质量组分约为 6%，相当于 0.672$m^3$/kg 气态氢。

③ 生物质中氧元素含量为 35%～40%，远高于煤炭，因此在燃烧时的空气需求量小于煤。

④ 硫元素含量低是生物质原料的优点之一，生物质的使用将大幅降低 $SO_2$ 的排放，减少酸雨等环境问题。

## 2.1.3　生物质的化学组成

（1）生物质的主要化学成分组成

生物质的化学成分大致可分为主要成分和少量成分。主要成分是指纤维素、半纤维素和木质素，少量成分是指水、水蒸气或有机溶剂提取出来的物质[1]。

纤维素是生物质的重要组成部分，它是形成细胞壁的基础，主要分布在细胞壁的第二层和第三层中。纤维素是由脱水 *D*-吡喃式葡萄糖基（$C_6H_{10}O_5$）通过相邻糖单元的 1 位和 4 位之间的 *β*-苷键连接而成的一个线性高分子聚合物，如图 2-1 所示。纤维素分

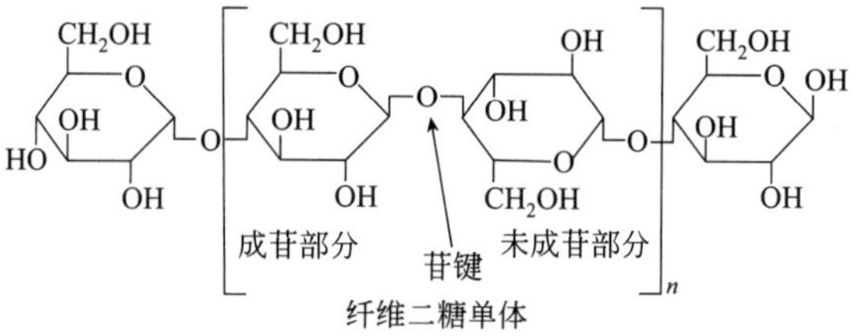

**图 2-1　纤维素分子链平面结构式**

子聚合度一般在 10000 以上，其结构中 C—O—C 键比 C—C 键弱，易断开而使纤维素分子发生降解。

半纤维素在化学性质上与纤维素相似，通常是指生物质的碳水化合物部分。半纤维素与纤维素不同的地方是前者容易被稀酸水解。聚戊糖、聚己糖和聚糖醛酸苷均属于半纤维素。通过 $\beta$-1、4 氧桥键连接而成的不均一聚糖，其聚合度（150～200）比纤维素小、结构无定形、易溶于碱性溶液、易水解，热稳定性比纤维素差，热解容易。阔叶木（如杨木）中的半纤维素主要为木聚糖类，只含少量的聚葡萄糖甘露糖。玉米秸秆中的半纤维素不含聚葡萄糖甘露糖，主要为阿拉伯糖基葡萄糖醛酸木聚糖，如图 2-2 所示。

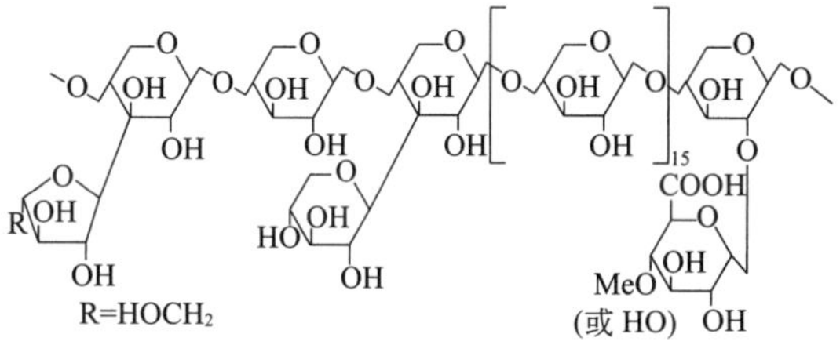

图 2-2　半纤维素的分子结构

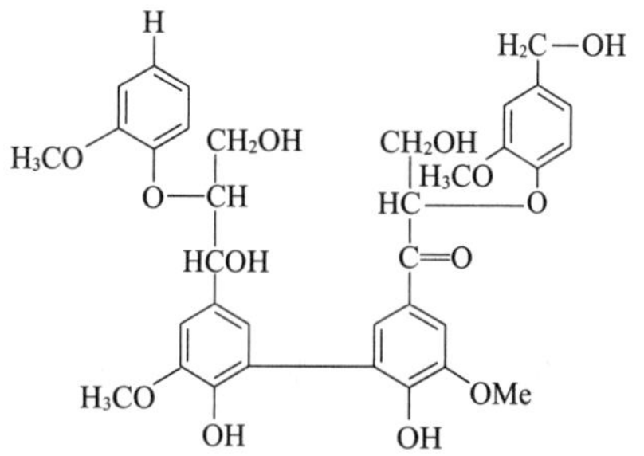

图 2-3　木质素的分子结构

木质素是由苯基丙烷结构单元以 C—C 键和 C—O—C 键连接而成的复杂的芳香族聚合物，常与纤维素结合在一起，称为木质纤维素。它主要由苯基丙烷结构单体构成，如图 2-3 所示。木质素分子结构中相对弱的是连接单体的氧桥键和单体苯环上的侧链键，受热易发生断裂，形成活泼的含苯环自由基，极易与其他分子或自由基发生缩合反应生成结构更为稳定的大分子，进而结炭。

（2）生物质的主要化学成分分析

生物质的化学组成对其物理转变过程有着重要的影响，纤维素、木质素含量及结合方式对其粉碎、干燥成型过程与热解等都有重要的影响，并决定了其工艺设备的选型与能耗。采用意大利的 VELP（威尔普）纤维素测定仪，利用国际通用的酸洗、碱洗的方法，分析生物质中的纤维素、半纤维素、木质素等含量。

表 2-4 为部分生物质的干基化学组成。

表 2-4　部分生物质的干基化学组成　　单位：%（质量分数）

| 样品名称 | 抽出物 | 纤维素 | 半纤维素 | 木质素 | 灰分 |
|---|---|---|---|---|---|
| 玉米秸秆 | 11.4 | 46.2 | 20.8 | 17.1 | 4.6 |
| 高粱秆 | 9.2 | 49.1 | 18.7 | 17.0 | 6.0 |
| 稻秸秆 | 13.6 | 30.2 | 21.7 | 18.5 | 16.0 |
| 小麦秸秆 | 10.9 | 47.3 | 14.6 | 17.2 | 10.0 |
| 玉米芯 | 9.6 | 40.4 | 31.9 | 16.5 | 1.6 |
| 黄栌树 | 6.8 | 52.5 | 10.7 | 28.5 | 1.5 |
| 竹子 | 6.4 | 52.7 | 16.5 | 23.2 | 1.2 |

由表 2-4 可以看出，竹子的纤维素含量最高，玉米芯的半纤维素含量最高，黄栌树的木质素含量最高。在生物质的 3 种主要化学成分中，半纤维素最易热解，纤维素次之，木质素最难热解且持续时间最长，半纤维素、纤维素分解后主要生成挥发物，木质素热解后主要生成炭，所以低水分、低灰分、高挥发分及高半纤维素、纤维素含量与低木质素含量的生物质最适合作为生物质热解液化的原料。在上述 7 种生物质中，竹子、玉米秸秆、玉米芯是比较好的生物质原料。

# 2.2 生物质干燥理化特性及机理

## 2.2.1 秸秆干燥理化特性

以秸秆为例，收割后的秸秆含水率一般为 50%～70%，不易储存，而且秸秆的发热量随含水率的增加明显降低，严重影响秸秆利用设备的效率，因此必须进行干燥。秸秆的挥发分比较高，一般在 70%以上（空气干燥基），因此干燥时应注意：控制温度不使挥发分析出；秸秆中硫及灰分含量低，在热利用中有害物排放较少；秸秆的化学成分（木质素、纤维素、半纤维素）有所不同，对干燥速率有一定的影响；秸秆的空隙率较大，因而最大限度地提高干燥速率至关重要。

## 2.2.2 生物质的热重特性研究

从玉米秸秆、玉米芯、棉花秸秆、小麦秸秆、杨木分别在三种不同升温速率下的热重特性曲线上可以看出如下问题（图 2-4～图 2-8）。

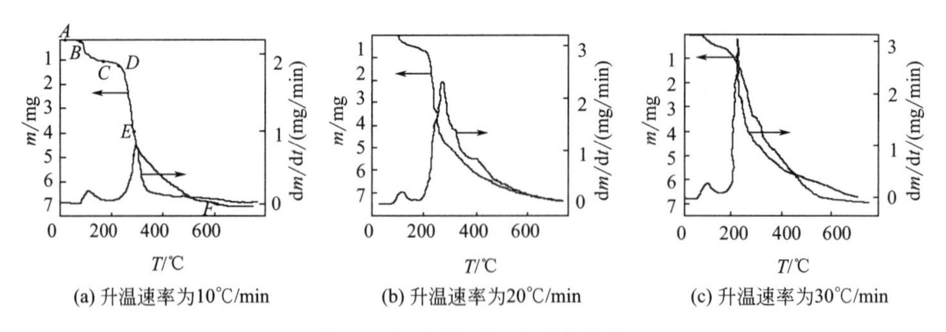


图 2-4　玉米秸秆的热重特性曲线

图 2-4～图 2～7 中，$m$ 指生物质原料的失重质量。生物质的热重过程在热重分析（TG）曲线上可分为三个明显区域（以升温速率为 10℃/min 的玉米秸秆的热重曲线为例说明）：第一区是 TG 曲线上的 $AC$ 段，该区主要发生失水反应，其特征点 $B$ 为水分开

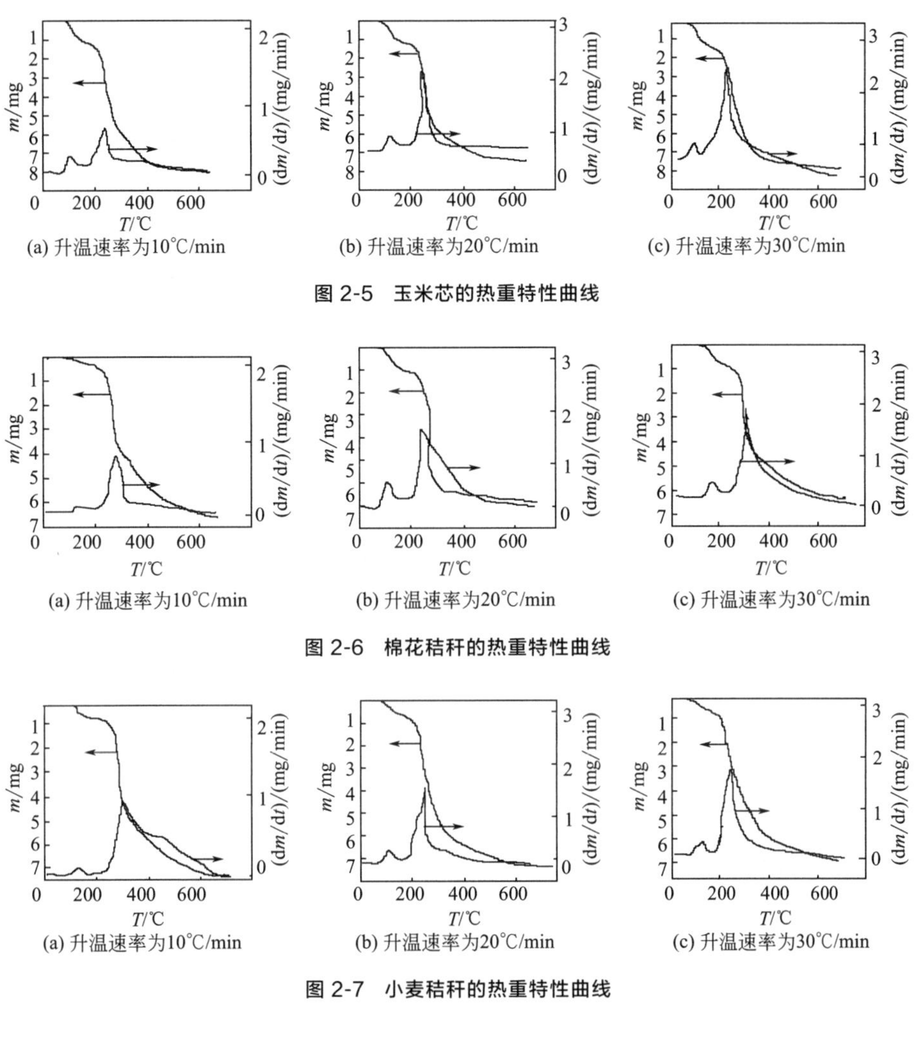


(a) 升温速率为10℃/min　(b) 升温速率为20℃/min　(c) 升温速率为30℃/min

图 2-5　玉米芯的热重特性曲线

(a) 升温速率为10℃/min　(b) 升温速率为20℃/min　(c) 升温速率为30℃/min

图 2-6　棉花秸秆的热重特性曲线

(a) 升温速率为10℃/min　(b) 升温速率为20℃/min　(c) 升温速率为30℃/min

图 2-7　小麦秸秆的热重特性曲线

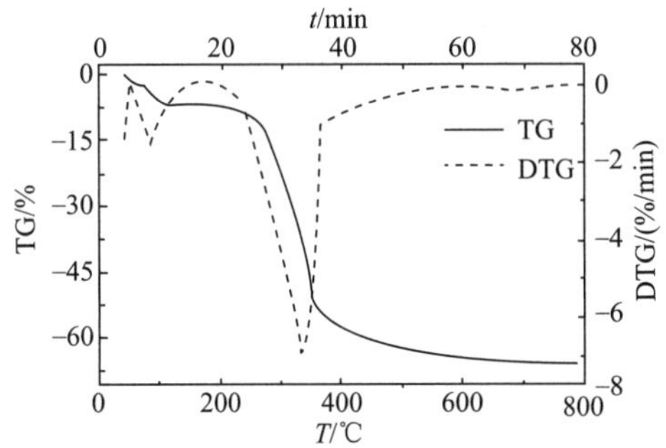


图 2-8　杨木的热重特性曲线

始蒸发点，$C$ 点表示水分蒸发完毕；第二区是 TG 曲线上的 $DF$ 段，该区主要是挥发分的析出阶段，其特征点 $D$ 表示挥发分开始析出，$E$ 点表示挥发分析出最大速率点，$F$ 点表示挥发分析出完毕；第三区是 TG 曲线上的 $F$ 点以后，该区主要是炭化阶段，其重量随温度变化不大。由此可见，生物质的干燥主要是在第一区进行，温度在 160℃以下[2,3]。

随着升温速率的增加，五种生物质原料挥发分析出点的温度有降低的趋势，同时水分蒸发完毕时的温度也随之降低。在干燥过程中应注意加大干燥升温速率，控制最高干燥温度而不让挥发分析出。

五种生物质原料的热重规律大致相同，各特征点的温度也在较小的范围内变化，但在第一区，也就是水分蒸发区热重变化仍有一些差别，这在以后的等温干燥分析中会逐步分析。

### 2.2.3 生物质等温干燥特性研究

生物质的等温干燥特性的研究是探求四种生物质干燥特性的规律，分析干燥过程中表现出的各种干燥性能参数如干燥速率、干燥温度、干燥时间和初始含湿量（初含水率）之间的关系，为干燥过程的数值模拟提供基础数据（表 2-5）。

表 2-5 物料初含水率　　单位：%

| 样品名称 | 初含水率 | | | |
|---|---|---|---|---|
| 玉米秸秆 | 35 | 45 | 50 | 70 |
| 玉米芯 | 20 | 35 | 50 | 60 |
| 小麦秸秆 | 20 | 30 | 40 | 45 |
| 棉花秸秆 | 25 | 35 | 40 | 55 |

（1）生物质的等温干燥曲线分析

四种生物质的干燥过程基本上可分为三个阶段（图 2-9），即短暂升温段（$AB$）、恒速干燥段（$BC$）和降速干燥段（$CD$）。在短暂升温段（$AB$），干燥曲线呈抛物线下降，干燥速率从零开始逐渐增加，在图中表现为这一阶段中曲线上各点斜率的绝对值不断增加；在恒速干燥阶段（$BC$），图中干燥曲线各点的斜率相等，对应的干燥速率也相等；在降速干燥段（$CD$），干燥曲线再次按抛物线轨迹下降，曲线中各点的斜率明显下降，干燥速率也随之降低，直到曲线接近水平，干燥速率也趋于零。

从总的趋势上来说，干燥速率从大到小的排列顺序为玉米芯、玉米秸秆、棉花秸秆、小麦秸秆。

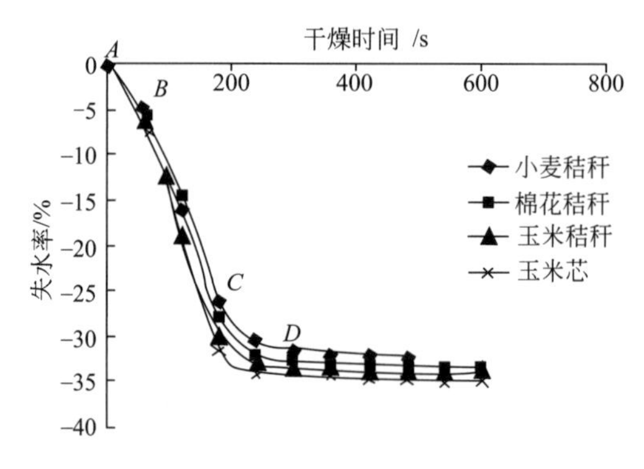


图 2-9 初含水率为 35%、温度为 130℃的四种生物质等温干燥曲线

（2）不同初始含湿量下生物质等温干燥曲线分析

把每种原料的一个初含水率下的七组干燥数据整理在一个图中，每幅图中的横坐标代表了时间，纵坐标代表初含水率的减少百分比，用 15 张图表示了过程中物料干燥曲线，通过对比图 2-10～图 2-13 总结出两方面的规律。

一是所有的干燥曲线都具有一个共性，那就是干燥曲线的斜率都随着干燥温度的升高而增加，这点从侧面反映出提高干燥温度有助于提高干燥速率、缩短干燥时间。从理论上分析，提高干燥温度就提高了干燥过程中的温度差，而温度差和浓度差则是干燥过程中传热传质的驱动力，所以温度差的增加必然会导致传热的增加。干燥过程中的水分由液态向气态的转换，以及水分脱离物料都需要热量，因此干燥速率随着干燥温度的升高而升高。在这里还有一点应该引起关注的是，由干燥温度的升高所引起的干燥速率增加，程度并不是相等的。

二是由于每次所采用的原料都是同一批，初含水率基本保持相等，但是从这些干燥

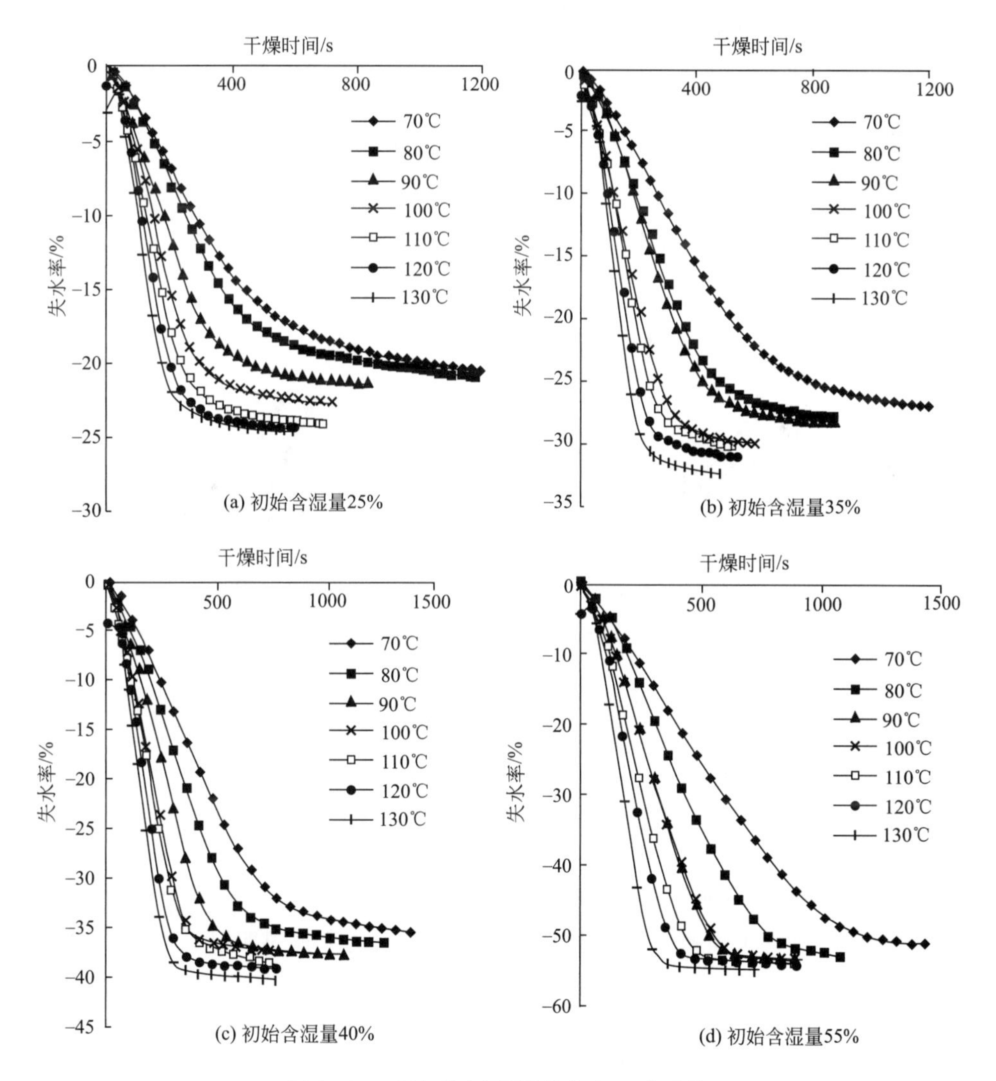


图 2-10　不同初始含湿量的棉花秸秆干燥曲线

曲线图中不难发现，并不是每次的干燥都能去除等量的水分，干燥温度低时，脱出的水分少，干燥温度高时反之。这说明干燥温度决定了干燥所能进行的深度，对于终态含水率要求特别低的干燥原料，干燥温度所能达到的深度必须要小于需要的终态含水率。除此之外，由于干燥过程中的初含水率不同，在干燥过程中每组曲线都还有其他的特点，在下文中将分别指出。

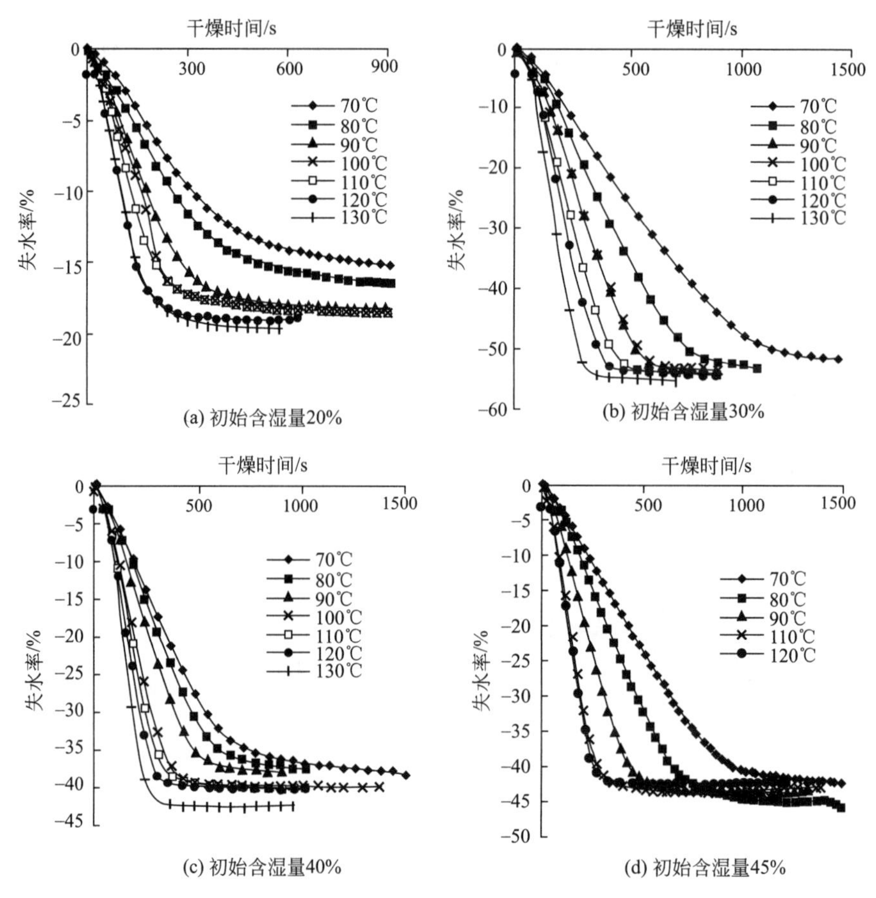


**图 2-11 不同初始含湿量的小麦秸秆干燥曲线**

① 棉花秸秆干燥曲线。分别对初始含湿量为25%、35%、40%和55%的四种棉花秸秆在7个温度点进行28组等温干燥实验，数据采集的终点定义为含湿量基本不再变化的时刻，所有的干燥曲线如图2-10所示，4张图依次代表了上述四种初始含湿量下的干燥曲线。

在图2-10(a)中，各条干燥曲线之间的间隔并不相等，当干燥温度从80℃增加到90℃时，干燥速率的增加率明显大于其他温度间隔的增加率，特别是110℃、120℃和130℃三个温度下，干燥速率虽然也有增加，但是变化不是很明显，由于每次提高的温度都是10℃，那么对应增加的热量也相同，但是干燥效果却大相径庭，低温区干燥速率增加较多，高温区的变化却没有那么明显。在图2-10(b)中，干燥速率增加率在70～80℃、90～100℃这两个温度阶段变化比较大，而在高温阶段的110℃、120℃和130℃三个温度时，干燥速率虽然也有增加，但增加不很明显，且干燥速率的增长率比

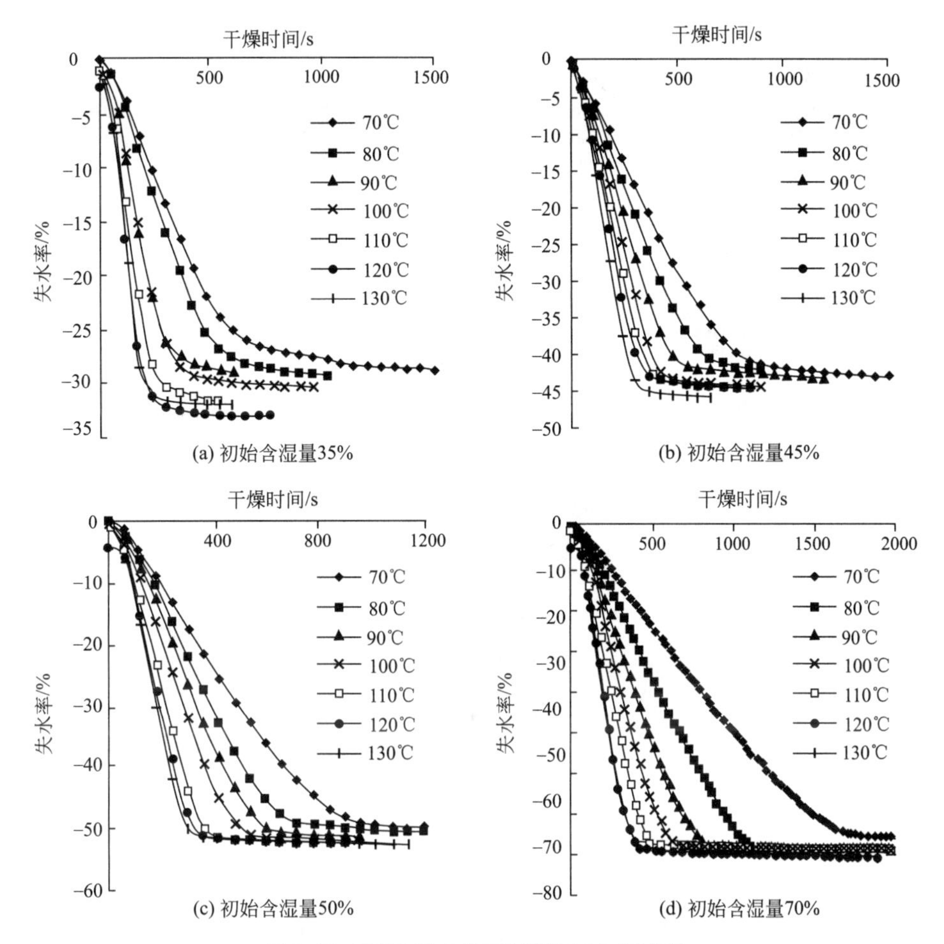


**图 2-12　不同初始含湿量的玉米秸秆干燥曲线**

较接近，符合理论中的温度差对干燥速率的影响关系，所以 100℃应该是一个较好的干燥温度点。

在图 2-10(c) 中，干燥温度在较低的范围内，升高干燥温度对干燥速率的影响要明显大于高温时相应的增长率，在 70～80℃、80～90℃和 90～100℃这三个温度阶段干燥速率的增加比较显著，并且增加比接近，相比之下，在 100～110℃、110～120℃和 120～130℃三个干燥温度变化阶段，干燥速率增长率却没有那么明显。图 2-10(d) 中干燥速率增加率也不是很规律，在 70～80℃和 80～90℃这两个温度阶段干燥速率的增加比较显著，相比之下，在干燥温度从 90℃增加到 100℃时，干燥速率几乎没有任何变化，在这个工况下进行干燥必须注意这个状况，在 100～110℃、110～120℃和 120～130℃三个干燥温度变化阶段，干燥速率增加率虽然不是很大，但是同前三幅图相比，已经很明显了，这说明对于棉花秸秆来说，高初始含湿量的干燥物料采取高温干燥能取得较好的干燥效果。

② 小麦秸秆干燥曲线对比分析。分别对初始含湿量为 20%、30%、40%和 45%的四种小麦秸秆在 7 个温度点进行 28 组等温干燥实验，数据采集的终点定义为含湿量基本不再变化的时刻，所有的干燥曲线如图 2-11 所示，4 张图依次代表了上述四种初始

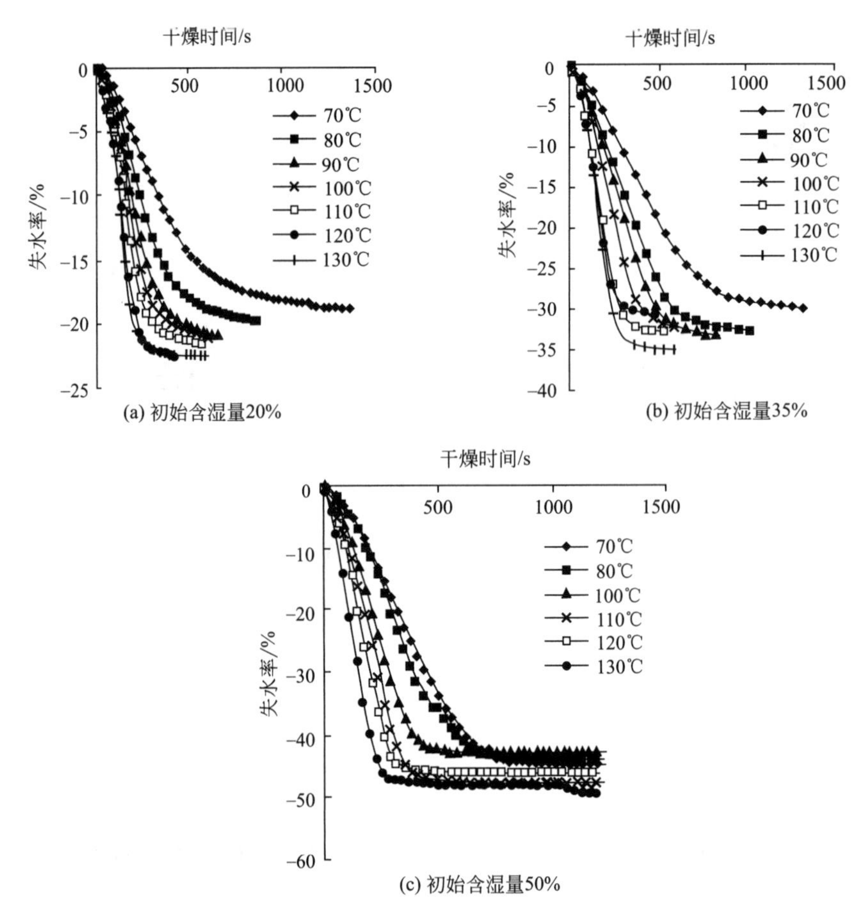


**图 2-13 不同初始含湿量的玉米芯干燥曲线**

含湿量下的干燥曲线。

图 2-11(a) 表示了初始含湿量为 20%的小麦秸秆在不同干燥温度下的干燥曲线，在干燥温度较低的范围内，升高干燥温度对干燥速率的影响要明显大于高温时相应的增加率。在 70～80℃和 80～90℃这两个温度阶段干燥速率的增加比较显著，相比之下，在高温干燥条件下，通过升高干燥温度来提高干燥速率效果不明显，特别是在 110℃、120℃和 130℃三个温度点，干燥速率几乎相等。干燥速率增加比较明显的部分主要集中在 100℃以下的低温区。而干燥温度为 120℃或 130℃时，干燥速率基本保持不变。在图 2-11(c) 中，干燥速率增加最明显的温度段是从 90℃升高到 100℃，而在其他的温度范围内基本和图 2-11(b) 保持一致。图 2-11(d) 表示了初始含湿量为 45%的小麦秸秆的干燥曲线，由于在高湿度物料的保存过程中，物料中的水分易散失，特别是对于比表面积大的颗粒状多孔介质，这种水分的散失现象更为严重，如果再次准备物料，必然会影响结果，由于上述因素的影响，本次实验只是在 70℃、80℃、90℃、110℃和 120℃这 5 个温度下进行干燥，干燥速率增加率在 70℃、80℃和 90℃这三个干燥温度条件下，干燥速率增加很明显，且增加速率也比较相似。相比之下，在高温干燥条件下，通过增加干燥温度来提高干燥速率效果不明显，特别是在 110℃和 120℃两个温度段，干燥速率几乎相等，所以对于小麦秸秆来说，即使初始含湿量较高也不适宜像棉花秸秆

那样采用高温干燥，其最佳的干燥温度为90℃。

③ 玉米秸秆干燥曲线对比分析。因为玉米秸秆在农作物资源化利用中利用得最多，所以对其研究得也较多。分别对初始含湿量为35%、45%、50%和70%的四种玉米秸秆在7个温度点进行28次等温干燥实验，数据采集的终点定义为含湿量基本不再变化的时刻，所有的干燥曲线如图2-12所示，4张图依次代表了上述四种初始含湿量下的干燥曲线。

在图2-12(a)中，干燥温度在较低的范围内改变时，如从70℃到80℃，干燥速率的增加比较明显，但不是最大。当干燥温度从80℃升到90℃时，干燥速率的增加最为明显，相应的干燥效果也最好。干燥温度升高到90℃以后，增加干燥温度所引起的干燥速率增加不是很明显，甚至在90℃和100℃、120℃和130℃时干燥速率几乎相等。对这个初始含湿量下的玉米秸秆进行干燥时，最佳的干燥温度应该选择90℃。在图2-12(b)中，干燥速率增加较为明显的范围应该是100℃以下，相比之下，在高温干燥条件下，通过增加干燥温度来提高干燥速率效果不明显，从100℃以后干燥速率增加率的变化很小，特别是在110℃、120℃和130℃三个温度段，干燥速率几乎相等。所以初始含湿量为45%的玉米秸秆的最佳干燥温度是100℃。

在图2-12(c)中，干燥速率增加率比较明显的范围扩展到了110℃，如在70℃、80℃、90℃、100℃和110℃时，随着温度的升高，干燥速率增加很明显，除此之外，这五条干燥曲线的间距几乎相等，即干燥速率增加率相等。但是在高温阶段，这种增加率开始下降，直接导致干燥速率几乎相等，如在110℃、120℃和130℃这三个干燥温度时的干燥曲线几乎是一样的。所以初始含湿量为50%的玉米秸秆的最佳干燥温度应该是110℃。图2-12(d)表示了初始含湿量为70%的玉米秸秆的干燥曲线。除了干燥温度从120℃升高到130℃时，干燥速率增加不是很明显，而在其他温度，如在70℃、80℃、90℃、100℃、110℃和120℃时，干燥速率增加比较明显，除此之外，还可以发现这四条曲线的下降部分接近直线，忽略干燥初期的预热阶段，进入恒速干燥阶段后速率的相对偏离很小，表现了很好的恒速性，且随着恒速干燥阶段的结束，也进入到干燥过程的末段。对这种初始含湿量下的物料进行干燥可以选择110～120℃作为最佳干燥温度范围。通过对比四种不同初始含湿量玉米秸秆的最佳干燥温度，可以发现随着初始含湿量的增加，最佳干燥温度也呈现出增加的趋势。

④ 玉米芯干燥曲线对比分析。因为玉米芯产量少，所以在农作物资源化利用中应用较上面三种物料要少得多，所以只作简单的分析，选取初始含湿量为20%、35%和50%的玉米芯分别代表低、中、高三种初始含湿量，相关的干燥曲线如图2-13所示，数据采集的终点和上述三种物料一样，把含湿量基本不再变化的时刻定义为终点。

在图2-13(a)中，当干燥温度从70℃升高到80℃时和从80℃升高到90℃时，干燥速率增加得最明显，而在其他的干燥温度变化阶段则基本相差不大，所以90℃应该是最佳的干燥温度。这次的干燥物料初始含湿量比较低，由于所需要的干燥物料的终态含湿量为15%，需要除去的水分很少，其干燥过程基本在预热阶段就已经进行完了。图2-13(b)则表示了初始含湿量为35%的玉米芯的干燥曲线，在干燥温度较低的范围内速率增加很明显，干燥速率增加率在70℃、80℃、90℃和100℃这四个干燥温度阶段，干燥速率增加明显，且增加速率基本相等。相比之下，在高温干燥条件下，通过增加干燥温度来提高干燥速率效果不明显，干燥速率的增加很小，特别是在 110℃、120℃和 130℃三个温度段，干燥速率几乎相等。所以对于这类初始含湿量居中的玉米芯应该设定其干燥温度为 100℃。而图 2-13(c) 则表示了初始含湿量为 50%的玉米芯的干燥曲线，在整个干燥过程中，增加干燥温度对干燥速率的影响基本相同［注意：由于缺少干燥温度为 90℃的干燥曲线，所以图 2-13(c) 中第二条曲线和第三条曲线之间有个比较大的间隔］，通过上文的分析，玉米芯干燥温度的确定应该根据实际热源情况，越高越好，但不能超过挥发分析出的温度点（160℃）。

## 2.2.4 温度对干燥时间的影响效果分析

在整个干燥过程中，干燥时间应该包括恒速干燥时间和降速干燥时间两个主要方面。在分析干燥时间时，主要是通过对结果分析，根据农作物秸秆资源化利用所需要的含湿量，规定相应的终态含湿量为 15%。

（1）温度对棉花秸秆干燥时间的影响

不同温度对棉花秸秆干燥时间的影响如图 2-14 所示，图中依次代表了初始含湿量为 25%、35%、40%和 55%的棉花秸秆在设定的 7 个干燥温度下的干燥时间。通过对比 4 张图片可以发现：干燥时间随着干燥温度的升高开始缩短，干燥温度的增加可以缩短干燥时间。当初始含湿量为 25%，干燥时间在相对较低的干燥温度范围内变化时，

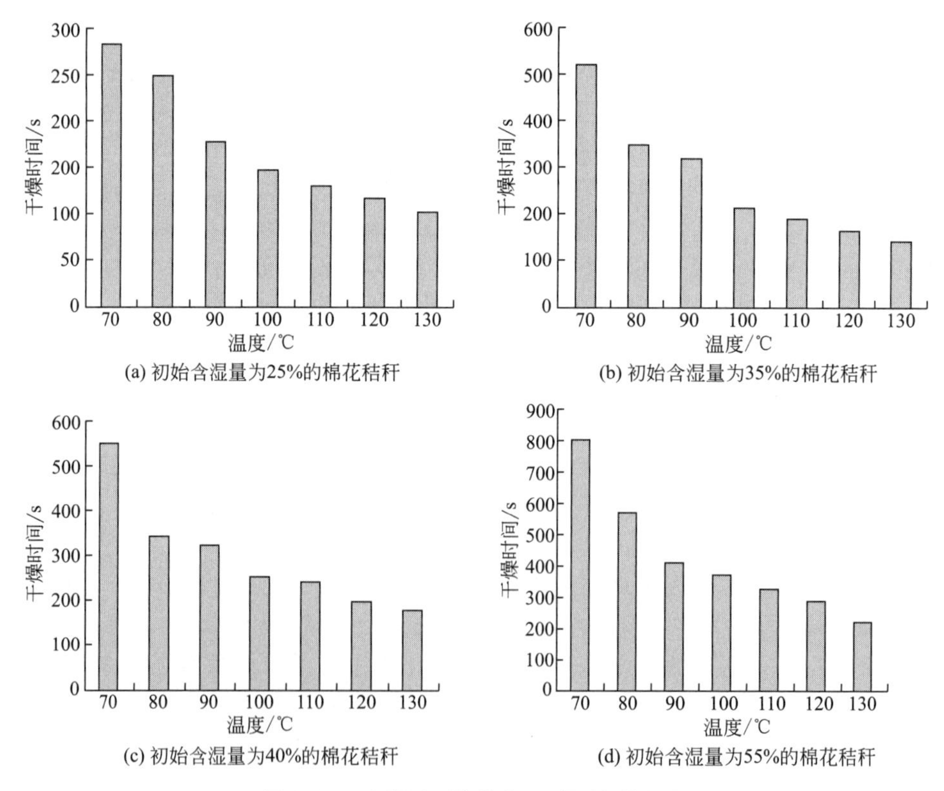


(a) 初始含湿量为25%的棉花秸秆

(b) 初始含湿量为35%的棉花秸秆

(c) 初始含湿量为40%的棉花秸秆

(d) 初始含湿量为55%的棉花秸秆

图 2-14 不同温度对棉花秸秆干燥时间的影响

干燥时间的减少较为明显。当初始含湿量为 35%或 40%时，上述规律则不再适用，干燥温度为 70℃时的干燥时间明显比较长，当干燥温度升高到 80℃时，干燥时间的缩短非常明显，分别是 172s 和 206s，缩短了 33.0%和 37.5%。但是当干燥温度由 80℃升高到 90℃时，升高温度同样为 10℃，干燥时间的缩短则分别为 30s、20s，缩短了 8.6%、5.8%，当温度由 90℃升高到 100℃时，对干燥时间的缩短则比较明显，分别是 105s、69s，分别缩短了 32.8%、13%。而当干燥温度达到沸点温度或超过沸点温度后，干燥时间同样随干燥温度的升高而呈现缩短的趋势，但是这时缩短的程度都不是很大，甚至缩短的比例也大致相同，所以在初始含湿量为 35%或 40%，干燥温度在 70～80℃、90～100℃两个阶段变化时，干燥时间变化最大，也可以说在这两个温度阶段变化对干燥时间的缩短效果最明显。初始含湿量为 55%的棉花秸秆可以定义为高含湿量物料，通过对比观察可以发现，当干燥温度低于或等于沸点温度时，干燥温度设定在 90℃左右最为合理，而当干燥温度超过沸点温度时，温度升高对干燥时间的影响则基本相当，所以可以根据具体需要设定干燥温度。

（2）温度对小麦秸秆干燥时间的影响

图 2-15 表示了不同温度对小麦秸秆干燥时间的影响，这 4 张图依次代表了初始含湿量为 20%、30%、40%和 45%的小麦秸秆在设定的 7 个温度点的干燥时间，通过对比四幅图片可以发现：干燥时间均随干燥温度的升高而缩短。当初始含湿量为 20%，干燥时间在从 70℃升高到 80℃、90℃时，干燥时间缩短得比较明显，分别是 33s、31s，分别缩短了 19.5%、29.5%；干燥温度从 110℃升高到 120℃时，干燥时间缩短了 19s，缩短了 23.5%，效果比较明显。初始含湿量为 30%时，由于提高干燥温度而对干燥时

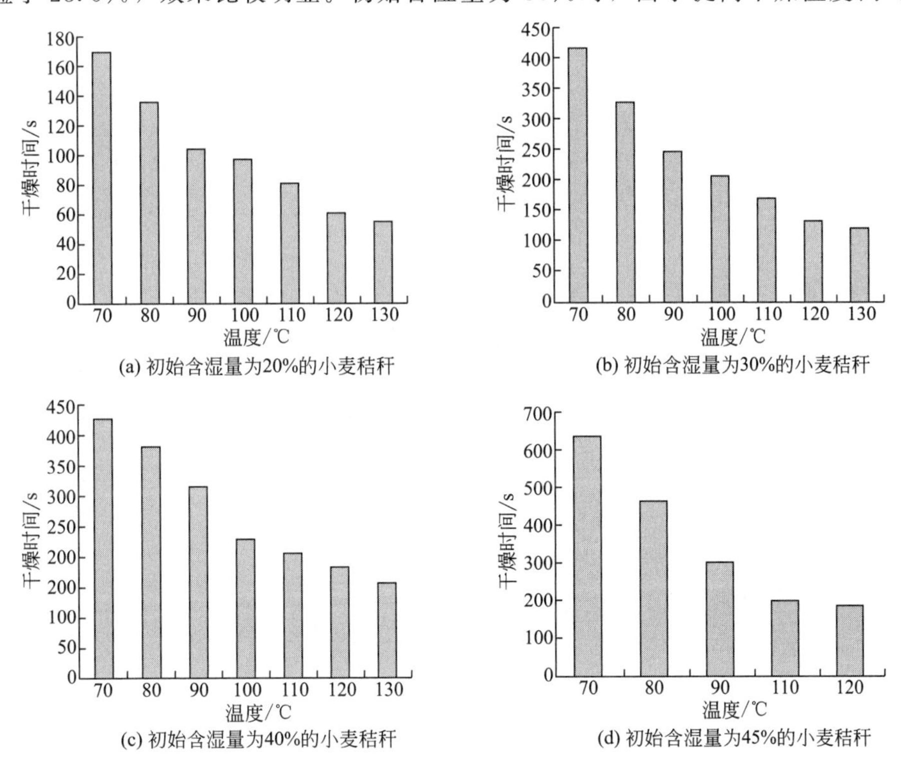

(a) 初始含湿量为20%的小麦秸秆

(b) 初始含湿量为30%的小麦秸秆

(c) 初始含湿量为40%的小麦秸秆

(d) 初始含湿量为45%的小麦秸秆

**图 2-15　不同温度对小麦秸秆干燥时间的影响**

间的影响基本相当，最适合的干燥温度应该是120℃。初始含湿量为40%时的干燥时间可以分为两个阶段，100℃可以作为分界点。当温度低于100℃时，干燥时间随温度的升高缩短得比较快，因此100℃应该是个较为合适的干燥温度；而当干燥温度高于100℃时，干燥时间随干燥温度变化的幅度较小，特别是在100℃、110℃和120℃时。相比之下当干燥温度从120℃升高到130℃时，干燥时间受到的影响较大，缩短了25s，缩短了13.6%。所以当干燥温度要求大于100℃时，130℃应该是最合适的干燥温度。当初始含湿量为45%，干燥温度低于100℃时，干燥时间受干燥温度的影响较大，从70℃升高到80℃再升高到90℃时，缩短的干燥时间分别为169s、161s，分别缩短了26.6%、34.5%；当干燥温度大于100℃时，随着干燥温度的升高干燥时间基本保持不变。

综上所述可以总结为：对于初始含湿量低的小麦秸秆，干燥温度对干燥时间影响较大并包含两个阶段，低温阶段的效果更好，所以建议干燥温度定为90℃较为合理。而对于初始含湿量较高的小麦秸秆，例如30%、40%，干燥温度以100℃为分界点，当要求干燥温度不高于100℃时，可以选择100℃，当要求干燥温度高于100℃时，130℃则是较好的干燥温度选择。当初始含湿量高时（如45%以上），低温阶段对干燥时间的影响较大，建议采用90～100℃作为干燥温度的选择范围。

（3）温度对玉米秸秆干燥时间的影响

图2-16表示了不同温度对玉米秸秆干燥时间的影响，在这4幅图中依次代表了初

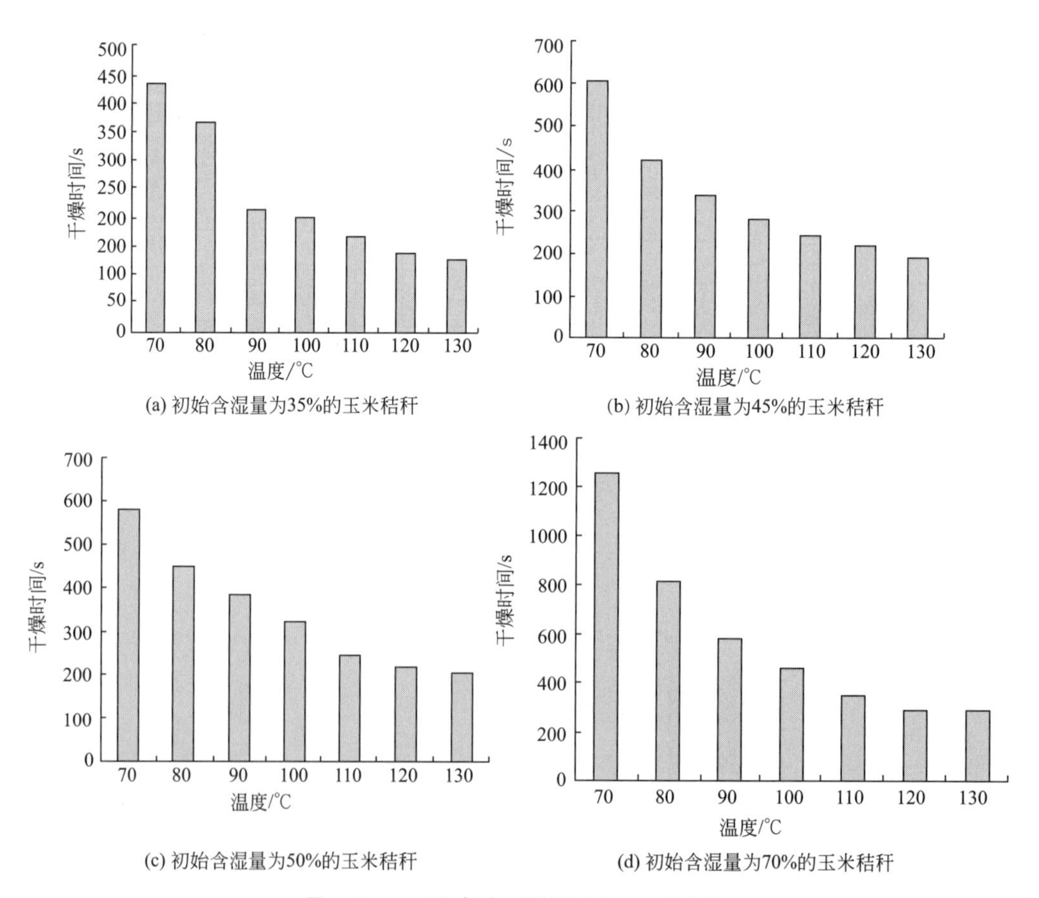


(a) 初始含湿量为35%的玉米秸秆

(b) 初始含湿量为45%的玉米秸秆

(c) 初始含湿量为50%的玉米秸秆

(d) 初始含湿量为70%的玉米秸秆

**图2-16 不同温度对玉米秸秆干燥时间的影响**

始含湿量为35%、45%、50%和70%的玉米秸秆在设定的7个温度点时所需要的干燥时间。将图2-16与图2-14、图2-15对比可以发现，玉米秸秆干燥时间更加复杂，考虑到在实际应用过程中，玉米秸秆普遍初始含湿量较高，所以对玉米秸秆的原料多选取含湿量较高的范围，这样分析的结果更有利于实际应用。初始含湿量为35%代表了低初始含湿量玉米秸秆的干燥情况，在干燥温度低于90℃时，干燥时间变化较大，当干燥温度由70℃升高到80℃再升高90℃时，干燥时间分别缩短了71s、148s，分别缩短了15.3%、40.5%，对比发现同样是提高干燥温度10℃，取得的效果却大相径庭。而当初始含湿量为45%、50%等中等初始含湿量时，干燥时间还是在低温阶段变化得最大，当含湿量升高到50%时，干燥温度在110℃时的干燥效果很好，因此随着初始含湿量的增加，最佳干燥温度应该适当地提高。对于初始含湿量高的玉米秸秆（70%），其干燥时间随干燥温度升高而缩短的规律性很强，甚至在高温阶段110℃到120℃，干燥时间的缩短也十分明显，为62s，缩短了17.6%，虽然与低温阶段的变化相比较还有一定差距，但是排除其中预热段的影响，干燥效果应该更好。

通过上述对四个不同初始含湿量玉米秸秆的干燥时间分析，可以得出如下的结论：玉米秸秆干燥时间随干燥温度的升高而降低，但是两者的关系并不是简单的线性关系变化；当初始含湿量不同时，最佳干燥温度也不相同，最佳干燥温度随初始含湿量的升高而升高，在低初始含湿量阶段干燥温度建议设定在90℃或略大于90℃，而在中等初始含湿量阶段最佳干燥温度可以设定在100～110℃，对于高初始含湿量的玉米秸秆最好设定更高的温度干燥，增大干燥强度，缩短干燥时间。

（4）温度对玉米芯干燥时间的影响

图2-17表示了不同温度对玉米芯干燥时间的影响，在这3张图中依次代表了初始含湿量为20%、35%和50%的玉米芯在设定的7个温度点时所需要的干燥时间。考虑到玉米芯在实际中利用较少，所以仅仅选取三个初始含湿量进行研究，分别代表了高、中和低三种情况。当初始含湿量为20%时，干燥时间在90℃以下的三个温度点变化最明显，干燥温度在此基础上提高所产生的效果不明显。当初始含湿量为35%时，干燥时间在70～80℃、100～110℃这两个阶段变化最明显，分别缩短了313s、66s，缩短了46.2%、26.0%。当初始含湿量升高到50%时，从图中可以发现，干燥时间缩短的幅度大致相同（注意缺少90℃的干燥时间），所以对这种物料设定干燥温度时应该考虑最易得到的干燥温度，以及干燥所要进行的深度。

### 2.2.5　初始含湿量对干燥时间的影响效果分析

初始含湿量表示了物料所含水分的多少，物料中水分与物料的结合方式主要可以分为结合力较小的自由水分和结合力较大的结合水分两大类。通常在干燥传质计算中对两种水分所采取的处理方法是不相同的。自由水分由于其结合力较小，计算过程中通常忽略其结合力，另外大部分的自由水分在干燥过程中是在预热阶段和恒速干燥阶段脱出去的。结合水分又分为物理结合水分和化学结合水分，干燥过程中一般只脱去物理结合水分。由于结合水分的结合力较大，在干燥过程中起到不可忽略的作用，产生降速干燥阶段的主要原因就是除去物理结合水分所需要的能量增加，当然外部干燥条件的变化也是

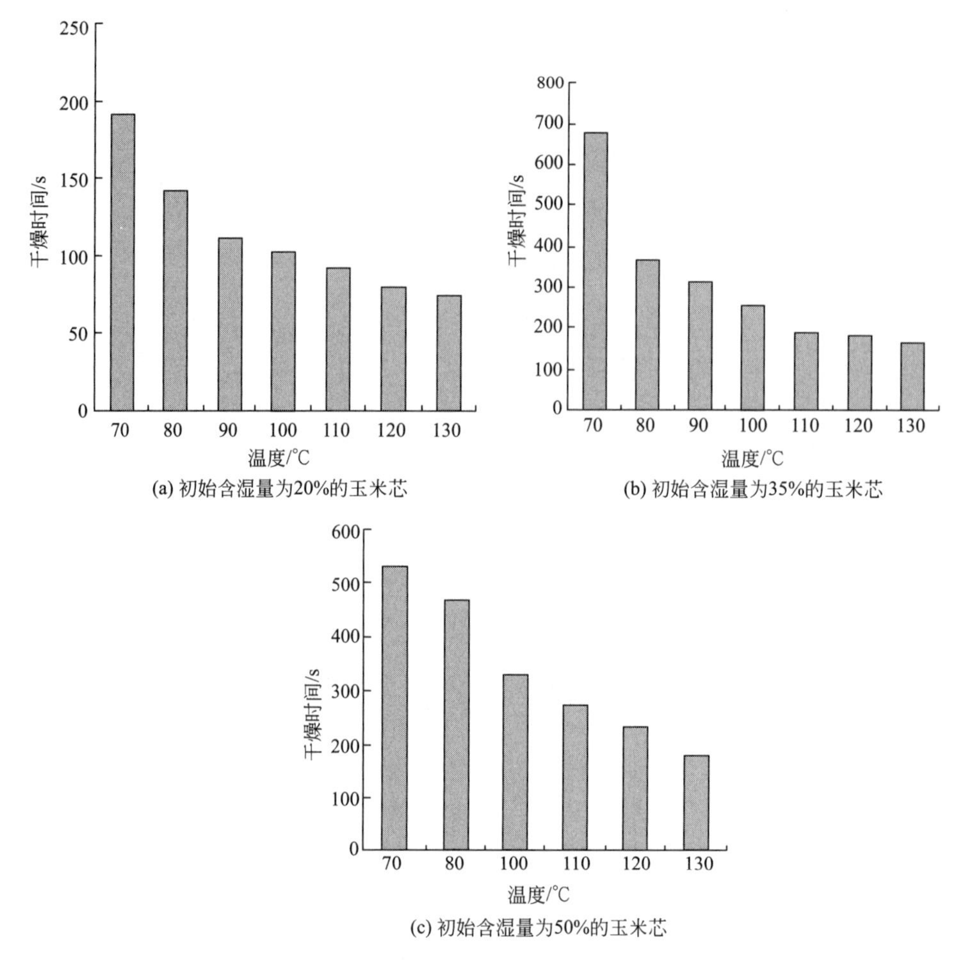


**图 2-17　不同温度对玉米芯干燥时间的影响**

干燥速率下降的一个原因，由于结合水分的存在，干燥过程变得复杂化，但是这种复杂化并不是没有止境的，干燥物料中结合水分的含量是特定的，在 10%左右，初始含湿量的增加大都是因为自由水分的增加，直接导致的后果是预热阶段和恒速干燥阶段时间增加，相应的干燥时间也变长，但是对于不同的物料这种变化是不一样的，下文就是初始含湿量对干燥时间影响的分析，图 2-18～图 2-21 中的横坐标代表了温度（℃），纵坐标代表了时间（s），每条曲线代表了一个初始含湿量，四幅图依次代表了棉花秸秆、小麦秸秆、玉米秸秆和玉米芯四种物料。

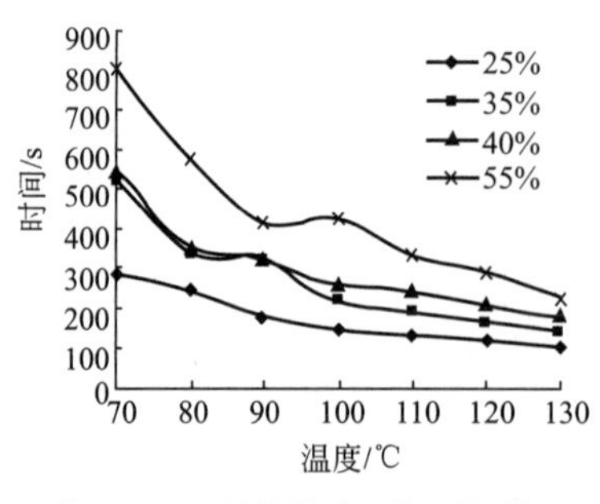


**图 2-18　不同棉花秸秆的干燥时间**

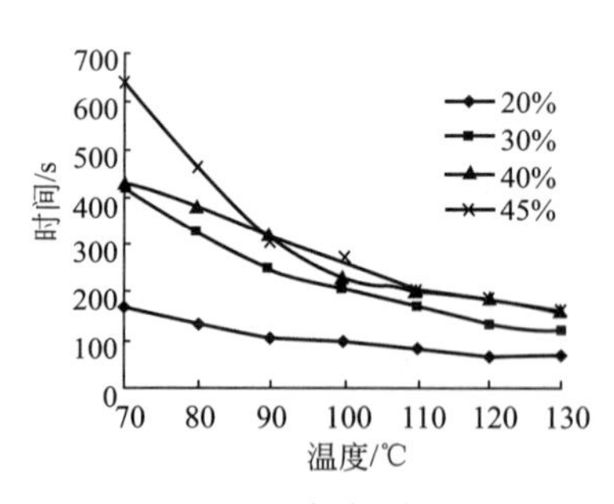


**图 2-19　不同小麦秸秆的干燥时间**

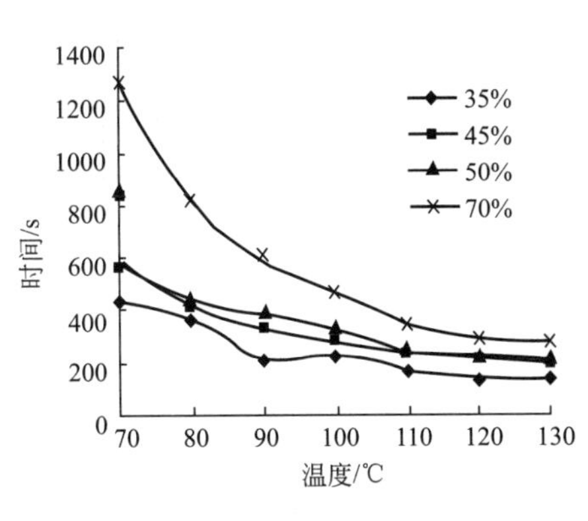


图 2-20　不同玉米秸秆的干燥时间

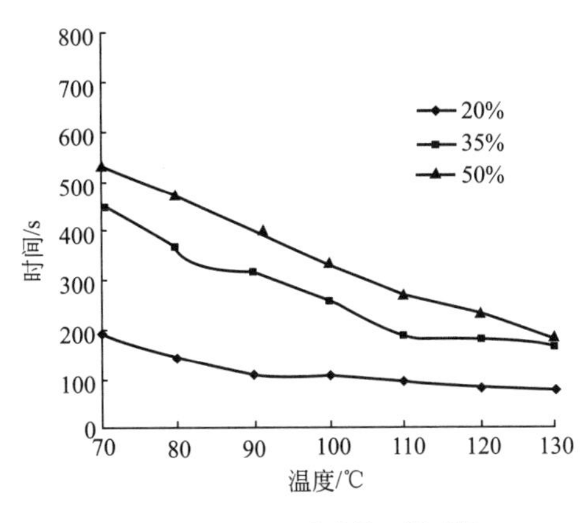


图 2-21　不同玉米芯的干燥时间

通过观察 4 张干燥时间图，从图中可以发现，每张图中的干燥时间曲线都随含湿量的升高从上到下排列，基本没有交叉，这说明干燥时间随含湿量的增加而增加，但是每张图中曲线的变化规律却有很大的差别，这说明每种初始含湿量下的干燥时间都有独特的特点。通过分析可知这种情况是由物料内部水分的结合力导致的，干燥过程中这种结合力的破坏是通过温度差来达到的，所以如果温度差没有达到破坏相应结合力的程度，那么在这个范围内，即使不停地提高温度，对干燥效果的影响也不会很大，可是一旦温度差达到了破坏相应结合力的程度，那么相应的结合水分就可以顺利地脱除出来，缩短的干燥时间也就非常明显了，这也是过程中都升高 10℃，但产生的效果却相差很大的原因。

## 2.2.6　生物质化学成分对干燥的影响

秸秆属于植物性含水干燥材料，这种材料在失水过程中往往涉及细胞内部的水分，这就要求我们从生物化学的角度研究细胞壁对干燥过程的影响[4]。

农作物秸秆的化学成分包括木质素、半纤维素、纤维素、水分和一些其他的成分。木质素、半纤维素和纤维素构成了植物的细胞壁，纤维素和半纤维素是细胞壁中主要的多糖成分。纤维素是一种不溶于冷水、热水和有机溶剂，性质稳定的多糖；而半纤维素是指细胞壁中那些可溶于冷稀碱中的多糖；木质素则是细胞壁主要的非多糖成分，它包裹或渗入管胞、导管及各种纤维的细胞壁里。

根据生物质化学成分测定结果以及生物质等温干燥曲线，来分析其化学成分对干燥过程的影响。

不同温度下、不同物料的干燥曲线如图 2-22 和图 2-23 所示。通过对比这两幅图可以总结四种物料的干燥速率特征：在相同的外部干燥条件和初始含水率情况下，小麦秸秆的干燥速率低于玉米芯、玉米秸秆和棉花秸秆；在干燥初期棉花秸秆的干燥速率大于玉米芯和玉米秸秆，但当失水率达到 25%（干燥温度 80℃）或 28.5%（干燥温度 100℃）时，它们的平均干燥速率相等，继续干燥下去棉花秸秆的干燥速率小于玉米芯、玉米秸秆的干燥速率；四种物料的最终失水率从大到小是玉米芯、玉米秸秆、棉花秸秆、小麦秸秆。

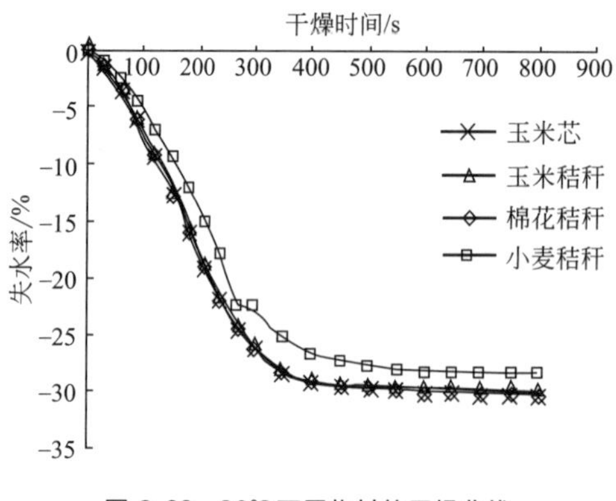

图 2-22　80℃不同物料的干燥曲线

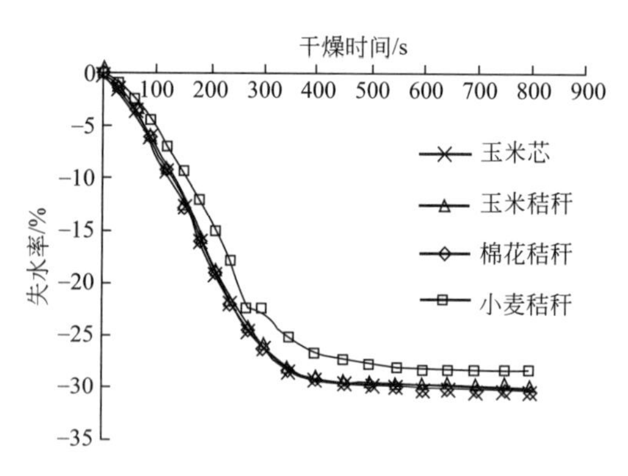


图 2-23　100℃不同物料的干燥曲线

在图 2-22、图 2-23 中可以看出，小麦秸秆的干燥速率明显低于玉米芯、玉米秸秆、棉花秸秆的干燥速率，所以小麦秸秆中的水分结合力应大于另外两种物料，小麦秸秆水分中的束缚水比例也较高。通过组分测定结果分析可知，小麦秸秆与玉米芯、玉米秸秆、棉花秸秆的总纤维素含量接近，不同点在于小麦秸秆的木质素含量高于玉米芯、玉米秸秆、棉花秸秆，导致三种成分的总含量较高，因此小麦秸秆中木质素含量较高是导致小麦秸秆干燥速率低的主要原因。所以植物细胞壁中木质素、半纤维素和纤维素总含量的增加必然增加水分传输的阻力。与此同时还可以发现，在同一干燥温度下，三种成分总含量低的玉米秸秆其终态失水率高，干燥程度最深，而总含量最高的小麦秸秆其干燥程度总是最低，所以可以说三种成分的总含量影响干燥进行的深度，总含量越高干燥进行的深度越低。

## 2.2.7　半纤维素和纤维素含量对干燥的影响

棉花秸秆和玉米秸秆的总纤维素含量相近，木质素含量也相差不大，之所以造成这两种物料干燥曲线不同的主要原因是总纤维素含量中的半纤维素、纤维素含量的不同。通过观察图 2-22、图 2-23 可知，在干燥前期棉花秸秆的干燥速率高于玉米秸秆的干燥速率，随着干燥过程的进行将出现一个干燥速率相等的点，假如把这一点作为干燥前后期的分界点，在这一点以后进入了干燥后期，在这一阶段棉花秸秆的干燥速率低于玉米芯、玉米秸秆的干燥速率。半纤维素和纤维素是构成细胞壁的主要多糖成分，干燥后期的失水主要是细胞内水分，属于束缚水的范畴。在这一阶段细胞壁对水分传输的阻力对干燥过程的影响很明显。干燥后期玉米芯、玉米秸秆的干燥速率大于棉花秸秆，显然此时玉米芯、玉米秸秆水分的传输阻力较小，通过对比这两种物料的半纤维素和纤维素含量，得出半纤维素对水分的阻力小于纤维素。

## 2.2.8　生物质干燥的微观结构研究

进行规模化能源利用的秸秆，除了玉米芯之外，其余三种均为茎和叶的混合物。茎是联系根、叶，输送水、无机盐和有机养料的轴状结构，主要功能是输导和支持[5]。

输导作用是指通过茎的木质部中的导管和韧皮部的筛管将养分运送到植物体的各个部分。支持作用是指茎中的纤维、导管和胞管，像建筑物中的钢筋混凝土，在构成植物体坚固有力的结构中起着巨大的支持作用。叶是植物制造有机养料的重要器官，主要功能是光合作用和蒸腾作用，由叶片、叶柄和托叶三部分组成。在生物质的粉碎过程中，茎中维管束、维管柱和叶被锤成粉状，而茎中的皮层则以一定大小的片状出现，这种片状生物质是干燥的主要难题。因此，选择玉米秸秆、小麦秸秆和棉花秸秆的片状皮层进行微观结构研究。而玉米芯在粉碎过程中呈大小不一的颗粒，因此选用玉米芯的细小颗粒进行微观结构研究。

图2-24是含水率为40%的四种生物质在不同放大倍数下的微观结构。棉花秸秆、

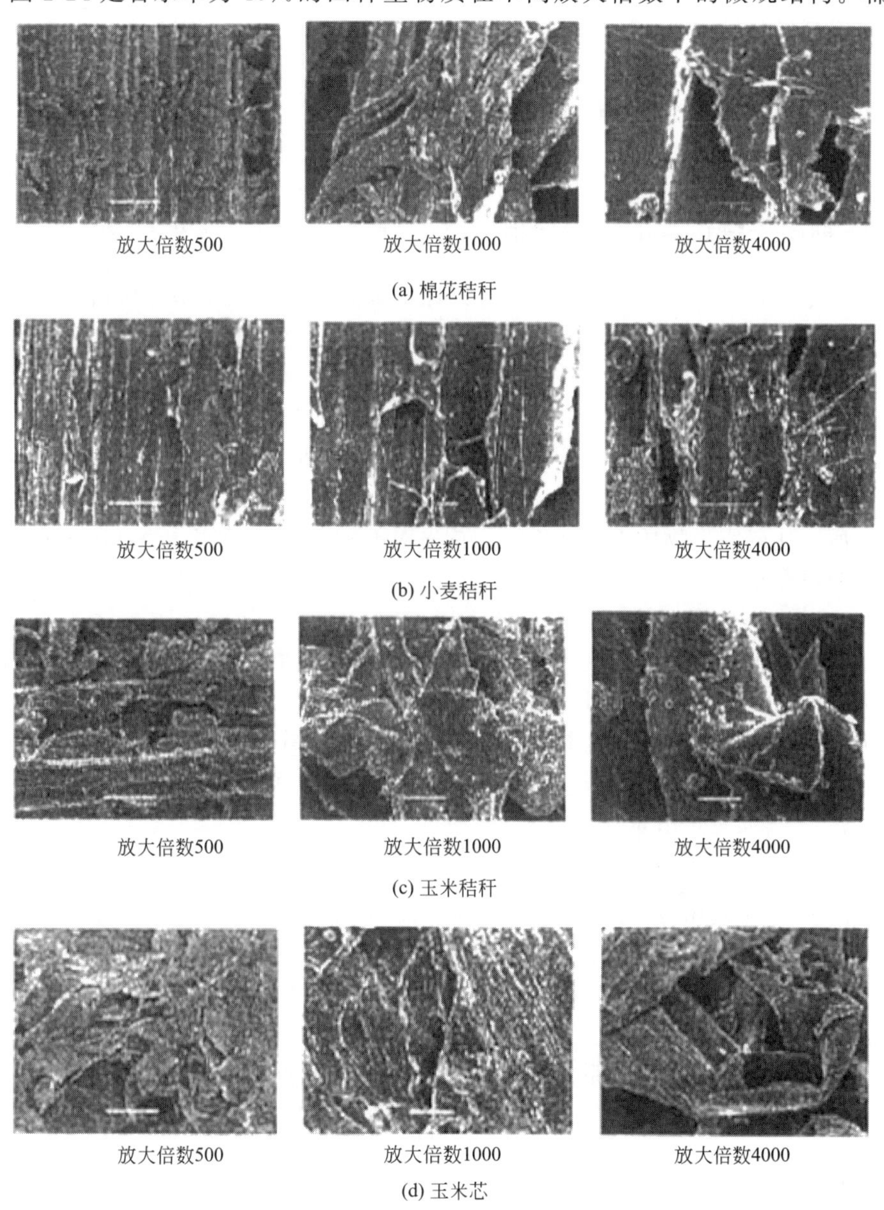

放大倍数500　放大倍数1000　放大倍数4000

(a) 棉花秸秆

放大倍数500　放大倍数1000　放大倍数4000

(b) 小麦秸秆

放大倍数500　放大倍数1000　放大倍数4000

(c) 玉米秸秆

放大倍数500　放大倍数1000　放大倍数4000

(d) 玉米芯

图2-24　含水率为40%的四种生物质微观结构

小麦秸秆和玉米秸秆的皮层呈纵向纤维状排列（玉米秸秆的放置方向为横向），可看到清晰的脉络，固相体积比例较大，液相（圆形）和气相（中间的较大的空隙）比例较少。相比之下：小麦秸秆最为致密，间带有长棒状和圆球状组织；棉花秸秆次之，可以看见皮层筛管；玉米秸秆较为疏松，气相空隙较大，筛管清晰可见。根据这三种秸秆皮层微观结构的分析，可得到初步判断：在干燥过程中，秸秆皮层的水分迁移主要是靠筛管的传导形成，其次是靠固相纤维的内部扩散。根据三种秸秆的致密程度，其干燥速率从小到大排列顺序应为小麦秸秆、棉花秸秆、玉米秸秆，这与等温干燥特性分析得出的结论相一致。

玉米芯细小颗粒的微观结构比较特殊，呈不规则的纤维状排列，在高倍放大情况下，可看到纸状结构，比较疏松。虽然液、气相比例较少，但固相密度较低，因此有利于水分迁移。水分迁移路径多样化，可以从固相周边的缝隙中迁移，也可从疏松的固相内部扩散，因此干燥速率比较快。

### 2.2.9 生物质干燥过程的机理分析

干燥是传热、传质、生物和化学等现象的复杂综合过程，是传热和传质两种传递现象的有机结合过程。物料干燥理论分析实质上是研究物料干燥过程中表现出来的某些干燥特性，这些物料干燥特性往往指的是在干燥过程中物料表现出来的某些特殊的变化规律，包括物料干燥速率、升温速率、结构变化（收缩与变形）规律、质量与品质的变化规律等[6,7]。目前关于物料干燥过程理论的研究几乎都是建立在 Luikov 唯象理论和 Whitaker 体积平均理论基础上的，可以说上述两种理论已经成为干燥学科理论分析的基础。所以在研究生物质干燥理论前，首先对 Luikov 唯象理论和 Whitaker 体积平均理论做一简单介绍。

（1）Luikov 唯象理论

Luikov 运用热力学不可逆输运定律，定义一组偏微分方程组来描述物料内部传热传质耦合的内在关系[8]。Luikov 从质量、动量和能量守恒基本关系出发，假设质量扩散是由于温度梯度和浓度梯度共同作用的，符合非等温扩散定律：

$$J_{\mathrm{m}}=-a_{\mathrm{m}}\rho_0\nabla\mu+a_{\mathrm{m}}\rho_0\delta\nabla T \tag{2-1}$$

式中 $J_{\mathrm{m}}$——质量扩散量；

$a_{\mathrm{m}}$——质量扩散系数，$\mathrm{m^2/s}$；

$\rho_0$——干基密度，$\mathrm{kg/m^3}$；

$\delta$——气相中水蒸气的体积含量，%；

$\mu$——浓度，%；

$T$——温度，K。

并假设液相相变率 $I$ 关系式为：

$$I=\varepsilon\rho_0\frac{\partial\mu}{\partial\tau} \tag{2-2}$$

式中 $I$——液相相变率；

$\varepsilon$——相变因子；

$\rho_0$——干基密度，$kg/m^3$；

$\mu$——浓度，%；

$\tau$——时间，s。

从而建立了以温度 $T$ 和含湿量 $\mu$ 为参数的物料干燥方程：

$$\frac{\partial T}{\partial \tau}=a\nabla^2 T+\frac{\varepsilon\gamma}{c}\frac{\partial \mu}{\partial \tau} \tag{2-3}$$

$$\frac{\partial \mu}{\partial \tau}=a_{\mathrm{m}}\nabla^2\mu+a_{\mathrm{m}}\delta\nabla^2 T \tag{2-4}$$

式中　$T$——温度，K；

$\mu$——含湿量，%；

$a_{\mathrm{m}}$——质量扩散系数，$m^2/s$；

$\delta$——气相中水蒸气的体积含量，%；

$c$——比热容，J/(kg·K)；

$\gamma$——传质系数，$m^2/s$。

实验证明：蒸汽在物料内部的移动受到足够大的阻力，引起物料内部湿空气总压力梯度的出现，压力梯度明显影响蒸汽和液相的传输。Luikov 注意到了气相动量方程的重要性，建立了以温度 $T$、含湿量 $\mu$ 和气相压力 $p$ 为基本驱动力之间的相互耦合作用来描述物料内部传热传质规律，经典表达式如下：

$$\begin{cases}\dfrac{\partial T}{\partial \tau}=k_{11}\nabla^2 T+k_{12}\nabla^2\mu+k_{11}\nabla^2 p\\ \dfrac{\partial \mu}{\partial \tau}=k_{21}\nabla^2 T+k_{22}\nabla^2\mu+k_{23}\nabla^2 p\\ \dfrac{\partial p}{\partial \tau}=k_{31}\nabla^2 T+k_{32}\nabla^2\mu+k_{33}\nabla^2 p\end{cases} \tag{2-5}$$

对应给定的物料，水分传输势 $\theta$ 是含湿量 $\mu$ 和温度 $T$ 的函数，可以得到以水分传输势 $\theta$、压力 $p$ 和温度 $T$ 为基本驱动势的 Luikov 方程的另一种表达形式：

$$\begin{cases}\dfrac{\partial T}{\partial \tau}=k'_{11}\nabla^2 T+k'_{12}\nabla^2\mu+k'_{13}\nabla^2 p\\ \dfrac{\partial \theta}{\partial \tau}=k'_{21}\nabla^2 T+k'_{22}\nabla^2\mu+k'_{23}\nabla^2 p\\ \dfrac{\partial p}{\partial \tau}=k'_{31}\nabla^2 T+k'_{32}\nabla^2\mu+k'_{33}\nabla^2 p\end{cases} \tag{2-6}$$

式中，$k_{11}$、$k_{12}$、$k'_{11}$、$k'_{12}$、…表示传质系数。

许多学者把式(2-1)～式(2-6) 称为 Luikov 方程系统。然而，对于 Luikov 方程系统，上述方程中热质传递系数没有具体的表达式，需要由具体的传质类型确定，而确定这些系数已成为传热传质理论检验、发展和应用的一大难题。从 Luikov 方程相关系数上看，其热质传递特性参数可以归结为质量扩散系数 $a_{\mathrm{m}}$、热梯度系数 $d$ 和热质扩散系数 $n$ 的函数。有学者分析，Luikov 方程在相变源项式（2-2）中所引入的相交因子 $\varepsilon$ 缺乏正确的物理原则，从而导致了对干燥过程的分析存在潜在的困难。由于上述理论的不严密，Luikov 方程系统在理论分析和实际应用中受到很大限制。

(2) Whitaker 体积平均理论

与Luikov理论几乎同时发展起来的另一大研究物料内部干燥过程中热质传输理论的是Whitaker体积平均理论。Whitaker体积平均理论克服了Luikov理论得到唯象系数的困难，通过采用真实物性的体积平均值去描述物料热质传递规律。目前，体积平均方法已经成为一种研究多孔状物料干燥特性的主要方法，特别是在研究物料干燥过程传热传质现象时，已经成为该学科理论分析的基础和标准。1977年Whitaker通过运用体积平均方法建立了一套完善的干燥理论，来说明物料干燥过程传热传质的本质，在此基础上，基于体积平均方法的干燥过程传热传质方程才得以建立。在进行理论分析时，Whitaker对干燥过程做了如下基本假设：

① 固相、液相和气相存在于宏观连续体或各向同性体中，混合气相由水蒸气和空气组成；

② 能量传递发生在各相之间的传导，液相、蒸汽对流和相变传热；

③ 所有相在表征单元体中处于局部热力学平衡，即各相局部温度一致；

④ 空气和蒸汽在表征单元体内按理想气体处理；

⑤ 液相密度是常量；

⑥ 气相、液相的运动满足达西（Darcy）定律；

⑦ 表征单元体是各向同性；

⑧ 流体（液、气）中压缩功和黏性耗散可以忽略。

下标s、l、v、a、g分别表示固相、液相、蒸汽、空气和气相。则体积平均的质量守恒方程如下：

液相 $$\frac{\partial(\rho_l \varepsilon_l)}{\partial t}+\nabla(\vec{J}_l)=-\langle \dot{m} \rangle$$

蒸汽 $$\frac{\partial(\rho_v \varepsilon_g)}{\partial t}+\nabla(\vec{J}_v)=\langle \dot{m} \rangle$$

空气 $$\frac{\partial(\rho_a \varepsilon_g)}{\partial t}+\nabla(\vec{J}_a)=0$$

气相 $$\frac{\partial(\rho_g \varepsilon_g)}{\partial t}+\nabla(\vec{J}_g)=\langle \dot{m} \rangle \tag{2-7}$$

式中 $\vec{J}_L, \vec{J}_V, \vec{J}_a, \vec{J}_g$——液相体系，蒸汽体系，空气体系，气相体系中的质量变化；

$\langle \dot{m} \rangle$——质量变化率。

根据假设⑥，气、液两相的动量方程（Darcy定律）：

$$\vec{V}_g=-(K_D K_{rg}/\mu_g)(\nabla p_g-\rho_g \vec{g})$$

$$\vec{V}_l=-(K_D K_{rl}/\mu_l)(\nabla p_l-\rho_l \vec{g}) \tag{2-8}$$

上述两个方程也可以通过对连续流体的动量方程进行体积平均而近似导出。体积平均的能量方程：

$$\frac{\partial}{\partial t}(\rho_s \varepsilon_s h_s+\rho_l \varepsilon_l h_l+\rho_v \varepsilon_g h_v+\rho_a \varepsilon_g h_a)+\nabla(\vec{J}_l h_l+\vec{J}_v h_v+\vec{J}_a h_a)=\nabla(\lambda_{eff} \nabla T) \tag{2-9}$$

$$\rho C_p \frac{\partial T}{\partial t}+(\vec{J}_l C_{pl}+\vec{J}_v C_{pv}+\vec{J}_a C_{pa})\nabla T+\Delta h_v \langle \dot{m} \rangle=\nabla(\lambda_{eff} \nabla T)$$

$$\rho=\rho_s \varepsilon_s+\rho_l \varepsilon_l+(\rho_v+\rho_a)\varepsilon_g$$

$$C_p=(\rho_s\varepsilon_s C_{ps}+\rho_l\varepsilon_l C_{pL}+\rho_v\varepsilon_g C_{pv}+\rho_a\varepsilon_g C_{pa})/\rho \tag{2-10}$$

式中　$h_l$，$h_s$，$h_v$，$h_a$——液相，固相，蒸汽，空气的压力差。

根据质量守恒方程，上述能量方程可以进一步优化为：

$\vec{V}_g$，$\vec{V}_l$——气相、液相体系传质动量；

$K_D$，$K_{rg}$，$K_{rl}$——传质系数；

$\nabla p_g$——压力变化；

$\vec{g}$——重力常数；

$\lambda_{eff}$——有效热导率；

$C_{ps}$，$C_{pl}$，$C_{pv}$，$C_{pa}$——不同物质的比热容；

$\Delta h_v$——蒸汽压力降。

体积平均的运动方程和能量方程共有 7 个。其中有 6 个是独立的，直接求解比较烦琐。在物料内部热质传递研究中，最基本、最重要的量是含湿量、温度和气相总压力。因此如能建立以这三个参量为变量的方程组，不仅可以使问题的表述更直接明了，而且使求解更加方便。

液体饱和度的定义为：

$$S=\rho_l\delta_l/\rho_l\phi=\varepsilon_l(1-\varepsilon_s) \tag{2-11}$$

其中 $\phi$ 是空隙率。液体饱和度 $S$ 是干燥物料中液体含量的标志。物料中充满液体时 $S=1$，完全干燥时 $S=0$。把液相、蒸汽的体积平均的质量守恒方程相加以消去蒸发项，则有：

$$\frac{\partial}{\partial t}(\rho_l\varepsilon_l)+\frac{\partial}{\partial t}(\rho_v\varepsilon_g)=-\nabla(\vec{J}_m) \tag{2-12}$$

式中　$\vec{J}_m$——体系中的质量变化。

（3）构造表征单元体

通过 Bear 对多孔介质的定义以及 Whitaker 体积平均理论的基本思路，定义表征单元体为一个多相物质占据的一部分空间，为便于数值上的模拟计算，规定这个空间为轴对称球体，同时在多相物质中至少有一相不是固体，它们可以是气相和（或）液相。固相称为固体骨架，而没有固相的那部分空间叫做孔隙空间，通常用空隙率来表示。表征单元体作为一个有代表性的体积单元，在其中代表了干燥过程中一定数量的物料颗粒，这些物料颗粒包含有固相和孔隙，孔隙部分则由液相（水）和气相（空气、水蒸气）共同占据，其特点是孔隙比较狭窄，部分构成孔隙的孔洞是连通的，比表面积较大，如图 2-25 所示。

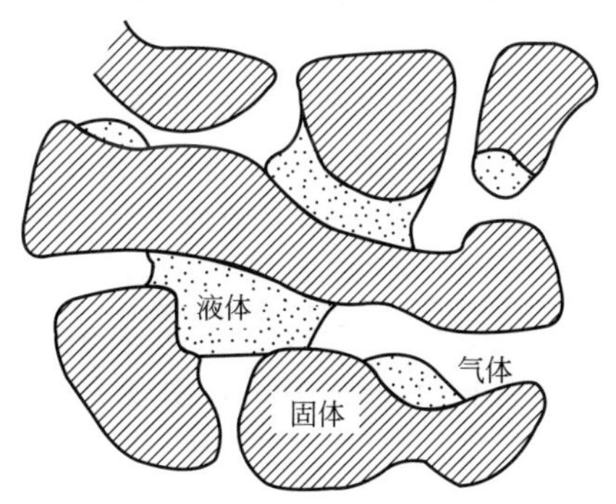


图 2-25　表征单元体三相示意

表征单元体各相体积成分和质量成分见表 2-6。

**表 2-6 表征单元体各相体积成分和质量成分**

| 组分 | 体积成分 | 质量成分 |
| --- | --- | --- |
| 固体 | $\varphi_s=1-\varphi$ | $m_s=\rho_s\varphi_s=\rho_s(1-\varphi)$ |
| 液体 | $\varphi_l=\varphi S$ | $m_l=\rho_l\varphi_l=\rho_l\varphi S$ |
| 气体 | $\varphi_g=\varphi(1-S)$ | $m_g=\rho_g\varphi(1-S)$ |
| 总计 | $\varphi_s+\varphi_l+\varphi_g=1$ | $m_s+m_l+m_g=m$ |

注：1. $\varphi$ 为孔隙率；$S$ 为液体饱和度。

2. 下角 s、l、g 分别代表固相、液相、气相。

（4）表征单元体物理参数

表征单元体（表征体元）基本参数的理论处理方法如下。

图 2-25 所选择的表征单元体可以看成是一个典型的表征体元（representative elementary volume，REV），体积为 $\xi$，在该体积中完整地包含了干燥物料内部所有各相 $i$（$i$=s,l,g，s、l、g 分别代表固相、液相和气相）。相 $i$ 在表征单元体中的相体积为 $\xi_i$，相体积 $\xi_i$ 和表征单元体体积有如下关系式：

$$\xi=\sum_i \xi_i \tag{2-13}$$

式中 $\xi$——表征单元体体积；

$\xi_i$——相体积；

相体积比 $\phi_i$ 可定义为：

$$\phi_i=\frac{\xi_i}{\xi} \tag{2-14}$$

相 $i$ 的某物性函数 $\psi_i$ 在表征单元体 $\xi$ 上的表征平均值为：

$$\overline{\psi}_i=\frac{1}{\xi}\int_{\xi_i}\psi_i \mathrm{d}\xi \tag{2-15}$$

为方便起见，表征平均值和本征平均值分别简称表征值和本征值。定义相 $j$ 的物性函数 $\psi_j$ 在 $j$ 相以外的相体积 $\xi_i$（$i\neq j$）上的函数值为零，故本征平均值也为零。根据关系式（2-13）～式（2-15），表征平均值和本征平均值有如下关系：

$$\overline{\psi}_i=\phi_i\overline{\psi}_i^i \tag{2-16}$$

该关系式适宜于面积平均方法。

以液相密度为例，说明干燥物料内部液相密度是用体积平均化方法得到表征平均密度。液相的固有密度为 $\rho_i$，并假设与体积无关，液相在干燥物料表征单元体 $\xi$ 中的相体积为 $\xi_i$，根据式（2-16），液相密度本征平均值为：

$$\overline{\rho}_i^i=\frac{1}{\xi_i}\int_{\xi_i}\rho_i \mathrm{d}\xi=\rho_i \tag{2-17}$$

可见，在 REV 中液相本征密度和液相固有密度完全相等。根据 REV 的定义和性质，REV 的空隙率就是整个干燥物料的空隙率 $\phi$，并有：

$$\phi=\frac{\xi_l+\xi_g}{\xi_l+\xi_g+\xi_s}=\frac{\xi_l+\xi_g}{\xi} \tag{2-18}$$

因此，液相在REV中的体积比$\phi_i$可以表示成：

$$\phi_i=\frac{\xi_1}{\xi}=\frac{\xi_1}{\xi_1+\xi_g}\times\frac{\xi_1+\xi_g}{\xi}=S\phi \tag{2-19}$$

式中　$S$——液相饱和度。

液相密度在REV上的表征平均值可以写成：

$$\bar{\rho}_1=\phi_1\bar{\rho}_1^1=S\phi\rho_1 \tag{2-20}$$

关系式（2-20）通过液相孔隙体积比$a$，建立了液相密度表征平均值和本征平均值之间的关系，液相饱和度$S$的大小，在一定程度上反映了液相密度表征平均值的大小。干燥物料其他各物性的表征平均值和本征平均值将根据需要讨论。

# 2.3 生物质粉碎特性及机理

## 2.3.1 粉碎特性指标

（1）粉碎的概念

粉碎是利用机械的方法克服固体物料内部的凝聚力而将其分裂的一种工艺。因处理物料的尺寸大小不同，可大致将粉碎分为破碎和粉磨两类处理过程。使大块物料碎裂成小块物料的加工过程称为破碎，使小块物料碎裂成细粉末状物料的加工过程称为粉磨。

物料粉碎方法的选择取决于物料的粉碎特性，即抗拉（折、弯）、抗压（挤）和抗剪切（磨、撕）等特性，表现在其硬度、强度、韧性和脆性等方面。

① 强度反映了物料弹性极限的大小。强度越大，物料越不容易被折断、压碎或剪碎。

② 硬度反映了物料弹性模量的大小。硬度越高，物料抵抗塑性变形的能力越大，越不容易被磨碎或撕碎。

③ 韧性反映了物料吸收应变能量、抵抗裂缝扩展的能力。韧性越大，物料越能吸收应变能量，越不容易发生应力集中，越不容易断裂或破裂。例如纤维性物质难于粉碎就是其韧性大的缘故。

④ 脆性反映了物料塑变区域的长短。脆性大，塑变区域短，在破坏前吸收的能量小，亦即容易被击碎或撞碎。

对于具体物料来讲，上述4种特性之间有着内在的关系。强度越大、硬度越高、韧性越大，脆性越小的物料，其破坏所需的变形能量就越大。

（2）粉碎粒度

粉碎粒度，又称为细碎度，是指粉碎后的颗粒的平均直径及均匀程度。中国国家标准采用的是对数几何平均直径和对数几何标准差来描述粒度的大小。粉碎粒度的测定方法主要有4种，视被粉碎物料的种类而定。

① 量具测量法：一般用于测量粒度较大的颗粒。

② 筛选法：采用标准筛来测定，常用每英寸长度的筛孔数，即目来表示。目数越大，筛孔尺寸越小。

③ 显微镜测量法：一般用于粒度小于0.074mm（200目）的颗粒。

④ 粒度测定仪：可以测定粒度为0.1～1μm的颗粒。

（3）粉碎比与粉碎级数

粉碎前后物料平均粒度之比称为平均粉碎比，用$i$表示。

$$i=D/d \tag{2-21}$$

式中 $D$——粉碎前的平均粒度；

$d$——粉碎后的平均粒度。

粉碎比是衡量物料粉碎前后粒度变化程度的一个指标，也是粉碎设备性能的评价指标之一。由于粉碎机的粉碎比有限，在不能满足生产要求的物料粉碎比范围时，可采用两台或多台粉碎机串联起来进行粉碎。几台粉碎机串联起来的粉碎过程称为多极粉碎，串联的粉碎机台数称为粉碎级数，则原料粒度与最终粉碎产品的粒度之比称为总粉碎比。总粉碎比与各级粉碎比之间的关系为：

$$i_0=i_1\times i_2\times i_3\times\cdots\times i_n=\frac{D}{d_n} \tag{2-22}$$

即多级粉碎的总粉碎比是各级粉碎机粉碎比的乘积。

（4）粒度分布

1）列表法

将粉碎粒度分析数据列成表格，分别计算出各粒级的百分数和筛下累积（或筛上累积）百分数，这种方法称为列表法。列表法的特点是量化特征突出，但变化趋势规律不是很直观。

2）图解法

图解法是描述粉碎体粒度分布的重要方法之一，在生产和科研中应用十分广泛。常用的粒度分布图示法有直方图、扇形图和分布曲线等。

3）函数法

函数法是根据粉碎体的粒度分析数据，通过数学方法将其整理归纳出反映其粒度分布规律的数学表达式。这种数学表达式称为粒度分布函数，它为粒度分布分析提供了简单的数学形式，能更准确地表达粒度分布规律，便于进行数学运算及应用计算机进行数据处理，还可用于计算粉碎体的比表面积、平均粒径等参数。常用的分布函数有正态分布、对数正态分布、罗辛·拉姆勒（Rosin Rammler-Bennet）分布等。

## 2.3.2 生物质粉碎特性研究

（1）玉米秸秆的粉碎特性研究

不同地区粉碎后玉米秸秆数据分析见表2-7。堆积密度和动态堆积角有一定差异，其他指标无显著差异。

表 2-7　不同地区粉碎后玉米秸秆数据分析

| 指标 | 算术平均值 $\mu$ | 方差 $S^2$ | 算术平均误差 $\Delta$ | 极差 $R$ | $F$ 值 |
| --- | --- | --- | --- | --- | --- |
| $\rho_s$/(kg/m$^3$) | 80.80 | 158.92 | 9.90 | 31.23 | 9.74 |
| $\rho_b$/(kg/m$^3$) | 92.80 | 245.08 | 12.37 | 41.72 | 11.38 |
| $\phi_1$/(°) | 49.67 | 1.47 | 1.00 | 3.00 | 0.24 |
| $\phi_d$/(°) | 26.00 | 28.00 | 4.00 | 14.00 | 16.57 |
| $\mu_{k1}$ | 0.52 | 0.01 | 0.01 | 0.07 | 1.08 |
| $\mu_{k1}$ | 0.45 | 0.01 | 0.01 | 0.03 | 0.24 |
| $\mu_{k2}$ | 0.60 | 0.01 | 0.01 | 0.02 | 0.10 |
| $\mu_{k2}$ | 0.49 | 0.01 | 0.02 | 0.01 | 1.88 |
| $\tan\phi$ | 0.67 | 0.01 | 0.03 | 0.01 | 1.34 |

注：$F$ 为两个均方的比值（效应项/误差项）；其他符号均为统计学上的物系参数。

1）堆积密度特性测试

为消除水分对堆积密度的影响，将堆积密度数值换算为干物质堆积密度。粉碎后玉米秸秆的自然堆积密度在 63.24～94.47kg/m$^3$ 之间，堆积密度在 69.20～110.93kg/m$^3$ 之间。据图 2-26 分析，用同一粉碎机粉碎不同地区玉米秸秆原料，堆积密度存在显著差异。内蒙古和河南地区玉米秸秆堆积密度最小，山东和安徽地区其次，黑龙江和河北地区最大，如图 2-26 所示。

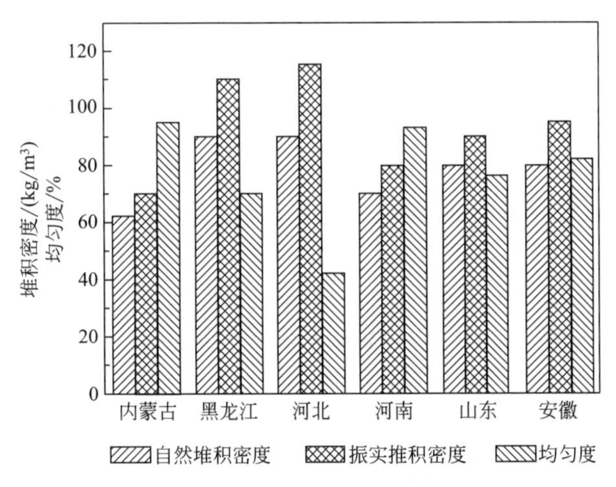


图 2-26　不同地区玉米秸秆的堆积密度

对于同一种类秸秆，均匀度对堆积密度有较大影响。由图 2-26 可知，同一粉碎机粉碎不同地区玉米秸秆，粉碎后的原料存在一定的粒度差异：黑龙江、河北的玉米秸秆均匀度较好，均小于 10，粉碎原料较均匀；内蒙古、河南玉米秸秆均匀度较差，均大于 11。均匀度越好的原料，堆积密度越大。因为，粉碎的玉米秸秆粒度越均匀，原料粒子之间的间隙越少，排列越紧密，堆积密度越大。堆积密度对原料的仓储设计具有直接参考价值，不同地区玉米秸秆原料仓储和输送设备的设计中应充分考虑到地区性差异，内蒙古、河南地区的相应设备尺寸应加大，以适应原料的空间需求。

2）堆积角特性测试

不同地区粉碎后玉米秸秆的静态堆积角在48°～51°之间，差异不显著（$P>0.05$，$P$为统计学中用来判定假设检验结果的一个参数），且均大于46°，属于流动性极差的原料。粉碎玉米秸秆属于轻质疏松原料，极容易堆积。动态堆积角在17°～31°之间，存在一定差异（$P>0.05$），内蒙古地区的玉米秸秆动态堆积角比其他地区略小。这是由于内蒙古玉米秸秆的均匀度差，振动时，原料较大粒径的粒子更容易滑落。

对于不同地区粉碎后玉米秸秆，原料的全水分直接影响静态堆积角和动态堆积角的变化，如图2-27所示。随着全水分增大，动态堆积角越大。原因是含水量增大，原料颗粒之间黏聚力增大，导致堆积角随湿度增加而增大。

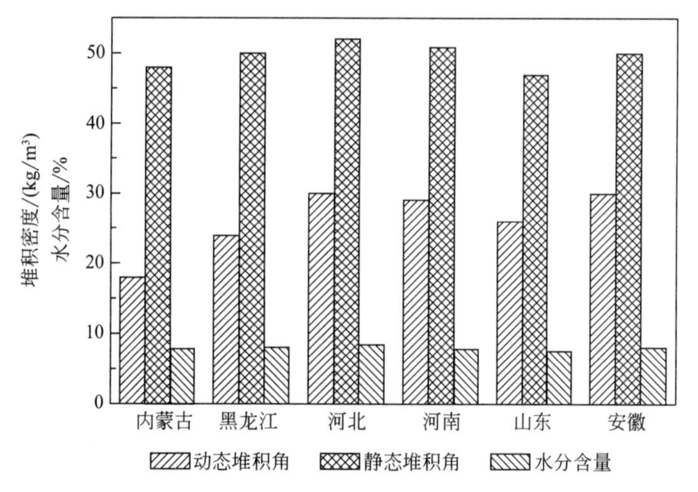


**图2-27 不同地区玉米秸秆的堆积角**

3）摩擦系数特性测试

不同地区粉碎后玉米秸秆的内外摩擦系数变化均不显著（$P>0.05$）。不同地区玉米秸秆与金属的最大静摩擦系数在0.49～0.55之间，滑动摩擦系数$\mu_{k1}$在0.43～0.47之间；与橡胶的最大静摩擦系数$\mu_{s2}$在0.58～0.60之间，滑动摩擦系数$\mu_{k2}$在0.45～0.56之间；原料的内摩擦系数在0.62～0.73之间。玉米秸秆的内摩擦系数大于原料与橡胶材料的摩擦系数，大于原料与金属材料的摩擦系数，如图2-28所示。图2-28中，$\mu_{k3}$为玉米原料与橡胶的摩擦系数，其值在0.58～0.60之间；$\mu_{k4}$为玉米原料与金属材料的摩擦系数，其值在0.40～0.53之间。

外摩擦系数对确定秸秆原料加工设备的动力功率、摩擦副材料的选用，对摩擦表面加工工艺的确定，对摩擦磨损机理的研究等都有参考价值。不同地区的粉碎后玉米秸秆的内外摩擦特性基本一致，这简化了秸秆类压缩机具的设计，可将同一型号的秸秆压缩机具适应不同地区的玉米秸秆，只需根据不同地区玉米秸秆的堆积密度不同，调节进料量，以满足压缩机具的生产率要求即可。静态堆积角和内摩擦角都能反映出原料的内摩擦特性。静态堆积角表示单粒物料在物料堆上的滚落能力，是内摩擦特性的外观表现。内摩擦角反映散粒物料层与层间的摩擦特性。数值上堆积角始终大于内摩擦角，对无黏聚力的散粒物料，堆积角等于内摩擦角。粉碎后玉米秸秆的内摩擦角集中在31°～36°之间，比静态堆积角小，可见玉米秸秆原料自身存在一定的黏聚力。

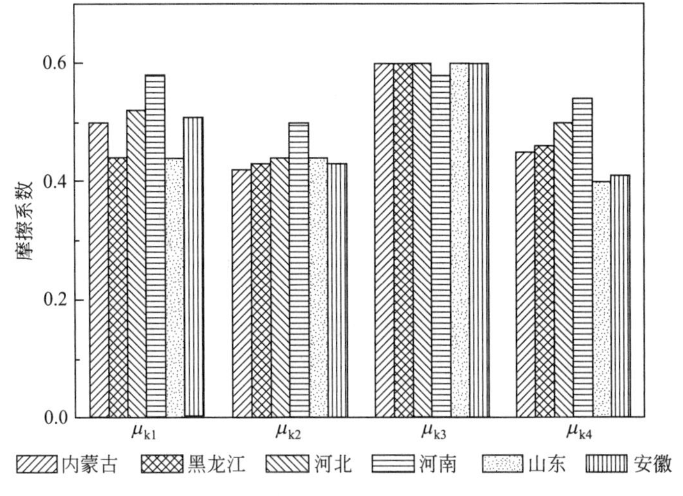


图 2-28 不同地区粉碎后玉米秸秆的摩擦系数

（2）木质生物质的粉碎特性研究

木质材料与金属材料相比，具有比强度（强度/密度）大、易于加工的特点。由于生长特征，其各方向的物理力学性能不一致。木质材料的基本组分包括纤维素、半纤维素、木质素和浸提物。纤维素、半纤维素和木质素属于组成木质材料细胞壁的物质，浸提物则属于细胞的内含物，多存于细胞腔中。

木质材料的基本性质是由组成细胞壁的物质即纤维素、半纤维素和木质素的性质决定的。纤维素赋予木质材料弹性和强度；木质素赋予木质材料硬度和刚性；半纤维素赋予木质材料剪切强度。

影响木质生物质粉碎特性的主要因素如下。

1）木质材料密度的影响

木质材料密度是单位体积内木质材料细胞壁物质的数量，是决定木质材料强度和刚度的物质基础，木质材料强度和刚度随木质材料密度的增大而增高。木质材料的弹性模量值随木质材料密度的增大而线性增高，剪切弹性模量也受密度影响，但相关系数较低。

2）含水率的影响

木质材料中水分的质量和木质材料自身质量之比称为木质材料的含水率。含水率是影响粉碎工艺的最主要的因素之一。含水率在纤维饱和点以上时，自由水虽然充满导管、管胞和木质材料组织其他分子的大毛细管，但只浸入到木质材料细胞内部和细胞间隙，同木质材料的实际物质没有直接相结合，所以对木质材料的力学性质几乎没有影响，木质材料强度呈现出一定的值。当含水率在纤维饱和点以下时，结合水吸着于木质材料内部表面，随着含水率的下降，木质材料发生干缩，胶束之间的内聚力增大，内摩擦系数增高，密度增大，因而木质材料力学强度急剧增加。木质材料含水率分为绝对含水率和相对含水率两种。以绝干木质材料的质量作为计算基础，得到的木质材料含水率称为绝对含水率：

$$M=\frac{G_s-G_g}{G_g}\times 100\% \tag{2-23}$$

式中　$M$ ——绝对含水率；

$G_s$——木质材料湿重；

$G_g$——木质材料绝干重。

以湿材质量作为计算基础，得到的木质材料含水率称为相对含水率：

$$M_0=\frac{G_s-G_g}{G_s}\times 100\% \tag{2-24}$$

式中　$M_0$——相对含水率。

绝对含水率式中，绝干质量是固定不变的，其结果确定、准确，可以用于比较，因此在生产和科学研究中，木质材料含水率通常以绝对含水率来表示。相对含水率式中，以含水木质材料质量为基数，木质材料初期质量是变化的，增减相同质量水分时，其含水率的变化并不相等，计算出的结果也不确定，因此应用较少，仅在造纸工业和纤维板工业及计算木质材料燃料水分含量时作为参考。

木质材料的密度是指在给定的含水率下，木质材料的质量对该材料的体积之比。木质生物质的密度是粉碎设备设计、粉碎工艺制定及粉碎体存储、运输时要考虑的重要参数。

由表 2-8 可知：

a. 木质生物质的密度随材质不同而不同；b. 实验数据可以为后续粉碎生产流程的制定，粉碎设备的设计以及木质生物质粉体的存储、运输提供决策依据；c. 被粉碎物料颗粒尺寸越小，木质生物质的密度越大。

**表 2-8　木质生物质含水率及密度的测定**

| 样品名称 | 试样粒度/mm | 绝对含水率/% | 初始密度/(g/cm$^3$) | 绝干密度/(g/cm$^3$) |
|---|---|---|---|---|
| 秸秆粉 | <1 | 3.91 | 0.140 | 0.122 |
| 秸秆粉 | 1～2 | 3.50 | 0.125 | 0.099 |
| 秸秆粉 | 2～3.4 | 2.95 | 0.094 | 0.079 |
| 木屑 | <1 | 3.84 | 0.182 | 0.167 |
| 木屑 | 1～2 | 2.87 | 0.145 | 0.134 |
| 木屑 | 2～3.4 | 2.74 | 0.136 | 0.124 |
| 刨花 | <1 | 1.44 | 0.071 | 0.082 |
| 刨花 | 1～2 | 1.32 | 0.062 | 0.072 |
| 刨花 | 2～2.4 | 1.23 | 0.058 | 0.067 |

含水率是影响粉碎工艺的最主要的因素之一。研究表明，在粉碎过程中，原料中水分增加率越高，产量降低率就越低，但并不是含水率越低越好，当含水率低于 10%时，粉碎机能耗增大。这是因为木质生物质的塑性随含水率的增加而增大，因而原料含水率过高，会使切削力增大，功率消耗增加。而随着含水率的下降，原料发生干缩，内摩擦系数增高，密度增大，使原料的力学强度急剧增加，也会使切削力增大，功率消耗增加，加剧刀具磨损。因此粉碎之前应对原料进行干燥处理。

3）干燥的影响

木材和其他许多材料一样，强度随温度的降低而增大，但温度的改变又与含水率的变化有关。温度在20～160℃范围内，木质材料强度随温度升高而均匀下降；当温度超过160℃时，半纤维素、木质素发生玻璃化转变，从而使木质材料软化，塑性增大，力学强度下降速率明显增大。湿材随温度升高而强度下降的程度明显高于干材。

干燥是利用热能将物料中的水分蒸发排出，获得固体产品的过程，简单来说就是加热湿物料，从而使水分汽化的过程。木质生物质干燥有自然干燥和人工干燥两种方式。下面主要介绍自然干燥。

自然干燥就是让原料暴露在大气中，通过自然风、太阳光照射等方式去除水分。这是最古老、最简单、最实用的一种生物质干燥方法。原料最终水分与当地的气候有直接关系，是由大气中水分含量决定的。

自然干燥法不需要特殊的设备，成本低，但易受自然气候条件的制约，劳动强度大、效率低，干燥后生物质的含水量难以控制。根据我国的气候情况，秸秆自然干燥含水率一般在8%左右。自然干燥方式耗时长，且受天气变化的影响较大，不适用于生物质原料的规模化利用。秸秆和木材粉碎性能相比，相同粉碎条件下，秸秆颗粒粒度在20目及40目以下的比例都大于木材。木材韧性大、密度大、强度高、树皮含量大，更不易被粉碎。材质密度越大，粉碎需要的功耗越大。对木材进行预加工时，要避免削片后树皮表面积比例过大。

# 2.4 生物质压缩成型特性及机理

生物质能的各种利用技术，都需要对生物质进行前期的预处理，因此生物质前期的预处理成为生物质能源规模化利用的核心因素。在生物质预处理技术中，压缩成型技术是最重要的技术手段之一。

## 2.4.1 生物质压缩成型过程

粉碎后的生物质，在成型机预压阶段受压力和温度的作用开始软化，体积减小，密度增大。进入成型阶段后，原料温度提高至160～180℃，生物质呈熔融状态，粒子之间流动性增加，以正压力为主的多种受力作用增强，大小不一的生物质颗粒发生塑性变形，相互填充、胶合、黏结，燃料体积进一步减小，密度增大，随着压力提升，原料开始成型。进入保型阶段后，因成型腔内径尺寸略有增大，高密度生物质成型燃料内应力松弛，生物质温度逐渐降低，各类黏结剂冷却固化，在保型腔内，生物质成型燃料逐渐接近设计的松弛密度，然后被推出成型腔，成为生物质成型燃料成品。

多数粉碎后的生物质原料在较低的压力作用下结构就被破坏，形成大小不一的颗粒，在生物质成型燃料内部产生架桥现象。随着压力的增大，细小的颗粒之间相互填充，产品的密度和强度显著提高。大颗粒变成更小的颗粒，并发生塑性变形或流动，颗粒间接触更加紧密。构成生物质成型燃料的粒子越小，粒子间填充程度就越高，接触越紧密。当粒子的粒度小到一定程度（一般为几微米到几百微米）后，粒子间的分子引力、静电引力和液相附着力即毛细管力上升到主导地位，燃料强度会达到更高的程度[9]。

### 2.4.2 生物质压缩成型需要的基本条件

自然状态的生物质松散无序，堆积密度小，将自然状态的生物质不经过压缩成型直接作为燃料，燃烧持续时间短，且需要较大体积的燃烧炉膛，生物质压缩成型形成的固体燃料极大地提高了生物质的能源密度。

（1）生物质本身特性

1）适宜的含水率

生物质内的水分流动于生物质团粒之间，是一种必不可少的自由基，适宜的含水率能提高生物质成型流动性。在适当加压作用下，生物质内的水分与糖类或果胶一起形成胶体，起到良好成型黏结剂的作用。另外，有实验表明，含水率的升高能降低生物质的软化温度。不同的生物质在原料加工过程中对含水率的要求不一，一般为15%～20%，含水率过低或过高都不宜成型。应特别提出，不论是哪种成型机，当水分过低时难以发动，水分过高时难以成型，且易产生“放炮”现象。

2）具备可压缩的空间结构

生物质材料松散无序，堆积密度低，分子间间隙大，有很大的可压缩空间。当施加外力时，可排出原料间隙中的空气，使得生物质颗粒分子致密紧凑。生物质具备可压缩的空间结构，一方面利于生物质的压缩成型，另一方面保持了生物质成型燃料的稳定性和抗潮解性能。

3）生物质本身含有黏性分子

在生物质成型过程中：内部含有的淀粉类物质的凝胶和糊化作用起到了黏结剂的作用；生物质本身含有的蛋白质之间聚合、共价耦合会增强物质之间的黏结作用；生物质内的木质素在高温状态下熔融，形成天然黏结剂；生物质内部纤维素分子连接形成纤丝，起到类似钢筋在混凝土中的加强作用，成为提高成型块强度的“骨架”。在适宜温度和压力下，生物质内含有的树脂、蜡质等物质的黏结作用也增强。

4）适宜的流动性

生物质中适量的脂肪和液体有利于成型时原料的流动，能够提高成型产率，且降低成型压力。但当生物质中的脂肪和液体含量过高时，则不利于生物质的黏结。

（2）外部条件

1）成型温度

成型温度的选择依据主要是生物质的软化温度和熔融温度。实验表明，纤维素的软化温度为120～160℃，半纤维素的软化温度为145～245℃，木质素的软化温度为134～187℃。由于生物质内成分不是单一的，包含各种碱金属元素和其他成分的交叉组合，因此，生物质的成型温度就不能按照单一成分来设定。实验表明，在成型时，生物质的软化温度为 110℃左右，成型熔融温度为 160～180℃。

2）成型压力

生物质传递能力差，流动性差，要使其压缩成型必须提供充足的压力，压力大小以燃料自由存在时保证设计密度，形状不发生变化为目标。通常成型腔应设计成三段控压系统：第一段为预压段，此段为水分蒸发段，同时原料开始软化；第二段为成型段，这一段原料应具有成型熔融的温度，纤维素、木质素和部分半纤维素软化成熔融状态；第三段为保型段，这一段要使压缩成型的燃料的内应力慢慢释放。有实验表明，成型压力与温度有直接关系，外部加热可以适当降低成型压力、减少磨损，进而降低能耗。

## 2.4.3　生物质压缩成型机理研究

生物质主要由纤维素、半纤维素和木质素组成，由于生物质生理方面的原因造成其质地松散。各种生物质之所以能够在不加黏结剂的作用下热压成型，主要是由于有木质素的存在。天然状态的木质素被称为原本木质素，是一种白色或接近无色的物质，我们见到的木质素的颜色是在分离和制备过程中造成的。由 X 射线衍射可知木质素为非晶体，一般认为木质素以丙烷为主体结构，共分为愈创木酚结构、紫丁香基结构和对羟苯基结构三种基本结构。除酸木质素和铜氨木质素外，原本木质素和大多数分离木质素为一种热塑性高的分子，无确定的熔点，但具有玻璃化转化温度（表 2-9）且较高，这种转化温度与其处于湿态或干态关系很大[10]。

表 2-9　各种分离木质素的玻璃化转化温度

| 生物质种类 | 分离木质素 | 玻璃化转化温度/℃ | |
|---|---|---|---|
| | | 干燥状态 | 吸湿状态(水分/%) |
| 云杉 | 高碘酸木质素 | 193 | 115(12.6) |
| 云杉 | 二氧六环木质素 | 146 | 92(7.2) |
| 桦木 | 高碘酸木质素 | 179 | 128(12.1) |
| 针叶木 | 木质素磺酸钠 | 235 | 118(21.6) |

实验表明：当温度在 80～110℃时木质素开始软化，其黏合力开始增加；当温度达到 200～300℃时开始熔融，在此温度下给生物质加压，原料颗粒开始重新排列，并发生机械变形和塑性流变。在垂直于最大应力的方向上，粒子主要以相互啮合的形式结合，而在垂直于最小应力的方向上，粒子主要以相互靠紧的形式结合，从而使生物质的体积大幅度减小，容积密度显著增大，成型棒内部咬合、外部融合，并具有一定的形状和强度。在除去外力和恢复常温后，维持既定的形状。

（1）生物质压缩成型过程中的生物构造

细胞是构成生物质的基本形态单位，要了解生物质及其压缩成型产品的性质和品质，就必须了解生物质细胞壁的壁层结构，并且生物质各种物理力学性质在宏观表现的各向异性都与细胞有关。

细胞壁形成过程如下：由许多呋喃型 *D*-葡萄糖基以 1,4-$\beta$-糖苷键联合形成纤维素分子链；再由纤维素分子链聚集成束，构成基本纤丝；基本纤丝再组成丝状的微团系统——微纤丝；然后再经过一系列的组合过程，即微纤丝组成纤丝，纤丝组成粗纤丝，粗纤丝组成薄层，薄层又形成细胞壁的初生壁、次生壁，进而形成了生物质的管胞、导管和木纤维等重要组成分子。生物质管胞细胞壁的微细结构如图 2-29 所示。

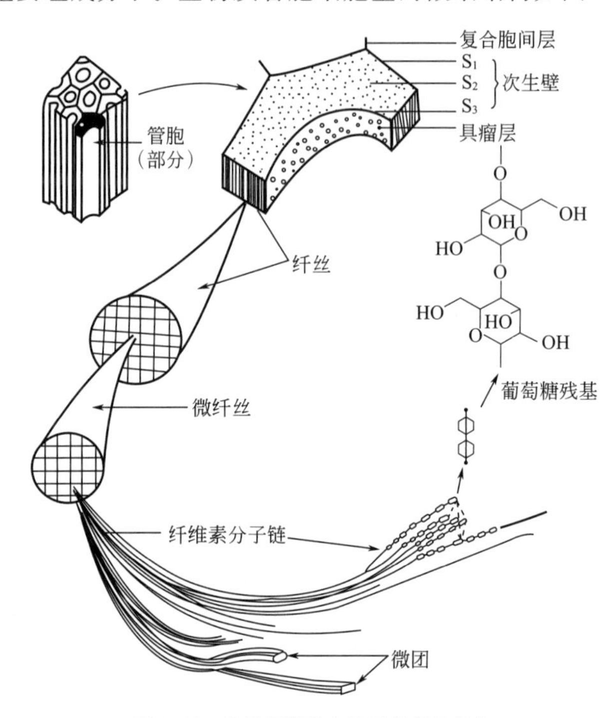


图 2-29　生物质管胞细胞壁的微细结构

在图 2-29 中，沿基本纤丝的长度方向，纤维素大分子链的排列状态并不相同：在纤维素大分子链排列最密集的地方，分子链平行排列，定向良好，为纤维素结晶区，在结晶区内，分子链之间的结合力随着分子链间距的缩小而增大；在分子链排列稀疏，间隙较大的地方，分子链排列的平行度下降，分子链之间的结合力下降，为纤维素非结晶区。对于生物质来说，在一个级别纤丝的长度方向上可能包括几个结晶区和非结晶区[9]。

生物质细胞壁的各部分常常由于化学组成的不同和微纤丝排列方向的不同，在结构上分出层次，通常可将细胞壁分为初生壁（P）、次生壁（S）和两细胞间存在的胞间层（ML）。

细胞壁的壁层结构如图 2-30 所示。

生物质纤维初生壁（P）的微细纤维是零乱的网状结构，形成初期主要由纤维素组成，后期木质素的浓度较高，其排列状态在不同生物质纤维中没有明显差异。次生壁在整个细胞壁中厚度最大，其微细纤维排列状态却有较大差异，虽然各层微纤丝均为螺旋取向，但与纤维轴的夹角不同。次生壁外层（$S_1$）的微纤丝排列的平行度较差，夹角为 50°～70°；次生壁中层（$S_2$）的微纤丝排列的平行度最好，夹角为 10°～30°；次生壁内层（$S_3$）的微纤丝排列的平行度最差，夹角为 60°～90°，呈不规则的环状排列。另外，夹角小于 30°的微纤丝易帚化，夹角大于 30°的微纤丝不易帚化，夹角越小，纤维

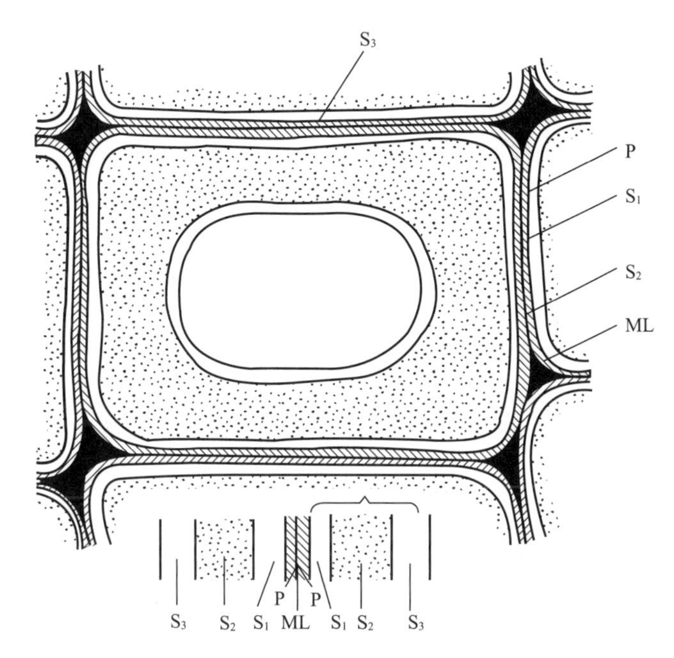


图 2-30　生物质管胞细胞壁的壁层结构

强度越大。

从图 2-30 中可以看到，次生壁在整个细胞壁中厚度最大。在次生壁中，$S_1$ 和 $S_3$ 均较薄，$S_2$ 最厚，生物质的管胞、导管和木纤维等重要组成分子大部分都分布于 $S_2$。胞间层是细胞分裂以后最早形成的分隔部分，主要由一种无定形、胶体状的果胶物质组成，呈各向同性。

根据后面不同生物质原料压缩成型的实验研究可知，生物质原料种类不同，它们的压缩成型曲线各有差异，这主要是不同生物质的细胞壁壁层结构不尽相同的缘故。根据实验所用的五种生物质原料（玉米秸秆、小麦秸秆、棉花秸秆、玉米芯、稻草）的不同壁层结构特点，可以用图 2-31 中两种生物质纤维超微结构模型来表示。

第一种模型细胞腔较大，$S_1$ 较厚，$S_2$ 微纤丝角度较大，由 ML、P、$S_1$、$S_2$、$S_3$

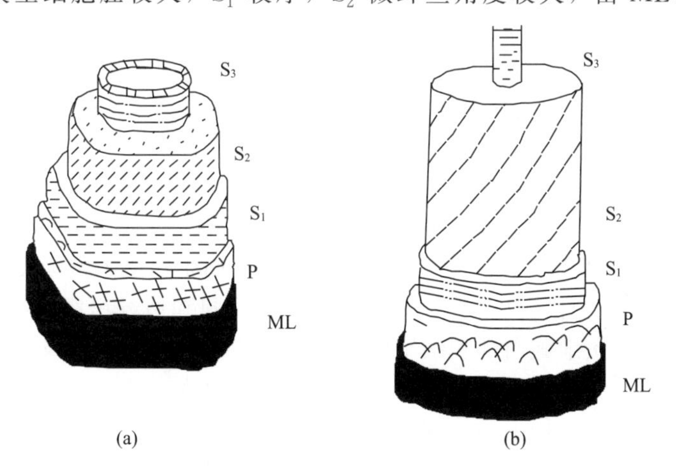


图 2-31　生物质纤维的超微结构模型

组成。微纤丝排列状态各异，ML为网状，$S_1$为近横向交叉螺旋形，$S_2$为缠绕角30°～40°的平螺旋形，$S_3$为近于横向交叉螺旋形。第二种模型特点是细胞腔很小，细胞壁厚，$S_2$是细胞壁的最主要部分，其微纤丝的缠绕角为30°～40°。对于实验原料来讲，稻草和玉米芯主要由第一种模型纤维构成，玉米秸秆、小麦秸秆和棉花秸秆主要由第二种模型纤维构成。

了解生物质的生物结构，有助于研究生物质压缩成型过程中组织结构的变化。当对生物质施加压力时，首先是胞间层受压缩，空隙率逐渐减少；当压力逐渐增大时，初生壁在压力作用下慢慢变薄，由于初生壁较薄，且木质素含量较高，所以压溃程度较大；当压力继续增大时，次生壁开始受压，由于次生壁厚度最大，主要成分为纤维素和半纤维素的混合物，所以抗压强度较大，再加上内层为中空的细胞腔，所以供微纤丝变形的空间较大，故压溃程度较小；伴随着压力继续增大，细胞腔被压缩，胞腔逐渐变小。研究表明，在相同的压力条件下，稻草和玉米芯压缩成型的致密性比玉米秸秆、小麦秸秆、棉花秸秆的致密性要好。

(2) 生物质成型过程中的力学性质

生物质作为一种非均质的、各向异性的天然高分子材料，其力学特性与其他均质材料有着明显的差异。生物质的力学特性包括弹性、塑性、强度（抗拉强度、抗压强度、抗弯强度、抗剪强度、扭曲强度、冲击韧性等）、硬度等。生物质的弹性是指应力在弹性极限下，一旦除去应力，物体的应变就完全消失，即应力解除后产生应变完全恢复的性质。生物质的塑性是指当应力超过生物质的弹性极限时，在应力作用下，生物质高分子结构发生变化和相互间移动，产生应变，应变随时间的增加而连续增大，除去应力后不可恢复的性质。生物质同时具有弹性和塑性的综合特性称为弹塑性。蠕变和松弛是弹塑性的主要内容，其中：蠕变是指在恒定应力下，生物质应变随时间的延长而逐渐增大的现象；松弛是指在恒定应变条件下，应力随时间的延长而逐渐减小的现象。

对于上述出现的不同现象，可以用以下原因来解释：当生物质原料开始受压时，粒子发生了位置重新排列，以填充空气及水分被挤出留下的空隙，即发生弹性变形；在压力增大时，生物质粒子发生形变，坚固的韧性纤维对邻近的导管施加压力，导管的强度降低，因而导管壁被迫向腔内溃陷产生塑性变形，其空隙被坚固的韧性纤维占据；随着压力继续增大，一些非结晶区的链分子在形变中被撕裂或彼此之间发生滑移，不断伸开并逐渐相互平行，导致临近的链分子卷曲或损伤，产生额外结晶体，增加了内部的黏滞度，并使生物质内部积累越来越大的势能，一旦压力达到某一程度，平行的链分子彼此间发生滑动，产生蠕变。

生物质力学特性的性能指标受生物质含水率的影响较大。当含水率在纤维饱和点以下时，结合水吸附在生物质内部表面；当含水率下降时，生物质发生干缩现象，胶束之间的内聚力增高，内摩擦系数变大，密度增大，因而生物质力学强度急剧增加。当含水率在纤维饱和点以上时，自由水虽然充满导管、管胞和秸秆组织其他分子的大毛细管，但只是浸入到生物质细胞内部和细胞间隙，与生物质的实体物质没有直接结合，所以对生物质的力学性质影响不大，生物质力学强度基本上为定值。

(3) 生物质成型过程中的物理性质

生物质是由实体、水分及空气组成的多孔性材料，其主要物质形态是不同粒径的粒子。正因如此，生物质的粒子排列通常都比较疏松，粒子间空隙较大，所以生物质密度较小。由于生物质构造的特殊性，生物质粒子的填充和流动等特性对压缩成型具有十分重要的影响。

生物质在压缩成型过程中所表现的粒子特性可以用图 2-32 来表示。

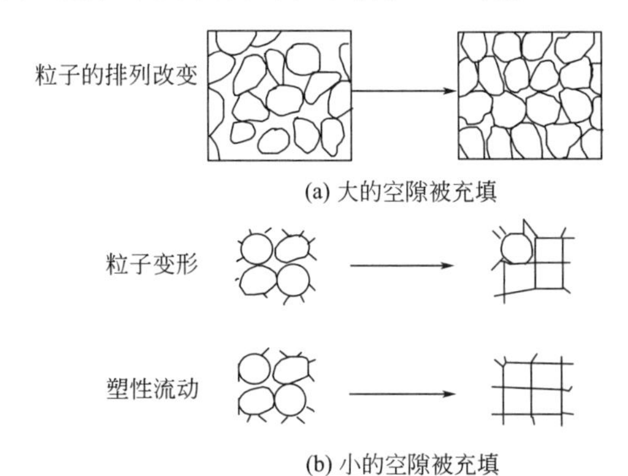


**图 2-32　生物质压缩成型过程中的粒子变化示意图**

由图 2-32 可知，当生物质开始压缩成型时，由于压力较小，粒子在压力作用下慢慢挤紧，首先排去粒子间的空气和水分，当空气和水分被排出后，部分粒子占据此空隙。在压力的连续作用下，粒子发生位置不断错位的现象，由原来杂乱无章的排列逐渐变得有序，随着压力的继续增大，空隙越来越小，此时大粒径的粒子在压力作用下，发生破裂现象，变成细小的粒子，并产生变形，以填补粒子周围较小的空隙。当压力再增加时，粒子发生塑性变形，在垂直于主应力方向上，粒子被延展，相邻的粒子靠啮合的方式紧密结合，在平行于主应力方向上，粒子变薄，相邻的粒子靠贴合的方式紧密接触。由于生物质是弹塑性体，当发生塑性形变后，不再恢复到原有的结构形貌，粒子间贮存部分残余应力，使粒子结合更加牢固，这是生物质成型燃料表现较好致密性的一个重要原因。对于玉米秸秆、棉花秸秆、小麦秸秆、玉米芯和稻草来讲，由于小麦秸秆微纤丝排列的平行度最差，纤维强度最低，在压力作用下，大粒径的粒子较其他原料粒子易发生破裂现象，变成细小的粒子，粒子间空隙被填补得更充分，故颗粒成型燃料的致密性最好。

在生物质物理性质中，生物质含水率的高低对生物质压缩成型影响较大，所以有必要对生物质中水分的存在状态进行研究。生物质中水分可以分为自由水和结合水两类，其中自由水存在于生物质的细胞腔中，结合水存在于细胞壁中。结合水在生物质细胞壁中的位置如图 2-33 所示，生物质中水分的存在状态和存在位置如图 2-34 所示。

引起生物质中水分移动的原因很多，包括基于压力差的毛细管中水分的移动，基于浓度差的扩散，自由水在细胞腔表面的蒸发和凝结，以及细胞壁中结合水的吸附和解吸等。生物质中水分的移动途径主要是通过导管，导管上有穿孔，在纤维方向上水分可以通过穿孔从一个导管到相邻界上的纹孔移动。

了解生物质中水分的存在状态和水分的移动途径，有利于分析生物质含水率的高低对生物质压缩成型的内在影响。当生物质含水率在纤维饱和点以下时，生物质中只有结合水，此时结合水与细胞壁无定型区（由纤维素非结晶区、半纤维素和木质素组成）中的羟基形成氢键结合。在压力作用下，粒子虽然发生了排列组合及变形，但在垂直于主

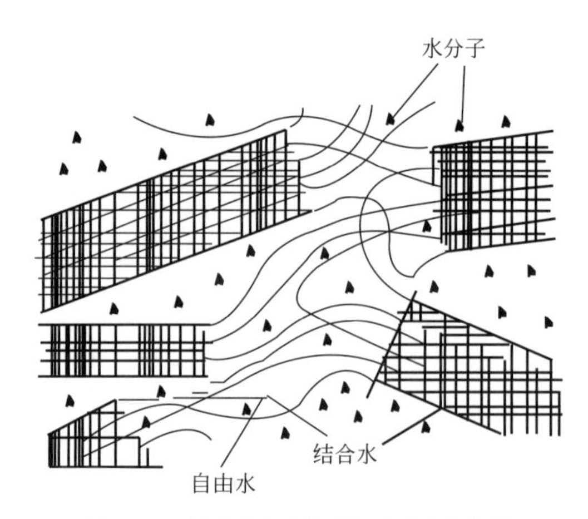

图 2-33 结合水在生物质细胞壁中的位置

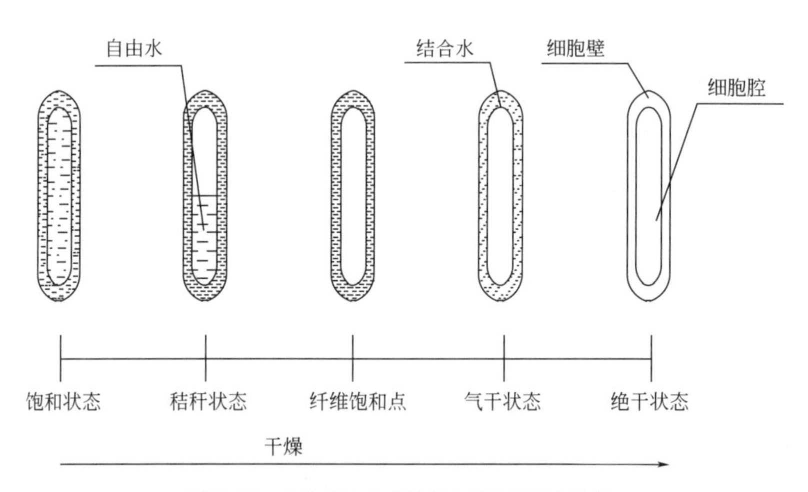

图 2-34 生物质中水分的存在状态和存在位置

应力方向上，由于摩擦力急剧增大，流动性极差，粒子不能很好地被延展，所以导致不能成型。当生物质含水率在纤维饱和点以上时，生物质中的水分包括自由水和结合水两部分。当自由水过低时，在压力作用下，生物质细胞发生挤压变形，细胞中的导管易压紧变细，增加了水分传输的阻力，再加上水分过低时的扩散能力减弱，导致水分不能很好地移动，粒子流动性较差，粒子也不能较好地被延展，导致压缩成型较差；当自由水过高时，虽然基于浓度差的水分扩散能力增强，粒子流动性较好，粒子也能很好地被延展，但在平行于应力方向上，由于过多的水分被排挤在粒子层之间，粒子层之间贴合不紧，也导致成型不好。所以控制生物质含水率在适当范围内，是生物质压缩成型的一个重要因素，实验表明，当生物质含水率约为17%时压缩成型效果最佳。

（4）生物质成型过程中的化学性质

生物质之所以能够压缩成型，其化学性质是一个极其重要的因素。研究生物质的化学组成和各自在压缩成型过程中的作用，对于探索生物质压缩成型机理至关重要。

生物质的化学成分包括主要组分和少量组分，主要组分是构成生物质细胞壁和胞间层的物质，由纤维素、半纤维素和木质素三种高分子化合物组成，少量组分主要包括有机物和灰分等。

生物质化学成分的组成如图 2-35 所示。

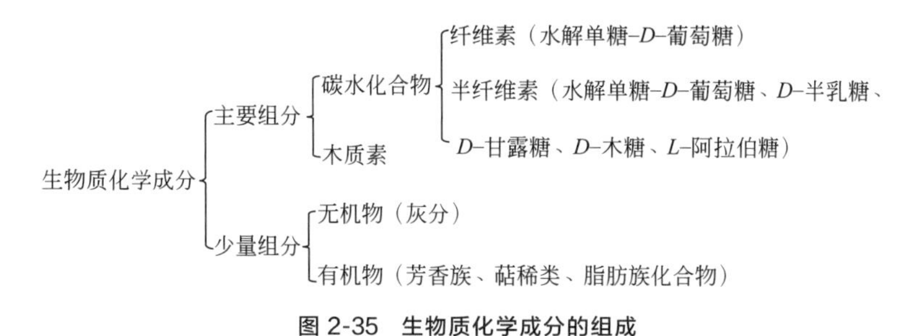


图 2-35　生物质化学成分的组成

从图 2-35 中可见，三种主要化学成分对细胞壁所起的物理作用有所不同。纤维素是以分子链聚集成排列有序的微纤丝束状态存在于细胞壁中，赋予生物质抗拉强度，起到骨架作用，故称为细胞壁的骨架物质；半纤维素以无定形状态渗透在骨架物质之中，以增加细胞壁的刚性，故称为基本物质；而木质素是在细胞分化的最后阶段形成的，它渗透在细胞壁的骨架物质中，使细胞壁变得坚硬，被称为结壳物质或硬固物质。因此，根据秸秆细胞壁这三种化学成分所起的物理作用特征，形象地将秸秆的细胞壁称为“钢筋混凝土结构”。

表 2-10 是六种常见生物质的三种主要化学成分组成。

表 2-10　六种常见生物质的三种主要化学成分组成

| 样品名称 | 纤维素/% | 半纤维素/% | 木质素/% | 总纤维素/% |
|---|---|---|---|---|
| 玉米秸秆 | 38 | 25 | 18 | 63 |
| 玉米芯 | 36 | 25 | 17 | 61 |
| 棉花秸秆 | 45 | 20 | 20 | 65 |
| 小麦秸秆 | 42 | 26 | 23 | 68 |
| 稻草 | 27 | 25 | 12 | 52 |
| 木屑 | 48 | 27 | 27 | 75 |

从表 2-10 中可以看出，在所列的生物质三种主要化学成分中，原料不同，其组成的比例也有所差异。对于木质素和纤维素而言，木屑含量最大，玉米秸秆、棉花秸秆、玉米芯和小麦秸秆次之且比较接近，稻草最小；对于半纤维素而言，除棉花秸秆略低外，其他原料的成分基本相同。

在生物质压缩成型过程中，上述三种主要化学成分所起的作用各不相同。木质素被认为是生物质中最好的内在黏合剂，它是由苯丙烷结构单元构成，具有三维空间结构的天然高分子化合物。在自然条件下，木质素与水及其他有机溶剂几乎不相溶，在 100℃时才开始软化，在 160℃时开始熔融形成胶体物质。但在生物质压缩成型过程中，在压力和水分的共同作用下，木质素的大分子易碎片化，进而发生缩合和降解，溶解性发生显著变化，生成可溶解木质素和不溶性木质素。此外，酚羟基和醇羟基的存在，促使碱性木质素溶解，木质素磺酸盐与水溶解可形成胶体溶液，起到黏合剂的作用，通过黏附和聚合生物质颗粒，进而提高了生物质成型燃料的结合强度和耐久性。半纤维素由多聚糖组成，具有分枝度，主链和侧链上含有较多羟基、羧基等亲水性基团，是生物质中吸湿性较强的成分，在压力和水分共同作用下可转化为木质素，也可起到黏合剂的功能。纤维素是由大量葡萄糖基组成的链状高分子化合物构成的，不溶于水，主要功能基是羟基，通过羟基之间或羟基与氧、氮、硫基团能够结合成氢键，能量强于范德华力。在压缩成型过程中，由氢键连接成的纤丝在黏聚体内发挥了类似混凝土的“钢筋”加强作用，成为提高生物质成型燃料强度的“骨架”。

（5）生物质成型过程的黏结机理

就不同材料的压缩成型而言，成型物内部的黏结力类型和黏合方式可分为五类，分别是：固体颗粒桥接或架桥；非自由移动黏合剂作用的黏合力；自由移动液体的表面张力和毛细压力；粒子间的分子吸引力或静电引力；固体粒子间的填充或嵌合[11]。

由于农作物秸秆的木质素和半纤维素含量较高，在压缩成型过程中发挥了较强的黏合剂作用，生物质颗粒不断地被黏附和聚合，直至最后致密成型，说明非自由移动黏合剂所表现出的黏合力是生物质原料能够压缩成型的重要原因。

对于生物质原料来说，由于原料粒度大小不一，纤维素分子链排序也不尽相同，当处于相同压力时，结晶区和非结晶区的纤维素分子链断裂也不一样，所以会形成不同形状和大小不一的颗粒，在压缩过程中易产生固体颗粒桥接或架桥现象，进而影响生物质成型燃料的松弛密度和耐久性，生物质原料不同，出现固体颗粒桥接或架桥现象的程度也有差异，对于木屑来讲，由于原料粒度较玉米秸秆小得多，在相同压力作用下，产生的细小颗粒均匀度较玉米秸秆强，颗粒之间容易发生紧密填充，所以木屑成型燃料的物理品质较玉米秸秆好。

此外，粒子相互填充和嵌合是秸秆压缩成型过程的重要途径，在垂直于主应力方向上，粒子被延展，相邻的粒子靠啮合的方式紧密结合，在平行于主应力方向上，粒子变薄，相邻的粒子靠贴合的方式紧密接触。由于生物质是弹塑性体，当发生塑性变形后，不再恢复到原有结构形状，粒子间储存部分残余应力，使粒子结合更加牢固。

（6）生物质颗粒的填充、变形、塑性变化机理

在不添加黏结剂的压缩成型过程中，生物质颗粒在外部压力作用下相互滑动，颗粒间的孔隙减小，颗粒在压力作用下发生塑性变形，并达到黏结成型的目的。对大颗粒而言，颗粒之间以交错黏结为主；对于很小的颗粒而言，颗粒之间以吸引力（分子间的范德华力或静电力）黏结为主。

质地松散的生物质原料颗粒堆积时具有较高的空隙率，密度较小，松散细碎的生物质颗粒间被大量的空隙隔开，在受到一定的外部压力后，原料颗粒发生位移及重新排列，使空隙减少，颗粒间的接触状态发生变化，即一个颗粒开始同更多个颗粒接触，接触面积也增加，其中有一些颗粒是线或面的接触。在完成对模具有限空间的填充之后，颗粒达到了在原始微粒尺度上的重新排列和密实化，物料的松容重增加，从而实现密实填充。这一过程常伴随着原始颗粒的弹性变形和由相对位移而造成的表面破坏。在外部压力进一步增大之后，由应力产生的塑性变形使空隙率进一步降低，密度继续增高。颗粒间互相填充、非弹性或黏弹性纤维分子之间的相互缠绕和绞合，使得颗粒组合在去除外部压力后，不能再恢复原来的结构形状，从而达到成型的目的。

（7）生物质压缩成型过程受力分析

一般将生物质压缩成型过程中的受力分为预处理、预压成型、成型三个阶段。生物质原料所受的外力主要有轴向压力、径向力、剪切力及原料与模具之间的摩擦力等。

生物质原料在预处理阶段主要受轴向压力和剪切力的作用，对棒状成型来说，原料在预处理阶段主要受轴向压力，在这一阶段物料被破坏，颗粒减小，颗粒间发生不规则位移及摩擦升温，并排出松散物料中的多余水分，从而有效减小物料间的空隙，同时物料也发生局部弹性形变，形成了能够进入成型腔的颗粒团。在该阶段依靠较小的轴向压力就能获得较大体积的成型增量，有效地保证预压和成型段有较大的物料喂入量。对于环模或平模成型机来说，这段受力主要发生在物料进入预处理仓及进入成型腔前所承受的力，主要为轴向剪切力，即物料流动的摩擦力。

原料的预压阶段是对喂入后的物料进行压缩。此时物料温度逐渐升至软化点，承受的力主要是轴向压力和直径收缩时的径向反作用力。压力使物料颗粒发生较大位移，颗粒间的空隙进一步缩小，水分汽化排出，物料颗粒发生严重弹性变形，物料内部细小颗粒重新排列并相互填补，淀粉及糖类物料开始发生黏结作用，生物质成型燃料初具雏形。

物料在持续加压作用下由预压阶段进入成型段，这一阶段当温度升至 160℃以上时，物料中的木质素发生熔融，产生黏性，此时，物料承受较大的压力及与成型模具间的摩擦力，细小颗粒之间发生分子吸附力或静电引力，这样生物质原料基本形成了具有一定形状和密度的生物质成型燃料。因此，燃料在成型过程中的受力情况对燃料的成型起着决定性的作用。

## 2.5 生物质压缩成型的微观结构观测与分析

通过扫描电子显微镜（scanning electron microscope），进行不同压缩条件下生物质颗粒成型前后微观结构变化的观察与分析，通过对比生物质在压缩前后的微观结构变化，考察最佳压缩速率的取值，并分析压缩成型对生物质微观结构的影响规律，得出生物质压缩成型的微观结合模式[12]。

生物质样品采用戊二醛固定，乙醇系列脱水，经过中间醋酸异戊脂，过渡到 $CO_2$ 中，进行临界点干燥，采用常规样品黏合法，用离子溅射法镀上金属膜。由于黏合使用的样品极小，在观察试样的纵横截面时，需采用常规平面和小角度立体调整相配合的方法来完成。

### 2.5.1 同一压缩速率下的同一物料压缩前后微观结构对比分析

采用 40mm/min 的压缩速率对生物质原料压缩前后的微观结构进行观测，分析压缩成型对生物质微观结构的影响规律，进而探索生物质压缩成型的微观结合模式。

（1）小麦秸秆

图 2-36 和图 2-37 分别给出了小麦秸秆原料及成型颗粒燃料的纵横截面微观结构。

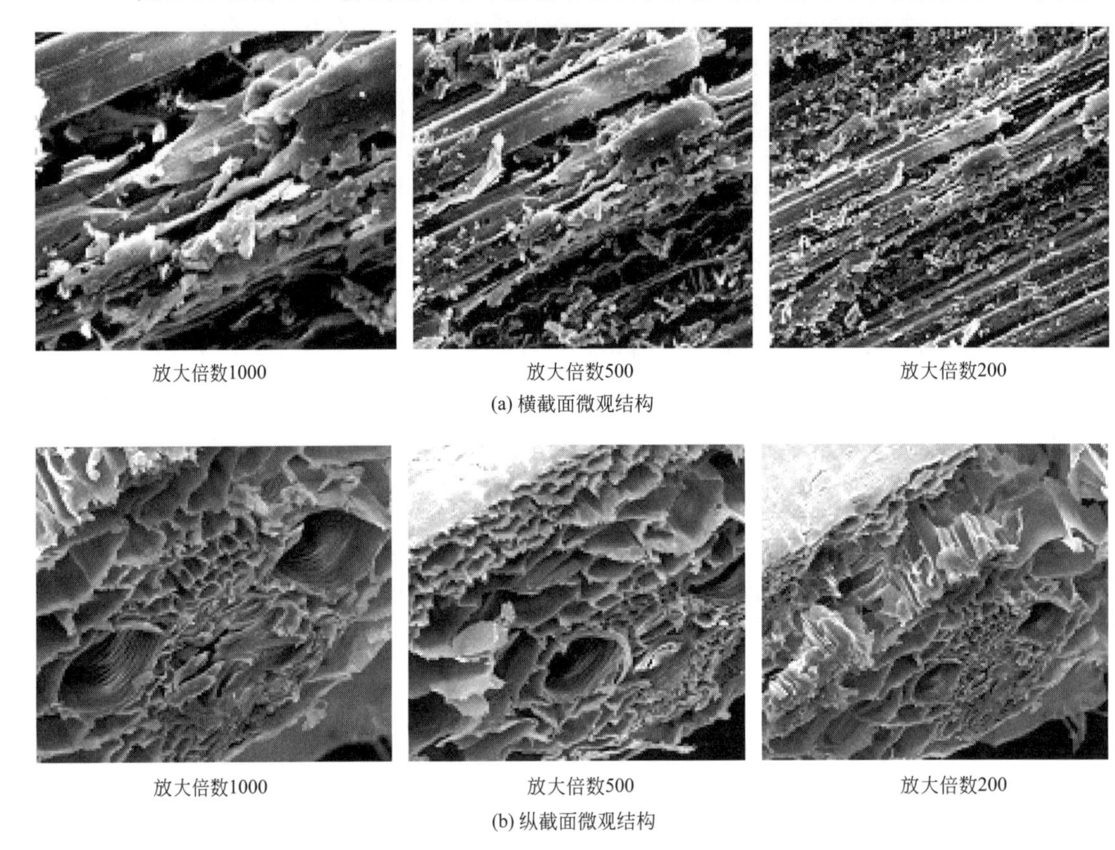


(a) 横截面微观结构

(b) 纵截面微观结构

**图 2-36　小麦秸秆原料的纵横截面微观结构**

从图 2-36 中可以看出，小麦秸秆由表皮、下皮层、基本薄壁组织和微管束组成。表皮由细胞组成，纵向壁平直，壁上有单纹孔。下皮层位于表皮下部，由多层纤维细胞构成的纤维组织带组成，具有细长的细胞腔，在扫描电子显微镜观察下为筒状的机械组织。基本薄壁组织位于下皮层下面，一直延伸到纵截面中部，其表面具有细小纹孔的薄壁细胞，起到传递载荷的作用。在下皮层和基本薄壁组织内，分布有大型微管束，呈连续纤维状，被基本组织细胞包围着，是决定力学性质的主要成分。外侧的维管束小而密，其导管孔径也小，位于下皮层的纤维组织带中。内侧的纤维束大而稀，其导管直径较大，导管之间为细小的管胞，分散排列在柔软的薄壁组织中。此区间的基本薄壁组织起到缓冲作用，增加了小麦秸秆的弹性和韧性。

由图 2-36 和图 2-37 对比可以看出，成型后的小麦秸秆颗粒燃料的微观结构发生了显著的变化。横截面的变形较纵截面的变形大，横截面上维管束严重扭曲，基本薄壁组织破碎无完形，但纵截面上维管束形状完好，在纤维束间尚嵌有完整的薄壁细胞，基本组织的胞腔轮廓依稀可见。引起上述现象的主要原因是：在轴向压力作用下，小麦秸秆原料的表皮首先受到挤压而被破坏，表皮细胞壁扭曲或褶皱后压扁致密；随着压力的继续增大，下皮层的纤维组织带受到相互挤压，并将力传至纤维束，由于下皮层的纤维束

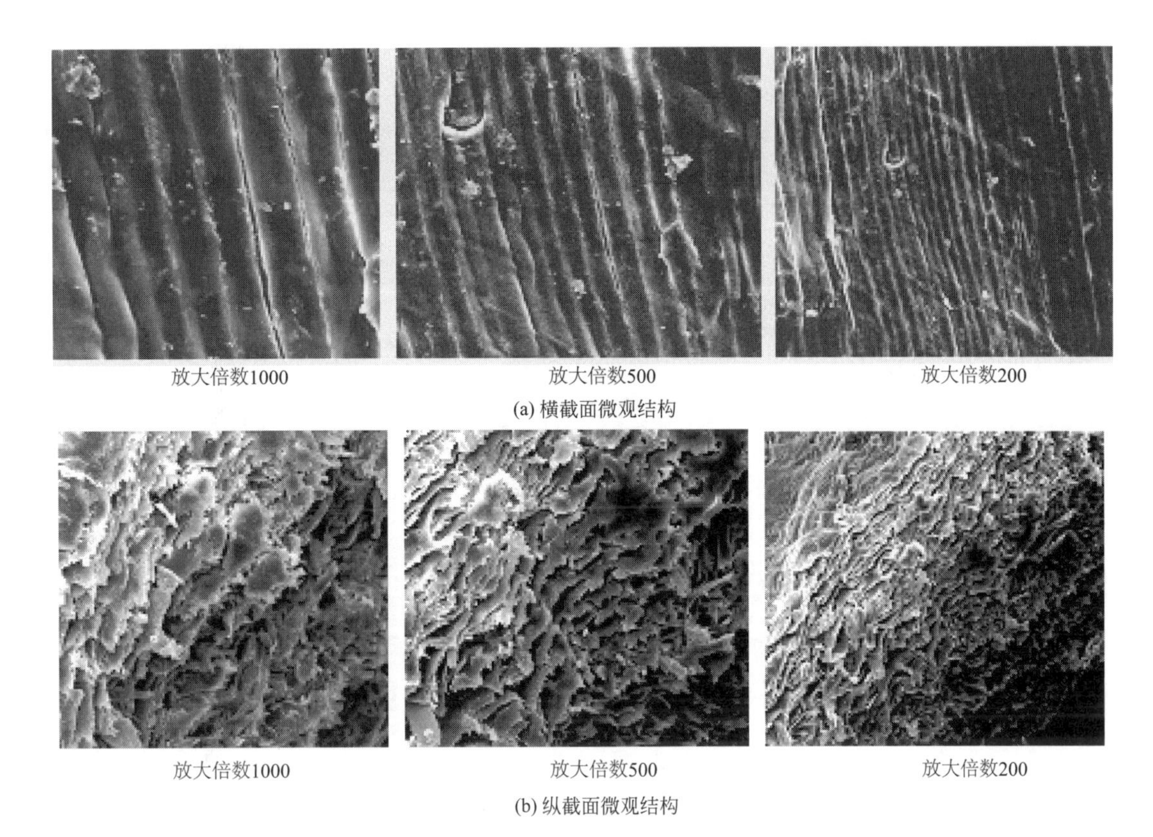


(a) 横截面微观结构

(b) 纵截面微观结构

**图 2-37　小麦秸秆成型颗粒燃料的纵横截面微观结构**

小而密，不易变形的纤维束含量高，周围基本薄壁组织含量相对少，而且导管孔径小，可供维管束变形或位移的空间小，下皮层的维管束开始发生严重扭曲，导管管腔向内紧缩，直至压溃合拢。从图 2-37 可以明显看出，筒状的机械组织被压成层状，当压力继续增加时，基本薄壁组织沿轴向挤紧缩短，基本组织细胞壁开始出现褶皱，位于基本薄壁组织的大型维管束开始失稳。继续加压时，胞壁褶皱区变大，直至薄壁细胞破碎成片，维管束发生扭曲。由于该区间的维管束大而稀，易变形的维管束含量高，周围基本薄壁组织含量较多，而且导管孔径大，可供维管束变形或位移的空间也较大，所以此层维管束的变形较下皮层的维管束变形小，导管由圆形变为椭圆形。因此，此区间的小麦秸秆结构尚未破坏，发生弹性变形，应变可恢复。

（2）玉米秸秆

图 2-38 和图 2-39 分别是玉米秸秆原料及成型颗粒燃料的纵横截面微观结构。

玉米秸秆由表皮组织、基本薄壁组织和维管束三部分组成。表皮组织是玉米秸秆最外面的一层细胞，由细长细胞交替排列构成，如图 2-38 所示。对于玉米秸秆而言，表皮细胞主要分为硅细胞和木栓细胞两种类型，其中硅细胞中充填二氧化硅，木栓细胞具备栓质化功能。在硅细胞和木栓细胞的作用下，玉米秸秆表皮组织里含有较多的硅化物和蜡质。基本薄壁组织的上面具有明显节纹而纹孔很少的薄壁细胞，它们起到传递载荷的作用。维管束分布不均匀，外侧小而密集，内处大而松散。基本薄壁组织外侧的维管束呈星状排列，髓部较稀，维管束鞘较薄，大部分纤维位于此处，起到机械支撑作用。

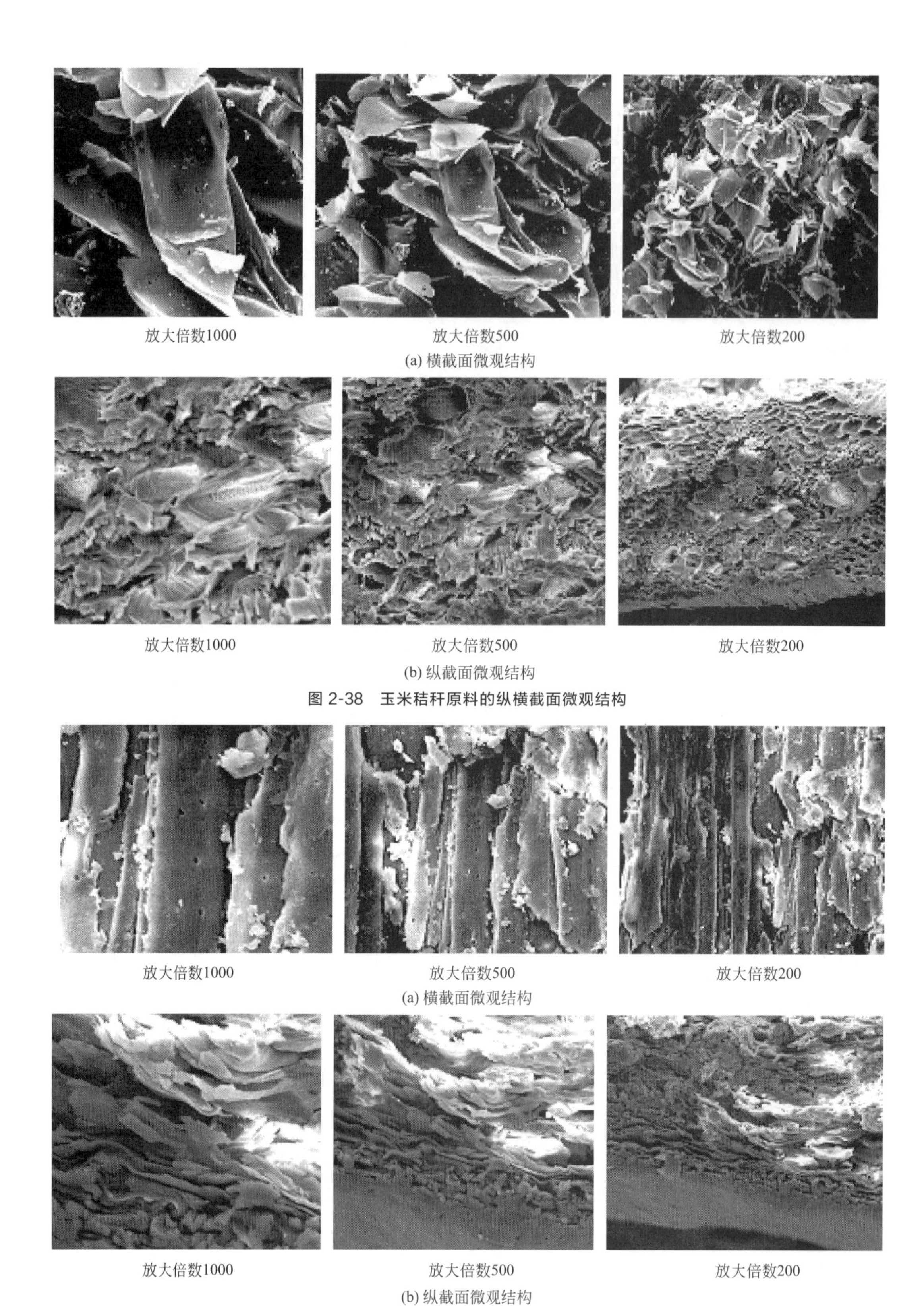


图 2-38 玉米秸秆原料的纵横截面微观结构



图 2-39 玉米秸秆成型颗粒燃料的纵横截面微观结构

从图 2-39 可以看出，玉米秸秆原料受压缩成型的影响较大，在轴向压力作用下，其表皮因挤压受到严重变形，微观结构发生很大变化。从压缩后的横截面可以看到，细胞的表皮细胞向细胞腔紧缩，由圆筒状变为扁平状；从压缩后的纵截面可见，玉米秸秆原有的维管束发生了严重变形，导管管腔已压溃合拢，出现层状。由于外侧维管束小而密集，内侧大而松散，出现外侧层状排列紧密，内侧层状排列较松的现象。与小麦秸秆压缩成型前后微观结构变化相比，玉米秸秆原料的横截面变形程度更为严重。

（3）棉花秸秆

图 2-40 和图 2-41 分别给出了棉花秸秆原料及成型颗粒燃料的纵横截面微观结构。

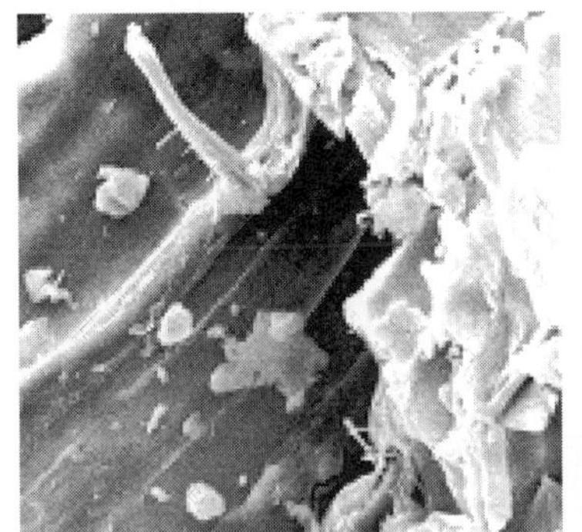

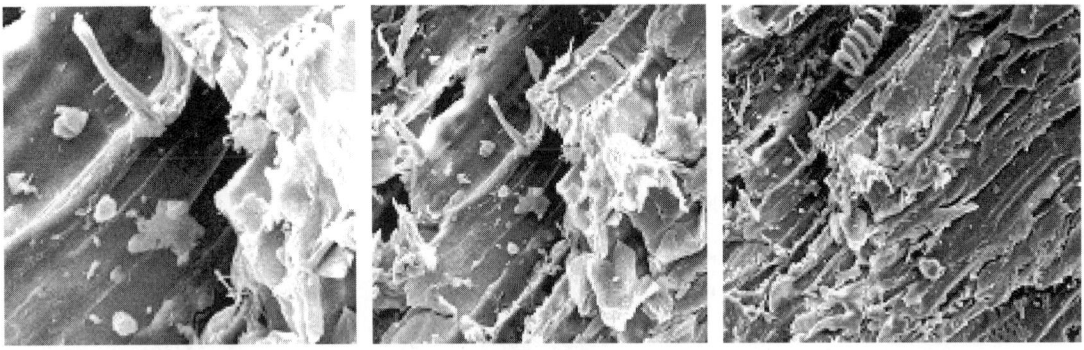

放大倍数1000　　放大倍数500

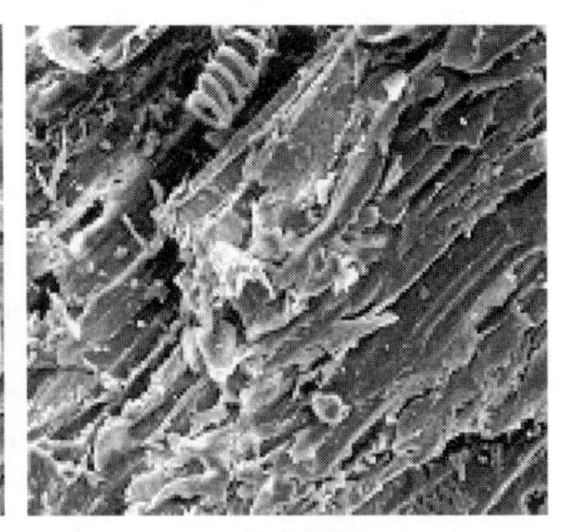

放大倍数200

(a) 横截面微观结构

放大倍数1000

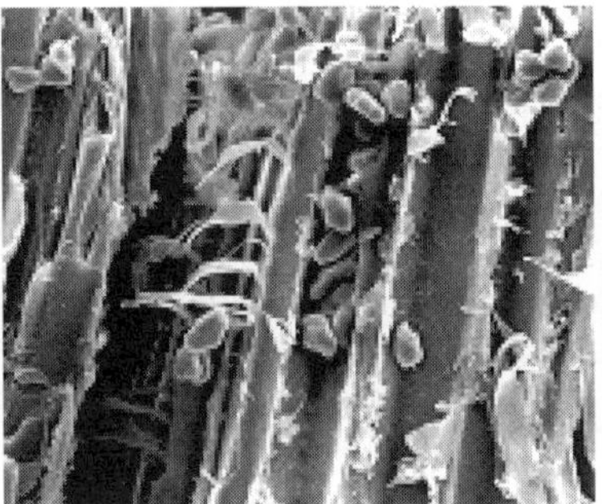

放大倍数500

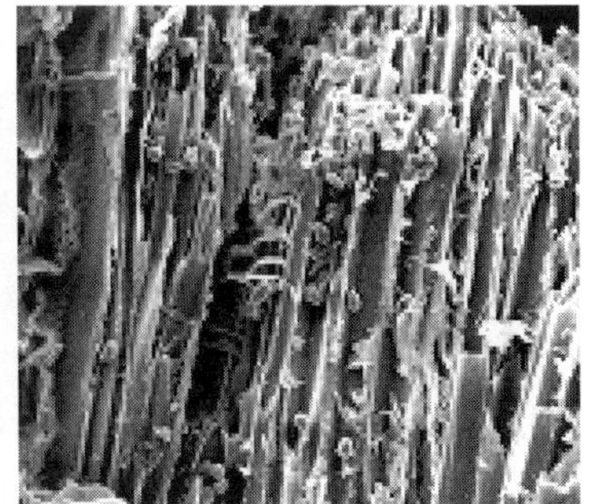

放大倍数200

(b) 纵截面微观结构

**图 2-40　棉花秸秆原料的纵横截面微观结构**

棉花秸秆由表皮、薄壁组织、射线、管胞和木纤维等组成。表皮由细长的纤维细胞组成，细胞腔大，壁上节纹明显，纹孔较少，表皮纤维具有较强的韧性。薄壁组织、射线、管胞和木纤维构成了棉花秸秆的木质部，其中：薄壁细胞是由长方形、具有单纹孔的细胞串连而成的，细胞小，胞壁较薄且具有单纹孔；射线是由带状的射线细胞群构成的，呈辐射状；管胞是轴向排列的厚壁细胞，两端封闭，内部中空，细胞长而细，胞壁上有纹孔，起到输导水分和机械支撑作用。如图 2-40 所示，木纤维呈长纺锤形，是两端尖细、腔小壁厚的细胞，以分子链聚集成排列有序的微纤束状态存在于细胞壁中，赋予棉花秸秆抗拉强度，起到骨架作用。棉花秸秆的木质部具有网纹导管和孔纹导管，导管细胞腔大，纹孔数量多，胞间层较薄。

从图 2-41 中可以看出，在轴向压力作用下，棉花秸秆原料的表皮和木质部都受到

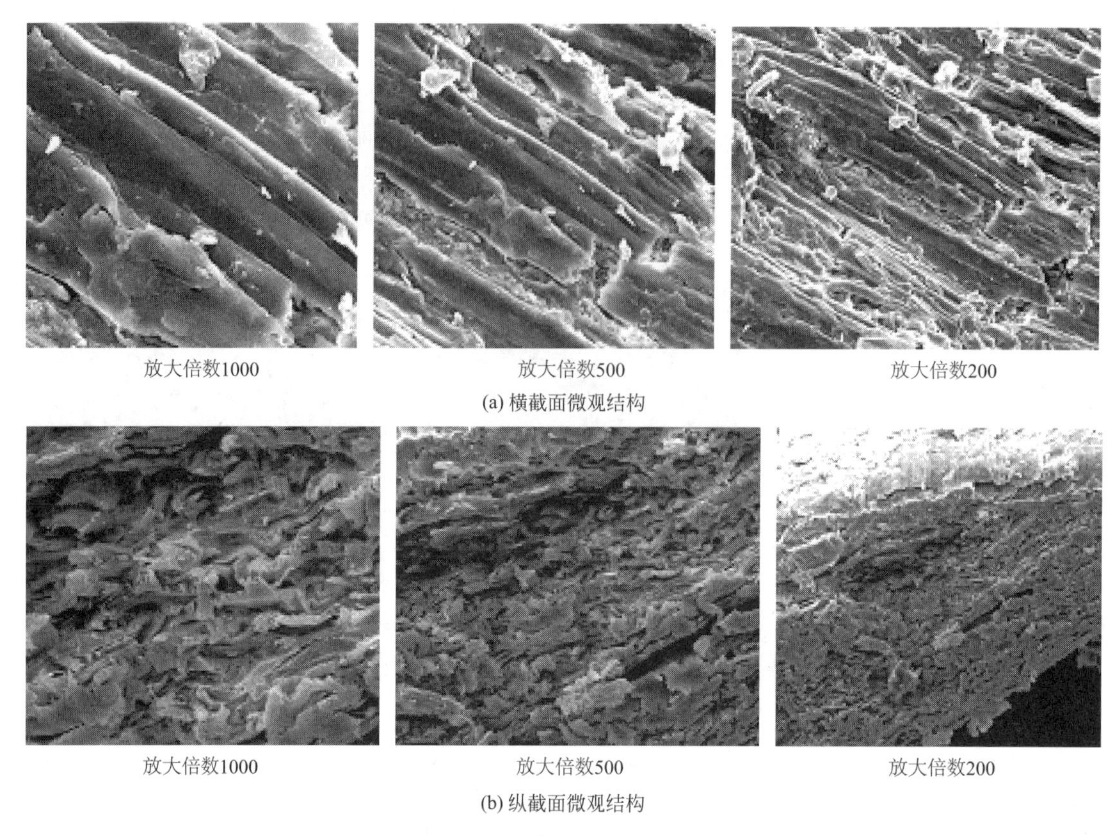


图 2-41 棉花秸秆成型颗粒燃料的纵横截面微观结构

了严重的破坏，微观结构发生了显著变化。从横截面方向可以看出，表皮纤维细胞已被压溃，细胞腔被压成扁平状，纹孔已不明显，节纹明显减少；从纵截面方向可以看出，棉花秸秆的管胞及导管已压溃合拢，出现层状，由于导管细胞的胞间层较薄，细胞腔大，层状排列较表皮层松散。

（4）木屑

图 2-42 和图 2-43 分别给出了木屑原料及成型颗粒纵横截面微观结构。

木屑微观结构主要由轴向管胞、木射线、轴向薄壁组织和树脂道构成。轴向管胞是

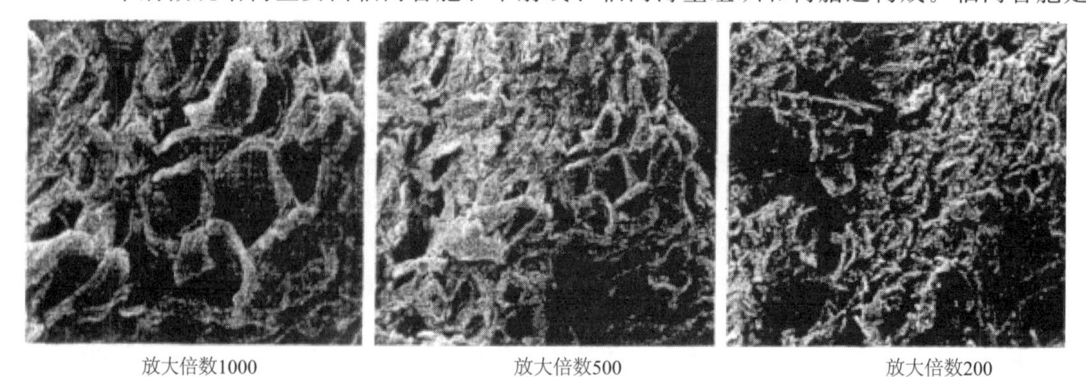


图 2-42 木屑原料的纵截面微观结构

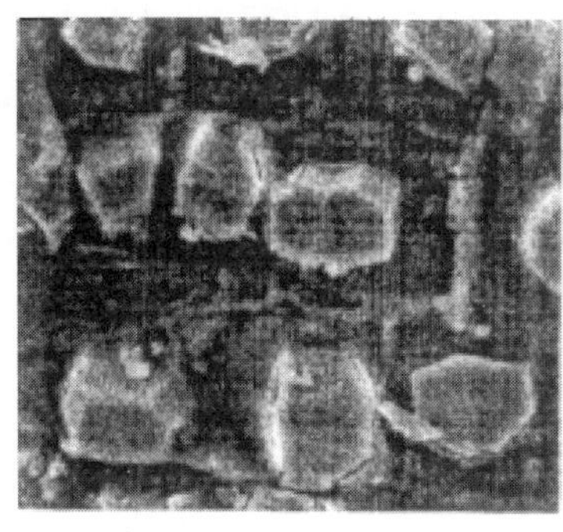

放大倍数1000

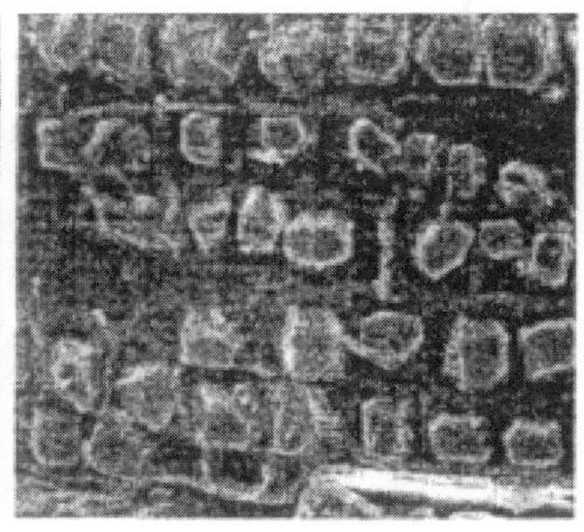

放大倍数500

放大倍数200

图 2-43　木屑成型颗粒燃料的横截面微观结构

轴向排列的厚壁细胞，细而长，胞壁上有螺纹加厚。从图 2-42 中可以看出，管胞相互交叉，沿径向排列，腔大壁薄，多数呈圆柱形，胞壁上有螺纹加厚。木射线由射线薄壁细胞构成，是通过形成层的射线原始细胞演变而来，通常为带状组织，起到径向输导作用。轴向薄壁组织存在于木质部中，呈轴向串连，在横截面方向上表现为单个细胞，胞短壁薄，两端水平，细胞壁上有单纹孔，呈星散射型。树脂道是由薄壁的分泌细胞环绕而成的孔道，主要包括泌脂细胞、死细胞、伴生薄壁细胞和管胞等，具有分泌树脂的功能。

从图 2-43 中可以看出，虽然木屑压缩成型前后微观结构的变化较前几种秸秆原料小，但也比较明显。在轴向压力作用下，木屑原料的木质部受到严重破坏。从横截面方向上可以清楚地看到，轴向管胞已被树脂填满，呈不规则的颗粒状分布，胞壁被挤压成水平状，纹孔已不存在。

（5）稻草

图 2-44 和图 2-45 分别给出了稻草原料及成型颗粒燃料的纵横截面微观结构。

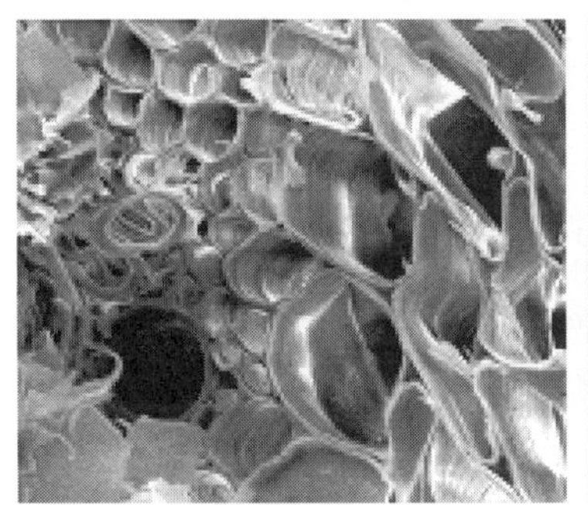

(a) 放大倍数1000

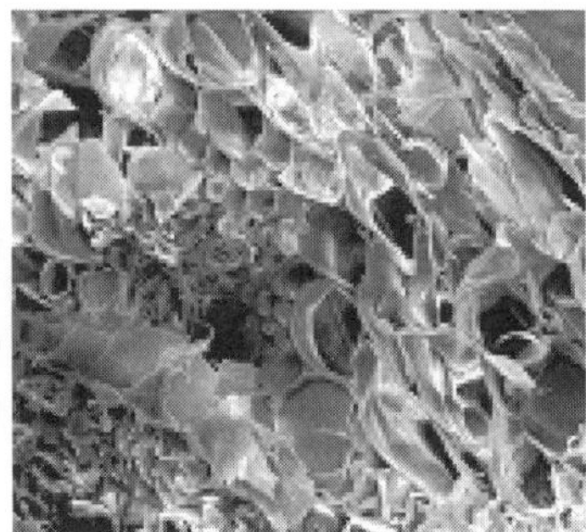

(b) 放大倍数500

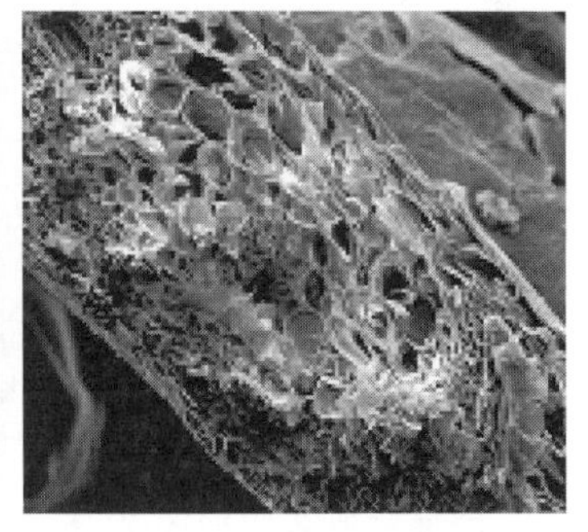

(c) 放大倍数200

图 2-44　稻草原料的纵截面微观结构

稻草由表皮纤维、纤维组织、基本薄壁组织、维管束组成。表皮纤维短而细，纤维细胞呈锯齿状，其体积、齿距及齿峰都较小，细胞壁上有明显的纹孔和横节纹。纤维组织位于表皮下部，由多层厚壁纤维细胞组成。在纤维组织下面紧靠的是基本薄壁组织，由非纤维状的薄壁细胞组成，薄壁细胞形状多样，如椭圆形、方形、多面体形等。维管束呈环状，分布较广，为两圈排列，其中内圈维管束大而稀，椭圆形状，主要位于基本薄壁组织里，外圈维管束小而密，扁圆形状，主要位于纤维组织内。从图 2-44 中可以

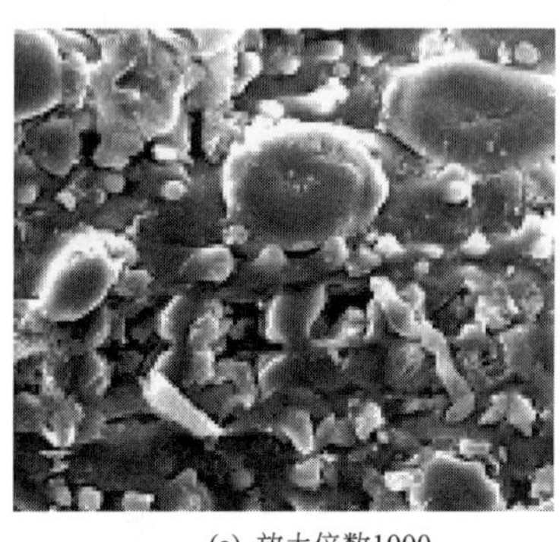
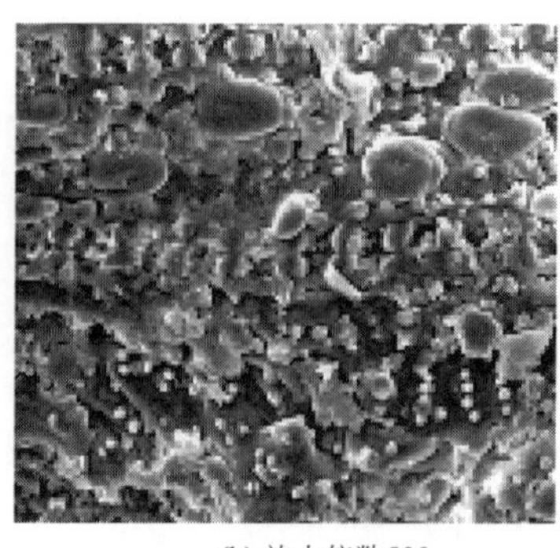
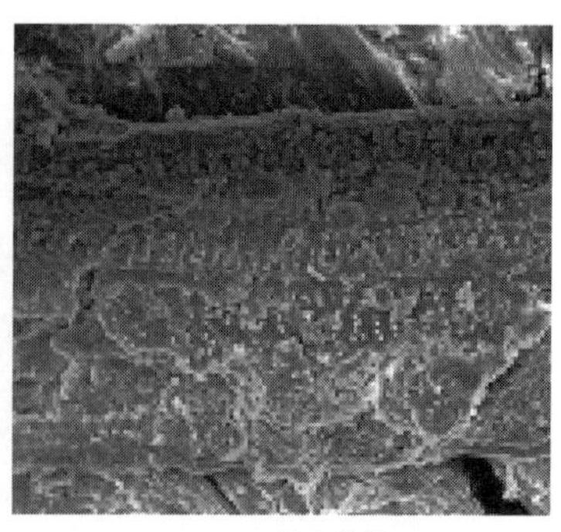
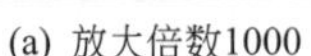

(a) 放大倍数1000　(b) 放大倍数500　(c) 放大倍数200

图 2-45　稻草成型颗粒燃料的横截面微观结构

清晰地看到纹孔状组织，即为导管的管孔，导管是由一连串的轴向细胞构成的管状组织，多为圆柱形或椭圆形，主要起到输导作用。

从图 2-45 中可以看到，成型后的稻草颗粒燃料的微观结构发生了明显的变化。在轴向压力作用下，稻草原料的各个组织部分受到严重的破坏。从横截面方向可以看出，表皮纤维和纤维组织破坏较为严重，锯齿状的表皮纤维细胞已被压溃，呈现不规则的脊状凸起物，纹孔不明显。从纵截面方向可以看出，稻草的导管也受到不同程度的破坏，其中纤维组织中的导管破坏较严重，管孔孔径明显缩小，基本薄壁组织的导管破坏较轻，细胞腔仍较大，并可以清楚地看到胞间层，形成此现象的原因和小麦秸秆一样，在此不再累赘说明。

通过上述五种农作物秸秆压缩成型前后的微观结构变化对比分析，可以得出它们的压缩成型机理存在着相同的规律，即：在横截面方向上，生物质原料中的维管束和基本薄壁组织受到严重破坏，变成薄片状，各组织结构之间以相互贴合的方式结合；在纵截面方向上，生物质原料中维管束和基本薄壁组织破坏较小，导管和管胞依稀可见，各组织结构相互交叉靠拢，以填补细胞间的空隙，以互相嵌合的方式结合[13]。

## 2.5.2　同一压缩速率下的不同物料压缩成型后微观结构对比分析

在压力为 50kN、压缩速率 40mm/min、成型颗粒燃料直径均为 10mm，试样为绝干的相同条件下，进行五种生物质颗粒燃料的微观结构对比（均取放大倍数为 500），从微观角度分析适合于生物质压缩成型的最佳物料。五种生物质成型颗粒燃料的横、纵截面微观结构如图 2-46 和图 2-47 所示。

从图 2-46 中可以看出，在相同的压缩成型条件下，不同原料的生物质成型颗粒燃料在横截面方向上均出现严重的压溃现象。就压溃严重程度而言，小麦秸秆最严重，从压缩后的横截面可以看到：原来细长的圆筒状表皮细胞几乎变成水平状，从图中只能观察到细胞之间的交接线；玉米秸秆和棉花秸秆压溃程度最小，筒状的表皮纤维细胞虽受到了不同程度的破坏，但仍可以看见褶皱和节纹，其中玉米秸秆还能看到纹孔；木屑和稻草比较接近，其压溃严重程度仅次于小麦秸秆，在表面出现不规则的颗粒状凸起物，其中木屑是被树脂填满的轴向管胞，稻草是被充填的薄壁细胞。

从图 2-47 中可以看出，在相同的压缩成型条件下，不同原料的生物质成型颗粒燃

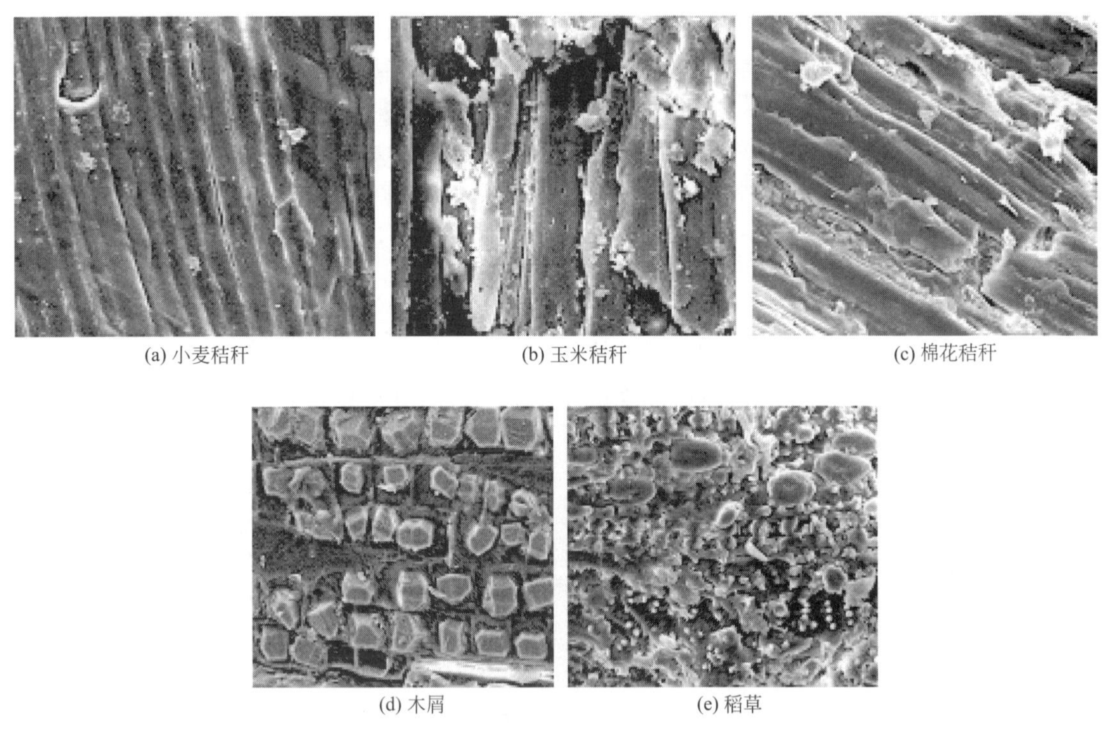

(a) 小麦秸秆 (b) 玉米秸秆 (c) 棉花秸秆

(d) 木屑 (e) 稻草

图 2-46 五种生物质成型颗粒燃料的横截面微观结构

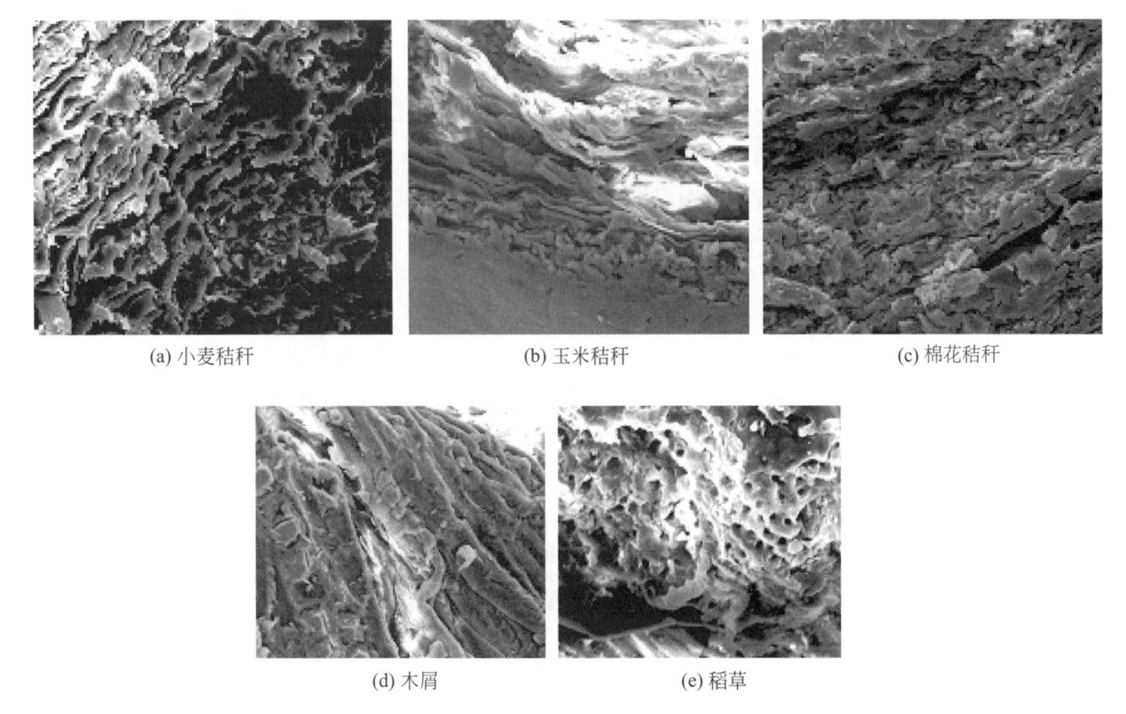

(a) 小麦秸秆 (b) 玉米秸秆 (c) 棉花秸秆

(d) 木屑 (e) 稻草

图 2-47 五种生物质成型颗粒燃料的纵截面微观结构

料的纵截面方向上均出现不同程度的变形现象。就变形程度而言：木屑和棉花秸秆变形最严重，其中木屑的木射线和树脂道已经看不清，轴向薄壁组织出现压溃现象，稻草原来呈长纺锤形的木纤维已被挤压得排列无序，薄壁细胞被木纤维填充严重，胞腔只有通过仔细观察才能看到；稻草和玉米秸秆受压变形程度较前两者小，但压溃现象也较严重，其中稻草纤维组织中的导管破坏较严重，管孔孔径明显缩小，基本薄壁组织的导管破坏较轻，细胞腔仍较大，玉米秸秆的维管束发生了不同程度的变形，出现外侧层状排列紧密，内侧层状排列较松的现象；变形程度最小的是小麦秸秆，维管束形状完好，在纤维束上尚见嵌有完成的薄壁细胞，呈层状分布。

在生物质压缩成型过程中，生物质各组织结构之间在横截面方向上以相互贴合的方式结合，在纵截面方向上以相互嵌合的方式结合。在横截面方向上，压溃程度越严重，秸秆各组织结构之间相互贴合就越紧密，从上述横截面方向上压溃严重程度排序来看，小麦秸秆最严重，木屑和稻草次之，玉米秸秆和棉花秸秆最小；在纵截面方向上，变形程度越小，秸秆各组织结构之间相互嵌合就越紧密，从上述纵截面方向上变形程度大小看，小麦秸秆最小，稻草和玉米秸秆次之，木屑和棉花秸秆最大。说明从压缩成型对生物质微观结构影响变化大小的方面来分析不同生物质的压缩成型难易程度是一个重要的研究途径[14]。

### 2.5.3 不同压缩速率下的同一秸秆压缩前后微观结构对比分析

在压力为50kN，成型颗粒燃料直径均为10mm，试样为绝干的条件下，进行四种压缩速率时的小麦秸秆成型颗粒燃料的微观结构对比（均取放大倍数为500），从微观角度分析适合于生物质压缩成型的最佳压缩速率。图2-48和图2-49为小麦秸秆成型颗粒燃料的横、纵截面微观结构。

从图2-48中可以看出，在小麦秸秆成型颗粒燃料的横截面方向上，由于压缩速率取值不同，其受压后的微观结构也有所差异。压缩速率为20mm/min和40mm/min时，二者的微观结构差异较小，表皮细胞均受到了严重的破坏，胞壁扭曲明显并被压成扁平状，其中：压缩速率为40mm/min时基本没有褶皱，有利于秸秆各组织结构之间相互贴合；压缩速率为60mm/min时，虽然表皮细胞也受到了较为严重的破坏，但胞壁褶皱明显；压缩速率为80mm/min时，表皮细胞扭曲程度相对较低，且褶皱较多。上述现象表明，当压缩速率取值较小时有利于小麦秸秆的压缩成型，其中压缩速率为40mm/min时成型效果最好。此外，压缩速率为40mm/min和60mm/min时的微观结构差异显著，说明压缩速率为60mm/min时，不利于小麦秸秆的压缩成型。值得注意的是，图2-48和图2-49与小麦秸秆微观结构图略有差别，主要是观测的位置不同造成的。

从图2-49中可以看出，在小麦秸秆成型颗粒燃料的纵截面方向上，压溃程度较小，其原因与内外层大型维管束的大小和稀密程度有关。对于不同的压缩速率来讲，纵截面方向上的变形程度差异虽没有横截面方向上的显著，但还是比较明显。当压缩速率为20mm/min时，基本薄壁组织的大型维管束发生了较为明显的扭曲，部分薄壁细胞受压变小，被扭曲的大型维管束所填充，但未发生破裂现象；当压缩速率为40mm/min时，基本薄壁组织受压破坏程度较小，部分大型维管束发生了轻度扭曲，薄壁细胞变形

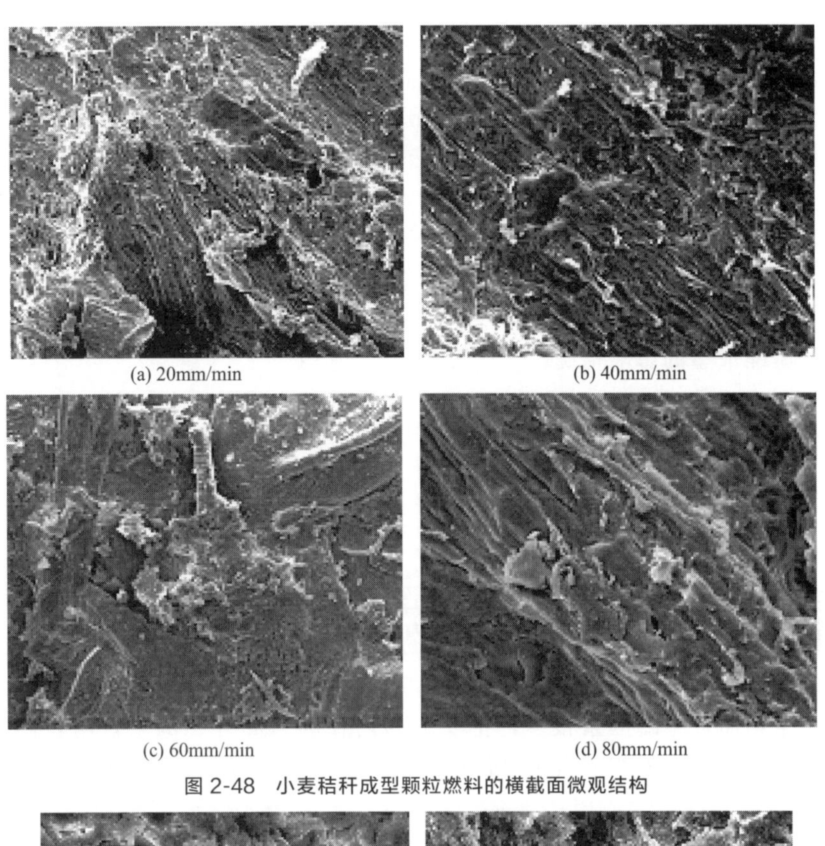

(a) 20mm/min (b) 40mm/min

(c) 60mm/min (d) 80mm/min

图 2-48 小麦秸秆成型颗粒燃料的横截面微观结构

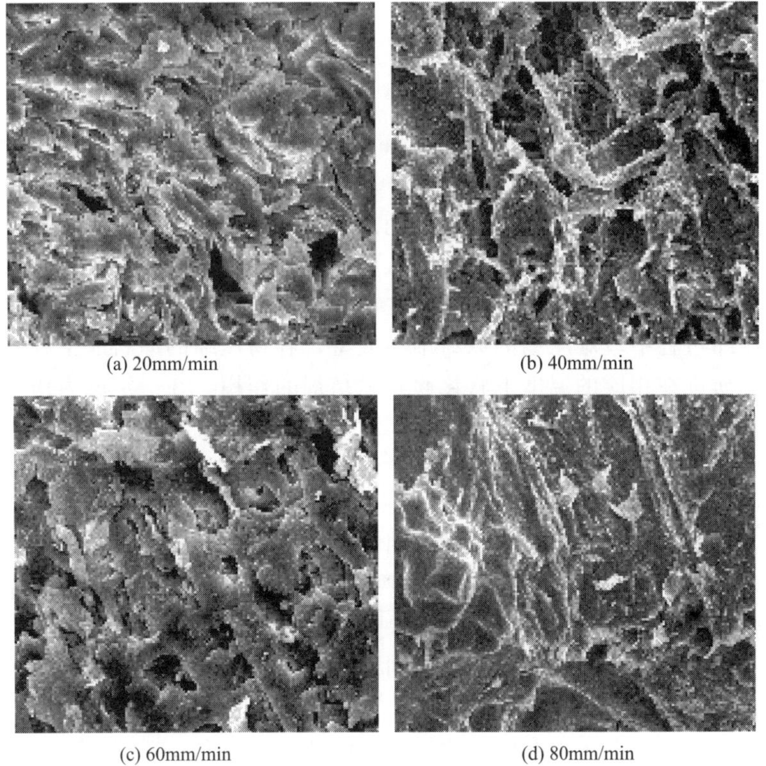

(a) 20mm/min (b) 40mm/min

(c) 60mm/min (d) 80mm/min

图 2-49 小麦秸秆成型颗粒燃料的纵截面微观结构

不大，胞腔由原来的圆形变为椭圆形；当压缩速率为 60mm/min 时，微观结构发生了显著变化，基本组织细胞壁褶皱区较大，薄壁细胞破碎成片，维管束发生了扭曲；当压缩速率为 80mm/min 时，微观结构变化最严重，维管束发生了明显的扭曲，大分子链由原来不规则形状逐渐平行排列，出现了结晶现象。从上述分析可以看出，压缩速率为 40mm/min 时的薄壁细胞胞腔最大，便于各组织结构相互填充，嵌合效果最好；其次是压缩速率为 20mm/min；压缩速率为 80mm/min 时嵌合效果最差。

综上所述，无论在小麦秸秆成型颗粒燃料横截面方向和纵截面方向上，当压缩速率为 40mm/min 时，压缩成型效果均最好。这一现象说明微观结构能较好地反映压缩速率对秸秆压缩成型的影响情况。

# 2.6 生物质成型的综合影响因素分析

影响生物质成型的因素很多，主要分为内在因素和外在因素：内在因素有原料种类、原料含水率等；外在因素主要包括成型时的温度、成型压力和原料的粉碎粒度等。

## 2.6.1 原料种类

生物质原料质地松散、密度小、间隙大，有极大的可压缩性空间。理论上，农林生物质以及多数固体废弃物在外力作用下，原料中的空气被挤出，颗粒分子间相互紧凑，然而不同生物质原料其压缩成型特性有很大的差异。生物质原料对成型的质量（如密度、热值、强度、松弛性、耐久性等）及成型过程的单位能耗和产量有直接影响。

本质上，原料种类不同造成的差异主要是原料组成及各成分含量不同造成的。一般在生物质压缩过程中较难压缩的原料不易成型，容易压缩的原料成型容易。在压缩成型过程中，木质素在相应的温度下软化起到黏结剂的作用，在一定压力作用下黏附和聚合生物质颗粒。因此，木质素含量高的农作物秸秆和林业废弃物容易压缩成型，而灌木类植物纤维硬度大，成型时颗粒间会相互牵连，不易变形。所以，生物质种类和成型方式与生物质的压缩成型密切相关。

为比较相同压力下，含水率基本相同的不同种原料的致密成型效果，评价指标仍为压块密度。以下比较玉米秸秆、豆秆、芝麻秆、锯末、小刨花、木材削片、灌木、芦竹和四倍体刺槐枝九种原料的致密成型效果[9,14]。

由于实验原料的含水率较难精确控制，因此取相近的值认为是同一含水率。各种原料的含水率分别为 7.00%、7.80%、7.30%、7.97%、7.00%、7.20%、7.60%、7.65%、8.06%，成型压力在成型效果较好的 20～35MPa 之间取值。

实验数据取自以上两组实验，图 2-50 中横坐标 1、2、3、4、5、6、7、8、9 依次

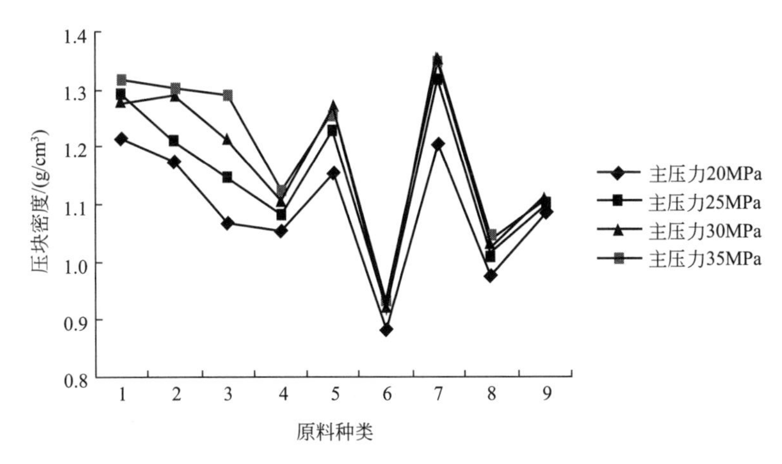


图 2-50　不同原料种类的成型比较

代表玉米秸秆、豆秆、芝麻秆、锯末、小刨花、木材削片、灌木、芦竹和四倍体刺槐枝这九种不同的生物质原料。

从图 2-50 中可以看出：玉米秸秆的压块密度集中在 1.20～1.32g/$cm^3$ 之间，压缩比为 7.95～8.74；豆秆压块密度则在 1.18～1.31g/$cm^3$ 之间，压缩比为 9.83～10.92；芝麻秆的压块密度在 1.05～1.3g/$cm^3$ 之间，压缩比为 9.72～12.04；锯末的压块密度在 1.05～1.13g/$cm^3$ 之间，压缩比为 6.73～7.24；小刨花的压块密度集中在 1.16～1.3g/$cm^3$ 之间，压缩比为 17.85～20；木材削片的压块密度在 0.9～1.1g/$cm^3$ 之间，压缩比为 7.83～9.56；灌木具有很强的韧性，其压块密度在 1.2～1.35g/$cm^3$ 之间，压缩比为 5.48～6.16；芦竹也具有较强的韧性，其压块密度在 0.8～1.15g/$cm^3$ 之间，压缩比为 5.16～7.42；四倍体刺槐枝的原料密度较大，其成型块的密度相对集中，分布在 1.08～1.15g/$cm^3$ 之间，压缩比为 5.54～5.90。

农作物秸秆所含木质素较少，不适宜通过加热使木质素软化而成型，采用常温高压致密成型的方法较好。灌木、芦竹和四倍体刺槐枝的纤维长且韧性强，成型时较困难，但通过常温高压致密成型后也可达到存放、运输要求，成型效果也很好，用手掰时很难裂开，且压块密度值相对集中。

同一种原料随着成型压力在 20～35MPa 范围内增长时，压块密度呈增大趋势，在这个压力范围内锯末和木材削片的压块密度相对集中，芝麻秆和豆秆的压块密度分布较分散，由于灌木原料本身密度大，其压块密度均较高，而锯末由于颗粒细小，成型后的密度值总体上较低，芦竹和四倍体刺槐枝的密度随压力的增大变化趋势不大，数值也相对集中，总体上林木生物质成型块的密度分布较农作物秸秆成型块的密度集中。虽然不同材料的压块密度不同，成型效果也各不一样，但仍可从以上实验看出多数原料都适于进行常温高压致密成型。

## 2.6.2　原料含水率

在原料本身的影响因素中，原料含水率直接影响生物质成型过程中产品的松弛密度和成型的难易程度，原料含水率过低或过高都不利于生物质压缩成型。因此，原料含水率是生物质压缩成型过程中重要的参数之一。生物质中合适的水分在压缩成型过程中起到传递压力及润滑剂的作用，辅助粒子在压力作用下相互填充和嵌合，水分作为润滑剂在生物质团粒间流动，降低了团粒间的摩擦力。此外水还是良好的导热介质，水分在粒子间流动，可以均匀生物质成型燃料的温度场。不同的成型方式，对原料含水率的要求也不尽相同，一般要求生物质的原料含水率小于 15%，当从自然界收集的生物质原料含水率过高时，需要先对其进行干燥处理。

原料含水率过低，粒子流动性变差，造成粒子不能得到很好的延展，也不利于木质素的塑化和热量传递，使成型块质量变差，同时也加剧了对成型机的磨损。原料含水率过高时，水分容易在颗粒间形成隔离层，使得层间无法紧密结合。对于加热成型而言，一部分热量消耗在多余的水分上，且水分的大量蒸发会降低压缩成型时的温度。加热产生的蒸汽若不能及时从成型筒中排出，容易在成型机内形成很高的蒸汽压力，使成型产品破裂，甚至出现“放炮”现象，不但不能成型，还有可能出现安全隐患。

为了研究物料含水率对压缩成型的影响情况，在筛网孔径为 6mm、环模孔长径比为 5.2 的压缩条件下，分别进行了 8%、12%、16%、20%和 24%的三种物料含水率对颗粒燃料成型率的影响试验，试验结果见表 2-11。

表 2-11　不同物料含水率下的颗粒燃料成型率试验结果

| 样品名称 | 物料含水率/% | 颗粒燃料成型率/% |
|---|---|---|
| 小麦秸秆 | 8 | 92.2 |
| | 12 | 95.3 |
| | 16 | 96.0 |
| | 20 | 94.7 |
| | 24 | 94.2 |
| 稻草 | 8 | 91.7 |
| | 12 | 94.2 |
| | 16 | 95.8 |
| | 20 | 95.6 |
| | 24 | 94.1 |
| 玉米秸秆 | 8 | 90.6 |
| | 12 | 93.7 |
| | 16 | 95.1 |
| | 20 | 94.6 |
| | 24 | 93.9 |

从表 2-11 中可以看出，虽然生物质原料不同，但它们都存在相同的规律，即物料含水率对颗粒燃料成型率的影响比较显著。当物料含水率取 8%、12%和 16%时，随着物料含水率的增加，颗粒燃料成型率急剧增高，几乎呈线性增加趋势；当原料含水率取 16%、20%和 24%时，随着物料含水率的增加，颗粒燃料成型率却显著减小。虽然二者也呈线性关系，但减小幅度较前者增加幅度小。这说明物料含水率不能过高或过低，其主要原因是：当物料含水率过高时，过多的水分被排挤在物料颗粒间，使颗粒贴合不紧，导致压缩成型效果不佳。试验证明：物料含水率超过 20%时，试验装置会经常出

现卡死现象；当物料含水率过低时，水分的扩散能力减弱，导致物料中的水分不能很好地移动，物料颗粒流动性较差，也会导致成型效果差；物料含水率在 8％附近时，试验装置不但颗粒成型率很低，而且吨料电耗急剧增加。所以控制物料含水率保持在一定范围内，是秸秆冷态压缩成型的一个重要环节。现将三种秸秆的物料含水率对颗粒燃料成型率的影响用曲线图来表示，如图 2-51 所示，进行最佳物料含水率的选取分析。

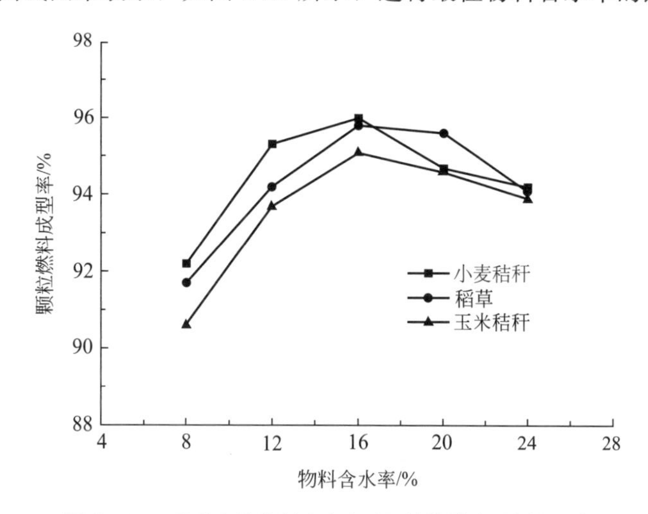


图 2-51　三种秸秆的物料含水率对颗粒燃料成型率的影响

从图 2-51 中可以看出，虽然三种秸秆原料的影响曲线不尽相同，但都呈现出类似于开口向下抛物线的变化趋势，其中物料含水率为 16％是曲线拐点，拐点左边物料含水率和颗粒燃料成型率为正相关关系，拐点右边二者为负相关关系，这说明该点是物料含水率的最佳值，即当物料含水率取 16％时，三种秸秆原料的颗粒燃料成型率最高，压缩成型效果最好。

从图 2-51 中还可以发现，就物料含水率对颗粒燃料成型率影响程度来讲，秸秆原料不同，影响大小也不一样，对于这里研究的三种秸秆原料而言，物料含水率对颗粒燃料成型率的影响从大到小排序分别为玉米秸秆＞稻草＞小麦秸秆。此外，当物料含水率为 8％、12％和 16％时，三种秸秆原料的曲线间隔较大，每条曲线的斜率也较大，当物料含水率为 16％、20％和 24％时，曲线间隔及斜率均较小，这说明，较低物料含水率对颗粒燃料成型率的影响要大于较高物料含水率的影响。

## 2.6.3　原料粉碎粒度

在生物质压缩成型过程中原料的粉碎粒度和粉碎后原料颗粒的质量对其产生了重要的影响。一般情况下，粉碎粒度小的原料粒子的延展性能好，容易压缩，同时，原料粉碎粒度较小时，粒子在压缩成型过程中表现出的流动特性、压缩特性及填充特性对生物质的压缩成型有显著影响。原料的粉碎粒度与成型方式和成型机理有关，通常原料的粉碎粒度应小于成型筒的尺寸，但当原料粉碎粒度不均匀，特别是形态差异较大时，成型产品的表面会出现开裂现象，降低了产品的强度，影响产品的使用性能和运输性能[15]。

原料粉碎长度较长或粉碎处理较差时，粒子间的充填程度差，相互接触不紧密，较难压缩成型，也将直接影响成型机的成型效果和动力消耗。原料的粉碎粒度越大，原料的物相结构越不易被破坏，分子间的凝聚力难以增强而使得颗粒不能紧密结合，此外，原料粉碎粒度较大时，易架桥，导致成型产品的质量下降。长而不易粉碎的原料混入喂料室会引起原料间的缠绕而堵塞设备，从而缩短了有效生产时间。但采用冲压成型方式时要求原料颗粒不能太小，以避免原料粉碎粒度过小而脱落，给运输造成不便。

在装置试验运行中，虽然秸秆原料通过同一粉碎机粉碎，但由于其生物构造不同，粉碎后的物料粉碎粒度也不完全相同。通过将粉碎后的物料粒度取平均值计算，结果表明粉碎机的筛网孔径能较好地反映秸秆的物料粉碎粒度，故这里采用 2mm、4mm、6mm、8mm 的筛网孔径分别对三种秸秆原料进行粉碎，在原料含水率为 16%、环模孔长径比为 5.2 的压缩成型条件下进行冷态致密成型试验，旨在研究物料粒度对颗粒燃料成型率影响的一般规律。不同筛网孔径下的颗粒燃料成型率试验结果见表 2-12。

**表 2-12　不同筛网孔径下的颗粒燃料成型率试验结果**

| 样品名称 | 筛网孔径/mm | 颗粒燃料成型率/% |
|---|---|---|
| 小麦秸秆 | 2 | 97.3 |
| | 4 | 96.9 |
| | 6 | 96.0 |
| | 8 | 94.2 |
| 稻草 | 2 | 97.1 |
| | 4 | 96.3 |
| | 6 | 95.8 |
| | 8 | 93.5 |
| 玉米秸秆 | 2 | 97.0 |
| | 4 | 96.2 |
| | 6 | 95.1 |
| | 8 | 91.6 |

从表 2-12 中可以看出，物料粒度对颗粒燃料成型率的影响显著，随着筛网孔径越小，即物料粉碎粒度越小，颗粒燃料成型率就越高。当筛网孔径为 8mm 时，颗粒燃料成型率很低，下降显著，这说明较大的筛网孔径不适合压缩成型。但筛网孔径不是越小越好，这是因为当筛网孔径较小时，粉碎机的电耗急剧增加，导致试验装置的吨料电耗也增加显著，进而增加了秸秆成型颗粒燃料的生产成本，所以选择合适的筛网孔径（原料粉碎粒度）至关重要。

对于小麦秸秆、稻草和玉米秸秆而言，为了能清晰地研究它们最佳筛网孔径的选取，这里将上述试验数据绘制成图，如图 2-52 所示。

从图 2-52 中可知，三种秸秆物料粉碎粒度和颗粒燃料成型率的关系均符合同一规律，即：当筛网孔径取 2mm 和 4mm 时，颗粒燃料成型率均较高，变化不明显；当筛网孔径取 4mm、6mm 和 8mm 时，颗粒燃料成型率下降明显，其中筛网孔径取 6mm 和 8mm 时的下降幅度最大。这说明，虽然秸秆原料不同，但合适的物料粉碎粒度取值范围基本相同，即在筛网孔径取中低值时，能保证较高的颗粒燃料成型率。根据粉碎理论中的彭德假说，粉碎能耗反比于粉碎后物料直径的平方根，如果认为粉碎前物料粒度相

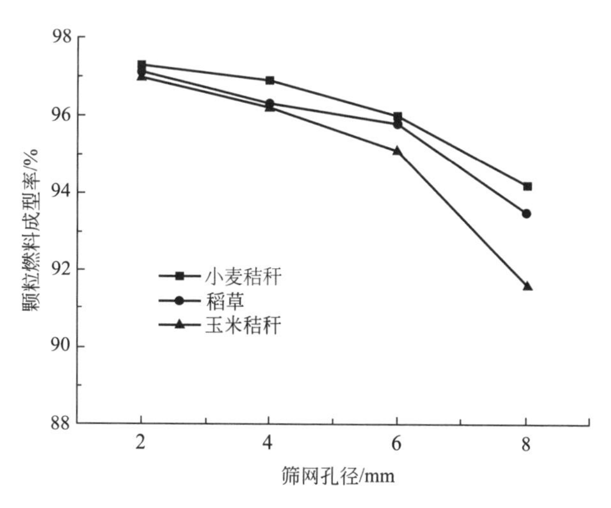


图 2-52　三种秸秆的物料粉碎粒度和颗粒燃料成型率关系曲线

同时，则彭德假说实质为粉碎能耗与粉碎后物料直径呈指数关系，也就是说，筛网孔径取 2mm 和 4mm 时的能耗远大于 6mm 时的能耗。因此，要使试验装置既要保持较高的颗粒燃料成型率，又要保证较低的吨料电耗，最佳筛网孔径应取 6mm。此外，对于不同秸秆原料而言，物料粉碎粒度对颗粒燃料成型率的影响程度又不尽相同，从图 2-52 中可以看出，小麦秸秆的影响程度最小，玉米秸秆最大，稻草处于二者之间，主要是不同秸秆原料的生物构造和化学成分共同影响的结果。

## 2.6.4　模孔长径比

模孔长径比是秸秆冷态压缩成型装置的重要性能参数，它的尺寸选取是否合理，直接影响秸秆成型颗粒燃料的物理品质。本项目采用原料粉碎粒度为 6mm、原料含水率为 16%的压缩条件，通过改变模孔有效长度的方法，进行模孔长径比分别取 4.2、4.7、5.2、5.7 和 6.2 时对颗粒燃料成型率的影响试验研究，试验结果见表 2-13。

表 2-13　不同模孔长径比下的颗粒燃料成型率试验结果

| 样品名称 | 模孔长径比 | 颗粒燃料成型率/% |
|---|---|---|
| 小麦秸秆 | 4.2 | 60.6 |
| | 4.7 | 79.9 |
| | 5.2 | 96.0 |
| | 5.7 | 96.3 |
| | 6.2 | 96.4 |
| 稻草 | 4.2 | 56.5 |
| | 4.7 | 76.2 |
| | 5.2 | 95.8 |
| | 5.7 | 96.0 |
| | 6.2 | 96.3 |

续表

| 样品名称 | 模孔长径比 | 颗粒燃料成型率/% |
| --- | --- | --- |
| 玉米秸秆 | 4.2 | 46.6 |
| | 4.7 | 65.2 |
| | 5.2 | 95.1 |
| | 5.7 | 95.2 |
| | 6.2 | 95.3 |

从表 2-13 中可知，虽然三种秸秆原料种类不同，但都存在相同的变化趋势，即当模孔长径比从 4.2 增大到 5.2 时，随着模孔长径比的增加，颗粒燃料成型率也随之增大，且增加幅度较大，当模孔长径比从 5.2 增大到 6.2 时，随着模孔长径比的增加，颗粒成型率虽也增大，但增加幅度很小，这说明模孔长径比取低值时不利于压缩成型。为了能直观研究分析三种秸秆原料的最佳模孔长径比，将试验数据绘制如图 2-53 所示。

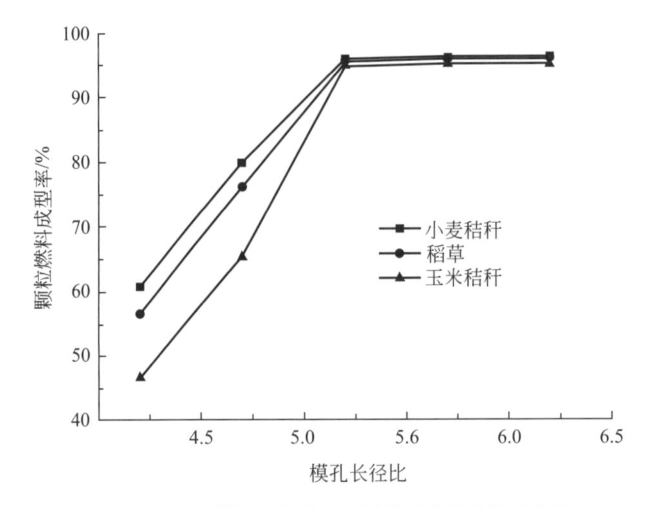


图 2-53 不同模孔长径比和颗粒燃料成型率关系曲线

从图 2-53 中可以看出，模孔长径比对三种秸秆原料的颗粒燃料成型率影响比较显著，它们均符合以下规律：当模孔长径比从 4.2 增加到 5.2 时，模孔长径比与颗粒燃料成型率基本上呈线性递增关系，当模孔长径比大于 5.2 时，模孔长径比对颗粒燃料成型率影响很小，表现为曲线图中颗粒燃料成型率近似为水平直线，这说明模孔长径比应有一个最佳值。当模孔长径比取较大值时，有利于压缩成型，但不是越大越好，这是因为模孔长径比较大时，虽然颗粒燃料成型率较高，成型颗粒燃料密度也较大，但所需要的成型压力急剧增大，能耗较高，进而增加了成型颗粒燃料的生产成本。因此，对于小麦秸秆、稻草和玉米秸秆来讲，从吨料电耗和颗粒燃料成型率两方面综合考虑，最佳模孔长径比应取 5.2。

## 2.6.5 成型温度

生物质成型温度的作用主要是：通过加热使生物质中的木质素软化、熔融，黏性增强，成为天然的黏结剂；通过加热为生物质原料内部组织结构的变化和发生化学反应提高能量；通过加热使成型产品的表层被炭化，从而保证顺利滑出模具，减少挤压动力消耗[16]。

成型温度对生物质成型产品的密度和机械强度有很大的影响，一般情况下，成型时温度越高，达到成型所需要的压力就越小。通过加热，一方面可使原料中含有的木质素软化，起到黏结作用，另一方面还可以使原料本身变软，容易压缩。木质素在 70～110℃温度下开始软化，黏合力开始增加，黏结作用增强。颗粒产品在成型时仅依靠摩擦生热（100℃左右）软化木质素，成型效果较差，能耗较高，加热时间过长或温度超过 180℃，会使原料过于干燥，易出现裂纹，甚至高温下热分解会使挥发分增多和颗粒表面炭化，反而对成型不利。因此选定 140℃、160℃和 180℃的成型温度进行成型试验。

以小麦秸秆和木屑为例，考察不同温度下秸秆类生物质的成型实验。将粒度 2mm、含水率 8%的不同原料，在成型温度 140℃、160℃和 180℃，压力 8MPa 与长径比 5.2 条件下，进行压缩成型试验，结果如图 2-54 和图 2-55 所示。

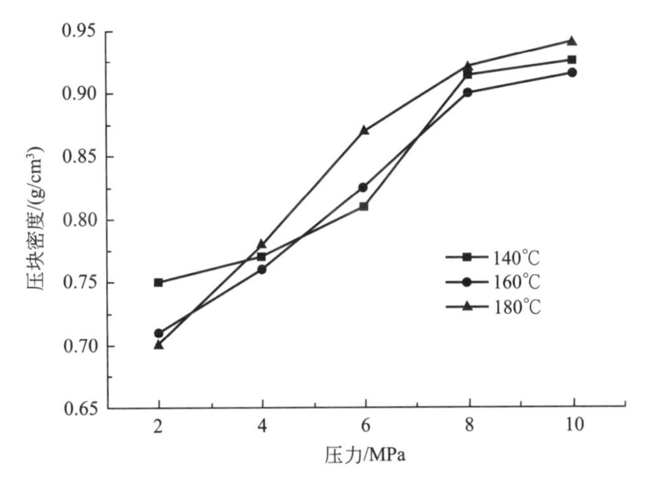


图 2-54　小麦秸秆在不同温度下压缩成型曲线

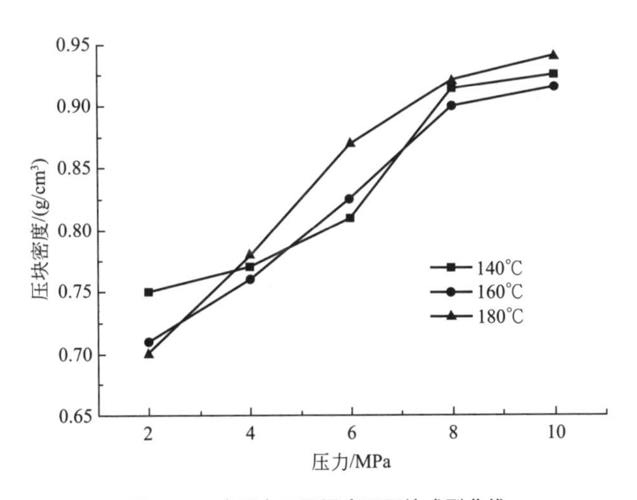


图 2-55　木屑在不同温度下压缩成型曲线

由图 2-54 和图 2-55 可知，当温度达到一定值后，即使施加很小的压力也可以得到较好的成型效果。这是因为，在不断升温过程中，生物质中含有的木质素开始软化，黏结力增加，当温度达到 160℃时木质素会熔融成胶状物质，在加压条件下可与纤维素紧密黏结，生物质中的颗粒相互嵌合，冷却成型后不会散开，从而提高了成型产品的质量。但在所设定的 3 个温度下，成型颗粒的松弛密度差别不大，并且温度越高耗电越多，对设备的腐蚀也越严重。综合考虑原料成型效果和能耗的情况，确定最佳成型温度为 140～160℃。

### 2.6.6 成型压力

成型压力是生物质成型过程中的重要影响因素，在生物质压缩成型过程中，成型机为原料提供的压力使得原料由松散的状态通过木质素的软化作用和塑性形变转化为成型产品。通常情况下，加压能提高成型产品的密度，通过对生物质施加压力可以破坏生物质原料本身的组织结构，形成新的物相结构，进一步增加了分子间的凝聚力，使物料更加紧密，从而增加了成型产品的刚性和强度，最后可以为物料的向前推进提供动力[17]。成型过程的高压力可以将生物质颗粒压碎，从而将细胞结构破坏，使得蛋白质和果胶等天然黏结剂成分暴露出来。

生物质的压缩成型过程可分为松软、过渡和压紧三个阶段。在松软和过渡阶段，成型密度随压力的增大而迅速增加；达到压紧阶段后，成型密度的增加变化缓慢。当成型压力过低时，很难将原料压紧实，甚至难以克服套筒与原料间的摩擦力，使得成型产品的机械强度低而不能成型，达不到抗跌摔性、抗渗水性、抗变形性及储运性能等相关质量指标的要求。但当压力过高时，原料在套筒内停留的时间相对较短，不能获取足够的热量，同样不能成型。另外，有研究表明，在较大成型压力下获得的成型产品过于致密，不易点燃。

以小麦秸秆为例，考察不同压力下秸秆类生物质的成型实验。小麦秸秆在自然风干状态下测得含水率为 7.8%，粒度主要分布在 5～40mm 之间，成型前密度为 0.120g/cm$^3$。预压油缸的压力设定为 5MPa，成型设备的其他参数值不变，只改变主压缸压力（10～60MPa）进行实验。依据实验数据，将小麦秸秆压块密度与压力之间的测量值关系曲线经对数拟合后，其拟合 $R^2=0.9331$，经多项式拟合后，$R^2=0.9661$，拟合度越大说明拟合曲线与测量值曲线越接近，故选择多项式拟合函数关系式：

$$y=9\times10^{-6}x^3-1.3\times10^{-3}x^2+0.058x+0.443 \tag{2-25}$$

小麦秸秆压块密度与压力之间的测量值关系曲线和拟合曲线如图 2-56 所示。

由实验观察得出，小麦秸秆的成型效果总体说来较好，表面基本光洁。在压力较小时（10～15MPa），表面效果差些，压块密度较低（低于 1.1g/cm$^3$），且成型块不实，容易断裂；压力大于 15MPa 时，成型效果变好。压力小于 40MPa 时，密度随压力增大而增加得较快；压力大于 40MPa 时，密度增长缓慢。压力在 10～60MPa 之间变化时，小麦秸秆的压缩比在 9～12 倍之间呈幂函数关系变化，这样的压缩比大大减少了原料的占地面积。

以木屑为例，考察不同压力下木材类生物质的成型实验。树木砍伐后剩余大量的木枝丫材堆积在林场里，造成了林木资源的浪费，将其进行压块处理，可大幅度地减少占

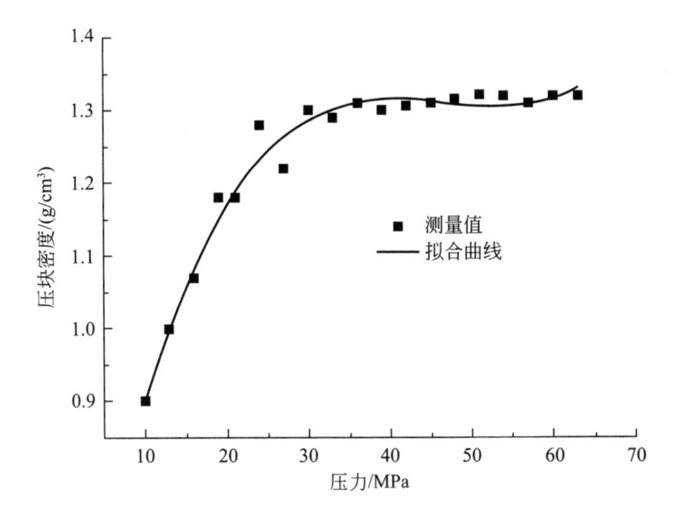


图 2-56　小麦秸秆压块密度与压力之间的测量值关系曲线和拟合曲线

地面积，便于储存，并可用作燃料实现可再生能源的高效利用。将木枝丫材自然干燥后进行削片，再将削片颗粒置于室内进行自然风干得到含水率为 7.2%的木材削片，粒度主要分布在 5～15mm 之间，成型前原料密度为 $0.065g/cm^3$。预压油缸压力设定为 5MPa，只改变主压缸压力（10～60MPa）进行实验。

依据实验数据，将木屑成型块的密度与成型压力之间的测量值关系曲线经对数拟合后，$R^2=0.9193$，经多项式拟合后，$R^2=0.98$，比较后选择多项式拟合函数关系式：

$$y=4\times10^{-7}x^3-8.8\times10^{-5}x^2+0.061x+0.791 \tag{2-26}$$

木屑压块密度与压力之间的测量值关系曲线和拟合曲线如图 2-57 所示。

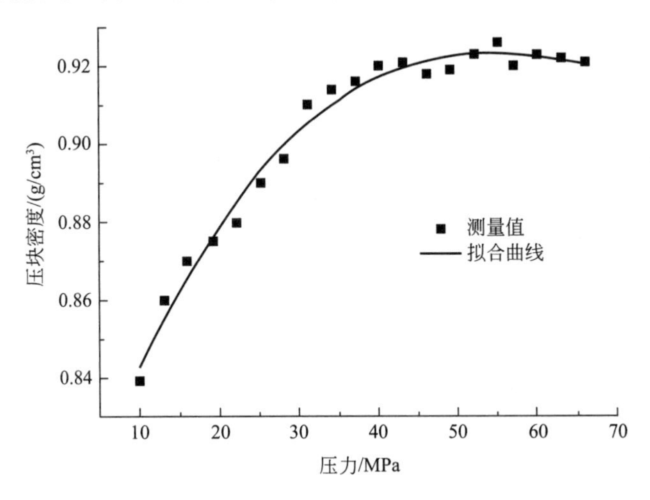


图 2-57　木屑压块密度与压力之间的测量值关系曲线和拟合曲线

木屑压块密度与压力间的关系仍符合多项式函数关系，成型块压制紧密，放置数天后压力小于 25MPa 的成型块表面出现裂纹，但不易破碎仍能满足运输要求。压力大于 40MPa 后压块密度随成型压力的增大变化不大。木屑经致密成型后，压缩比在 12.9～14.7 之间变化。

### 2.6.7 成型和保型时间

成型产品的质量和密度受到生物质原料在成型阶段和保压阶段时间的影响。研究发现，在低压下成型时间对成型产品的质量有较大影响，而当压力较高时，该影响减弱，尤其是在超高压条件下，成型时间的影响可以忽略。通常情况下，当成型时间为 20s 时，成型时间延长 10s，则成型产品的密度会增大 5%，当成型时间超过 40s 时，其对成型产品的质量的影响可以忽略[18]。

一般来讲，成型产品的密度随着保型时间的延长而减小。通常情况下，生物质原料从成型阶段进入保压阶段时，成型产品具有最大的膨胀速率和最高的密度，随着保型时间的延长，成型产品内颗粒的体积达到稳定，其膨胀速率也逐渐下降并稳定，成型产品的密度也逐渐降低并达到最终的产品密度。

### 2.6.8 吨料电耗

吨料电耗是考察压缩成型机性能指标的一个重要参数。由于物料粉碎粒度、含水率和模孔长径比是影响吨料电耗的主要因素，这里选择具有一定代表性的玉米秸秆原料进行三因素对吨料电耗的影响试验。本次试验按二次回归正交试验表进行设计，因素水平编码表如表 2-14 所列。

表 2-14 因素水平编码表

| 水平 | 物料粉碎粒度 $x_1$/mm | 含水率 $x_2$/% | 模孔长径比 $x_3$ |
|---|---|---|---|
| 上星号臂(+1.215) | 6.6 | 17.2 | 5.8 |
| 上水平(+1) | 6.5 | 17.0 | 5.7 |
| 零水平(CK) | 6.0 | 16.0 | 5.2 |
| 下水平(−1) | 5.5 | 15.0 | 4.7 |
| 下星号臂(−1.215) | 5.4 | 14.8 | 4.6 |
| 变化间距 $\Delta j$ | 0.5 | 1.0 | 0.5 |

在表 2-14 中，各个因素的零水平称为该因素的基准水平。

原料粉碎粒度、含水率和模孔长径比三因素对装置的吨料电耗影响结果见表 2-15。

表 2-15 三因素对装置的吨料电耗影响结果

| 试验号 | $z_0$ | $z_1$ | $z_2$ | $z_3$ | $z_1z_2$ | $z_1z_3$ | $z_2z_3$ | $z'_1$ | $z'_2$ | $z'_3$ | $y_i$/(kW·h/t) |
|---|---|---|---|---|---|---|---|---|---|---|---|
| 1 | 1 | 1 | 1 | 1 | 1 | 1 | 1 | 0.27 | 0.27 | 0.27 | 79.5 |
| 2 | 1 | 1 | 1 | −1 | 1 | −1 | −1 | 0.27 | 0.27 | 0.27 | 78.2 |
| 3 | 1 | 1 | −1 | 1 | −1 | 1 | −1 | 0.27 | 0.27 | 0.27 | 77.3 |
| 4 | 1 | 1 | −1 | −1 | −1 | −1 | 1 | 0.27 | 0.27 | 0.27 | 76.2 |
| 5 | 1 | −1 | 1 | 1 | −1 | −1 | 1 | 0.27 | 0.27 | 0.27 | 75.3 |
| 6 | 1 | −1 | 1 | −1 | −1 | 1 | −1 | 0.27 | 0.27 | 0.27 | 74.2 |
| 7 | 1 | −1 | −1 | 1 | 1 | −1 | −1 | 0.27 | 0.27 | 0.27 | 73.5 |

续表

| 试验号 | $z_0$ | $z_1$ | $z_2$ | $z_3$ | $z_1z_2$ | $z_1z_3$ | $z_2z_3$ | $z'_1$ | $z'_2$ | $z'_3$ | $y_i$/(kW·h/t) |
|---|---|---|---|---|---|---|---|---|---|---|---|
| 8 | 1 | −1 | −1 | −1 | 1 | 1 | 1 | 0.27 | 0.27 | 0.27 | 72.6 |
| 9 | 1 | 1.215 | 0 | 0 | 0 | 0 | 0 | 0.746 | −0.73 | −0.73 | 71.3 |
| 10 | 1 | −1.215 | 0 | 0 | 0 | 0 | 0 | 0.746 | −0.73 | −0.73 | 70.2 |
| 11 | 1 | 0 | 1.215 | 0 | 0 | 0 | 0 | −0.73 | 0.746 | −0.73 | 69.1 |
| 12 | 1 | 0 | −1.215 | 0 | 0 | 0 | 0 | −0.73 | 0.746 | −0.73 | 68.2 |
| 13 | 1 | 0 | 0 | 1.215 | 0 | 0 | 0 | −0.73 | −0.73 | 0.746 | 67.8 |
| 14 | 1 | 0 | 0 | −1.215 | 0 | 0 | 0 | −0.73 | −0.73 | 0.746 | 66.9 |
| 15 | 1 | 0 | 0 | 0 | 0 | 0 | 0 | −0.73 | −0.73 | −0.73 | 65.5 |
| $B_j$ | 1944.80 | 56.83 | 21.34 | 33.43 | 0.10 | 3.90 | −16.10 | 61.66 | 38.05 | 63.88 | |
| $d_j$ | 15.00 | 10.95 | 10.95 | 10.95 | 8.00 | 8.00 | 8.00 | 4.36 | 4.36 | 4.36 | |
| $b_j$ | 129.65 | 5.19 | 1.95 | 3.05 | 0.01 | 0.49 | −2.01 | 14.14 | 8.72 | 14.65 | |
| $U_j$ | | 294.89 | 41.59 | 102.01 | 0.00 | 1.90 | 32.40 | 871.95 | 331.96 | 935.69 | |
| $F_j$ | | 23.32 | 3.29 | 8.07 | 0.00 | 0.15 | 2.56 | 68.97 | 26.26 | 74.01 | |

回归方程为：

$$y=102.33+5.19z_1+1.95z_2+3.05z_3+0.01z_1z_2+0.49z_1z_3-2.01z_2z_3+14.14z_1+8.72z_2+14.65z_3 \tag{2-27}$$

$$F=\frac{U/f_U}{(SS_T-U)/f_{e_2}}=29.15>F_{0.01}(7,7)=6.99 \tag{2-28}$$

式中　$F$——回归方程中的 $F$ 检验。

$$\mathrm{U}=\sum_j U_j,\ \mathrm{SS_T}=\sum_{i=1}^{n}{y_i}^2-\frac{1}{n}(\sum_{i=1}^{n}y_i)^2,\ f_U=f_{e_2}=7$$

结果表明回归方程是显著的，而且拟合得很好。

为了便于对模型进行分析讨论，不显著的各项没有去掉。

(1) 主效应分析

由于设计中各因素均经无量纲线性编码处理，且各一次项回归系数 $b_j$ 之间，各交互项、平均项的回归系数间都是不相关的，因此可以由回归系数绝对值的大小来直接比较各因素一次项对吨料电耗的影响，这里 $x_1>x_3>x_2$，且均为正效应。

(2) 单因素效应分析

将回归模型中3个因素中的2个固定在零水平上，可得到单因素模型如下：

原料粉碎粒度：　$y_1=102.33+5.19z_1+14.14z_1^2$　(2-29)

含水率：　$y_2=102.33+1.95z_2+8.72z_2^2$　(2-30)

环模孔长径比：　$y_3=102.33+3.05z_3+14.65z_3^2$　(2-31)

令 $\frac{dy_i}{dz_i}=0(i=1,2,3)$

得出各单因素回归方程的极值点：

$z_1^*=-0.37$，$z_2^*=-0.22$，$z_3^*=-0.21$

依次取 $z_j$ 为−1.215、−1、0、1 和 1.215 水平，求出 $y_i$ 值见表 2-16、图 2-58。

**表 2-16 各单因素不同水平对吨料电耗的影响**

| $y_i$ | $z_j=-2$ | $z_j=-1.215$ | $z_j=-1$ | $z_j=0$ | $z_j=1$ | $z_j=1.215$ | $z_j=2$ |
|---|---|---|---|---|---|---|---|
| $y_1$ | 84.6 | 68.3 | 66.1 | 63.2 | 71.5 | 75.2 | 88.6 |
| $y_2$ | 77.5 | 67.2 | 64.3 | 63.2 | 65.9 | 68.7 | 79.1 |
| $y_3$ | 86.9 | 68.9 | 66.5 | 63.2 | 71.2 | 75.1 | 88.0 |

从表 2-16 及图 2-58 中可以看出，$z_1$、$z_2$、$z_3$ 均是向上的抛物线。对于 $z_1$，当含水率、模孔长径比处于零水平，物料粉碎粒度约为 6mm 时，吨料电耗最小；对于 $z_2$，当物料粉碎粒度、模孔长径比处于零水平，含水率为 15.8%时，吨料电耗最小；对于 $z_3$，当含水率、物料粉碎粒度处于零水平，模孔长径比为 5.1 时，吨料电耗最小。

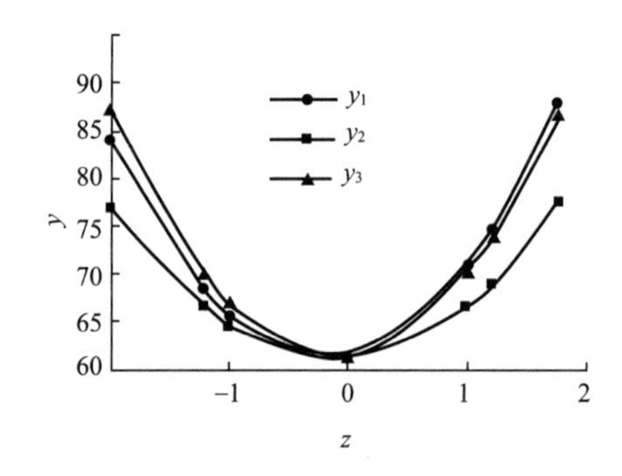


图 2-58 各单因素与吨料电耗的回归方程曲线

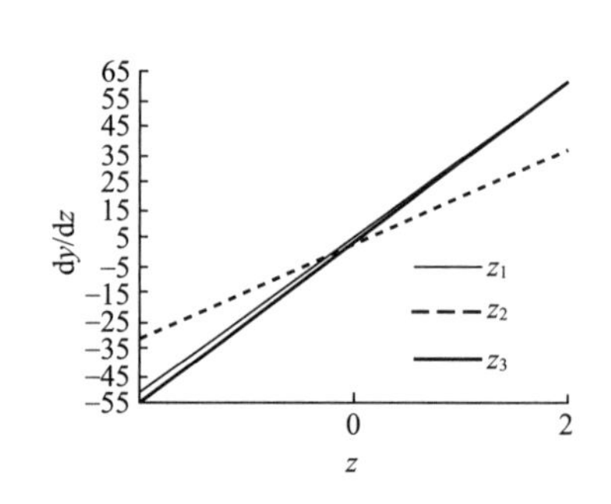


图 2-59 各单因素边际吨料电耗效应

(3) 单因素边际吨料电耗效应

各因素在不同水平下的边际吨料电耗效应方程为：

$$\frac{dy_1}{dz_1}=5.19+28.28z_1 \tag{2-32}$$

$$\frac{dy_2}{dz_2}=1.95+17.44z_2 \tag{2-33}$$

$$\frac{dy_3}{dz_3}=3.05+29.3z_3 \tag{2-34}$$

从图 2-59 中可以看出，物料粉碎粒度、含水率和环模孔长径比越大，边际吨料电耗越高，其中物料粉碎粒度和模孔长径比的变化对边际吨料电耗的影响较大，而含水率影响较小，这为在不同的条件下，选择降低吨料电耗的因素和决定数量大小提供了参数。

(4) 两因素间的交互效应

由于所建立的模型中 $z_2z_3$ 的交互作用最大，因此，就 $z_2z_3$ 的交互作用进行分析，将原料粉碎粒度固定在零水平上，得到如下方程：

$$y_{z_1z_3}=102.33+1.95z_2+3.05z_3-2.01z_2z_3+8.72z_2^2+14.65z_3^2 \tag{2-35}$$

将 $z_1$、$z_3$ 的各个水平的编码值代入此方程，计算 $y_i$ 值见表 2-17。

表 2-17　含水率和环模孔长径比对吨料电耗的交互作用

| $z_2$ | | 环模孔长径比($z_3$) | | | | |
|---|---|---|---|---|---|---|
| | | −1.215 | −1 | 0 | 1 | 1.215 |
| 含水率 | −1.215 | 74.3 | 68.1 | 58.3 | 65.9 | 81.6 |
| | −1 | 72.9 | 67.9 | 59.6 | 67.2 | 90.3 |
| | 0 | 69.8 | 65.2 | 57.6 | 65.7 | 70.4 |
| | 1 | 80.3 | 78.6 | 62.1 | 72.5 | 88.2 |
| | 1.215 | 83.6 | 78.2 | 63.5 | 79.3 | 92.1 |

从表 2-17 中可以看出，当 $z_1=0$（物料粉碎粒度为 6mm），$z_2=0$（含水率为 16%），$z_3=0$（模孔长径比为 5.2）时，吨料电耗最低，为 57.6kW・h/t，还可以看出，当 $z_2(z_3)$ 处于固定值时：在 $z_3(z_2)$ 处于［−1.215，0］区间时，吨料电耗均是减少的；在 $z_3(z_2)$处于［0，1.215］区间时，吨料电耗均是增加的。

图 2-60 表示当 $z_1$ 固定在零水平时吨料电耗 $y_i$ 的响应曲面。

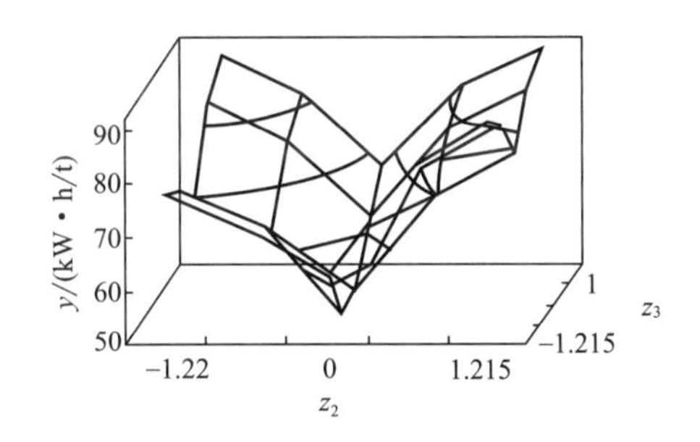


图 2-60　当$z_1$固定在零水平时吨料电耗$y_i$的响应曲面

根据多元函数极值理论：

$$\frac{\partial y_{z_2z_3}}{\partial z_2}=0 \tag{2-36}$$

$$\frac{\partial y_{z_2z_3}}{\partial z_3}=0 \tag{2-37}$$

则：$z_2=-0.12$（含水率约为 15.9%），$z_3=-0.07$（环模孔长径比为 5.2），此时吨料电耗为 57.6kW・h/t，是极小值。

(5) 确定各因素水平的最优组合

采用统计选优方法，每个因素取 5 个水平：±1.215，±1 和 0，用矩阵实验室（Matlab）软件编程对 $5^3=125$ 个方案进行寻优，其结果如表 2-18 所列。

由表 2-18 可得，吨料电耗平均值为 67.6kW・h/t，吨料电耗最低的工艺方案为 $z_1=z_2=z_3=0$，相当于原料粉碎粒度为 6mm，含水率为 16%，模孔长径比为 5.2，此时吨料电耗为 57.86kW・h/t，这与相同压缩成型条件下试验的最小吨料电耗（57.6kW・h/t）结果基本吻合，说明上述二次回归正交试验分析的结论是正确的。

表 2-18　不同水平下吨料电耗计算值

| $z_1$ | $z_2$ | $z_3$ | 吨料电耗/(kW·h/t) | $z_1$ | $z_2$ | $z_3$ | 吨料电耗/(kW·h/t) | $z_1$ | $z_2$ | $z_3$ | 吨料电耗/(kW·h/t) |
|---|---|---|---|---|---|---|---|---|---|---|---|
| 0 | 0 | 0 | 57.860 | −1 | 1 | −1 | 65.870 | 1.215 | 1 | −1 | 70.256 |
| 0 | −1 | 0 | 58.030 | 1.215 | 1.215 | 0 | 65.870 | 1 | 1.215 | −1.215 | 70.294 |
| 0 | 1 | 0 | 58.270 | −1 | −1.215 | −1 | 65.885 | −1 | −1 | 1.215 | 70.371 |
| 0 | −1.215 | 0 | 58.285 | 0 | −1 | 1.215 | 66.147 | 1 | −1 | 1 | 70.430 |
| 0 | 1.215 | 0 | 58.577 | −1 | 1.215 | −1 | 66.177 | 1.215 | 1.215 | −1 | 70.567 |
| −1 | 0 | 0 | 59.390 | 0 | 1 | 1.215 | 66.363 | −1 | 1 | 1.215 | 70.587 |
| 0 | 0 | −1 | 59.840 | 0 | −1.215 | 1.215 | 66.405 | −1 | −1.215 | 1.215 | 70.651 |
| −1 | −1 | 0 | 59.870 | 1 | 0 | −1 | 66.520 | 1 | 1 | 1 | 70.670 |
| −1 | 1 | 0 | 60.090 | −1 | 0 | 1 | 66.640 | 1 | −1.215 | 1 | 70.685 |
| −1 | −1.215 | 0 | 60.127 | 0 | 1.215 | 1.215 | 66.667 | −1.215 | 0 | −1.215 | 70.835 |
| 0 | −1 | −1 | 60.300 | 1 | −1 | −1 | 66.970 | −1 | 1.215 | 1.215 | 70.889 |
| −1 | 1.215 | 0 | 60.395 | −1 | −1 | 1 | 67.130 | 1 | 1.215 | 1 | 70.977 |
| 0 | −1.215 | −1 | 60.553 | 1 | −1.215 | −1 | 67.221 | −1.215 | −1 | −1.215 | 71.305 |
| 0 | 1 | −1 | 60.560 | 1 | 1 | −1 | 67.250 | −1.215 | 1 | −1.215 | 71.545 |
| 0 | 1.215 | −1 | 60.869 | −1 | 1 | 1 | 67.330 | −1.215 | −1.215 | −1.215 | 71.560 |
| 1 | 0 | 0 | 61.730 | −1 | −1.215 | 1 | 67.389 | −1.215 | 1.215 | −1.215 | 71.852 |
| −1.215 | 0 | 0 | 61.996 | 1 | 1.215 | −1 | 67.561 | 1.215 | 0 | −1.215 | 72.231 |
| 1 | −1 | 0 | 62.190 | −1 | 1.215 | 1 | 67.632 | −1.215 | 0 | 1.215 | 72.377 |
| 0 | 0 | 1 | 62.300 | −1.215 | 0 | −1 | 67.871 | 1.215 | −1 | −1.215 | 72.677 |
| 1 | −1.215 | 0 | 62.443 | −1 | 0 | −1.215 | 68.101 | −1.215 | −1 | 1.215 | 72.871 |
| 1 | 1 | 0 | 62.450 | −1.215 | −1 | −1 | 68.343 | 1.215 | −1.215 | −1.215 | 72.927 |
| −1.215 | −1 | 0 | 62.478 | −1 | −1 | −1.215 | 68.569 | 1.215 | 1 | −1.215 | 72.966 |
| 0 | 0 | −1.215 | 62.676 | −1.215 | 1 | −1 | 68.579 | −1.215 | 1 | 1.215 | 73.063 |
| −1.215 | 1 | 0 | 62.694 | −1.215 | −1.215 | −1 | 68.599 | −1.215 | −1.215 | 1.215 | 73.132 |
| −1.215 | −1.215 | 0 | 62.736 | −1 | 1 | −1.215 | 68.813 | 1.215 | 0 | 1 | 73.174 |
| 1 | 1.215 | 0 | 62.759 | −1 | −1.215 | −1.215 | 68.824 | 1.215 | 1.215 | −1.215 | 73.278 |
| 0 | −1 | 1 | 62.780 | −1.215 | 1.215 | −1 | 68.885 | −1.215 | 1.215 | 1.215 | 73.364 |
| −1.215 | 1.215 | 0 | 62.998 | −1 | 1.215 | −1.215 | 69.121 | 1 | 0 | 1.215 | 73.430 |
| 0 | 1 | 1 | 63.000 | −1.215 | 0 | 1 | 69.140 | 1.215 | −1 | 1 | 73.642 |
| 0 | −1.215 | 1 | 63.037 | 1 | 0 | −1.215 | 69.250 | 1.215 | 1 | 1 | 73.886 |
| 0 | −1 | −1.215 | 63.134 | 1.215 | 0 | −1 | 69.524 | 1.215 | −1.215 | 1 | 73.897 |
| 0 | 1.215 | 1 | 63.305 | −1.215 | −1 | 1 | 69.633 | 1 | −1 | 1.215 | 73.902 |
| 0 | −1.215 | −1.215 | 63.386 | 1 | −1 | −1.215 | 69.698 | 1 | 1 | 1.215 | 74.138 |
| 0 | 1 | −1.215 | 63.398 | −1.215 | 1 | 1 | 69.828 | 1 | −1.215 | 1.215 | 74.158 |
| 0 | 1.215 | −1.215 | 63.707 | −1.215 | −1.215 | 1 | 69.893 | 1.215 | 1.215 | 1 | 74.194 |
| 1.215 | 0 | 0 | 64.839 | −1 | 0 | 1.215 | 69.899 | 1 | 1.215 | 1.215 | 74.444 |
| −1 | 0 | −1 | 65.160 | 1 | −1.215 | −1.215 | 69.949 | 1.215 | 0 | 1.215 | 76.667 |
| 1.215 | −1 | 0 | 65.297 | 1 | 0 | 1 | 69.960 | 1.215 | −1 | 1.215 | 77.137 |
| 1.215 | −1.215 | 0 | 65.549 | 1.215 | −1 | −1 | 69.971 | 1.215 | 1 | 1.215 | 77.377 |
| 1.215 | 1 | 0 | 65.561 | 1 | 1 | −1.215 | 69.983 | 1.215 | −1.215 | 1.215 | 77.392 |
| −1 | −1 | −1 | 65.630 | −1.215 | 1.215 | 1 | 70.130 | 1.215 | 1.215 | 1.215 | 77.684 |
| 0 | 0 | 1.215 | 65.665 | 1.215 | −1.215 | −1 | 70.222 | | | | |

## 参考文献


[1] 雷廷宙. 秸秆干燥过程的实验研究与理论分析 [D]. 大连：大连理工大学，2006.

[2] 马孝琴. 生物质（秸秆）成型燃料燃烧动力学特性及液压秸秆成型机改进设计研究 [D]. 郑州：河南农业大学，2002.

[3] 赖艳华，吕明新. 程序升温下秸秆类生物质燃料热解规律 [J]. 燃烧科学与技术，2001，7（3）：245-248.

[4] 黄浩，雷廷宙，张全国，等. 农作物秸秆细胞壁成分对其干燥过程的影响 [J]. 河南科学，2005，23（2）：221-223.

[5] 雷廷宙，沈胜强，李在峰，等. 生物质干燥机的设计及试验研究 [J]. 可再生能源，2006，3：29-32.

[6] 武晓峰，唐杰，吕贤弼. 毛细压力饱和度关系的试验研究 [J]. 灌溉排水，1999，18（4）：27-31.

[7] 袁振宏，吴创之，马隆龙，等. 生物质能利用原理与技术 [M]. 北京：化学工业出版社，2005.

[8] 卢涛，沈胜强. 薄层毛细多孔介质湿区干燥过程相变传热传质常压模型 [J]. 热能动力工程，2003，18（1）：50-52.

[9] 胡建军. 秸秆颗粒燃料冷态压缩成型实验研究及数值模拟 [D]. 大连：大连理工大学，2008.

[10] 吕微，蒋剑春，刘石彩，等. 生物质炭成型燃料的制备及性能研究进展 [J]. 生物质化学工，2010，44（5）：48-52.

[11] 何晓峰，雷廷宙，李在峰，等. 生物质颗粒燃料冷成形技术试验研究 [J]. 太阳能学报，2006，27（9）：937-940.

[12] 胡建军. 秸秆颗粒燃料冷态压缩成型实验研究及数值模拟 [D]. 大连：大连理工大学，2008.

[13] Tingzhou Lei，Shengqiang Shen. Study on corn straw crushing characteristics test [C]. The 4th international conference on sustainable energy technologies，Jinan：China architecture & building press，2005.

[14] 胡建军，雷廷宙，何晓峰，等. 小麦秸秆颗粒燃料冷态压缩成型参数试验研究 [J]. 太阳能学报，2008，29（2）：241-245.

[15] 李在峰，雷廷宙，朱金陵，等. 生物质颗粒燃料成型机. 中国：CN2820518Y [P]，2006.

[16] 回彩娟. 生物质燃料常温高压致密成型技术及成型机理研究 [D]. 北京：北京林业大学，2006.

[17] 蒋剑春. 生物质能源应用研究现状与发展前景 [J]. 林产化学与工业，2002，22（2）：75-80.

[18] 张百良. 生物质成型燃料技术与工程化 [M]. 北京：科学出版社，2012.

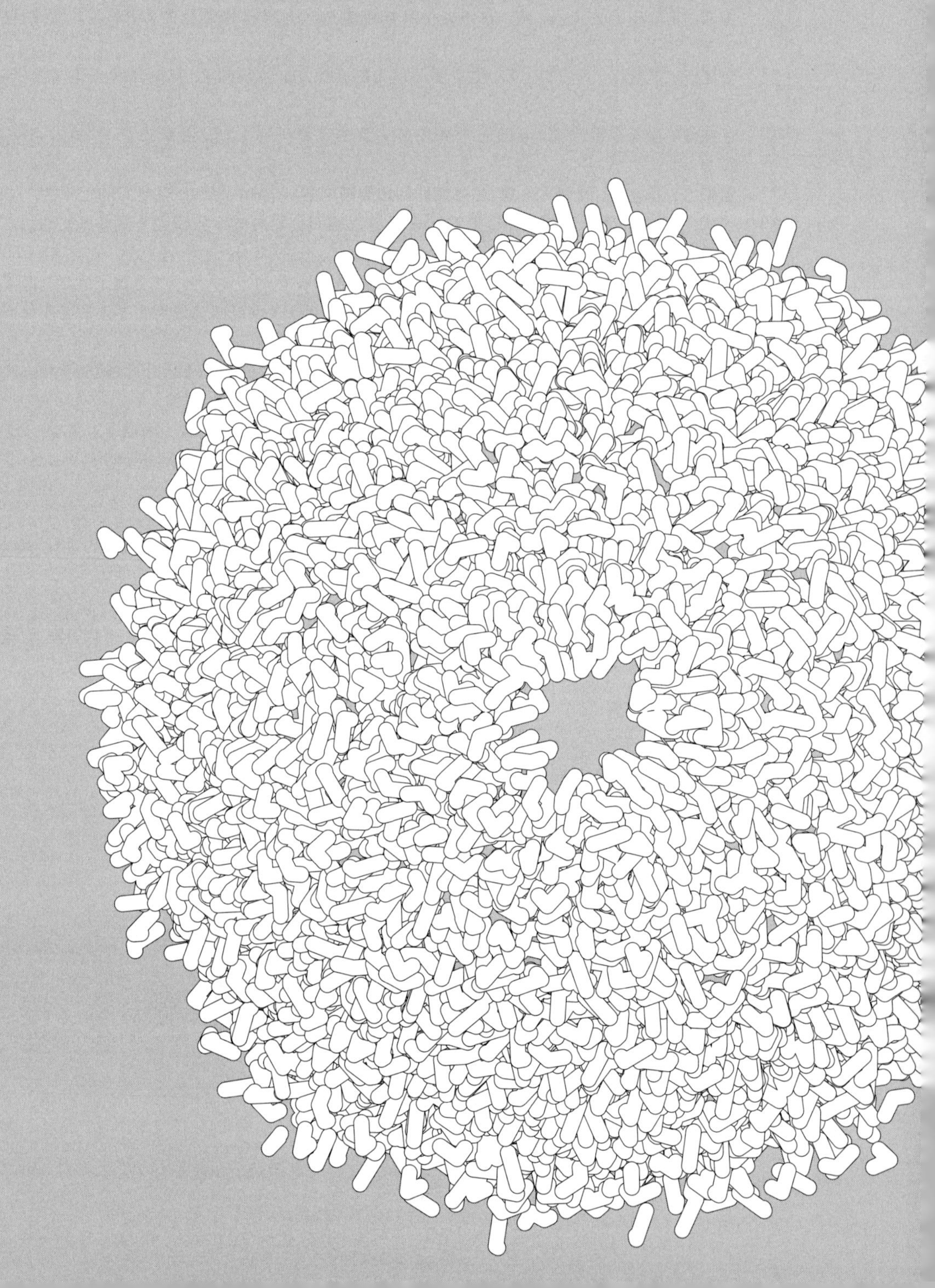

# 第3章

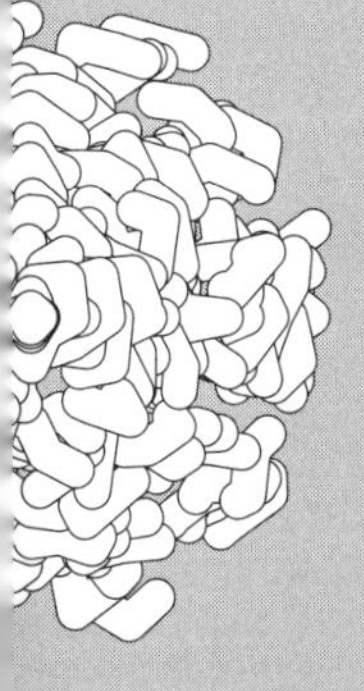

# 生物质固体成型燃料关键设备的选取与设计



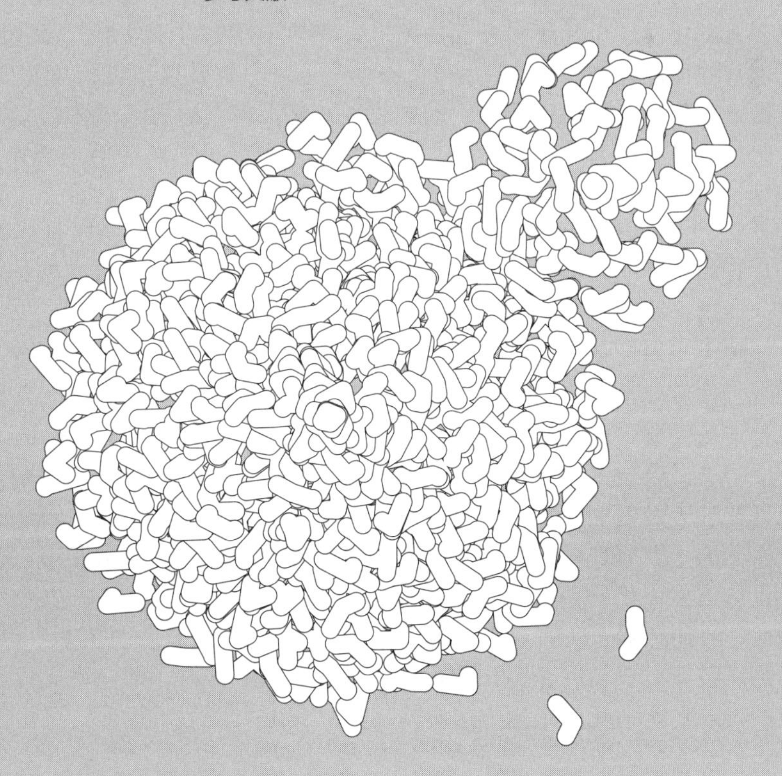

# 3.1 生物质干燥设备的参数选取与设计

从农业、食品、化工、陶瓷、医药、矿产品加工到制浆造纸、木材加工，几乎所有工业部门都要用到干燥设备。干燥作业是高能耗的操作，在各种工业部门总能耗中，干燥能耗从4%（化学工业）到35%（造纸工业）不等[1]。据资料记载，在发达国家，如法国、英国、瑞典等，高达12%的工业能耗用于干燥作业[2]。发展中国家目前的干燥能耗还比较低，干燥技术在国民经济中具有重要的意义，在工农业各个部门都有广泛的应用，如农业中谷物的干燥、选矿中磷粉的干燥、冶金行业中燃料用煤粉的干燥和药品的干燥等。需要进行干燥的物料是多种多样的，有粮食、药品、食品、饲料、燃料、肥料、矿物、陶瓷制品、织物及化工产品等[3]。在许多产品的生产中，干燥都是重要的工艺环节，正确地设计干燥工艺和进行干燥操作，是保证和改善产品质量的重要手段之一。

目前用于生产中的人工干燥的方法很多，并且根据不同的条件有不同的分类方法[4]：按干燥过程中热量传递形式的不同可分为对流干燥、传导干燥和能量场干燥；按干燥物料排出的方式不同可分为批式干燥、连续式干燥和循环式干燥；按物料在干燥机中的运动形式不同可分为固定床干燥、流化床干燥和喷动床干燥；按气流与物料的运动方向不同可分为顺流式干燥、逆流式干燥、横流式干燥和绕流式干燥；按物料在干燥过程中的压力不同可分为常压干燥和真空干燥。干燥技术所面临的问题越来越复杂，需要干燥处理的物料种类达数千种。在这种情况下，除了干燥产物除湿这一基本要求外，一般还要兼顾化学、生化等多方面的要求，诸如干燥中对于外形、营养成分、品质等的要求。农林固体废弃物含水率一般在70%～90%，如果直接进行生物质压块，既影响压实密度，也影响压块后的热值，因此必须对含水率大的农林固体废弃物进行干燥。

由于目前没有配套的干燥设备，生产企业大多采用通风晾晒的原始方法进行干燥，这种干燥方法需要占用大量场地，对企业规模限制大，同时受自然天气影响，阴雨天无法进行干燥，干燥周期加长。农林固体废弃物受农林业生产的季节性影响，必须在收获季节大量收购，才能降低企业成本，减少焚烧污染，但是收购后需要专业的干燥设备进行干燥才能满足生产需求。

目前国内干燥设备大多用于蔬菜、药材干燥，这类设备一般造价高、设计复杂，内部结构及工作原理不适于干燥农林固体废弃物。研究开发农林固体废弃物干燥的专用设备，既是市场需要，也是我国农林业可持续发展，实现高效节能环保的大势所趋[5]。

设计干燥试验装置的原则应是节能高效，并能较好地满足秸秆原料干燥工艺的要求。根据各种干燥器的原理与各自优缺点，结合气流干燥器、流化床干燥器与穿流气流厢式干燥器的干燥原理，设计出生物质干燥装置，使其内部的温度场、速度场更加均匀是干燥设备选型优化的关键[6]。

因此，将用热器，一种被称为板箱构造的装有多孔的“射流板”装置设在烘干箱内，当热风贯通至板箱内经多孔装置均匀射向被干燥物料，即可完成传热传质任务。其射流板的特点：能承受一定压力的箱式结构。其上表面为平板面，可用作物料床；其下表面为根据一定要求而设定的多孔状板面，其作用是将热风均匀地射向生物质原料。

根据上述对“射流板”的设计构思，再加上能带动物料移动的链条刮杆运行系统，就可以实现一套完整的干燥系统，其工作原理是：粉碎后的生物质在刮杆拖动下沿射流板一端向另一端移动，生物质不仅直接受到射流板面的传导加热，而且还同时受到来自上层射流板通过小孔下射的高温射流强迫对流传热及其辐射传热，同时带走干燥机内的水分，这样的过程由上至下连续 4 次，致使生物质在高温传导、对流、辐射作用下完成传热与传质过程，最终达到干燥的目的。

### 3.1.1 生物质干燥机的总体结构

生物质干燥过程可分为短时间的升温段、等速干燥段与降速干燥段 3 个阶段。在整个干燥周期的前半周期中，物料含水率高、密度大，是干燥过程中的主要吸热段，应以较高的温度与气流速度来提高干燥机的产量。在干燥过程的后半个周期，物料的温度较高、含水率较低、密度小，在此阶段，物料的干燥时间基本不变，可以用较小的气流速度进行干燥，以节约能源。

根据生物质的干燥特性，设计的生物质干燥机结构如图 3-1 所示，粉碎后的生物质由进料口进入干燥机，在传动系统的链条、刮杆的拖动下，沿供热系统的射流板上表面缓缓移动，此时受到加热板上表面的传导加热，同时受到上一层加热板下表面辐射加热和从射流孔射流出的高温加热介质的强化对流换热。这样，被干燥的物料在多层加热板的传导、对流、辐射 3 种传热方式的作用下，水分迅速地扩散出来，由排湿系统排出干燥机外，达到快速、高效干燥的目的[7]。

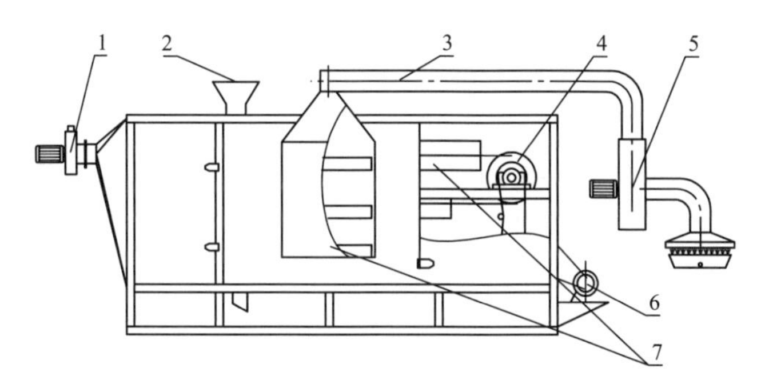


图 3-1 生物质干燥机结构

1—排湿系统； 2—进料口； 3—进风管； 4—传动系统； 5—鼓风机； 6—拖动调速电机； 7—供热系统

### 3.1.2 供热系统的设计

加热气流是否均匀是干燥机设计的核心问题，也是影响干燥速率和干燥质量的主要因素。短时间的升温段是生物质干燥过程中的加热阶段，此时生物质具有含水量高、堆积密度大等特点，在此阶段不仅需要大量的热能，而且还需要较大的风速，以便穿透物料层，达到物料快速、均匀升温的目的。等速干燥段是生物质干燥过程中的主要脱水段，水分蒸发量大，此时只需供给生物质水分持续蒸发所需的热量即可。降速干燥段是生物质干燥过程中的最后一个阶段，在此阶段生物质已变得很膨松，只需脱去少量的水，因此，此阶段只需少量的热量，风速不宜太高，以免将物料吹飞。根据这一理论研究和基础试验的结果，结合空气调节技术与传热学原理，设计出了由等压分流的静压箱和高效换热的射流加热板组成的供热系统，如图 3-2 所示。它由静压箱、射流换热板、输送板等组成。生物质在上两层换热板上主要进行物料升温与等速干燥过程，在第 3、4 层换热板上完成等速与降速干燥过程。生物质在拖动系统的带动下自上而下运动，完成升温、等速干燥与降速干燥的过程，换热板孔眼总面积自上而下依次减小，各换热板可提供不同的能量，实现了生物质干燥过程的按需供能[8]。

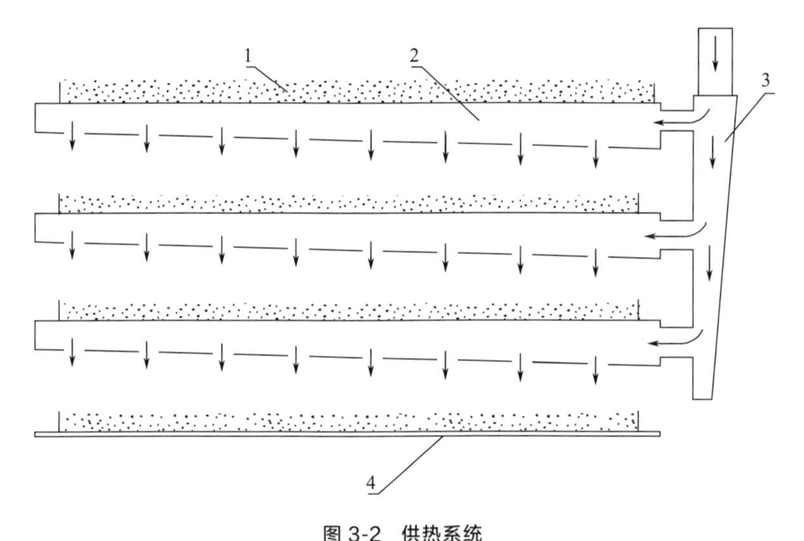


图 3-2 供热系统

1—物料； 2—加热板； 3—静压箱； 4—输送板

（1）静压箱设计

可等压分流的静压箱为一楔形箱体，它有一加热介质进口与数个矩形加热介质出口，其数量与换热板的数量相同，结构如图 3-3 所示。

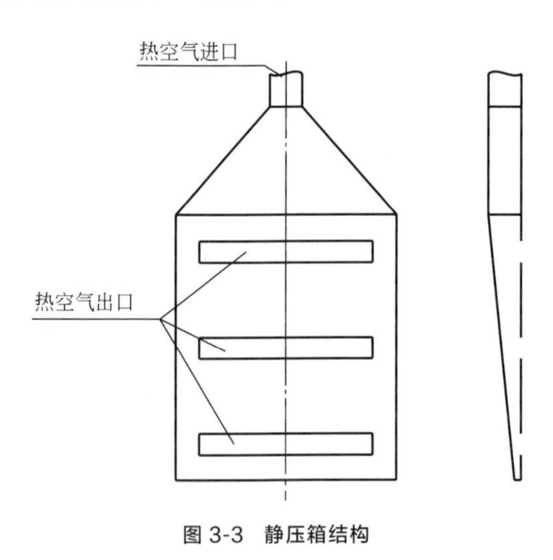


图 3-3 静压箱结构

静压箱入口风速 $v_k$ 应比最末出风口的风速 $v_m$ 大，利用这两个速率差形成的动压差补偿静压箱内的摩擦阻力损失和局部阻力损失，使静压箱内各处的静压力能够保持稳定，各处的压力基本相同，使各矩形加热介质出口的流量与其面积成正比。欲达到上述要求，静压箱的入口风速与出口风速应满足下式[9]：

$$\frac{v_k^2}{2}\rho-\frac{v_m^2}{2}\rho=\sum(Rl+z) \tag{3-1}$$

式中　$v_k$——静压箱入口风速，m/s；

$v_m$——静压箱最末端热空气出口风速，m/s；

$\sum Rl$——静压箱内摩擦阻力损失之和；

$\sum z$——静压箱内局部阻力损失之和；

$\rho$——空气密度，$kg/m^3$。

在结构设计中，我们设计有 3 层射流加热板与 1 层输送板，稳压箱的作用就是均匀等量地向这 3 层射流板送气，故稳压箱上有 3 个矩形送风口。

（2）射流换热板的设计

热空气经静压箱可等压进入各层射流换热板，其结构如图 3-4 所示，为能承受一定压力的箱式结构。上表面为平板，可用作物料床，下表面为多孔板，可根据干燥过程不同阶段所需能量设定不同的孔眼面积。干燥介质从换热板内经多孔板均匀射向被干燥物料，即可完成传热传质任务。在进口压力相同的条件下，不同的孔眼直径、不同的孔眼总面积，为生物质干燥的不同阶段提供不同的能量，为设计按需供能的生物质干燥试验装置提供了可能。

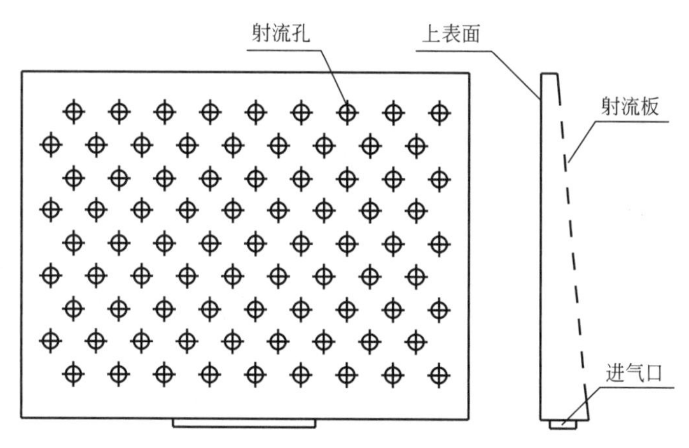


图 3-4　射流换热板结构

1）选择气流流型

高温气体是载热介质，也是直接进行热交换的媒介，其流型视物料特性与干燥效果而定。要使干燥效果好，设计气流需达到如下两点要求：

① 气流必须达到下层物料表面；

② 气流必须均匀分布。

另外，考虑到粉碎后的生物质具有大量的粉尘，故气流达到物料表面的速度不宜过大，而且只要在满足干燥的条件下，此风速应尽可能降低。因此，设定该风速为 1.6m/s 左右。

2）确定孔眼中心距 $B$

设计孔眼直径 $d_s=0.015\text{m}$，板间距 0.154m，板面积 1m×2m，下风孔距物料间距 $x$ 为：

$$x=0.251-(0.07+0.03)\div 2-0.1=0.101(\text{m}) \tag{3-2}$$

则距径比为：

$$\frac{x}{d_s}=\frac{0.101}{0.015}=6.73 \tag{3-3}$$

无量纲速度为：

$$\frac{v_x}{v_s}=0.5 \tag{3-4}$$

式中　$v_x$——出孔眼风速，m/s；

　　$v_s$——出孔眼特征风速，m/s。

则出孔眼风速：

$$v_s=\frac{v_x}{0.5}=\frac{1.6}{0.5}=3.2(\text{m/s}) \tag{3-5}$$

孔板单位面积的风量：

$$E_d=E_f/2=144\text{m}^3/\text{h} \tag{3-6}$$

式中　$E_f$——总风量，$\text{m}^3/\text{h}$。

孔板孔眼面积 $A_0$ 用下式计算：

$$A_0=\frac{E_d}{3600 v_s \alpha}=\frac{144}{3600\times 3.2\times 0.8}=0.0156(\text{m}^2) \tag{3-7}$$

式中　$\alpha$——流量系数，一般为 0.74～0.82，本次计算取 0.8。

孔板的孔眼面积与孔板面积比：

$$C_m=\frac{A_0}{A}=0.0078 \tag{3-8}$$

孔与孔间的距离 $L$ 为：

$$L=d_s\sqrt{\frac{0.785}{C_m}}=0.015\sqrt{\frac{0.785}{0.0078}}=0.15(\text{m}) \tag{3-9}$$

3）孔眼的排列

横向排列数：

$$n_h=\frac{1}{L}=\frac{1}{0.15}=7(\text{个}) \tag{3-10}$$

纵向排列数：

$$n_z=\frac{2}{L}=\frac{2}{0.15}=14(\text{个}) \tag{3-11}$$

孔眼的总数为 $N$：

$$N=n_h n_z=7\times 14=98(\text{个}) \tag{3-12}$$

4）楔形板的确定

设楔形入口风速 $v_z=0.71\text{m/s}$，最终口前风速 $v_{终}=0.18\text{m/s}$，则入口断面积 $f_1$ 为：

$$f_1=\frac{E_d}{v_z}=\frac{288}{3600\times 0.71}=0.113(m^2) \tag{3-13}$$

已知板宽为2m，则入口处高：

$$h_1=\frac{f_1}{2}=0.0565(m) \tag{3-14}$$

最终口处断面$f_{终}$为：

$$f_{终}=\frac{E_f}{n_h v_{终}}=\frac{288}{7\times 0.18\times 3600}=0.063(m^2) \tag{3-15}$$

则此处高$h_2$为：

$$h_2=\frac{f_{终}}{2}=0.03(m) \tag{3-16}$$

(3) 拖动系统的设计

生物质在干燥机内的移动由干燥机的拖动系统完成。拖动系统由调速电机、传动系统、链条刮杆等部分组成。刮杆为$\phi$12mm的圆钢，两端铰接于链条上，链条在链轮的带动下移动时，刮杆便拖动生物质随链条在换热板上表面移动，其工作过程如图3-5所示。

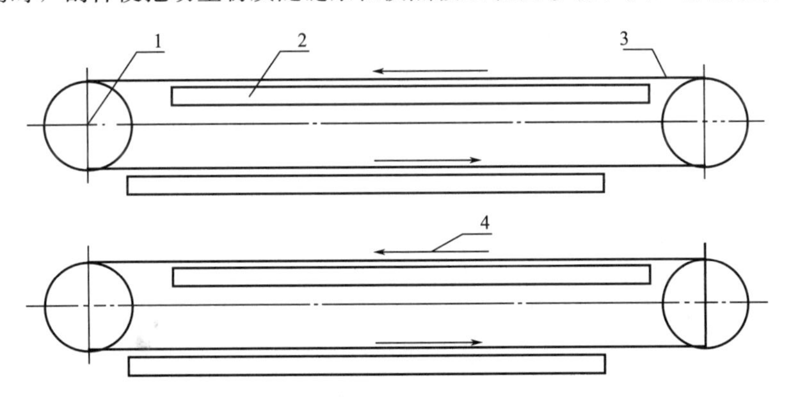


**图3-5　拖动系统工作过程**

1—链轮；2—加热板；3—链条刮杆；4—物料移动方向

生物质在链条刮杆拖动下沿换热板上表面从一端向另一端移动，落到下一层换热板后重新往回移动，这样的过程由上至下连续进行4次。生物质向前移动的同时，圆的刮杆也把下面的物料翻到了上面，物料落向下一层加热板时进行了掺混，这样就保证了产品干燥的均匀性。

## 3.1.3 生物质干燥机的试验研究

(1) 生物质干燥机试验系统

生物质干燥机试验系统如图3-6所示，它是以天然气燃烧生成的烟气与空气混合后的高温混合气为干燥介质，在干燥机内进行生物质的干燥。燃气进气量调节阀可控制燃烧器的燃气进气量，从而控制干燥机的能量供给。高温烟气调节阀可调节进入干燥机内高温混合气中烟气与空气的比例，从而调节高温混合气的温度，通过测量孔可测出高温混合气进气量、温度及水分的含量，通过排气量控制阀可控制废气的排出速度，通过废

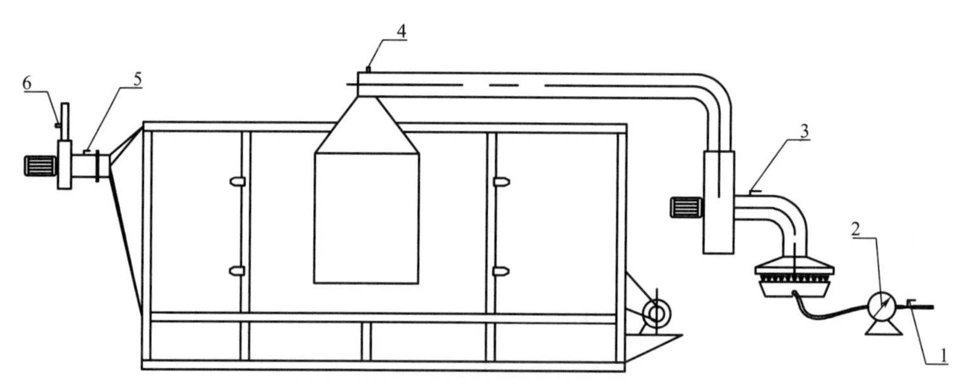


图 3-6 生物质干燥机试验系统

1—燃气进气量调节阀；2—气体流量计；3—高温烟气调节阀；4—高温烟气特性测量孔；
5—排气量控制阀；6—废气特性测量孔

气特性测量孔可测量废气温度、流量及含水量。

生物质原料为当年收获后的玉米秸秆，经筛孔直径为 5mm 的锤片式粉碎机粉碎后，加水调湿至一定含水率，密封 1d 后备用。

(2) 生物质干燥机干燥曲线

在干燥机内的物料中放置 3 个热电偶，让它随物料一起移动，即可测定出原料在不同干燥时间内的温度，取 3 个温度的平均值。取干燥机内不同干燥时间的物料，测定其含水率，即可测定出物料在不同干燥时间内的含水率。图 3-7 为生物质干燥机的干燥曲线。由图 3-7 可以看出，在第一层加热板，物料温度从 36℃升至 63℃，含水率从 55%降至 48%，这是因为在第一层加热板上，物料只受到了传导加热，表面无射流热风加热，所以含水率下降较慢。在第二层加热板，温度从 63℃升至 68℃，含水率从 48%降至 30%，这是因为物料既受到了传导加热，又有上一层换热板的对流与辐射加热，所以物料的含水率迅速下降，水分蒸发带走了大量的热量，物料的温度上升较慢。在第三层加热板上，温度从 68℃升到 85℃，含水率从 30%降至 20%，此时物料的含水率较低，热风速度较低，物料在上、下换热板的加热下，温度上升较快。在第四层加热板上，物料温度从 82℃降至 71℃（约在第 24 分钟时），这是因为物料从第三层加热板落向第四层加热板时，遇到逆向流动的冷空气传热。第 24 分钟后物料温度变化不大，主

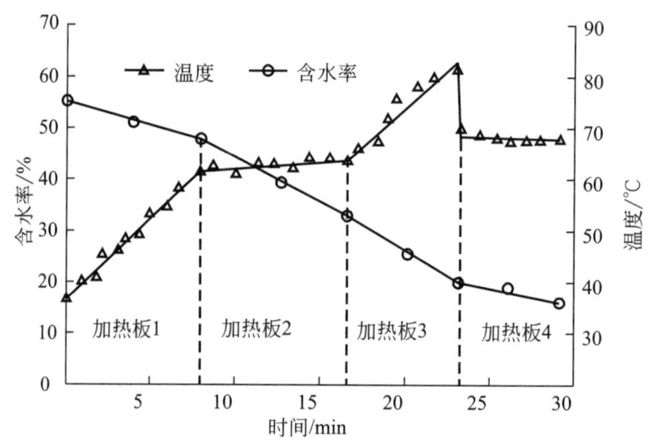


图 3-7 生物质干燥机的干燥曲线

要是因为第四层板为输送板，物料只受到上层加热板的辐射与对流加热，热风速度较小，水分蒸发带走的热量与上层加热板提供的热量基本平衡[10]。

图 3-8 为干燥机在不同进风温度、不同料层厚度与不同干燥时间条件下进行干燥的干燥特性曲线。进风温度仅选择了 340℃和 280℃。分析表明，在其他条件不变的条件下，温度越高，物料的脱水率越大，但由生物质的干燥特性可知：进风温度不宜过高，当物料温度超过 150℃时，物料的挥发分便会析出，影响干燥后的生物质品质；干燥时间越长，物料的脱水率越大，但干燥机的处理量却会变小；物料厚度越大，脱水率越低，但处理量变大。

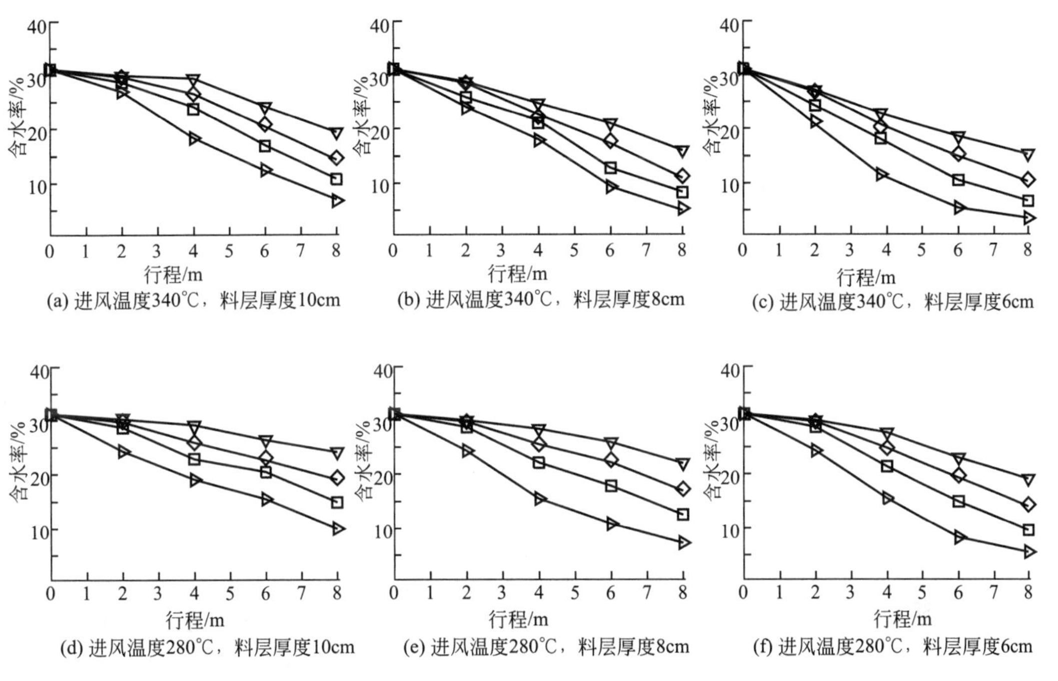


**图 3-8　干燥机在不同进风温度、不同料层厚度和不同干燥时间条件下进行干燥的干燥特性曲线**

—▽— 23min；—◇— 30min；—□— 44min；—▷— 58min

(3) 生物质干燥机热能利用率的测定

参照《粮食干燥机　试验方法》(GB/T 6970—2007)，对干燥机的热利用率 $\eta$ 进行测定。被干燥的物料为郑州市郊区当年生产的玉米秸秆，初始含水率为 51.2%，温度为 26℃，锤片式粉碎机的筛网孔径为 8mm，干燥介质的进风量为 $872.5m^3/h$，温度为 340℃，料层厚度为 10cm，干燥时间为 30min。在此条件下对干燥机的热利用率 $\eta$ 进行测定。

干燥机的热利用率：

$$\eta=\frac{Q_{ef}}{Q_m} \tag{3-17}$$

式中　$Q_{ef}$——秸秆有效利用热量，kJ；

$Q_m$——秸秆总热量，kJ。

输入干燥机的热量：

$$Q_{in}=LC_H(t_1-t_2) \tag{3-18}$$

式中　$L$——进入干燥机干混合气的质量，kg；

$C_H$——混合气的干基比热容，kJ/(kg·℃)；

$t_1-t_2$——进出干燥机混合气的温差,℃。

为了使热能利用率在含水率不同的物料及不同脱水率的情况下具有可比性，所指的秸秆有效利用热 $Q_{ef}$ 包括玉米秸秆在干燥机内升温所需的显热和水分汽化所需的潜热两部分组成，按下式计算[11]：

$$Q_{ef}=g_1[(1-W_1)C\Delta t+W_1C_{H1}\Delta t+(W_1-W_2)\gamma] \tag{3-19}$$

式中 $\Delta t$——进出干燥机物料的温差,℃；

$g_1$——原料质量，kg；

$W_1$——原料干燥前含水率,%；

$W_2$——原料干燥后含水率,%；

$\gamma$——水的汽化潜热，kJ/kg；

$C$——玉米秸秆的比热容，kJ/(kg·℃)；

$C_{H1}$——水的比热容，kJ/(kg·℃)。

在上述条件下，测得本样机热利用率为 71.02%。

# 3.2 生物质粉碎设备的参数选取与设计

随着社会经济的发展与人们生活水平的提高，木材下脚料、植物秸秆的剩余量越来越大，这些废弃物密度小、体积膨松，并大量堆积，销毁处理不但需要一定的人力、物力，且污染环境，因此世界各国都在探索解决这一问题的有效途径。

近几十年来，我国一直在对树枝粉碎机械进行研制，树枝粉碎机集切片、粉碎功能为一体，可切削直径 1～20cm 的枝桠及枝干，根据粉碎方式不同可将粉碎技术分为铡切式、揉切式、锤片式和组合式粉碎。尽管我国枝桠粉碎加工设备起步晚，但其发展速度却很快，常见的机械有铡切机、粉碎机、揉碎机等[12]。

我国市场上普遍应用的粉碎机机型主要为：河南郑州市 713 研究所研制生产的 93QH-500 型鲜草深加工设备，可将含水率较高的鲜草直接加工成草粉，加工过程中鲜草直接被切断、粉碎、烘干，设备的加工工艺连续一体化，是牧草深加工的理想设备，但其功耗大、生产率低，限制了其使用范围；秦原牌 9RC-30 型粗饲料揉碎机可将硬质的秸秆生物质揉碎为丝段状，可直接饲喂也可氨化、青储加工；CK5110D 树枝粉碎机可加工松木、桉树、杨木等原料，适用于中小型企业生产；FS1025 树枝粉碎机增加了底刀设计，提高了机器的切削性能，具有结构紧凑、切削平稳的特点[13]。可以看出，开展新型锤片式粉碎机的研究开发，进行生物质粉碎理论及实验研究很有必要，未来研究重点应为：进行生物质粉碎特性及机理研究；通过对锤片式粉碎机的结构优化改进和粉碎工艺系统的合理配置，提高锤片和筛片的质量，降低单位产量的锤片和筛片消耗率，延长其使用寿命，降低易损耗件对粉碎成本的影响；进一步提高粉碎系统作业的效率，同时对与粉碎机相配套设备和操作参数进行研究，提高粉碎机加工精度与装配精度；进一步改进和完善现有机型，改善加工机的通用性，铡草机和揉碎机实现系列化，各种机型的主要工作部件实现标准化，提高机械制造质量；逐步实现机械作业的自动化和半自动化，进而降低粉碎加工作业的劳动强度，提高生产率，保证加工质量，朝着大功率、大型联合机械作业方向发展。

### 3.2.1　粉碎机的类型选择

粉碎物料有各种方法，如压碎、切碎、磨碎及击碎等。但对物料来说，若有一定的粉碎粒度要求（即对物料颗粒的直径有一定要求），多采用击碎方法来加工。采用这种原理的粉碎机能够粉碎谷物、茎秆、糠壳、干草等，具有通用性大、结构简单、调节方便、生产率高的优点。按击碎原理设计的粉碎机，常用的有爪式粉碎机和锤片式粉碎机两大类。

① 爪式粉碎机是利用高速旋转的固定齿爪来击碎物料的，它体积小、质量轻、结构紧凑、工作转速高、原料产品粉碎粒度小，适于粉碎含纤维较少的物料，缺点是噪声大、功率消耗大、齿爪易磨损。

② 锤片式粉碎机（图3-9）是利用高速旋转的活动锤片来击碎物料的，它结构简单、通用性好、生产率高、且使用安全、应用较广[14]。

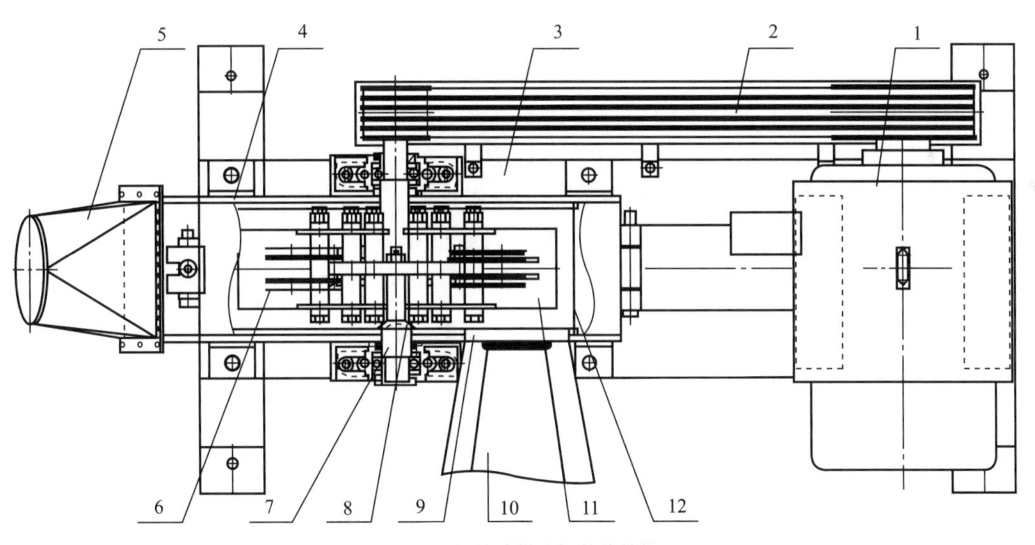


图3-9　锤片式粉碎机总体结构

1—电动机；2—V带传动；3—机架；4—粉碎室；5—出料口；6—锤片；7—主轴转子；8—动刀片；9—定刀片；10—进料斗；11—风叶；12—筛片

### 3.2.2　粉碎设备的总体设计

（1）设计原则

设计原则主要包括：

① 粉碎生产能力不小于 100kg/h；

② 电耗不大于 20kW·h/t；

③ 粉碎机轴承温升不大于 10℃；

④ 物料粉碎前后温差不大于 10℃；

⑤ 能连续作业；

⑥ 设计必须考虑采取必要的措施，便于工人操作和维修及良好的工作环境。

(2) 总体设计

锤片式粉碎机的工作过程如下：电机动力经 V 带传动增速传递到主轴，带动主轴高速旋转，固定在主轴转子上的动刀片、风叶和铰链在转子上的锤片随主轴一起高速旋转。物料由喂料斗喂入后，首先被随主轴高速回转的动刀片和固定不动的定刀片切成小段，然后再经高速旋转的锤片反复打击成细碎颗粒状物料，再在风叶、锤片、动刀片打击及所带动气流的作用下，由筛片筛分后进入粉碎室下部，最后由风叶、锤片、动刀片带动所形成的高速高压气流将其从出料口吹出粉碎室。

### 3.2.3 锤片的研究与设计

锤片是锤片式粉碎机的主要工作部件，它主要用来击碎物料，大多数铰链在转子上(刚性固定的很少)，便于磨损后更换。它的形状、材料与热处理工艺、排列方式等对粉碎机的性能与产量都有很大的影响，所以锤片的设计至关重要[15]。

(1) 锤片形状的选择

锤片的形状很多，目前国内外已达十几种之多，常用的有矩形锤片、阶梯形锤片、尖锐棱角形锤片及环形锤片等，如图 3-10 所示。其中应用最广泛的是矩形锤片［图 3-10(a)］，矩形锤片结构简单、制造方便、通用性好。它有两个销连孔，其中一个孔销连在销轴上，可以轮换使用四个角来工作。在矩形锤片工作边角涂焊［图 3-10(b)］、堆焊碳化钨等合金［图 3-10(c)］，或焊上一种特殊的耐磨合金［图 3-10(d)］可以提高锤

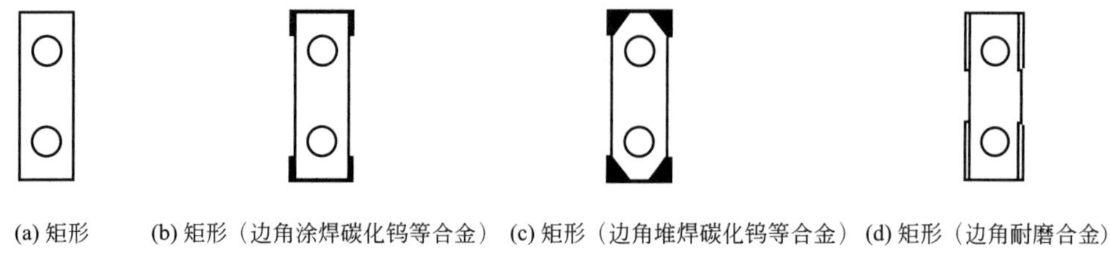

(a) 矩形　(b) 矩形（边角涂焊碳化钨等合金）　(c) 矩形（边角堆焊碳化钨等合金）　(d) 矩形（边角耐磨合金）

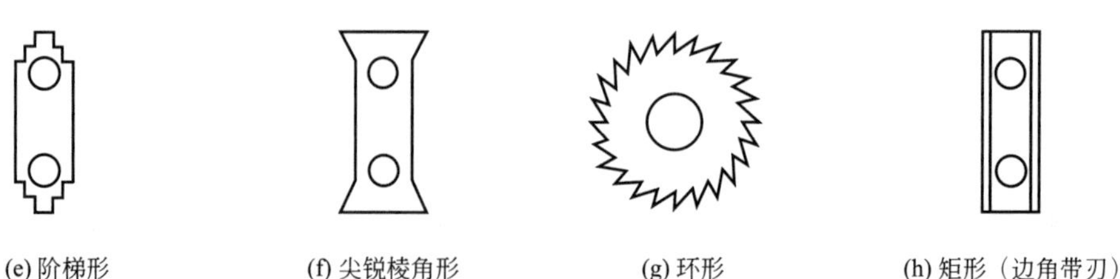

(e) 阶梯形　(f) 尖锐棱角形　(g) 环形　(h) 矩形（边角带刃）

图 3-10　常见的锤片形状

片的耐磨性，延长使用寿命2～3倍，但制造成本较高。阶梯形锤片［图3-10(e)］工作棱角多，粉碎效果好，也是应用较多的一种，但其耐磨性较差。尖锐棱角形锤片［图3-10(f)］主要用于切碎纤维素物质，且其耐磨性较差。国外的一些粉碎机使用环形锤片［图3-10(g)］，它的固定孔位于中央，四周棱角皆对称，当一处棱角稍有磨损时，质量减轻，在离心力作用下自动转向内侧，因而这种锤片磨损比较均匀，粉碎效果好，使用寿命较长。粉碎试验装置主要是用来粉碎生物质等物料，物料带有一定量的纤维质，为了易于切碎应选取边角带刃的锤片，同时考虑到锤片的耐磨性及使用寿命，所以采用矩形边角带刃的锤片，如图3-10(h)所示。

(2) 锤片材料与热处理工艺的选择

锤片是锤片式粉碎机的主要易损件，消耗量大，必须耐磨、耐冲击。常用低碳钢（如10号、20号）、锰钢（如65Mn）或镍铬合金钢等制造。经热处理后达到一定硬度，其工作端部经处理后布氏硬度值要达到390～475。

按金属磨损的一般规律：一般磨料磨损或冲刷磨损速率$N$与法向载荷$P$成正比，与硬度（或屈服极限）$H$成反比，其规律可用下式表示：

$$N=kP/H$$

式中　$k$——磨损系数。

$k$与接触产生的概率及摩擦副的材料等因素有关，这对粉碎机械的易损件来说几乎是固定不变的因素。若机器的工作情况既定，则$P$也是一个不变的因素。所以，唯一具有改进潜力的影响因素只能是$H$。

为了提高锤片的硬度，延长锤片的使用寿命，采用B-Cr-Re（硼铬稀土）共渗工艺来对锤片进行热处理。按此技术处理后的锤片与按LS/T 3605—1992标准制造的锤片相比有以下优点：

① 共渗层硬度高，组织细密，外层疏松较轻，硬度梯度较缓，从而使锤片外层的硬硼化物层不易脱落；

② 共渗层脆性小，渗层与基体的结合牢固，形成微裂纹后扩展非常困难，因此减少了在重复应力作用下产生的凹塌点蚀，提高了锤片的疲劳强度；

③ 共渗层深厚度（约80μm，而渗硼层仅为60μm），在工作过程中不致被过早磨去，始终保持尖锐的锋刃，使粉碎效率提高，而其他锤片由于过早出现磨损圆角，粉碎效率降低。

采用B-Cr-Re共渗工艺处理锤片式粉碎机锤片可以获得显著的经济效益，与按标准生产的锤片相比，使用寿命可提高1.28倍，粉碎效率可提高48.4%，而耗电量却下降约32.6%[16]。

(3) 锤片排列方式的选择

转子上锤片的排列方式，关系到转子平衡、物料在粉碎室内的分布、锤片的磨损均匀程度等。所以，如何选择锤片排列方式十分重要。一般锤片式粉碎机采用4组锤片，具有较好的平衡性能。因此，根据实验数据并参照同类产品，我们选取锤片的数量为20片，共4组。

锤片的排列应满足如下要求：锤片的运动轨迹应尽可能不重复，沿粉碎室工作宽度内锤片运动轨迹均匀分布；应使物料均匀分布在粉碎室内，不应使其向一侧堆积；锤片的排列有利于转子的动静平衡。

常见的锤片排列方式主要有螺旋排列、对称排列、对称交错排列 3 种形式（图 3-11）。

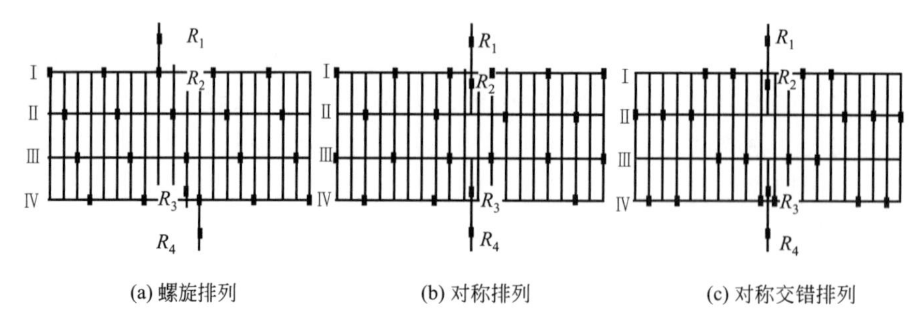


(a) 螺旋排列　(b) 对称排列　(c) 对称交错排列

**图 3-11　常见的锤片排列方式**

1）螺旋排列

如图 3-11(a) 所示。螺旋排列方式最简单，轨迹均匀不重复，锤片数量少，套筒的尺寸统一，制造装配比较方便。但在工作中物料将顺螺旋线向一侧推移，使此侧锤片磨损加剧。此外，销轴Ⅰ、Ⅲ上锤片离心力的合力 $R_1$ 和 $R_3$ 的作用线相距 $e$，故两力不能平衡，形成力偶，销轴Ⅱ、Ⅳ上锤片离心力的合力 $R_2$ 和 $R_4$ 也不能平衡，故当转子高速旋转时会出现不平衡力矩，机器震动较为剧烈。

2）对称排列

如图 3-11(b) 所示。180°方向对称两轴Ⅰ、Ⅲ和Ⅱ、Ⅳ上的锤片对称安装，对称销轴上离心力的合力 $R_1$、$R_3$ 和 $R_2$、$R_4$ 都互相平衡，故转子运转平衡、机器震动小，并且物料在粉碎室内分布均匀无侧移，锤片磨损也比较均匀。但其锤片运动轨迹重复，在相同锤片轨迹密度下，需要增加锤片数量，耗用钢材较多。

3）对称交错排列

如图 3-11(c) 所示。不仅锤片运动轨迹均匀不重复、锤片数量少，而且锤片排列左右对称，四根销轴上锤片离心力的合力 $R_1$、$R_3$ 和 $R_2$、$R_4$ 相互平衡，并作用在同一平面上，故其平衡性好，机器震动小。由于交错对称排列兼顾了螺旋和对称两种排列方式的优点，应用也比较广泛。但这种排列方式销轴间隔套筒品种较多，为了保持锤片在各销轴上的位置不变，因此在安装锤片套筒时不能任意乱装，应保持其固定的位置。

### 3.2.4　筛片的研究与设计

（1）筛孔形状与筛片形式的选择

筛片用来控制物料粉碎粒度，即物料的粗细程度。筛片形式与筛孔形状对锤片式粉碎机的工作性能有重大影响。

常见的筛孔形状（图 3-12）有鱼鳞筛孔、圆锥筛孔、圆筛孔。从通过性来看，鱼鳞筛孔［图 3-12(a)］比圆筛孔和圆锥筛孔好，但鱼鳞筛孔的磨损较快，使物料成品较粗。圆锥筛孔［图 3-12(b)］与圆筛孔相比，圆锥筛孔制造过程复杂，也易磨损。圆筛孔［图 3-12(c)］结构最简单，制造方便，相对比较耐磨，使用寿命长，应用最广，因此采用圆筛孔[17]。

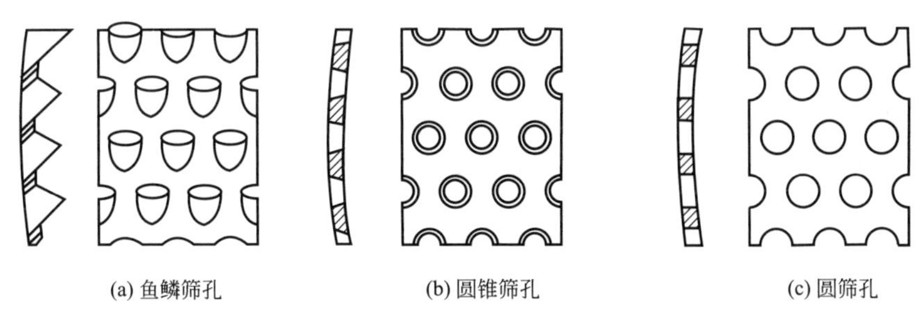


图 3-12 常见的筛孔形状

筛片包角是筛片的一个重要参数，国产粉碎机的筛片包角一般在 180°以上，而且目前使用包角为 360°筛片（环筛）的粉碎机在逐渐增多，这也是一种发展趋势，所以采取环筛的形式。

(2) 筛片热处理工艺的选择

筛片也是锤片式粉碎机的易损件之一。筛片的正常磨损，是锤片式粉碎机转子运转时物料的飞弹撞击和微粒流的低应力磨料磨损，使筛片上的筛孔沿锤片运动方向磨出彗星状的凹坑，然后各孔彗星状的凹坑尾部逐渐扩大，与相邻孔连成沟槽，使粉碎物料明显变粗。此时表明筛片已磨损。如果物料中含有小石块或金属碎块，则筛片被击破，局部产生非正常磨损。

筛片常用薄钢板或镀锌钢板冲孔制成。为了提高耐磨性，筛片表面可进行热处理，以加强其表面硬度。筛片经热处理后，使用寿命可提高 1～4 倍，处理后筛孔棱角锋利，能提高粉碎能力，因而生产率可提高 40%左右。

常见的锤片热处理工艺有渗碳处理、低碳马氏体淬火处理、软氮化处理以及国外 20 世纪 70 年代发展起来的氧氨气体软氮化处理等，相比之下氧氨气体软氮化处理工艺简单，并且能在较短时间内获得较高硬度的氮化层。因此建议采用此热处理工艺来对筛片进行热处理。

(3) 筛片开孔率与筛孔排列的选择

1) 筛片开孔率与通过能力

锤片式粉碎机筛片的通过能力与开孔率关系很大，开孔率的增大可以提高筛片的通过能力。开孔率是指筛孔总面积与整个筛面面积之比，即：

$$K=\pi d^2/2\sqrt{3}t^2 \tag{3-20}$$

式中 $K$——开孔率；

$d$——筛孔直径，mm；

$t$——筛孔中心矩，mm。

显然，$K$ 值随着筛孔直径的增大而增大，随着筛孔孔距的增大而减小。而要提高筛片的通过能力，应尽可能提高 $K$ 值。所以在筛片的设计过程中，在保证原料粉碎粒度和筛片强度的前提下，应尽可能增大筛孔直径和减小筛孔孔距。这样不仅可以提高筛片的通过能力，而且还可以提高生产率和降低功耗。

2) 筛孔排列方式与方向

根据研究资料表明，相邻筛孔间的排列应呈正三角形［图 3-13(a)］，即相邻筛孔的中心连线为等边三角形较为合理。在筛孔孔径相同时，这样排列可以在保证筛片强度的前提下，使筛片获得较强的通过能力，从而可提高锤片式粉碎机的生产率。如果采用正四边形排列［图 3-13(b)］，即相邻筛孔的中心连线为正四边形，其开孔率将会降低，在其他条件相同的情况下，试验表明其通过能力相对正三角形排列将会降低 12%，所以这种排列方法相对正三角形排列方法来说是不合理的。

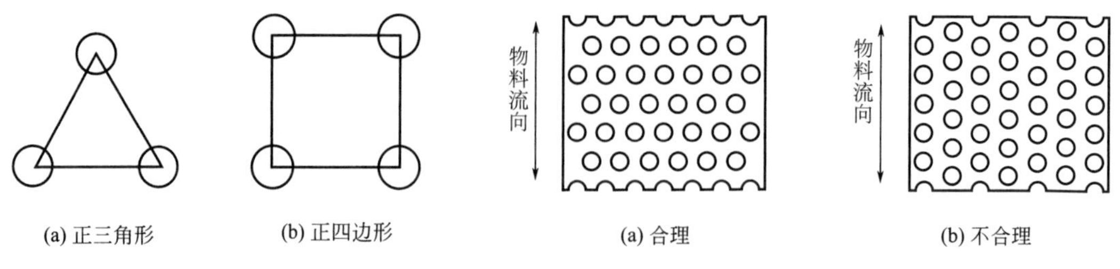


图 3-13　筛孔排列方式

图 3-14　筛孔排列方向与物料流向的关系

另外，还要注意筛孔排列方向与物料流向的关系问题。在筛孔孔径相同且都采用正三角形排列（即开孔率相同）时，如果所选的筛孔排列方向与物料流向不合理，同样会影响锤片式粉碎机的工作性能。图 3-14(a) 所示的筛孔排列方向与物料流向之间的关系是合理的，这种筛孔在物料流向方向的排列均匀，物料穿过筛孔的概率大，物料粉碎粒度均匀，筛片通过能力强，生产率高。而图 3-14(b) 所示的排列方法就不太合理，这种筛孔在物料流向方向上间隔排列，所以存在死区，物料通过筛片的概率变小，物料粉碎粒度差变大，筛片通过能力变低，生产率变低。

## 3.2.5　粉碎室的选择

常用粉碎机的粉碎室有水滴型粉碎室、偏心式椭圆形粉碎室和涡流式粉碎室 3 种型号。

(1) 水滴型粉碎室

水滴型粉碎室是指筛片在粉碎室内成水滴状，当锤片高速旋转时，粉碎室内环流层随锤片转 270°转角后，便与锤片呈 90°夹角，并以高速对筛片形成正面冲击，这样物料的环流-气流层便遭到有力破坏。水滴型粉碎室能大大提高锤片式粉碎机的过筛能力和粉碎性能，从而生产率提高，同时改善产品质量[18]。

(2) 偏心式椭圆形粉碎室

此种形式可以改变转子周围的锤筛间隙，从而破坏环流层。当气流和物料环流层随转子旋转沿筛面变得时厚时薄时，物料环流层也可以被破坏，在锤筛间隙小的地方，锤片深入环流层内，物料受到打击、挤压等作用，被粉碎合格的物料排出机外，不合格的原料被锤片、筛片打击粉碎。在锤筛间隙大的地方，物料环流速度降低，通过筛孔的能力增强[19]。

(3) 涡流式粉碎室

此种形状粉碎室上有一个半圆的凹形涡流室，当物料随转子高速旋转移动至凹形涡流室时，在正压气流作用下形成涡流，加速了物料层的流速，并改变流动方向，这样有利于锤片冲击粉碎物料，改善锤片式粉碎机的性能[20]。

综合以上各点，在设计本锤片式粉碎机的时候，采用偏心式椭圆形粉碎室。

### 3.2.6　定刀、动刀片的设计

在锤片式粉碎机中，刀片也是重要部件之一。为保证刀片的强度、硬度以及足够的韧性，同样采用 65Mn 作为制作动刀片的材料。在刀片切割生物质时，动刀片和定刀片之间的夹角 $\Gamma$ 为滑切角，滑切角越大，滑切力也越大，其中刀片速度与滑切角的关系为：

$$\tan\Gamma = v_t / v_n \tag{3-21}$$

式中　$v_t$——动刀片速度，m/s；

$v_n$——定刀片速度，m/s。

刀片运动时速度分析如图 3-15 所示。据实验资料表明，当滑切角增大时，切割变得省力，切割所需功耗也下降。但滑切角不能无限增大，其应小于刀片所能夹角生物质所需的摩擦角，通常取滑切角在 35°～55°之间［图 3-15(a)］。另外，安装刀片时刀背应倾向滚筒轴心，以利其切断生物质，刀片刃口磨角在 12°～20°之间，常取磨角为 12°，切刀刀刃为直线型。其原因是：这种刀片结构简单，且使用较多。动刀片两端都有安装孔，当一边磨损时，可倒反过来使用，这样就将动刀片的使用寿命提高了 1 倍［图 3-15(b)］。

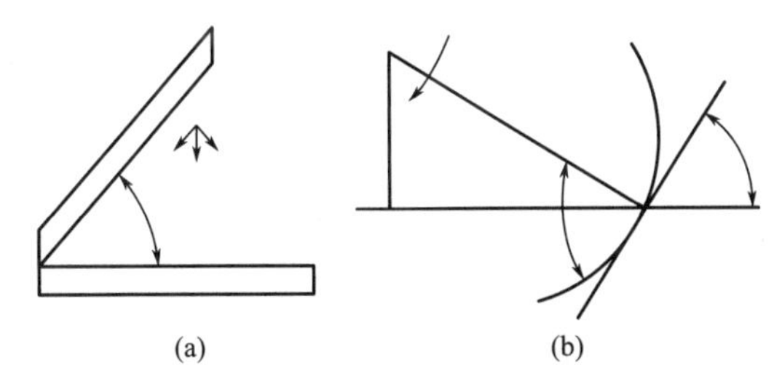


图 3-15　刀片运动时速度分析

### 3.2.7　生物质粉碎的主要影响因素

生物质只有被粉碎到粒径小于 2mm 时才可进行成型造粒，只能采用击碎的方法来加工。固体物料冲击粉碎过程实际上就是在机械力的作用下，固体物料块或颗粒发生变形进而破碎的过程。显然，只有粉碎的作用力足够大，在物料内瞬间产生的应力超过物料的强度极限时，物料才能发生破碎。使物料颗粒破碎的能量大小或力的大小，实际上就是锤片与颗粒、器壁与颗粒或颗粒与颗粒之间相对速度的大小。相对速度大，则破碎力大，破碎物料的强度就高[21]。

击碎所消耗的功率是锤片式粉碎机中功率消耗最大的一部分，约占锤片式粉碎机所消耗总功率的 40%～50%。在各种因素中，物料种类和含水率、锤片厚度、锤片数量、锤筛间隙、锤片末端线速度、最佳负荷对粉碎效率有较大的影响。

(1) 物料种类和含水率对粉碎效率的影响

粉碎不同种类的物料时，锤片式粉碎机工作性能有很大的差异。一般低纤维物料

（如谷物）比高纤维物料（如秸秆）容易粉碎，生产率高，度电产量高，粒度细小，粉尘较少。含水率高的物料韧性增加不易粉碎，生产率低，根据试验数据表明物料含水率应≤25％。

（2）锤片厚度对粉碎效率的影响

锤片厚度不同，所产生的打击力和接触面积也不同，机器的产量随着锤片厚度减薄而增加。用1.6mm、3mm、5mm、6.25mm厚锤片做生物质粉碎试验，结果也证明薄锤片的粉碎效率高（图3-16），1.6mm厚锤片比6.25mm厚锤片的粉碎效率提高了45％，比5mm厚锤片提高了25.4％。

我国目前在小型粉碎机上广泛使用了2～3mm厚的锤片。实践表明，在粉碎谷物时，用这种薄锤片是节省能源的一种方法。据国外资料，粉碎玉米和牧草时，推荐用厚度为2～3mm的锤片。粉碎豆饼及矿物时，推荐用厚度为6～8mm的锤片。

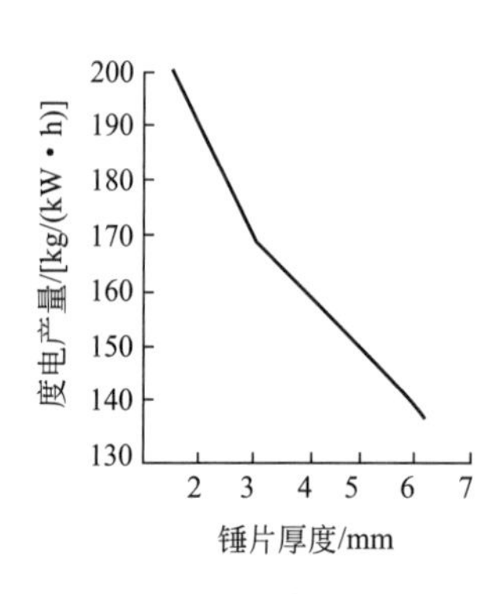


图3-16　锤片厚度与度电产量的关系

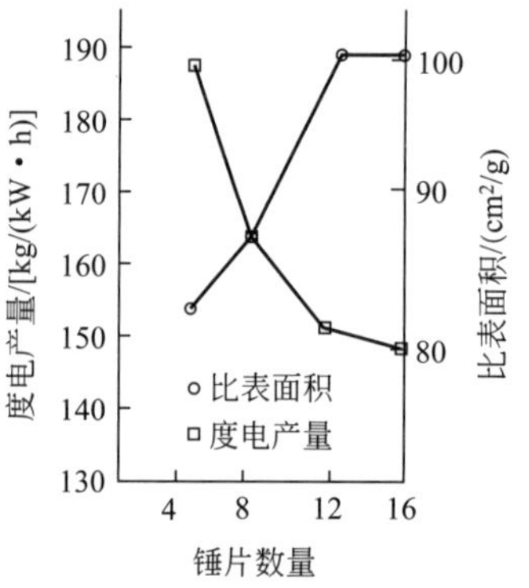

图3-17　锤片数量对粉碎效率及成品粒度的影响

（3）锤片数量对粉碎效率的影响

转子上锤片的数目对粉碎效率及成品粒度有明显影响（图3-17）。每个锤片所担负的工作区间，因物料不同而异。每100mm的转子宽度应有3mm的锤片15片。在对该粉碎试验装置进行研究时，设计了4片、8片、12片、16片四种数量锤片（厚5mm）进行了试验，结果如图3-17所示，度电产量随着锤片数量的增加而降低，4片锤片的粉碎效率比16片高27％，产生这种结果的因素很多：首先，锤片数量多，空耗功率高，有效功率相对减少；其次，锤片数量多，对物料正面打击的次数增多，粉碎能力加强，但锤片数量多，产品粒度变小，即单位物料的表面积增加了，由于细粉多，过筛效率成了主要矛盾，导致度电产量降低。

（4）锤筛间隙对粉碎效率的影响

锤筛间隙是指处在转子径向时的锤片顶端到筛片内表面的距离，它是影响粉碎效率的重要因素之一。粉碎室内，在锤片和筛片之间，有一层物料环层环绕着锤片，它随着锤片一同旋转，当锤筛间隙较大时，靠近筛面的物料颗粒运动速度较慢，对筛孔的通过性能有利，但稍大的颗粒不易与锤片接触，受锤片打击的机会少，同时筛片对它们的摩擦作用也因速度低而减少，使度电产量下降。当间隙大到一定程度时，筛面上的物料运动速度过慢，甚至堵塞筛孔。锤筛间隙过小时，外圈物料受锤片打击机会多，物料层运动速度快不易穿过筛孔，受到摩擦粉碎作用也增大，将物料粉碎得过细，浪费动力，因而度电产量也不高。因此，锤筛间隙有一最佳范围。用 $\phi=1.2\text{mm}$ 的筛孔试验表明（图 3-18），粉碎玉米秸秆、棉花秸秆等物料时，锤筛间隙为 14～16mm 时生产率最高。考虑到工作时锤片的磨损，锤片式粉碎机中锤筛间隙采用 12mm。为了提高粉碎机对不同物料的适应性，在设计和制造时必须注意锤筛间隙的可调性。

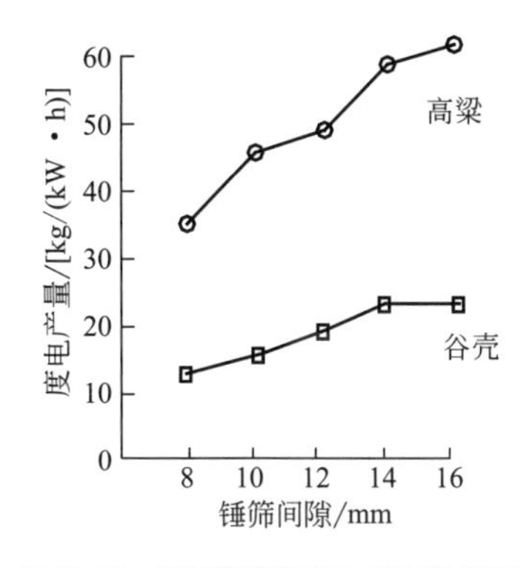


图 3-18　锤筛间隙与度电产量的关系

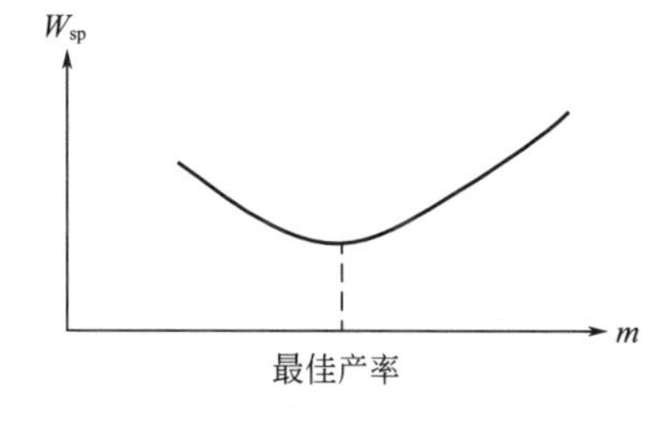


图 3-19　单位能耗与生产率之间的关系

（5）锤片末端线速度对粉碎效率的影响

锤片末端线速度对锤片式粉碎机主要性能指标有着极为重要的影响。因为锤片式粉碎机主要是靠冲击来粉碎物料的，在其他结构参数均不变的情况下，锤片施予被粉碎物体的能量是与锤片末端线速度的平方成正比的。此外，由于转速的提高，单位时间的打击次数也增加了，也会提高锤片式粉碎机的效率。但是，从另一角度看，由于锤片运转速度的提高，粉碎室内被锤片带动的物料环层运动速度也加快了，这样，又降低了物料粒子通过筛孔的能力，同时空转及鼓风的损失也要加大。

（6）最佳负荷选择

锤片式粉碎机在最佳负荷下工作，它的效能可以得到充分发挥，而轻负荷或超负荷运转都会导致生产率和度电产量的降低。试验表明，锤片式粉碎机单位能耗（$W_{sp}$）与生产率（$m$）之间的关系如图 3-19 所示。因此，选择最佳工作负荷是提高产量和降低能耗的重要途径。

粉碎试验装置负荷与物料性质、筛孔直径和电机匹配功率等因素有关，而且工作中负荷是变化的，有时甚至是冲击性的负荷（如茎秆和块根类物料）。因此最佳负荷只能根据物料品种和筛片孔径，合理选择动力，然后按照所匹配的额定电流合理调节进料速度来进行控制。

以上试验结果表明，该锤片式粉碎机达到以下性能指标：

① 粉碎生产能力不小于 80kg/h；

② 电耗不大于 20kW·h/t（物料含水率为 20%时）；

③ 粉碎后颗粒的几何平均直径小于 5.0mm；

④ 工作时轴承温升低于 25℃；

⑤ 标定工作情况下，噪声低于 85dB（A）。

同时，该锤片式粉碎机具有以下显著特点：

① 锤片呈对称交错排列，四根销轴上锤片离心力的合力相互平衡，并作用在同一

平面上，故其平衡性好，机器振动小；

② 锤片有刃口，有利于物料的粉碎；

③ 刀片、锤片均为双刃口，调换方向使用可延长其使用寿命；

④ 主轴上装有叶片，不再另装风机，使该锤片式粉碎机结构简单，排料通畅；

⑤ 使用包角为 360°的筛片，分上下两部分，能快速更换筛片，增加粉碎效率；

⑥ 物料喂入方向与主轴旋转方向垂直，经刀片切段进入粉碎室后，物料纤维仍与刀片垂直，提高了生产效率，降低了吨料能耗；

⑦ 经高速旋转的刀片切断后，再经锤片击打粉碎，提高了粉碎效率，并可对含水率低于 25%的长纤维生物质进行粉碎[22]。

## 3.3 生物质成型设备的参数选取与设计

### 3.3.1 生物质颗粒燃料成型机总体设计

（1）生物质颗粒燃料成型机技术指标的确定

目前国内外市场上的生物质颗粒燃料均采用热压缩成型工艺（颗粒燃料成型温度在 230℃左右）加工而成，但利用热成型工艺加工生物质颗粒燃料，会损失一部分的生物质能量，污染环境，并不理想的生物质颗粒燃料成型工艺。本设计突破传统思想，利用冷压缩成型工艺来加工生物质成型燃料，确定本次设计的生物质颗粒燃料成型机的技术指标如下：a. 整机功率 45kW；b. 产能 800kg/h；c. 颗粒燃料直径 $\phi$6mm；d. 颗粒燃料密度 0.8～1.3t/$m^3$；e. 颗粒燃料成型温度小于 100℃。

为实现冷压缩成型工艺加工生物质颗粒燃料，确定本次设计的成型机具体传动方案为：电动机通过皮带带动减速器，减速器通过联轴节与主轴相连，环模通过平键固定在主轴上，环模再通过物料带动压辊被动转动。该种传动方案有如下好处：首先，通过调整皮带轮的大小，可以方便地调节环模转数；其次，通过主轴拖动环模，其机械结构简单，传动路线短，功率损耗低；最后，通过环模与压辊的滚动挤压出原料，使摩擦力降到最低，有利于提高产量，降低吨料电耗。

（2）异步电动机型号的选择

三相交流电源容易获得，因此本次设计的生物质颗粒燃料成型机动力源采用三相异步电动机。由于该生物质颗粒燃料成型机对电动机无特殊的要求，本次设计选用最常用的 Y 系列笼型三相交流异步电动机，其具有效率高、工作可靠、结构简单、维修方便、价格低等优点。

（3）减速器的选择

减速器是原动机和工作机之间的独立的闭式传动装置，用来降低转速和增大转矩，以满足工作需要，在某些场合也用来增速，称为增速器。

减速器的种类很多：按照传动类型可分为齿轮减速器、蜗杆减速器和行星减速器以及它们互相组合起来的减速器；按照传动的级数可分为单级减速器和多级减速器；按照齿轮形状可分为圆柱齿轮减速器、圆锥齿轮减速器和圆锥-圆柱齿轮减速器；按照传动的布置形式又可分为展开式减速器、分流式减速器和同轴式减速器[23]。

由于生物质颗粒燃料成型机的工作条件恶劣，要求减速器输出扭矩大，因此本次设计采用国茂 GKF 系列减速器。该减速器由两级斜齿轮和一级弧齿锥齿轮构成。

(4) 皮带的选择

① 确定计算功率：

$$P_{CA}=PK_A=45\times1.1=49.5(\mathrm{kW}) \tag{3-22}$$

式中　$K_A$——工况系数，取 1.1；

$P$——额定功率，kW；

$P_{CA}$——计算功率，kW。

② 选取 V 带带型　选取 SPB 型窄 V 带。

③ 确定带轮基准直径　为提高窄 V 带寿命，条件允许的情况下小带轮直径尽量取较大值。选取小带轮直径 $d_{d1}=224\mathrm{m}$，大带轮直径 $d_{d2}=224\mathrm{mm}$。

④ 验算带速：

$$v=\frac{\pi d_{d1}n_1}{60\times1000}=\frac{3.14\times224\times1470}{60\times1000}=17.23(\mathrm{m/s}) \tag{3-23}$$

式中　$n_1$——小带轮转速，r/min。

所以 $v_{max}=35\mathrm{m/s}$，满足设计要求。

⑤ 确定窄 V 带的基准长度和中心距　根据 $0.7(d_{d1}+d_{d2})<a_0<2(d_{d1}+d_{d2})$，初步确定中心距 $a_0=800\mathrm{mm}$。

⑥ 计算带所需的基准长度 $L_d$：

$$\begin{aligned}L_d&=2a_0+\frac{\pi}{2}(d_{d1}+d_{d2})+\frac{(d_{d2}-d_{d1})^2}{4a_0}\\&=2\times800+\frac{\pi}{2}(224+224)+\frac{(224-224)^2}{4\times800}\\&=2303(\mathrm{mm})\end{aligned} \tag{3-24}$$

选取基准长度 $L_d=2300\mathrm{mm}$。

⑦ 计算实际中心距 $a$：

$$a=a_0+\frac{L_d-L'_d}{2}=800+\frac{2300-2303}{2}=798.5(\mathrm{mm}) \tag{3-25}$$

⑧ 验算主动轮包角 $\alpha_1$：

$$\alpha_1=180^\circ+\frac{d_{d2}-d_{d1}}{a}\times57.5^\circ=180^\circ>120^\circ \tag{3-26}$$

主动轮上的包角满足要求。

⑨ 计算窄V带的根数 $Z$：

$$Z=\frac{P_{CA}}{(P_0+\Delta P_0)K_\alpha K_L}=\frac{49.5}{11.86\times1\times0.92}=4.54(\text{根}) \tag{3-27}$$

取 $Z=5$ 根。

式中 $K_\alpha$——包角修正系数，选取 $K_\alpha=1$；

$K_L$——带长修正系数，选取 $K_L=0.92$。

⑩ 计算预紧力 $F_0$：

$$\begin{aligned}F_0&=500\frac{P_{CA}}{vZ}\left(\frac{2.5}{K_\alpha}-1\right)+qv^2\\&=500\times\frac{49.5}{17.23\times5}\times\left(\frac{2.5}{1}-1\right)+0.2\times17.23^2\\&=490(\text{N})\end{aligned} \tag{3-28}$$

式中 $q$——单根带单位长度的质量，kg/m。

⑪ 计算作用在轴上的压轴力 $F_P$：

$$F_P=2ZF_0\sin\frac{\alpha_1}{2}=2\times5\times490\times\sin\frac{180^\circ}{2}=4900(\text{N}) \tag{3-29}$$

（5）压辊的总体设计

1）压辊与压辊轴的结构设计

对于生物质颗粒燃料成型机来说，压辊是主要易损件之一，其寿命的长短直接影响到生物质颗粒燃料的生产成本，因此压辊的合理设计对提高使用寿命有着重要的意义。生物质颗粒燃料成型机在造粒的过程中要求压辊与环模之间保持一定的间隙，一方面是为了使物料进入模孔，另一方面是为了避免环模和压辊直接接触。该间隙随物料类型的不同而变，一般保持在0.15mm左右，而造粒过程中，物料对压辊和环模的磨损恰恰使这一间隙经常改变，因此要求压辊能够调整偏心，这样可以补偿磨损，提高压辊寿命。基于此理论，本次设计选择压辊轴材料为40Cr，调制处理，表面硬度为HB350，压辊材料选择为20CrMnTi，表面采取渗碳热处理工艺，渗碳后硬度为HRC52～HRC54。为使机器产能达到设计要求，通过理论计算确定压辊直径为165mm，压辊数量为4个，确定环模直径为600mm。

2）压辊轴承的选择

本次设计压辊轴承选用既可以承受径向力又可以承受轴向力的圆锥滚子轴承，其型号为33211。设定轴向游隙时必须考虑热膨胀。采用X型配置方式时，温度升高总是使轴承游隙减小。采用O形配置方式时有3种不同的情况：

① 当滚动圆锥顶点，即轴承外圈滚道延长线与轴承中心线的交点重合时，轴承游隙不受热膨胀的影响；

② 当两轴承距离较近，滚子圆锥顶点互相交错，轴承轴向游隙会随热膨胀的增加而减小；

③ 当轴承距离较大时，滚子圆锥顶点不相交，轴承轴向游隙会随着热膨胀的增加而增大[24]。

由于生物质颗粒燃料成型机在工作时，压辊、环模与物料相互摩擦和挤压，产生大量的热。这些热量势必引起压辊轴系和轴承游隙的变化，因此在设计时必须加以考虑。由于压辊轴较短，因此无论轴承采用哪种安装方式，在受热的状态下都会使轴承轴向游隙减小。考虑到加工和安装结构简单，本次设计的一对圆锥滚子轴承采用X形布置方式，在装配时保证轴承的轴向游隙为0.15mm。

具体结构如图3-20所示。

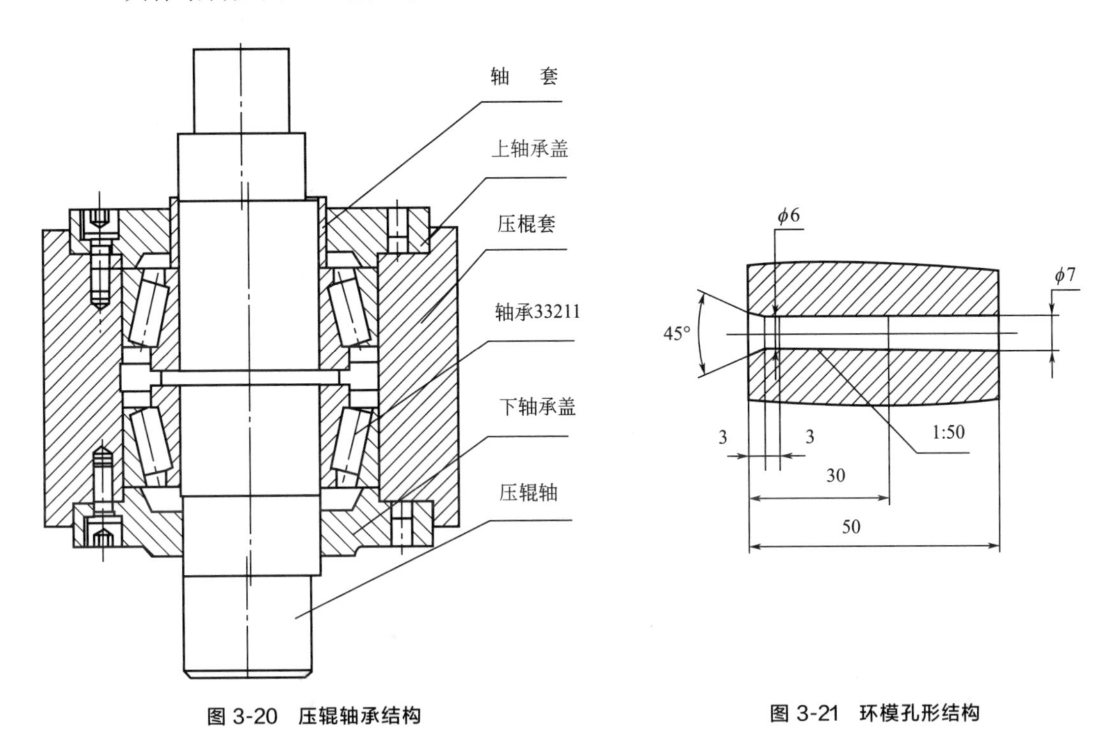


图3-20　压辊轴承结构

图3-21　环模孔形结构

(6) 环模的结构设计

环模是生物质颗粒燃料成型机的关键零件，是最主要的易损件。根据统计，环模损耗费占整个生产车间维修费的25%以上，同时对挤压出来的生物质颗粒燃料质量有着直接的影响。因此，了解环模的特性并对环模进行正确的选用、合理的使用以及有效的保养，对颗粒生产者来说是至关重要的。本次设计中，环模材料为42CrMo，淬火后表面硬度为HRC54～HRC58，环模内直径为600mm，线速度为1.54m/s，压缩比为5，环模孔形结构如图3-21所示。

(7) 主机的设计结构

生物质颗粒燃料成型机结构形式多种多样，国内外也各不相同，根据结构形式有立式（图3-22)、卧式（图3-23）和平模（图3-24）三种。

所设计的生物质颗粒燃料成型机完全突破传统设计，采用立式中心传动结构，由环模转动，通过介质带动压辊转动来实现造粒。此种结构传动简单，结构可靠，通过合理确定环模和压辊的直径，以及电动机的功率和转数，确保了该机的产能和工作温度，在实际运行中表现良好。

图 3-22　立式生物质颗粒燃料成型机

图 3-23　卧式生物质颗粒燃料成型机

图 3-24　平模生物质颗粒燃料成型机

结构如图 3-25 所示。

从生物质颗粒燃料成型机的总体传动方案出发，确定了电机功率、颗粒直径、压辊和环模直径以及环模的转数。通过主要部件具体参数的确定，使得设计的技术指标得以满足。该机在实际运行中较为理想，各个技术指标均达到了设计要求。

### 3.3.2　生物质颗粒燃料平模式成型机成型理论

（1）生物质颗粒燃料平模式成型机工作原理及成型过程物料受力分析

物料经充分搅拌后，通过喂入机构将物料连续、均匀地分布于平模表面，旋转的平模通过与物料的摩擦作用带动压辊旋转（图 3-26）。物料在强烈的挤压作用下，克服孔壁摩擦阻力，从环模孔中呈圆柱状挤出。物料挤压过程中，当物料的喂入量一定时平模的转速直接影响到平模和压辊的工作状态。研究表明，平模外圈线速度最大不要超过

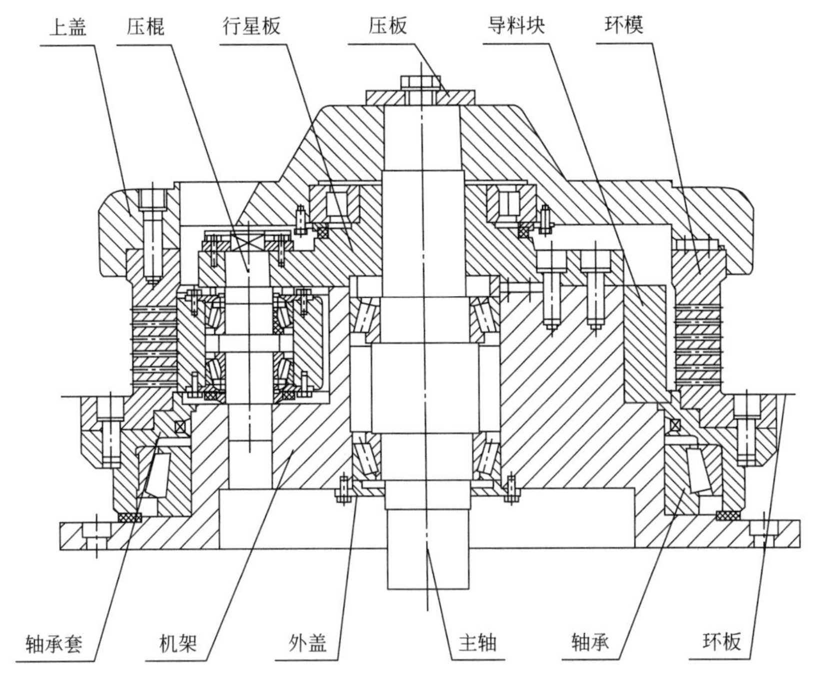


图 3-25　生物质颗粒燃料成型机结构

6m/s[25]。在平模线速度一定的状态下，制粒密度取决于挤出力的大小。在挤压过程中，根据物料在挤压过程中所处的状态不同，可将其分成 4 个区域，即供料区、压紧区、挤压区和成型区，如图 3-26 所示。

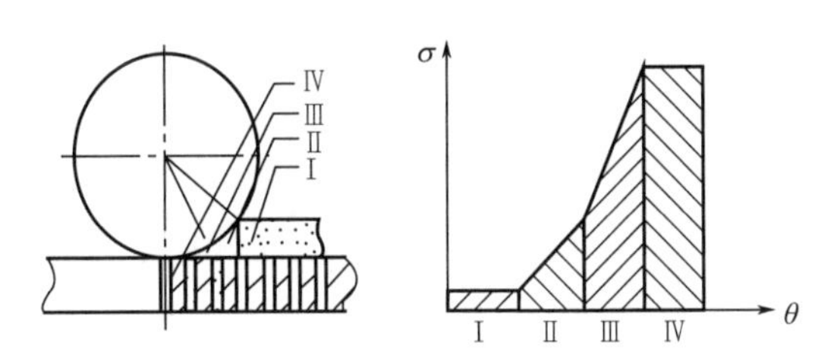


图 3-26　物料在各个压紧区域（$\theta$）的压紧力（$\sigma$）

Ⅰ—供料区；　Ⅱ—压紧区；　Ⅲ—挤压区；　Ⅳ—成型区

① 供料区　在此区内，物料在摩擦力的作用下，随平模做旋转运动，产生向外分布的趋势，在厚度上基本处于平面状态。

② 压紧区　随着平模、压辊的旋转，物料进入压紧区，在此区域内，沿着压辊表面，物料内部间隙有所变小，挤压力逐渐增大。

③ 挤压区　在此区内，挤压力急剧增大，物料颗粒间进一步靠紧和镶嵌，物料颗粒间的接触面积增大和联结增强。当挤压力增强到能克服模孔对料粒的摩擦力时，具有一定的密度和联结力的物料被压进模孔中，经过模孔一段长度的饱压形成圆柱状颗粒。这一区段物料将产生弹性、塑性综合变形。压出之后的物料密度达到 1.0g/m$^3$ 左右。

④ 成型区　在平模孔内充满了已经被压实成型的柱体，柱体在不断进入模孔物料的力的作用下被挤出模孔。

物料在模、辊转动作用下压制成颗粒，其条件有 2 个：a. 模、辊要把物料攫入变形区；b. 压辊对物料挤压力要大于模孔内料柱的摩擦阻力。

在物料压缩过程中，物料被模、辊攫入主要靠模、辊表面与物料的摩擦。为了便于研究，变形区如图 3-27(a) 所示，将变形区内靠近攫入弧的一小段物料作为脱离体来分析受力状态，$X$ 为平模表面方向，$Y$ 为垂直平模方向，如图 3-27(b) 所示。

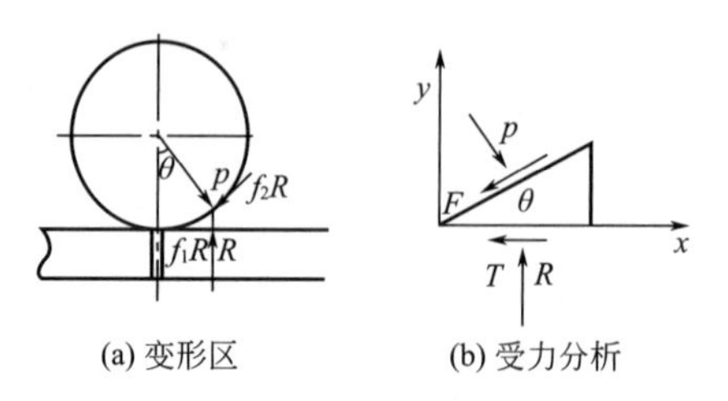


图 3-27 模、辊受力分析

由图 3-27(b) 可知，对物料的作用力有两个：压辊压力 $p$ 和环模内表面的反力 $R$。阻碍物料进入变形区的力（$T$）为：

$$T=p\sin\theta \tag{3-30}$$

攫取物料的力为：

$$F\cos\theta+T=f_2p\cos\theta+f_1R \tag{3-31}$$

式中 $F$——斜坡力，N；

$T$——垂直力，N；

$f_1$——压模与物料间的摩擦系数；

$f_2$——带槽沟压辊与物料间的摩擦系数；

$\theta$——物料对压辊的包角，(°)。

欲使原料被攫入变形区而不滑出，则必须满足：

$$f_2p\cos\theta+f_1R\geqslant p\sin\theta \tag{3-32}$$

而：

$$R=p\cos\theta+f_2p\sin\theta \tag{3-33}$$

假定 $f_1=f_2=f$，整理后得到攫入条件为：

$$\tan\theta\leqslant\frac{2f}{1-f^2} \tag{3-34}$$

从式（3-34）中可以看出，攫取角（$\theta$）与摩擦系数（$f$）成正比。物料的成分不同，摩擦系数也不同，因此其攫取角也就不同。

（2）生物质颗粒燃料平模式成型机模、辊尺寸分析

前面已提及压模、压辊是（生物质颗粒燃料）平模式成型机的主要工作部件，颗粒压制过程主要靠它们完成，是影响平模式成型机生产率和颗粒燃料质量的重要因素。因此对压模、压辊之间的比例和尺寸进行研究分析是很必要的[26]。

平模式成型机攫取原料层厚度（图 3-28）为：

$$h=r-r\cos\theta=r(1-\cos\theta) \tag{3-35}$$

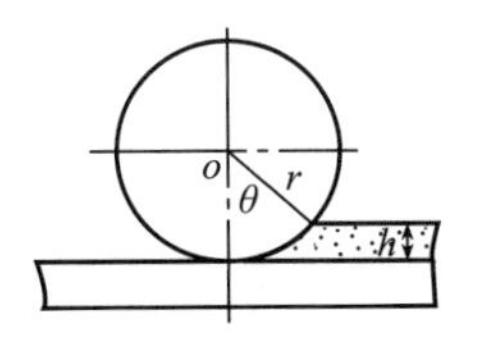


图3-28　平模式成型机攫取原料层厚度获取模型

假定辊与模料之间摩擦系数相同，得到：

$$h=r-r\cos\theta\leqslant r\left[1-\cos\left(\arctan\frac{2f}{1-f^2}\right)\right] \tag{3-36}$$

从式（3-36）中可知，平模式成型机压辊攫取原料层的厚度（$h$）随压辊半径（$r$）的增大而增加，随摩擦系数（$f$）的增大而增加。

摩擦系数$f$不仅取决于平模、压辊的材料及表面粗糙度，而且取决于被挤压物料的性质，而物料的性质又和自身的粒度、含水率及具有的弹塑性等因素相关，只有通过实验才能获得。配合饲料摩擦系数一般为0.37～0.7；复混肥、增效碳铵与钢，滚轮与物料之间的摩擦系数为0.15～0.25；对秸秆粉碎后的物料直接压缩，其摩擦系数会更小。

（3）平模的生产率

假定成型机在工作过程中物料充足沿平模表面分布均匀，厚度$h$攫取层的物料将被压入成型孔。则平模的生产率为[27]：

$$Q=\frac{1}{4}m\rho\pi(D^2-D_1^2)hn\times60\times100\% \tag{3-37}$$

式中　$m$——压辊数量，个；

$\rho$——物料在模密度，t/m$^3$；

$D$——平模外径，m；

$D_1$——平模内径，m；

$h$——物料攫取层厚度，m；

$n$——平模转速，r/min。

### 3.3.3　生物质颗粒燃料平模式成型机设计

（1）设计任务及分析

所用基础物料为含水率15%左右，经过粉碎后长10mm左右的生物质，包括麦秸、玉米秸秆等。设计一台产量为1500～2500kg/h，能耗不超过50kW的秸秆生物质燃料成型机，要求生产出的燃料平均密度在1.0g/mm$^3$左右[28]。

物料性质确定的情况下，产量的大小主要和所选择的成型方式、压辊数目、物料初始密度、攫取层厚度、转速等因素有关。

生物质成型燃料能否达到所要求的密度关键在于所施加成型压力的大小，有研究表明，40MPa以上的成型压力可以使生物质成型燃料密度达到1.0g/mm$^3$，同时该压力也是计算功率的重要参数。

(2) 成型方式的选择

从成型机产量上看，机械活塞式、螺旋挤压式成型方式都很难达到预设计的产量要求，因此采用压辊式成型比较好。压辊式成型又分两种：一种是采用环模挤压；另一种是采用平模挤压。经过大量的调查研究发现：如果采用环模挤压，要增大产量，环模就要做得很大，不仅主轴发热问题不好解决，而且进料困难，容易卡死；相对来说，采用平模挤压，要增大产量，需要将平模做大，其主轴发热问题相对容易解决，进料也更容易。因此本设计选择平模挤压成型方式。

(3) 平模参数的确定

平模的主要参数直接决定了产量的高低，此处根据已有理论进行参数的初选，然后计算是否达到任务规定产量，若不能达到任务规定产量重新计算，若能则进入下面其他参数的确定[29]。

① 参考中华人民共和国机械行业标准 JB/T 5161—2013，初步选择平模外径 $D=500$mm，平模内径 $D_1=140$mm，压辊直径 $d=200$mm。

② 假定辊与物料、模与物料之间摩擦系数相同，设计初步保守取 $f=0.15$，则攫取层厚度 $h=9$mm。

③ 参考已做实验，秸秆在自然风干状态下，粉碎粒度为 5mm 左右，测得的密度 $\rho=0.055\text{t/m}^3$。

④ 考虑结构问题，本设计压辊数 $m=2$。

⑤ 平模主轴转速太低，产量下降，太高进料又受到影响，参考国内相关的设计资料后，此处取 $n=200$r/min。

进行设计产量验算：

$$
\begin{aligned}
Q &= \frac{1}{4}m\rho\pi(D^2-D_1^2)hn\times 60 \qquad (3\text{-}38)\\
&= \frac{1}{4}\times 2\times 0.55\times \pi\times (0.5^2-0.14^2)\times 0.009\times 200\times 60\\
&= 2.2(\text{t})
\end{aligned}
$$

经过验算，所取参数满足设计产量要求。

(4) 压辊参数的确定

错位磨损理论分析得到压辊轴倾角大于 0.1rad(1rad≈57.3°)，轴偏移量小于 10mm 会有效降低错位磨损。根据平模内外径参数可以确定压辊母线长度为 $\frac{1}{2(D-D_1)}=\frac{1}{2(500-140)}=180(\text{mm})$。保证产量就要保证压辊母线的长度，还要考虑结构的可布置性，所以不能理想化地选择错位磨损参数。因此，此处先给出如图 3-29 所示的几种方案。

为了获得比较合理的布置图作为压辊方案，依据错位磨损理论，采用 Matlab 软件进行编程，并考虑压辊结构及空间布置的合理性，对图 3-29 进行分析，得出平模压辊方案磨损效应及结构评价见表 3-1。从表 3-1 中可知，有两种结构比较合理，从中选择磨损效应较小者作为本次设计的压辊参数，即偏移量 40mm、倾角 10°、磨损效应 $E=12.16$，选定方案为图 3-29(h)。

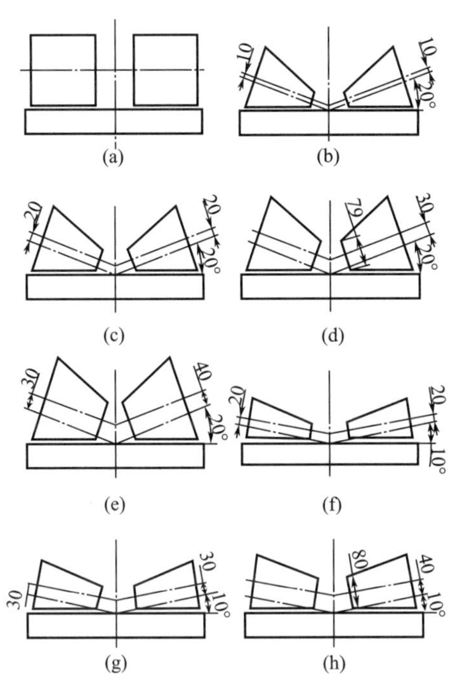


图 3-29 平模压辊布置方案

表 3-1 平模压辊方案磨损效应及结构评价

| 倾角/(°) | 偏移 10mm | 偏移 20mm | 偏移 30mm | 偏移 40mm | 偏移 100mm |
| --- | --- | --- | --- | --- | --- |
| 0 | — | — | — | — | $E$=45,磨损太大 |
| 10 | — | $E$=4.48,小端太小 | $E$=8.87,小端较小 | $E$=12.16,结构合理 | — |
| 20 | $E$=6.84,小端太小 | $E$=11.93,小端稍小 | $E$=15.89,结构合理 | $E$=19.038,结构合理 | — |

(5) 生物质颗粒燃料平模式成型机功率计算

何占松等在《9KLP-380 型平模秸秆制块机研制》一文中指出：功率主要与压辊的压力、辊与秸秆之间的摩擦系数、压辊中心距、主轴转速等因素有关[30]。

$$S=d_1 l\psi \tag{3-39}$$

$$N=pS \tag{3-40}$$

$$P=\frac{2\pi N\mu Ln}{60} \tag{3-41}$$

考虑压辊挤压区的面积及成型压力，整理得到：

$$P=\frac{2\pi p d_1 l\psi\mu Ln}{60} \tag{3-42}$$

式中 $S$——平模开孔面积，$m^2$；

$d_1$——成型孔内径直径，m；

$l$——压辊与平模接触区域长度，m；

$\psi$——平模开孔率，一般介于 0.25～0.35 之间；

$p$——成型压强，MPa；

$N$——压辊对孔内原料压力，N；

$\mu$——辊与秸秆之间的摩擦系数，介于0.1～0.2之间；

$L$——两辊中心距，mm；

$n$——主轴转速，r/min。

平模式成型机参数：压强为45MPa，$\mu=0.1$，$L=300$mm，$n=200$r/min，$d_1=8$mm，$l=360$mm，$\psi=0.3$。代入上式得到：

$$
\begin{aligned}
P &= \frac{2\pi p d_1 l \psi \mu L n}{60} \\
&= \frac{2\pi \times 45 \times 0.008 \times 0.36 \times 0.3 \times 0.15 \times 300 \times 200 \times 10^6}{60} \\
&= 36.62(\text{kW})
\end{aligned}
\tag{3-43}
$$

(6) 确定传动方案

初步设计的思路是首先通过传动带将电动机的动力传递给减速器，通过选用合适的减速器的标准件，将动力传递给工作装置部分，由工作装置对工作对象进行作用来实现所设计机械的最终目的。

具体的工作过程：首先由传动带将电动机的动力传递给减速器，这样通过传动带和减速器将高转速转变为需要的转速，经减速器传递给环模主轴和压辊轴，形成速度差，物料在摩擦力的作用下被压辊挤入环模成型孔。总体传动方案如图3-30所示。

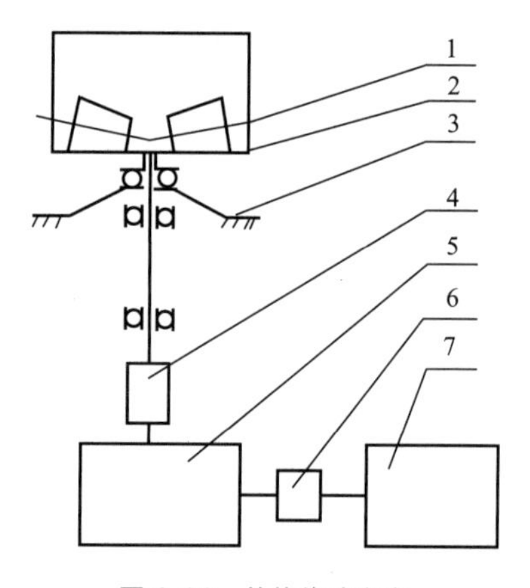


**图3-30 总体传动方案**

1—压辊；2—平模；3—平模支撑；4—联轴器；5—减速器；6—联轴器2；7—主电动机

(7) 传动系统中标准件的计算与选型

根据生产动力要求，选择Y系列（IP44）三相异步电动机，型号规格B3型Y225S-4，$P=37$kW，$n=1480$r/min。

主轴转速200r/min，选择传动比$i=1480/200=7.4$的减速器，主轴相应输出转矩$T_0=1770$N·m。

### 3.3.4 主要零部件的设计

(1) 平模的设计

1) 平模的分层设计

图 3-31 为平模的一般结构形式，传统的平模式成型机中平模厚度 $H$ 一般较大，为了提高耐磨程度，经常采用合金钢材料，这就大大增加了平模的材料成本，为此提出一种组合式的平模结构，将厚度 $H$ 的平模分成两部分即上模和下模，满足 $H=H_1+H_2$，其中 $H_1$ 为上模的厚度，采用合金钢材料，$H_2$ 为下模厚度，采用普通材料（45 号钢或者铸铁），采用配钻加工方式开孔。

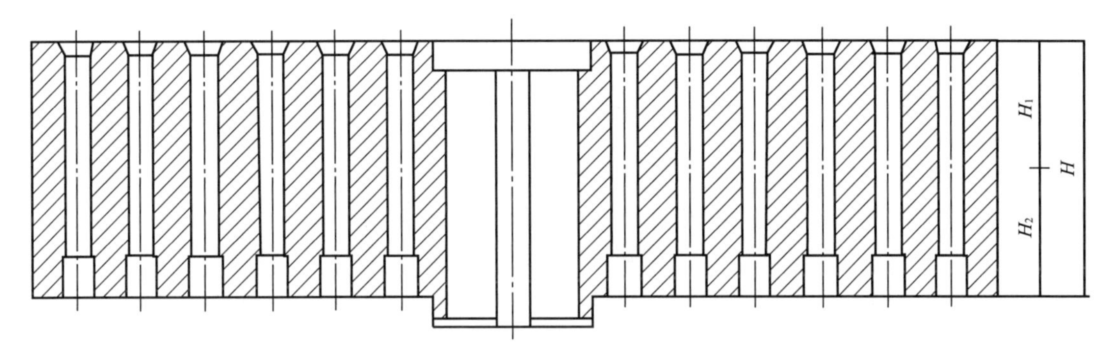


图 3-31　平模一般结构形式

值得注意的是，所开孔的倒角的深度 $H_3$ 应当比上模厚度小几毫米，目的是不产生因为倒角而产生的尖角，避免了应力的集中。也就是要满足 $H_1=H_3+k$（$k$ 为模孔上直管段长度），此处为了便于分析，给出成型孔单孔结构（图 3-32）。倒角 $\theta$ 的大小一般为 30°、45°、60°，60°的时候压制效果最佳[31]。

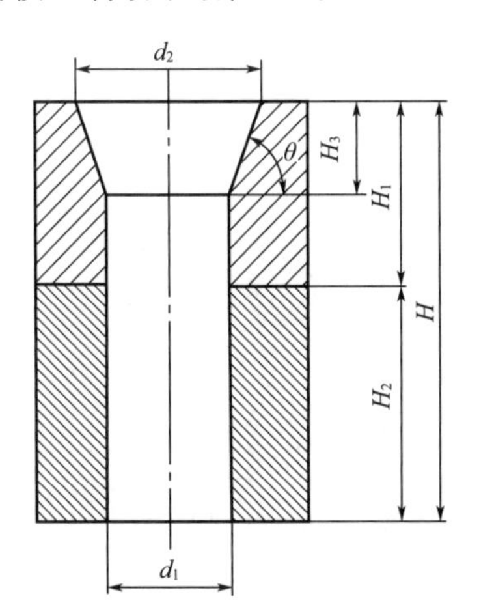


图 3-32　成型孔单孔结构

将 $\tan\theta=\dfrac{H_3}{\dfrac{d_2-d_1}{2}}$ 整理得：

$$H_3=\frac{d_2-d_1}{2}\tan\theta \tag{3-44}$$

所以：

$$H_1=\frac{d_2-d_1}{2}\tan\theta+k \tag{3-45}$$

（其中 $k=1,2,3$，…，可根据具体情况而定，一般 $k$ 越大成本越高）

式中　$d_1$——成型孔内径直径，mm；

$d_2$——成型孔外径直径，mm。

2）平模成型孔的排列方式

一般为三角形排列，这样可以使得开孔率最大。在模孔直径一定的情况下，要提高平模的开孔率，必须减小模孔之间的壁厚，但最小壁厚必须满足平模强度的需要。一般的规律是，模孔直径越大，平模开孔率越高。

为了保证平模内径表面，单边磨损量一般在 3～4mm，出料小孔的单边磨损量在 0.5mm 以上时，整个平模报废。

平模开孔率是指平模模孔总面积和平模有效总面积的比值，平模开孔率的高低，影响到生产率以及加工工艺。平模开孔率高，有助于提高生产率，但加工工艺较复杂。同时设计平模开孔率时模孔间应有足够的抗断能力和结构强度，以确保承载时不致破裂。到目前为止，国内外进行过大量试验研究，力图建立有关结构参数的计算公式，但均不成功，仍依赖于经验及“逐次迫近法”确定平模的开孔率。由于选材及平模尺寸的差异，要获得恰当的平模开孔率数值，以更好地协调它的产量及使用寿命，目前还有较大的困难。模孔直径在 2～20mm 之间有多种规格，根据要求选用。根据孔径大小不同，平模表面上的开孔率为 20%～30%。确定平模开孔率必须考虑到加工工艺，否则造成加工困难，加大成本[32]。

在考虑平模有足够强度的条件下，尽量提高平模开孔率。一般按等边三角形布孔，如图 3-33 所示。

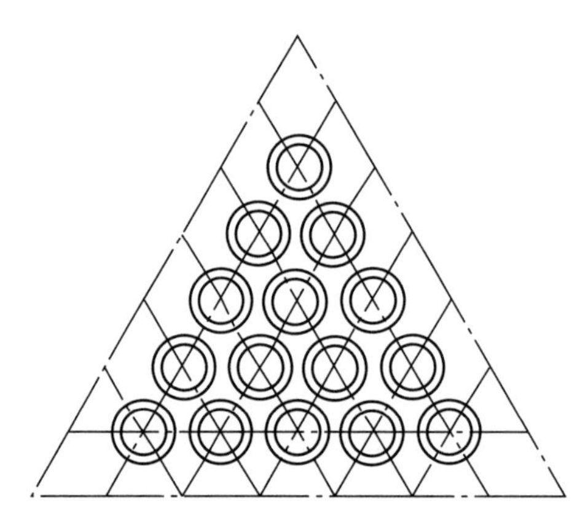

**图 3-33　成型孔三角形排列**

平模开孔率的大小，对挤压效果有着重要的影响，应在考虑平模足够强度的条件下，尽可能提高开孔率，这样有助于物料顺利地被挤出。平模开孔率的计算方法：

$$\psi=\frac{\sqrt{3}\,\pi d_1^2}{6a^2} \tag{3-46}$$

式中　$d_1$——成型孔内径直径，mm；

$a$——成型孔中心距，mm。

一般情况下 $a=d_1+(2.5\sim5)$ mm，应根据孔径的大小而定，孔大时取大值，孔小时取小值。本设计中平模的成型孔径 $d_1=8$mm，$d_2=10$mm，$\theta=60°$，$a=13$mm，$H_1=$

30mm，$H_2=30$mm，开孔率 $\psi=\frac{\sqrt{3}\pi d_1^2}{6a^2}=34.3\%$，设计后的平模模型如图3-34所示。

图3-34　设计后的平模模型

图3-35　平模整体结构

3）平模压缩比及材料的选择

缩径率即进料口面积与模孔横截面积之比称（$d_2^2/d_1^2$），模孔的缩径率一般取（1.69～2）∶1。

压缩比为模孔深与直径的比值，不同的原料所适宜的模孔直径和长径比不同。压制玉米粉所需要的长径比一般为11，压制孔径为8mm的苜蓿草颗粒，采用的长径比为8，压制孔径为8mm的玉米秸秆颗粒，长径比为6就可以达到很好的生产效果。

本设计缩径率为 $10^2/8^2=1.5625$，压缩比为 $(H_1+H_2)/d_1=(30+30)/8=7.5$，平模上层采用4Cr13，下层采用45号钢，采用配钻方式进行加工。

平模整体结构如图3-35所示。

（2）主轴的设计

传递功率为37kW，主轴转速为200r/min，选择轴的材料为40Cr，其机械性能为：抗拉强度 $\sigma_b=750$MPa，屈服强度 $\sigma_s=550$MPa，疲劳强度 $\sigma_{-1}=350$MPa，剪切疲劳强度 $\tau_{-1}=200$MPa，许用弯曲应力 $[\sigma_{-1}]_b=75$MPa。

首先根据轴的基本直径估算公式估算主动轴的基本直径：

$$d \geqslant C\sqrt[3]{\frac{P}{n}} \tag{3-47}$$

式中　$d$——主动轴的基本直径，mm；

$P$——主动轴传递的功率，kW；

$C$——计算常数，取决于轴的材料及受载情况；

$n$——主动轴的转速，r/min。

选 $C=110$，将功率和转速代入式（3-47）中可求得主动轴的基本直径为63mm，考虑到轴端要安装平模需开键槽，将其轴颈增加3%～7%，所设计的主动轴的基本直径必须大于所求的直径，现取主动轴的基本直径为70mm。

1）轴传递的转矩

$$T=9550\times\frac{P}{n}=9550\times\frac{37}{200}=1.767\times10^{3}(\mathrm{kN\cdot mm}) \tag{3-48}$$

2）轴的结构设计

按照工作要求，该轴应立式放置，轴的一端与联轴器相连，另一端与旋转部件相连，中间通过轴承支撑，该轴基本上只产生扭转变形。轴的初步结构尺寸如图 3-36 所示。

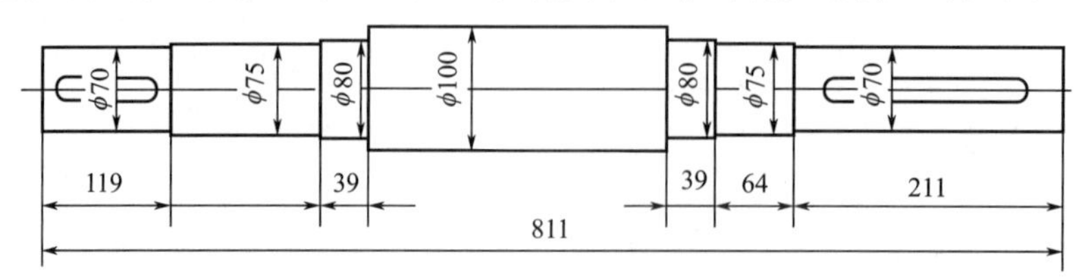


图 3-36 轴的初步结构尺寸

3）按弯矩合成应力校核轴的强度

一般而言，轴的强度是否满足要求，只需对危险截面进行校核即可，而轴的危险截面多发在当量弯矩最大或当量弯矩较大且轴的直径较小处。根据轴的结构尺寸和当量弯矩图可知安装平模处的截面 $A—A$ 是比较危险的截面，因此在这个截面进行校核，取 $\alpha=0.6$，轴的应力计算：

$$W=\frac{\pi d^{3}}{32}=\frac{\pi\times7.0^{3}}{32}=34(\mathrm{cm}^{3}) \tag{3-49}$$

$$\sigma_{\mathrm{ca}}=\frac{\sqrt{M^{2}+(\alpha T)^{2}}}{W} \tag{3-50}$$

式中 $W$——截面积，$\mathrm{cm}^3$；

$M$——弯矩；

$\sigma_{\mathrm{ca}}$——轴的应力。

$\sigma_{\mathrm{ca}}=50.6\mathrm{MPa}\geqslant75\mathrm{MPa}$，故安全。

平模式成型机主轴模型如图 3-37 所示。

图 3-37 平模式成型机主轴模型

（3）其他零部件设计及成型机主要工作部分三维视图

1）压辊主轴

压辊主轴通过轴承与压辊相连，压辊表面与物料摩擦的热可经过轴承传递到压辊主轴，运转时会产生不利的影响，为了解决这一问题，对压辊主轴采用通冷却水设计（图 3-38），降低温度，有效减轻高温带来的不利影响。

图 3-38　压辊主轴模型

2）平模式成型机主要工作部分三维视图

如图 3-39 所示。

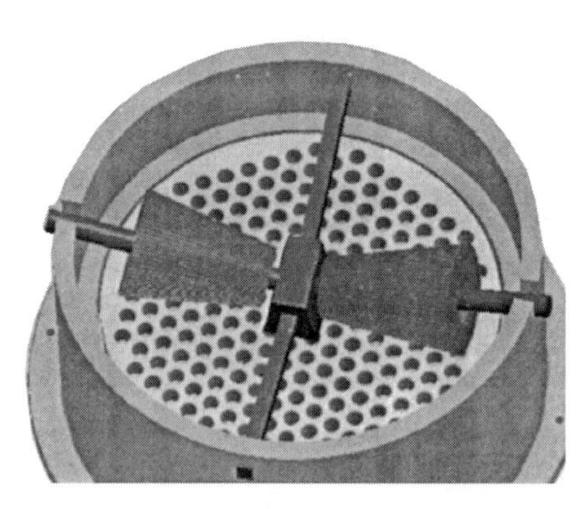

图 3-39　平模式成型机主要工作部分三维视图

# 3.4　生物质固体成型燃料生产系统工艺设计

## 3.4.1　生物质固体成型燃料生产过程

### 3.4.1.1　生物质压缩成型工艺分类

生物质压缩成型技术发展至今已开发了许多种成型工艺和成型设备。根据成型主要工艺特征的差别，国内外生物质压缩成型的工艺大致可以分为常温压缩成型、热压成型和炭化成型三种；按照成型加压方法不同来区分，目前技术较为成熟、应用较多的生物质成型燃料加工设备有螺旋挤压式、活塞冲压式、辊模挤压式等。其中辊模挤压式成型采用的是湿压（冷压）成型工艺，活塞冲压式、螺旋挤压式成型都采用热压成型工艺[33]。我国学者采纳国外先进技术，针对生物质成型设备进行了大量试验研究和改进，并且比较分析了各类生物质成型机，综合其优点进行了设备改造。根据主要工艺特征差别，可将这些工艺从广义上分为湿压成型工艺、热压成型工艺和炭化成型工艺，如图 3-40 所示。

（1）湿压成型工艺

一般原料的含水率较高时，适合用湿压成型工艺进行压缩。含有较高纤维素的原料

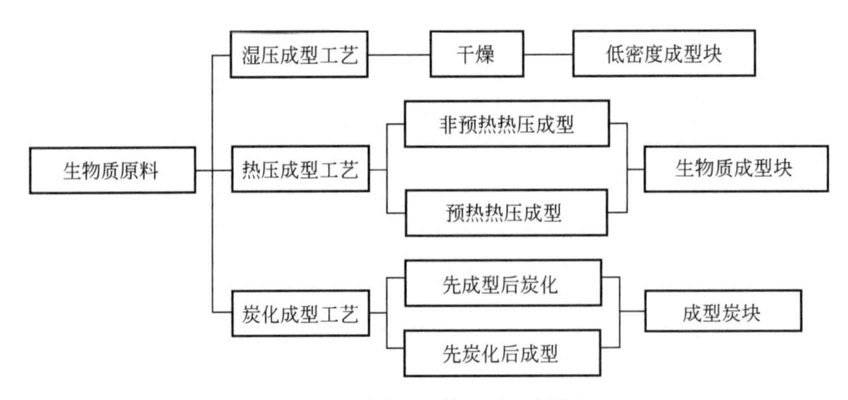


**图 3-40　生物质压缩成型工艺类型**

与空气长时间接触后，会出现腐化现象，在此过程中，原料本身具有的能量会有所损失。但是由于纤维素腐化、变软、含水率有所升高，挤压性能会有明显改善。通常情况下，在压缩成型之前，可以将原料先在水中浸泡几天，进行水解处理，使得原料变得湿润、柔软，利于压缩成型。在此基础上，利用简单的工具将水解后原料中的水分挤出，通过压缩成型机将原料压缩为成型燃料块。这种技术在东南亚等国已有一定程度的发展，菲律宾一家研究机构的试验结果表明，这类设备的生产率可以达到 1t/h，在 25%的含水率条件下，燃料的平均热值约为 23MJ/kg，被当地称为“绿色碳”或“绿色燃料”，在燃料市场上具有一定的竞争力[34]。湿压成型设备一般比较简单、容易操作，但是成型部件磨损较快、烘干费用高、多数产品燃烧性能较差。

(2) 热压成型工艺

热压成型工艺是目前普遍采用的压缩成型工艺。根据原料被加热的部位不同，可以将其划分为两类：一类是原料在进入压缩成型设备之前和在成型部位被分别加热，称为“预热热压成型工艺”；另一类是原料只在成型部位被加热，称为“非预热热压成型工艺”。预热热压成型工艺是在原料压缩之前就进行加热处理，在压缩成型过程中所需要的压力有所降低，提高了成型设备的使用寿命，压缩成型的单位能耗也得到降低。非预热热压成型工艺是当原料在压缩成型过程中，通过成型机内部的加热器，将原料在成型的同时，加热到一定的温度，利于原料的成型。热压成型的工艺过程为：生物质原料→粉碎→混合干燥→挤压成型→冷却包装→生物质成型燃料。

(3) 炭化成型工艺

根据工艺流程的不同，炭化成型工艺可以分为两类：一类是先成型后炭化；另一类是先炭化后成型。

① 先成型后炭化是先用压缩成型机将松散细碎的生物质压缩成具有一定形状和密度的燃料棒，然后将其炭化为机制木炭。其工艺流程为：原料→粉碎→干燥→成型→炭化→冷却→包装。

② 先炭化后成型是先将生物质原料炭化或部分炭化成粉粒状木炭，然后再添加一定量的黏结剂，用压缩成型机挤压成一定规格和形状的成品木炭。其工艺流程为：原料→粉碎→炭化→混合黏结剂→挤压成型→成品干燥→包装。

这种工艺类型由于原料的纤维结构在炭化过程中受到破坏，高分子组分受热裂解并释放出挥发分（包括可燃气体和焦油等），使得其压缩成型特性得到改善，成型部件的机械磨损和挤压加工过程中的功率消耗明显降低。但是，炭化后的原料在成型过程中需要加入一定量的黏结剂。如果在成型过程中不使用黏结剂，为了保证成型块具有较好的物理性能，需要有较高的成型压力，这将会提高成型机的造价。

对于以上几种成型工艺，从生物质成型燃料的环保性、热值、物理性能以及消耗成本方面考虑，目前较多地还是使用热压成型工艺。

### 3.4.1.2 生物质压缩成型工艺流程

生物质成型燃料生产的一般工艺流程包含生物质原料的收集、粉碎、干燥、压缩成型、冷却干燥等环节，可生产棒状、块状、颗粒状等各种生物质成型燃料。图 3-41 为生物质压缩成型的工艺流程。

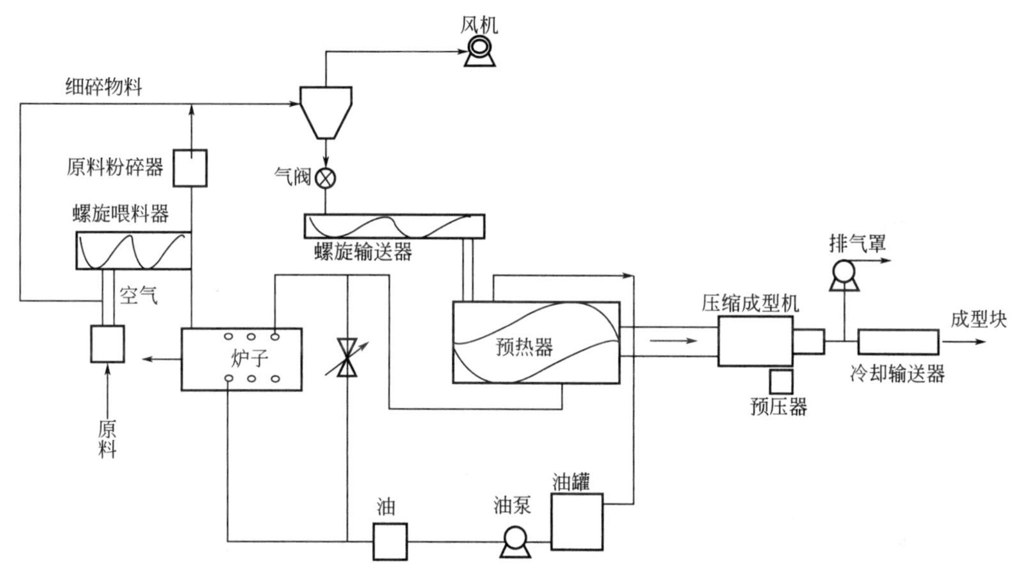


图 3-41　生物质压缩成型工艺流程

（1）生物质原料的收集

生物质原料的收集是十分重要的工序，在工厂化加工的条件下，一般需要考虑 3 个主要问题：

① 加工厂的服务半径，可以将农田划分为区，以村镇为单位，分别设立原料收购站；

② 农户供给加工厂原料的形式，是整体式还是初加工包装式；

③ 秸秆等原料在田间经过风吹、日晒，自然风干的程度，即原料的含水率。

另外，要特别注意在原料的收集过程中尽可能地少夹带泥土，因为夹带泥土很容易加速压缩成型设备的磨损。一般通过机械化收割农作物秸秆并打捆，可以避免这个问题。

（2）生物质原料的粉碎

木屑及稻壳等粒度较小的原料，经过筛选后可以直接进行压缩。一些粒度较大的原料，如秸秆等，则需要通过粉碎机进行粉碎处理，粉碎的粒度大小由成型工艺决定。在颗粒燃料成型过程中，压辊式颗粒成型机对物料的碾压在一定程度上起到粉碎作用，但对于大颗粒原料也需要预先的粉碎处理。树枝及棉秆等生物质类农林废弃物都应粉碎处理，经常需要两次以上粉碎，并且在粉碎工序中干燥，以增加粉碎效果。通常用锤片式粉碎机能够较好地完成粉碎作业。其工作原理是利用高速旋转的锤片击碎生物质原料，同时，物料在受到锤片和筛面的搓擦和摩擦作用而进一步粉碎。对于颗粒成型燃料，一般需要将90%左右的原料粉碎至2mm以下，而尺寸较大的树皮、木材等原料，需要经过两次或两次以上粉碎才能粉碎到2mm以下[35]。

(3) 生物质原料的干燥

通过将原料进行干燥，使得原料的含水率降低到成型要求的范围内。与热压成型机配套使用的主要是回转圆筒式干燥机。通过该干燥机进行烘干，将原料含水率降低至10%～20%，过高或过低的含水率都会对成型过程造成很大的影响。原料含水率太低，压缩过程中颗粒表面会出现炭化和龟裂的现象，并有可能会引起自燃；而原料含水率过高时，加热过程中产生的水蒸气不能及时排出模具，造成生物质成型燃料机械强度下降。

(4) 生物质原料的压缩成型

生物质压缩成型是整个工艺流程的关键环节。一般富含木质素的原料不需要添加黏结剂。成型设备一般可以分为螺杆挤压式、活塞挤压式（冲压式）和压辊成型式几种。为了提高生产效率，松散的物料先进行预压缩，然后推进到成型模具中进行压缩成型，预压缩多数采用螺旋推进器或液压推进器。对棒状燃料进行热压成型，一般采用在模具外对成型过程中的原料进行加热的方法。压辊式颗粒燃料成型机则可以不需要外加热源进行加热，在成型过程中，原料与机器的工作部件之间进行摩擦可以将原料加热至100℃左右，也可以使得原料所含的木质素软化，从而更利于成型。

(5) 生物质成型燃料的切断和冷却

为了将生物质成型燃料切割成所需要的长度，以利于后续的应用，一般做法是设计一个旋转刀片切断机，在生物质成型燃料出模时直接将棒状燃料切成整齐均匀的长度，其切断面是很平整光滑的，并且利于包装出售。同时，生物质成型燃料需要冷却才能进行储存和运输。在热压成型机中挤压出的生物质成型燃料表面温度相当高，有的超过200℃。从压辊式颗粒成型机中出模的燃料温度大约为100℃。为了避免燃料在高温下可能发生的自燃现象，燃料必须经过冷却才能送至储存区域，以提高其耐久性。

#### 3.4.1.3 生物质成型技术分类

目前国内外所研究的生物质成型设备主要有三种类型，分别是螺旋挤压式成型机、活塞冲压式成型机和压辊式颗粒成型机，上述三种成型机也是我国最常用类型[36]。

(1) 螺旋挤压式成型机

螺旋挤压式成型机是最早研制生产的热压成型机，其原理是利用螺杆输送推进和挤压生物质，它靠外部加热维持成型温度在150～300℃之间，使木质素、纤维素等软化，将生物质挤压成棒状，生物质成型燃料形状通常为直径50～60mm或80～90mm的空心燃料棒，生物质成型燃料的长度可以根据使用要求进行调节。螺旋挤压式成型机运行平稳，生产连续，所产成型产品密度高、质量好、热值高，而且适合再加工成为炭化燃料。

根据不同的成型工艺，螺旋挤压式成型机又可以分为不加热式和加热式两种。一种是在物料预处理过程中加入黏结剂（如果原料本身具有黏合作用的则可不加），通过螺旋输送器的压送，使得输送器对物料的压力逐渐增大，物料到达模具压缩喉口时所受的压力达到最大值；另一种是在成型机压缩模具外设置一段加热装置，生物质中的木质素受热塑化后具有黏性，加上输送器对物料的挤压，使原料在一定温度下热压成型。其主要的缺点是产量低，单位产品能耗高，成型机对原料的含水率、颗粒大小等要求较高，螺杆的磨损严重，机器使用寿命短。

（2）活塞冲压式成型机

活塞冲压式成型机通常用于生产实心燃料棒或燃料块。活塞冲压式成型机的工作原理是靠活塞的往复运动来实现生物质成型，按照驱动力的不同可以分为机械式和液压式两种。机械冲压式成型机是利用飞轮储存的能量，通过曲柄连杆机构带动冲压活塞，将松散的生物质冲压成生物质压块；液压式冲压成型机是利用油缸所提供的压力，带动活塞将原料冲压成型。其中，液压式成型机对原料的含水率要求不高，允许原料含水率高达20%左右。活塞冲压式成型机在生产过程中不需要电加热，但所得成型块密度稍低，易松散。与螺旋挤压式成型机相比，活塞冲压式成型机明显改善了成型部件磨损严重的问题，使用寿命较长，而且单位产品能耗也较低。对于玉米秸秆而言，为便于玉米秸秆内部水分的散失，在秸秆进行切碎前，秸秆应压扁破裂，便于水分快速散失，玉米秸秆切碎长度一般应在150～200mm之间。目前，秸秆打包机有两种：一种是立式打包机；另一种是卧式打包机。与立式打包机相比，卧式打包机不需要人力加草，秸秆可自动进入其打包系统，当输出秸秆捆时也不需人工搬运，故卧式打包机的工作效率约是立式打包机的2倍。每个秸秆捆上一般有4根打捆绳，每两个打捆绳之间的最小间距不得小于300mm[37]。

（3）压辊式颗粒成型机

压辊式颗粒成型机主要用于生产颗粒状生物质成型燃料，压辊式颗粒成型机成型部件由压辊与压模组成，其中压辊可以绕自己的轴转动。压辊的外周加工有齿或槽，用于压紧原料而不会打滑，压模上加工有成型孔，原料进入压辊和压模之间后，在压辊的作用下被压入成型孔内，从成型孔内压出的原料就变成圆柱形或棱柱形，最后用切刀切断即成颗粒状生物质成型燃料。压辊式颗粒成型机主要用于粒径较小物料的加工。根据压模形状的不同，此类成型机可以分为平模式颗粒成型机和环模式颗粒成型机。平模式颗粒成型机的压模为一水平固定圆盘，在圆盘与压辊接触的圆周上开有成型孔，在工作过程中由于压辊和压模之间存在相对滑动，可以起到磨碎原料的作用。用压辊式颗粒成型机生产颗粒状生物质成型燃料可以根据原料本身的性质考虑是否添加黏结剂，该成型机对原料的含水率要求较宽，一般在10%～40%之间均能很好地成型，颗粒生物质成型燃料的密度为1.0～1.4g/cm$^3$。相比前两种压缩成型机，压辊式颗粒成型机对物料的适应性最好[38]。

#### 3.4.1.4　生物质原料的运输

（1）散料秸秆的运输分析

散料秸秆的运输主要有以下几个过程：当农户将棉秆从地里收集起来，用棉秆切碎机将棉秆切碎后（若用棉秆联合收获机械，则切割、切碎、集装一起完成），利用农用拖拉机或货车将棉秆运送到生物质成型燃料厂的中心料场；按照料场管理人员的指示，将车辆停在指定的地方，打开自卸系统，开始卸载；然后，由料场的铲车根据生产计划，将棉秆运送到上料系统。

运送散料秸秆的农用拖拉机不同于运送捆型秸秆的拖拉机，其四周用菱形铁丝网围住（孔径小于棉秆切碎尺寸），车斗的技术要求：长约6m，宽约3m，高约3m，装载后总高度不超过4m，具有侧翻自卸功能。如果是货车，需在车斗四周加筑铁丝网或挡板，铁丝网（孔径小于棉秆切碎尺寸）或挡板高约1.5～2.0m。秸秆在运输过程中，要防止受火浸雨淋和化学污染。运输行车要平稳，减少颠簸和剧烈振荡，避免剧烈碰撞。秸秆运输车辆进入秸秆燃料堆场时，易产生火花部位要加装防护装置，排气管必须戴性能良好的防火帽，严禁机动车在秸秆燃料堆场内加油。场内装卸作业结束后，一切车辆不准在秸秆燃料堆场内停留或保养、维修。发生故障的车辆应当拖出场外修理。

（2）捆型秸秆的运输分析

捆型秸秆的运输主要有以下几个过程。首先，农户用人力三轮车或板车将秸秆运送到秸秆收购站，秸秆在收购站被切碎、打捆；然后，由秸秆收购站的拖拉机或生物质成型燃料厂派卡车将秸秆捆运送到生物质成型燃料厂；再次，由生物质成型燃料厂的叉车将秸秆捆卸载到料棚或料场；最后，由抓料机将秸秆捆运送到生物质成型燃料厂的上料系统。

秸秆收购站将秸秆捆运送到生物质成型燃料厂，车型无规定，但目前使用更多的是挂接敞开式车厢的农用拖拉机，尤其是在北方地区，运送玉米秸秆捆和小麦秸秆捆基本使用这类拖拉机。一般而言，运送秸秆捆的车辆尺寸不得超过14m×3.5m，装载全高不得超过4m，装载总重不得超过50t，推荐采用13m的运输车辆。

装载完毕后，秸秆捆外围必须使用强度和直径较大绳索与车厢间进行捆绑，防止运输过程中振动上部秸秆捆不断移位所致的散落。捆型秸秆在夹包机夹持作用下进行装载、卸载、堆码、转移和上料等作业，为保证秸秆捆在夹持力作用下完整、不断绳、不散捆和不严重变形，因此搬运过程中的搬运次数不能超过秸秆捆能够承受的最大搬运次数。

机械活塞冲压式成型机由于存在较大的振动负荷，机器的运行稳定性差，噪声较大，润滑油污染也较严重；液压活塞式冲压成型机由于采用液压驱动，机器的运行稳定性较好，产生的噪声也非常小，明显改善了操作环境，但由于活塞的运动速度较慢，用该成型机规模化生产时产量会受到影响。

## 3.4.2 生物质原料的预处理

（1）生物质原料的收集

目前，生物质成型燃料企业的原料收集方式主要有直接收集、建立秸秆收购站和建立中心料场三种。

1）直接收集

农户自己把收集好的秸秆运送至加工厂，由加工厂统一收购、加工、贮存。

2）建立秸秆收购站

按农作物秸秆资源的分布情况，划分出若干收购区，在每个收购区内设立秸秆收购站，农户将秸秆从地里收集起来后，送到就近的秸秆收购站，由收购站将生物质原料运送至生物质加工厂。

3）建立中心料场

由生物质加工厂建立、管理离生物质加工厂距离比较近，占地面积很广阔的料场。农户或秸秆收购人将农作物秸秆运送到中心料场。

农户将玉米秸秆、小麦秸秆、水稻秸秆等黄色秸秆从地里收集起来后，运送到秸秆收购站。由秸秆收购站的切草机将秸秆进行切碎，由秸秆打包机将秸秆打包成捆。对于小麦秸秆和水稻秸秆而言，秸秆切碎长度一般应在 150～200mm 之间。

（2）生物质原料的粉碎

由于生物质理化特性差别较大，在成型前须对不同种类的原料进行粉碎与干燥，使之成型特性相近，达到最佳成型效果和最低成型电耗。

粉碎设备根据粉碎原理的不同可分为锤片式粉碎技术、刀片式粉碎技术和锤片刀片组合式粉碎技术；根据粉碎方式和粉碎手段的不同分为削片式、铡切式、揉切式、锤片式和组合式粉碎；根据进料方向的不同，分为切向、轴向、径向 3 个系列；根据粉碎的物料的用途与粒度的不同可分粗粉碎和细粉碎。一级粉碎根据原料的不同采用两种粉碎方式，生物质原料可采用削片式粉碎方式，农作物秸秆采用铡揉式一级粉碎形式。生物原料经过一级粉碎后的粒度和水分还达不到制粒要求，需采用二级粉碎，进一步降低生物质原料粒度，以满足成型的要求。

为使生物质原料粉碎到一定粒度范围，根据生物质原料粉碎方式和粉碎手段的不同，可使用的粉碎机种类繁多。依据生物质原料性质的不同，需采用适宜的粉碎方式，以提高粉碎质量和效率，减少功耗。我国现有并投入生产的粉碎机主要有铡切式粉碎机、锤片式粉碎机、揉切式粉碎机和组合式粉碎加工机等[39]。

1）铡切式粉碎机

又称为铡草粉碎机，其主要功能是切碎生物质原料的茎秆，例如玉米、水稻等农作物的秸秆。铡切式粉碎机的工作原理是利用动刀片与定刀片所产生的剪力，切断农作物的茎秆，达到粉碎的目的，具有结构简单、生产效率高等优点。

2）锤片式粉碎机

其是国内外各类粉碎机中使用率较高的类型之一。锤片式粉碎机主要是通过利用高速旋转的锤片，对要粉碎的生物质原料产生强大的冲力进而达到粉碎生物质原料的目的。锤片式粉碎机的工作原理是利用高速旋转的锤片转子连续击打农作物秸秆，此时被粉碎的生物质原料以较高的速度撞击齿板与锤片，使其进行多次碰撞与摩擦，最终达到粉碎的目的。该粉碎机的主要特点是结构简单、适应性强、维修方便、粉碎质量好、生产能力强等，因此锤片式粉碎机能够得到广泛的使用。

3）揉切式粉碎机

主要有揉搓机和揉碎机两种机型。

① 揉搓机主要由喂入装置、转子机构、齿板和风机等组件机构构成。揉搓机的工作原理是在粉碎机上安装能改变高度的齿板和定刀，且呈螺旋走向。当喂入的生物质原料秸秆经高速旋转锤片的打击，并且沿轴向流动，生物质原料达到一定的粉碎程度时，就会通过齿板空隙落入输送室并被输送机构输送收集。揉搓机可以将秸秆等揉搓成细丝状，故而能够更好地提高粉碎生物质原料的适用效果。但其缺点是加工的生物质原料仅能达到破碎或细碎的状态，生产效率较低。

② 揉碎机加工是我国近年研发的一种新型加工方式，这种加工方式将铡切与粉碎结合起来，经揉碎机加工出来的物料，一般多呈现柔软蓬松的丝状，既能满足粉碎粒度要求，又极大地减少了营养成分的丢失。现阶段，该设备的适应性较差，不适于过湿、韧性大的生物质原料，只适合加工含水率较低的秸秆。

4）组合式粉碎加工机

其综合了铡切、粉碎和揉搓等功能，是一种新型的粉碎机。东北林业大学的汪莉萍等将现有稻秆加工机械的所有功能融为一体，即将铡切、粉碎、揉搓等功能融于一个设备中，设计出了复合式稻秆粉碎机。其将进料口处设计成自动进料装置，并在出料口处安装了风机设备，既提高了粉碎机的生产率，又保证了粉碎机粉碎质量，同时在一定程度上减少了人力成本，降低了能耗。这种复合式稻秆粉碎机的特点是适应能力强，对高温、潮性强的生物质原料都可以加工，适用的范围比较广泛。

根据生物质成型设备对原料的需求，有一种全自动大型粉碎系统，可对各种秸秆进行全自动粉碎。它主要由粉碎机主机、出料皮带与控制系统三部分组成，其组成如图3-42所示。粉碎机主机为本系统的主体部分，在此完成进料、粉碎与出料。出料系统由出料皮带与加水装置组成，在出料皮带上安装有压力传感器、料流开关、红外在线测水等装置。压力传感器可检测出出料皮带上生物质原料质量的变化，从而计算出其质量。红外在线测水可实时测出生物质原料的含水量。料流开关可检测出出料皮带上是否有物料。加水装置可在控制系统的控制下定量均匀地加水。旋转进料筒在进料电机的带动下完成进料，旋转进料筒转速的快慢决定了进料速度的快慢[40]。

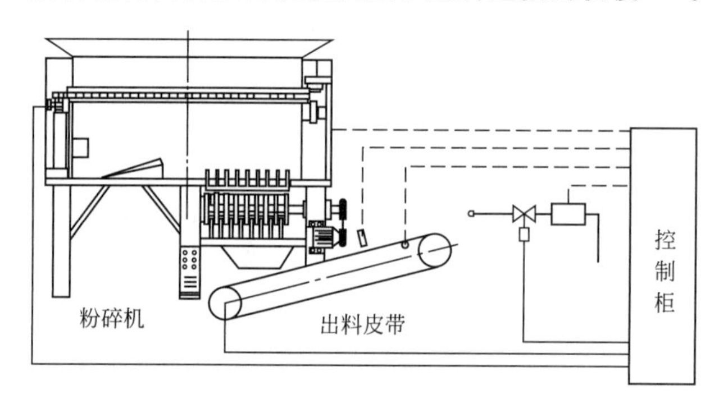


图3-42 全自动大型粉碎系统

在送料皮带上安装红外水分仪，对生物质原料含水率进行在线检测。送料皮带的下部装有皮带秤，对输送的生物质原料质量进行测量。系统装有可调节的进料栅板，根据物料的含水量自动调整进料栅板的位置，控制生物质原料的粉碎粒度，雾化加水系统对低于设定含水量的生物质原料定量加水，保证生物质原料粒度和含水量满足生产要求。

（3）生物质原料的干燥

生物质成型燃料对原料的含水量有较严格的要求，对于不同的原料要求也有差异，因为物料的初始含水率为25%～50%，而成型时的含水率要求一般为12%～15%，所以要选用烘干装置对物料进行干燥，使物料水分达到可成型的要求。烘干设备可选带式干燥设备、滚筒干燥设备或水平圆式干燥设备[41]。

干燥是生物质进行成型燃料洁净生产的首要环节，滚筒干燥设备采用先进的滚筒加抄板结构，物料进入筒体后，在抄板的作用下，被不断地抛撒在热气流中，使原料的表面充分地与热气接触，从而达到最佳的干燥效果，完成物料的干燥过程。

干燥机能够使用高温热风对物料进行快速干燥，将待干燥的湿物料由皮带输送机送到料斗，然后经料斗的加料机通过加料管道进入加料端。加料管道的斜度大于物料的自然倾角，以便物料顺利流入干燥器内。干燥器圆筒是一个与水平线略成倾斜的旋转圆筒。物料从较高一端加入，载热体由低端进入，与物料成逆流接触。随着圆筒的转动，物料受重力作用运行到较低的一端。湿物料在筒体内向前移动过程中，直接或间接得到了载热体的给热，使湿物料得以干燥，然后在出料端经皮带机送出。在筒体内壁上装有抄板，它的作用是把物料抄起来又撒下，使物料与气流的接触表面增大，以增大干燥速率并促进物料前进。载热体为热空气和烟道气。载热体经干燥器以后，需要旋风除尘器将气体内所带物料捕集下来。进一步减少尾气含尘量，还应经过袋式除尘器后再排放。

干燥设备的供热热源由生物质热风炉提供，当系统检测到原料含水率高于设定值时，启动原料烘干机。热风炉产生的热风通过配风后烟气温度控制在 350℃左右，然后进入干燥设备，保证物料含水率和均匀度满足生产要求。

## 3.4.3 生物质的固体成型

### 3.4.3.1 生物质固体成型工艺

根据成型产品外形尺寸的不同，采用的成型工艺也不尽相同。对于颗粒燃料，由于其原料的流动性好，生产工艺的自动化程度高，生产效率高，可多台颗粒机并联使用。其工艺流程如图 3-43 所示。生物质压块设备所用原料流动性差，在工艺过程中增加了专用料仓，其自动化程度较低，工艺流程如图 3-44 所示。

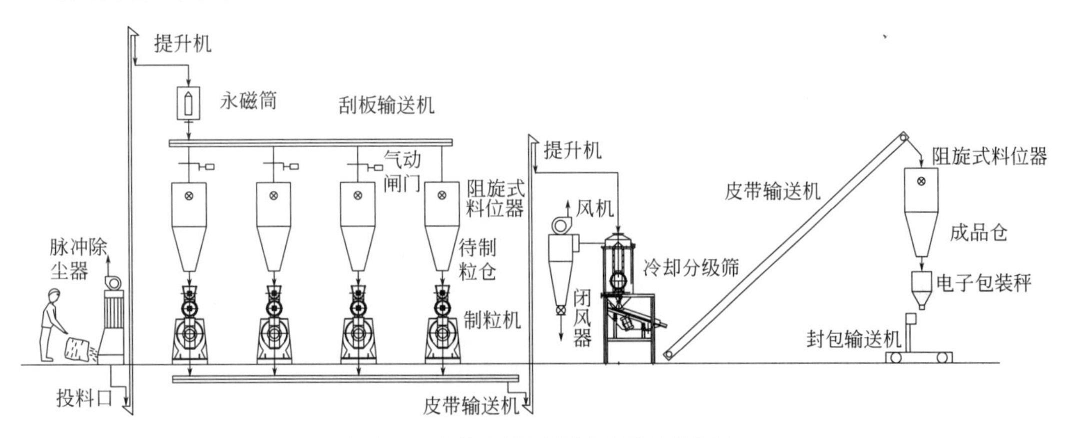


图 3-43　生物质颗粒燃料生产线工艺流程

在生物质成型工艺中，为了改善生产环境，提高生产效率，都采用了封闭式皮带输送机、专用进料料仓、平模式成型机、设备装置连接处的封闭系统等工艺设备，提高了生产线的自动化程度。

（1）封闭式皮带输送机

封闭式皮带输送机取代双管螺旋输送机有着科学的根据：由于原料破碎不彻底，会有很多缠绕的部分，然而双管螺旋输送机自身的结构的局限性导致了在输送原料的过程中会产生缠连现象。而且物料经过破碎之后会产生很多的灰尘，在运输的过程中会出现飞扬现象。

（2）专用进料料仓

生物质成型机前给料装置常会遇到搭桥、结拱现象，尤其对软质类物料，由于质地轻软、流动性不强，物料缠连现象严重，且切割过程难以保证理想的长度，在给料各环节搭桥、结拱现象非常普遍。生物质成型机给料装置技术的关键点在于能够将料仓内堆

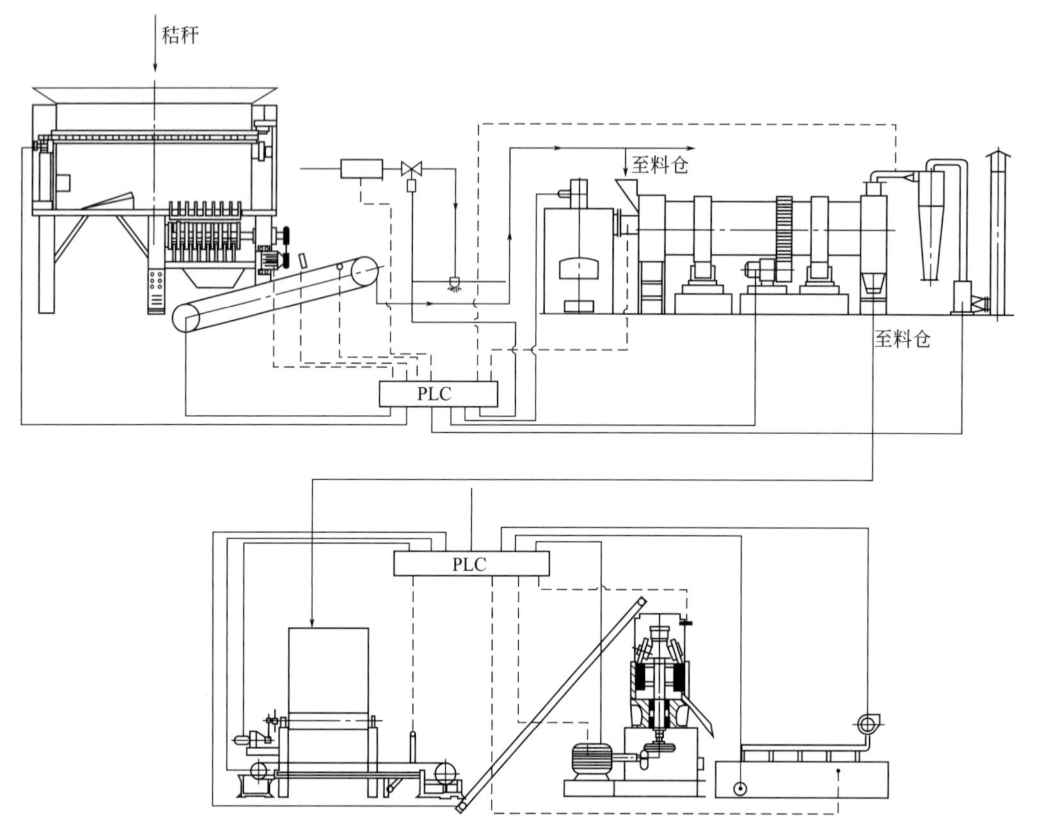


图 3-44 生物质压块生产工艺流程

积的、呈压缩纠结状态的各种生物质物料通过拨料环节持续可控地拨散并将松散态的物料通过封闭式皮带输送机送入生物质成型机料斗，特殊的拨料装置设计可以适应软质类的稻麦秸秆、蔗叶、茅草等物料，拨料器设计能将物料从仓底的压实纠结状态稳定可控地转变为皮带输送机上的松散状态，且在过程中杜绝机械的缠绕、卡塞等问题。

采用的活动底板自动进料仓其底板由可转动的拨料轴组成，不同转速可落下不同的料量，达到了自动给料的目的。生产时，可由抓机把生物质料送进料仓，在水平轴的转动下，把料仓里的料均匀地落入下方的皮带，由输送机送入生物质成型设备，达到自动进料的目的。自动料仓的活动底板，原料不再搭拱，不用人工破拱，无扬尘产生，不需工人现场操作，达到环保清洁、减少人工的目的。

其工艺流程为：料仓内部生物质成型燃料经拨料装置将物料均匀地输送至出料平皮带机上，再由平皮带机将物料引出至溜槽，溜槽将物料撒落在生物质成型机上料斜皮带上后输送至生物质成型机料斗。

（3）生物质颗粒燃料平模式成型机

平模成型机生产能力为 300～2000kg/h，优化了生物质成型机的压轮机构，避免杂质进入润滑腔，保护了内外轴套，改善润滑效果，使用寿命提高 10%。引入料位传感器，解决生物质成型机因喂料太多而引起的“闷机”问题。成型腔内安装料位开关，当有原料堆积时，可自动停止进料，生物质成型设备运行一段时间后腔内原料清除后再进料。实现了生物质成型燃料生产的系统集成与自动控制，解决了生产系统粉尘多、自动化生产程度低、耗能高等问题。

（4）设备装置连接处的封闭系统

原来的生物质成型燃料生产系统流程不连续，当物料在生产环节出现堆积、阻塞等问题时，需人工手动解决，设备一般为开口设计，在生产运行过程中产生大量的灰尘与水汽，是车间内的主要污染源之一。通过研究开发关键设备，解决了原料堵塞问题，各设备装置连接处可以封闭，车间粉尘浓度为 3.8mg/$m^3$，降低了 80%。

#### 3.4.3.2 冷却干燥

生物质成型燃料从成型设备出口排出时，其温度为 60～80℃，含水率为 15%～20%，此时会产生大量的蒸汽，对车间内设备有较大的损害。必须在生物质成型设备出口安装冷却干燥装置。

（1）影响冷却效果的主要因素

影响冷却效果的因素主要有环境温度、颗粒中的脂肪含量和空气湿度。

1）环境温度

颗粒从冷却器出来的最终温度受到冷却空气初始温度的限制，如果厂房内的温度比室外的温度高，应采用室外的空气冷却。

2）颗粒中的脂肪含量

颗粒中的脂肪含量越高，越难将其冷却，包在颗粒表面的脂肪会使颗粒中的液体难以排出。由于表面有脂肪层，冷却所需时间相应加长。如果将颗粒暴露在外面急速冷却，会造成裂纹或碎裂。

3）空气湿度

干燥、凉爽的空气比潮湿的空气能从颗粒中带走更多的水分。

很多因素影响产品的含水量，如颗粒的原料成分、颗粒的直径、颗粒的温度、颗粒压制后的含水量和蒸汽的加入量、空气流动速度、颗粒在冷却器中滞留的时间、冷却空气量等。为了得到优质的颗粒，必须正确地调整制粒和冷却工序的各种参数。

（2）冷却器、干燥器对颗粒物理质量影响的主要因素

冷却器、干燥器对颗粒物理质量的影响特别大，主要有以下 2 个因素。

1）冷却度

冷却不好的颗粒，其温度仍大大高于环境温度或只是外表面得到冷却而芯部的热量仍然保留，原因是这些颗粒在冷却器中滞留时间不够长。冷却不好会使颗粒表面产生裂纹，这样会降低颗粒的硬度和耐碎性，并会增加产品中粉末的含量。当颗粒经过冷却工序后内部仍保持过高的温度时，水分会在其表面凝结，结果得到潮湿的成品颗粒。此时颗粒料特别有利于细菌的繁殖，颗粒易发霉变质。总之，冷却不好会明显影响最终产品的质量。

2）内部输送系统

冷却器的内部输送系统，主要有两方面的因素影响颗粒的最终质量：一是在冷却过程中，颗粒与颗粒之间的相互摩擦会造成磨碎和破裂；二是卸料机构产生的剪切力会使颗粒在输送带型冷却器中出料时，被反复从一条输送带转送到另一条输送带上，这样会增加破碎率。

成型块专用的生物质成型燃料网带式冷却干燥机，主要包括拖动电机、不锈钢网带、风罩、引风管、引风机等，如图 3-45 所示。可在进行生物质成型燃料冷却干燥的

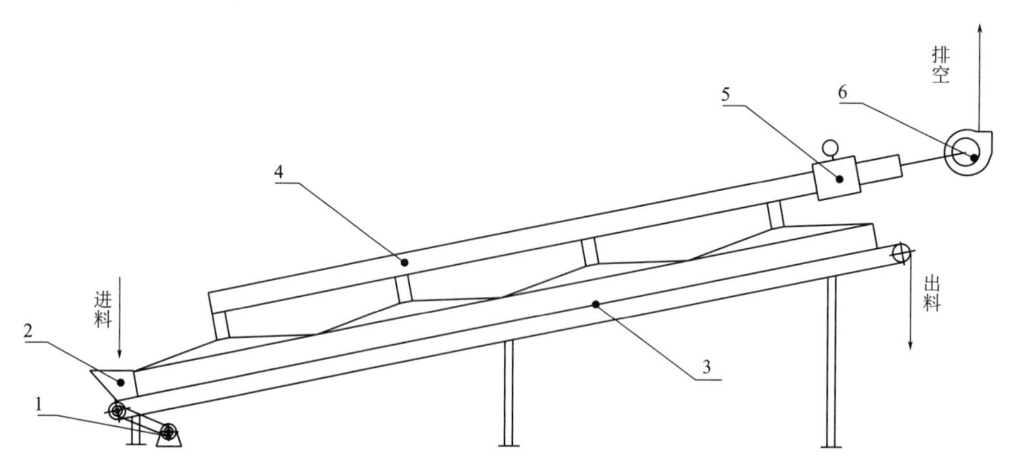


图 3-45　网带式冷却干燥机

1—拖动电机；　2—进料斗；　3—不锈钢网带；　4—引风管；　5—空气流量计；　6—引风机

同时完成从成型机到包装机的输送。在生物质成型设备出料口安装网带式冷却干燥设备，把湿气排出车间外，其为负压运行，同时新鲜空气进入车间，达到清洁生产的目的。生物质成型燃料直接通过进口进入冷却器，并落入底部的卸料网上，当物料堆积至料位器上限位置时，卸料网在电机的带动下作相对移动，开始排料。冷却干燥时间缩短到 1 小时内，生物质成型燃料温度达到 30℃，含水率为 5%～12%，可直接包装。

#### 3.4.3.3　生物质固体成型燃料生产的自动化控制系统

（1）自动化控制系统的特点

自动化控制系统的最大特点是基于 PC 机，在 Windows 平台运行。一般分为 3 个层面控制：

① 管理层，即企业资源计划（DRP）；

② 监控层，大多是组装软件；

③ 软件可编程序控制器（PLC）中的嵌入式软件。

自动化系统现大多集中在监控层，即利用人机对话的图控软件实现数据采集、处理和过程控制自动化，其中监控层的产品广泛应用于化工、食品和饲料等行业。企业采用自动化控制系统的最大优点是提高生产效率和有产生报表的能力，自动化程度越高，生产效率也越高。同时采用自动化控制系统比硬件工控设备成本低得多，即便是硬件 PLC 价格降到与软件 PLC 相等的程度，但在需要更换的情况下，硬 PLC 只能扔掉，而软 PLC 只要换卡就可以。

PC 平台的开放性，在对可靠性和响应速度要求不太高的场合，其强大的资源管理功能、存储功能显示出了极大的优势。同时 PC 平台具有的某些算法，如预测之类的功能，是集散控制系统（DCS）不能达到的。自动化控制系统的可维护性很好，如使用 VB 语言就能改变或增加它的功能，非常简单易行。自动化控制系统建立在 PC 平台上，使用 Windows 或 DOS 操作系统，最大的缺陷是速度慢、可靠性差，因此安全性和可靠性有待进一步提高[42]。

鉴于自动化控制系统的特殊优越性，企业采用一整套自动化软件集成系统来实施生产管理和企业管理的自动化，可使生产过程达到最优化，使企业对信息采集和处理的速度最快，为企业分析、决策提供最好的方式和手段。因此自动化控制系统的应用日渐广泛。目前使用较为广泛的自动化控制系统是组态软件和嵌入式软件，其中嵌入式软件的安全性和可靠性要好一些。所以工控软件的趋势还是要把好的硬件设备和软件配合起来使用。例如，关键部位采用国外先进的硬件设备，配上商务机和组态软件，三位二体构成 DCS，具有强大的功能，也可以满足生产对安全性和稳定性的需要，同时要做到能很方便地连接其他管理系统。

（2）组态软件的应用

组态软件的产品品种很多，虽然功能各有不相同，但原理基本一致，其中 MCGS5.1（Motor and Control Generated System）是一套基于 Windows 平台的，用于快速构造和生成上位机监控系统的组态软件系统。为用户提供了解决实际工程问题的完整方案和开发平台，能够完成现场数据采集，实时数据和历史数据处理，报警和安全机制，流程控制，动画显示，曲线和报表输出，企业监控网络以及高性能、高可靠性、低成本的嵌入系统等功能。使用 MCGS 用户无需了解计算机编程的知识，就可以轻易完成一个稳定、成熟，具备专业水准的计算机监控系统[43]。

MCGS5.1 组态软件能够快速与企业设备网连接，构成上位监控系统，生产过程控制系统是工业自动化控制项目中最常见的系统，此类系统使用一台计算机来实现核心的生产过程控制任务，通常还使用一台热备计算机以提供额外的冗余和保证系统稳定。此类系统通常使用现场总线，如 485 总线、过程现场总线（Profibus）等与现场 PLC 控制器和控制仪表连接，有时也通过调制解调器（Modem）等设备进行远程现场数据采集。生产过程控制系统的上位机部分，除了直接显示现场的生产数据以外，还需要记录并保存大量的生产数据，通常保存几个月到一年，同时提供丰富的历史数据处理功能，包括事故追忆、生产统计、质量统计，并提供丰富的报表，如生产班报表、日报表、年报表以及批次生产报表等。系统通过下位的 PLC 以及控制仪表来保证实时控制的性能[44]。

MCGS5.1 组态软件通过提供双机热备容错功能，使得整个系统的稳定性与可靠性得到了提高。MCGS5.1 组态软件能够与大量常用的 PLC 和现场控制器进行有效的通信，并具备对 Profibus、控制链（Control Link）、串行通信协议（Modbus）等各种设备网的充分支持，能够快速与企业设备网连接，构造上位监控系统[45]。

MCGS5.1 组态软件提供了丰富的数据处理功能，可以从历史数据中提取出生产班报表、日报表、月报表，同时组态工作极其简单，只需设定提取方法、时间即可。

MCGS5.1 组态软件还提供了丰富的趋势曲线图，可以方便地进行生产曲线的浏览、事故追忆与分析。

（3）生物质成型燃料生产控制系统

在生物质成型燃料生产控制系统中，上位机 PC 采用组态监控软件来完成流程和参数的实时显示与监控任务，模拟屏上显示粉碎、干燥、成型及冷却等各工段设备的监控信息，解决了生物质成型燃料生产过程自动化运行的问题。可自动运行，也可手动控制，可根据原料的种类、含水率等要求，对生产线的运行参数自动调整。针对不同原料的特点，根据其对成型参数的要求，有不同的控制程序，分别调用相应的数据库，使其在最佳状态下工作。针对成型工艺的不同过程，也有相应的子程序，使各个工段的设备在最佳状态下工作。

自动控制系统工艺流程的过程可分为热风炉控制系统、干燥设备控制系统、粉碎设备、加水控制系统与成型设备控制系统。

热风炉运行的自动控制，使其可根据总程序的要求提供相应温度与总量的热风；干燥设备运行的自动控制，可使干燥设备在总程序的要求下以最高的热利用率把生物质原料干燥到合适的含水率；粉碎设备运行的自动控制，可控制进料速度；加水系统的自动控制，如在生物质原来的含水率低于成型工艺要求的最佳含水率的情况下，可向粉碎后尚未成型的生物质中加入一定的水分，达到成型工艺的要求；成型设备的自动控制，可对原料料位、生物质成型燃料料位、湿度和温度及环境温度等进行测量，进行相应的控制。

主要检测功能有：控制中心可对进成型设备前生物质原料的含水率进行在线检测（包含热风炉控制系统、干燥设备控制系统），对粉碎设备、成型设备的电流进行在线检测，对进入干燥设备前的热风与排出的湿气温度在线检测，成型仓的温度在线检测。

主要调节功能有：可对热风炉的加料与鼓风进行无级调节，对干燥设备的进料皮带机进行无级调节，对配风电机进行无级调节，对干燥设备的拖动电机进行无级调节[46]。

控制过程为：控制中心检测到生物质成型燃料原料的含水率高于所需含水率时，可同时调用热风炉控制系统，增加高温烟气的产量，温度要保证在设定的温度，同时降低拖动电动机的转速，使干燥设备的热利用率保持在较高的水平；如含水率低于设定的值，则向相反的方向调节，启动加水程序，增加原料含水率，以满足成型设备对原料水分的要求。检测中心检测到粉碎设备或成型设备的主电动机工作电流大于设定值时，则减少干燥设备进料皮带的转速，减少给料量，同时热风炉的产风量也相应减少，干燥设备拖动电动机转速增加。

## 参考文献

[1] 潘永康，王喜忠. 现代干燥技术 [M]. 北京：化学工业出版社，1998.
[2] 王喜忠，于才渊，刘永霞，等. 中国干燥设备现状及进展 [J]. 无机盐工业，2003，35 (2)：4-6.
[3] 张源. 印度大米加工设备技术水平及发展现状 [J]. 粮食与饲料工业，2002 (2)：13-14.
[4] 马骞，郭超，向书春，等. 生物质燃料干燥设备的研发可行性分析 [J]. 农业装备与车辆工程，2011 (10)：8-10.
[5] 雷廷宙，沈胜强，李在峰，等. 生物质干燥机的设计及试验研究 [J]. 可再生能源，2006 (3)：29-32.
[6] 雷廷宙，沈胜强，吴创之，等. 玉米秸秆干燥特性的试验研究 [J]. 太阳能学报，2005，26 (2)：26-28.
[7] 路延魁. 空气调节设计手册 [M]. 北京：中国建筑工业出版社，2001.
[8] 金国淼. 干燥设备 [M]. 北京：化学工业出版社，2002.
[9] 王凯，邢召良，刘峰，等. 生物质破碎转筒型干燥机. CN 102620546A [P]，2012-08-01.
[10] 李金旺. 涡流式生物质干燥机. CN 202928329U [P]，2013-08-05.
[11] 常厚春，马革，刘巍，等. 生物质物料滚筒干燥机. CN 103791706A [P]，2014-05-14.
[12] 郭东升，何永昶. 一种安全高效的生物质碎料带式干燥机. CN 205747844U [P]，2016-11-30.
[13] 李海滨，袁振宏，马晓茜，等. 现代生物质能利用技术 [M]. 北京：化学工业出版社，2012.
[14] 崔玉洁. 秸秆螺旋挤压成型颗粒饲料的试验研究 [D]. 沈阳：沈阳农业大学，2001.
[15] 陈喜龙，谭跃辉，王义强，等. 我国生物质颗粒燃料推广应用中存在的问题与发展对策 [J]. 可

再生能源，2005（1）：41-43.
[16] 王文兵，高永林，张若琼. 利用机械设备取代人工烧制木炭的应用分析［J］. 试验研究，2006（6）：23-25.
[17] 刘石彩，蒋建春，陶渊博，等. 生物质固化制造成型炭技术研究［J］. 林产化工通讯，2000，36（2）：3-5.
[18] 朱海涛. 生物质燃料颗粒成型机的研究与试验［D］. 哈尔滨：哈尔滨工程大学，2008.
[19] 张百良，杨世关，马孝琴. 中国生物质能技术应用与农业生态环境研究［J］. 中国生态农业学报，2003（3）：178-179.
[20] 濮良贵，纪名刚. 机械设计［M］. 北京：高等教育出版社，2004.
[21] 景果仙. 生物质燃料平模成型机设计理论及仿真研究［D］. 哈尔滨：东北林业大学，2010.
[22] 庞声海，饶应昌. 配合饲料机械［M］. 北京：中国农业出版社，1989.
[23] 高增梁，方德明. 立式平模挤压造粒机的受力及操作参数分析［J］. 浙江工学院报，1993，（3）：12-18.
[24] 张大雷. 生物质成型燃料开发现状及应用前景［J］. 现代农业，2007（12）：98-103.
[25] 何占松，李爱华，等.9KLP-380 型平模秸秆制块机研制［J］.研究与实验，2007（2）：26-27.
[26] 萧占平. 饲草制粒机主要设计参数分析［J］. 饲料世界，2006（4）：17-19.
[27] 贾敬敦，马隆龙，蒋丹平，等. 生物质能源产业科技创新发展战略［M］. 北京：化学工业出版社，2014.
[28] 张百良. 生物质成型燃料技术与工程化［M］. 北京：科学出版社，2012.
[29] 齐菁，于洪亮，林海. 稻壳生物质颗粒成型机理的显微观察［J］. 辽宁农业科学，2009（6）：49-50.
[30] 宁鹏辉. 环模式秸秆压块机致密成型机理研究［D］. 石家庄：河北科技大学，2011.
[31] 吴云玉. 基于生物质固体成型机理研究的环模疲劳寿命分析［D］. 济南：山东大学，2010.
[32] 王慧. 基于生物质碾压成型机理的成型能耗影响因素研究［D］. 济南：山东大学，2011.
[33] 袁振宏，吴创之，马隆龙，等. 生物质能利用原理与技术［M］. 北京：化学工业出版社，2005.
[34] 张全国，雷廷宙. 生物质气化技术［M］. 北京：化学工业出版社，2006.
[35] 姜洋，郭军，王忠诚，等. 生物质致密成型设备生产颗粒燃料技术及经济分析［J］. 可再生能源，2006（4）：81-83.
[36] 雷廷宙. 秸秆干燥过程的实验研究与理论分析［D］. 大连：大连理工大学，2006.
[37] 吴创之，马隆龙. 生物质能现代化利用技术［M］. 北京：化学工业出版社，2003.
[38] 张燕，佟达，宋魁彦. 生物质固体燃料的成型及其影响因素分析［J］. 林业机械与木工设备，2012，40（4）：20-22.
[39] 赵立欣，孟海波，姚宗路，等. 中国生物质固体成型燃料技术和产业［J］. 中国工程科学，2011，13（2）：78-82.
[40] 霍丽丽，田宜水，孟海波，等. 生物质颗粒燃料微观成型机理［J］. 农业工程学报，2011，27（s1）：21-25.
[41] 姜洋，曲静霞，张大雷. 生物质颗粒燃料成型条件的研究［J］. 可再生能源，2006（5）：16-18.
[42] 王翠苹，李定凯，王凤印，等. 生物质成型颗粒燃料燃烧特性的试验研究［J］. 农业工程学报，2006，22（10）：174-177.
[43] 陈彦宏，武佩，田雪艳，等. 生物质致密成型燃料制造技术研究现状［J］. 农业化研究，2010，32（1）：206-211.
[44] 王志伟，何晓峰，赵宝珠，等. 生物质热解利用系统的实验研究［J］. 农机化研究，2009，31（3）：150-153.
[45] 李在峰，朱金陵，雷廷宙，等. 秸秆成型燃料锅炉的设计及试验研究［J］. 可再生能源，2012，30（7）：79-82.
[46] 马孝琴. 生物质（秸秆）成型燃料燃烧动力学特性及液压秸秆成型机改进设计研究［D］. 郑州：河南农业大学，2002.

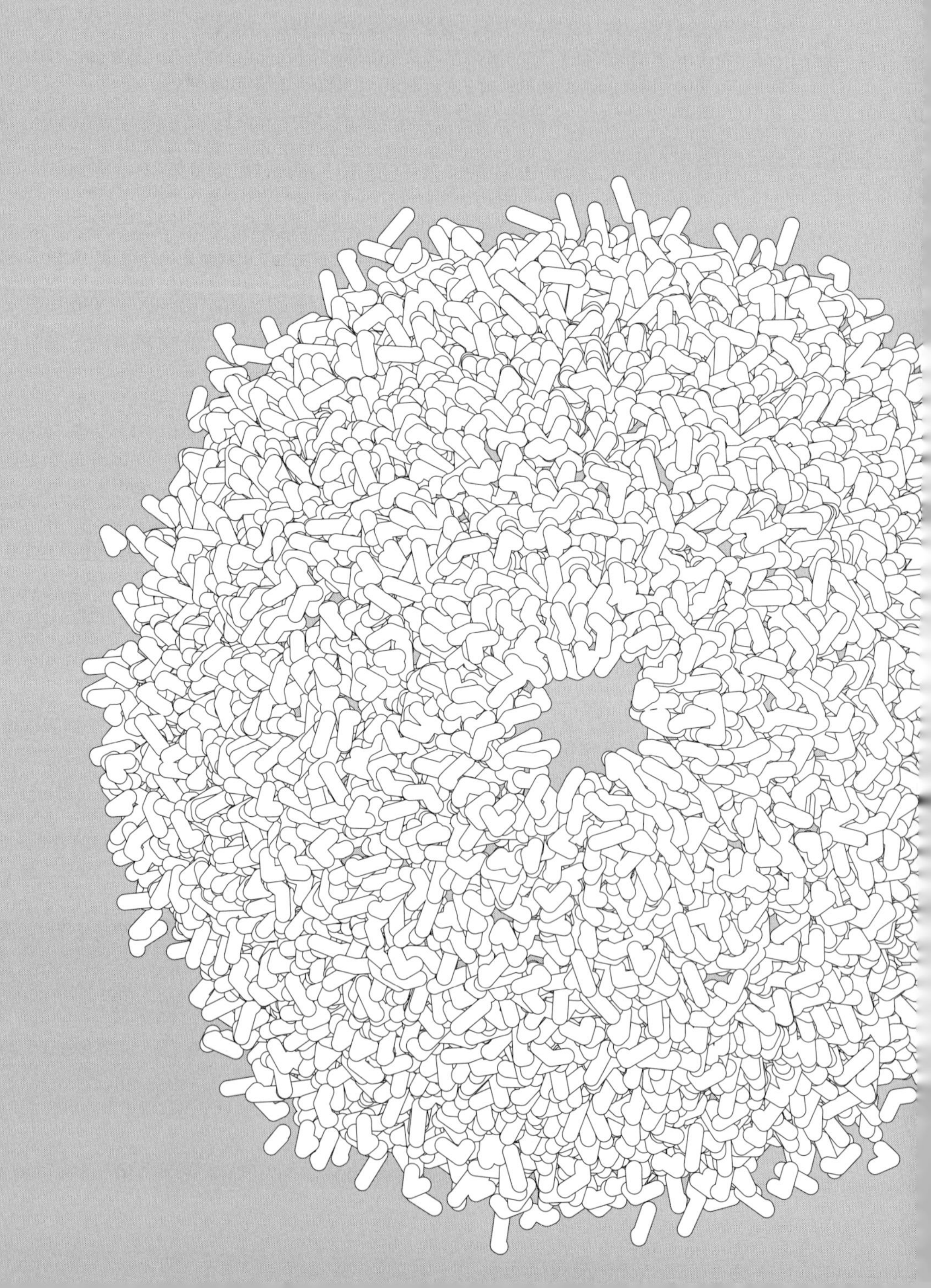

# 第4章

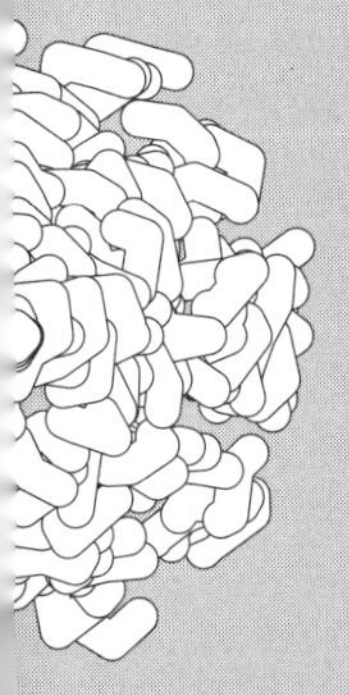

# 生物质固体成型燃料生产技术及设备



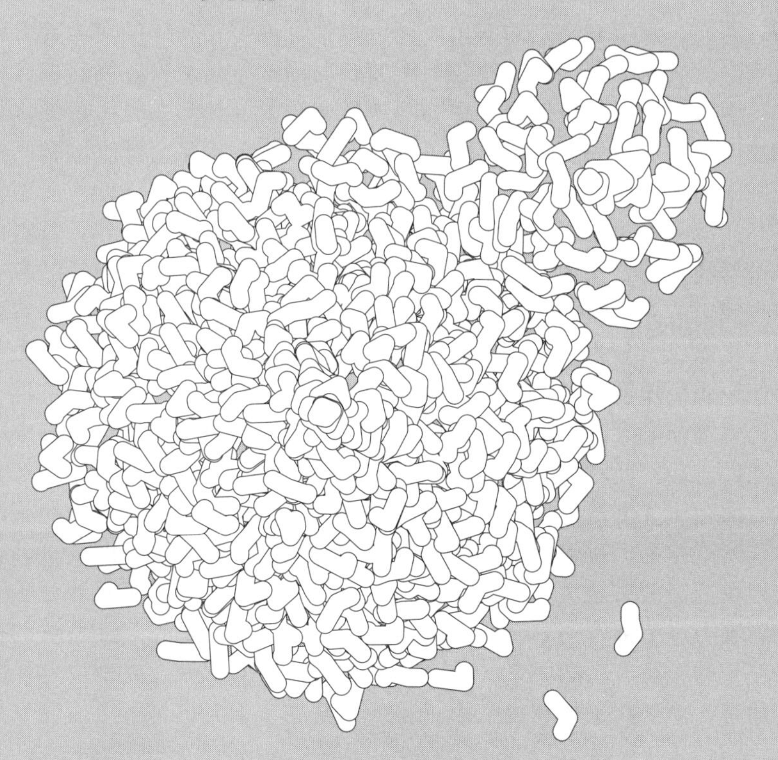

# 4.1 生物质压缩成型预处理技术及设备

在生物质能利用技术中，无论哪一种利用方式都需要对生物质进行前期的预处理，因此，生物质前期的预处理问题成为生物质能规模化利用的关键所在。在生物质预处理技术中，压缩成型技术是最重要的技术之一。不加处理的生物质原料存在结构疏松、分布分散、不便运输及储存、能量密度低等缺点，限制了其大规模利用的经济性与可行性。这是因为生物质种类繁多，其化学组分相差不大，但物理性质却有较大的差别，其中密度是重要的物理特性参数，在很大程度上对生物质利用反应器的几何尺寸及其经济性有直接影响。生物质原料的密度过低会带来储存输送的困难，限制了其大规模利用的经济性与可行性。因此，压缩成型已成为生物质能资源化利用的关键。

生物质压缩成型的主要影响因素是温度、压力、成型过程的滞留时间、物料含水率和物料颗粒度[1]。加热使生物质物料达到一定的温度，其主要作用为：使生物质中的木质素软化、熔融而成为黏结剂；使所压缩燃料的外表层炭化，在通过模具或通道时能够顺利滑出而不会粘连，减少挤压动力消耗，因为生物质炭化产物具有部分石墨属性，而石墨是很好的固体润滑剂；提供物料分子结构变化所需的能量。但是成型物料的温度过高，可使其水分汽化，挥发分大量释放，导致成型物料疏松断裂，成型失败。对生物质物料施加压力的主要目的是：破坏物料原来的物相结构，组成新的物相结构；加强分子间的作用力，使物料变得致密均实，以增强型体的强度和刚度；为物料在模内成型及推进提供动力。成型物料形状保持不变后，其在模具内所受的压应力随时间的增加而逐渐减小。因此，必须有一定的滞留时间，以保证成型物料中的应力充分松弛，防止挤压出模后产生过大的膨胀，也可使物料有较长时间进行热交换。物料的含水率对成型影响也较大。含水率过高，挤压过程中物料中的水分要受热蒸发，大量的水蒸气通过成型筒迅速排放，导致成型失败，严重时可以导致“放炮”现象，即水的瞬间汽化现象。含水率过低则不利于木质素的塑化和热量的传递。因为水分可以降低木质素软化和液化的温度，提高成型物料的表观热导率，均匀成型物料的温度场。此外，物料的颗粒度也对成型有着重要的影响。构成生物质成型块的主要物质形态为不同粒径的粒子，粒子在压缩过程中表现出的充填特性、流动特性和压缩特性对生物质的压缩成型有很大的影响。通常生物质压缩成型分为 2 个阶段：第 1 阶段，在压缩初期，较低的压力传递至生物质颗粒中，使原先松散堆积的固体颗粒排列结构开始改变，生物质内部空隙率减少；第 2 阶段，当压力逐渐增大时生物质大颗粒在压力作用下破裂，变成更加细小的粒子，并发生变形或塑性流动。此时粒子开始充填空隙，粒子间更加紧密地接触而互相啮合，一部分残余应力储存于成型块内部，使粒子间结合更牢固。构成成型块的粒子越细小，粒子间的充填程度就越高，接触就越紧密。当粒子的粒度小到一定程度（几百甚至几微米）后，成型块内部的结合力方式和主次甚至也会发生变化，粒子间的分子引力、静电引力和液相附着力（毛细管力）开始上升为主导地位。根据研究，成型块的抗渗水性和吸湿性都与粒子的粒径有密切关系，粒径小的粒子比表面积大，成型块容易吸湿回潮。但与之相反的是，由于粒子的粒径变小，粒子间空隙易于充填，可压缩性变大，成型块内部残存的内应力变小，从而削弱了成型块的亲水性，提高了抗渗水性[2]。

### 4.1.1 生物质预处理技术分类

生物质是世界上最丰富的可再生资源之一，将其转化为各种可利用的化学品是各国所关注的焦点。对于生物质转化预处理的手段目前已有大量的研究，常用的生物质预处理方法有物理法预处理、化学法预处理、生物法预处理及物理化学法预处理[3]。

（1）物理法预处理

物理法预处理包括粉碎、挤压成型、微波处理及冻干处理。粉碎旨在减小生物质颗粒尺寸，增加比表面积与孔隙度，而且还能降低原料的聚合度，有去结晶化的作用。挤压成型是热物理处理法，原材料在搅拌、加热、剪切应力等作用下，内部的物理化学结构发生了改变。微波处理是通过微波辐射带来的直接内部热辐射，破坏纤维素外部的硅化表面内部的微观分子结构，去除木质素，提高水解效率。冻干处理则是通过冷冻预处理破坏纤维素的分子结构，达到提高酶解效率的目的。物理法通常与其他预处理方法相结合，能达到很好的预处理效果。但物理法预处理都耗能较高，增加了预处理成本，因此需要寻找更合理高效的预处理方法。

（2）化学法预处理

化学法预处理是利用酸、碱、有机溶剂、离子液等化学物质对原料进行预处理，来打破各组分间的氢键连接，破坏木质素结构，从而增加可及度。臭氧分解法是利用臭氧作为氧化剂打破木质素和半纤维素对纤维素的包裹，加速纤维素的生物降解。同时，臭氧通过打破木质素的结构，将可溶解的乙酸、甲酸等组分释放出来，大大提高了降解率。化学法预处理操作简单，能显著提高秸秆类生物质的分解效果，但是其酸碱性溶液等的排出仍会对环境造成危害。

（3）生物法预处理

生物法预处理不需要添加化学试剂，是一种环境友好型的预处理方法。微生物通过生物作用，使生物质内的木质素和半纤维素得到降解，破坏了其对纤维素组分的包裹，提高了秸秆类生物质的生物转化效率，常用的微生物种类包括白腐菌、褐霉、软腐菌等。生物法预处理过程中，颗粒尺寸、含水率、预处理时间和温度都会对分解率产生影响，因此其稳定适宜的环境非常必要，不同的微生物类型也有不同的降解效果。虽然生物法预处理是耗能少、环境友好、不需要化学添加的绿色预处理方法，但是由于其处理周期长、反应装置占地大、微生物生长控制耗时多、降解效率不高等限制性因素的存在，其产业化应用仍受到限制。

（4）物理化学法预处理

物理化学法预处理包括自发水解、蒸汽爆破、二氧化碳爆破、氨纤维爆裂、热液法等方法。自发水解过程是纤维素在水介质中在一定温度范围内（150～230℃）进行的自动水解过程，半纤维素会部分溶出，在溶液中发生解聚，产生低聚糖和单糖。木质素未发生显著变化，纤维素仍以固态形式存在。蒸汽爆破、二氧化碳爆破、氨纤维爆裂等方法是在高压饱和状态下，蒸汽、氨及二氧化碳等小分子物质分散到秸秆类生物质的各孔隙中，随后在短时间内系统突然减压，使原料爆裂，在迅速减压爆裂过程中，由于高温高压，生物质结构遭到破坏，半纤维素发生水解、木质素发生转化，纤维素的结晶区增加，提高了酶等物质的可及度。爆破法预处理效率高，能够实现序批式和连续式两种处理方式，但是由于爆破过程会形成抑制酶解发酵的副产物，所以仍需进一步的研究。热液法是指将生物质放置于高温高压水溶液中 15min，不需要添加其他化学试剂或催化剂。热液方法不像汽爆等方法需要瞬时的降解，高压环境只是为了维持高温下的液态水状态。这种方法已经广泛运用于多种农作物秸秆，如玉米芯、甘蔗渣、玉米秸秆、麦秸秆等，据报道其分解效率达 80%以上，半纤维素也能有效降解。

### 4.1.2 生物质收集及储运设备

农林生物质能资源通常松散地分散在大面积范围内，堆积密度较低，收购组织面广量大，涉及千家万户，这给农林生物质能资源的能源化利用带来了困难。原料收储运的目的是从各种不同的生物质资源中生产原料，满足热解厂周年连续稳定生产以及热解设备对燃料质量（如含水率、粉碎粒度、含灰量）和成本的要求。

（1）生物质收集

生物质收集是能源化利用的基础，如无法提供有效的收集，其能源化利用就无从谈起，同时生物质收集方法与途径将直接影响其能源化利用的生产成本。

1）农作物秸秆人工收集

目前，我国农作物秸秆等生物质原料主要是靠人工收集的方法获得。在农作物收获时，农作物籽粒随同秸秆一起运回打晒场地，经人力或机械对作物脱粒后，将秸秆码垛堆放，这主要适用于水稻、小麦秸秆。对玉米秸秆的收集，则是在田地里将玉米棒收获后，再将玉米秸秆收割后运回，由农户进行封存堆放。也可采用联合收割机收获籽粒，将农作物秸秆用运输工具运回存放场地。

2）农作物秸秆打捆收集

在农作物收获时节，稻草、麦秸及棉秆等秸秆可以使用打捆机进行收集与处理。打捆机自动完成小麦、牧草等作物的捡拾、压捆、捆扎和放捆一系列作业，可与多种型号的拖拉机配套，适应各种地域条件作业。

草捆的形状和尺寸一般可分为放捆（包括高密度的小草捆和大草捆）、圆捆（使用圆捆机）和密实型草捆，草捆的尺寸和密度依赖于所使用的打捆机。圆捆机的结构相对简单，体积较小，操作维修简单。缺点：采用间歇作业，打捆时停止捡拾，生产效率低；捆扎的圆捆密度低，运输和储存不方便；捡拾幅度过小，约 80cm，如果在大型联合收获机收获后进行打捆作业，容易出现堵塞或断绳现象。方捆机由于所打的草捆密度比圆捆高，运输和储存比较方便，可连续作业，效率较高。但其结构复杂，制造成本高。密实型草捆正处于研究阶段，没有投入实际的应用。

不同种类草捆的技术参数见表 4-1。

发达国家使用的秸秆收获机大多为高密度大方捆或大圆捆打捆机，作业效率高、草捆便于运输和储存，设备价格也很高。另外，与打捆机相配套的搂草机、装载设备、运输设备齐全。小方捆、圆捆以及大方捆装载运输均形成了以大农场为基础的全过程机械化与自动化作业方式，专用设备可完成草捆田间自动捡拾、码放、堆垛乃至卸捆等全过

表 4-1　不同种类草捆的技术参数

| 参数 | 方捆(小) | 圆捆 | 方捆(大) | 密实型 |
|---|---|---|---|---|
| 消耗功率/kW | >25 | >30 | >60 | >70 |
| 产量/(t/h) | 8～20 | 15～20 | 15～20 | 14 |
| 形状 | 长方体 | 圆柱体 | 长方体 | 圆柱体 |
| 密度/($kg/m^3$) | 120 | 110 | 150 | 300 |
| 堆积密度/($kg/m^3$) | 120 | 85 | 150 | 270 |
| 外形尺寸/cm | 40×50×(50～120) | $\phi$(120～200)×(120～170) | (120×130)×(120～250) | $\phi$(25～40)任意长度 |
| 质量/kg | 8～25 | 300～500 | 500～600 | |

程作业。如小方捆，采用直接挂接在小方捆打捆机出捆槽后面的草捆收集车，利用成型捆运动惯性自动在收集车内顺序排放，以 8 捆或 12 捆为一个单元，然后利用专门抓取机具抓取、转移，再码放至另一个相同大小草捆单元上，累积 10 次，堆积成小垛，最后采用捆垛运输车整垛抓取，运输至仓库，并进行堆垛，利用该设备同样可以完成拆垛、卸料。针对大方捆，英国 Big Bale 公司开发的集大方捆捡拾、装载、码放、堆垛于一体的大方捆捡拾装载车，一次性捡拾多个捆包，且可以满足目前打捆机生产的各种规格的大中型捆，如 12 捆 1.2m×1.3m 的捆包、14 捆 1.2m×0.9m 的捆包、18 捆 1.2m×0.7m 的捆包、21 捆 0.8m×0.9m 的捆包、27 捆 0.8m×0.7m 的捆包。针对圆捆，一些公司开发的系列圆捆自动捡拾装载车可以完成圆捆自动捡拾、码放、运输及自动卸捆等，一次性可完成 6 捆、8 捆到 16 捆直径 1.2m 的大圆捆搬运，允许载重量最大可达 10t 以上。

打捆设备包括小型方捆打捆机、中型方捆打捆机、大型方捆打捆机、圆捆打捆机[4]。

① 小型方捆打捆机　小型方捆的草捆质量一般为 18～25kg，草捆规格 (36～41)cm×(46～56)cm×(31～132)cm，由于草捆较小，可在秸秆水分相对较高时进行打捆作业，收获质量较高，造价相对较低，投资较小。适于长途运输，需要拖拉机的动力输出轴功率较小，最小动力输出功率为 25.7kW。草捆可采用人工装卸，不足之处是打捆作业及草捆搬运作业需要较多的劳力。

② 中型方捆打捆机　中型方捆的草捆质量在 450kg 左右，草捆规格为 80cm×80cm×250cm 左右，需要 55.1～73.5kW 功率的拖拉机进行配套。该机器使用可靠、草捆密实、形状正规，便于运输并能长期保存。捡拾器捡拾作物干净，草捆长度调节范围 (0.40～1.10m) 宽，调节打捆机尾部的两只曲柄把就可以按需要调整适合不同要求的草捆压实度；打结器能够保证整机在恶劣环境中可靠运行。

③ 大型方捆打捆机　大型方捆打捆机主要用于秸秆收集，草捆质量为 510～998kg，草捆截面积尺寸为 (80～120)cm×(70～127)cm，长度达到 250～274cm，需要 73.5～147kW 功率的拖拉机进行配套。

大型方捆打捆作业效率较高，运输方便，可直接打包，制作青储饲料。打捆机的造价相对较高，投资较高，需要拖拉机发动机功率较大。

④ 圆捆打捆机　圆草捆的质量一般为 134～998kg，草捆长度为 99～156cm，草捆

直径76～190cm，草捆的大小可进行调节，圆捆可用网包和捆绳打紧。作业效率比小型方捆打捆机高，可在打捆后进行打包，直接制作青储饲料；配套拖拉机功率小于小型方捆打捆机，低于大型方捆打捆机；草捆必须采用机械化装卸与搬运，不适于长途运输。

(2) 生物质运输

秸秆运输包括打捆后采用平板车、大型汽车运输，以及粉碎后采用三轮车或者汽车运输。搬运作业通常使用起重机和轮式装载机完成，运输过程中要考虑秸秆的含水率不宜过高或过低，否则秸秆在一定条件下会降解或运输中外界空气过干，产生热量甚至会引起自燃。还要尽量减少运输过程中秸秆茎叶的损失。

人工收集后的秸秆大多采用三轮车或拖车运输，这种运输方式特点是由于秸秆没有进行预处理，运输秸秆的量小，适合短距离运输。

(3) 生物质储藏

秸秆收获是有季节的，而生产是连续的，这样生产与原料供应之间存在着时间间隔，长期储藏生物质原料则是必要的。其中，秸秆储藏可以采用分散储藏和集中储藏两种收集模式。

1) 分散储藏收集模式

为了减少对生物质成型燃料厂的建设投资，厂区储存秸秆的库房及场地不宜设置过大。大部分的秸秆原料应由农户分散收集、分散存放。应该充分利用经济杠杆的作用，将秸秆原料折合为生物质成型燃料价格的一部分，或者采用按比例交换的方式，鼓励生物质成型燃料用户主动收集作物秸秆等生物质原料。例如可按农户每天使用的生物质成型燃料量估算出全年使用总量，按原料单位产生物质成型燃料量折算出该农户全年的秸秆使用量，然后根据生物质成型燃料厂对原料的质量和品种要求，让农户分阶段定量向其提供秸秆等生物质原料。

分散储藏收集模式的主要特点是：

① 减小了生物质成型燃料厂对生产原料储存库房和场地的投资；

② 因为农户向生物质成型燃料厂提供的农作物秸秆等生物质原料，会造成在农村居住区内无序堆放，不便于统一管理，影响生物质成型燃料生产规模扩大和产业化发展。

2) 集中储藏收集模式

集中储藏收集模式需要生物质成型燃料厂具有较大的储藏空间。生物质成型燃料厂将从农户收集来的秸秆等生物质原料集中储存在库房或码垛堆放在露天场地。要求对原料分类别及按工序堆放整齐，并能防雨、雪、风的侵害。为保证成型加工设备的生产效率和使用寿命，原料中不允许有碎石、铁屑、砂土等杂质，无霉变，含水率要小于18%。还必须在原料场周边禁止烟火，要设置安全员，定时巡查原料场，及时消除火灾隐患，保持原料场消防车道的畅通和工具完备有效。

晾晒好的秸秆要及时垛好。堆垛的大小和方式要根据场地大小及空间而定。一般堆垛形状有圆锥形和长方形。为了防潮，先将底部用木头或砖垫起10～15cm高，将捆好的秸秆的根茎朝外放置，梢部朝里，层层码紧，注意中部要填实，防止中间空而易散。堆垛时底部小、顶部大，呈倒圆台状，然后封垛顶，呈圆锥形，用苫布将垛顶苫好，这样可以防止漏雨。垛好后，将外围用捆好的秸秆围起，然后再在周围挖排水沟，以便排水。若有条件，可建永久储藏棚或储藏房，以利于秸秆的储存。

粉碎的秸秆原料储藏应注意防尘，尽量储藏在封闭的建筑或料仓内。若存储在室外，则应将其覆盖，避免降雨淋湿，将原料冲走，产生污水。

料场安全管理是整个工厂安全管理不可或缺的一部分，垛区要预留物流和消防通道。同时，在料场应设计消防水池，布置消防管线，且保证每个垛位垛头都要有消防栓。加强料场安全管理，严禁烟火，制定执行严格的安全防火制度。加强料场安全巡逻，制定详细的安全巡逻制度，突防外来送料车辆、参观人员经过地段，严格控制工厂上下班、午休等高危时段[5]。

### 4.1.3 生物质干燥技术及设备

干燥是利用热能将物料中的水分蒸发排出，获得固体产品的过程，简单来说就是加热湿物料，从而使水分气化的过程，生物质干燥有自然干燥和人工干燥两种方式[6]。

自然干燥就是让原料暴露在大气中，通过自然风、太阳光照射等方式去除水分。原料最终水分与当地的气候有直接关系，是由大气中水分含量决定的。秸秆自然晾晒时的失水情况见表4-2。干燥条件为日平均气温15.5℃，微风，无雨，秸秆单层放置，地面干燥。自然干燥不需要特殊的设备，成本低，但易受自然气候条件的制约，劳动强度大、效率低，干燥后生物质的含水量难以控制。

表4-2　秸秆自然晾晒时的失水情况

| 时间/d | | 0 | 10 | 20 | 30 | 40 | 50 |
|---|---|---|---|---|---|---|---|
| 含水率/% | 玉米秸秆 | 67 | 53 | 40 | 27 | 17 | 15 |
| | 棉花秸秆 | 55 | 43 | 33 | 24 | 16 | 15 |
| | 小麦秸秆 | 51 | 40 | 30 | 21 | 14 | 13 |

人工干燥就是利用干燥机，靠外界强制热源给生物质加热，从而将水分汽化的技术。目前用于生产中的人工干燥的方法很多，并且根据不同的条件有不同的分类方法：按干燥过程中热量传递形式的不同可分为对流干燥、传导干燥和能量场干燥；按干燥物料排出的方式不同可分为批式、连续式和循环式；按物料在干燥机中的运动形式不同可分为固定床、流化床和喷动床；按气流与物料的运动方向不同可分为顺流式、逆流式、横流式和绕流式；按物料在干燥过程中的压力不同可分为常压干燥和真空干燥。干燥技术所面临的问题越来越复杂，需要干燥处理的物料种类达数千种。在这种情况下，除了干燥产物除湿这一基本要求外，一般还要兼顾化学、生化等多方面的要求，诸如干燥中对于外形、营养成分、品质等的要求。农林固体废弃物含水率一般为70%～90%，如果直接进行生物质压块，既影响压实密度，也影响压块后的热值，因此必须对含水率大的农林固体废弃物进行干燥。

由于目前没有配套的干燥设备，生产企业大多采用通风晾晒的原始方法进行干燥，这种干燥方法的缺点：需要占用大量场地，对企业规模限制大；同时受自然天气影响，阴雨天无法进行干燥，干燥周期加长；农林固体废弃物受农林业生产的季节性影响，必须在收获季节大量收购，才能降低企业成本，减少焚烧污染，但是收购后需要专业的干燥设备进行干燥才能满足生产需求。

目前国内干燥设备大多用于蔬菜、药材干燥，这类设备一般造价高、设计复杂，内部结构及工作原理不适于干燥农林固体废弃物。研究开发农林固体废弃物干燥的专用设备，既是市场需要，也是我国农林业可持续发展，实现高效节能环保的大势所趋[7]。

(1) 生物质破碎转筒型干燥机

回转圆筒型干燥机是一种用途广泛的干燥设备，具有生产能力大、可连续作业、适用范围广等特点，干燥机能够在机体内部完成对生物质燃料的破碎和干燥过程，干燥破碎同时进行，减少生物质燃料的粒度，增加传热面积，可以显著地改善转筒型干燥机的干燥效果，提高干燥效率，降低干燥成本。设计的生物质破碎转筒型干燥机解决了现有技术干燥机存在的产品粒度及水分不均匀、热效率低、物料过热变性、着火等问题。其结构紧凑、布局合理、构造简单，提高了物料与热能的热交换率，使物料烘干效果好。同时，基础投入少，占地面积小，特别适用于生物质燃料的干燥。

生物质破碎转筒型干燥机整体结构如图 4-1 所示，包括机架，电动机Ⅱ及传动机构，机架上设回转圆筒，回转圆筒与进料罩连接，回转圆筒与电动机Ⅱ及传动机构连接，回转筒内壁设有抄板机构，进料罩上设有热介质进口、进料口，热介质进口设于进料口下方，回转圆筒内进料端设有破碎装置，所述破碎装置包括破碎轴，破碎轴两端设有轴承，破碎轴一端通过破碎装置传动机构与电动机Ⅰ连接、另一端与回转圆筒进料罩连接，破碎轴上设有破碎刀片和破碎齿，所述破碎装置垂直回转圆筒的轴线安装。

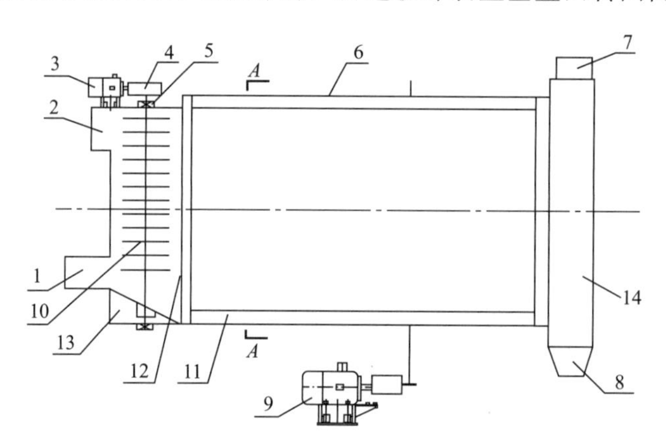


**图 4-1 生物质破碎转筒型干燥机整体结构**

1—热介质进口；2—进料口；3—电动机Ⅰ；4—破碎装置传动机构；5—轴承；6—回转圆筒；7—废气出口；8—出料口；9—电动机Ⅱ及传动机构；10—破碎刀片和破碎齿；11—抄板机构；12—隔离筛网；13—进料罩；14—出料罩

生物质破碎转筒型干燥机工作原理：在保留传统回转圆筒干燥机进料罩、出料罩、抄板机构、回转圆筒的基础上，在回转圆筒干燥的进料端设置破碎装置，使回转圆筒干燥机的进料罩与破碎装置结合在一起。在贯穿进料罩、垂直于回转圆筒筒体、进料罩内部设置两根悬臂旋转轴，在旋转轴上按一定间距设有破碎齿和刀片，在圆周方向上均布。在干燥过程中，物料在回转圆筒内部做不规则的扬撒运动，同时在回转圆筒进料端的破碎装置中将生物质破碎，这样防止物料缠绕，不会产生堆积现象，而且，由于破碎装置将大块状的物料变小，加大了物料与热风接触的表面积，在一定程度上提高了换热效率。进风口在破碎装置下方，这样能够使热风与物料充分接触，强化传热、传质过程，使干燥机的热效率大大提高。破碎装置的旋转速度均在一定的转速范围内无级可调，可针对不同粒度、不同性质的物料，选择合适的转速，获得符合要求的干燥产品。

（2）涡流式生物质干燥机

现有的生物质干燥机，一般为直板式干燥机，为了保证烘干行程，一般体积大、占地空间大[8]。在现有少数的涡流式干燥机中，一般内部结构比较复杂，成本高。设计的涡流式生物质干燥机，解决了体积大、结构复杂、成本高的问题。

涡流式生物质干燥机整体结构如图4-2所示，包括烘干筒体，设于该烘干筒体内的至少一个内挡板和设于该烘干筒体内的至少一个外环板，内挡板沿着烘干筒体的径向方向布置，外环板沿着烘干筒体的径向方向布置，内挡板和外环板沿着烘干筒体的轴向方向彼此间隔布置。内挡板位于烘干筒体的横截面的中心位置，内挡板边缘与烘干筒体内壁之间形成外通道；外环板设于烘干筒体的内壁上，外环板中心形成内通道。烘干筒体内部设有若干列扬料板构成的扬料板组件，内挡板和外环板位于该扬料板组件内。烘干筒体内部设有进料螺旋板，扬料板组件与该进料螺旋板配合，内挡板位于靠近该进料螺旋板的一端且外环板位于远离该进料螺旋板的一端。烘干筒体设有进料口和出料口，进料螺旋板和进料口配合。进料口设有进料封头，出料口设有出料旋板和出料抽风筒，出料抽风筒设有双重重力锁风阀。

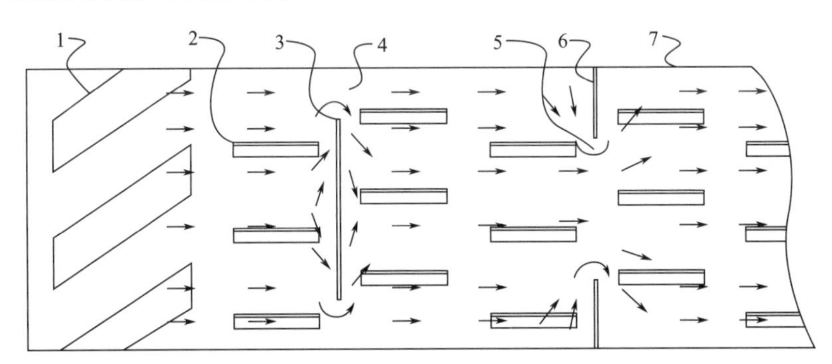


**图4-2　涡流式生物质干燥机整体结构**

1—进料螺旋板；2—扬料板；3—内挡板；4—外通道；5—内通道外；6—外环板；7—筒体

涡流式生物质干燥机在常规烘干机内部原有扬料板基础上，增加了外环板和内挡板，使热空气的流动变为涡流型，延长了烘干行程。外环板和内挡板有效地阻止了风洞现象，提高了换热效率。外环板和内挡板将烘干机筒分为多个不同的腔室，从而促进了物料与热风的传质、传热过程。在保证烘干效果的同时，有效减少了烘干机的长度，大大减小烘干机的占地空间，而且结构简单，制造改进成本低。

（3）生物质原料滚筒干燥机

目前，生物质干燥设备一般采用烘干炉，广泛采用的是滚筒式烘干机[9]。烘干机的筒体由电动机驱动齿轮，以传动套设于筒体的齿圈，使筒体转动。筒体的外径与齿圈的内径相等，采用刚性连接，此种结构出现两个缺点：一是由于齿圈处的筒体恰是中段位置，筒体在旋转时晃动较为严重，甚至产生跳动，不利于啮合传动；二是筒体产生热膨胀从而对齿圈结构产生应力，使齿圈变形甚至出现裂痕。为了解决现有技术存在的问题，设计了一种传动稳定、齿圈使用寿命长的生物质物料滚筒干燥机。

生物质物料滚筒干燥机整体结构如图4-3所示，包括筒体，及由电动机、齿轮和齿

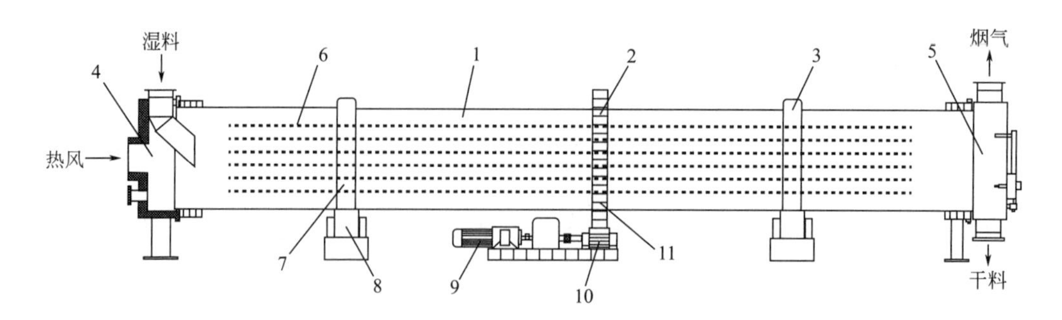


**图 4-3 生物质物料滚筒干燥机整体结构**

1—筒体；2—传动装置；3—滚轮架；4—前烟箱；5—后烟箱；6—拨料板；
7—轮圈；8—滚轮；9—电动机；10—齿轮；11—齿圈

圈构成的用于驱动筒体转动的传动装置，筒体外壁与齿圈内壁具有空间，传动装置还包括若干块推板，该推板设置于所述空间中，推板的一端连接在齿圈的内壁而另一端相切地与筒体外壁连接。由于筒体和齿圈之间设置推板，齿圈与筒体采用柔性连接，筒体的转动产生的跳动得到推板的缓冲而消化，同时，齿圈与筒体留出一定空间，使筒体的热膨胀变形能避免对齿圈产生应力作用。

生物质物料滚筒干燥机由筒体、传动装置、滚轮架组成。筒体横卧设置，其头端设置用于输入热风和输入湿物料的前烟箱，尾端设置用于排出烟气和输出干物料的后烟箱。筒体内壁设置有若干块拨料板，以搅动筒体内物料。筒体由两组滚轮架支撑，滚轮架分别位于筒体的头端和尾端，滚轮架由轮圈和滚轮组成，筒体的外壁套设轮圈，轮圈支撑在滚轮上。

筒体的转动由传动装置驱动，传动装置位于筒体中段。传动装置由电动机、齿轮、齿圈、推板组成。筒体的外壁套设齿圈，筒体外壁与齿圈内壁具有空间，该空间的形成是因为齿圈内径大于筒体外径。齿圈的内壁安装若干支座，筒体的外壁切向地安装若干推板，推板的另一端逆时针延伸安装在支座上。齿轮与齿圈啮合传动，电动机驱动齿轮转动，从而驱动筒体转动。

（4）生物质碎料带式干燥机

在生物质能源发电方面，由于木屑、锯屑、碎木的含水量高，燃烧不完全，导致后部出现火星烧穿除尘布袋。不仅排放超标，而且更换布袋的成本也很大。在制作木屑制品和高燃烧值的生物质成型燃料过程中，都要求木屑及破碎的糟渣要经过干燥处理。

常规生物质碎料干燥机有转子式干燥机和通道式干燥机两种。转子式干燥机以导热油为热源干燥，通过转子旋转带动生物质碎料运动，转子即热交换器，也是拨料器，设备故障多。温度高，易着火。粉尘排放浓度高，很难达到环保要求。通道式干燥机直接用来自于热风炉的热风干燥，干燥后生物质碎料灰分多。使用风量大，空气污染重。温度高，易着火。粉尘排放浓度高，很难达到环保要求[10]。

设计一种以网带为生物质碎料运载工具，利用热水、导热油作为热传导介质，通过热交换器将空气加热，加热的空气以风机为动力以一定温度和速度以及流量穿过网带上的生物质碎料，将热量传递给生物质碎料并将生物质碎料蒸发的水分带走，完成生物质碎料干燥的安全高效的生物质碎料带式干燥机。

生物质碎料带式干燥机整体结构如图 4-4 所示，包括主架、生物质碎料输送系统和

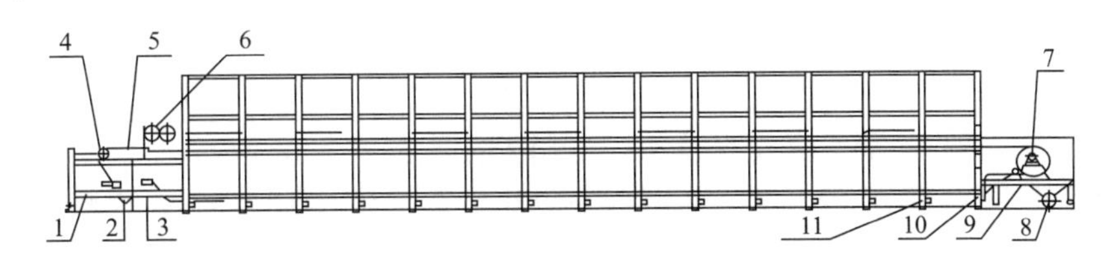


**图 4-4　生物质碎料带式干燥机整体结构**

1—头部；2—下调偏辊；3—上调偏辊；4—张紧辊；5—网带；6—布料螺旋；
7—动力辊；8—出料螺旋；9—尾部；10—吹扫管；11—下托辊

热量传递系统，生物质碎料输送系统由头部、下调偏辊、上调偏辊、张紧辊、网带、布料螺旋、动力辊、出料螺旋、尾部、吹扫管、下托辊、上支撑辊和挡料板组成，网带安装在主架上，网带的前端依次绕过张紧辊、下调偏辊和上调偏辊，张紧辊、下调偏辊和上调偏辊均安装在主架的头部上，该头部上安装布料螺旋，该布料螺旋位于网带的上方。网带的后端绕过动力辊，该动力辊安装在主架的尾部上，动力辊的下方安装出料螺旋，出料螺旋的上方设有吹扫管。网带分为上下两部分：上部分的网带底部通过数个上支撑辊支撑，下部分的网带底部通过数个下托辊支撑。主架的下部设有下箱体，该下箱体的顶部设有挡料板，挡料板设于网带的上方，挡料板的上方设有换热器，该换热器的进口连接进液管，换热器的出口连接回液管，进液管和回液管均设于上箱体内。下箱体的一侧设有数个排湿风机和一个循环风机，循环风机设于下箱体的尾部，数个排湿风机均匀排布在循环风机的前侧。排湿风机、循环风机、下箱体、换热器、回液管、进液管和上箱体共同组成热量传递系统。

生物质碎料带式干燥机以网带循环运动带动生物质碎料运动，为低温干燥，设备故障少，不易发生火灾，干燥后物料形态稳定，颜色保持本色，粉尘排放浓度极低，很容易达到环保要求，而且和电厂结合，充分利用余热回收，做到能源高效利用和循环利用，值得大力推广[11]。

## 4.1.4　生物质粉碎技术及设备

生物质能是当前能源和生态环境领域研究的热点，随着生物质利用广度和力度的加大，需要粉碎的生物质也越来越多，生物质的破碎是生物质能源利用转化的前提条件。秸秆类生物质原料绝大多数都是经粉碎预处理后再进行利用，不同利用方式其粉碎粒度差别较大[12]。

（1）铡切式粉碎机

铡切式粉碎机具有铡切秸秆或饲料，粉碎谷物，揉搓秸秆、稻草等功能，一般可分为铡草机和青饲料切碎机。铡草机是较早定型的产品，该机型主要利用切断的加工方式，具有结构简单、功耗低、生产率较高等特点。但是，铡草机在加工过程中一般无法破碎秸秆的茎节，从而影响了机具加工的质量。铡切式粉碎机按规格主要分小型、中型和大型，按切割方式不同分为滚筒式和圆盘式，按作业方式可分为田间直接收获机移动式和固定式切碎机。小型铡草机主要用于铡切干秸秆，也可用于铡切青储料。中型铡草机一般可以铡切干秸秆与青储料，也称青储饲料切碎机。大中型铡草机为了便于抛送青储饲料，一般采用圆盘式，而小型铡草机以滚筒式为多。

铡切式粉碎机整体结构如图4-5所示，铡切式粉碎的工作是用刀刃在原料上进行压切。此粉碎方式的主要设备是铡草机，适用于各种农作物秸秆和牧草的粉碎。目前，国内对铡草技术的研究比较成熟，机具类型也比较多，机型划分细致，能够满足不同的生产要求。如山西科惠农业发展有限公司生产的93ZT-0.8型铡草机，功率为1.5～2.2kW，产量为500～800kg/h。

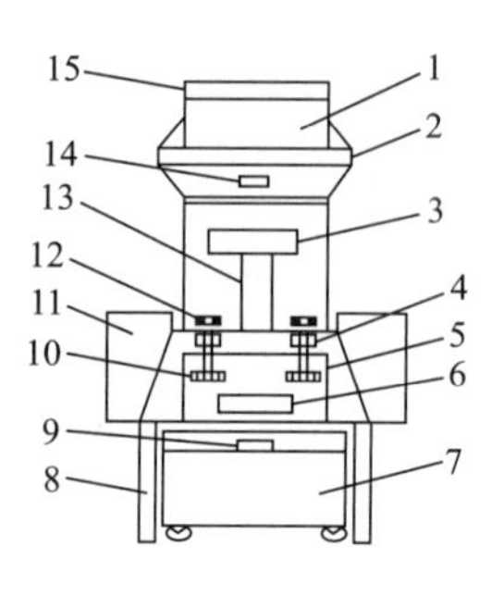


**图4-5 铡切式粉碎机整体结构**

1—进料斗；2—喂入辊；3—动刀刀盘；4—锤片；5—电机；6—出料口；7—集料斗；8—支撑柱；9—蜂鸣报警器；10—偏心轴；11—减速机；12—锁紧阀；13—联轴器；14—运行指示灯；15—压紧调节器

铡草机的加工方式主要是切断，其优点是功耗低、生产率高、操作方便、结构简单。经铡草机切碎的秸秆含水率明显下降，可直接用作饲料喂饲家畜。此外铡切直径较粗的秸秆效果较差，破节率低，从而影响了粉碎的质量，降低了秸秆的利用率，因此铡草机还需进一步完善。

（2）锤片式粉碎机

现在秸秆粉碎大多采用锤片式粉碎机。其工作原理为：高速剪切或锤击将秸秆粉碎。粉碎室内高速运转的锤片与四周固定的齿板相对运动，在强气流的驱动下人工或喂入装置均匀喂入的物料，经锤齿冲撞、摩擦，彼此间冲击而获得粉碎。粉碎好的物料经筛网的过滤，未排出的物料重复地在粉碎室内粉碎，直到其可通过筛孔排出为止。

锤片式粉碎机工作时生物质由人工或机械喂入机构将物料由进料口均匀地喂入粉碎室，首先被锤片打击，得到一定程度的粉碎，同时以较高的速度甩向固定在粉碎室内部的齿板和筛片上，受到齿板的碰撞和筛片的搓擦而进一步粉碎。在粉碎室中如此重复进行，直至粉碎到可通过筛孔为止。锤式粉碎机的粉碎效果主要是由粉碎细度、单位时间粉碎量和粉碎过程的单位能耗3项指标来进行评定，这些指标取决于被粉碎物料的物理性能、粉碎机的结构、粉碎室的形状、锤片的数量、厚度和线速度、筛孔的形状及其孔径、锤片与筛面的间隙等因素。锤片式粉碎机的工作过程为：电机动力经V带增速传递到主轴，带动主轴高速旋转，固定在主轴转子上的动刀片、风叶和铰链在转子上的锤片随主轴一起高速旋转。物料由喂料斗喂入后，首先被随主轴高速回转的动刀片和固定不动的定刀片切成小段，然后再经高速旋转的锤片反复打击成细碎颗粒状物料，再在风叶、锤片、动刀片打击及所带动气流的作用下，由筛片筛分后进入粉碎室下部，最后由风叶、锤片、动刀片带动所形成的高速高压气流将其从出料口吹出粉碎室。

自1955年来，我国锤片式粉碎机经过一系列的优化和标准化后其性能、自动化程度都有了较大程度的提高。近年来全国各地不断开发研制不同规格的锤片式粉碎机，如旭世盛畜牧机械公司生产的9FQ-40B型、9FQ-SOB型粉碎机，正大机械制造厂生产的GFZ-200型、GFQ-250型、FSZ-140型小型粉碎机，雄风农牧机械有限公司生产的ESP系列粉碎机，浙飞机械厂生产的9FZ23型、9FZ29型、9FZ35型粉碎机，山东省诸城市粉碎机厂生产的9FQ40-28、9F040-1、9FQ32-16型粉碎机等[13]。

锤片式粉碎机具有适应性广、生产率高、使用更普遍的特点，但在加工过程中锤片式粉碎机动力消耗大，对含水率高的秸秆加工性能较差，因而降低了其经济性。

（3）揉搓式粉碎机

揉搓式粉碎机是在锤片式粉碎机基础上发展起来的，其结构如图4-6所示，用齿板代替筛片，在高速旋转的锤片和齿板作用下，将原料揉搓成细丝。揉搓式粉碎机大都采用螺旋排列的锤片进行揉搓，再借助风机进行抛送，加工的原料仅能达到破碎或细碎的状态，生产率较低。新型揉搓式粉碎机采用双螺杆螺旋揉搓推进机构，对物料进行强制揉搓与输送，保证对物料的揉搓及顺畅的出料能力。同时，采用多动刀与定刀组的多刀剪切，既利用了刀刃对物料的剪切，物料又在动刀和定刀之间的间隙中进行揉搓，并由高速旋转的转子抛向工作室内壁，随后由转子拖动着再行揉搓，在降低能耗的同时，又保证了物料的加工质量。

图4-6 揉搓式粉碎机结构

揉碎是将农作物秸秆揉成丝段状，这样的物料形态最有利于反刍类家畜的消化吸收。现今的秸秆挤丝揉碎机可加工低于70%含水率的秸秆，可一次性连续完成压扁、挤丝、揉碎等复杂工序。秸秆在揉碎机的作用下形成丝状，完全破坏茎节的同时秸秆被切碎成合适的段块，从而大大提高其适用性，提高秸秆的利用率[14]。

揉搓式粉碎机可分为揉搓机和揉碎机。

在我国，绝大部分揉搓机锤片都采用螺旋式排列方式，揉搓后的物料再由风机抛送，经此过程后物料达到破碎状态，生产率偏低。最新设计中，采用的双螺杆旋揉搓推进机构，输送物料的同时强制进行了揉搓，确保了出料的顺畅。

9LRZ-80型立式秸秆揉搓机采用了多组动刀与定刀，物料即受刀刃的剪切，又受到动、定刀间的间隙揉搓，随后物料在离心力作用下被抛向粉碎室内壁，在高速旋转的转子拖动下再次进行揉搓，这种机构既能降低能耗，又能保证加工质量。目前通过鉴定的揉搓机有9RF-40型揉搓粉碎机、9RF-40型揉搓机、JX-300型秸秆揉搓机等。之后一些企业也开展生产生物质揉搓机械，如郑州鑫地机械设备有限公司生产的9RQ-1型、9RQ-2型、9RQ-3型揉切粉碎机[15]。

秸秆揉碎是近期才提出的一种粗加工方法，所以相关研究较少。揉碎机存在的缺点：产量较低，一般在1t/h以下；消耗大量能耗，由于要求的加工质量高，粉碎过程中锤片打击和齿板揉搓同时进行，当生产率相同的情况下，能耗是铡草机的1～2倍；适应性较差，仅适合加工干秸秆。

可以看出，开展新型锤片式粉碎机的研究开发，进行生物质粉碎理论及实验研究很有必要，未来研究重点应为：进行生物质粉碎特性及机理研究；通过对锤片式粉碎机的结构优化改进和粉碎工艺系统的合理配置，提高锤片和筛片的质量，降低单位产量的锤片和筛片消耗率，延长其使用寿命，降低易损耗件对粉碎成本的影响；进一步提高粉碎系统作业的效率，同时对与粉碎机相配套设备和操作参数进行研究，提高粉碎机加工精度与装配精度；进一步改进和完善现有机型，改善加工机的通用性，铡草机和揉碎机实现系列化，各种机型的主要工作部件实现标准化，提高机械制造质量；逐步实现机械作业的自动化和半自动化，进而降低粉碎加工作业的劳动强度，提高生产率，保证加工质量，朝着大功率、大型联合机械作业方向发展。

（4）组合式粉碎机

组合式粉碎机是将铡草、粉碎和揉搓等功能组合成一体的机械，其结构如图4-7所示。物料在动刀、定刀、锤和齿板的综合作用下被粉碎，在离心力和风机作用下排出，提高了粉碎的质量与效率。在粉碎室内装有高速旋转的锤片，上机体内装有定刀、动刀和齿板，加入的物料在锤片的强烈打击及锤片与齿板之间的撕裂和搓擦等作用下迅速被粉碎成粉状，由于离心力和粉碎机下腔负压的作用，细碎的物料通过筛孔落到出料口。

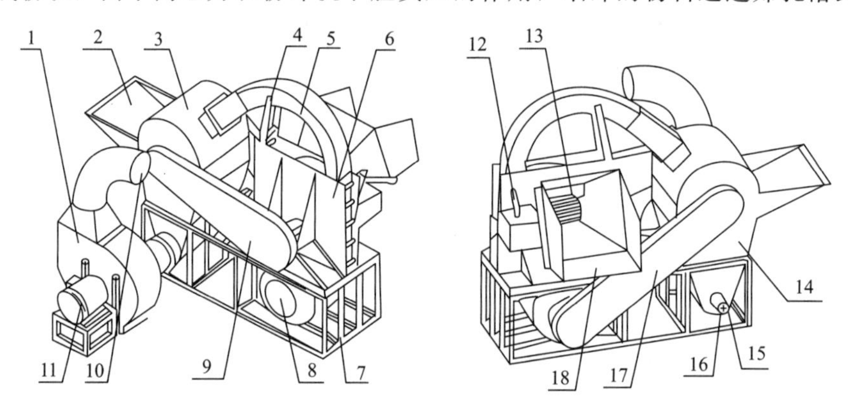


**图4-7 组合式粉碎机结构**

1—风引出料装置；2—粉碎机构喂料口；3—粉碎机构箱体；4—导向机构支撑架；5—导向机构；6—切断机构箱体；7—机座；8—电动机；9—皮带传动机构；10—风引出料口；11—风引装置电动机；12—分离机构；13—喂料与压实辊；14—集料室；15—风量控制槽；16—风门；17—皮带传动机构；18—切断机构喂料口

组合式粉碎机的结构包括机座和安装在机座上的含粉碎机构的粉碎机构箱体及含切断机构的切断机构箱体，切断机构箱体具有位于粉碎机构喂料口上方且朝向粉碎机构喂料口的出料导向机构，粉碎机构箱体的下端设有集料室，所述集料室的一侧与含有电动机驱动的风引出料装置连通，与风引出料装置相对的另一侧具有风量控制槽，风引出料装置的上端具有出料口。此种类型的粉碎机可有效提高粉碎和粉尘收集效率。

（5）树枝粉碎机

我国的树枝粉碎机主要采用牵引式结构，需要拖车牵引行走流动作业，如图 4-8 所示。采用双喂入通道，适用于中小枝条的粉碎。工作时，直径为 20～75mm 的树枝条通过粗枝料筒喂入，经过削片后进入粉碎室，被高速旋转的锤片连续打击成木屑，经过筛选，碎木屑从出料口被抛出。直径 20mm 以下的树枝条可通过细枝料筒喂入粉碎室，树枝被切成 50mm 左右的料段，然后进入粉碎室锤击粉碎成木屑，最后经筛选，碎木屑从出料口抛出。

图 4-8　树枝粉碎机

树枝粉碎机由原动机、联轴器、减速器、齿轮、下刀轴、盘式刀具、抵刀圆环、锁紧螺母、下箱座、端盖、中间箱体、上刀轴、上箱盖、端盖、进料斗、长螺栓、出料斗等组成。粉碎机的箱体机构由下箱座、中间箱体、上箱盖三段构成，三段箱体被轴承座孔旁的 4 根长螺栓紧固在一起，中间箱体内安装下刀轴和上刀轴，上下两根刀轴上安装有盘式刀具和抵刀圆环，两刀轴的端部安装一对齿轮。粉碎机粉碎作业时，原动机的动力通过减速器后输入刀轴，树枝由进料斗喂入粉碎机，树枝被刀齿咬住后向内拖动，并被刀刃切削和挤压，粉碎后的树枝木屑通过出料斗排出。树枝粉碎机机构简单、工作噪声小、效率高、维护简单。

## 4.2　生物质颗粒燃料成型技术及设备

生物质颗粒燃料通常是指由经过粉碎的固体生物质原料通过成型机的压缩成为圆柱形的生物质成型燃料，直径≤25mm，长径比≤4，常见直径尺寸有 6mm、8mm、10mm。生物质颗粒燃料密度明显增大，体积明显缩小，便于运输和贮存，同时，体积小，与空气接触面积大，利于燃烧，规格一致，便于实现自动化输送和燃烧，可作为工业锅炉、住宅区供暖及户用炊事、取暖的燃料[16]。

经过多年的研究与试验，国内部分成型设备及其配套产品发展成熟。如：农业部规划设计研究院的生物质制粒设备，整机传动部分选用瑞士、日本高品质轴承，确保传动高效、稳定、噪声低，采用国际先进的真空护热处理制造工艺加工而成的合金钢环模，使用寿命长，且适用范围广，可将玉米秸秆、棉花秸秆、花生壳以及木屑等多种燃料制粒成型；江苏牧羊集团生产的MUZL600X系列制粒机，采用双电机同步齿形带分步骤传动系统及独特三压辊经典设计，布料均匀、产量高、噪声低，环模技术可加工最小颗粒孔径1.2mm；江苏正昌集团生产的MZLH508JG高效率制粒机，采用国际先进的设备和工艺加工制造的合金钢环模，使用寿命长，特制喂料机构，进料均匀可靠，专为压制各种秸秆颗粒燃料而设计。

3个生产厂家颗粒成型机主要产品技术参数及性能指标见表4-3[17]。

表4-3　3个生产厂家颗粒成型机主要产品技术参数及性能指标

| 成型机型号 | 主机功率/kW | 生产率/(t/h) | 研发单位 |
|---|---|---|---|
| 生物质制粒设备 | 90～110 | 1.0～1.5 | 农业部规划设计研究院 |
| MUZL600X | 55×2 | 1.5～3.5 | 江苏牧羊集团 |
| MZLH508JG | 132 | 2.0～2.5 | 江苏正昌集团 |

目前，国外的很多企业生产的颗粒成型设备已经日趋成熟，例如德国SALMATEC公司的MAXIMA模块化设计的制粒机，可以适应多种原料，生产率高达30000kg/h；奥地利ANDRITZ公司生产的Feed&Biofuel系列颗粒机，轧辊可以快速、简单、准确地滚动调整，模孔尺寸通常的范围为一1.5～9.5mm，颗粒模具可达到约90mm厚。此外，ANDRITZ公司针对每道工序或完整的工艺生产线采用全自动控制系统，确保成型颗粒质量的同时，符合成本效益。模块化设计的控制系统，范围从业务职能的基本控制到整个工艺生产线，包括先进的电脑控制、秤、粉碎机、搅拌机、挤压机、烘干机、制粒机、冷却器和涂层机等[18]。

国外生物质颗粒设备制造已经比较规范，但成本较高，同等生产能力设备的价格是国内的5～10倍。

### 4.2.1　生物质颗粒燃料成型技术

燃料的挥发分含量越高，则点火越容易，燃烧性能越好，而生物质颗粒燃料的挥发分含量高达60%～70%，远高于煤，故其点火性能和燃烧性能均优于煤，碳含量为35%～42%，远低于煤，硫含量仅为0.1%～0.5%，燃烧时$NO_x$和$SO_2$的排放量远低于煤，排放的$CO_2$和秸秆光合作用吸收的$CO_2$达到平衡，基本实现零排放。与原始状态的生物质资源相比，生物质颗粒燃料燃烧时间更持久。由此可见，生物质颗粒燃料是一种“优质、清洁、高效”的燃料。

生物质颗粒燃料的加工工艺主要包括原料接收、粉碎、混合、除尘、成型、冷却、筛选回收和计量包装等工序，加工工艺流程如图4-9所示。

近年来，随着新能源产业的不断发展，秸秆能源化利用得到了高度重视，国家相继

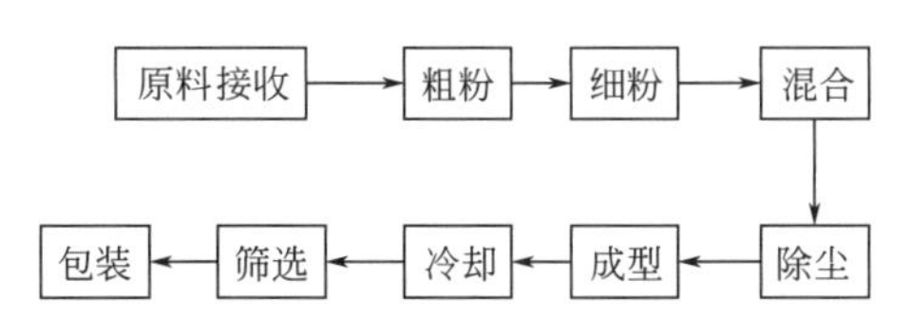


图 4-9 生物质颗粒燃料加工工艺流程

出台了一系列鼓励和支持相关产业发展的政策法规。在这些政策法规的鼓励和支持下，国内生物质成型燃料产业蓬勃发展，截至2009年年底，全国已有生产厂260余家，生产能力每年约76.6万吨[19]。国内生物质成型燃料主要用作农村居民户用炊事、取暖、住宅区取暖、工业锅炉以及发电厂等的燃料，可减少一次能源的损耗，增加生态效益，减少温室气体排放，增加环境效益，为农民增收，增加社会效益。

## 4.2.2 生物质平模成型设备

平模制粒机以平模和与其相配合的圆柱形压辊为主要工作部件，按工作部件的运动状态分，平模制粒机有动辊式、动模式、模辊双动式3种，动模式和模辊双动式常见于小型平模制粒机，动辊式则一般用于较大机型。按压辊的形状分，又可以分为锥辊式和直辊式两种[20]。

直辊动辊式平模制粒机如图4-10所示。电动机经过减速箱减速后驱动主轴转动，主轴带动压辊公转。同时，压辊绕压辊轴自转，原料被送入喂料室后，由分料器和刮板将其均匀地铺在平模上；压辊不断自转和公转，将平模上的物料不断挤压进模孔内；物料在模孔内密度和温度不断升高，经过一定时间保压定型后，被挤出平模；旋转切刀将物料切断，形成生物质颗粒燃料；最后，由扫料板将生物质颗粒燃料送出。

平模颗粒成型机如图4-11所示。平模颗粒成型机对原料水分适应性强，含水率要求

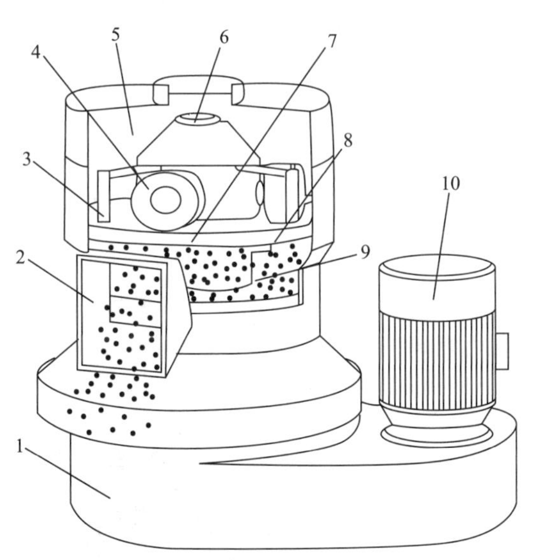


图 4-10 直辊动辊式平模制粒机

1—传动箱； 2—出料口； 3—均料板； 4—压辊； 5—喂料室；
6—主轴； 7—平模； 8—切刀； 9—扫料板； 10—电动机

图 4-11 平模颗粒成型机

一般在15%～25%之间，结构简单，成本较低，适于农村小规模使用，但产量普遍偏低，一般不超过0.5t/h。

### 4.2.3 生物质环模成型设备

生物质颗粒燃料主要采用环模挤压成型技术，原理如图4-12所示。在压缩成型时，原料被进料刮板卷入环模和压辊之间，装置中主轴带动环模旋转，在摩擦力作用下，压辊与环模同时转动，利用二者相对旋转将原料逐渐压入环模孔中成型，并不断向孔外挤出，再由切刀按所需长度切成具有一定长度的生物质颗粒燃料。

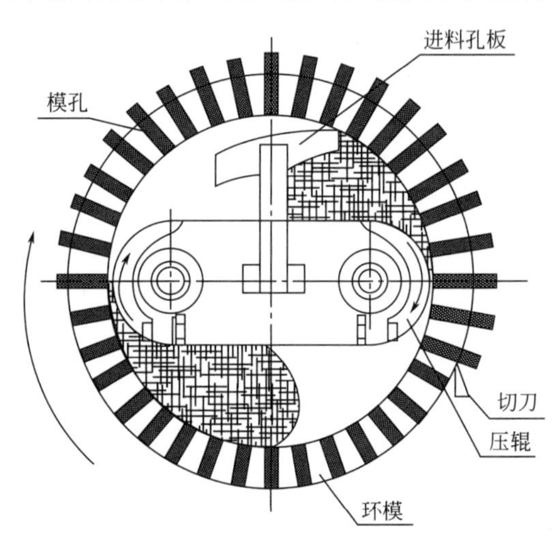


图4-12 环模挤压成型技术原理

在环模挤压成型过程中，物料在压制区内所在的位置不同，其受压辊的压紧力也不同，可分为四个区间，即供料区、挤压区、压紧区和成型区。

环模挤压式成型机按压辊的数量可分为单辊式、双辊式和三辊式三种，如图4-13所示。单辊式的特点是压辊直径可以做到最大，使压辊外切线与成型孔入口有较长的相对运动时间，挤压时间长，挤出效果理论上应该是最好的，但机械结构较大，平衡性较差，生产效量不高，只用在小型环模挤压式成型机上。双辊式的特点是机械结构简单，

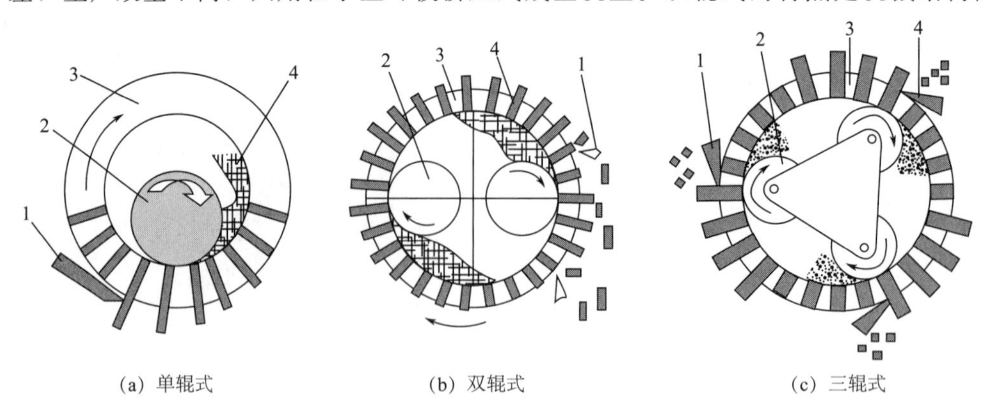


图4-13 环模挤压式成型机的压辊模式

平滑性能好，承载能力好，是目前应用最为广泛的机型。三辊式的特点是三辊之间的受力平衡性好，但占用混料仓面积大，影响进料，生产效量不高。

按环模主轴的放置方向可分为立式和卧式两种，如图 4-14 和图 4-15 所示。立式环模成型机的主轴呈垂直状态，原料从上方的喂料斗靠其自重落入预压仓，原料在预压仓中依靠转轮分送到每个成型腔内，分配量比较均匀。卧式环模成型机的主轴呈水平状态，虽然原料也是从上方的喂料斗进入预压仓，但是由于转轮是在垂直面内回转的，进入喂料斗的原料必须从环模的侧面倾斜进入预压仓，预压仓中的原料在环模内壁的分布是不均匀的，在环模的下方和环模向上转动的一边原料分布较多，环模的上方和环模向下转动的一边原料分布较少。即原料的分布不均匀，造成了压辊的受力和磨损不均匀。按成型主要运行部件的运动状态可以分为动辊式、动模式和模辊双动式三种。动辊式是将压辊设置成绕固定轴自转的成型机，立式环模棒或块状成型机一般为动辊式。动模式是将环模固定在大齿轮传递的空心轴上，压辊则固定在用制动装置固定的实心轴上，卧式环模颗粒成型机多为动模式。环模式成型机其传动方式主要有齿轮传动和皮带传动两种方式。齿轮型具有传动效量高、结构紧凑等特点，但生产时噪声较大。皮带传动型不需额外的润滑管理，噪声小，并有较好的缓冲能力，但传动效率低，不能实现低成本的二级变速[21]。

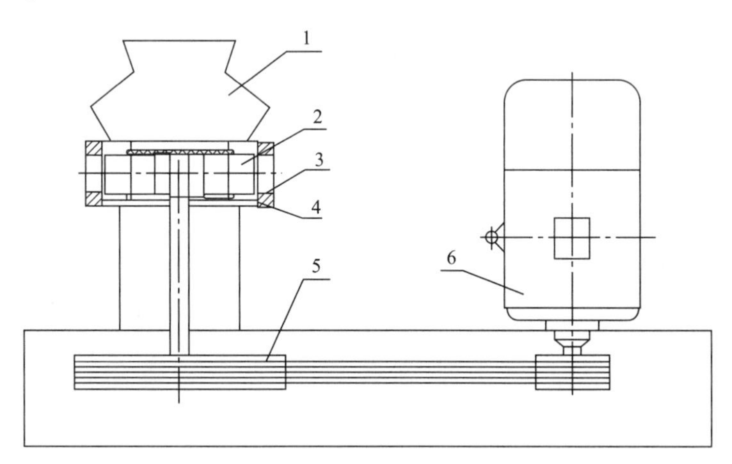


**图 4-14　立式环模成型机结构图**

1—喂料斗；2—压辊；3—环模；4—拨料盘；5—传动机构；6—电动机

环模挤压式成型机主要由上料机构、喂料斗、压辊、环模、传动机构、电动机及机架等部分组成。如图 4-15 所示为卧式环模成型机，其中环模和压辊是成型机的主要工作部件。工作时，生物质原料由加料口加入变频喂料器中，变频喂料器将生物质原料送入强制喂料器中，强制喂料器将生物质原料送至环模和压辊之间的空腔内，主电机经联轴器和减速箱通过空心轴带动环模及压辊转动，环模和压辊的旋转使得其空腔内的生物质原料受到压缩，经过压缩成型后的生物质成型燃料经出料口落下。

（1）环模结构

环模是环模挤压式成型机的核心部件，其结构如图 4-16 所示。环模的孔形和厚度与制粒的质量和效率有着密切的关系。选择的环模孔径太小、厚度太厚，则生产率低下、成本费用高，反之则颗粒松散，影响燃料质量和制粒效果。因此科学选用环模的孔

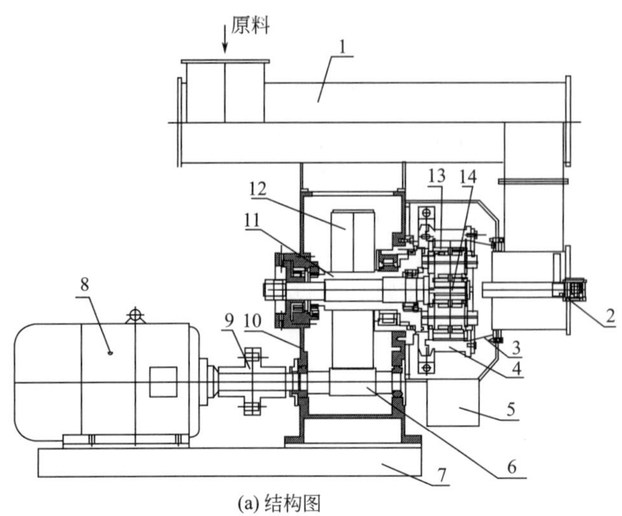

(a) 结构图

(b) 实物图

图 4-15 卧式环模成型机

1—变频喂料器； 2—强制喂料器； 3—喂料盘； 4—环模； 5—出料口； 6—驱动轴； 7—底座； 8—主电动机； 9—联轴器； 10—减速箱； 11—空心轴； 12—减速齿轮； 13—压辊主体； 14—主轴

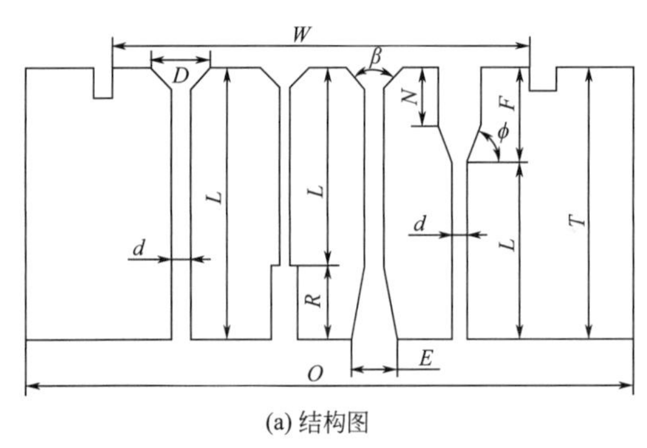

(a) 结构图

(b) 实物图

图 4-16 环模挤压式成型机

O—环模总宽度； W—环模有效宽度； d—环模孔径（压制颗粒直径）； L—环模孔的有效长度； T—环模的总厚度； D—环模孔锥子形孔进口直径； β —环模孔锥形入口角； R—反向扩孔的直径（减压孔）； ϕ —正扩孔过渡角； F—正扩孔直径； N—预压缩孔长度； E—环模孔锥子形孔出口直径

形和厚度等参数是高效、优质生产的前提[22]。

1）环模的孔形

目前常用的模孔形状主要有直形孔、反向阶梯孔、外锥形扩孔和正向带锥形过渡阶梯孔 4 种，直形孔加工简单，使用最为普遍；反向阶梯孔和外锥形扩孔减小了模孔的有效长度，缩短了物料在模孔中的挤压时间，适用于直径小于 10mm 的颗粒；正向带锥形过渡阶梯孔适用于直径大于 10mm 的粗纤维含量高、体积质量低的原料。

2）环模的厚度

环模的厚度直接影响到环模的强度、刚度及制粒的效率和品质。通常选用的环模厚度为 32～127mm。

3）环模孔的有效长度

模孔的有效长度是指物料挤压（成型）的模孔长度。模孔的有效长度越长，物料在模孔内的挤压时间越长，制成后的颗粒越坚硬，强度越好，颗粒质量也越好；反之，则颗粒松散、颗粒质量降低。

4）环模孔的锥形进口直径

进料孔口的直径应大于模孔直径，这样可以减少物料的入孔阻力，以利于物料进入模孔。

进料孔有三种基本形式，即直孔、锥形孔和曲线孔。进料孔形中以曲线孔为最优，其次为锥形孔，直孔最差。不过，曲线孔需专用工具加工，尤其在孔径较大时加工更困难。因此，将较小孔环模的模孔进料孔采用曲线的形式，大孔环模的模孔进料孔采用锥形孔、直孔或直孔与锥形孔相结合的形式。锥孔生产小孔径颗粒时，进口锥角 $\beta=30°$。对于大孔径、难以压制的纤维性质原料，常用正向带锥形过渡阶梯孔，实现大孔预压、小孔成型挤压的过程，确保制粒的质量。

5）减压孔的深度和直径

对于纤维含量高的物料，由于其所具有的制粒特性的差异，要求在过程中减少通过模孔的阻力，即要求在额定受压后减压成型，借以降低回弹率。为此，模孔可设计成两区段，进料挤压区段和减压出料区段。减压出料孔有直孔、锥孔和直孔与锥孔结合组合 3 种基本形式；其中，直孔和锥孔最为常用。它的最大孔径稍大于模孔直径，其深度取决于有效工作长度。在有些情况下，尤其是当加工料出现在深减压孔内会膨胀而堵塞，或者当减压孔使环模的强度降低时，宜采用锥孔与直孔的过渡组合方式，或者采用锥孔。

6）开孔率的选用

环模模表面开孔率的大小，直接影响成型机产量和机加工难易程度。开孔率高时其产量大、但加工孔眼多，则制造工时较多。在考虑开孔率和产量的同时，应特别注意压模表面应留有足够的支撑面积，保证其有足够的抗断裂能力和结构强度，以防止承载时破裂而缩短使用寿命。一般认为，根据模孔直径不同，开孔率可在 20%～30%之间选取。

7）压缩比

压缩比是模孔进口面积和模孔面积的比值。

8）长径比

模孔的有效长度与其孔径之比，称长径比。压制不同的物料，需要采用相应的最佳长径比，借以压制成密实的生物质颗粒燃料。使用长径比这个参数，能够反映加工物料对其压模结构参数的相应要求。所以，不同粒径的颗粒只要选用长径比合适的压模，便能生产出相同质量的产品，具有较高的生产率。

（2）环模的材质、孔形和热处理

1）环模的材质

环模所用的材质与环模的使用寿命有着密切的关系，环模的材质可以采用优质合金钢和不锈钢。决定压模使用寿命的因素如下。

① 耐磨性　多数环模的损坏是由于磨耗。环模会因使用而引起表面磨损和模孔增大。压模的耐磨性随它的表面硬度、显微结构和化学成分而变化。要使压模得到最佳的耐磨性，关键在于材料的选取和热处理的方法。

② 耐蚀性　生物质成型燃料的有些成分在高温、高压下会引起点蚀，从而腐蚀压模材料。因此，腐蚀是影响压模性能的最关键的影响因素，必须加以控制。高铬、高碳的压模具有最好的耐腐蚀性。

③ 韧性 在制粒过程中，压模承受很大的压力，这种压力能引起压模的即时损坏，超过工作时间也会造成压模的疲劳损伤。

因此，压模材料的选择、热处理的方法和模孔的多少都是决定压模韧性的重要因素。

2）环模材料的特性

① 耐磨性与韧性 提高压模硬度能增强耐磨性，但会降低压模的韧性。换言之，用提高压模硬度的方法来改进耐磨性，会增加脆性、降低韧性。因此须将压模的硬度限制在能保持使用所需最低限度的结构水平。

② 耐蚀性与耐磨性和韧性 压模的金属结构差和耐蚀材料的化学成分不佳会降低耐磨性，压模的冲击韧性也比较差，较容易开裂。

③ 韧性与孔数 如果使用一种质量较差的压模材料，而想通过增加孔数来提高制粒产量，是很难达到的，增加孔数很可能导致压模的开裂。压模材料（在热处理的同时）具有不同强度和不同韧性的特点。有些材料的孔数要少一点才能保证最低程度的韧性和结构强度。

④ 压模材料的选用 目前常用的压模材料主要有合金、铬与渗碳不锈钢，这三种压模的性能见表 4-4。

表 4-4 三种压膜的性能

| 压膜种类 | 耐磨性 | 腐蚀性 | 韧性 |
| --- | --- | --- | --- |
| 合金 | 70 | 30 | 90 |
| 铬 | 60 | 90 | 50 |
| 渗碳不锈钢 | 90 | 75 | 80 |

注：表中数字大小表示性能强弱，数值越大，其相应性能越好，如 100 为最好。

3）环模的转速

环模的转速是根据原料的特性和颗粒直径的大小来选定的，模孔直径小的环模，应采用较高的线速度，而模孔直径大的环模，应选用较低的线速度。环模的线速度，会影响制粒效率、能耗及颗粒的硬度。在一定的范围内，环模的线速度提高，产量增加、能耗提高，颗粒的硬度增加，成型率降低。一般选用的线速度为 3.5～8.5m/s。

（3）压辊

1）压辊的作用

压辊的作用是将物料挤入模孔，使物料在模孔中受压成型。为使物料挤入模孔，压辊与物料间必须有一定的摩擦力。如图 4-17 所示，将压辊做成不同形式的粗糙表面，以防止压辊“打滑”。

(a) 拉丝辊面

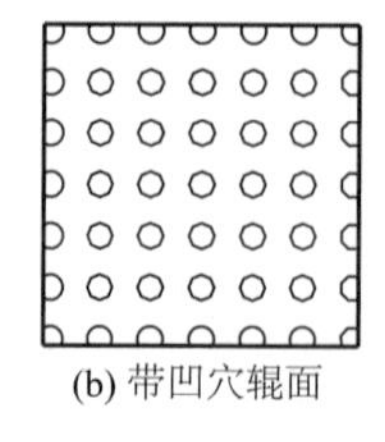
(b) 带凹穴辊面

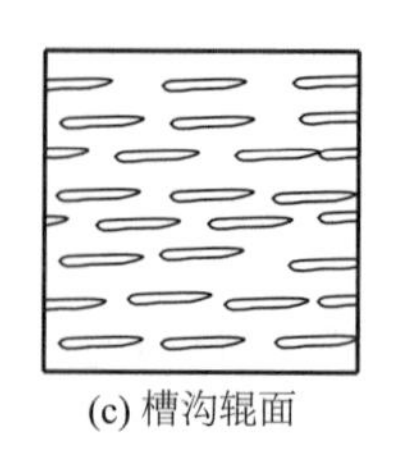
(c) 槽沟辊面

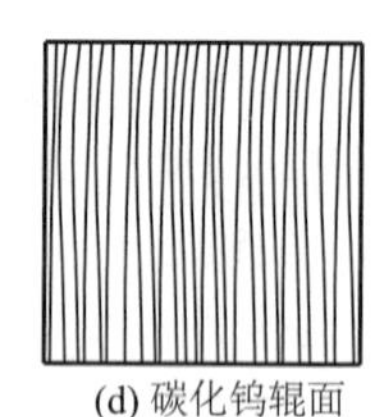
(d) 碳化钨辊面

图 4-17 压辊表面的基本形式

① 拉丝辊面　是目前最常见的一种，防滑能力较强，但物料有可能向一边滑移。如将拉丝槽做成两端封闭型，则可减少这种滑移。

② 带凹穴辊面　凹穴内填满物料，形成摩擦面，摩擦系数较大，物料不易侧向滑移。

③ 槽沟辊面　在辊面上有窄形的槽沟以增加摩擦力，与凹穴辊面一样，物料不易侧向滑移。

④ 碳化钨辊面　辊面嵌有碳化钨颗粒，表面粗糙，质硬耐磨。对于磨损辊面严重及黏性大的物料，这种辊面尤为常见。具有碳化钨涂面的压辊，使用寿命比拉丝辊长 3 倍以上，但在使用时，务必使该辊定位准确，避免磨损压模。

2）压辊的技术参数

环模式颗粒成型机压辊数量一般为 2～3 只。压辊的材料表面硬度在理论上应低于压模的表面硬度（HRC2～3），这样能保证环模的低磨损和使用寿命。

## 4.2.4　生物质螺旋挤压式成型机

螺旋挤压式成型机是开发最早，当前应用最为普遍的生物质成型设备。螺旋挤压式成型机靠外部加热维持成型温度为 150～300℃，将木质素、纤维素等软化形成黏结剂，螺杆连续挤压生物质通过成型模具形成生物质颗粒成型燃料。螺旋挤压式成型机主要由挤压螺旋、套筒及加热圈等组成，如图 4-18 所示，被粉碎的生物质原料在挤压螺旋的作用下被推入套筒，在套筒周围加热圈的作用下，生物质原料在套筒内被加热到木质素软化状态并随生物质原料不断进入套筒，挤压及胶黏的共同作用使生物质成型，成型后的生物质颗粒燃料被源源不断地送出。螺旋挤压式成型机工作时要求温度在 150～300℃之间，原料含水率为 8%～12%，原料粒度小于 40mm[23]。螺旋挤压式机的生产能力多在 100～200kg/h 之间，单位能耗为 70～120kW・h/t，成型产品密度一般在 1100～1400kg/$m^3$ 之间。产品规格为长度在 50～70mm 之间的棒状成型物。

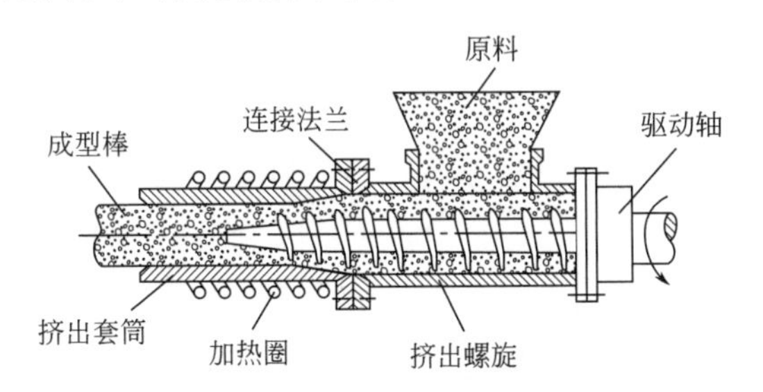


图 4-18　螺旋挤压式成型机

螺旋挤压式成型机的优点：运行平稳，连续成型，成型品质量好，成型压力可通过调整螺杆的进套尺寸进行调节。

螺旋挤压成型机的缺点：单位产品能耗较高；产品成本较高，以设备生产的成本价格计算，固定成本在 280 元以上。螺旋挤压式成型机使用时成型部件磨损严重，尤其是螺杆、耐热材料的使用时间不得超过 80h，新的部件造价高达 1000 元/个，这严重阻碍了螺旋挤压式成型机的规模化发展。

新的技术可将整体螺杆分拆为螺杆头和螺杆主体两部分，通过更换螺杆头来达到降低生产磨损的目的，不但更换更方便，而且可以节省设备更新成本[24]。

# 4.3 生物质块状燃料成型技术及设备

生物质块状燃料是将农林废弃物经过前处理（合适的水分、长度）后，自动或手动送入生物质燃料成型设备，物料在设备的压辊和模盘之间逐渐挤压升温，经模具孔内挤压成型（圆柱型或方柱型）而出，切断为一定长度的块状成型物，再经冷却后即可包装成品。

我国于20世纪80年代开始引进研究生物质块状燃料成型设备，目前已成功研制了压辊式、冲压式块状燃料成型机。近年来压辊式块状燃料成型机发展速度较快，应用较多，其又分为环模式成型机和平模式成型机。成型设备按主轴设置方位主要分为立式和卧式。传动主轴垂直放置的成型机为立式成型机，传动主轴水平放置的成型机为卧式燃料成型机；按生物质成型燃料尺寸主要分为压块和颗粒。生物质成型燃料横截面直径尺寸大于25mm的为压块设备，小于15mm的为颗粒制造设备，目前普遍使用的主要是这两类设备，但从节能和生产效率考虑，显然生物质燃料压块成型设备更有优势[25]。

## 4.3.1 生物质平模压缩成型设备

平模式成型机是利用压辊轮(以下简称压辊）和平模盘之间的相对运动，使处在间隙中的生物质原料连续受到辊压而紧实，相互摩擦生热而软化，从而将被压成饼状的生物质原料强制挤入平模盘模孔中，经过保型后达到松弛密度，成为可供应用的生物质成型燃料。本节重点介绍平模式成型机的结构特点、核心技术、平模设计和应用中应注意的问题、主要参数以及对该类成型机的评价等[26]。

### 4.3.1.1 平模式成型机的种类

按执行部件的运动状态不同，平模式成型机可分为动辊式、动模式和模辊双动式三种，后两种用于小型平模式成型机，而动辊式一般用于大型平模式成型机。

按压辊的形状不同又可分为直辊式和锥辊式两种，如图4-19和图4-20所示。锥辊的两端与平模盘内、外圈线速度一致，压辊与平模盘间不产生错位摩擦，阻力小，耗能低，压辊与平模盘的使用寿命较长。

平模式成型机依据平模成型孔的结构形状不同也可以用来加工生物质棒状、块状和颗粒燃料。燃料截面最大尺寸大于25mm的称为生物质棒状或块状燃料。

图4-19 平模直辊

图4-20 平模锥辊

### 4.3.1.2 平模式块状燃料成型机

(1) 结构组成与工作过程

平模式块状燃料成型机主要由喂料斗、压辊、平模盘、减速与传动机构、电动机及机架等部分组成，如图4-21所示。工作时，经切碎或粉碎后的生物质原料通过上料机构进入成型机的喂料室，电动机通过减速机构驱动成型机主轴转动，主轴上方的压辊轴也随之低速转动，由于压辊与平模盘之间有0.8～1.5mm的间隙（称为模辊间隙），通过轴承固定在压辊轴上的压辊先绕主轴公转。

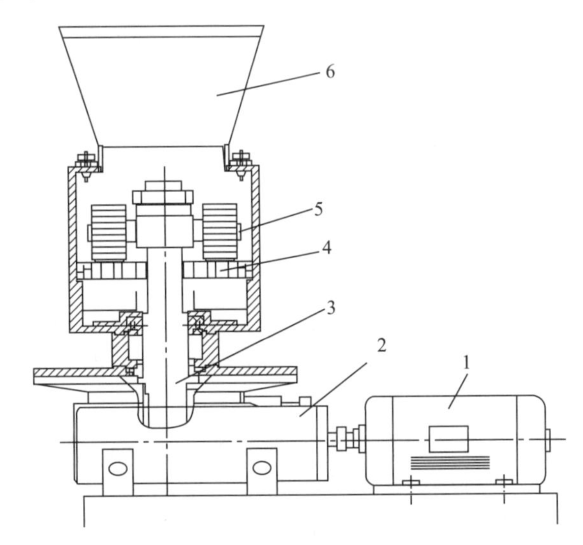


图4-21 平模式块状燃料成型机结构示意

1—电动机；2—减速器；3—传动轴；4—平模盘；5—压辊；6—喂料斗

被送入喂料室中的生物质原料，在分料器和刮板的共同作用下被均匀地铺在平模上，进入压辊与平模盘之间的间隙中。在压辊绕主轴公转的过程中，生物质原料对压辊产生反作用力，其水平分力迫使压辊轮绕压辊轴自转，垂直分力使压辊把生物质原料压进平模孔中，在压辊的不断循环挤压下，已进入平模孔中的原料不断受到上层新进原料层的推压，进入成型段，在多种力的作用下温度升高，密度增大，几种黏结剂将被压紧的原料黏结在一起，然后进入保型段，由于该段的断面比成型段略大，被强力压缩产生的内应力得到松弛，温度逐步下降，黏结剂逐步凝固，合乎要求的生物质成型燃料从模孔中被排出，达到一定长度和重量时自行脱离模孔或用切刀切断。

（2）主要工作部件

1）平模盘

① 平模盘的结构　平模盘是成型机的核心技术部件，是成型孔的载体，其结构形式有两大类，即整体式平模盘和套筒式平模盘，如图 4-22 和图 4-23 所示。整体式平模盘按模孔的形状又分为棒状平模盘和块状平模盘，整体式平模盘的模孔截面尺寸一般大于 25mm，模盘厚度是直径的 5～6 倍。套筒式平模盘是目前平模式块状燃料成型机的发展趋势，套筒内孔可设计成圆孔或方孔结构，可按成型原理设计内部形状。套筒外缘与平模盘可采用螺纹、锥形台座或嵌入式组合在一起。平模盘母体材料可选铸钢或铸铁件，应具有很好的强度，套筒座要有较高的精度，孔间厚度要保证有不因冲击而裂开的强度，平模母盘可长期不更换。笔者试验表明，套筒式平模成型机最大优点是母盘为永久型部件，可以设计成多种形状的成型腔，生产不同原料的生物质成型燃料，套筒可以是廉价的铸铁，也可以是陶瓷类的非金属材料，且适于规模化、专业化生产。但还有 3 个问题有待更好地解决：a. 套筒与盘面磨损更换的有机配合；b. 用户自己更换套筒的方便性；c. 产量与质量的正相关设计。

图 4-22　整体式平模盘

图 4-23　套筒式平模盘

② 平模盘减磨措施　平模盘的作用是将受到挤压的生物质原料在其模孔中成型，是平模式成型机中的关键部件，也是最容易损坏的部件，由于其上面开孔多，大大降低了其抵抗变形的能力，平模盘的结构参数是否合理直接决定了成型产品的质量优劣。不同的物料，应当配备不同的平模盘。平模盘的开孔面积、开孔率、模孔尺寸、模孔形状、模孔排布方式等要素都是决定成型效果的重要因素，模盘的开孔面积大、开孔率高、模孔尺寸大、模孔排布紧密可提高生产率。模孔长径比越小，生产率越高，但是保型时间变短，产品密度减小，成型率降低；长径比过大，原料从模孔挤出移动的路径长，产生的阻力大，容易产生堵塞。

整体式平模盘是磨损部件，极易发生快速磨损。为延长平模盘的使用寿命，降低生产成本，在平模盘的设计与制造过程中可采取以下措施：

Ⅰ. 设计对称的平模盘结构。对称性决定了模盘为双面使用，一面磨损量过大后，可以将平模盘反装使用，可使平模盘的使用寿命提高 1 倍，降低维修成本。

Ⅱ. 根据模孔的大小将平模盘单排模孔改为双排或多排模孔，可大大加快成型速度，提高成型效率。

Ⅲ. 平模盘的模孔采用衬套或套筒设计。平模盘的模口和模孔又是平模盘的主要磨损部位，因整体式平模盘采用的是固定模孔，模口和模孔磨损后，成型效果很快变差，只能整体更换平模盘，维修成本高。将原固定模孔改为衬套套筒结构，磨损后只需更换模孔中的衬套套筒即可，方便了维修工作，降低了维修费用。

Ⅳ.优化设计模孔的尺寸。整体式平模盘可设计成不同模孔的系列盘，套筒式平模盘的套筒可设计成外缘结构尺寸相同、模孔形状和长度不同的系列套筒，以适应不同物理特性原料的成型加工，既保证了成型效果又减少了模孔的磨损。

Ⅴ.合理选择平模盘和衬套套筒的材料。衬套套筒可采用40Cr材料，经淬火处理后保持一定的硬度和耐磨性，也可以采用非金属材料替代。整体式平模盘不具有发展前途，在过渡阶段建议材料选用20CrMnTi、40Cr、35CrMo等。

2）压辊

① 压辊的结构　平模式块状燃料成型机上的压辊多采用直辊式。整体式平模盘配用的压辊宽度尺寸较大，套筒式平模盘配用的压辊直径要尽可能大，使转速降低，压辊自转转速一般为50～100r/min，外缘的结构形状与整体式环模压辊类似，有闭式槽型、开式槽型等多种形式。

② 压辊减磨措施　压辊的作用是将进入成型腔中的生物质原料挤压进入平模成型孔中，这就要求压辊外缘与平模盘之间必须有一定间隙，此间隙的大小影响成型机的生产率。从节能的角度考虑，平模盘上的原料层不宜太厚，这就限制了燃料的生产率。要提高生产率，可采用增大压辊半径等方法。直辊式压辊挤压原料时的转动并不完全是纯滚动，还有相对滑动，压辊内外端与平模的相对线速度不同，平模直径越大，内外端速度差越大。速度差的存在，在某种程度上加剧了压辊的磨损，压辊的转速越高，磨损速度越快，耗能增加越多，造成磨损不均匀，还会发出较大噪声，因此控制压辊自转转速是重要的技术措施。

压辊是平模式块状燃料成型机的关键部件，压辊的结构形状、直径、数量、布局方式、转速及材料等要素都影响生物质成型效果、维修周期。在设计时，除了根据设计要求来确定压辊的基本参数外，还要与平模盘对应配合使用。在实际应用中，应注意以下几个方面的问题：压辊的转速尽可能地低一些，一般应小于100r/min。压辊转速低，滑移作用减弱，可降低压辊的磨损，提高压辊的使用寿命，节约维修成本；尽可能加大压辊的直径，增加压辊切线与成型孔的接触时间，提高原料压入量，对于直径80cm以上的平模可考虑增加压辊数量，但会引起进料架空、喂入速度降低等问题，要采取适当措施解决；改变压辊外缘的结构形状，压辊的外缘齿形设计成梯形齿、梯形斜齿等形状，不仅有利于增大压辊表面与生物质间的摩擦力，提高原料压紧效率，还有利于提高原料喂入量；将压辊外缘磨损最快的齿圈部分单独设计，套装在安装轴承的辊轴上，压辊齿圈部分的材料可选用优质合金钢，如27SiMn或热处理性能好的Cr12MoV等，可大大提高其耐磨性能，齿圈磨损后可单独更换，拆装方便；合理选择压辊的材料，整体压辊的材料可选用耐磨性较好的20Cr，采用渗碳淬火热处理使其齿面具有较高硬度，提高使用寿命。

3）要技术性能与特征参数

目前投入市场的平模式块状燃料成型机逐渐增多，随压辊设计转速的进一步降低，电动机的动力传递仅采用一级V形带传动方式，在结构上显得较为庞大，提倡用传动效率高的齿轮减速传动，目前齿轮传动总体生产已标准化、专业化，传动比可以达到20∶1以上，润滑、连接、维修、经营都已规范化，非常适合大传动比的农业工程类设备应用。

平模式块状燃料成型机结构简单、成本低廉、维护方便，由于喂料室的空间较大，可采用大直径压辊，加之模孔直径可设计到35cm左右，对原料的适应性较好，不用做揉搓预处理，只需切断就可以，例如秸秆、干甜菜根、稻壳、木屑等体积粗大、纤维较长的原料都可以直接切成10～15mm长的原料段就可投入原料压辊室。对原料水分的适应性也较强，含水率15%～25%的物料都可被挤压成型。生产生物质块状燃料，平模盘最好采用套筒式结构，平模盘厚度尺寸设计首先要考虑燃料质量，其次考虑多数原料适应性以及动力、生产率的要求。平模式块状燃料成型机主要用于解决农作物秸秆等不好加工的原料，成型孔径可以设计得大一些，直径控制在35mm左右，平模盘厚度要随直径的变大适当减小，盘面磨损与套筒设计要同步。

### 4.3.2 生物质环模压缩成型设备

（生物质）环模式压块成型机生产的生物质压块燃料，通常为棱柱形或圆柱形，其直径或横截面的对角线一般大于25mm，长度不等。由于模孔压缩比较小，对原料含水率的要求宽松一些，一般为10%～20%[27]。

环模式压块成型机主要构造及关键部件如图4-24所示。它主要由喂料系统和主传动压块系统两部分组成。

图4-24 环模式压块成型机主要构造及关键部件

环模式压块成型机的主要工作原理不同于环模式颗粒成型机，它的主要工作部件是由固定的单列方模孔的环模和转动的单一偏心压轮组成的。粉碎后的秸秆物料经喂料口进入带有不等螺距的内外螺带的机体腔仓中，随着主轴体的转动，将物料推至环模腔中，并布满环模沟槽，由沿着环模沟槽内切公转和摩擦自转的偏心压轮将物料挤压进环模孔中。环模式压块成型机主轴体与偏心压轮有一定的偏心距形成主轴体的旋转扭力臂，偏心压轮的半径形成了传动扭力臂，主轴体的动力作用点在偏心压轮的轴心上形成主轴圆周力。偏心压轮每完成一次公转周期就将布满环模沟槽内的物料挤压入模孔内，从而形成了燃料块的一个压层。随着物料的不断喂入和偏心压轮的公转、自转，便接连不断地形成无数个物料压层，相继地挤入模孔中，通过模孔不断呈柱状挤出，然后与出料罩斜面接触，被撅成一定长度的方形柱状物。

#### 4.3.2.1　环模式成型机的种类

环模式成型机根据主轴位置不同分为卧式环模成型机和水平环模成型机，其中水平环模式相当于平模挤压式与卧式环模式的结合。水平环模成型机主轴处于竖直位置，保持环模结构和参数不变，而将其平放。将压轮的旋转轴位置由平行改为垂直，在工作直径相同的情况下生产效率明显提高。水平环模成型机模孔均布在环模圆周方向上，压辊旋转挤压时，物料能够被全部压入型孔，在成型过程中，电动机提供的动力基本上全部用于成型做功。根据实际生产试验比较，在生产成本方面比传统的卧式环模成型机降低约 30%。

#### 4.3.2.2　环模式压块成型机

（1）结构组成与工作过程

环模式压块成型机主要由上料机构、喂料斗、压辊、环模、传动机构、电动机及机架等部分组成。如图 4-25 所示的是立式环模压块成型机的结构，其中环模和压辊是其主要工作部件。

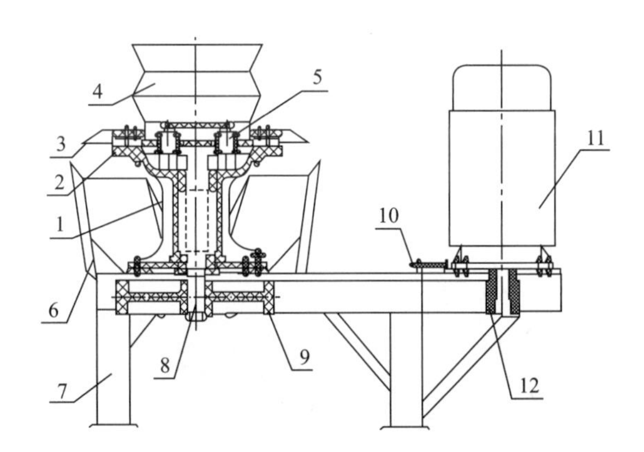


**图 4-25　立式环模压块成型机的结构**

1—主轴架；2—模盘；3—防护罩；4—料斗；5—压辊；6—出料斗；
7—机架；8—主轴；9—皮带轮；10—调节装置；11—电动机；12—皮带轮

工作时，电动机通过传动机构驱动主轴，主轴带动压辊，压辊在绕主轴公转的同时也绕压辊轴自转。生物质原料从上料机构输送到成型机的喂料斗，然后进入预压室，在拨料盘的作用下均匀地散布在环模上。主轴带动压辊连续不断地碾压原料层，将物料压实、升温后挤进成型腔，物料在成型腔模孔中经过成型、保型等过程后呈方块或圆柱形状被挤出。

（2）环模

① 环模的结构　环模是生物质挤压成型最重要的部件，常用的结构形式有整体式、套筒式和分体模块式三种。分体模块式环模块状成型技术是最近几年国内开发的最新研究成果，具有中国特色。

整体式环模是在加工好的环模圈上钻孔而成，孔的截面多为圆形。当孔径达到 25mm 以上时，金属加工的条件较好，可用来加工生物质棒状燃料。成型腔应加工出进料坡口、成型角及保型筒等，如图 4-26 所示。

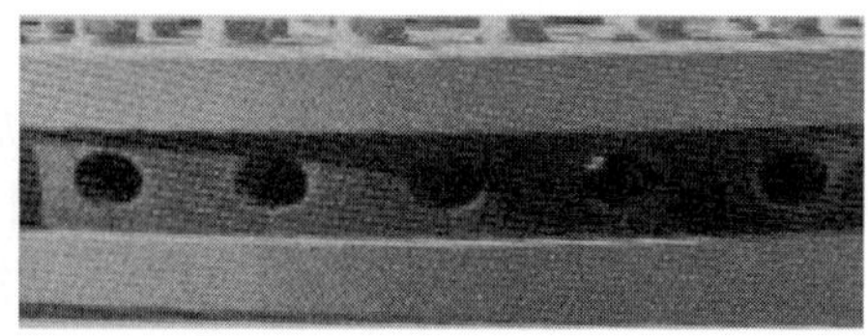

图 4-26 整体式环模结构

套筒式环模是在整体式环模的基础上进行改进设计的，即在模孔内套装一个套筒，这样做的目的是为了减少环模的磨损，提高环模的使用寿命。套筒式模孔的环模主要用于加工直径 25mm 以上的生物质棒状燃料。安装套筒的环模应考虑以下技术因素：首先，考虑环模母环的强度和套筒座孔的加工精度。安装套筒的优点在于母环不需要特殊合金材料，不需要进行严格热处理，可以用铸造技术生产，大大减少了金属加工成本，也可以标准化生产，成型腔磨损后，只换套筒不换母环，大大延长维修期，这种设计要求母环有较好的强度，对套筒座孔的加工精度要求也高。其次，必须对套筒材料和母环材料的收缩、膨胀系数作详细计算和试验，尤其是非金属套筒更要进行严格的工程性试验，保证安装和拆卸的操作方便。最后是套筒材料的选择，套筒要有一定的强度和硬度，套筒内孔要有保证成型质量的形状，还要考虑加工成本。

分体模块式环模采用的是模块组合结构，每个分体模块可单体设计加工，单体模块两侧是两个半成型腔体，把多个单体放到组合卡具中就组合成了环模整体，如图 4-27 所示。

图 4-27 分体模块式环模结构

由于每个分体模块是单个加工的，严重磨损部位可以采取特殊材料处理或修复，以延长维修期。分体模块组合后的模孔形状可设计为方形孔或圆形孔，用于加工生物质块状和棒状燃料。分体模块式环模生产程序比较复杂，生产成本较高，但便于批量生产，成型腔也容易标准化设计，易于保证生物质成型燃料质量。

② 环模的性能与减磨分析　环模的结构形式不同，组成环模的结构参数对生物质成型燃料产品质量的影响也不相同。不同类别的生物质原料，应当配备不同结构的环模。

Ⅰ. 整体式环模。整体式环模的主要结构参数有环模直径、环模厚度、环模有效宽度、模孔形状、模孔直径、模孔有效深度、模孔间壁厚以及环模的压缩比、粗糙度等。

环模模孔的长度与模孔直径的比值习惯上称为环模的压缩比，它是反映燃料挤压强度的一个重要指标。压缩比越大，挤出的燃料密度越大，对于成型秸秆类生物质压缩比一般为 10 左右。

整体式环模模孔常见的有圆柱孔、内锥孔、外锥孔等形状。外锥孔环模主要用于木屑的颗粒成型，模孔磨损后，模孔直径变大，而压缩比变化不大，还可保证燃料的密度。内锥孔环模多用于原料含水率较高、成型颗粒直径较大的生物质成型燃料。生物质颗粒燃料成型环模上应采用圆柱孔。模孔的粗糙度不仅影响能耗，还直接影响成型效果。对于厚度很小的环模，或直径较大的模孔有一些粗糙度有利于成型，但粗糙度过大，颗粒挤出的阻力越大，出料就越困难，过大的粗糙度也影响颗粒表面的质量，一般制造加工后将模孔抛光一下即可。

环模模孔开孔率越高，则出料越多，有利于提高生产率，但模孔间壁厚度变小，环模强度减小，容易开裂，所以要选择合适的壁厚来保证环模的强度和开孔率。一般来说，模孔直径越大，环模的开孔率越高出料越通畅，但环模强度也降低了。成型挤压力大的原料，环模的开孔率适当小一些，保证环模的强度，防止环模开裂。

环模的厚度直接影响产品质量，环模的工作面积与设计功率成正比，功率一定时，环模应有对应的有效宽度，一般环模的有效宽度为10～14cm，分体模块式环模大一些，整体式环模小一些。环模厚度是一个关键参数，其影响因素很多，要根据不同原料种类经过认真工程试验再定型。环模成型腔和压辊是环模式压块成型机的核心部件，其中的成型腔设计和加工又是关键技术，因此要对设备应用的范围、对象等作详细分析，不可一概而论，不可能有万能成型机，要做多因素分析。

整体式环模磨损后需要整体更换，不仅增加维修成本，还会严重影响企业的正常生产，因此环模材料的选用显得尤为重要。目前，我国整体式颗粒环模成型机多数是沿用生物质颗粒燃料成型机的设计，选用4Cr13不锈钢和42CrM04合金结构钢作为环模的材料。4Cr13不锈钢的刚度和韧性都较好，采用整体淬火热处理后，其硬度大于HRC50，并具有良好的耐磨性和耐腐蚀性，使用寿命较长。42CrM04合金结构钢的机械强度高，淬透性高，韧性好，淬火时变形小，高温时有较高的蠕变强度和持久强度。

用秸秆类原料生产生物质颗粒燃料是不合算的，粉碎能耗高，磨损快。秸秆原料含有较高的碱性氧化物，成型孔磨损很快，在硬度小于HRC60的条件下，维修周期在300h左右，可扩孔维修1或2次，但成型率降低。二次维修周期更短，因此秸秆颗粒是不适宜用整体式环模技术的。

Ⅱ.套筒式环模。套筒式环模由母环和套筒组成，套筒安装在母环上。套筒的模孔可按成型理论单独设计加工。模孔的结构应具有预压成型段、成型段和保型段，各段尺寸应设计合理。套筒与环模可通过螺纹或嵌入的方式套装。由于采用了套筒模孔，套筒模孔磨损后可实现快速更换，从降低设备加工成本和节约维修成本方面分析，套筒式环模优于分体模块式环模。

套筒式环模要注重3个方面技术的应用：a.母环的设计与加工，原则上母环的整体是不更换的，因此要保证它的强度和成型套筒座的尺寸精度，为降低成本可用铸造技术生产；b.套筒的设计，内孔要有保证燃料质量的成型角和保型段长度，外部尺寸要满足母环要求，材料可以是非金属材料，也可以是耐磨铸铁材料；c.要更换方便，便于用户操作。

套筒式环模在生物质成型燃料发展中具有方向性，需要重点解决的是盘面的磨损维修与套筒更换的一致性。

Ⅲ.分体模块式环模。分体模块是该环模的核心部件。模块入口部位的结构是生物质压缩成型的关键技术之一，其结构尺寸、加工质量和精度直接影响环模的使用寿命，以及成型机的生产能力和产品质量，对用户的使用成本也有很大影响。根据生物质成型理论可将模块组合后的成型腔分为预压、成型和保型三个阶段。

成型腔中的生物质原料进入模辊间隙到压缩终了称为预压阶段，分体模块模孔的入孔坡口、模辊间隙、料层厚度、压辊转速等参数影响预压效果。模辊间隙大、料层厚、压辊转速高，则预压效果变差、磨损加快、耗能增加。从模孔坡口下端到保型段开始为成型阶段，模孔这一部分的结构应设计成内锥形，成型角一般为1°～3°。这一段是保证原料产生塑性变形所需的挤压力和成型密度的关键阶段，原料对模孔的磨损最为严重，对模块热处理性能特别是耐磨性要求较高，成型角磨损变化后，成型率就会降低，分体模块就要更换。实践证明，更换是成批的，不可能是个别的。成型段过后，密实原料进入保型段，这一段的直径略大于成型段出口尺寸，作用是消除在成型段产生的内应力，使生物质成型燃料达到松弛密度的工艺要求，成为最后产品。

由上述分析可以看出，分体模块的模孔具有成型和保型的功能，模孔的长度即分体模块的厚度也应保证成型功能和保型功能的实现。成型段和保型段的长度应根据不同种类原料的特性、模孔形状、成型块截面面积及要求的成型密度来确定。目前市场上的分体模块式成型机大都将模块厚度设计得比较小，保型段的长度不够长，使得成型效果不好、成型质量不高。加工30～50mm长的生物质棒（块）状燃料，分体模块模孔的长度不得小于10cm，与燃料断面尺寸的比一般为1∶(6～8)，可根据不同条件变化。

模块失效的形式主要表现在两个方面：一是模孔入口处产生的严重磨损和应力集中导致开裂而报废；二是保型段过度磨损而报废。模块的使用寿命不仅与选用的材料、加工工艺有关，还与生物质原料类型、燃料成型工艺参数、操作方法有密切关系，即使相同的模块材料和相同的加工工艺，当上述条件不同时，模块的使用寿命也相差很大，尤其是模孔入口处的磨损和开裂更为突出。

分体模块的材料可根据成型的生物质原料种类、物理特性来选用。一般加工生物质棒状或块状燃料可选用35号或45号优质碳素结构钢，以及20Cr、40Cr、40CrMnMo等合金结构钢，重要的是上述材料的热处理工艺和磨损后的修补方法。

由于分体模块式环模磨损后是群体换修，因此工作量和成本都比较高，其难度不比整体式环模维修难度小，对燃料生产单位来说，操作难度高，这是工程化阶段出现的新问题。因此要进行技术集成再创新。目前本书参编单位采用的金属喷涂工艺取得较好效果，但受条件限制也不能到设备使用单位进行维修。

③ 环模性能的改进

Ⅰ.辅助加热装置。随着生物质成型燃料装备技术研究的不断深入，压辊与环模的转速设计得越来越低，压辊和环模与原料之间产生的摩擦热越来越少，环模式成型机的耗能在逐渐降低。为使环模式成型机在冷机状态能实现快速启动，大都采取在上次停机前喂入一些油滑原料，保留在模孔中，下次启动喂料后先将油滑原料排出机外，再转入正常成型，但这种办法操作太烦琐。为使冷机启动后能很快进入工作状态，进一步降低启动时的摩擦能耗，在环模的两侧分别设计了电加热装置，如图4-28所示。只需在冷机启功前预热5～10min，启动后即可进入正常成型状态。试验证明，设备启动后产生的摩擦热可以保证成型，启动加热电源可在控制温度下自动断开，这种设计仅适合块（棒）状燃料环模式成型机，在动模式、模辊双动式以及整体式环模颗粒成型机上不易设置辅助加热装置。

Ⅱ.水循环冷却装置。目前市场上应用的分体模块式环模成型机在加工较高水分的生物质原料时，由于压辊转速设计得较大，压辊和环模与原料之间产生的摩擦温度较高，高温状态下成型后的燃料产品出现大量开裂现象。为解决这一问题，有的企业采用了水循环冷却装置（图 4-29）来降低温度。

图 4-28　电加热装置

图 4-29　水循环冷却装置

在分体模式环模上、下两侧，设计了水循环冷却装置，使生物质原料挤压成型时降温，保证了生物质成型燃料的质量，实现了连续生产。温度太高是设计不合理引起的，有悖于生物质成型机理，企业生产单位应尽量避免。

压辊的转速是影响压辊耐磨性的重要因素。为追求生产率，当初压辊的设计转速都比较高，一般为 200～300r/min，套筒式环模和分体模块式环模又采用了窄形压辊，更加快了压辊的磨损速度，即使在压辊的外缘结构和材料方面采取了诸多耐磨措施，压辊的使用寿命仍不足 100h。压辊的转速越高，产生的切向力越大，正压力越小，合力方向越偏向切向力方向，偏磨损越严重。生产实践验证了这一结论的正确性：在保持生产率不变的情况下，压辊转速降为 50～100r/min 时，成型能耗可降低 30%～50%，成型腔偏磨损和压辊磨损都会显著减轻。

压辊与环模之间的间隙称为模辊间隙，它不仅影响压辊和模孔的入口耐磨性，而且影响生产率和能耗。模辊间隙过大时，模孔口处的物料容易从挤压区滑脱，使成型效率降低。压辊间隙越大，上述作用越明显。模辊间隙过小时，摩擦力增大，压辊和环模端部磨损加大，温度过高，能耗增加。另外由于单位时间内原料喂入量少，生产率降低。

设计时，模辊间隙应根据压辊的转速来确定。压辊的转速高，模辊间隙应尽可能地选小一些，当压辊转速为 50～100r/min 时，生物质棒（块）状燃料的模辊间隙可选择 3～5mm。模辊间隙小，产生的转动力矩也小，可降低电机负荷，提高生产效率。使用一段时间后，由于磨损原因模辊间隙会变大，还应增设间隙调节装置，用于调节模辊间隙。

为提高压辊的使用寿命，压辊材料的选用非常重要。窄形压辊可将压辊加工成组合式压辊结构，增设压辊齿圈，齿圈部分的材料单独选择，单独加工，磨损后单独更换。压辊母体材料性能不必太高，原则上不更换。齿圈可采用轴承钢、模具钢或调质钢堆焊修复。

（3）主要技术性能与特征参数

棒（块）状燃料分体模块式环模成型机是目前使用较多的成型设备，其传动方式主要有齿轮传动和V形皮带传动。齿轮传动具有传动效率高、结构紧凑等特点，但生产时噪声较大，加工成本较高；V形皮带传动噪声小，并有较好的缓冲能力，但传动效率低，不能实现低成本的二级变速。

棒（块）状燃料组合式环模成型机具有结构简单、生产效率高、耗能低、设备操作简单、性价比高等优点。环模以套筒和分体模块方式组合后，套筒和模块的结构尺寸可以单体设计，分别加工，产品易于实现标准化、系列化、专业化生产，可用于各类作物秸秆、牧草、棉花秆、木屑等原料的成型加工。但是分体模块式成型机加工工序多，批量维修量大，技术要求高，成本也高。固定母环或平模盘配以成型套筒的成型机具有较好的发展前景和较强的市场竞争力。

# 4.4 生物质棒状燃料成型技术及设备

## 4.4.1 生物质棒状燃料生产技术

目前而言，生物质成型机的机型大概有螺旋挤压式成型技术与活塞冲压式成型技术两种技术。

（1）螺旋挤压式成型机

螺旋挤压式成型机是最早研制生产的热压成型机，其原理是利用螺杆输送推进和挤压生物质。生物质原料连续不断地被送入压缩成型腔后，转动的螺旋推进器也不断地将原料推向锥形成型筒的前端，挤压成型后送入保型腔，其成型过程是连续的，成型物质量比较均匀。根据成型过程中黏结机理的不同可分为加热和不加热两种形式：一种是先在物料中加入黏结剂，然后在锥型螺旋输送器的压送下，压在原料上的压力逐渐增大，到达压缩口时物料所受的压力最大。物料在高压下体积密度增大，并在黏结剂的作用下成型，然后从成型机的出口处被连续挤出；另一种是在成型套筒上设置加热装置，利用物料中的木质素受热塑化的黏结性，使物料成型。此类成型机最早被研制开发，也是目前各地推广应用较为普遍的一种机型。

（2）活塞冲压式成型机

如图4-30所示，活塞冲压式成型机的产品是成型块，成型是靠活塞的往复运动实现的。按驱动动力可以分为两类：一类是机械驱动活塞冲压式成型机；另一类是液压驱动活塞冲压式成型机。这类成型机通常不用电加热，成型物密度稍低，容易松散。与螺旋挤压式成型机相比，这类成型机明显改善了成型部件磨损严重的问题，但由于存在较大的振动负荷，机器运行稳定性差，噪声较大，润滑油污染也较严重[28]。

机械驱动活塞冲压式成型机是由电动机带动惯性飞轮转动，利用惯性飞轮储存的能

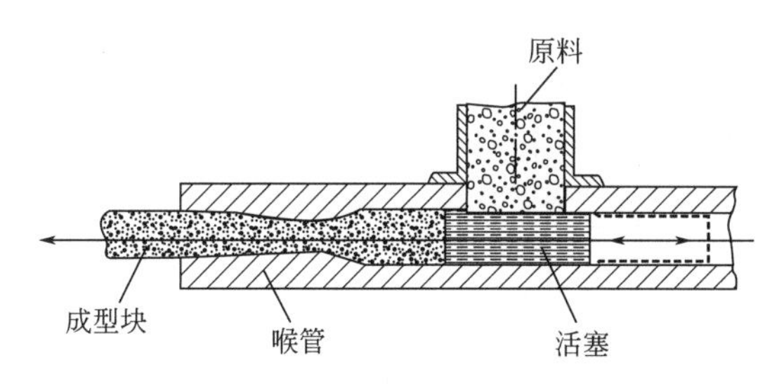


图 4-30　活塞冲压式成型机部件结构

量，通过曲轴或凸轮将飞轮的回转运动转变为活塞的往复运动的。机械驱动活塞冲压式成型机按生物质成型燃料出口的数量多少可分为单头、双头和多头冲压成型。液压驱动活塞冲压式成型机是利用液压油泵所提供的压力，驱动液压油缸活塞做往复运动，活塞移动推动冲杆使生物质冲压成型的。按油缸的结构形式不同可分为单向成型和双向成型，按冲压生物质成型燃料出口的数量多少又可分为单头、双头和多头冲压成型。

### 4.4.2　螺旋挤压式成型机

螺旋挤压式成型机是利用螺旋杆挤压生物质原料，靠外部加热维持一定的成型温度，在螺旋杆与成型套筒间隙中使生物质原料的木质素、纤维素等软化，在不加入任何添加剂或黏结剂的条件下，使物料挤压成型的。

（1）螺旋挤压式成型机的种类

按螺旋杆的数量可分为单螺旋杆式、双螺旋杆式和多螺旋杆式成型机。单螺旋杆式成型机使用得较多，双螺旋杆式成型机采用的是 2 个相互啮合的变螺距螺旋杆，成型套筒为“8”字形结构。双螺旋杆式成型机和多螺旋杆式成型机因结构复杂在生物质成型机上应用较少，主要用于其他物料的成型加工。

按螺旋杆螺距的变化不同可分为等螺距螺旋杆式成型机和变螺距螺旋杆式成型机。采用变螺距螺旋杆，可以缩短成型套筒的长度，但其制造工艺复杂，成本高。

按成型产品的截面形状可分为空心圆形成型机和空心多边形（四方、五方、六方等）成型机。通过在螺旋杆的末端设置一段圆形截面的锥状长度，可使成型后的燃料中心呈空心状。通过改变螺旋杆成型套筒内壁的截面形状，可以使生物质成型燃料的表面形状呈四方、五方、六方等形状。

（2）结构组成与工作过程

螺旋挤压式成型机主要由电动机、传动部分、进料机构、螺旋杆、成型套筒和电热控制等几部分组成，如图 4-31 所示，其中螺旋杆和成型套筒为主要工作部件。

工作时，收集通过切碎或粉碎的生物质原料，由上料机、皮带输送机或人工将原料均匀送到成型机上方的进料斗中，经进料预压后沿螺旋杆直径方向进入螺旋杆前端的螺旋槽中，在螺旋杆的连续转动推挤和高温高压作用下，将生物质原料挤压成一定的密度，从成型套筒和保型筒内排出即成一定形状的燃料产品。

（3）主要工作部件

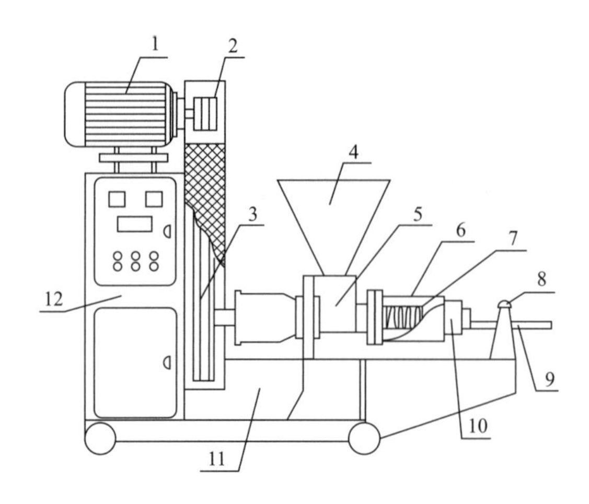


图 4-31 螺旋挤压式成型机

1—电动机； 2—防护罩； 3—大皮带轮； 4—进料斗； 5—进料预压； 6—电热丝； 7—螺旋杆；
8—切断机； 9—导向槽； 10—成型套筒； 11—机座； 12—控制柜

1）螺旋杆

① 螺旋杆的结构　螺旋杆的结构如图 4-32 所示。在成型过程中，生物质原料的输送和压缩是由螺旋杆和成型套筒配合完成的，如图 4-33 所示。螺旋杆的结构形状与几何尺寸对原料的成型有很大的影响，在螺旋杆的全长上分为进料段和压缩段，进料段通常采用圆柱形等螺距螺旋杆，压缩段通常采用具有一定锥度的等螺距螺旋杆或变螺距螺旋杆。螺旋杆的压缩段是在较高温度和高压力下工作的，螺旋杆与物料始终处于干摩擦状态，这是螺旋杆磨损速度非常快的主要原因。

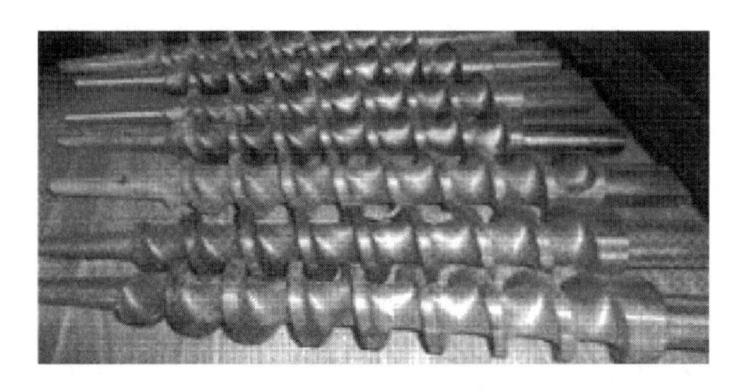

图 4-32 螺旋杆的结构

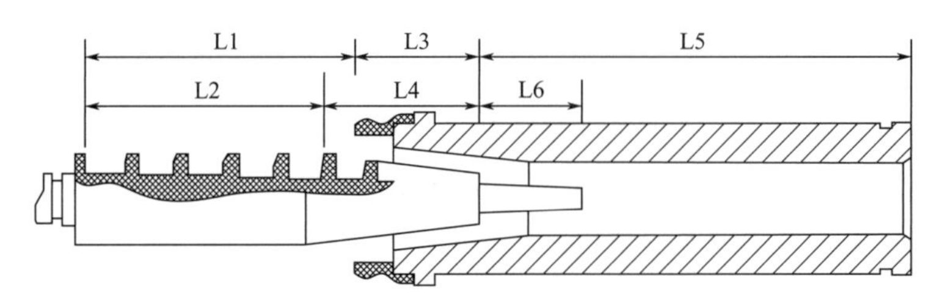


图 4-33 螺旋杆和成型套筒

Ll—进料区； L2—进料段； L3—压缩区； L4—压缩段； L5—保压区； L6—保压段

② 螺旋杆的磨损 当螺旋杆磨损到一定程度时，螺旋叶片顶部直径变小，叶片厚度变薄，高度减小，螺旋杆与成型套筒配合间隙增大，产生的挤压力变小，有时物料还会从螺旋杆与成型套筒的大间隙中反喷至进料口，致使成型速度变慢，生产率降低，成型效果变差。螺旋杆磨损严重时，还会造成挤不出料，出现“放炮”现象，甚至折断螺旋杆。磨损前后的螺旋杆对比如图 4-34 所示。

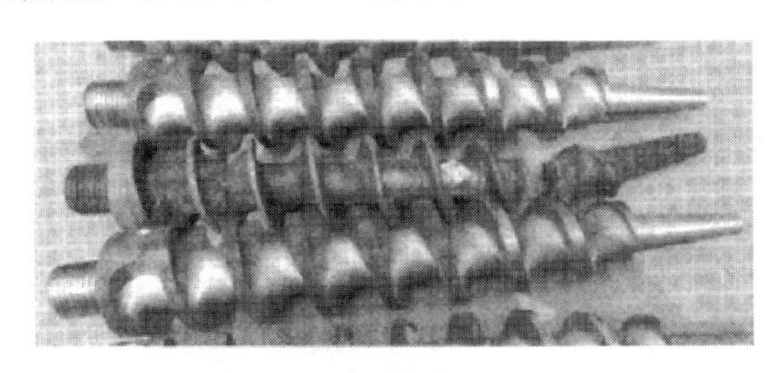

图 4-34 磨损前后的螺旋杆对比

③ 螺旋杆减磨措施 在螺旋杆的压缩段即螺旋杆头部最后一圈螺旋叶片承受的压力最大，磨损也最为严重，只要解决了这部分的磨损，整个螺旋杆的磨损问题也就解决了。变螺距螺旋杆因制造工艺复杂、成本高而很少使用。等螺距螺旋杆在成型过程中主要是最前端的一个螺距起压缩作用而磨损严重，为了延长使用寿命，解决螺旋杆头部磨损严重的问题。

第一种方法是对螺旋杆头进行局部热处理，使其表面硬化。例如，采用喷焊钨钴合金、堆焊 618 或炭化钨焊条堆焊、局部炭化钨喷涂或局部渗硼处理以及振动堆焊等方法对螺旋杆磨损严重部位进行强化处理。但通过这些方法进行处理后螺旋杆的使用寿命并没有得到有效提高，且成本高，用户很难接受。

第二种方法是把磨损最严重的螺旋杆前部用耐磨材料做成可拆卸的活动螺旋头，磨损后仅更换活动螺旋头，螺旋本体还可继续使用。

第三种方法是螺旋杆头部最后的一圈螺旋叶片的形状向轴根部逐渐收缩，以便使这种压力由后部的叶片承担一部分。

除此之外，后部的螺旋槽内也应堆焊耐磨材料，使叶片与螺旋杆之间有较大的过渡圆角，以增强这部分叶片的强度和耐磨性。螺旋杆的长度不宜太长和太短，以螺旋杆直径 76mm 为例，螺旋杆长度以 350mm 左右为宜。螺旋杆头部没有螺旋的光轴部分长度应根据原料的种类和生物质成型燃料的要求来确定，它的作用是使成型后的燃料棒呈空心状，通常成型木屑类原料选短一些，成型秸秆类原料或成型后需炭化的燃料可适当选长一些。

2）成型套筒

① 成型套筒的结构 成型套筒（前端）与螺旋杆之间应有良好的尺寸配合，由于螺旋杆的安装是采用悬臂轴的形式，因此这种尺寸配合应保证螺旋杆在旋转时不与成型套筒内壁相碰为宜。生物质原料在成型挤压推进过程中，主要是靠螺旋杆的转动推进生物质逐层成型的，螺旋杆的前段和头部在整个推挤过程中与生物质之间做高速相对运动，增加了单位产品的能耗。由于生物质原料自身的特性和螺旋杆产生的综合作用力（轴向、径向和切向）会使一部分物料黏附在螺旋杆叶道内或成型套筒内壁上形成黏滞物，黏滞物的运动与螺旋杆以及成型套筒内壁之间产生了摩擦，这两种摩擦所产生的摩

擦力都可以分解为轴向摩擦力和切向摩擦力。为防止黏滞物在成型套筒内只随螺旋杆转动而不推料，必须增加物料与成型套筒内壁的切向摩擦阻力和减少轴向摩擦阻力，因此，在成型套筒内壁开有若干个纵向沟槽，如图 4-35 所示。成型套筒内壁最佳的沟槽结构形式、数量以及长度应根据螺旋杆的结构形式、成型的生物质原料种类与物理特性，以及螺旋杆的转速等实际情况来确定。

成型套筒的前端与螺旋杆配合工作，套筒内壁呈一定锥度，成型套筒中后段内壁的截面尺寸基本恒定，除对生物质成型燃料起保压保型作用外，也是生物质成型燃料的出口，它决定了成型后燃料的外部形状。螺旋杆挤压成型后燃料的外部形状除了圆形以外，还有四方、六方等多种形状，成型套筒实物如图 4-36 所示。

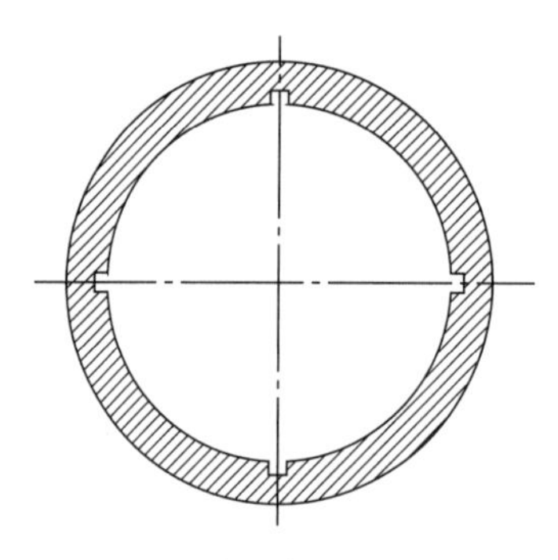

图 4-35 成型套筒的截面形状

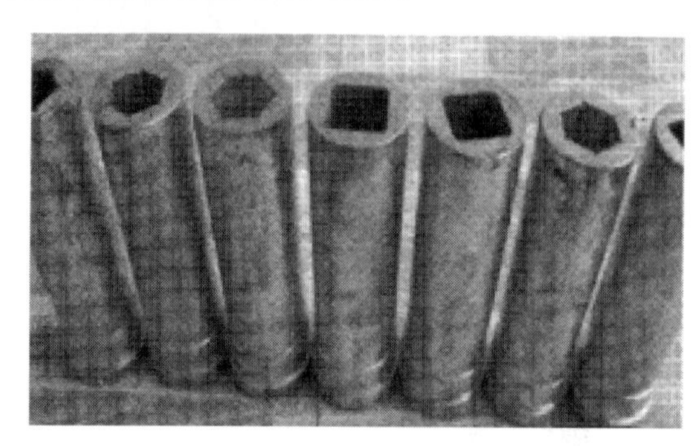

图 4-36 成型套筒实物

② 成型套筒减磨措施 成型套筒的材料采用较多的是 45 号钢、球墨铸铁和各种耐磨合金材料。为延长成型套筒的使用寿命，可采取以下措施：a. 成型套筒的保型段加工成可调结构，通过调整保型筒出口直径的大小达到调节成型阻力的目的，保证成型所需的压力，延长成型套筒的使用寿命，这种结构在活塞冲压式成型机的保型筒上应用最多；b. 在成型套筒内壁压缩段进行局部耐磨材料喷涂，提高耐磨性能，延长使用寿命；c. 加垫圈调节，如图 4-37 所示，成型套筒与进料套筒连接时，在压紧圈内加若干个 A 型垫圈和 B 型垫圈，待成型套筒压缩段磨损到不能正常工作时，取下一个 A 型垫圈，增添一个 B 型垫圈，相当于成型套筒压缩区前移了一个垫圈厚度的距离，继续保持与

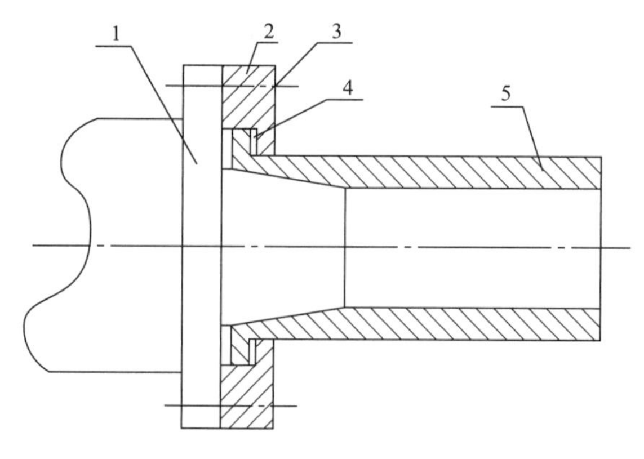


图 4-37 垫圈调节示意

1—进料套筒； 2—压紧圈； 3—A 型垫圈； 4—B 型垫圈； 5—成型套筒

螺旋杆的间隙，相应延长了成型套筒的使用时间；d. 成型套筒磨损最快的锥形筒部分采用拆分方法进行加工，做成的活动耐磨衬套镶嵌在成型套筒压缩段，锥形筒磨损后可单独拆换，成型套筒中后段作保型筒使用。这样一来，成型机使用一段时间需更换磨损件时，只需更换螺旋杆头和锥形筒部分即可，不必将整体螺旋杆和整体成型套筒全部更换，可节省部分维修费用，充分延长螺旋杆主体和成型套筒及保型筒的使用寿命，从而降低生物质成型燃料的成型成本。

3）加热装置

加热装置的一个主要作用是启动时预热成型机。螺旋挤压式成型机的加热方式有多种，分外部加热和内部加热、电加热和蒸汽加热，所用的加热装置的结构形式也很多，如电热管式加热圈、筒式加热圈、铸铝加热圈等，如图 4-38 所示。

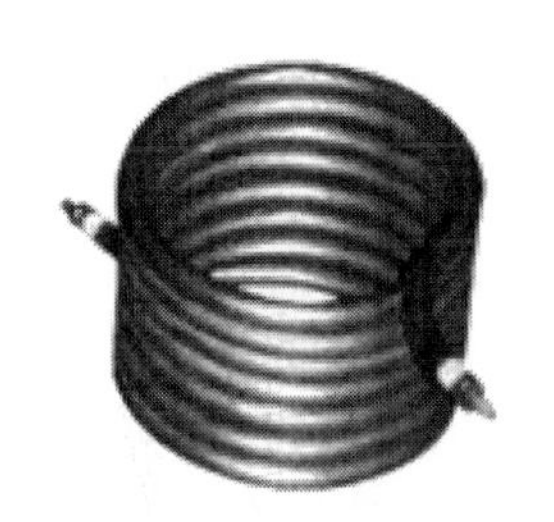

(a) 电热管式加热圈

(b) 筒式加热圈

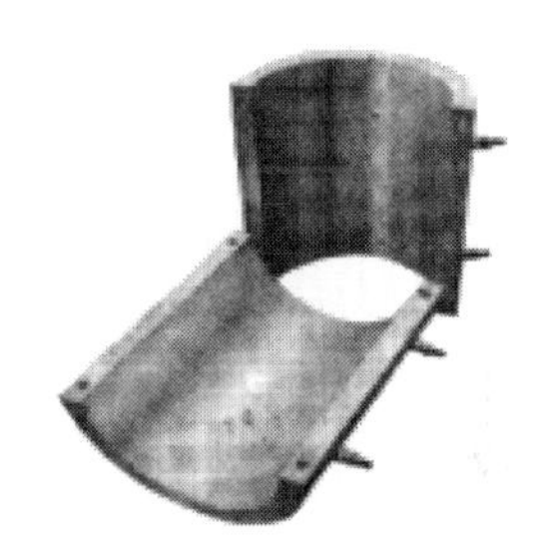

(c) 铸铝加热圈

图 4-38　各种加热装置

对加热装置的一般要求是：有一定的加热功率，加热速度快，加热温度可调，保温性能好，安全可靠，使用寿命长。中小型成型机大都采用外部加热的方式，大型成型机多采用内部加热或蒸汽加热的方式。

稳定成型温度是加热装置的另一个主要作用。螺旋挤压式成型机成型加工时，螺旋杆与原料、原料与成型套筒之间会产生大量的摩擦热，使成型部件和成型原料升高至一定的温度，这一温度很难维持正常成型。若没有外部热源辅助加热，会造成冷机启动困难，正常成型难以保证所需的木质素软化温度，增加成型机的耗能和成型部件的磨损。

4）性能特点

螺旋挤压式成型机的主要优点是：结构简单、操作方便、体积小、占地少、机器产品价格低，对木屑类生物质原料成型效果较好，可得到空心截面棒状或多边形状的生物质成型燃料产品，非常适合制作炭化燃料。缺点是：螺旋杆和成型套筒的磨损速度较快，使用寿命都较低，单位产品能耗较高，达 125kW·h/t，对农作物秸秆类的生物质原料成型效果较差，经济效益不突出，设备配套性能差，自动化程度较低等，难以形成规模效益，不便于大规模商业化利用。目前螺旋挤压式成型机主要用于生产各种棒状燃料。

## 4.4.3　机械驱动冲压式成型机

### 4.4.3.1　结构组成与工作过程

机械驱动活塞冲压式成型机主要由喂料斗、冲杆套筒、冲杆、成型套筒（成型锥筒、保型筒、成型锥筒外套)、夹紧套、电控加热系统(加热圈与电控柜)、曲轴连杆机构、润滑系统、飞轮、曲轴箱、机座、电动机等组成，如图 4-39 所示。

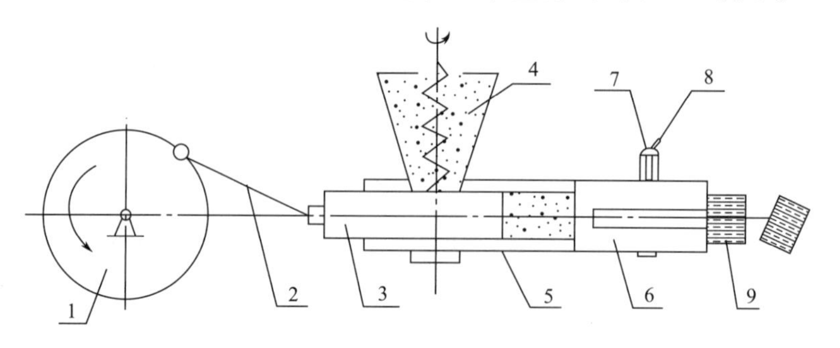


**图 4-39 机械驱动活塞冲压式成型机**

1—曲轴；2—连杆；3—冲杆；4—喂料斗；5—冲杆套筒；6—成型套筒；7—加热圈；8—夹紧套；9—生物质成型燃料

成型机第 1 次启动时先对成型套筒预热 10～15min，当成型套筒温度达到 140℃以上时，按下电动机启动按钮，电动机通过 V 形带驱动飞轮使曲轴(或凸轮轴)转动，曲轴回转带动连杆、活塞使冲杆做往复运动。待成型机润滑油压力正常后，将粉碎后的生物质原料加入喂料斗，通过原料预压机构或靠原料自重以及冲杆下行运动时与冲杆套筒之间产生的真空吸力，将生物质原料吸入冲杆套筒内的预压室中。当冲杆上行运动时就可将生物质原料压入成型腔的锥筒内，在成型腔锥筒内壁直径逐渐缩小的变化下，生物质原料被挤压成棒状从保型筒中挤出成为实心生物质棒状燃料产品。

### 4.4.3.2 主要工作部件

(1) 动力驱动机构

机械驱动活塞冲压式成型机的动力驱动机构的主要作用是传递成型动力。多采用曲柄连杆机构或凸轮机构，曲轴或凸轮轴的两端设有一个或两个大飞轮，由电动机的 V 形带减速驱动，飞轮转动实现连杆和活塞的往复运动，从而使生物质原料获得成型所需要的动力。曲柄连杆机构或凸轮机构动力传递效率高，可实现多头成型。采用 V 形带传动时减速装置结构简单，启动或偶遇阻力增大时起滑转缓冲作用，但是必须保证动力驱动机构各部件的结构强度。

(2) 冲杆

冲杆和活塞通过螺栓联结起来，并随活塞一起做往复运动。其作用是直接冲压原料，使其成型。冲杆头是冲杆的关键部位，在压力作用下直接冲压原料，它与原料主要是在端面接触。曲轴或凸轮轴转一周，带动活塞往复运动一次，对原料冲压一次，冲杆相邻两次冲压后，原料结合面之间的结合力取决于冲杆头部端面的形状。为了提高冲压后原料结合面之间的结合力，使成型后的燃料产品呈连续棒状，根据冲杆的直径大小在冲杆头部端面安装一个或多个锥状突起物，即可保证成型后的燃料产品呈连续棒状。冲杆与原料以端面接触，产生的机械磨损很小，材料选用 45 号优质碳素钢即可。为保证成型棒连续，冲杆头可以加工成活动部分，以适应不同原料的成型和磨损后的更换。

(3) 冲杆套筒

冲杆套筒前端连接成型套筒，上方某个部位开口连接喂料斗，后端与曲轴或凸轮箱体相连接。冲杆套筒的作用如下。

① 安装喂料斗，保证进料量，完成进料预压。当冲杆移动到物料完全封闭在冲杆套筒内到成型套筒的结合端，冲杆套筒内生物质原料的密度开始逐渐增加，直到冲杆移动到上止点，密度达到最大，由于冲杆的快速冲压，冲杆套筒这一端的内孔容易造成快速磨损。

② 作为冲杆的往复轨道，与冲杆呈间隙配合。该间隙不宜太大或太小：间隙太小时，冲杆与冲杆套筒之间会形成金属间直接刮擦磨损甚至粘连，造成冲压阻力增加，耗能增加；间隙太大时，间隙中容易进入细小的生物质颗粒，这些细小颗粒在间隙中受到挤压后，易黏附在冲杆表面和冲杆套筒内壁之间，同样会造成冲杆往复冲压阻力增加。冲杆与冲杆套筒合适的间隙应为1～2mm。

冲杆套筒上喂料口前后部分内孔的磨损是不相同的，前部内孔的磨损很小，后部内孔的磨损向后逐渐增大，冲杆套筒的基体部分材料可选用45号钢。冲杆套筒后部内孔可以加工成活动套筒镶嵌在冲杆套筒后部内孔中，以便磨损后更换，活动套筒材料的选用可参照成型锥筒的材料选用。

(4) 成型套筒与夹紧套

成型套筒与冲杆套筒法兰连接，成型套筒包括成型锥筒外套、成型锥筒以及保型筒，如图4-40所示。成型锥筒和保型筒安装在成型锥筒外套里面，成型锥筒的大孔径端与坤杆套筒内孔过渡连接，成型锥筒的小孔径端与保型筒内孔过渡连接。保型筒前端径向开有长槽，末端装有夹紧套，通过调节夹紧套上的螺栓来微调保型筒末端内径的大小，因而可满足不同原料对成型压力的要求。

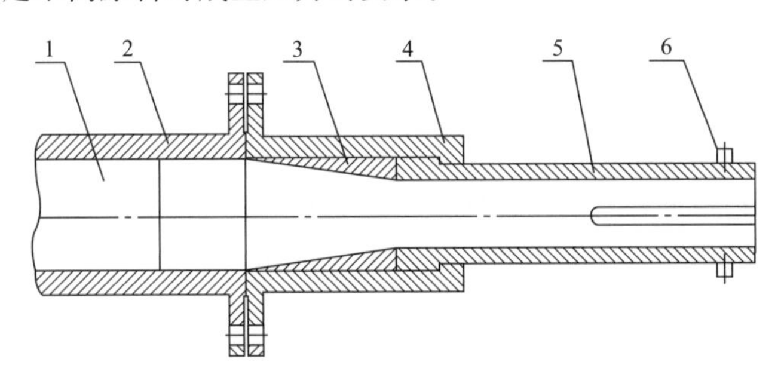


**图4-40　冲杆套筒与成型套筒简图**

1—冲杆；2—冲杆套筒；3—成型锥筒；4—成型锥筒外套；5—保型筒；6—夹紧套

在机械活塞冲压式成型机上，由于曲柄或凸轮的转速较高，成型物料与成型套筒孔壁的相对运动速度更快，成型锥筒的磨损速度比液压活塞冲压式成型机上的快一些，成型锥筒的材料可选用40Cr或50Cr合金结构钢，保型筒的材料可选用30Cr加工。

(5) 加热圈与电控柜

加热圈安装在成型锥筒外套与成型锥筒对应的部位，用于启动时对成型锥筒内的生物质原料预热，正常成型时用来保持稳定的成型温度。电控柜用于控制电动机的运转和加热温度的自动控制。

### 4.4.3.3　机械驱动活塞冲压式成型机设计中应注意的问题

(1) 机械驱动活塞冲压式成型机连续运转问题

生物质棒状燃料常温成型所需的成型压力为1300～1400kgf/cm$^2$，热压成型所需的成型压力为500～600kgf/cm$^2$。随着生物质棒状燃料截面面积的增加，成型所需总压力也增大，成型过程中若加热温度变化幅度太大，所需成型压力也随之变化，在这样大的成型压力波动之下，要求飞轮必须储备足够的能量，组成曲柄连杆动力传递机构（凸轮机构）的各组件必须要有足够大的设计安全系数，以保证各组件的强度和刚度。为利于成型以及使成型机运转平稳，飞轮应有足够的转动惯量或设计成双飞轮机构驱动。

（2）成型温度与“放炮”现象

生物质的成型受诸多因素的影响，如原料种类、粒度、含水率、成型压力、成型温度、成型锥筒的形状尺寸等。在保证成型压力的前提下，提高物料温度，利于改善成型效果，因此在成型启动阶段要适当预热，以便在没有摩擦热维持的情况下，达到必要的成型温度。当工作正常后，由电控装置自动控制成型温度，成型温度过高、原料含水率太高、成型机没有进料时运行等都有可能出现“放炮”现象。“放炮”后，成型锥筒和保型筒内的原料从保型筒爆出，必须在保型筒出口设遮挡护罩以保证安全。减少“放炮”现象的办法很简单：

① 控制好成型温度不能过高，一般为160～220℃；

② 控制原料的含水率不能太高，一般为10%～15%；

③ 成型机停机或运转不进料时不要加热；

④ 在成型锥筒内开放气槽、加工放气孔或分两瓣加工成型锥筒等。

（3）成型部件磨损问题

为使成型机适应多种物料的类型，成型锥筒内壁的曲面形状应能满足多种生物质原料成型工艺的要求，保型筒应有足够的长度且末端孔径可调节。与其他类型的成型机相比，虽然成型锥筒的使用寿命已经较长，但在这类成型机上成型锥筒仍是磨损速度最快的部件。成型锥筒与冲杆套筒后部内孔部分都可以采用活动套筒镶嵌的方式装配，可选用同一种材料，磨损后可单独更换，减少维修费用。

（4）密封问题

冲杆与活塞顶端法兰连接，由于冲杆与活塞的直径有较大差异，活塞在缸套中往复运动时，活塞顶部缸套内会伴随有真空度的变化，活塞下行时有利于原料自动吸入冲杆套筒，但也容易造成原料颗粒通过冲杆与冲杆套筒的间隙吸入缸套润滑系统内。在活塞上行时也容易引起物料的泄漏，粉状颗粒进入大气，污染工作环境。吸进缸套内容易污染润滑油造成磨损，并最终影响系统的连续运行。在缸套顶部引出一个孔并安装储气筒可解决这一问题，若冲杆与活塞的直径一致可以省去储气筒。从冲杆套筒部位将活塞驱动系统与进料、成型套筒通过对冲杆良好的密封，或从结构上分隔为两个独立的空间是解决密封问题最好的方法。

## 4.4.4 液压驱动活塞冲压式成型机

### 4.4.4.1 结构组成与工作过程

液压驱动活塞冲压式成型机是河南农业大学在机械驱动活塞冲压式成型机的基础上

研究开发的系列成型设备，采用的成型原理均为液压活塞双向成型。主要由上料输送机构、预压机构、成型部件、冷却系统、液压系统、控制系统等几大部分组成。

液压驱动活塞冲压式成型机工作时，先对成型套筒预热15～20min。当成型套筒温度达到160℃时，依次按下油泵电动机按钮、上料输送机构电动机按钮，待整机运转正常后，通过输送机构开始上料，每一端的原料都经两级预压后依次被推入各自冲杆套筒的成型腔内，并具有一定的密度。冲杆在一个行程内的工作过程是连续的，根据原料所处的状态分为供料区、压紧区、稳定成型区、压变区和保型区5个区。如图4-41所示。

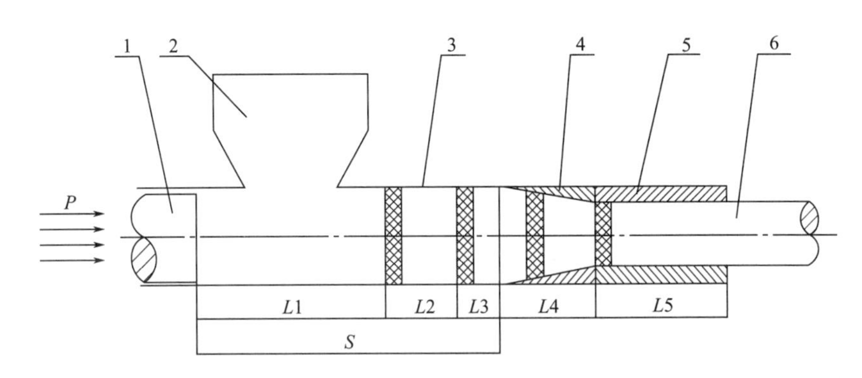


**图4-41　液压驱动活塞冲压式成型机成型原理**

L1—一级预压长度；L2—二级预压长度；L3—塑性变形区长度；L4—成型锥筒长度；L5—保型筒长度；S—冲杆行程；P—成型压强；1—活塞冲杆；2—喂料斗；3—冲杆套筒；4—成型锥筒；5—保型筒；6—生物质棒状燃料

随着活塞冲杆的前移，物料进入稳定成型区。在该区活塞冲杆压力急剧增大，进一步排出气体，原料相互贴紧、堆砌和镶嵌，并将前面基本成型的物料压入成型锥筒内。随成型锥筒孔径的逐渐缩小，挤压作用越来越强烈，在成型锥筒内物料发生不可逆的塑性变形和黏结，直至成型后被不断成型的物料推入保型区。

保型区的生物质棒状燃料，随活塞冲杆的往复运动，不断被新成型的物料向前推挤，在保型筒内径向力、筒壁和成型筒摩擦力、相邻成型块间轴向力的作用下，保持形状，最后从保型筒中被挤出成为生物质成型燃料产品，完成成型过程。

#### 4.4.4.2　主要工作部件

(1) 冲杆

冲杆和主油缸活塞杆可通过法兰联结，并随活塞一起做往复移动。其结构与作用与机械驱动活塞冲压式成型机的冲压原理相同。成型时基本上是冲杆头部端面与原料接触，机械磨损很小，冲杆的材料选用45号优质碳素钢，并进行调质处理。

(2) 冲杆套筒

前端连接成型套筒，上方或侧面部位开有进料口。其作用有3个：

① 连接预压喂料机构保证每次的进料量，完成最后一次对原料的冲压；

② 作为冲杆往复移动的轨道，与冲杆呈间隙配合，其间隙应为1～2mm；

③ 与成型锥筒、冲杆头部端面一起组成挤压成型腔。

因冲杆往复移动的速度较低，冲杆套筒各部位的磨损都较小，使用寿命更长。冲杆套筒的材料可选用 45 号优质碳素钢。

（3）成型套筒与夹紧套

成型套筒与冲杆套筒法兰连接，包括成型锥筒外套、保型筒以及成型锥筒。其结构、用途及位置关系与机械驱动活塞冲压式成型机上的成型套筒相同。

液压驱动活塞冲压式成型机上的成型锥筒外套、成型锥筒及保型筒分别如图 4-42～图 4-44 所示。

图 4-42 液压驱动活塞冲压式成型机上的成型锥筒外套

图 4-43 液压驱动活塞冲压式成型机上的成型锥筒

图 4-44 液压驱动活塞冲压式成型机上的保型筒

成型套筒依据生物质原料成型后产品的截面形状不同，又可分为筒状成型筒和方状成型筒。筒状成型筒的主要部件是成型锥筒，通过锥筒的锥度形成摩擦阻力使物料发生塑性变形，液压驱动活塞冲压式成型机一般都采用筒状成型筒。而方状成型筒主要是通过上、下两个成型槽存在夹角来实现物料成型的，一般在压块机上使用。

成型锥筒是成型机的关键部件且是易损部件。为了使物料成型时有足够的压力，必须有一定的阻力，故设计成锥形筒。但半锥角的选择是关键，它对产品的密度有很大影响：半锥角过小，阻力达不到，不易成型或成型后产品的密度达不到要求，并且成型锥筒锥形部分长度要求较长；半锥角过大，存在积压死区，易堵塞锥筒，导致压力过大成型锥筒的受力增大，从而降低了成型锥筒的使用寿命。当成型锥筒锥角一定时，增加成型锥筒的锥长，或成型锥筒锥长一定，增加成型锥筒的锥角，成型后所得生物质棒状燃料的密度都较大，所需的成型压强也较高，消耗能量也增大。保型筒外部设有夹紧套，用于微调保型筒的出口直径，当保型筒的直径较大时，夹紧套的调节可采用液压机构来完成。不同的成型原料，成型锥筒的锥角也不相同，成型锥筒的锥角一般在 2°～12°之间选取。成型锥筒是主要的受力部件，需要很高的强度和耐磨性，可选用 50Cr 合金结构钢作为成型锥筒的材料。

当活塞冲杆向一端的移动停止时，被压缩的生物质原料进入保型筒内，需要保型一段时间以保证成型，然后被再次进入保型筒前部的生物质原料依次推出成为生物质棒状燃料。保型时间或保型筒长度越长，保证成型所需的最低成型压强就越小，能耗也越小。保型时间与保型筒的长度和生产率有关，当要求保型时间一定时，生产率越高，保型筒长度应适当加长。保型筒既要承受成型锥筒的巨大冲力，又要负责物料传热。由于物料环境温度低，生物质棒状燃料内热蒸汽要向外发散，其稍有膨胀，通过保型筒的阻力就会剧增。为克服以上弊端，在保型筒末端沿径向开了一段可调出口直径的槽，可根据实际需要来调节。保型筒的材料可选用 30Cr 或 40Cr。

#### 4.4.4.3　秸秆压缩成型过程

活塞冲压式成型机在一个行程内是一个连续的压缩过程，为了便于研究问题，根据原料所处的不同状态可将其分为五个区：供料区、压紧区、稳定成型区、压变区和保型区，如图 4-45 所示。活塞冲杆在冲杆套中移动一个行程 $S$，套筒中的物料在活塞冲杆的作用下完成压紧—塑性变形—保型一个成型周期后，从保型筒中被推出，成为生物质棒状燃料。图 4-45 中：供料区 ab 段为预压阶段强制预压输送的区段；压紧区 bc 段为冲杆封住进料口的位置到物料基本成型将要推动前面生物质棒状燃料前移而还没有前移的区段；稳定成型区 cd 段为基本成型的物料推动前面的生物质棒状燃料前移到活塞前死点位置的区段，成型压力基本不变；压变区 de 段为锥型套的长度区段，物料在锥型套内被加热并产生塑性变形；保型区为保型筒的长度区段。

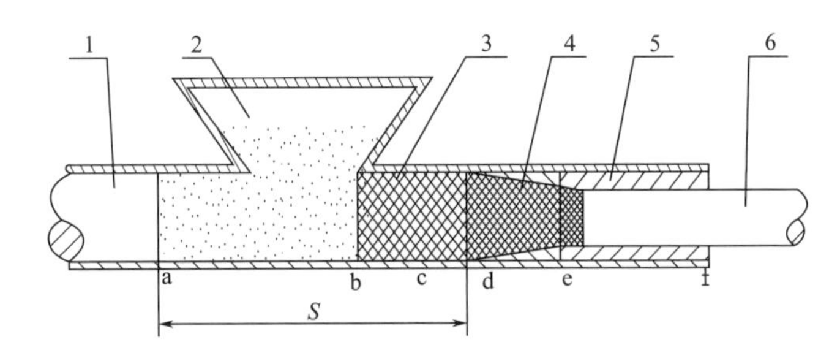


**图 4-45　活塞冲杆运动分析示意**

1—活塞冲杆；　2—喂料斗；　3—冲杆套；　4—锥型套；　5—保型筒；　6—生物质棒状燃料

在供料区内，被强制预压的物料，首先进行预压缩，排出部分空气，缩小体积，使物料密度比自然状态下的密度有所增加。当柱塞前移到图 4-45 中 b 点位置时，物料在冲杆的推动作用下，迅速进入压紧区。在这一区域内，原料在冲杆的推动的作用下，向前移动，当接触到前面锥型套筒内生物质棒状燃料的端面时，推力逐渐增大，物料迅速压紧，逸出空气，产生少量的塑性变形。在这两个阶段，物料主要发生弹性变形。随着冲杆前移，物料进入稳定成型区，在这一区域内，冲杆压力急剧增大，进一步排出物料间的气体，原料相互贴紧、堆砌和镶嵌，并将前面基本成型的物料推入压变区（锥型套内）。在压变区物料发生不可逆的塑性变形和粘接，直至成型后被不断成型的物料推入保型区。在保型区的生物质棒状燃料，随着活塞带动冲杆的往复运动，不断被新成型的物料向前推送，在保型筒径向力、筒壁和成型棒摩擦力、相邻成型块间轴向应力的作用下保持形状，同时开始不断回弹，释放弹性能量，被推出保形筒后，还要进行轴向和径向的松弛恢复，直到几天后才保持恒定的塑性变形，具有最终密度。所以，在保型区内生物质棒状燃料主要发生弹性变形。

## 参考文献

[1] 胡建军. 秸秆颗粒燃料冷态压缩成型实验研究及数值模拟［D］. 大连：大连理工大学，2008.

[2] 田宜水，姚向君. 生物质能资源清洁转化利用技术［M］. 北京：化学工业出版社，2014.

[3] 潘永康，王喜忠. 现代干燥技术［M］. 北京：化学工业出版社，1998.

[4] 王喜忠，于才渊，刘永霞，等. 中国干燥设备现状及进展［J］. 无机盐工业，2003，35（2）：4-6.

[5] 张源. 印度大米加工设备技术水平及发展现状［J］. 粮食与饲料工业，2002（2）：13-14.

[6] 马骞，郭超，向书春，等. 生物质燃料干燥设备的研发可行性分析［J］. 农业装备与车辆工程，2011（1）：8-10.

[7] 肖峰，贺志宝，李敬德. 流化床干燥装置：CN 205825595U［P］，2016-12-21.

[8] 张虎，张建华，姜来民，等. 正负压通风干燥筒仓：CN 203467255U［P］，2014-03-12.

[9] 雷廷宙，沈胜强，李在峰，等. 生物质干燥机的设计及试验研究［J］. 可再生能源，2006（3）：29-32.

[10] 雷廷宙，沈胜强，吴创之，等. 玉米秸秆干燥特性的试验研究［J］. 太阳能学报，2005，26（2）：26-28.

[11] 路延魁. 空气调节设计手册［M］. 北京：中国建筑工业出版社，2001.

[12] 金国淼. 干燥设备［M］. 北京：化学工业出版社，2002.

[13] 王凯，邢召良，刘峰，等. 生物质破碎转筒型干燥机：CN 102620546A［P］，2012-08-01.

[14] 李金旺. 涡流式生物质干燥机：CN 202928329U［P］，2013-05-08.

[15] 常厚春，马革，刘巍，等. 生物质物料滚筒干燥机：CN 103791706A［P］，2014-05-14.

[16] 郭东升，何永昶. 一种安全高效的生物质碎料带式干燥机：CN 205747844U［P］，2016-11-30.

[17] 李海滨，袁振宏，马晓茜，等. 现代生物质能利用技术［M］. 北京：化学工业出版社，2012.

[18] 郭玉立. 一种高效节能铡切式秸秆粉碎机：CN 205491837U［P］，2016-08-24.

[19] 魏云朋. 一种转筒式喂料方式的大型揉搓粉碎机：CN 104412798A［P］，2015-03-18.

[20] 宋卫东，王明友，李尚昆，等. 一种带风引出料装置的组合式粉碎机：CN 203194174U［P］，2013-09-18.

[21] 贺亮，聂新天，朱思洪，等. 一种低噪音树枝粉碎机：CN 104069922A［P］，2014-10-01.

[22] 姚宗路，赵立欣，Ronnback M，等. 生物质颗粒燃料特性及其对燃烧的影响分析［J］. 农业机械学报，2010，41（10）：97-102.

[23] 赵迎芳，梁晓辉，徐桂转，等. 生物质成型燃料热水锅炉的设计与试验研究［J］. 河南农业大学学报，2008，42（1）：108-111.

[24] 马文超，陈冠益，颜蓓蓓，等. 生物质燃烧技术综述［J］. 生物质化学工程，2007，41（1）：43-48.

[25] 刘圣勇，陈开碇，张百良. 国内外生物质成型燃料及燃烧设备研究与开发现状［J］. 可再生能源，2002（4）：14-15.

[26] 赵立欣，孟海波，姚宗路，等. 中国生物质固体成型燃料技术和产业 [J]. 中国工程科学，2011，13（2）：78-82.
[27] 庞利莎，田宜水，侯书林，等. 生物质颗粒成型设备发展现状与展望 [J]. 农机化研究，2012，34（9）：237-241.
[28] 袁振宏，吴创之，马隆龙，等. 生物质能利用原理与技术 [M]. 北京：化学工业出版社，2015.

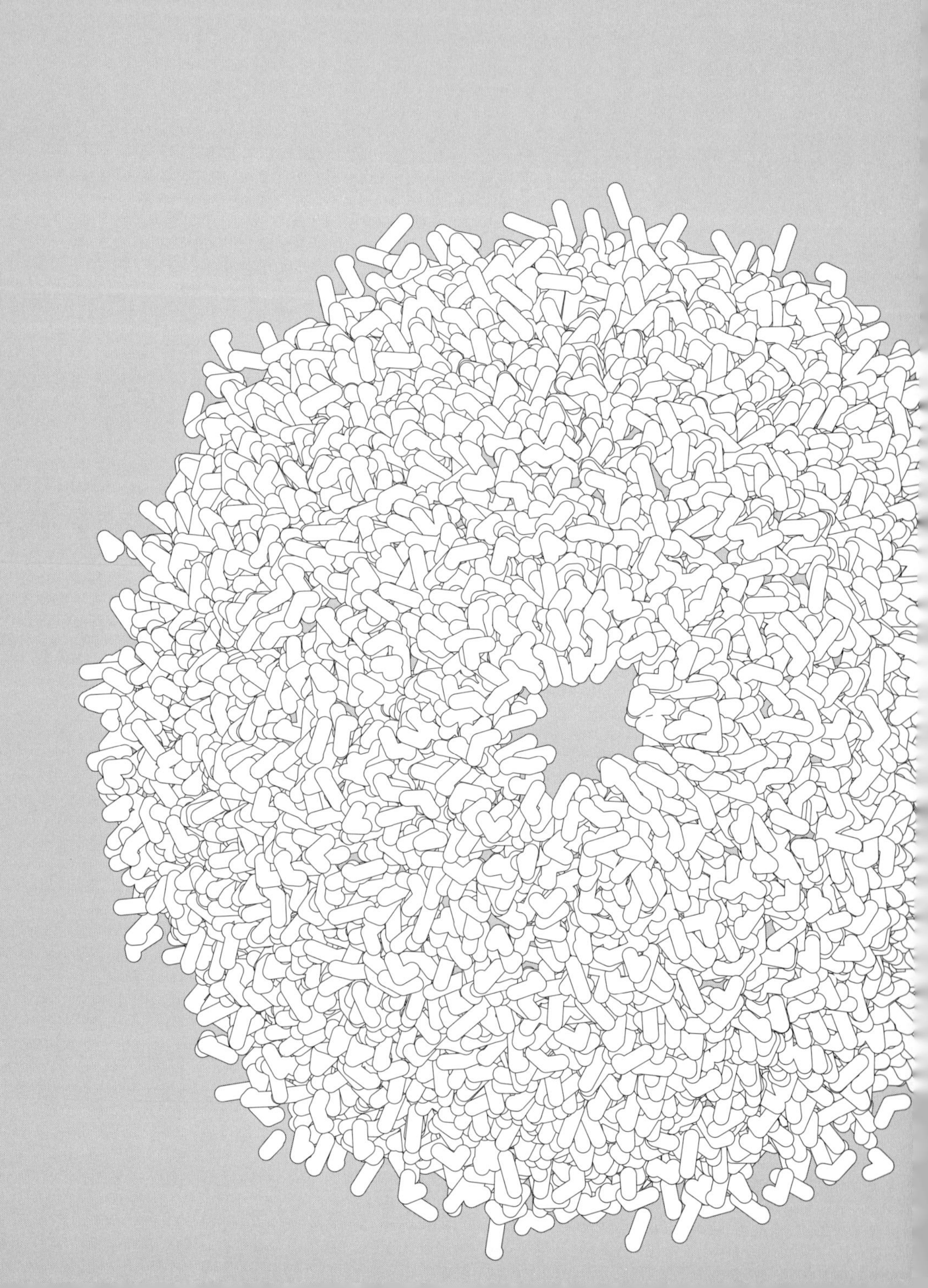

# 第5章

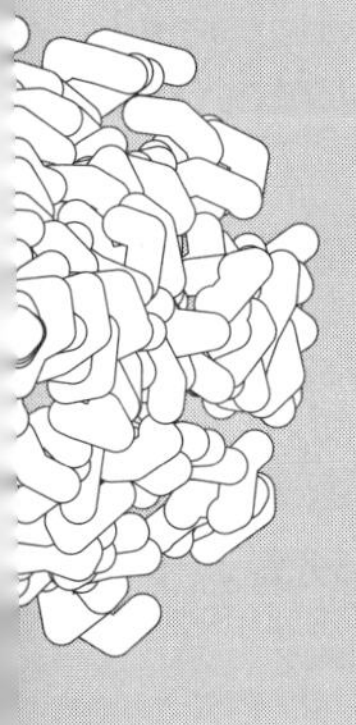

# 生物质固体成型燃料燃烧应用技术及设备



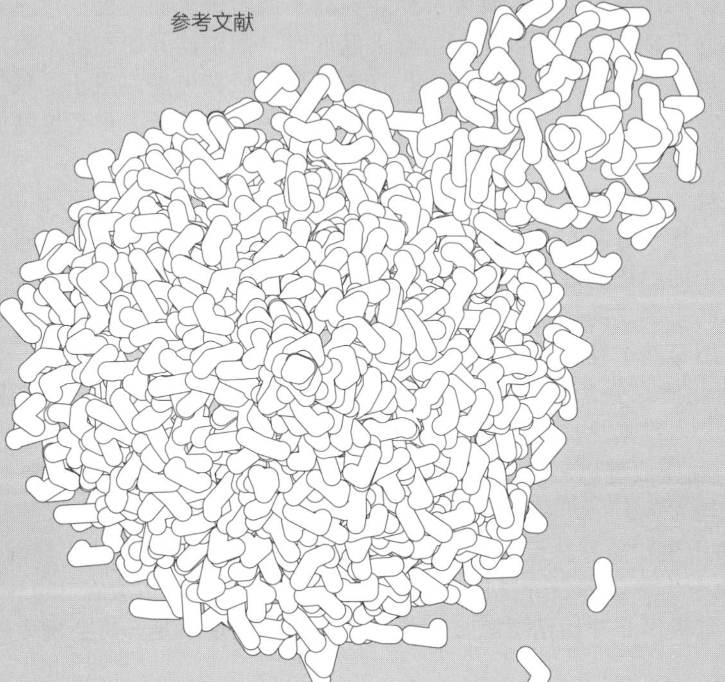

# 5.1 生物质固体成型燃料燃烧基本过程

生物质水分含量大，氢含量多，含碳量比化石燃料少，碳与氢结合成的小分子量化合物，在燃烧过程中更容易挥发，因而着火点低。燃烧的初期，需要足够的空气以满足挥发分的燃烧，否则挥发分易裂解，生成炭黑而造成不完全燃烧。

生物质燃烧过程可分为干燥阶段、挥发分析出阶段、挥发分燃烧阶段、固定碳的燃烧和燃尽阶段，具体如下所述。

1）干燥阶段

生物质被加热后，温度不断升高，当温度达到100℃时，其表面的外在水分和内含的水分开始受热蒸发，随着温度升高，生物质被干燥。由于其中的水分含量较高，干燥需要消耗的热量多，需要的时间也在延长，推迟了挥发分的析出和着火燃烧。

2）挥发分析出阶段

当温度持续升高，达到一定温度时，生物质中挥发分开始析出。

3）挥发分燃烧阶段

随着温度升高，达到一定温度后析出的挥发分开始着火，此时温度称为着火温度。由于挥发分的组成成分复杂，其燃烧反应也很复杂。挥发分中的可燃气燃烧后，开始释放出热量，温度进一步升高，加快了挥发分的析出并燃烧，挥发分燃烧释放出生物质70%以上的热量。

4）固定碳的燃烧和燃尽阶段

由于挥发分析出和燃烧，消耗了气体中大量氧气，从而使氧气扩散的能力降低，限制了固定碳的燃烧。另外，挥发分燃烧提高了固定碳表面温度，气流通过对流、传导和辐射加热固定碳。当达到固定碳的着火温度时，固定碳开始燃烧。固定碳燃烧的后段称为燃尽阶段，该阶段灰分不断产生，将未燃尽的炭粒包裹，阻止了氧气的扩散，影响炭粒的进一步燃烧，且灰分与炭粒升温需要消耗一定的热量。由于生物质碳含量较低，固定碳燃尽时间将缩短，最终燃尽成灰。

与常规的燃煤相比，生物质成型燃料通常氧含量高（通常大于30%），氢碳比、氧碳比较高，挥发分高，灰分含量少。由于生物质成型燃料特性的不同，从而导致了其在燃烧过程中的燃烧机理、反应速率以及燃烧产物的成分与燃煤相比也都存在较大差别，表现出不同于燃煤的燃烧特性。生物质燃烧过程可分为挥发分的析出、燃烧和残余焦炭的燃烧、燃尽两个独立阶段，其燃烧过程的特点是：

① 生物质水分含量较多，燃烧需要较高的干燥温度和较长的干燥时间，产生的烟气体积较大，排烟热损失较高；

② 生物质成型燃料的密度小，结构比较松散，迎风面积大，容易被吹起，悬浮燃烧的比例较大；

③ 由于生物质发热量低，炉内温度偏低，组织稳定的燃烧比较困难；

④ 由于生物质挥发分含量高，燃料着火温度较低，一般在250～350℃的温度下挥发分就大量析出并开始剧烈燃烧，此时若空气供应量不足，将会增大燃料的化学不完全燃烧损失；

⑤ 挥发分析出燃尽后，受到灰烬包裹和空气渗透困难的影响，焦炭颗粒燃烧速度较慢、燃尽困难，如不采取适当的必要措施，将会导致灰烬中残留较多的余炭，增大机械不完全燃烧损失；

⑥ 秸秆等部分生物质成型燃料含氧量较高，因此需要对床层部分结构和运行工况进行特殊考虑，防止其对床层部分的腐蚀。

同时，秸秆类生物质成型燃料还会随着收割季节的不同，水分波动较大，这就要求燃烧设备对秸秆类生物质成型燃料水分波动带来的热值变化的适应性较强。而由于秸秆类生物质成型燃料中含有大量的碱金属元素（主要是钾元素和钠元素），在燃烧过程中，碱金属、硫元素和氯元素挥发出来，相互间发生化学反应，以硫酸盐或氯化物的形式凝结在飞灰颗粒和受热面的壁面上，容易在受热面上发生积灰、结渣现象，影响燃烧设备安全、稳定地运行。因此，在设计生物质成型燃料燃烧设备时，必须加以特殊考虑。生物质成型燃料燃烧是最早采用的一种生物质开发利用方式，具有如下特点：

① 生物质成型燃料燃烧所释放出的 $CO_2$ 大体相当与其生长时通过光合作用所吸收的 $CO_2$，因此可以认为是 $CO_2$ 的“零排放”，有助于缓解温室效应；

② 生物质成型燃料的燃烧产物用途广泛，灰渣可加以综合利用；

③ 生物质成型燃料可与矿物质燃料混合燃烧，既可以减少运行成本，提高燃烧效率，又可以降低 $SO_2$、$NO_x$ 等有害气体的排放浓度；

④ 采用生物质成型燃料燃烧设备可以最快速度地实现各种生物质资源的大规模减量化、无害化、资源化利用，而且成本较低，因而生物质成型燃料燃烧技术具有良好的经济性和开发潜力。

生物质成型燃料燃烧是指生物质成型燃料中的可燃成分和助燃剂（一般为空气中的氧气）在一定温度发生的化学反应，在燃烧过程中将生物质成型燃料中的化学能转化为热能，从而放出大量的热量，并使燃烧产物的温度升高。在生物质成型燃料燃烧过程中以复杂分子形态存在的可燃成分发生了一系列复杂的化合分解反应，该燃烧过程遵循质量和能量平衡，其中热能利用和能量品位的提升是生物质成型燃料燃烧研究的主要内容。

生物质成型燃料燃烧理论是研制生物质成型燃料燃烧设备的基础。生物质成型燃料的点火性能、燃烧特性、燃烧机理等是确定生物质成型燃料燃烧设备的热力参数的理论基础，是设计高效燃烧生物质成型燃料燃烧设备、实现高效燃烧和产生较少污染的重要依据。

## 5.1.1　生物质固体成型燃料点火性能

（1）点火机理

生物质成型燃料的点火过程是指生物质成型燃料与火接触，接触点温度急剧升高，达到其燃点后，挥发分析出，激烈的燃烧反应迅速发生的过程。因此，生物质成型燃料的点火要经过如下过程：在热源的作用下，局部水分逐渐被蒸发并从生物质成型燃料表面溢出，部分挥发性可燃气析出，温度升高到可燃气着火点，生物质成型燃料局部着火燃烧，局部燃烧向周围和内部扩展，使挥发分析出量迅速增加，从而使得激烈燃烧开始，点火阶段结束。点火过程与燃烧过程的机理并无太大的区别，仅仅只是温度供给不同，点火开始的温度升高是外来热源提供的，而燃烧过程的热源来自生物质成型燃料自身的能量。

(2) 点火特征

影响点火的因素有生物质原料种类，温度，空气，生物质成型燃料的密度、含水率等几项基本要素。一般情况下，生物质成型燃料的密度越小，燃烧炉内温度越高，挥发分释放越快，含水率越低，越容易点火。

生物质成型燃料的点火时间与挥发分大致呈线性相关，通常挥发分中含有氢气、甲烷、一氧化碳、烃类物质等可燃气体，挥发分越高，点火时间越短，不同的生物质成型燃料在不同的燃炉中燃烧的挥发分的比例不同。

生物质成型燃料的点火时间与含水率大致呈指数关系，含水率越高，点火时间越长。这主要是因为生物质成型燃料中较高的含水率会延长其干燥的时间，从而减缓挥发分析出速度，使得点火时间延长。当含水率超过一定数值时，则生物质成型燃料无法点燃。

生物质成型燃料特殊的组织结构限定了其挥发分由内向外的析出速度及热量由外向内的传递速度，因此，等质量的生物质成型燃料点火所需的氧气比原生物质的要少。生物质成型燃料的点火性能比原生物质有所降低，但仍然远远低于型煤的点火性能。从总体趋势来看，生物质成型燃料的点火特征更趋于生物质原料点火特征。

### 5.1.2 生物质固体成型燃料燃烧热力学

生物质成型燃料主要由碳元素、氢元素和氧元素三种主要物质和其他少量的硫、氮、钾、磷等元素构成。其中，钾元素和磷元素含量少且通常多以氧化物的形式存在于灰分中，一般计算不考虑。由于氧元素不属于可燃元素，所以生物质成型燃料的燃烧计算实际上是生物质成型燃料中碳、氢、硫、氮及其化合物的反应和燃烧的计算。在生物质成型燃料中硫的含量极低，有些甚至不含硫，由于温度较低，一般认为大部分氮元素以氮气的形式析出，生物质成型燃料燃烧实际就是碳元素、氢元素的化学反应和燃烧反应。生物质成型燃料燃烧时，其中的碳元素、氢元素可能发生的化学反应及其反应热见表 5-1。

**表 5-1 生物质成型燃料燃烧时碳元素、氢元素可能发生的化学反应及其反应热**

| C(固体) | $\Delta H$/(kJ/mol) | $H_2$(气体) | $\Delta H$/(kJ/mol) |
|---|---|---|---|
| 与 $O_2$ 反应 | | $2H_2+O_2 \longrightarrow 2H_2O$ | −482.296 |
| $C+O_2 \longrightarrow CO_2$ | −408.77 | $C+2H_2 \longrightarrow CH_4$ | −752.400 |
| $2C+O_2 \longrightarrow 2CO$ | −246.034 | $CO+3H_2 \longrightarrow CH_4+H_2O(g)$ | −2035.66 |
| $2CO+O_2 \longrightarrow 2CO_2$ | −57.0320 | $CH_4+2O_2 \longrightarrow CO_2+2H_2O(g)$ | −801.553 |
| 与 $H_2$ 反应 | | | |
| $C+2H_2 \longrightarrow CH_4$ | −752.400 | | |
| 与 $CO_2$ 反应 | | | |
| $C+CO_2 \longrightarrow 2CO$ | +162.142 | | |
| 与 $H_2O$ 反应 | | | |
| $C+H_2O(g) \longrightarrow CO+H_2$ | +118.628 | | |
| $CO+H_2O(g) \longrightarrow CO_2+H_2$ | −43.514 | | |
| $C+2H_2O(g) \longrightarrow CO_2+2H_2$ | +75.514 | | |

生物质成型燃料燃烧热力学是研究燃烧系统中有关化学反应时的能量转换和守恒的关系。本节主要介绍应用于燃烧和反应系统的热力学的有关定义，重点描述应用热力学第一定律和第二定律计算燃烧过程释放的能量、燃烧产物的平衡温度和平衡组分的基本方法和算例。其中燃烧产物的平衡温度和平衡组分是燃烧系统最基本的参数，在生物质成型燃料燃烧研究中有重要的地位。

#### 5.1.2.1 热力学第一定律在反应系统中的应用

(1) 燃烧焓和热值

假定化学反应的生成物是已知的，用热力学第一定律可以计算其释放（或者吸收）的热量。当1mol的生物质成型燃料与化学当量的空气混合物以一定的标准参考状态进入稳定流动的反应器，且生成物（假定为$CO_2$、$H_2O$、$N_2$）也以同样的标准参考状态离开该反应器，那么把次反应释放出来的热量定义为标准反应焓 $\Delta h_R$ 或称为燃烧焓。当反应为等压过程时，燃烧焓为：

$$\Delta h_R = q = h_0 - h_i \tag{5-1}$$

式中　$\Delta h_R$——标准反应焓，即 $q$，kJ；

$h_0$——进入稳定流动反应器时的焓，kJ；

$h_i$——离开稳定流动反应器时的焓，kJ。

值得注意的是，对放热反应，反应热是负值。反应热与燃烧产物的相态有关，因为生成热与相态有关。例如，液态水的生成热为－285.94kcal/mol，而气态水的生成热为－241.90 kcal/mol，两者的差值等于室温下液态水的汽化热。

燃烧热值的定义为：1kg生物质成型燃料在标准状态下与空气完全燃烧时所放出的热量，它等于反应焓或燃烧焓的负数。对于有可凝结产物的生物质成型燃料通常情况下有两种热值，产物为凝聚相时为高热值，产物为气态时为低热值。

(2) 绝热火焰温度

对给定的反应混合物及初始温度，如果知道产物气态组分，那么就可以用热力学第一定律计算燃烧产物的温度。绝热燃烧火焰温度是指生物质成型燃料与空气比及温度一定时，在绝热过程中燃烧产物所能达到的温度。通常分为两种极限情况：等容燃烧和等压燃烧。

#### 5.1.2.2 热力学第二定律在反应系统中的应用

在高温燃烧过程中，燃烧产物要发生解离而产生解离产物，烃类燃料与空气燃烧形成的理想燃烧产物有$CO_2$、$H_2O$、$O_2$、$N_2$，离解为吸热反应。而燃烧产物的离解使得燃烧不完全，放热量减少，从而使燃烧温度下降。为了更为准确地计算实际火焰温度，必须知道燃烧产物的成分，对于稳态燃烧过程，假设系统处于化学平衡状态，即正向反应速率等于逆向反应速率，系统内各组分的浓度不随着时间的迁移而变化。燃烧产物成分的确定是建立在化学平衡条件和元素守恒及能量守恒原理基础之上的。

热力学第二定律引入了作为热力学状态函数熵的概念。热力学第二定律表述为：对一个孤立系统，即与环境没有热量、功、质量交换的系统，熵只能增加不能减少的过程。

对于一定的系统质量、能量和体积，平衡状态时孤立系统的熵是可能的最大值。而对于一个等温等压过程，吉布斯自由能必须减小或保持不变，在平衡态时吉布斯自由能为最小值。

### 5.1.3 生物质固体成型燃料燃烧机理

生物质成型燃料燃烧反应方程式能表明反应物与生成物之间的关系，以及反应的总体效果，但不能解释化学反应的机理和反应进行的实际过程。只有了解化学反应机理，才有可能进一步解决化学反应过程中出现的问题。阿伦尼乌斯（Arrhenius）定律虽然在分子运动理论基础上，建立了化学反应速率和许多重要参数的关系，但是燃烧过程的化学反应机理极其复杂，无法用该定律进行解释。因此，人们提出了化学动力学新理论：分子热活化理论与连锁反应理论。

#### 5.1.3.1 分子热活化理论

根据分子运动学说，单位时间内每个分子都与其他分子发生数以万次甚至亿次的相互碰撞，假设化学反应的发生是由反应物分子的相互碰撞引起的，每一次碰撞均可能发生化学反应，那么无论在什么条件下，反应都会在瞬间完成。而事实上，化学反应是以有限的速率进行的，并不是所有的碰撞都会引起反应的发生。因此可以假设，只有活化分子之间的碰撞才会引起反应。活化分子的能量较其他分子的平均能量大，这部分超过一定数值的能量使原有分子内部的化学键被削弱，并通过撞击使得键断裂，原子重新排列组合形成新的分子。我们称破坏原有化学键和产生新键所需的最小能量 $E$ 为活化能，具有不小于活化能 $E$ 能级的分子，称为活化分子。不同反应所需的活化能是不同的。

分子间的能量分布是极不均匀的，在任何温度下都会有高于活化能的活性分子存在，因此，反应所需活化能越大，能引起反应的活化分子就越少，因而反应速率也就越低。所以活化能是衡量反应物理化合能力的一个主要参数。

温度的升高可以增加反应物的内能，即提高分子的能量，使活化分子的数量大大增加，从而提高了反应速率，该现象被称为分子的热活化，该理论与简单分子反应速率的实测值是相符的。但是对于复杂的分子反应来说，多原子分子本身结构复杂，分子间的作用不能简单地看成是刚性球体的弹性碰撞，且发生反应也与碰撞位置有关，降低了反应的发生概率，因此需要对上述理论进行修正，才能得出较为准确的结果。

#### 5.1.3.2 连锁反应理论

实验证明，有许多化学反应的反应速率与热活化理论不相符，例如，氢的氧化反应必须有三个活化分子同时碰撞，因此形成速率应该极慢，但实际上在700℃高温下，这个反应却能瞬间完成。为了解释这一现象，人们提出了连锁反应理论。

按照连锁反应理论，化学反应进程不是一步完成的，而是经历了一个中间阶段，产生一些中间活性产物，这些中间活性产物（活化中心）可以直接与原反应物发生反应形成新的物质，加速反应的进行。中间活性产物大多是不稳定的自由原子或离子，与原反应物发生反应所需的活化能小得多，以此避免活化能的障碍，加快反应速率。且活化中心一旦形成，还可能导致一系列新的活化中心的形成，使反应像连锁一样进行，而活化中心就是整个反应的中间环节。此理论也可解释实验测定的反应级数通常低于化学反应比例系数之和。连锁反应可分为以下3个过程。

1）链的形成

反应物由于热活化或其他作业形成活化中心的过程，该过程是反应中最为困难的阶段，需要足够的能量分裂原反应物内部的化学键。

2）链的增长

活化中心与原反应物完成反应过程，同时形成新的活化中心。若再生的新的活化中心数目等于消耗的活化中心数目，链以直线形式增长，整个反应会以恒定的速度快速进行，称为直链反应。若再生的新的活化中心数目大于消耗的活化中心数目，链形成分支，反应速率会急剧增长，以致最后引起爆炸，称为分支链反应。着火、爆炸及燃烧反应都带有分支链反应。以上反应虽然步骤较复杂，但由于不稳定的活化中心的参与，要求的活化能较低，反应速率仍比原反应物分子直接碰撞的反应速率高得多。

3）链的中断

活性中心与活性分子、容器壁或惰性分子碰撞，失去能量，活性中心消失的过程。因此活性中心的增长也不是无限制的。

想要抑制连锁反应的发生，可以采用以下三种措施：a. 增加反应容器的比表面积；b. 提高反应系统的气压；c. 反应中引入可与活性中心发生反应的抑制剂。

#### 5.1.3.3 $H_2$ 和 CO 的燃烧反应机理

生物质成型燃料的燃烧会产生复杂的产物，我们无法对其反应机理进行详细讨论。其中反应前期升温过程热解产生大量的 $H_2$ 和 CO。对 $H_2$ 和 CO 的燃烧反应机理进行研究，以便更好地理解生物质成型燃料燃烧反应中的连锁反应。

（1）$H_2$ 的燃烧反应机理

氢气的氧化反应：

$$2H_2+O_2 \longrightarrow 2H_2O+Q \tag{5-2}$$

由于氢的活化作用，使氢气分子分解成氢原子

$$H_2+M^* \longrightarrow 2H+M \tag{5-3}$$

式中 $Q$——反应释放的热量，kJ；

$M^*$——具有高能量的活化分子；

M——活化分子。

当它与 $H_2$ 碰撞时使氢键断裂，形成活化中心，这一反应进行缓慢。但活化中心形成后会引发一系列反应：

$$H+O_2 \longrightarrow OH+O \text{ 慢反应} \tag{5-4}$$

$$O+H_2 \longrightarrow OH+H \text{ 快反应} \tag{5-5}$$

$$OH+H_2 \longrightarrow H_2O+H \text{ 较快反应} \tag{5-6}$$

上述反应描述了链的形成过程，连锁反应总的效果相当于

$$H+O_2+3H_2 \longrightarrow 2H_2O+3H \tag{5-7}$$

即一个活化中心经过连锁基本环节后，除了生成产物 $H_2O$ 外还将再生产三个活化中心，为分支链反应。随着反应的进行，活性中心不断增加，使化学反应不断加速。通过对氢氧火焰进行光谱分析测量，其中 H 原子和 OH 浓度可证实上述反应机理是合理的。

(2) CO的燃烧反应机理

CO具有和$H_2$一样的燃烧反应特征，但在没有含氢组分存在时的氧化速率是很慢的。对于干燥的$CO$-$O_2$混合物的燃烧反应机理，目前认识尚不统一，但多认为也是连锁反应，活化中心是臭氧，反应速率很慢，只有在温度高于700℃时才能着火燃烧。少量的$H_2O$和$H_2$可以对氧化速率起到巨大的催化作用。包含羟基的CO氧化速率要比只包含$O_2$和O的CO氧化反应速率快得多。假设水是初始含氢的组分，下面四步可以来描述CO的氧化：

$$CO+O_2 \longrightarrow CO_2+O \tag{5-8}$$

式(5-8)对$CO_2$形成贡献不大，为链激发反应；

$$O+H_2O \longrightarrow 2OH \tag{5-9}$$

式(5-9)为分支链反应；

$$OH+CO \longrightarrow H+CO_2 \tag{5-10}$$

式(5-10)为$CO_2$形成主要反应，是关键反应；

$$H+O_2 \longrightarrow OH+O \tag{5-11}$$

式(5-11)为链传递。

$H_2$作为催化剂，还包括下列反应：

$$O+H_2 \longrightarrow OH+H \tag{5-12}$$

$$OH+H_2 \longrightarrow H+H_2O \tag{5-13}$$

### 5.1.4 生物质固体成型燃料燃烧反应速率

生物质成型燃料燃烧过程中，燃烧产物不能在瞬间达到平衡浓度，因此需要对燃烧反应速率进行研究和讨论。在燃烧反应进行过程中，单位体积中的反应物（如生物质成型燃料与氧化剂）与生成物（如燃烧产物）的数量随着温度、压力的变化以及反应的进行都在不断发生变化。燃烧反应进行得越快，在单位时间内，单位体积中的反应物消耗得越多，生成物形成得也就越多。因此可用反应物或生成物的浓度$c$随时间的变化率来表示生物质成型燃料的燃烧反应速率，即

$$w=\pm\frac{\mathrm{d}c_i}{\mathrm{d}t} \tag{5-14}$$

式中　$w$——反应速率；

$c_i$——反应物或生成物的浓度；

$t$——反应时间。

采用不同的物质浓度所得的反应速率值是不同的，物质的量可用kg、kmol、相对分子质量为单位，相应的浓度单位为$kg/m^3$、$kmol/m^3$、分子数$/m^3$，而相应的化学反应速率单位为$kg/(m^3 \cdot s)$、$kmol/(m^3 \cdot s)$、分子数$/(m^3 \cdot s)$，这些单位之间可以相互换算。

当$c_i$为反应物浓度时，$\frac{\mathrm{d}c_i}{\mathrm{d}t}<0$，则$W=-\frac{\mathrm{d}c_i}{\mathrm{d}t}$，负号表示随反应的进行，反应物逐渐减少。当$c_i$为生成物浓度时，$\frac{\mathrm{d}c_i}{\mathrm{d}t}>0$，则$W=\frac{\mathrm{d}c_i}{\mathrm{d}t}$。

研究影响反应速率的因素对控制生物质成型燃料的燃烧过程有着重要的意义，若燃烧反应速率过低，则生物质成型燃料在燃烧装置停留时间内不能完成燃烧过程，必然会导致燃烧不完全，降低生物质能利用效率。与一般化学反应相同，生物质成型燃料燃烧反应速率与各反应物质的浓度、温度、活化能、压力以及各物质的物理化学性质有关。

（1）浓度

质量作用定律说明了化学反应速率在一定温度下与反应物质浓度的关系，浓度越大，分子之间的碰撞次数增加，反应速率增大。在一定温度下，燃烧反应的反应速率与瞬间各反应物浓度的乘积成正比，即

$$W=-k\prod c_i^{n_i} \tag{5-15}$$

式中　$k$——反应速率常数，其单位由反应物浓度的单位决定；

$c$——各反应物浓度之和；

$W$——反应速率。

反应速率常数 $k$ 与反应物的浓度无关，当各反应物浓度均为 1 时，则反应速率常数 $k$ 即为反应速率，其取值取决于反应温度以及反应物的物理化学性质。它也反映了燃料燃烧能力的大小，如在相同条件下，$k$(炔)$>k$(烯)$>k$(烷)。

而反应比例系数之和：$n=n_1+n_2+n_3+\cdots$称为反应级数。需要注意的是，反应级数需要通过实验测得，简单分子反应中的反应级数满足上述等式，但化学反应方程式并非代表化学反应的真正过程，所以方程式中表示的反应物反应比例系数之和，在大多数情况下并不与该反应的反应级数相等。生物质成型燃料燃烧过程的动力段可视为化学动力学控制的一级反应，即 $n=1$。

（2）温度

在影响化学反应速率的各项因素中，温度的影响最为显著。试验表明，大多数的化学反应速率是随着温度升高而加快的。1889 年，阿伦尼乌斯从试验结果中得出一个温度对反应速率影响的经验公式，即著名的阿伦尼乌斯（Arrhenius）公式。由公式可以看出，反应速率常数 $k$ 的对数和温度 $T$ 的倒数成直线关系。常数 $\ln K_0$ 决定直线在纵轴的截距，而常数 $R$ 则决定直线的斜率。这一关系式准确反映出反应速率随温度的变化规律。

生物质成型燃料的燃烧温度较低，大多低于 1000℃，且是典型的气固反应，处于化学控制区域，故燃烧反应速率常数服从 Arrhenius 定律。

（3）活化能

活化能是反应物从常态转变为容易发生化学反应的活跃状态所需要的能量。不同的反应物进行化学反应时所需的活化能 $E$ 是不同的。活化能是衡量反应物化合能力的主要指标，活化能的大小对化学反应速率的影响十分显著：活化能越低，反应物中具有等于或大于活化能数值的活化分子数越多，化合能力就越强，在其他条件相同的情况下化学反应速率就越高。

但随着反应温度的提高，活化能的大小对燃烧反应速率的影响程度将有所减弱，这再次说明温度对反应速率的影响十分强烈。不同种类的生物质成型燃料元素和分子构成也不尽相同，其活化能也不相同，需要通过实验来测定其数值范围。

（4）压力

压力对不同级数的化学反应速率的影响是不同的，在温度不变的情况下，反应级数

越高，压力对化学反应速率的影响也越大。提高压力虽然能增大化学反应速率，但压力对整个燃烧过程的影响不能仅以化学反应速率的大小来衡量。因为燃烧过程是复杂的物理化学过程，压力除了可以影响其化学反应外，还可以影响扩散、传热等其他物理过程。相关实验已经证实了提高压力可以强化燃烧。

(5) 其他

除了上述几种影响因素以外，反应物的物理化学性质、混合比例、不参与化学反应的惰性气体成分浓度，都会影响化学反应的速率。反应物的物理性质主要表现在频率因子 $k_0$ 上，化学性质主要表现在活化能 $E$ 上，对应不同的反应物反应速率也不同。而大致相当于反应式中化学当量比的反应物混合比例，能使反应速率达到最大值。由于燃烧温度也与混合物成分混合比例有关，因此更增大了混合物比例对反应速率的影响。惰性气体如氮气的存在会降低反应物浓度，减少反应分子间的有效碰撞次数，因此会导致反应速率的下降。

### 5.1.5 生物质固体成型燃料燃烧动力学分析

生物质成型燃料在燃烧过程中进行激烈的化学反应，将存储在其中的化学能释放出来，而生物质成型燃料燃烧反应速率和反应机理无疑是影响生物质能利用效率的重要因素。因此，对生物质成型燃料燃烧过程进行反应动力学的分析和研究是十分必要的。

我们通常使用活化能及频率因子两个参数来描述生物质成型燃料的燃烧性能。由于目前生物质成型燃料的燃烧过程并不完全清楚，很难准确计算出生物质成型燃料的活化能和频率因子，只能进行一些近似计算获得相对值。生物质成型燃料燃烧过程的化学反应方程式可看作：

$$\mathrm{A(固)+B(气)\longrightarrow C(气)} \tag{5-16}$$

反应物（A）的质量改变率与余质量之间的关系符合质量作用定律：

$$W=-\frac{\mathrm{d}m_{\mathrm{A}}}{\mathrm{d}t}=-k\alpha \tag{5-17}$$

式中 $\alpha$——反应物 A 质量所占份额；

$k$——反应速率常数，其单位由反应物浓度的单位决定。

反应速率常数 $k$ 遵循 Arrhenius 定律，可以得到：

$$\left(\frac{\mathrm{d}m_{\mathrm{A}}}{\mathrm{d}t}\right)/\alpha=k_0\mathrm{e}^{-\frac{E}{RT}} \tag{5-18}$$

令 $A=\left(\frac{\mathrm{d}m_{\mathrm{A}}}{\mathrm{d}t}\right)/\alpha$，两边取自然对数得：

$$\ln A=-\frac{E}{RT}+\ln k_0 \tag{5-19}$$

式中 $E$——活化能；

$R$——常数；

$T$——温度；

$k_0$——频率因子。

公式可视为线性关系，令 $a=\ln k_0$，$b=-\dfrac{E}{R}$，$x=\dfrac{1}{T}$，则有 $Y=\ln A$，即：

$$Y=a+bx \tag{5-20}$$

根据生物质成型燃料燃烧试验，可以绘出 TG（温度-重量）曲线，将曲线上的数据调整得到相应的 $Y$-$x$ 曲线，再对 $Y$-$x$ 曲线的直线部分进行拟合，根据拟合直线的系统可近似计算出活化能和频率因子。

生物质成型燃料燃烧反应就是生物质成型燃料与空气中的氧气之间进行的气、固多相反应，固态燃料在空气中的燃烧属于异相扩散燃烧。在这种燃烧中，首先要使氧气达到固体表面，在固体和氧气之间的界面上发生异相化学反应，反应形成的产物再离开固体表面扩散逸向远方。

氧从远方扩散到固体表面的流量为：

$$m''_{\mathrm{W}}=\alpha_{\mathrm{D}}(c_{0\infty}-c_{0\mathrm{W}}) \tag{5-21}$$

式中　$\alpha_{\mathrm{D}}$——质量交换系数；

$c_{0\infty}$——远处的氧浓度，$\mathrm{mol/m^3}$；

$c_{0\mathrm{W}}$——固体表面的氧浓度，$\mathrm{mol/m^3}$；

$m''_{\mathrm{W}}$——氧从远方扩散到固体表面的流量，$\mathrm{m^3}$。

氧扩散到固体燃烧表面，就与其发生化学反应。化学反应速率与表面上的氧浓度有关系。化学反应速率可以用消耗掉的氧气量来表示：

$$m''_{\mathrm{W}}=kc_{0w}=k_0\mathrm{e}^{-\frac{E}{RT}} \tag{5-22}$$

上述两个公式合并可以得到：

$$m''_{\mathrm{W}}=\frac{c_{0\infty}-c_{0\mathrm{W}}}{\dfrac{1}{\alpha_{\mathrm{D}}}}=\frac{c_{0\mathrm{W}}}{\dfrac{1}{k}}=\frac{c_{0\infty}}{\dfrac{1}{\alpha_{\mathrm{D}}}+\dfrac{1}{k}} \tag{5-23}$$

其中化学反应常数 $k$ 服从阿伦尼乌斯定律，当温度上升时，$k$ 急剧增大。另外，$k$ 与温度 $T$ 的关系十分微弱，可近似认为与温度无关。以 $m''_{\mathrm{W}}$-$T$ 作图，可得整个反应速率曲线，且曲线分为三个区域。

（1）化学动力学控制区

当温度 $T$ 较低时，$k$ 很小，$\dfrac{1}{k}\gg\dfrac{1}{\alpha_{\mathrm{D}}}$，式中的$\dfrac{1}{\alpha_{\mathrm{D}}}$可忽略掉，因而：

$$m''_{\mathrm{W}}=kc_{0\infty} \tag{5-24}$$

此时燃烧速率取决于化学反应，固体表面的化学反应速率很小，氧从远处扩散到固体表面后消耗不多，所以固体表面上的氧浓度 $c_{0\mathrm{W}}$ 几乎等于远处的氧浓度 $c_{0\infty}$。

（2）扩散控制区

当温度 $T$ 很高时，$k$ 很大，$\dfrac{1}{k}\ll\dfrac{1}{\alpha_{\mathrm{D}}}$，式中$\dfrac{1}{k}$可忽略掉，因而：

$$m''_{\mathrm{W}}=\alpha_{\mathrm{D}}c_{0\infty} \tag{5-25}$$

此时燃烧速率取决于扩散，固体表面上的化学反应速率很大，氧从远处扩散到固体表面后瞬间就几乎全部被消耗掉，所以固体表面上氧浓度 $c_{0\mathrm{W}}$ 十分低，几乎为零。

（3）过渡区

$\alpha_{\mathrm{D}}$ 与 $k$ 数值大小差不多，因而不能忽略任何系数，其公式为：

$$m''_{W}=\frac{c_{0\infty}}{\frac{1}{\alpha_D}+\frac{1}{k}} \tag{5-26}$$

当温度较低时，温度提高可以加大燃烧速率；当温度较高时，增大燃烧速率的关键在于提高固体表面的质量交换系数 $\alpha_D$。

# 5.2 生物质固体成型燃料燃烧物质平衡与能量平衡

生物质成型燃料是由可燃质（高分子有机化合物）和惰性物质（多种矿物质）两部分混合组成的。燃料的化学成分及含量通常是通过元素分析的方法测定得到的，其主要组成元素有碳、氢、氧、氮、硫五种，此外还包括一定数量的水分和灰分。生物质成型燃料的燃烧是燃料中的可燃质在高温条件下进行的剧烈氧化反应，同时放出大量的热量，燃烧后生成烟气和灰。通常为了使燃烧反应进行得充分完全，除保证一定高温环境外，必须提供充足的空气（主要是提供氧气），并使空气与燃料充分混合接触，同时将燃烧产物（烟气和灰）及时排走。

生物质成型燃料的燃烧物质平衡与能量平衡计算，就是计算燃料燃烧时所需的空气量、生成的烟气量以及空气和烟气的焓值。

## 5.2.1 生物质固体成型燃料燃烧所需的空气量

生物质成型燃料的可燃元素为碳、氢、硫，它们完全燃烧时所需的空气量可以根据完全燃烧化学反应方程式来计算。计算时空气和烟气所含有的各种组成气体，均认为是理想气体，即在标准状态下 1kmol 体积等于 $22.4m^3$，假定空气只是氮气和氧气的混合气体，其体积比为 79∶21。

空气量与烟气量的计算均以 1kg 燃料的收到基为基准。1kg 应用基燃料完全燃烧，而又无过剩氧气存在时所需的空气量，称为理论空气量，常用符号 $V_0$ 表示，单位 $m^3/kg$。

（1）碳

碳是生物质成型燃料的主要可燃成分。与其他可燃成分比较，碳元素的着火温度高，故燃料中含碳量越多，在炉膛内越不容易着火燃烧。在生物质成型燃料中碳的含量波动在 40%左右。碳在燃烧时与空气中的氧化合成 $CO_2$，并放出大量的热。由碳完全燃烧反应方程式 $C+O_2 \longrightarrow CO_2+407000kJ/kmol$ 可得：

$$12kg\ C+22.4m^3\ O_2 \longrightarrow 22.4m^3\ CO_2 \tag{5-27}$$

即：

$$1kg\ C+1.866m^3\ O_2 \longrightarrow 1.866m^3\ CO_2 \quad (5\text{-}28)$$

上述公式说明，每 1kg C 完全燃烧需要 $1.866m^3$ 的 $O_2$ 并产生 $1.866m^3$ 的 $CO_2$。碳在不完全燃烧时与空气中的氧合成 CO，并放出大量的热。碳不完全燃烧的反应方程式为：

$$2C+O_2 \longrightarrow 2CO+123100kJ/kmol \quad (5\text{-}29)$$

可得：

$$2\times12kg\ C+22.4m^3\ O_2 \longrightarrow 2\times22.4m^3\ CO \quad (5\text{-}30)$$

即：

$$1kg\ C+0.5\times1.866m^3\ O_2 \longrightarrow 1.866m^3\ CO \quad (5\text{-}31)$$

即每 1kg C 不完全燃烧需要 $0.5\times1.866m^3$ 的 $O_2$ 并产生 $1.866m^3$ 的 CO。

由上述燃烧反应可以看出，如果助燃空气不足，则燃料燃烧不完全，对燃料是极大的浪费，同时炉温提升变得困难。

(2) 氢

氢是生物质成型燃料中另一重要的可燃成分，易着火、发热量高。故含氢量多的燃料，不仅发热量高，而且容易着火燃烧。但含氢量高的燃料，特别是含重烃类化合物多的燃料，在燃烧过程中容易析出炭而冒黑烟，造成大气污染。在生物质成型燃料中氢的含量波动在 5%左右。氢的燃烧反应方程式为：

$$2H_2+O_2 \longrightarrow 2H_2O+241200kJ/kmol \quad (5\text{-}32)$$

可得：

$$2\times2.016kg\ H_2+22.41m^3\ O_2 \longrightarrow 2\times22.41m^3 H_2O \quad (5\text{-}33)$$

即

$$1kg\ H_2+5.56m^3\ O_2 \longrightarrow 11.1m^3 H_2O \quad (5\text{-}34)$$

每 1kg $H_2$ 燃烧需要 $5.56m^3$ 的 $O_2$ 并产生 $11.1m^3 H_2O$。

(3) 氧

空气中的氧气是燃料燃烧必不可少的助燃物质，但燃料内部的氧却是有害的元素成分。

(4) 氮

氮与氧一样，它也是燃料中的内部杂质。

(5) 硫

硫是燃料中的一种有害成分。硫燃烧反应虽然放出热量，但所生成的 $SO_2$ 气体是一种有毒气体，影响金属质量，腐蚀设备，对人体健康以及农作物都有严重危害，此外，$SO_2$ 还是造成酸雨的元凶。因此，当用作炼铁、炼钢炉或一般融化、加热、热处理炉的热源时，必须控制硫的含量小于 1%。但对于有色金属硫化矿的熔炼而言，燃料中的硫含量不再是符合标准的。在生物质成型燃料中硫的含量在 0.1%以下，硫的燃烧反应方程式为：

$$S+O_2 \longrightarrow SO_2+334900kJ/kmol \quad (5\text{-}35)$$

即每 1kg S 燃烧需要 $0.7m^3$ 的 $O_2$ 并产生 $0.7m^3$ 的 $SO_2$。

(6) 水分

燃料中的水分无疑是有害的。它的存在降低了可燃成分的比例，在燃烧时要吸收大量的热而蒸发，在生物质成型燃料中水分的含量在12%左右。

(7) 灰分

燃料中不能燃烧的矿物杂质，称为灰分，其成分为 $SiO_2$、$Al_2O_3$、CaO、$Fe_2O_3$ 等。液体燃料中灰分含量很少，固体燃料中灰分含量比较多，在生物质成型燃料中灰分的含量在10%以下。

(8) 理论空气量

理论空气量也就是从燃烧反应方程式出发导出的1kg燃料完全燃烧所需的空气量。

完全燃烧消耗氧气量：

$$V_{0O_2}=1.866\frac{C_{ar}}{100}+5.55\frac{H_{ar}}{100}+0.7\frac{S_{ar}}{100}\ (m^3) \tag{5-36}$$

燃料本身的含氧量：

$$\frac{22.4}{32}\times\frac{O_{ar}}{100}=0.7\frac{O_{ar}}{100}\ (m^3) \tag{5-37}$$

来自空气中的氧含量：

$$V_{0O_2}=1.866\frac{C_{ar}}{100}+5.55\frac{H_{ar}}{100}+0.7\frac{S_{ar}}{100}-0.7\frac{O_{ar}}{100}\ (m^3) \tag{5-38}$$

1kg燃料燃烧所需的理论空气量 $V_0$ 为：

$$V_0=\frac{1}{2}V_{0O_2}=0.0889C_{ar}+0.265H_{ar}+0.0333(S_{ar}-O_{ar})\ (m^3) \tag{5-39}$$

式中 $V_{0O_2}$——空气中氧含量，$m^3$；

$C_{ar}$——生物质成型燃料中碳含量，$m^3$；

$H_{ar}$——生物质成型燃料中氢含量，$m^3$；

$S_{ar}$——生物质成型燃料中硫含量，$m^3$；

$V_0$——理论空气量，$m^3$；

$O_{ar}$——生物质成型燃料中氧含量，$m^3$。

(9) 实际空气量

在燃烧设备的实际运行中，为使燃料燃尽，实际供给的空气量总是要大于理论空气量，超过的部分称为过量空气量。实际空气量 $V_k$ 与理论空气量 $V_0$ 之比称为过量空气系数 $\alpha$（用于烟气量计算）。

$$\alpha=\frac{V_k}{V_0} \tag{5-40}$$

锅炉燃烧在炉膛出口结束，该处过量空气系数对燃烧影响较大。一般设计时取生物质成型燃料、烟煤及褐煤的过量空气系数为1.15～1.20。

## 5.2.2 生物质固体成型燃料燃烧所产生的烟气量

(1) 理论烟气量

如果实际参加燃烧的湿空气中的干空气量等于理论空气量，且使1kg的燃料完全燃烧时产生的烟气量称为理论烟气量。理论烟气的组成成分为$CO_2$、$SO_2$、$N_2$、$H_2O$。

二氧化碳和二氧化硫的体积：

$$V_{RO_2}=1.866\frac{C_{ar}}{100}+0.7\frac{S_{ar}}{100} \tag{5-41}$$

理论氮气体积：

$$V_{0N_2}=\frac{22.4}{28}\times\frac{N_{ar}}{100}+0.79V_0 \tag{5-42}$$

$$=0.8\frac{N_{ar}}{100}+0.79V_0$$

理论水蒸气体积计算如下。

① 煤中的水分：

$$\frac{22.4}{18}\times\frac{M_{ar}}{100}=0.0124M_{ar} \tag{5-43}$$

② 煤中氢元素转换的水分：

$$\frac{2\times22.4}{2\times2}\times\frac{H_{ar}}{100}=0.111H_{ar} \tag{5-44}$$

③ 由理论空气量$V_0$带入的水分，即相对于每 1kg 燃料带入的水蒸气容积$0.016V_0$，可得理论水蒸气量：

$$V_{0H_2O}=0.0124M_{ar}+0.111H_{ar}+0.016V_0+1.24W_{wh} \tag{5-45}$$

理论烟气中的各成分均为理想气体，将上述气体体积、理论氮气体积和理论水蒸气体积相加可得理论烟气量：

$$V_y=V_{CO_2}+V_{SO_2}+V_{0N_2}+V_{O_2}+V_{0H_2O} \tag{5-46}$$

也可以写成干烟气与水蒸气的和：

$$V_y=V_{gy}+V_{H_2O} \tag{5-47}$$

式中　$V_{0H_2O}$——理论水蒸气含量，$m^3$；

$V_{H_2O}$——水蒸气含量，$m^3$；

$C_{ar}$——碳元素转换量，$m^3$；

$H_{ar}$——氢元素转换量，$m^3$；

$S_{ar}$——硫元素转换量，$m^3$；

$V_0$——理论空气量，$m^3$；

$M_{ar}$——煤转换量，$m^3$；

$V_{CO_2}$——二氧化碳气体体积，$m^3$；

$V_{SO_2}$——二氧化硫气体体积，$m^3$；

$V_{O_2}$——氧气气体体积，$m^3$；

$V_y$——理论烟气量，$m^3$；

$V_{gy}$——干烟气量，$m^3$；

$W_{wh}$——燃煤收到基水分，$m^3$。

（2）实际烟气量的计算

实际燃烧过程是在有过量空气的条件下进行的。因此，烟气中除了含有三原子气体、氮气和水蒸气外，还有过量氧气，并且烟气中氮气和水蒸气的含量也因过量空气而有所增加。

过量空气的体积：

$$V_k - V_{0k} = (\alpha - 1)V_0 \tag{5-48}$$

过量空气中氮气体积：

$$V_{N_2} - V_{0N_2} = 0.79(\alpha - 1)V_0 \tag{5-49}$$

过量空气中氧气体积，即：

$$V_{O_2} = 0.21(\alpha - 1)V_0 \tag{5-50}$$

随过量空气带入的水蒸气量，即：

$$V_{H_2O} - V_{0H_2O} = 0.00161(\alpha - 1)V_0 \tag{5-51}$$

实际烟气量为理论烟气量和过量空气（包括氧、氮和相应的水蒸气）量之和，即：

$$V_y = V_{0y} + (\alpha - 1)V_0 + 0.0161(\alpha - 1)V_0 \tag{5-52}$$

$$V_{gy} = V_{0gy} + (\alpha - 1)V_0 \tag{5-53}$$

当发生不完全燃烧时，烟气的成分除了 $CO_2$、$SO_2$、$N_2$、$O_2$、$H_2O$ 外，还有不完全燃烧产物 CO 以及 $H_2$ 和 $C_mH_n$ 等。其中 $H_2$ 和 $C_mH_n$ 数量很少，一般工程计算中可忽略不计，因为当燃料不完全燃烧时，可以认为烟气中不完全燃烧产物只有 CO。这时的烟气量为：

$$V_y = V_{CO_2} + V_{CO} + V_{SO_2} + V_{N_2} + V_{O_2} + V_{H_2O} \tag{5-54}$$

二氧化碳与一氧化碳的体积：

$$V_{CO} = 1.866\frac{C_{ar \cdot CO}}{100} \tag{5-55}$$

$$V_{CO_2} = 1.866\frac{C_{ar \cdot CO_2}}{100} \tag{5-56}$$

$$V_{CO} + V_{CO_2} = 1.866\frac{C_{ar}}{100} \tag{5-57}$$

不完全燃烧时烟气中氧的体积：

$$\begin{aligned} V_{O_2} &= 0.21(\alpha - 1)V_0 + 0.5 \times 1.866\frac{C_{ar \cdot CO}}{100} \\ &= 0.21(\alpha - 1)V_0 + 0.5V_{CO} \end{aligned} \tag{5-58}$$

不完全燃烧时的烟气量：

$$V_{gy} = V_{RO_2} + V_{CO} + V_{O_2} + V_{0N_2} + \frac{0.79}{0.21}(V_{O_2} - 0.5V_{CO}) \tag{5-59}$$

## 5.2.3 生物质固体成型燃料燃烧的物质平衡

生物质成型燃料是由 C、H、O、N、S 等元素组成，其中 N 和 S 等元素含量较低，但这些含量较低的元素与空气反应后生成 $NO_x$、$SO_x$ 等对环境造成严重污染的产物，因此在热力学上研究 NO-空气、NO-$NO_2$、$SO_2$-$SO_3$ 的平衡也是同等重要的，但由于这些污染物的实际含量是非常低的，在生物质成型燃料的燃烧中通常不对这些组分的平衡关系加以讨论。从热力学上看，生物质成型燃料燃烧实际上是碳、氢元素的化学反应与反应平衡，尤为重要的是 $CO_2$-CO 的平衡关系，它用来表明燃烧是否完全，并且涉及燃烧效率。

假定生物质成型燃料燃烧时，发生如下化学反应：

$$aA+bB+cC+dD+\cdots \rightleftharpoons xX+yY+zZ+nN+\cdots \tag{5-60}$$

式中　A、B、C、D——反应物的组分；

X、Y、Z、N——反应产物的组分。

按质量作用定律，化学反应速率与反应物的浓度乘方的乘积成正比，此时的正、逆反应速率分别为：

$$v_1=k_1c_A^a c_B^b c_C^c c_D^d\cdots \tag{5-61}$$

$$v_2=k_2c_X^x c_Y^y c_Z^z c_N^n\cdots \tag{5-62}$$

式中　$k_1$——正反应速率常数；

$k_2$——逆反应速率常数；

$v_1$——正反应速率；

$v_2$——逆反应速率。

温度对化学反应速率的影响极大，主要表现在反应速率常数 $k$ 上，不同物质在不同温度下，其 $k$ 值不同。

阿伦尼乌斯通过大量实验与理论的论证，揭示了反应速率常数与温度之间的关系式为：

$$\frac{d(\ln k)}{dT}=\frac{E}{RT^2} \tag{5-63}$$

将关系式(5-6) 积分，得：

$$\ln k=-\frac{E}{RT}+\ln k_0 \tag{5-64}$$

式中　$k_0$——常数，称为频率因子；

$k$——反应速率常数；

$T$——热力学温度,℃；

$R$——气体常数，$R=8.314$J/(mol·K)；

$E$——反应的活化能，$E$ 不随温度改变，J/mol。

根据上述公式以 $\ln k$-$1/T$ 作图，得到一斜率为 $-E/R$ 的直线，由此可以求出活化能 $E$。

活化能 $E$ 的数值对反应速率的影响很大，活化能越大，化学反应速率越低，活化能越小，化学反应速率越高。化学反应的进行是靠分子相互作用，其先决条件是它们必须发生有效碰撞。由于分子间的碰撞次数很大，假如每一次碰撞均有效，则反应将瞬间完成。而事实上只有少数能量较大的分子碰撞后才能完成化学反应。这种使化学反应得以进行的分子必须具有的最低能量称为活化能，能量达到或超过活化能的分子称为活化分子。并不是所有的分子碰撞都能引起化学反应，只有那些能量超过活化能的活化分子碰撞才能发生化学反应。而通常情况下活化分子的数量很少，因此反应速率往往很低。

根据阿伦尼乌斯理论，化学反应速率只取决于一般分子所具有的能量大的活化分子数目，且其值由麦克斯韦-玻尔兹曼定律所决定。但假如每一个活化分子的反应看作是单元反应的话，则每一次单元反应后放出 $E+Q$ 的能量，并且每一单元反应放出的能量集中在为数不多的产物分子上，当这些具有富余能量的产物分子与一般分子相碰撞时，即将多余的能量转移给普通分子而使其活化，或者甚至与其反应。在此情况下，该反应产物本身即为活化分子，反应本身即能创造活化分子，并且在某些情况下，这种反应本身所创造的活化分子数目大大超过了由麦克斯韦-玻尔兹曼定律所决定的活化分子数目。按照链锁反应理论，由单元反应所产生的活化分子过程即为链的传递过程，促使反应能够继续得以发展，所以链锁反应可称为具有活化分子再生的化学反应。因此，活化分子即比一般分子所具有的能量大的化学饱和分子，而链的传递过程即具有富余能量的化学饱和活化分子不断再生的过程，这种键称为能量键。

活化能越大，温度的影响越显著，在低温区，温度对波尔兹曼因子的影响比在高温区更加显著。温度越高，化学反应速率越快；温度越低，化学反应速率越慢。当温度从1000K 增加 1 倍时，反应速率增加 $10^{10}$ 倍，可见温度对反应速率的影响是非常显著的。温度升高后，根据麦克斯韦的速度分布规律，活化分子的数量急剧增多，因而活化分子碰撞次数也急剧增大。

反应物的物理性质和化学性质对反应速率也有影响，物理性质主要表现在碰撞因子 $k_0$ 上，而化学性质则表现在活化能 $E$ 上。进一步分析 $k_0$ 可知反应物物理性质主要表现在折合质量与碰撞半径上。折合质量越小，碰撞半径越大，则单位时间内分子间的碰撞频率增加，使反应速率加快。物理性质的影响是有限的，并不是主要因素。相比之下活化能 $E$ 具有重要作用。反应物的活化能越小，说明分子内部拆开或重排所需的能量越少，反应物易于达到活化状态。温度相同时，反应物中活化分子越多，活化分子能碰撞的次数也越多，因而反应速率就越快。当反应系统达到化学平衡时，$v_1=v_2$，化学平衡时各成分浓度之间的关系式为：

$$\frac{c_X^x c_Y^y c_Z^z \cdots}{c_A^a c_B^b c_C^c \cdots}=\frac{k_1}{k_2}=K_r \tag{5-65}$$

式中　$K_r$——化学平衡常数，是不随着浓度变化只取决于温度的常数。

对于理想气体，化学平衡常数只是温度的函数，和压力无关。根据化学反应平衡常数，可以在此平衡条件下确定生成产物的理论极限产率。研究化学反应的化学平衡，则是为了了解最佳反应状态和主动改变某些平衡条件以调节生成物中某些组分气体。

### 5.2.4 生物质固体成型燃料燃烧的能量平衡

(1) 空气和烟气的焓

烟气和空气的焓表示 1kg 收到基燃料燃烧生成的烟气量和所需理论空气量，在等压下从温度 0℃加热到 $t$℃所需要的热值，称为空气的焓和烟气的焓。

对于气体，通常将 $1m^3$ 气体的焓值称为比焓，单位是 $kJ/m^3$。在锅炉热力计算中，通常以每1kg燃料为基准来计算焓值，在锅炉热力计算中，焓的单位为kJ/kg。

理论空气焓：

$$I_{0k}=V_0H_{t,k} \tag{5-66}$$

实际空气焓：

$$I_k=V_0H_{t,k} \tag{5-67}$$

式中　$H_{t,k}$——1m$^3$ 空气连同携带的水蒸气在温度为$\theta$℃时的焓，kJ/m$^3$；

$V_0$——空气体积，m$^3$；

$I_{0k}$——理论空气焓，kJ/kg；

$I_k$——实际空气焓，kJ/kg。

热力学上，混合气体的焓等于各组分气体焓的和。

理论烟气焓的计算公式：

$$I_{0k}=V_{RO_2}H_{t,RO_2}+V_{0N_2}H_{t,N_2}+V_{0H_2O}H_{t,H_2O} \tag{5-68}$$

灰分的焓：

$$灰分焓=\frac{A_{ar}}{100}\alpha_{fh}H_{t,h} \tag{5-69}$$

实际烟气焓值等于理论烟气焓、过剩空气焓和飞灰焓之和：

$$I_y=I_{0y}+(\alpha-1)V_0H_{t,k}+\frac{A_{ar}}{100}\alpha_{fh}H_{t,h} \tag{5-70}$$

(2) 温焓表

它可根据烟气温度和过量空气系数求出相应的烟气焓。温焓表是通过燃烧产物的焓值计算的，列出焓值与温度相应的表格（编程计算），是锅炉热力计算的基础，即：

$$I_y=f(\alpha,t) \tag{5-71}$$

# 5.3　生物质固体成型燃料热解与燃烧综合热分析研究

## 5.3.1　生物质固体成型燃料热解过程

生物质成型燃料热解是指在隔绝空气或通入少量空气的条件下，利用热能切断生物质大分子中的化学键，使之转化为低分子物质的过程。关于热解最经典的定义源于斯坦福研究所的J. Jones提出的理论，他对热解的定义为“在不同反应器内通入氧、水蒸气或加热的CO的条件下，通过间接加热使含碳有机物发生热化学分解，生成燃料（气体、液体和固体）的过程”。他认为通过部分燃烧热解产物来直接提供热解所需热量的情况，严格地讲不该称为热解，而应该称为部分燃烧或缺氧燃烧。根据热解条件和产物不同，生物质成型燃料热解工艺可以分为烧炭、干馏和快速热解。

生物质成型燃料热解的主要产物包括气体、液体和固体，具体组成和性质与生物质成型燃料的热解的方法和反应参数有关。烧炭的过程较为缓慢，一般持续几小时甚至几天。生物质成型燃料的热解特点：不同于燃烧和气化技术，热解的显著特点就是在隔绝空气（氧化剂）的条件下生物质成型燃料是被加热到一定的温度而发生分解的。根据加热速率的不同，生物质成型燃料的热解可分为慢速热解（加热速率低、传统称为干馏）、快速热解（加热速率约 500K/s）、闪速热解（加热速率＞1000K/s）。

不同的产物需要对应不同的热解技术。以固定碳为主要产物时，采用慢速热解（干馏）技术，获得的不定型碳可以作为活性炭原料、烧烤炭和取暖炭。当以液体产物-生物油为主要产物时，采取快速热解或者闪速热解，一般能够获得 50%以上的液体生物油。当闪速热解的最终温度在 900℃时，产物以气体为主，热值较高，可以作为合成气。

目前，国际上已开展各种类型热解装置的开发，如流化床、旋转锥、真快热解、下降管、烧蚀热解装置等。

热解过程中生物质成型燃料中的烃类都可转化为能源形式，通过控制反应条件，可以得到不同的产物，根据热解过程的温度变化和产物分布的情况等特征，可以划分为 4 个阶段。

① 干燥阶段　温度为 120～150℃，热解速度缓慢，过程主要是生物质成型燃料所含水分依靠外部供给的热量进行蒸发。

② 预炭化阶段　温度为 150～275℃，生物质成型燃料的热解反应比较明显，生物质成型燃料的化学组分开始发生变化，其中不稳定组分分解生成 $CO_2$、CO 和少量醋酸等物质。

③ 炭化阶段　温度为 275～450℃，生物质成型燃料急剧地进行热解，生产大量的分解产物，这一阶段放出大量反应热，为放热反应阶段。

④ 煅烧阶段　温度为 450～500℃，依靠外部供给热量进行生物质成型燃料的煅烧，排除残留的木炭中的挥发物质，提高木炭中固定碳含量。

## 5.3.2　生物质固体成型燃料热解的原理

生物质成型燃料热解是复杂的热化学反应过程，包含分子键断裂、异构化和小分子聚合等反应。木材、林业废弃物和农业废弃物的主要组分是纤维素、半纤维素和木质素。根据热重分析表明纤维素在 325K 时开始热解，随着温度升高热解逐步加剧，至 623～643K 时热解为低分子碎片，其降解过程为：

$$(C_6H_{10}O_5)_n \longrightarrow nC_6H_{10}O_5 \tag{5-72}$$

$$C_6H_{10}O_5 \longrightarrow H_2O+2CH_3—CO—CHO \tag{5-73}$$

$$CH_3—CO—CHO+H_2 \longrightarrow CH_3—CO—CH_2OH \tag{5-74}$$

$$CH_3—CO—CH_2OH+2H_2 \longrightarrow CH_3—CHOH—CH_3+H_2O \tag{5-75}$$

半纤维素结构上带有支链，是木材中最不稳定的组分，在 225～325℃时分解，比纤维素更易热解，其热解机制与纤维素相似。由于木质素中的芳香成分受热时分解较慢，因而主要形成炭。此外，秸秆还含有提取物，由萜烯、脂肪酸、芳香物和挥发性油组成，这些提取物在有机溶剂和无机溶剂中是可溶的。三种成分的含量因秸秆原料的不同而变化，秸秆热解产物的产量与各组分成分含量有关。

在热解过程中会发生一系列的化学变化和物理变化，前者包括一系列复杂的化学反应，后者包括热量传递和物质传递，很多研究者对此进行了详细的解释。Kilzer 提出了一个被许多研究者所广泛采用的纤维素热解途径（图 5-1）。从图 5-1 中可以看出，低的加热速率倾向于延长纤维素在 200～280℃范围内所用的时间，结果以减少焦油为代价增加了炭的生成。

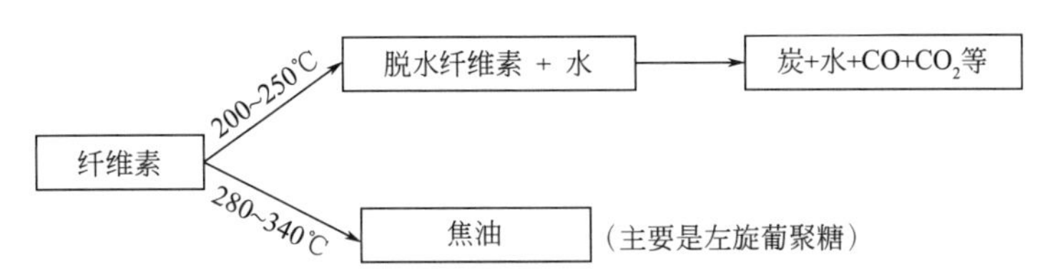


**图 5-1　Kilzer 提出的纤维素热解途径**

Antal 等对图 5-1 进行了评述：首先，纤维素经脱水作用生成脱水纤维素，脱水纤维素进一步分解产生大多数的炭和一些挥发物。在略高的温度下与脱水纤维素的竞争反应是一系列相继的纤维素解聚反应，产生左旋葡聚糖焦油。根据实验条件，左旋葡聚糖焦油的二次反应或者生成炭、焦油和气，或者主要生成焦油和气。例如：纤维素的闪速热解通过高升温速率、高温和短滞留期，实际上排除了炭生成的途径，使纤维素完全转化为焦油和气；慢速热解使一次产物在基质内的滞留期加长，从而导致左旋葡聚糖主要转化为炭。纤维素热解产生的化学产物包括 $CO_2$、CO、$H_2$、炭、左旋葡聚糖及一些醛类、酮类和有机酸，醛类中包括羟乙醛，它是纤维素热解的主要产物。

近些年，一些研究者相继提出了与二次裂化反应有关的秸秆热解途径，但基本上都是以 Shafizadeh 提出的反应机理为基础的（图 5-2）。

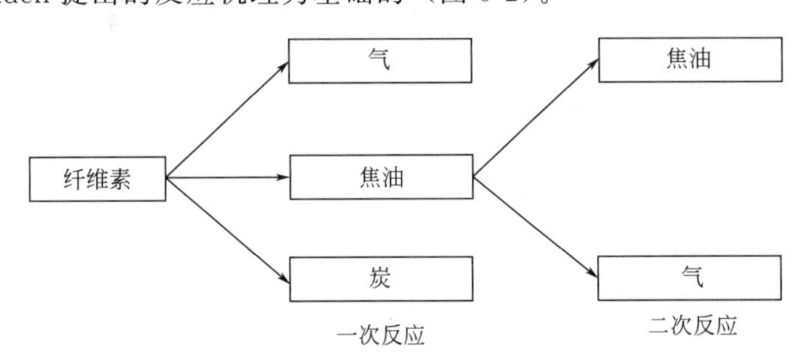


**图 5-2　Shafizadeh 提出的反应机理**

（1）物质和能量传递

首先，热量被传递到秸秆颗粒表面，并由表面传导到秸秆颗粒的内部。热解过程由外到内逐层进行，秸秆颗粒被加热的成分迅速分解成木炭和挥发分。其中，挥发分由可冷凝气体和不可冷凝气体组成，可冷凝气体经过快速冷凝得到生物油。一次热解反应生成了秸秆炭、一次生物油和不可冷凝气体。在多孔秸秆颗粒内部的挥发分还将进一步热解，形成不可冷凝气体和热稳定的二次生物油。同时，当挥发分气体离开秸秆颗粒时，还将穿越周围的气相组分，在这里进行下一步热化分解，称为二次热解反应。秸秆颗粒热解过程最终形成生物油、不可冷凝气体和秸秆炭。反应器内的温度越高且气态产物的停留时间越长，二次热解反应则越严重。为了得到高产率的生物油，需快速去除一次热解产物的气态产物，以抑制二次热解反应的发生。

与慢速热解产物相比，快速热解的传热过程发生在极短的原料停留时间内，强烈的热效应导致原料迅速聚合，不再出现一些中间产物，直接生成热解产物，而产物的迅速降温使化学反应在所得产物进一步降解之前终止，从而最大限度地增加了生物油的产量。

(2) 反应过程

秸秆颗粒的热解过程分为 3 个阶段。

① 脱水阶段（室温～100℃） 在这一阶段秸秆颗粒只是发生物理变化，主要变化是失去水分；

② 热解阶段（100～380℃） 在这一阶段秸秆颗粒在缺氧条件下受热分解，随着温度的不断升高，各种挥发物相继析出，原料发生大部分的质量损失；

③ 炭化阶段（大于 380℃） 在这一阶段发生的热解十分缓慢，产生的质量损失比二阶段小得多，该阶段通常被认为是由 C—C 键和 C—H 键的进一步裂解所造成的。

## 5.3.3 生物质固体成型燃料热解反应动力学

化学反应动力学主要研究化学反应的速率和化学反应的机理。在生物质成型燃料的热解实际应用中，为了促进工艺优化，有必要对热解过程的反应动力学进行研究，以掌握控制反应条件，提高反应速率的方法。

目前，大部分研究工作都是基于多组分反应模型，这种模型认为在木质纤维素类生物质成型燃料的热解反应中，木质素、纤维素和半纤维素各自的反应是独立进行的，因此，该模型认为，整个热解反应是三种组分反应的叠加。这种反应模型可以预测不同温度下生物质成型燃料热解产物气、液、固的产量，并且充分考虑了生物质成型燃料主要化学成分对热解过程的影响。对三种组分的动力学研究已经取得了一定的成效，尤其是纤维素热解动力学的研究已经取得了比较完善的结论。

(1) 纤维素热解动力学

在纤维素热解动力学的研究中，大部分研究都是在热天平上开展的。早在 20 世纪 70 年代，Broido 等在研究纤维素的燃烧特性时就建立了纤维素热解动力学的基本途径并被广泛接受。Broido 等描述了纤维素在 230～275℃预热处理后焦炭产量由无预热时的 13%增加到了 27%，因而提出了竞争反应动力学模型。之后，Shafizadeh 在低压、259～407℃环境下对纤维素进行批量等温试验，发现在失重初始阶段有一个加速过程，提出纤维素在热解反应初期，有一具有高活化能、从“非活化态”向“活化态”转变的反应过程，由此将 Broido&Nelson 模型改进为“Broido-Shafizadeh”（BS）模型；该模型的方差方程与试验一致，得到 $k_1$ 的活化能高达 242.8kJ/mol，然后在 BS 模型的基础上不同研究者依据自己的结果提出了更多的纤维素热解动力学途径。

通过热重试验研究来获取动力学参数是普遍的研究方法，特别是针对纤维素的热重试验开展的研究相当普遍，各种研究通常在 0.5～100℃/min 的条件下进行，得到了不同的最终产物量和表观动力学参数。Antal 等研究认为，虽然纤维素热解会释放出很多化合物以反映其热解化学途径的复杂，但是纯纤维素热解可以通过一个简单具有高活化能（238kJ/mol）的一级反应模型来准确模拟。Milosavljevic 也对纯纤维素的表观热解失重动力学进行了专题回顾，并提出了与 Antal 不一样的结论，认为纤维素热解动力学可以归结为低温时的高活化能与高温时的低活化能之间的竞争关系。之后 Antal 等详细研究了 Milosavljevic 等的试验结果后分析认为，他们对于纤维素热解高温时的低活化能的提法表示怀疑，首先是 Varhegyi 等在 80K/min 进行纤维素热重试验得到活化能为 205kJ/mol，并且进一步采用和 Milosavljevic 等试验中相同的纤维素样以及其他种类的纤维素，在自己的试验装置上进行热解试验，结果发现在热重试验中采用的试验样品的颗粒粒径以及试验样品的重量对试验结果有一定的影响，具体体现在大颗粒工况下，由于热传递和质量传递阻力的增加而导致纤维素热解起始温度相对于小颗粒增加了约 40℃，而且大颗粒内部温度的不均衡性导致试验结果的 DTG 曲线显得更加宽阔，从而进一步导致一级反应假设下得到的表观活化能降低。

（2）半纤维素和木质素的热解动力学

相对纤维素热解动力学的研究而言，半纤维素热解动力学的研究显得相对薄弱，这是因为半纤维素在不同物种中的组分存在较大的差异，同时在不改变半纤维素化学结构和物理特性的前提下从生物质中提取半纤维素是非常困难的。因此目前有关半纤维素的报道基本上都是针对其模化物如木聚糖等开展的。研究者们在 1.5～80K/min 的条件下对半纤维素热解进行了等温和非等温动力学研究，使用的模型有单步全局反应模型及多组分分阶段反应模型。由单步全局反应模型得出的反应活化能在 60～130kJ/mol 范围内变化。采用类似的半纤维素模化物进行热重试验时发现，半纤维素在 200℃左右开始发生分解而失重，在 270℃左右出现了最大失重峰，同时在 230℃左右还存在一个肩状峰，说明半纤维素的热解过程存在多步反应机理。

对木质素的热重研究发现，木质素是生物质三组分中“热阻力”最大的，然而在较低温度时，木质素就开始热解，还可能是木质素聚合体的侧链断裂所致，例如在低温时，脂肪族的—OH 键以及苯丙烷上的苯基 C—C 键的断裂就析出了大量的含氧化合物，而且它的热重曲线取决于木质素的来源以及分离方法。对于球磨木质素而言，失重率最大值出现在 360～407℃之间。

关于木质素详细的热解动力学研究开展得比较广泛：Domberg 等通过假定木质素热解为单步反应而得到了相应的表观活化能和其他动力学参数；Ramiah 等用一级反应模型分析了木质素的热重试验；Chan 等采用微波热解研究了木质素热解并估计动力学参数，在 400～600K 温度范围内得到的活化能为 25kJ/mol；Nunn 等研究了球磨木质素的热解动力学参数，通过一级单步反应模型来修正了热解产物的分布，表观活化能为 81.2kJ/mol；Caballero 等对木质素在 423～1173K 温度范围内的热解提出了较为复杂的动力学模型。虽然木质素结构上的复杂性导致很难简单地描述其热解动力学途径，但是 Antal 认为在木质素的热解过程中至少存在两种竞争反应途径：一种是在低活化能条件下得到焦炭以及小分子气体组分；另一种是在高活化能条件下生成各种高分子量的芳香族产物。

### 5.3.4 生物质固体成型燃料热解产物特性

生物质成型燃料的热解产物称为生物质热解油（下简称“生物油”），下面着重介绍生物油的理化特性和成分分析。

（1）生物油理化特性

生物油理化特性的分析始于20世纪80年代，由美国最先发起，加拿大、英国、芬兰等国家也陆续开展研究。Ensyn公司、阿斯顿（Aston）大学、NREL（National Renewable Energy Laboratory）等研究机构对生物油的性质进行了长期研究。特别是以Oasmass为首的VTT研究中心（Technical Research Centre of Finland）对不同种类生物油的理化特性及测定方法进行了系统研究，对生物油理化特性的分析具有指导作用。

1）热值

热值是指燃料完全燃烧放出的热量。每种燃料的热值有两种，分别为高位热值和低位热值：前者是燃料的燃烧热和水蒸气的冷凝热的总和，即燃料完全燃烧时所放出的总热量；后者仅是燃料的燃烧热，即由总热量减去冷凝热的差值。常用的热值单位为kJ/kg（固体燃料和液体燃料）或$kJ/m^3$（气体燃料）。

生物油的高位热值可以根据DIN 51900测定。生物油含水率大，不易被点燃，可以用细棉线作油绳引燃生物油，测定结果减去棉线的热值即为生物油的热值（生物油的热值一般为18～22MJ/kg）。

2）水分

生物油含水率较高，一般为15%～30%，主要来自生物质原料本身、热解反应和生物油存储时的脱水反应。与化石燃油不同，生物质油中含有大量的水溶性有机物，水分分散在生物油中。然而这种存在形式并不是非常稳定的，如果生物油中含水率增大，那么木质素裂解物的溶解能力就会下降，导致生物油的乳化形式被破坏，木质素裂解物以沉淀的形式析出生物油，使生物油分离为水相和油相。根据生物油中各类组分的亲水程度，一般而言，形成均相生物油所允许的最大含水率为30%～35%。为了防止水油两相的分离，一般需要控制热解原料的含水率不超过10%。

水的存在一方面降低了生物油的热值和火焰温度，另一方面降低了生物油的黏度，改变了体系的pH值，增强了生物油的流动性，使其便于在发动机内喷射燃烧。生物油中含有低沸点（低于100℃）的成分，不适用干燥法测定含水率。另外，水溶性有机物的含量也较高，用二甲苯精馏的方法也不可取。生物油中含水率可以用卡尔费休滴定法测定。

生物油中含有醛、酮、羧酸等有机物，这些成分可以和甲醇反应生成水。VTT推荐了两种卡尔费休滴定的标准方法测定含水率：ASTM D1744和ASTM E203。两种方法都是将待测溶液溶解在滴定液中，通过卡尔费休试剂进行滴定。选用氯仿和甲醇比例为3∶1、1∶1、1∶3及纯甲醇四种滴定溶液进行水分测定实验，所得结果没有差异，只是有氯仿的溶液滴定终点提前，因此推荐滴定溶液的甲醇与氯仿之比为3∶1。

3）灰分

生物油中残炭或灰的生成是由于热解系统中的除尘装置不能完全地将热解气中的残

炭除去，少量的残炭进入收集系统混到生物油中，灰分存在于残炭中，也可能是由热载体造成的。生物油的高灰分会引起泵的磨损，腐蚀汽轮机，而大锅炉或低速发动机则允许使用灰分含量稍高一点的生物油。生物油中灰分含量的测定遵照 DIA EN7 进行。坩埚中放入 10mL 生物油，110℃下干燥 15h，除去水分和可挥发成分，将坩埚在 775℃下灼烧，冷却后称重。灰分中一部分是碱金属氧化物，碱金属有可能在灰分形成过程中挥发。木材生物油中的碱金属含量低，所以挥发不会对生物油整体灰分含量产生显著影响。而来源于秸秆类或稻草类的生物油，灰分和碱金属含量较高，碱金属的挥发会影响灰分含量的测定。木材生物油的灰分含量一般含量为 0.1%～0.2%，而秸秆的生物油含量为 0.2%～0.4%。灰分中的主要元素是 Ca、K、Si、Mg、Fe、S、Al、P、Na、Zn 等。

4）密度

生物油的密度根据 ASTM D4052 在 15℃下用振动式密度计测定。根据振动式密度计的原理，即物质受激而发生振动时其振动频率或振幅与物质本身的质量有关。振动式密度计管中生物油质量的变化引起振动频率的变化，振动频率的变化与校准数据共同确定生物油的密度。如果生物油较为黏稠或其中含有大颗粒的残炭，都会造成测量数据不准确。环境温度下产生的气泡也会影响测量结果。因此测定密度之前尽量不要剧烈晃动样品，也可以将样品加热至 50℃，排出气泡。生物油的密度一般为 1.2～1.3kg/L，测量误差低于 0.1%。

5）黏度

黏度是表示流体在外力作用下流动时，液体内部各流动层做相对运动时的相互摩擦力大小的一个物理量。液体黏度的大小取决于流体层之间作用力的大小及流体层间距。黏度是评价液体燃料的一个重要参数。黏度对液体燃料的运输及燃烧雾化装置的设计有重要的影响。

生物油的流变特性由其微观结构决定。不含提取物裂解物的均相生物油一般都是牛顿流体，而富含提取物裂解物的生物油，由于在较低温度下一些蜡状物质以及木质素裂解物会在生物油中形成三维结构体，从而导致生物油出现非牛顿流体特性。牛顿流体的运动黏度可以根据 ASTM D445 测定。Leroy 曾经测定过几种不同生物油的流变特性，认为在一定的剪切速率范围（$10^{-1}$～$10^{3}$s）内生物油为牛顿流体。VTT 通过实验也认为生物油符合牛顿流体特性，生物油的运动黏度和含水率满足一定的函数关系。

生物油的黏度受水分、原料和热解工艺等多种因素影响，不同生物油的黏度差别很大。总的来说，生物油的黏度较大，雾化燃烧之前需要经过预热解降低黏度，由于生物油在超过 80℃后会迅速老化，预热温度一般不能超过 80℃。

6）闪点

闪点是液体燃料加热到一定的温度后，液体燃料蒸气与空气混合接触火源而闪光的最低温度。闪点是燃油使用中防止发生火灾的安全指标，测量方法有闭口杯法和开口杯法两种。生物油的闪点由全自动宾斯基-马丁（Pensky-Martens）闭口闪点测定器（ASTM D93/IP34）根据 ASTM D93 测定。生物油中的闪点与水分、挥发分的含量密切相关，生物油中若低沸点挥发分含量高，则其闪点偏低，在 40～50℃范围内；如果挥发分含量低，则闪点较高，大于 100℃，生物油的闪点不会在 70～100℃之间，因为此温度范围内水的蒸发抑制了生物油的燃烧。

7）倾点

倾点（凝点）是表征燃料低温特性的参数，是燃料在低温下换装、运输的一个重要质量指标，倾点是液体能够流动的最低温度，而凝点是液体失去流动性的最高温度，我国液体燃料规格中采用凝点这一指标。在低温下液体不能流动的主要原因是黏度增大或者含石蜡成分的液体中石蜡发生结晶。生物油的倾点一般为－12～－33℃，而凝点一般比倾点低2～4℃。

8）腐蚀性

生物油中挥发性酸的含量约为9%，主要是甲酸和乙酸，使得生物油呈现酸性，pH值为2～4。VTT研究了生物油对金属的腐蚀性，发现：在60℃时生物油对碳钢的腐蚀性实验（ASTM D665a）中，虽然碳钢没产生铁锈，但是其质量有所下降；在40℃时生物油对铜的腐蚀性实验（ASTM D130）中，未发现腐蚀和失重现象。铜是惰性金属，对非氧化性酸具有很好的抗腐蚀性，可以用来装生物油。

很多塑料，像聚四氟乙烯、聚丙烯、聚乙烯、高密度聚乙烯和聚酯树脂具有抗腐蚀性，是生物油存储、运输过程中很好的容器。三元乙丙橡胶、聚四氟乙烯的O形圈可以用于密封，但聚四氟乙烯的O形圈会与生物油发生化学反应，用作密封圈不合适。

9）稳定性

生物油是在没有达到热力学平衡的条件下被冷凝的，因此生物油是一种非热力学平衡产物，含有大量不稳定的组分，在保护和使用过程中会继续发生各种反应，在宏观上表现为生物油黏度和平均分子量的增大，并最终发生水油两相的分离。

随着温度的升高，一些在室温下就会发生的反应将会加速，同时也会引发其他的反应。在加热生物油的过程中，可以观察到四个过程：生物油轻质组分挥发并逐渐浓缩、两相分离，形成黏稠状的物质、残炭。很多研究表明，生物油加热到80℃后会迅速老化变性，而且在80℃下保存生物油一周导致的黏度增量相当于在室温下保存生物油一年的黏度增量。

此外，应尽量避免生物油与空气接触，一方面防止其中的组分挥发，污染周围的空气；另一方面防止空气中的氧与生物油中某些物质发生聚合反应，生成大分子物质而产生沉淀。因此在存储、处置和运输过程中，应该使用密封性能好的容器盛装生物油，隔绝空气，也可以向生物油中添加甲醇或乙醇，缓解生物油黏度的增加，或加入少量抗氧化剂，阻止石蜡的聚合，降低反应程度。

10）毒性

生物油的毒性是由其化学组成决定的，热解反应条件是影响生物油化学组成的关键因素。研究表明，随着反应温度和气相滞留时间的增加，生物质热解所得的生物油的毒性会增加，这是由于在更为严格的反应条件下，热解会产生更多的有毒物质（如多环芳烃、苯类物质等），但一般在获取最大生物油产率的反应条件下，生物油中的有毒物质含量较少。

（2）生物油成分分析

确定生物油的主要组成成分有利于生物油的应用，特别是作为动力燃料使用时，必须了解其与柴油、汽油等石油加工产品在结构上的差别。但是生物油是一种十分复杂的有机混合物，因此Diebold认为只能将生物油简单的定义为酸、醇、醛、酯、酮、酚、呋喃等多种成分的混合物。生物油成分与多种因素有关，例如载气成分、反应原料、预处理技术、热解过程、除尘设备、冷却设备及存储条件等。对生物油确切成分的分析至今仍处于研究中，国际上尚未对生物油成分的分析标准达到共识。

到目前为止，国内外各科研究机构针对源于各种不同的农林生物质原料制备的生物油进行了大量的化学成分分析，被检测出的物质已超过400种，有很多物质是在大多数的生物油中都存在的，也有部分物质仅在某个特定的生物油中存在。生物油的主要成分包括以下几种物质。

1）左旋葡聚糖

左旋葡聚糖是最重要的生物质裂解产物，由纤维素解聚生成。左旋葡聚糖具体很好的热稳定性，含量随反应温度的升高而增加，但超过600℃后，左旋葡聚糖会发生二次裂解，含量下降。此外，生物质中的碱金属也会影响左旋葡聚糖的含量。有研究表明，碱金属阳离子在很大程度上会影响纤维素的裂解反应，使其朝着生成羟基乙醛、羟基丙酮和左旋葡聚糖炭化的方向进行，导致左旋葡聚糖含量大大降低，去除碱金属并添加酸性盐有助于左旋葡聚糖的生成。

2）左旋葡聚糖酮

左旋葡聚糖酮是纤维素中低温（350℃左右）的裂解产物，与左旋葡聚糖相反，反应温度升高，左旋葡聚糖酮含量下降，但左旋葡聚糖酮不是由左旋葡聚糖裂解得到的，而是由糖苷键裂解和分子内脱水反应生成。绝大部分生物油中左旋葡聚糖酮的含量远远小于左旋葡聚糖的含量，但如果选用酸性催化剂如$FeCl_3$、$MgCl_2$等，纯纤维素热解生物油中的左旋葡聚糖酮，含量最高可达40%。此外，左旋葡聚糖酮比左旋葡聚糖更容易通过蒸馏方法从生物油中提纯。

3）脱水低聚糖

脱水低聚糖是纤维素中大分子链随机断裂的产物，大部分在$C_2$～$C_7$之间。其对反应条件要求比较苛刻，高的反应温度和较快的反应时间更容易生成脱水低聚糖。

4）呋喃

呋喃是纤维素和半纤维素的典型裂解产物，广泛应用于化工、医药、食品添加剂、燃料添加剂等方面。酸性催化剂能够增加呋喃含量，在$ZnCl_2$、$MgCl_2$等催化剂的催化下，呋喃含量最高可达80%。

5）羟基丙酮

羟基丙酮是生物油中含量较大的单一成分的有机物，由葡萄糖裂解产物（$C_3$～$C_6$）反应生成，其含量随反应温度和时间的增加而增加。

6）乙酸

乙酸的生成有多种途径，大部分的乙酸是由半纤维素脱乙酰得到的，小部分乙酸来自纤维素环键断裂和木质素侧链键断裂后的产物。一般情况下，乙酸的含量高于10%，反应条件更容易生成乙酸。在某些催化剂的作用下，如NaY，乙酸含量可达80%。

7）苯酚类化合物

苯酚类化合物是木质素的热解产物，成分复杂，大致可以分为愈创木酚类、二甲氧基苯酚类、苯酚类、甲酚类和邻苯二甲酚类5种。

8）小分子芳香烃

这部分物质主要包括苯、甲苯、二甲苯、萘，在生物油中含量比较低。

# 5.4 生物质固体成型燃料燃烧过程的沉积与腐蚀及结渣研究

## 5.4.1 沉积过程与机理

(1) 沉积特性

沉积是指在燃炉的受热面上黏附含有碱金属、矿物质成分的飞灰颗粒及有机物粉尘的现象。沉积会随着生产时间的延长逐渐增厚，使换热效率逐步降低，严重时会造成换热管破坏、漏水，中断正常运行。生物质成型燃料含有较高的不利燃烧的元素，如钾、钠、镁、钙等碱金属氧化物和硅、氯、硫、氮等非金属元素，在燃烧过程中都是沉积的因素，因此，在受热面上形成的沉积与煤相比，程度更严重。生物质成型燃料具有光滑的表面和较小的孔隙度，它的黏结度和强度更高，也更难去除。

沉积的典型特征是它的形成物都来自高温的气相中，没有与未燃尽的生物质成型燃料混合胶结，这是沉积定义的主要物理依据，沉积是由生物质中易挥发物质在高温下挥发进入气相后与烟气、飞灰一起在对流换热器、再热器、省煤器、空气预热器等受热面上凝结、黏附或者沉降的现象，这些部位的烟气温度低于飞灰的软化温度，沉积物大多以固态飞灰颗粒形式堆积形成，颗粒之间有清晰的界限，温度过高时，外表面会发生烧结，形成一个比较硬的壳。

(2) 沉积形成过程

根据观察和化验结果分析，沉积主要是通过凝结和化学反应机制形成的。凝结是指由于换热面上温度低于周围气体的温度而使气体凝结在换热面上的过程。化学反应机制是指已经凝结的气体或沉积的灰飞颗粒与流过它的烟气中的气体发生反应，例如，凝结的 KCl 和 KOH 与气态的 $SO_2$ 反应生成 $K_2SO_4$ 等。试验发现，受热面沉积中硫的浓度很高，碱金属多以硫酸盐（$Na_2SO_4$、$K_2SO_4$、$Na_2Si_2O_5$）等低熔化合物或低熔共晶体的形式出现，而钾、钠多是以气态形式从燃料中挥发出来的，然后凝结在受热面上。

用 X 射线衍射（XRD）对沉积样进一步进行测试发现，秸秆燃烧过程内氯是以 KCl 的形式凝结在沉积中的，是形成沉积的主要物相，根据 X 射线衍射仪对生物质原料的研究可知，生物原样中的 XRD 图谱中没有 KCl。可见，KCl 是在燃烧过程中通过化学反应机制形成的。

试验过程中发现，烟气进入低温受热面后，烟气中的水蒸气、酸雾等会吸附灰尘颗粒形成尾部积灰，进而发生沉积。沉积的表面上有部分颗粒较大的灰飞粒子，这主要是烟道气中的大颗粒撞击受热面后，粘贴在沉积的表面上，此时形成的沉积属于低温沉积，主要是灰飞粒子受到含有酸雾的烟气影响而形成，具有较强的腐蚀性，温度较低的水冷壁表面及过热器尾部的沉积在形成过程中逐渐从液相转向固相。

在秸秆燃烧过程中，碱金属在炉膛高温下挥发析出，然后凝结在受热面上，呈现黏稠熔融态，捕集气体中的固体颗粒，使得颗粒团聚，导致沉积的形成。另外，秸秆等生物质中含有较高的 Cl、K 等非金属元素，它们均以离子状态存在，很容易与碱金属形成稳定的化合物进而发生沉积，沉积物能够不断在较高的炉膛温度中将碱金属运往受热面，粘贴在受热面上形成沉积。

形成沉积的受热面都是由直径大小不一的球状晶粒组成，这些晶粒排列混乱，部分动能较大的晶粒逃离了原来的位置与其他晶粒聚集在一起，在受热表面上形成一个凸面，而在原料的位置上形成了空穴，犹如一个个洞穴，随着温度的升高，具有较大动能的晶粒在晶粒中的比例增加，洞穴的数量也随之增多，受热面的表面将更加凹凸不平，凹陷部分具有接纳、保护沉积的作用，更易形成沉积。当高温烟气中飞灰颗粒遇到灼热的受热面时，大部分聚集在受热面表面的凹陷处，形成沉积。落在凸面上的灰粒，一部分在重力、气流黏性剪切力及烟道中的飞灰颗粒的撞击力的作用下脱落，重新回到高温烟气中。另外，在沉积初始形成时，由于受热面表面上沉积的粒子少、壁面温度较低，粒子表面的黏度不足以捕获、黏住装机壁面的大颗粒，主要以小颗粒为主。随着留在表面上的沉积越积越厚，黏性增加，当遇到高温烟气中大颗粒碰撞壁面或碱金属硫酸盐及氯化物凝结在壁面上时，二者就发生聚团现象，并逐步增大。

受热面上形成的沉积是由大小不一的颗粒黏结在一起形成的聚团，聚团之间有细斜小孔，表面呈蜂窝状，聚团的颗粒表面出现熔化现象，黏性增加，为沉积的进一步增长提供了有利条件。当烟道气中的大颗粒遇到具有较大黏性的沉积面也会捕获，具体来说，沉积的形成主要是秸秆的灰飞在燃烧过程中的形态变化和输送作用的结果，其形成过程可分为颗粒撞击、气体凝结、热迁移及化学反应四种。

秸秆成型燃料的燃烧过程中，在炉膛内气流的作用下，烟道气中粒径较大的颗粒由于惯性撞击受热面，撞击受热面的颗粒一部分被反弹回烟气中，另一部分粘贴在受热面上形成沉积。

随着壁温的增高及沉积滞留期的延长，沉积层出现了烧结和颗粒间结合力增强的现象。在较高的管壁温度作用下，沉积层的外表面灰处于熔化状态，黏性增加，当烟道气气流转向时，具有较大惯性动量的灰粒离开气流而撞击到受热面的壁面上，被沉积层捕捉，沉积层变厚。

当重力、气流黏性剪切力以及飞灰颗粒对壁面上沉积的撞击力等破坏沉积形成的共同作用力超过了沉积与壁面的黏结力时，沉积块就从受热面上脱落，这种脱落的沉积块在锅炉上称为垮渣，一般的垮渣将使炉内负压产生较大波动，严重时垮渣将会造成锅炉灭火等事故。

（3）沉积机理

沉积的形成主要是灰分在燃烧过程中的形态变化和输送作用的结果，生物质成型燃料燃烧沉积形成机理应从两个方面分析。

1）内因

就是秸秆等生物质中含有形成沉积的物质条件，作物秸秆中几乎含有土壤和水分中所包含的各种元素，其中金属元素有 K、Na、Ca、Mg，非金属元素有 Cl、N、S 等，它们大都性质活泼，极易与碱金属元素形成 KCl、NaCl、$NO_x$、HCl 等。碱金属是形成沉积的物质基础，非金属元素 Cl 等有推动碱金属流动的能量，是不断供给沉积成型成长的运输工具。

2）外因

就是炉膛提供的温度及热动力条件，使挥发析出的碱金属以及在热空气中游动的矿物质、有机质颗粒具有达到受热面的推动力，具有进行热化学反应的温度条件，通过内、外因的有机配合形成沉积。

生物质成型燃料燃烧过程发生沉积有其形成的必然性和复杂性，只要有生物质成型燃料燃烧就会发生沉积，因此，沉积在生物质燃烧设备运行过程中是不可避免的。当然，不同的燃烧设备有不同的内、外因素，因此不同的燃烧设备产生沉积的状态及形成过程是不可能相同的。解决沉积的技术路线主要考虑以上分析的内、外因素，需要采取破坏这两个形成因素的气氛与动力场，即采取反向技术措施：a. 消减内因的基础；b. 降低炉温及避免炉膛热动力的推动力过强作用；c. 及时清除已经形成的沉积，从而达到减少、预防、铲除沉积，保证燃烧设备稳定可靠运行。

生物质尤其是秸秆成型燃料的燃烧过程，在炉膛内巨大气流的作用下，烟道气中粒径较大的颗粒由于惯性撞击受热面，撞击受热面的颗粒一部分被反弹回烟道气中，另一部分粘贴在受热面上与烟气中酸性气体形成低熔化合物或低熔共晶体。

在高温对流烟气中，烟气温度一般高于 800℃，而受热面的壁面温度一般为 550～650℃。由于灰飞中碱金属离子在高温下处于气态，约在 730℃时发生凝结，当烟气进入对流烟道遇到低于 700℃的受热面时，碱金属离子就会在表面凝结，形成碱金属的化合物沉积于受热面上，同时混有一些其他成分的灰粒一起被黏附在受热面。这些沉积经长期高温烟气酸化烧结，形成密实的沉灰层。烟气温度越高，灰中碱金属越多，烧结时间越长，沉积就越厚，越难清除。

生物质燃料过程中，在受热面上形成了严重的沉积，这种沉积与煤燃烧时形成的沉积相比，具有光滑的表面和很小的孔隙度，因而它的黏度和强度更高，也更难去除。沉积的形成不但降低了换热效率，而且对受热面造成了严重的腐蚀，根据目前的研究，普遍认为沉积的形成有 2 个方面的原因：

① 因为秸秆中含有丰富的碱金属及碱土金属，在秸秆燃烧过程中，碱金属在炉膛高温下挥发析出，然后凝结在受热面上，呈黏稠状熔融态，捕集气体中的固体颗粒，使得颗粒聚团，导致了沉淀的形成；

② 炉膛温度，较高的炉膛温度使碱金属含量较高的飞灰颗粒处于熔融状态，很容易粘贴在受热面上形成沉积。

### 5.4.2 影响沉积的因素与沉积危害及降低沉积的措施

（1）影响沉积的因素

秸秆成型燃料燃烧过程中，原料的成分、形状及受热面温度等因素对沉积的形成有重要影响。高含量的碱金属存在是沉积形成的主要因素，非金属元素如 Cl 等是帮助碱金属流动、不断向沉积层补充碱金属的运载工具。温度是碱金属析出、迁移、流动的热动力，它们严重影响着沉积的形成状况。

1）原料成分对沉积的影响

秸秆燃烧过程中，燃料成分是影响受热面上沉积的主要因素之一。与煤等化石燃料相比，秸秆中氧的含量较高，大量的含氧官能团为无机物质在燃料中驻留提供了可能的场所，对这一类物质的包容能力比较强，因此秸秆中内在的固有无机物元素的含量一般较高，其中导致锅炉床料聚团、受热面上沉积的主要元素有 Cl、K、Ca、Si、Na、S、P、Mg、Fe 等，尤其是氯元素、碱金属和碱土金属。

燃烧过程中，碱金属和碱土金属在高温下以气体的形态挥发出来，然后与硫或氯元素结合，以硫酸盐或氯化物的形式凝结在飞灰颗粒上，降低了飞灰的熔点，增加了飞灰表面的黏性，在炉膛气流的作用下，粘贴在受热面的表面上，形成沉积。很显然，没有这些碱金属的存在就不可能形成沉积。秸秆生物质比煤含有的碱金属高得多，因此比煤的沉积严重，相应带来的腐蚀等问题也多。

2）炉膛温度对沉积形成的影响

炉膛温度的变化直接影响烟道气中飞灰颗粒和受热面的温度，从而影响受热面上沉积的形成。温度对沉积的影响主要表现在 3 个方面：

① 影响碱金属元素的析出，温度越高，碱金属析出的量越大，且析出速度加快；

② 形成炉膛高温环境，使析出的碱金属挥发分具有流动和热迁移的动力；

③ 受热面、沉积体上的热化学反应必须有相应的温度，温度低形不成熔融体，黏结力小，形成的沉积强度小容易脱落。

根据试验，炉膛温度低于 600℃时，受热面上的沉积呈现灰黑色，手感光滑，主要是未完全燃烧的炭黑融入了沉积体中。随着炉膛温度的升高，碱金属从燃料中逸出，逸出的碱金属凝结在飞灰上，从而降低了飞灰熔点，受热面上的沉积变为银灰色，表面呈玻璃状，有烧结现象。与此同时，沉积中 $SiO_2$ 的含量也上升，使碱金属与 $SiO_2$ 结合生成低熔点的共晶体，增加了沉积的强度。

3）供风量对沉积形成的影响

供风速度影响炉膛内的空气动力场、改变烟气中飞灰颗粒的运动速度、方向，影响沉积量。风速增大时，烟气中的飞灰与受热面撞击百分百增加，沉积量上升，但当风速超过 12m/s 时，烟气中含有较多气体组分的飞灰来不及与受热面接触，就随烟气排出。当初始粘在受热面的颗粒在较大风速的作用下重新回到烟气中，受热面上的沉积量开始下降。另外，供风速度对飞灰颗粒的沉积位置也有重要的影响，在燃烧秸秆成型燃料的锅炉中，沉积不仅在受热面的迎风面上，在风速产生的漩涡作用下，背风面上也经常出现沉积。因此，在秸秆成型燃料燃烧过程中，合适的供风速度不但有利于燃料的燃烧，对受热面上沉积的形成及其成分也有重要的影响。

供风量的大小对氯、钾、钠的释放没有太明显的影响，只有风量影响到温度时才产生作用。风动力和热动力共同形成了颗粒在空气动力场中流动的驱动力，没有了空气动力，粉尘、碱金属颗粒就没有足够的撞击力，沉积形成的数量和强度都会受影响。严格控制供风量，使碱金属析出后没有足够的移动动力，是减少沉积的重要技术手段。

4）受热面温度对沉积形成的影响

受热面温度对飞灰沉积率的影响一直在探索阶段，当受热面温度较低时，烟气中飞灰颗粒遇到温度较低的受热面会迅速凝结，形成沉积，使受热面上的沉积率升高。随着受热面温度的升高，若低熔点的飞灰仍处于气相状态，就会随烟气排出炉外，受热面上的沉积率会逐渐下降，如温度使初级沉积表面出现熔融态，烟道气中的颗粒物就会碰击后被粘接，使沉积层增厚。但是一旦黏性最大的沉积层全面形成后，受热面温度对沉积率的影响就会因导热率的下降而下降，最终随着沉积物的增长温度的影响力大大下降。

沉积率随受热面温度的变化如图 5-3 所示。

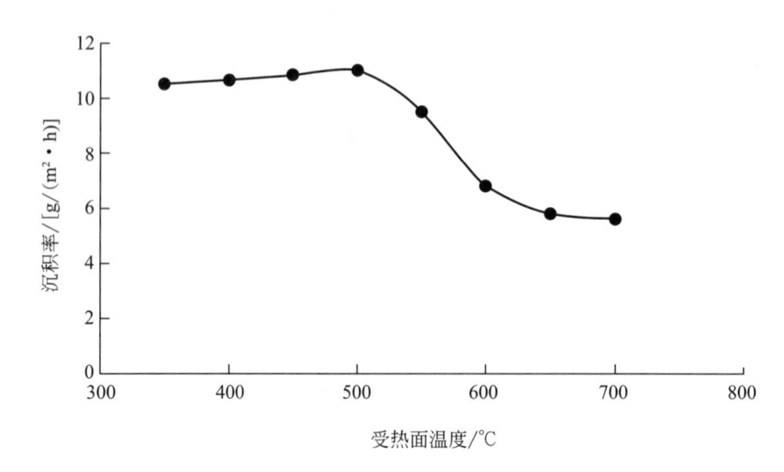


图 5-3　沉积率随受热面温度的变化

从图 5-3 可以看出，温度在 500℃以下时碱金属大量析出，这一阶段在其他条件具备时很容易形成沉积，是值得我们研究、预防的温度段。随着受热面温度的提高，沉积率呈逐渐降低的趋势。这种趋势形成的原因很复杂，概括起来有 3 个方面：

① 碱金属的挥发，氯化物的形成并不是温度越高越多；

② 在燃烧室空气场中供风量与原料燃烧温度是有最佳匹配关系的，风量对温度起决定作用，也就是说风量充足时温度最高，或者说，在这个范围内，温度最高时的风量最大，在这样的条件下，许多挥发物颗粒随高速空气流失，没有了沉积的机会，因此温度高不一定沉积多；

③ 当温度达到 600℃以后沉积层厚度就会逐渐加大，达到一定程度，受热面的温度对碱金属挥发物的影响越来越小，对沉积率的作用也越来越微弱。

5）燃料形状对沉积率形成的影响　生物质成型燃料燃烧过程中，沉积率随燃烧时间的变化如图 5-4 所示。在燃烧早期：秸秆成型燃料表层挥发分开始燃烧，在炉膛内气流的扰动下，表层松散的飞灰颗粒离开秸秆成型燃料进入烟道气，粘贴在受热面上，沉积率最大；表面挥发分燃烧完成后，温度向秸秆成型燃料内部传导，内部的可燃挥发物开始持续析出燃烧。但由于秸秆成型燃料结构密实，很快就形成结构紧密的焦炭骨架，

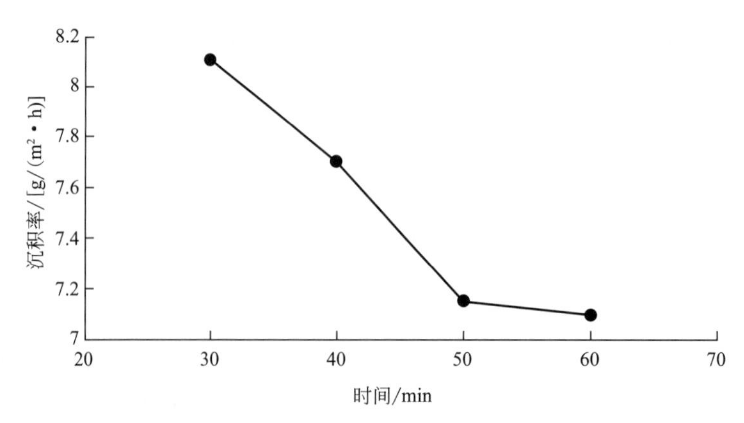


图 5-4　沉积率随燃烧时间的变化

运动的气流不能使骨架解体，飞灰颗粒减少，受热面上的沉积率逐渐下降，然后稳定在一定的数值。沉积的形成过程与燃料燃烧规律是吻合的。

未经成型的原生秸秆燃烧试验也证明符合这个递减规律。秸秆原料在燃烧过程中，由于炉膛内扰动气流的作用，燃烧后形成的松散的灰分很容易离开秸秆表面，进入炉膛烟道气中，在炉膛内高温下，粘贴在受热面上，随着燃烧的进行，飞灰颗粒减少，沉积也逐渐减少。由此得出沉积率早期最大，然后递减的规律的结论。

试验表明，生物质（秸秆）成型燃料燃烧过程中在受热面上形成的沉积率明显低于原生秸秆燃烧的沉积率。主要因为：一是生物质成型燃料燃烧后形成了焦炭骨架，飞灰颗粒减少，从而降低了受热面上的沉积率；二是生物质压缩成型后，灰分的熔融特性发生了变化，生物质成型燃料飞灰的软化温度、流动温度均高于生物质原始原料直接燃烧时飞灰的软化温度和流动温度，降低了熔融灰粒在飞灰中的比例，减小了碱金属和氯化物与灰粒黏结的概率，从而降低了粘贴在受热面上的飞灰颗粒的数量。

（2）沉积的危害

沉积对燃烧设备的危害主要表现在三个方面。

1）生物质成型燃料燃烧过程中，受热面上形成沉积带来的最直接的危害是锅炉的热效率下降。

受热面上沉积的传热系数一般只有金属管壁传热系数的 1/1000～1/400；当受热面上积灰 1mm 厚时，传热系数降低为原来的 1/50 左右，所以锅炉受热面上的灰沉积将严重影响受热面内的热量传导及热效率。沉积厚度对传热系数的影响如图 5-5 所示，传热系数随着沉积厚度的增大而降低，当沉积厚度为 0～0.56mm 时，受热面的传热系数就下降了 51%，而当受热面上有 3mm 疏松灰或 10mm 熔融渣时，可造成炉膛传热系数下降 40%。可见，沉积的传热性能很差。当水冷壁面积灰的状态变化时，由于灰渣的传热系数很小，即使灰渣层变化不大，传热系数的变化也相当大。受热面上的沉积不但降低了受热面的换热能力，而且影响到排烟温度。排烟温度随沉积厚度变化的关系如图 5-6 所示。从图 5-6 中可以看出，随着沉积厚度的增加，排烟温度呈上升趋势。当沉积厚度由 0mm 上升到 0.56mm 时，排烟温度从 480℃上升到 580℃。通常积灰沉积对能耗及出力的影响是恶性循环：首先，在燃料放热量不变的情况下，受热面上形成的沉积导致受热面的吸热量减少，排烟温度升高；其次，受热面上形成的沉积使受热面的吸热量减少，降低了锅炉出力，为了达到锅炉需要的负荷必须增加燃料量，这将造成排烟温度的进一步升高。

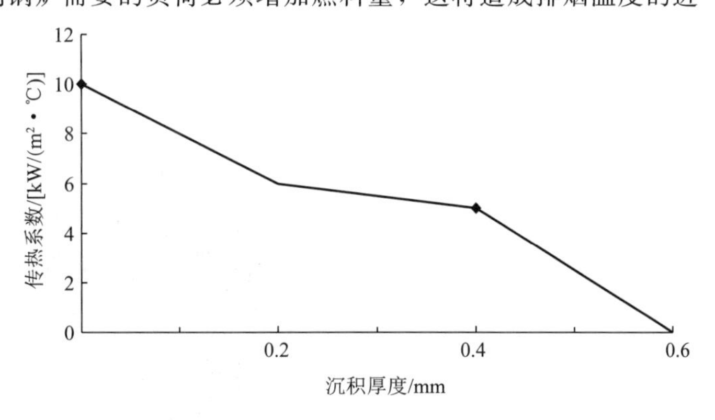


图 5-5　沉积厚度对传热系数的影响

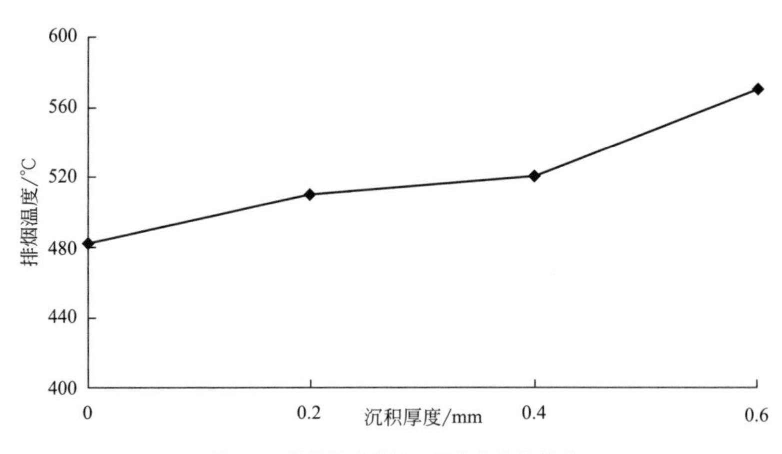


图 5-6 排烟温度随沉积厚度变化的关系

排烟温度的上升，意味着排烟造成的热损失增加，锅炉出力的降低。通常电厂为了维持正常的蒸汽温度，保证锅炉在满负荷下运行，只好增加燃料投放，因此会增加单位发电量的燃料消耗。随着燃料量的增加，炉膛出口温度进一步升高，使得飞灰更易黏结在过滤器上，加速这些部位沉积的形成，形成恶性循环。

2）长期的沉积将对受热面造成严重的腐蚀

生物质的含氯量过高会引起锅炉受热面的腐蚀，当混合燃烧含氯高的生物质成型燃料如稻草，壁温高于400℃时，将使受热面发生高温沉积腐蚀，同时酸性烟气也极易造成过热器端低温酸腐蚀。

由于生物质尤其是秸秆类生物质含有较多的氯元素，在燃烧过程中原料中的氯元素在高温作用下将被释放到烟气中。研究发现，烟气中的含氯成分主要有$Cl_2$、HCl、KCl和NaCl等，其中HCl占优势，但在高温和缺少水分时还存在一定量的$Cl_2$，在还原性气氛下HCl的热分解也会产生$Cl_2$。释放出来的氯和烟气中的其他成分反应生成氯化物，凝结在飞灰颗粒上，当遇到温度较低的受热面时，就与飞灰一起沉积在受热面上，沉积中的氯化物就与受热面上的金属或金属氧化物反应，把铁元素置换出来形成盐等不稳定化合物，使受热面失去保护作用，从而逐渐腐蚀受热面。还有一部分酸性烟气在过热器侧遇水蒸气冷凝后形成酸性液体，附着在过热器表面，对其形成腐蚀。

3）沉积的形成也会对锅炉的操作带来一定影响

随着锅炉的运行，受热面上的沉积物日益增厚，当重力、气流黏性剪切力以及飞灰颗粒对壁面上沉积的撞击力等破坏沉积形成的共同作用力超过了沉积与壁面的黏合力时，沉积渣块就从受热面上脱落，形成塌灰。锅炉塌灰严重影响锅炉正常燃烧。当水冷壁面上有大渣块形成时，在渣块自重和炉内压力波动或气流扰动的作用下，大渣块灰掉落。脱落的渣块有可能损坏设备，引起水冷壁振动，引发更多的落渣。而且渣块形成时的温度很高，渣块的热容较大，短时间内大量炽热渣块落入炉滴冷灰斗，蒸发大量的水蒸气，会导致炉内压力的大幅度振动。压力波动超过一定限制时，会引发燃烧保护系统误动，切断燃料投放，导致锅炉灭火或停炉。

(3) 降低沉积的方法措施

1) 掺混添加剂以减少沉积物形成

通过掺混添加剂降低秸秆燃烧过程中受热面上的沉积物，就是将添加剂与秸秆混烧，生成高熔点的碱金属化合物，使碱金属固定在底灰中，从而降低受热面上的沉积腐蚀。秸秆成型燃料与煤混烧是解决单独燃烧生物质成型燃料时在受热面上形成沉积腐蚀问题最简便、有效的方法之一。其原理是煤中的氯、钾元素含量低，通过含氯、钾量较低的煤与含氯、钾量较高的秸秆燃料混烧，降低了氯、钾元素在形成沉积中的作用，从而减少了秸秆燃烧过程中在受热面上形成的沉积物。

许多国家都开展了秸秆与煤在现存锅炉中混烧技术的研究。在美国，秸秆与煤混烧技术已经在旋风炉、壁炉、煤粉炉等多种锅炉中得到了试验，结果表明：混合燃烧在一定程度上可以减少受热面上的沉积物，有利于秸秆直接燃烧技术的推广。华电国际十里泉发电厂将秸秆与煤以不同比例混烧发电，秸秆最大掺混比例达到18%，燃烧过程中，锅炉受热面上并未有沉积物出现。可见煤与秸秆成型燃料混烧有助于减少受热面上的沉积物，但是混烧的确切比例还需要根据实际，通过试验来进一步确定。

秸秆在燃烧过程中，烟气中的氯化钾、氯化钠沉积在受热面上是导致受热面腐蚀的重要原因。将石灰石、高岭土、硅藻土、氢氧化铝等碱性添加剂与秸秆混合燃烧，通过添加剂的吸附作用除去秸秆中的碱金属和氯含量，减少它们在受热面上的沉积量，从而减轻沉积对受热面的腐蚀。经过在鼓泡床的床料中添加含铝添加剂和石灰石燃烧生物质锅炉的试验，发现秸秆中的钾与添加剂中的铝和硅形成了碱金属硅铝酸盐，氯则与石灰石中的钙结合成氯化钙，进入飞灰中。研究发现，高岭土、燃煤飞灰、硅藻土可与氯化钾发生反应，将氯元素以HCl气体的形式释放，从而减少沉积物中水溶性氯的质量比例，降低换热面的腐蚀速率。其中，燃煤飞灰和高岭土不但可以有效地降低沉积物中水溶性氯的质量分数，而且还可以使沉积物变得疏松，便于吹灰装置将其吹掉，可有效地解决沉积物带来的受热面的换热和腐蚀问题。

研究发现，利用石灰石等添加剂减少受热面上的沉积物和腐蚀仍存在较多的问题，如：燃煤飞灰只能绑定秸秆中的一部分钾成分，这使得应用燃煤飞灰做添加剂时，用量要比采用其他添加剂时大得多，从而大大增加了灰的产出量；高岭土可以缓解过热器表面的腐蚀，但发现仍有坚硬的渣块黏附在炉壁上。另外，对高氯含量的生物质，要将烟气中的氯化钾浓度降到足够低，必须添加较多的添加剂，导致运行成本增加。因此，利用添加剂秸秆生物质燃烧过程中受热面上沉积问题还需要结合燃烧工况进行试验并优化相关参数，以期综合解决由碱金属引起的沉积问题。

2) 机械降低沉积物的形成

解决生物质燃烧过程中受热面上的沉积腐蚀问题还可以通过在管壁上喷涂及吹灰等机械方式。喷涂法是通过在受热面的表面上喷涂耐腐蚀材料，提高管壁的抗腐蚀能力从而降低沉积物对受热面腐蚀的一种方法。试验采用热喷射方法在受热面上喷涂一层由Ni、Cr、Mo、Si、B合金组成的涂层，取得了较好效果。国内也采用对碳钢管掺铝的方法来降低沉积物对受热面的腐蚀度。采用喷涂方法增强受热面的抗腐蚀性也是一种很有前景的方法，寻找合适的涂层材料是该技术的关键。

吹灰法是燃煤锅炉上降低水冷壁表面上沉积物的一种最通用的方法，通过吹灰可以防止飞灰颗粒积累，保持受热面清洁，使烟气分布、受热面吸热能力及蒸汽温度维持在设计水平。通常，吹灰后，水冷壁的吸热量增加8%～10%，高温对流受热面的吸热量增加7%左右，低温对流受热面及省煤器的吸热量增加4%左右。吹灰介质一般采用蒸汽，根据经验，联合使用水、汽吹灰效果更佳，即用水吹灰后再用蒸汽吹灰。但是无论是空气吹灰还是蒸汽吹灰都存在一定的问题：一方面要消耗大量的能量，如蒸汽吹灰，所耗蒸汽量占蒸汽总产量的1%，随着蒸汽的热损失及其节流损失和排烟损失的增加，吹灰器的运行要消耗锅炉效率的0.7%；另一方面，不适当的频繁吹灰也会因腐蚀和热应力对受热面造成损坏，缩短受热面的金属寿命，同时也增加了吹灰装置的维护费用。

尤为重要的是，生物质燃烧过程中在锅炉受热面上形成的沉积物与燃煤锅炉内的沉积物不同，其具有光滑的表面和很小的孔隙度，是由碱土金属钾和钠以氧化物、氢氧化物、金属有机化合物的形式与二氧化硅一起形成的低温共熔物，其黏度和强度都比较高，具有玻璃的化学特性，因此比燃煤产生的沉积物更难去除，吹灰装置的效果及其改进措施还需要进一步探索。

刮板法去除受热面上的沉积物就是通过刮板在受热面表面进行上下运动使得受热面上的沉积物脱离受热面，从而达到去除沉积物的目的。刮板法是去除沉积物的一种行之有效的方法，可以根据受热面上沉积的形成情况设置刮板的运动频率。

3）通过操作方式的变化减少受热面上沉积物

通过对锅炉运行中的参数的调整、改变锅炉布置及燃料燃烧方式等方法减少受热面上的沉积物。

风速对受热面上沉积物的形成具有重要的影响。当风速超过一定数值时，大部分飞灰来不及撞击受热面而随烟气排出，减少了飞灰颗粒与壁面的接触概率。与此同时，初始粘在受热面上的颗粒在较大风速的作用下也会重新回到烟气中，从而降低了受热面上的沉积物，因此，增大风速应该是减少水冷壁表面上沉积物的一种方法。但是较大的风速提高了排烟热损失，降低了锅炉效率，同时过大的风速可能吹灭锅炉，目前，对锅炉供风速度的调整一般是根据锅炉和燃料的类型而进行的。

较高的炉膛温度是影响沉积物形成的主要原因之一。较高的炉膛温度使得烟气中碱金属、氯化物含量较高的飞灰颗粒处于熔融状态，当遇到温度较低的受热面时就凝结在受热面上，形成沉积物。通过锅炉串联减少受热面上的沉积就是根据使用目的及燃料特点将两台锅炉串联起来，降低燃烧生物质锅炉的炉膛温度，坚守高温下熔融的飞灰颗粒，从而减少受热面上的沉积物。

锅炉串联可分为如下三种。

① 将两台燃烧生物质的热水锅炉进行串联。串联的方法是把第一台锅炉排出的烟气通入另一台锅炉，然后利用烟气的余热产生热水，从而有效地降低了烟气温度，使烟气中的飞灰颗粒处于固相状态，这种处理方式实际上就是烟气的余热利用。

② 燃秸秆的热水锅炉与燃煤蒸汽锅炉串联。燃生物质锅炉产生热水、炉膛温度较低，产生的热水通入燃煤蒸汽锅炉，燃煤蒸汽锅炉炉膛温度较高，将蒸汽继续加热到一定的温度和压力。通过热水锅炉与蒸汽锅炉的串联，降低了秸秆燃料炉的温度，从而减少了生物质燃烧过程中在受热面上形成的沉积物。

③ 将燃秸秆锅炉与燃木材锅炉进行了串联。原理是秸秆中碱金属及氯的含量较高，燃烧过程中易在锅炉受热面上形成沉积物，而木材中碱金属及氯的含量较低，燃烧时不易在受热面上形成沉积物，在燃秸秆的锅炉产生的低温蒸汽通入燃木材的锅炉中进一步加热到所需温度和压力，通过这种方式，既降低了燃秸秆锅炉的炉膛温度，减少了受热面上的沉积物，又利用了秸秆等生物质能源。

可见，根据燃料的特点将不同的锅炉串联起来，既解决了秸秆燃烧在锅炉受热面上产生的沉积腐蚀问题，又解决了化石燃料燃烧带来的环境和资源问题，是秸秆热利用中比较有前途的一种发展方式。

低温热解也是减少在锅炉受热面上沉积物的一种非常有效的方法。其过程是首先将秸秆在低温下进行热解，然后将产生的热解气体通入一个独立的燃烧器里进行燃烧。由于热解温度低，还没有达到灰熔点，就已经析出挥发分并开始燃烧，在热解过程中碱金属、氯仍然保留在焦炭内，产生的热解气体中含有较少的氯、碱金属及飞灰颗粒，减少了受热面上的沉积物，从而降低了腐蚀率。秸秆低温热解的确可以减少沉积物，但是低温热解也增加了焦油析出量，可能会引起管道堵塞、黏结烟尘的产生等问题。

### 5.4.3 腐蚀过程与机理

腐蚀就是物质表面与周围介质发生化学或电化学作用而受到破坏的现象。根据腐蚀机理可以分为化学腐蚀和电化学腐蚀。为了探索沉积对受热面的腐蚀过程和机理，对受热面上脱落的沉积块（脱落处含有壁面）进行了研究。腐蚀可由沉积物引起，也可由酸碱性有害气体引起，腐蚀程度由沉积物累积程度或有害气体的浓度决定。

秸秆燃烧过程中受热面上产生的沉积物若不及时清理，不但会降低燃烧设备的换热效率，而且会对受热面造成严重的腐蚀。另外，一般认为当燃料中氯或硫的含量超过一定数值时，在燃烧过程中形成的有害酸性气体在低温下冷凝，形成的强酸液体就会腐蚀燃烧设备，并且在设备运行过程中产生结皮和堵塞现象。与木材等其他燃料相比，秸秆作物中氯含量过高，根据试验测定，玉米秸秆中氯的含量为0.5%～1%，燃烧过程中燃料释放出来的氯和烟气中的其他成分反应生成氯化物，然后与飞灰颗粒一起沉积在受热面上形成沉积物，其中的氯化物与受热面上的铁发生化学反应，将管壁中的铁逐步转移到沉积物中，从而使管壁越来越薄，对管壁造成严重的腐蚀。在当前燃用生物质的锅炉中已经发现了受热面腐蚀的问题。生物质成型燃料燃烧对设备造成的腐蚀通常分为4种情况。

1）炉膛水冷壁高温腐蚀

主要是生物质成型燃料中硫元素、氯元素的存在，以及燃烧过程缺氧气氛造成的。在缺氧气氛条件下，高温下的氧化铁会转化为亚铁（FeS、FeO等）形式，熔点降低，同时，$H_2S$、HCl及游离的S容易破坏金属表面原有的氧化层，而导致水冷壁发生腐蚀。

2）高温对流受热面的腐蚀

主要是碱金属形成的盐类在受热面沉积造成的腐蚀。碱金属离子在730℃左右就会凝结，然后与烟气中的有害气体（$SO_2$、$SO_3$、HCl等）形成低熔点化合物或共晶体-复合硫酸盐及盐酸盐，在高温时黏结在受热面上并被烧结沉积，在590℃左右具有较强腐蚀性，造成过热器及再热器管道腐蚀，研究发现，沉积造成的腐蚀在550～730℃时比较严重。

3）低温受热面腐蚀

主要是在受热面壁温低于烟气中酸露点时，酸性气体形成酸雾冷凝在受热面形成腐蚀。酸性气体的多少及酸露点的高低影响腐蚀的程度不一样，一般在300℃以下时低温腐蚀就会发生，主要是酸雾形成的硫酸级盐酸对金属产生的腐蚀。

4）高温氧化腐蚀

烟气或者管内蒸汽的温度超过金属的氧化温度时，金属氧化层会被高温破坏，造成高温氧化腐蚀。根据腐蚀机理可以分为化学腐蚀和电化学腐蚀。

化学腐蚀是铁离子通过化学反应被逐步转移到沉积物中，受热面原来致密的$Fe_2O_3$结构保护膜遭到破坏，一部分变成不稳定的亚铁离子存在于表面沉积中，随着时间的延长，沉积物越来越多，腐蚀程度不断加剧，越来越多的铁离子被转移到沉积物中，受热面逐渐变薄，甚至出现漏洞。

试验证实，受热面上脱落的沉积块主要由两部分组成：一是表面没有沉积的受热面，其主要成分是铁，其次是氧；二是沉积的中心部分，氯、钾及钠含量较高。在沉积物中，铁的含量由中心向外是逐渐正增加的。

电化学腐蚀在沉积腐蚀受热面的过程中扮演着重要角色。腐蚀面位于氧化层和管壁之间，主要是$FeCl_3$起腐蚀作用。根据分析，腐蚀层中的$FeCl_3$不是沉积与氧化层反应形成的，而是沉积层中的氯化物穿过氧化层与管壁中的铁反应的产物。沉积层中的氯化物与管壁中的铁反应，不断地生成$FeCl_3$，随后$FeCl_3$被氧化，$Cl_2$又被还原出来再次与铁反应，增加了$FeCl_3$浓度，同时，沉积层中的硫酸盐与腐蚀层中的$FeCl_3$反应生成FeS，更多的管壁材料中的铁被反应丢失，加剧了腐蚀程度。

### 5.4.4 降低腐蚀的方法和措施

产生腐蚀的最主要根源是沉积，因此从理论上分析，减少腐蚀首先要减少沉积。

（1）水洗法脱除碱金属和氯

水洗法脱除秸秆中碱金属和氯，是一种预防沉积腐蚀非常有效的预处理方法。在秸秆成型燃料成型之前对秸秆进行处理，除去秸秆中所含的碱金属和氯，是减少秸秆成型燃料燃烧过程中在受热面上形成腐蚀的一种有效方法。一般采用水洗或自然放置一段时间便可减少碱金属和氯元素的含量。对秸秆水洗实验发现，用水萃取可以除去80%的钾和钠以及90%的氯。采用预先热解的办法将生物质成型燃料制成焦炭，然后再对焦炭进行水洗，发现焦炭中71%的钾、72%的氯和98%的钠可以在80℃左右的热水中被洗掉，但采用这种方法处理后还需进行干燥，成本较高。

随着木质纤维素爆破等预处理技术的突破，生物质综合利用技术有了较快的发展。生物质预处理过程中，绝大部分碱金属及有腐蚀作用的氯元素等得到了脱除，也为生物质成型燃料直燃技术防腐蚀提供了极好的条件。例如，秸秆沼气化工程与纤维素乙醇技术预处理及发酵过程使用大量的水洗处理，绝大部分碱金属和氯元素被洗出，发酵后剩余的木质素可以用来生产颗粒燃料，可以广泛用于生物质锅炉，其性能优于纯木质颗粒燃料，使结渣、沉积与腐蚀的危害性大大降低。

(2) 自然预处理法脱除碱金属和氯

这是降低秸秆中碱金属和氯的另外一种预处理方式。将收获的秸秆自然露天放置，使氯及碱金属等流失。这种方法的指标是垂萎度，即存放时间与氯和碱金属的关联度，用%表示，垂萎度越低，碱金属和氯含量越低，越不易产生腐蚀。

露天放置时，新收获的玉米秸秆中的碱金属及氯含量随时间的增加而降低，但由于秸秆表面具有光滑的角质层，碱金属及氯随时间变化的速度较慢。将玉米秸秆粉碎后再露天放置一年后，秸秆中的碱金属及氯随时间增加而大量流失。而水洗后，秸秆的碱金属及氯的含量更低，因此，如果先将秸秆粉碎后再水洗，然后露天放置进行自然干燥，最后入库存放，不仅能减少其中的碱金属及氯的含量，减少秸秆燃烧在受热面上形成的沉积物及腐蚀，同时也降低了水洗后的干燥成本。但目前这种方法也存在耗水量过大、干燥时间太长等问题。

(3) 通过结构与机理控制沉积及腐蚀产生

根据秸秆类生物质燃烧特性，合理设计生物质燃烧设备，主要通过结构设计，如分段供风、风室燃烧以控制燃烧温度，不给沉积提供合适的温度及环境气氛。双层炉排生物质成型燃料锅炉（图5-7）是一种典型的生物质成型燃料燃烧设备，充分结合了生物质成型燃料的特点，集中采用了分段供风、分室燃烧的设计，而且采用双层炉排结构，低温裂解与高温燃烧分开进行，炉排进行低温裂解避免炉排结渣，可燃气在后部燃烧室高温燃烧提高效率，可燃物折返多流程燃烧，可保证较大灰粒以及提早沉降，减轻换热

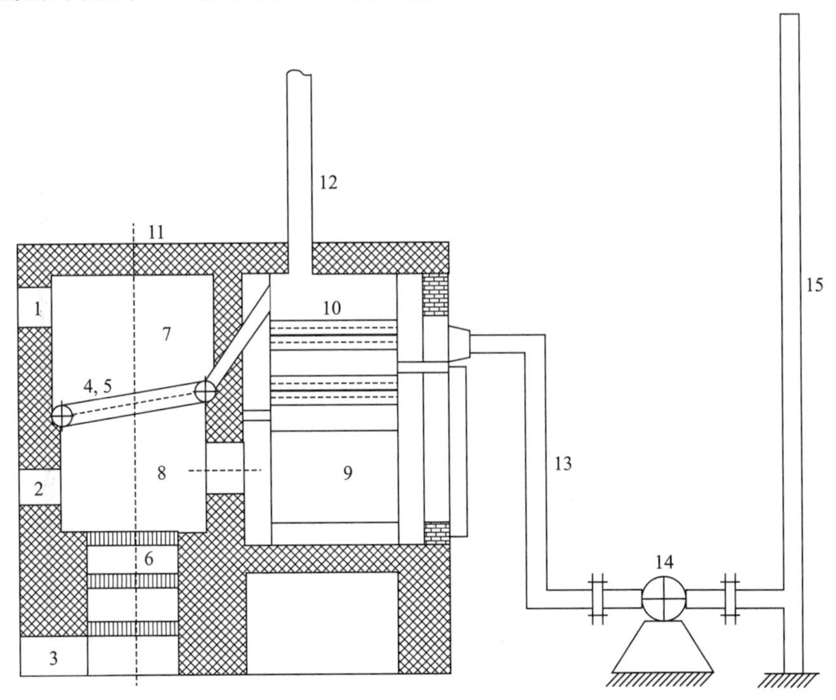


**图5-7　双层炉排生物质成型燃料锅炉结构简图**

1—上炉门；2—中炉门；3—下炉门；4,5—辐射受热面；6—下炉排；7—风室；8—炉膛；9—降尘室；10—对流受热面；11—炉墙；12—排气管；13—烟道；14—引风机；15—烟囱

面沉积与腐蚀的程度。

运行过程可以描述如下：生物质成型燃料经上炉门加在上炉排上，点火后，引风机由此吸入空气与燃料混合部分开始燃烧，此时属于低温热解阶段（低于500℃，沉积、腐蚀程度低）。同时热解产生大量可燃挥发气体透过燃料层、低温热解层被引风机吸入燃烧室遇二次空气进行高温燃烧，多余可燃气经燃尽室再次燃烧（可燃气高温燃烧超过900℃，碱金属离子在730℃时凝结，因此没有碱金属沉积附着于受热面）。尤为关键的是，双层排炉的结构设计保证了在燃烧过程中较大的灰粒经过二次燃烧室及燃尽室进行两次沉降，剩余的小颗粒落入后部换热面沉积下来的可能性减少，因此沉积与腐蚀的程度得到减轻。

除了以上介绍的锅炉燃烧过程发生的沉积、腐蚀以外，空气预热器的低温腐蚀也常常影响燃烧设备正常运行，因此，需要采取必要的措施防止或减少腐蚀。

对于减少低温腐蚀，主要采用以下几种措施：

① 提高空气预热器受热面的壁温，实践中常采用提高空气入口温度的方法来提高空气预热器受热面壁温；

② 冷段受热面采用耐腐蚀材料，使用耐腐蚀的金属材料可以减缓腐蚀进程与程度，同时也会增加设备造价，需要根据需要进行设计使用；

③ 采用降低露点或抑制腐蚀的添加剂，一般采用石灰石添加剂以降低烟气中 $SO_2$ 和 HCl 等浓度；

④ 降低过量空气系数和减少漏风，避免 $SO_2$ 产生，减轻腐蚀。

利用混烧等降低沉积量或利用吹灰等机械方法清除沉积，也可以减轻沉积对受热面的腐蚀。

### 5.4.5 结渣过程与机理

（1）结渣过程

生物质成型燃料的灰熔点较低，燃烧过程容易结渣，影响燃烧效率及锅炉出力，严重时会造成锅炉停机。生物质成型燃料易于结渣的根本原因是碱金属元素能够降低灰熔点，导致结渣。生物质中的钙元素和镁元素通常会提高灰熔点，钾元素可以降低灰熔点，硅元素在燃烧过程中容易与钾元素形成低熔点化合物。农作物秸秆中钙元素含量较低，钾元素和硅元素含量较高，因此农作物秸秆的灰熔点较低，燃烧温度超过700℃时即会引起聚团结渣，达到1000℃以上将会严重结渣。生物质成型燃料结渣的形成过程可以描述为3个阶段。

1）灰粒软化具有黏性

生物质成型燃料燃烧过程中，随着炉温的升高，局部达到灰的软化温度，这时灰粒就会软化，灰中的钠、钾、钙以及少量硫酸盐就会形成一个黏性表面。

2）灰粒熔融形成聚团

随着炉膛温度的进一步升高，氧化层和还原层内温度超过了灰的软化温度，熔融的灰粒开始具有流动性，特别是在还原层内，燃料中的 $Fe^{3+}$ 被还原成 $Fe^{2+}$，致使燃料的灰熔点降低，灰粒的还原层大都被软化并相互吸附，形成一个大的流态共熔体。

3）聚团冷却形成结渣

熔融态的灰粒聚团块温度逐渐降低，冷却后形成固体，黏附在炉排和水冷壁上形成结渣。

（2）结渣机理

秸秆类燃料灰渣与木质燃料及煤炭灰渣相比，碱性氧化物含量高导致灰熔融温度低是其结渣的最主要原因。生物质成型燃料的灰渣组成主要有 $SiO_2$、$Fe_2O_3$、$Al_2O_3$、$CaO$、$MgO$、$TiO_2$、$SO_3$、$K_2O$、$Na_2O$、$P_2O_5$ 等，其中钾、硫和氯元素在生物质成型燃料燃烧过程中对形成结渣起到关键作用。

1）钾元素是影响生物质成型燃料结渣的主要元素

在生物质成型燃料中钾元素以有机物的形式存在，在燃烧过程中气化和分解，形成氧化物、氯化物和硫酸盐，这些化合物都表现出低熔点。当钾和其化合物凝结在灰粒上时，灰粒表面会富含钾，这样就会使灰粒更具有黏性和低熔点。实验表明，生物质成型燃料燃烧过程中有机钾转化为不同形式的无机钾盐和不同的 $K_2O$-$SiO_2$ 共晶化合物。聚团和硫化过程对温度非常敏感，降低温度可以明显减少聚团和结渣。研究认为，生物质尤其是秸秆中富含钾和钠元素的化合物，与生物质成型燃料中混有的砂土的 $SiO_2$ 反应，生成低熔点的共晶体，渐渐聚团后形成大面积结渣。

反应方程式为：

$$2SiO_2 + Na_2O \longrightarrow Na_2O \cdot 2SiO_2 \tag{5-76}$$

$$4SiO_2 + K_2O \longrightarrow K_2O \cdot 4SiO_2 \tag{5-77}$$

这两个反应可以形成熔点为 650～700℃ 的共晶化合物，正是这些熔融态的物质充当灰粒之间的黏合剂而引起了聚团和结渣。

2）硫元素在燃烧过程中起着重要的作用

硫元素在燃烧过程中从燃料颗粒中挥发出来，与气相的碱金属元素发生化学反应生成碱金属类的硫化物，这些化合物将会凝结在灰粒或炉排上。在沉积物表面，含碱金属元素的凝结物还会继续与气相含硫物质发生反应生成稳定的硫酸盐，多数硫酸盐呈熔融状态，会增加沉积层表面的黏性，加深结渣的程度。实践表明，单独燃烧钙、钾含量高，含硫量少的木质生物质时，结渣就很严重，积灰结渣程度低，而当燃烧秸秆类生物质成型燃料，尤其是含硫量高的稻草燃料时，结渣就很严重，且沉积物中含有 $K_2SO_4$ 和 $CaSO_4$。硫酸钙被认为是灰粒的黏合剂，能够加重结渣的程度。

3）氯元素在结渣中起着重要的作用

在生物质燃烧时，氯元素起着传输作用，有助于碱金属元素从燃料内部迁移到表面与其他物质发生化学反应，并且，氯元素有助于碱金属元素的气化。氯元素能与碱金属硅酸盐反应生成气态碱金属氯化物。这些氯化物蒸气是稳定的可挥发物质，与那些非氯化物的碱金属蒸气相比，它们更趋于沉积在燃烧设备的下游。同时，氯元素还有助于增加许多无机化合物的流动性，特别是含钾元素的化合物。试验表明，决定生成碱金属蒸气总量的限制因素不是碱金属元素，而是氯元素。随着碱金属元素气化程度的增加，沉积物的数量和黏性也增加，其碱金属含量高于氯元素含量低的燃料，其积灰结渣程度要比两者含量都较高的燃料轻。氯可以和碱金属形成稳定且易挥发的碱金属化合物，氯的浓度决定了挥发相中碱金属的浓度。在多数情况下，氯起输送作用，将碱金属从燃料中带出，在600℃以上，碱金属氯化物在高温下开始进入气相，是碱金属析出的一条最主要途径。

碱金属无论作为氯化物、氢氧化物、有机金属化合物都将与二氧化硅结合生成低熔点的共晶体，二氧化硅和碱金属氧化物是生物质灰的主要组成成分。二氧化硅的熔点为1700℃，当32%的氧化钾和68%的二氧化硅混合时，混合物的熔点仅为769℃，该比例非常接近含有25%～35%碱金属氧化物的生物质灰。

生物质尤其是秸秆类燃料燃烧过程中的结渣主要受碱金属和氯、硫元素的影响，碱金属和氯、硫元素的含量越高，越容易形成低熔点的共晶体，越易发生聚团结渣，影响正常燃烧工况。

(3) 生物质锅炉结渣机理发展过程

通过对生物质直燃炉不同受热面处渣样、尾气烟道积灰与飞灰进行详细的成分及组分分析，同时进行燃料特性（特别是Cl、S、K、Si、Al含量）及初始形成层对结渣的影响分析，验证了先前的一些结论：Cl与碱金属反应生成黏性KCl，促进渣体生长；Si、Al和S可以与碱金属卤化物反应，生成硫酸盐，抑制渣体的发展。而且可以得到以下新的结果：生物质锅炉水冷壁结渣为熔融结渣，过热器结渣呈现清晰的层次交叠结构，且交叠层呈现不同的颜色；S对生物质结渣具有两面性，通过添加硫黄或者硫酸化合物，与钾盐发生硫酸化反应，可抑制结渣，但如生成$K_3Na(SO_4)_2$，则可一定程度上促进结渣；硫酸复合盐对结渣的促进作用劣于KCl；KCl及$K_3Na(SO_4)_2$在管壁与渣体之间以及渣体内部起到黏结剂的作用。

生物质锅炉结渣程度与燃料特性及初始形成层紧密相关，破坏初始形成层可以有效地减缓或者抑制结渣。

生物质直燃时，由于生物质原料本身的K、Cl含量高，K与Cl结合生成KCl气溶胶，KCl遇冷浓缩，凝结在管壁表面，进而黏结粗大的飞灰粒子（主要为硅酸盐类矿物质），在管壁表面形成结渣。当含高浓度KCl的细颗粒不足以黏结粗大飞灰粒子时，微细粒子重新富集进而黏结粗大飞灰粒子，周而复始，形成交叠层，促进渣体的生长发展。同时周期性吹灰也可能促进交叠层形成。交叠层因不同的元素含量及化合物而呈现不同的颜色。S可以使KCl硫酸化，阻碍细小微粒的生成，抑制结渣。但是，硫酸化生成的单质硫酸盐可进一步相互反应，生成黏性硫酸复合盐，例如：$K_3Na(SO_4)_2$与KCl一道起到黏结剂的作用，促进结渣。同时，KCl可能被硅铝酸化，阻碍细小微粒的生成，抑制结渣。因此，当生物质燃料与别的燃料混燃，加入各种添加剂，或者洗涤后，如果原料内(K+Cl)/(Si+Al)比率与(K+S)/(Si+Al)比率升高，则生成更多的含KCl及$K_3Na(SO_4)_2$的气溶胶，初始形成层形成加速。由于生成更多的黏性KCl及$K_3Na(SO_4)_2$，结渣加剧加速。当(K+Cl)/(Si+Al)比率及(K+S)/(Si+Al)比率均下降，更多的K被Si、Al捕捉，生成硅铝酸盐及气态HCl，KCl及$K_3Na(SO_4)_2$生成量下降，初始形成层形成减慢，同时随着KCl及$K_3Na(SO_4)_2$生成量下降，结渣减慢减弱，结渣得以减轻或者预防。但大部分气态KCl及$K_3Na(SO_4)_2$及硅酸盐类矿物质随烟气排放锅炉，形成飞灰。

## 5.4.6 形成结渣的因素与减少及消除结渣的措施

(1) 形成结渣的主要因素

生物质成型燃料燃烧过程中，燃料层燃烧的温度高于灰的软化温度 $t_2$ 是造成结渣的重要原因。在低于灰的变形温度 $t_1$ 时，灰粒一般不会结渣，但燃烧温度高于 $t_1$ 甚至达到软化温度 $t_2$ 时，灰粒熔融的灰渣形成共熔体便粘在炉排或水冷壁上造成结渣。当然，如果锅炉设计的风速不合理，造成炉内火焰向一边偏斜，引起局部温度过高，使部分燃料层的温度达到灰熔点，冷却不及时也会造成结渣。另外，燃烧设备超负荷运行，或者炉膛层燃炉内的燃料直径、燃料层厚度较大等都会使层燃中心的局部温度过高，使燃料层的温度达到燃料的灰熔点，同样会造成结渣。

1) 炉膛温度过高形成结渣

对玉米秸秆成型燃料燃烧研究发现，玉米秸秆成型燃料结渣率随炉膛温度的增加而增大，在温度为800～900℃时结渣增加缓慢，在温度达到900～1000℃时结渣现象明显增加，在温度大于1000℃以后结渣率逐渐增大。考虑到燃烧装置的运行安全性，研究认为，炉膛温度过高较易形成炉排及换热面结渣，生物质成型燃料燃烧设备的炉膛温度在900℃以下时，结渣率较低。

2) 燃料粒径及料层厚度过大形成结渣

研究发现，随着生物质成型燃料粒径的增大，结渣率逐渐增大。这是因为随着粒径的增大，燃料燃烧中心温度升高，灰渣温度达到灰熔点，所以易发生结渣。随着燃料层厚度的增大，结渣率增大，主要是由于随着燃料层厚度的增大，燃料层内氧化层与还原层的厚度增大，燃烧中心温度增高达到灰熔点，形成结渣。

3) 运行整体工况恶劣形成结渣

运行工况影响炉内温度水平和灰粒所处气氛环境。炉内温度水平是通过调整和控制炉内燃烧工况来实现的。若燃烧调整和供风不当，使炉内温度水平升高，易引起炉膛火焰中心区域受热面或过热面结渣。运行时，在保证充分燃烧和负荷要求的情况下，通过调整和控制燃烧风量、燃料量来降低炉内温度，防止或减轻结渣。

生物质成型燃料燃烧设备通常在过量空气系数为1.5～2.0之间运行。若过量空气系数过大或过小，则炉膛内烟气中含有的CO量增多，火焰中心的灰粒处于还原性气氛中，$Fe^{3+}$ 还原成 $Fe^{2+}$，会引起灰粒的熔融特性降低，加大炉内结渣的倾向。运行时，应调整风速、风量，改善燃烧质量，将炉内烟气中的还原性气氛降低，使结渣降低到最低水平。

(2) 影响生物质锅炉结渣的因素

1) 燃料特性

生物质中包含的基本化学元素有C、H、O、N、K、Na和微量元素如Mg、Ca、Al等。其中生物质成型燃料与煤的主要区别为其碱金属元素含量较高。一般煤中碱金属含量在0.1%～0.5%左右，而生物质成型燃料中碱金属含量能高达3%。另外，生物质灰的组成一般有 $SiO_2$、$Al_2O_3$、MgO、$K_2O$、$Na_2O$、$Fe_2O_3$、CaO、$TiO_2$ 等，其中一部分是燃料本身固有的，在植物自然生长过程中形成，并均匀地分布于燃料中；另一部分是在燃料后期加工过程中带入的，比如土壤、砂砾等。其中K、Na、Si、Al、P等元素是造成结渣的主要因素。燃烧的灰分特征是造成炉内结渣的内因，大部分生物质灰的熔点较低，在锅炉正常运行温度下呈熔融状态，黏附在换热器表面，形成结渣。

2）燃烧工况

锅炉燃烧工况是导致结渣的外因。炉内空气动力场、速度场和温度场分布不合理均会导致结渣的形成。以空气动力场分布不合理而言：在过量空气系数太小的情况下，燃烧不完全，烟气中含有 CO 等还原性气体，使灰熔点下降，同时炉内形成还原性气氛时，铁主要以 FeO 的形式存在，而 FeO 为一种强熔剂，也可促进结渣；如果过量空气系数过大致使火焰中心上移，可能造成炉膛出口处结渣。

3）锅炉设计

生物质锅炉在设计时，仍然采用了传统燃煤锅炉的结构，没有考虑到生物质成型燃料的特性，极易造成过热器结渣。因为过热器布置在炉膛出口的水平烟道，该部位的松散灰渣不易排出，而堆积在烟道内造成堵塞。另外，由于生物质成型燃料的挥发分含量较高，密度较小，燃烧集中在炉膛偏上部，如组织燃烧不合理，容易在过热器处造成后燃现象，火焰直接冲刷换热表面，加剧结渣。

（3）减少结渣及消除结渣的措施

1）控制燃烧温度抑制结渣形成

生物质成型燃料结渣的主要原因是灰熔点较低，在高温下易聚团结渣，因此可以通过供风量与燃料量的配合调节，利用自动控制系统，让燃烧维持在稳定的温度范围，保证不超过灰熔点温度，便不会形成结渣。目前生物质锅炉通常有采用水冷或空冷炉排的结构，结合自动控制系统来降低炉排的温度，实现生物质成型燃料在低于灰熔点温度下燃烧，控制结渣的生成。

丹麦某生物质锅炉企业设计一种采用冷风技术控制炉排温度的生物质锅炉，精准控制炉膛温度不高于 700℃，整个燃烧过程几乎没有结渣发生。炉排下的通风除了供给必需的空气量外，还有一部分是来自烟道的低温烟气，烟气温度在 140℃以下，这样设计的好处是，利于烟气既起到冷却排炉的作用，又不至于输入过多的冷空气降低燃烧温度，增加热损失。由炉排中间风孔供给燃料氧气，既保证氧气量充足又有预热过程，从烟道引出的低温烟气同样也由此风孔供给炉膛，同时起到平衡空气量和降低燃烧温度的作用。

同样是欧洲的生物质锅炉技术，还用一些采用水冷炉排的设计方式。就是在炉排中间通入冷却水，起到冷却炉排的作用。典型的水冷炉排技术是丹麦 BME 公司的水冷振动炉排技术，中国的国能生物发电锅炉就是采用该技术进行设计加工的，目前在中国已有近 40 座生物质电站采用该技术，运行效果表明该技术可以有效避免炉排结渣。

2）机械除渣

现代生物质锅炉的设计，机械炉排除渣的应用也很普遍，其设计理念就是定时振动、转动、往复运动炉排，依靠捶打或剪切等外力破坏渣块聚团，避免结渣。水冷振动炉排设计就是采用了炉排的振动来破坏渣块的形成和聚团。往复运动炉排设计普遍应用于生物质锅炉。

生物质锅炉燃烧过程中依靠炉排中心的活塞式推杆破坏结渣，在锅炉结构设计时，炉排中心安装活塞式破渣推杆，采用间歇式方法推动该推杆，破碎聚团的渣块，避免结渣。该推杆中心有通风孔与风机相连，兼有通风作用，既可提供燃料燃烧所需氧气，又具有吹去灰渣的功能，从而避免灰渣堆积。

3）改善结构设计避免结渣

除了利用机械外力破除灰渣聚团和降低燃烧温度避免结渣生成的方法外，通过改善结构设计使燃烧温度降低也是有效避免结渣的措施。比较成熟的设计思路是生物质成型燃料燃烧设备进行分段式燃烧过程，低温下（不高于650℃）挥发分在此阶段大量析出，并有部分在此燃烧，更多的可燃气体将在下一阶段在受热面区域与二次、三次空气接触燃烧，释放能量。

由于热解温度低于灰熔点，灰分形成后没有遇到高温区域，高温区几乎没有灰粒聚集，这样就不会在燃烧过程形成结渣，从结构设计上根本杜绝了结渣的可能。这种结构现已广泛用于生物质成型燃料中小锅炉，甚至一些炊事采暖炉也采用了这种设计，也可叫作半气化燃烧。炉排反烧蓄式热锅炉的原理与双层炉排反烧结构相同，燃料由接触炉排的底层开始小部分燃烧并热解，上层燃料依次靠重力下沉至炉排，经热解后析出可燃气穿过炉排在二次燃烧区燃烧，可以很好地减少了壁面结渣的生成。

4）加入添加剂混燃减少结渣

研究发现，生物质原料灰熔点低的主要原因是灰的成分中含有大量碱金属氧化物，为了减少结渣，通过混合一些易于与碱金属氧化物反应并把碱金属固定下来的添加剂，可以起到减少和避免结渣的作用。

试验证明，添加剂可以使灰熔融现象基本消除。可以减少结渣的添加剂很多，通过试验验证，结合性价比分析，原料易于采集的、比较合适的添加剂有$CaSO_4$、$CaCO_3$、CaO等。$CaSO_4$可以将钾以$K_2SO_4$的形式固定于灰渣中；CaO和$CaCO_3$能够促进系统中熔融态钾的转化析出，使底灰中钾的含量相对减少，底灰变得比较松软而不发生聚团。以上几种添加剂中，使用较多的添加剂是在生物质成型燃料燃烧过程中定量添加的CaO，该添加剂在丹麦等欧洲国家的生物质秸秆锅炉中已经得到普遍应用。

# 5.5 生物质固体成型燃料燃烧技术及设备

生物质成型燃料具备体积小、密度大、方便储运，无碎屑飞扬，使用方便、卫生等特点，燃烧持续稳定、周期长，燃烧效率高，燃烧后的灰渣及烟气中污染物含量小，是一种清洁能源，其燃烧技术也是很好的利用方式。然而，由于成本较高，生物质成型燃料的压制设备尚不成熟，目前各国生物质成型燃料的利用规模仍然不大，当前还只是用作采暖、炊事及其他特定用途的燃料，使用范围有待拓展。

## 5.5.1 生物质固体成型燃料燃烧及设备的影响因素

生物质成型燃料燃烧时需要温度、供风等条件，弄清燃烧条件对燃料燃烧特性的影响，为设计燃烧设备的参数、提高设备效率提供基本依据。

（1）炉膛温度对生物质成型燃料燃烧速度的影响

炉膛温度影响生物质成型燃料的温度，进而影响生物质成型燃料中挥发分的析出速度，最终影响生物质成型燃料的燃烧速度。试验取直径、密度、质量相同的生物质成型燃料，测试了炉膛温度对生物质成型燃料燃烧速度的影响（图 5-8）。

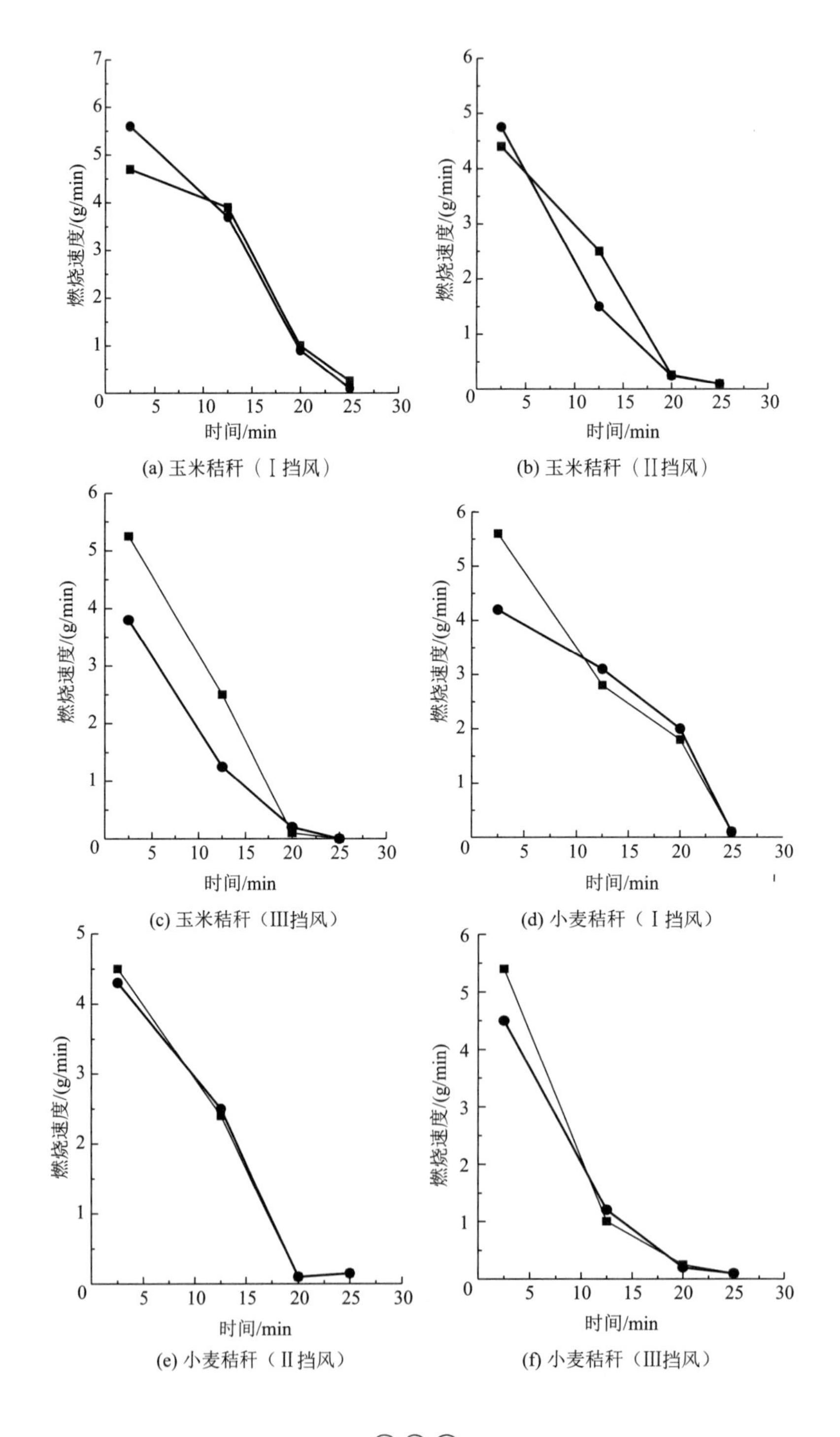


(a) 玉米秸秆（Ⅰ挡风）

(b) 玉米秸秆（Ⅱ挡风）

(c) 玉米秸秆（Ⅲ挡风）

(d) 小麦秸秆（Ⅰ挡风）

(e) 小麦秸秆（Ⅱ挡风）

(f) 小麦秸秆（Ⅲ挡风）

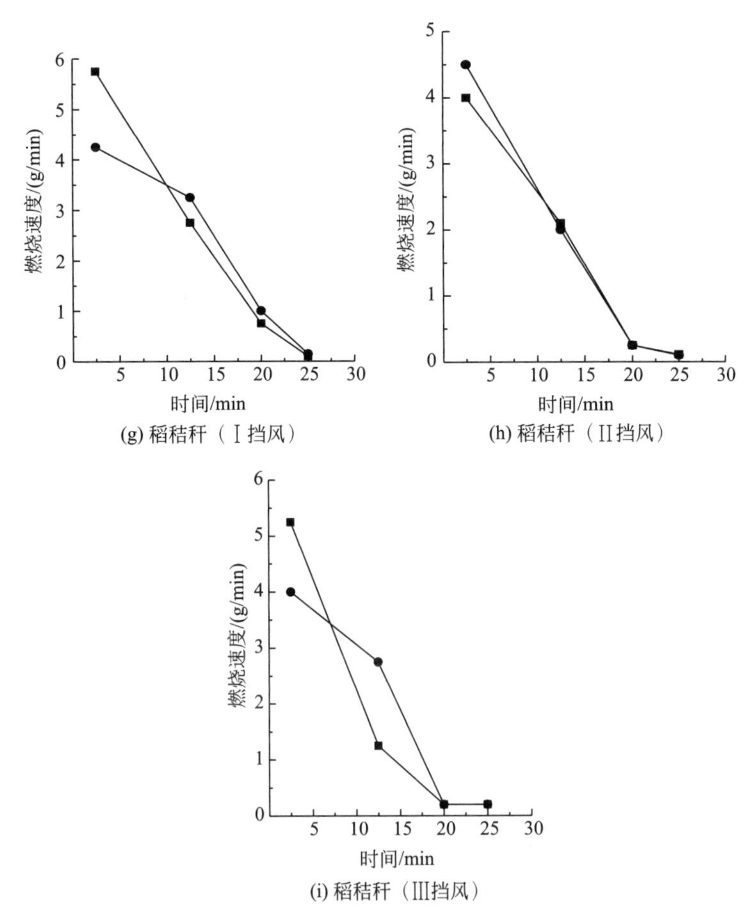


**图 5-8　炉膛温度对生物质成型燃料燃烧速度的影响**

—■—700℃；—●—900℃

从图 5-8 中可以看出：在燃烧初期，挥发分的析出速度随温度的升高而增大，相应地，燃烧速度也随着温度的升高而增加；在燃烧中期，由于生物质成型燃料中的挥发分剩余量随着温度的升高而减小，所以在这一阶段，在低温的炉膛中的生物质成型燃料的燃烧速度反而大；在燃烧中后期，主要是焦炭的燃烧，炉膛温度越高，焦炭中达到活化状态的分子就越多，燃烧速度就越快。在烧尽阶段，炉膛温度高的生物质成型燃料中的可燃质较少，燃烧速度较慢。

（2）供风量对生物质成型燃料燃烧速度的影响

取直径、密度、质量相同的生物质成型燃料在温度为 900℃，供风量分别为Ⅰ、Ⅱ、Ⅲ挡的条件下进行燃烧试验（图 5-9）。由于生物质成型燃料中的挥发分含量较高，在燃烧初期主要是挥发分在燃烧，所以燃烧速度随供风量的增大而增大，相应的生物质成型燃料中挥发分的余量随供风量的增大而减少。在燃烧中期，供风量较小的生物质成型燃料燃烧速度较大。在燃烧中后期主要是焦炭在燃烧，焦炭中达到活化状态的分子主要与温度有关，因此不同供风量的生物质成型燃料的燃烧速度差别很大。在燃烬阶段，由于生物质成型燃料表面覆盖着较厚的灰分，较大的供风量有利于氧气穿过灰层与生物质成型燃料内的可燃

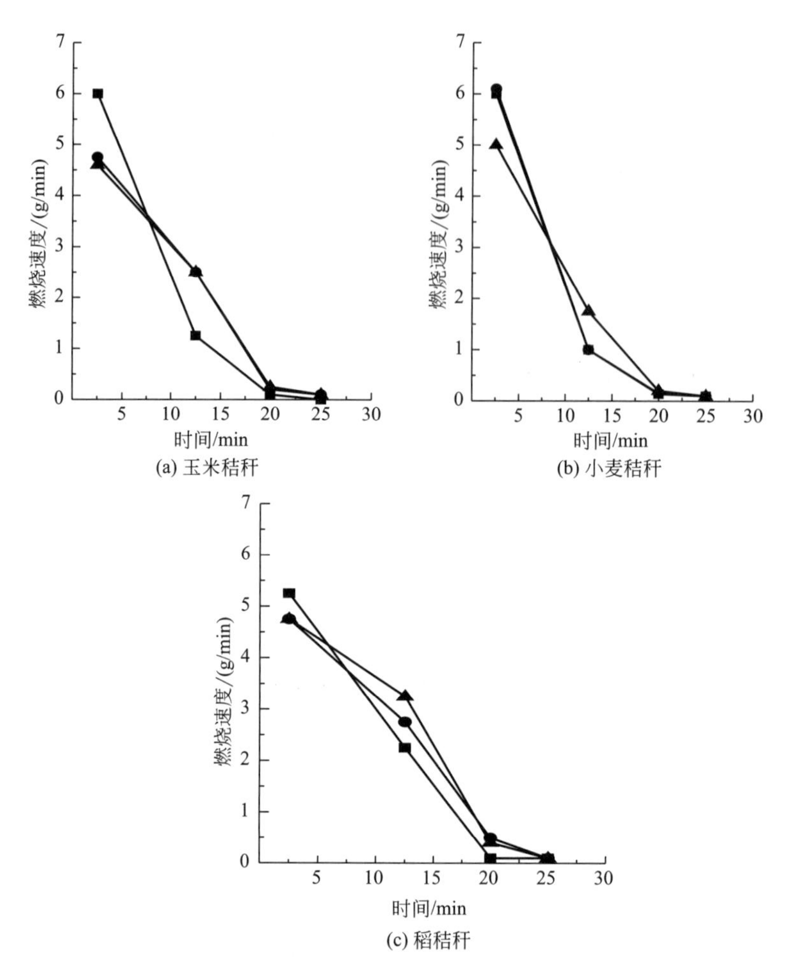


**图 5-9　供风量对生物质成型燃料燃烧速度的影响**

—■—Ⅲ挡；—●—Ⅱ挡；—▲—Ⅰ挡

质接触，所以供风量越大，燃烧速度越大。

（3）炉排数目对生物质成型燃料燃烧的影响

炉排数目是影响生物质成型燃料锅炉效率的关键因素，因此在采用双层炉排还是单层炉排的问题上有较多的研究。杨高峰等[1]在通过试验确定生物质成型燃料燃烧设备的设计参数时发现：双层炉排的燃烧效率高于单层炉排，且烟气中的CO量较低；双层炉排燃烧设备的过剩空气系数在1.5～2.5之间比较适宜，此时燃烧设备的热效率较高，出力较大，且排烟中$NO_x$和$SO_2$含量较低。袁超等[2]比较了双层炉排和单层炉排秸秆成型燃料锅炉的热效率随排烟过量空气系数$\alpha_{py}$的变化，实验结果表明：对于双层炉排，当$\alpha_{py}$增大时，散热损失减小，排烟损失增大，气体和固体不完全燃烧损失均先减小后增大，其中存在使热效率最高的$\alpha_{py}$，单层炉排的情况与此类似；在相同$\alpha_{py}$下，双层炉排的燃烧情况比单层炉排好，因此炉温较高，散热损失较大，但不完全燃烧损失较小，另外，由于双层炉排的排烟温度较高，排烟损失较大；在相同$\alpha_{py}$下，双层炉排的热效率比单层炉排高；在较好工况下，双层炉排的燃烧效率比单层炉排高约5%，热效率约高10%。

(4) 实现分级燃烧对生物质成型燃料燃烧的影响

由生物质成型燃料的热解特性可知分级燃烧有助于改善生物质成型燃料的燃烧状况，河南农业大学于2007年设计的下吸式生物质成型燃料锅炉[3]的试验结果表明：采用下吸式生物质成型燃料锅炉可以有效实现分级燃烧，原因是采用下吸式的燃烧方式可缓解燃烧速度，使燃烧时需氧量和供氧量相匹配，从而降低了气体和固体的不完全燃烧损失。

## 5.5.2 生物质固体成型燃料的燃烧与煤燃烧的比较

生物质成型燃料和煤一样是固体燃料，燃烧设备都是炉膛，对二者进行比较，有利于生物质成型燃料燃烧设备的设计。

(1) 生物质成型燃料与煤的元素比较

燃料的燃烧是其中的C、H、S等元素与空气中的氧发生化学反应的过程，化学反应式如下：

$$C+O_2 \longrightarrow CO_2 \tag{5-78}$$

$$2H_2+O_2 \longrightarrow 2H_2O \tag{5-79}$$

$$S+O_2 \longrightarrow SO_2 \tag{5-80}$$

通过生物质成型燃料与煤中元素成分的比较，可以弄清二者在燃烧过程中与供风量之间的关系。从表5-2中可以看出，生物质成型燃料中碳的含量低于煤。根据燃烧过程，碳元素一般在燃烧过程的中后期燃烧，所以在燃烧后期，煤的供风量大于生物质成型燃料的供风量，另外，煤和生物质成型燃料中碳的燃烧释放了主要热源，但是由于生物质中碳的含量低于煤，所以生物质成型燃料的发热量低于煤。

**表5-2 生物质成型燃料与工业锅炉设计用煤的工业分析**

| 样品名称 | $C_{ad}$/% | $H_{ad}$/% | $O_{ad}$/% | $N_{ad}$/% | $S_{ad}$/% | $M_{ad}$/% | $V_{ad}$/% | $A_{ad}$/% | $Q_{net,ad}$ /(kJ/kg) |
|---|---|---|---|---|---|---|---|---|---|
| 玉米秸秆 | 42.57 | 3.82 | 37.86 | 0.73 | 0.12 | 8.00 | 70.70 | 6.90 | 15840 |
| 小麦秸秆 | 40.68 | 5.91 | 35.05 | 0.65 | 0.18 | 7.13 | 63.90 | 10.40 | 15740 |
| 稻秸秆 | 35.14 | 5.10 | 33.95 | 0.85 | 0.11 | 12.20 | 61.20 | 12.65 | 14654 |
| 无烟煤(焦作焦西) | 62.88 | 1.82 | 2.40 | 0.64 | 1.36 | 1.73 | 8.09 | 19.53 | 23697 |
| 煤烟(平顶山) | 57.00 | 3.64 | 4.27 | 0.99 | 0.43 | 1.29 | 36.10 | 27.17 | 23865 |
| 褐煤(扎诺尔) | 38.63 | 0.85 | 15.32 | 2.49 | 0.14 | 13.17 | 43.99 | 7.09 | 22064 |

生物质成型燃料中氢的含量高于煤，燃烧时的需氧量、发热量都高于煤，但是氢在生物质成型燃料中占的比例较少，增加的需氧量、发热量对于生物质成型燃料燃烧时的

供风量及发热量影响有限。生物质成型燃料中氧含量比较高，高于生物质工业成分的1/3，远远高于煤中氧的含量，这说明燃烧时，生物质成型燃料的需氧量远远低于煤。除褐煤外，煤中氮的含量基本与生物质成型燃料中氮的含量持平，所以燃烧生物质成型燃料并不能减少大气中NO的含量。同时，除褐煤外，生物质成型燃料中的硫含量远远低于煤，说明用生物质成型燃料替代煤燃烧，可以大大减少烟气中$SO_2$和$SO_3$的排放量，减轻大气污染。水分在燃料的燃烧过程中汽化并吸收热量。生物质成型燃料中的水分含量远远高于煤，因此，吸收的热量较多，减少了燃料的发热量。秸秆成型燃料的挥发分均为60%～70%，远高于煤，使得生物质成型燃料易于点火和燃烧，因此，挥发分是设计锅炉时考虑的一个主要因素。生物质中的灰分低于煤（褐煤除外），而且密度低，是一种很好的钾肥。生物质成型燃料的发热量都低于煤，约为煤的70%，这就意味着要取得相同的热量，需要燃烧更多的生物质成型燃料。

（2）生物质成型燃料与煤的成型原理比较

生物质成型燃料与煤都是来源于植物的固体成型燃料，但是两者的结构和成型原理是不同的：生物质成型燃料是由原生物质压缩成型而成的，与原生物质一样，由纤维素、半纤维素、木质素等物质组成，在整个过程中，以物理变化为主，其工业分析和发热量不变；煤是植物在地下经过化学反应而成的固体燃料，其结构、成分均不同于原生物质。

可见，虽然生物质成型燃料与煤均属于以碳、氢为基本组成的化学能源，但在结构、成分上的不同使得它们的燃烧特性有着明显的差别。因此，若用燃煤炉燃烧生物质成型燃料则需要对炉体进行改造。

（3）生物质成型燃料与煤的燃烧特性比较

虽然生物质成型燃料与煤都由原生物质转变而来，但由于二者的成型原理、结构及成分不同，燃烧特性也不相同。生物质成型燃料点火温度比煤低，易点燃，缩短了点火启动时间。由于生物质成型燃料中挥发分的含量高，生物质成型燃料在工作情况下能够燃尽，而煤不能燃尽，煤渣中残留10%～15%可燃成分。生物质成型燃料中氧含量大、碳含量低决定了其燃烧所需的供风量小于煤。生物质成型燃料可以直接燃烧，而煤需要加工（粉碎、研磨等）才能在燃烧设备中燃烧。生物质成型燃料的发热量低，得到相同的热量时，需要燃烧更多的生物质成型燃料。

### 5.5.3 生物质固体成型燃料燃烧设备发展概况

（1）国外发展概况与分析

20世纪90年代，日本、美国及欧洲一些国家的生物质成型燃料燃烧设备已经定型，并形成了产业化，在加热、供暖、干燥、发电等领域已普遍推广应用。按其规模可分为小型锅炉、大型锅炉和热电联产锅炉；按用途与燃料品种可分为木材炉、壁炉、颗粒燃料炉、薪柴锅炉、木片锅炉、颗粒燃料锅炉、秸秆锅炉、其他燃料锅炉；按燃烧形式可分为片烧炉、捆烧炉、颗粒层燃炉等。这些国家的生物质成型燃料燃烧设备具有加工工艺合理、专业化程度高、自动化操作程度好、热效率高、排烟污染小等优点，但相对于我国存在着价格高、使用燃料品种单一、易结渣、电耗高等缺点，不适合引进我国。东南亚一些国家的生物质成型燃料燃烧设备大多数为炭化炉与焦炭燃烧炉，直接燃用生物质成型燃料的设备较少，同时这些燃烧设备存在着加工工艺差、专业化程度低、热效率低、排烟污染严重、劳动强度大等缺点，燃烧设备还未定型，还需进一步的研究、实验与开发，这些国家的生物质成型燃料燃烧设备也不适合引进我国。随着全球性大气污染问题的进一步加剧，减少 $CO_2$ 等有害气体净排放量已成为世界各国解决能源与环境问题的焦点。由于生物质成型燃料燃烧 $CO_2$ 的净排放量基本为 0，$NO_x$ 排放量仅为燃煤的 1/5，$SO_2$ 的排放量仅为燃煤的 1/10，生物质成型燃料直接燃用是世界范围内解决生物质高效、洁净化利用的一个有效途径。

(2) 国内发展概况与分析

对生物质成型燃料燃烧的理论研究和技术研究是生物质成型燃料推广应用的一个重要因素[4]。目前我国对秸秆成型燃料燃烧所进行的理论研究很少，对生物质成型燃料燃烧的点火理论、燃烧机理、动力学特性、空气动力场、结渣特性及确定燃烧设备主要设计参数的研究才刚刚开始，关于生物质成型燃料的燃烧理论与数据还没人系统地提出[5,6]。生物质成型燃料特别是秸秆成型燃料的燃烧设备设计与开发几乎是个空白[7]。20 世纪以来北京万发炉业中心从欧洲（荷兰、芬兰、比利时）引进、吸收、消化生物质颗粒微型炉（壁炉、水暖炉、炊事炉具），这些炉具适应燃料范围窄，只适用木材制成的颗粒成型燃料，而不适于以秸秆、野草为原料的块状成型燃料，原因是秸秆、野草中含有较多的钾、钙、铁、硅、铝等成分，极易形成结渣而影响燃烧，同时价格也比较贵，这种炉具不适合中国国情[8]。我国一些单位为燃用生物质成型燃料，在未弄清生物质成型燃料燃烧理论及设计参数的情况下，盲目把原有的燃烧设备改为生物质成型燃料燃烧设备，但改造后的燃烧设备仍存在着空气流动场分布、炉膛温度场分布、浓度场分布、过量空气系数大小、受热面等布置不合理现象，严重影响了生物质成型燃料燃烧的正常速度与正常状况[9]。致使改造后的燃烧设备存在着热效率低、排烟中的污染物含量高、易结渣等问题[10]。

为解决上述问题，使生物质成型燃料能稳定、充分地直接燃烧，根据生物质成型燃料的燃烧理论、规律及主要设计参数重新设计与研究生物质成型燃料专用燃烧设备是非常重要的，也是非常紧迫的。

### 5.5.4 生物质固体成型燃料燃烧设备的设计

燃烧设备是生物质成型燃料的利用终端，是生物质成型燃料利用好坏的检验标准。目前国内在生物质成型燃料燃烧设备方面存在两个方面的认识误区：

① 不了解生物质成型燃料的燃烧特性，认为把燃煤炉的进料机构改造一下就适应生物质成型燃料了，结果出现设备出力不足、效率低下、受热面沉积腐蚀严重等问题；

② 国家没有生物质成型燃料燃烧设备的标准，没有适合生物质成型燃料燃烧设备的工程参数，任意设计，结果出现了很多问题和事故。

#### 5.5.4.1 生物质固体成型燃料燃烧设备的设计准备

(1) 生物质成型燃料燃烧设备的类型

根据燃烧设备的处理，生物质成型燃料燃烧设备可分为 3 种：

① 户用炊事炉，如颗粒燃料炊事炉、半气化炊事炉等，这种燃烧设备主要用于居民做饭、烧水等，加料操作频繁，效率较低；

② 中小型生物质成型燃料燃烧设备，如旋转炉排颗粒燃料炉，双层排双燃烧室等，这种锅炉普遍用于户用及小面积采暖、浴池；

③ 大中型生物质成型燃料燃烧设备，如额定蒸发量 15t/h 的双宿炉排双燃烧室的生物质成型燃料锅炉，一般用于大区域的采暖。

(2) 生物质成型燃料燃烧设备设计原则

① 送风量适量　均匀、合理配风，能保证生物质成型燃料高效燃烧，根据生物质成型燃料的燃烧特性，挥发分的析出持续了整个燃烧过程，但是前期的析出量较大，所以燃烧所需的风量较大。

② 合理设计炉膛和受热面，保证燃料发热量的充分利用　生物质成型燃料的密度小，发热量低，相同出力的情况下，燃烧生物质成型燃料的量大于煤，因此需要较大的炉膛。

③ 优化燃烧的工艺条件、改进燃烧设备，避免或减少沉积和结渣，减少沉积和结渣对设备的腐蚀。如前所述，生物质中碱金属及碱土金属的含量较高，应优化生物质成型燃料燃烧的工艺条件，避免或减少沉积和结渣，保证设备的安全运行。

④ 有足够的燃烧时间。

⑤ 排烟符合环保要求。

(3) 生物质成型燃料燃烧设备设计流程

① 根据燃烧特性选择燃烧方法，确定燃烧设备的总体设计；

② 根据燃烧方法及受热面布置进行空气平衡计算，确定过量空气系数；

③ 根据燃烧设备进风口、排烟口的过量空气系数计算理论空气量、烟气容积、空气焓、烟气焓；

④ 根据燃烧方法确定燃料固体未完全燃烧热损失、气体未完全燃烧热损失；

⑤ 根据排烟过量空气系数、设定的排烟温度及计算所得的各种成分延期的体积和对应的焓值确定排烟热损失；

⑥ 根据燃烧设备采用的材料及设定的炉壁温度计算燃烧设备在空气中的热量损失；

⑦ 根据燃烧方式决定灰渣的热损失，最后决定燃烧设备热效率、燃烧消耗量、炉膛及烟囱参数等；

⑧ 根据选取的炉膛容积热负荷，决定燃烧设备的炉膛容积，根据炉膛形状决定底面积。

(4) 生物质成型燃料燃烧设备主要设计参数

我国生物质秸秆年产量达 8 亿多吨，相当于 3 亿多吨标准煤，其中玉米秸秆的产量最大，达到 2.24 亿吨，折合 1.18 亿吨标准煤，成为生物质秸秆利用工作中的重中之重，在生物质能源中占有较大比例[11]，因此以玉米秸秆成型燃料为例，燃烧设备主要设计参数见表 5-3[12,13]。

表5-3　生物质成型燃料燃烧设备的主要设计参数

| 序号 | 主要设计参数 | 符号 | 单位 | 参数来源 | 参数值 |
|---|---|---|---|---|---|
| 一 | 燃料参数 | | | | |
| 1 | 收到基碳含量 | $C_{ar}$ | % | 燃料分析 | 42.89 |
| 2 | 收到基氢含量 | $H_{ar}$ | % | 燃料分析 | 3.85 |
| 3 | 收到基氮含量 | $N_{ar}$ | % | 燃料分析 | 0.74 |
| 4 | 收到基硫含量 | $S_{ar}$ | % | 燃料分析 | 0.12 |
| 5 | 收到基氧含量 | $O_{ar}$ | % | 燃料分析 | 38.15 |
| 6 | 收到基水分含量 | $M_{ar}$ | % | 燃料分析 | 7.30 |
| 7 | 收到基灰分含量 | $A_{ar}$ | % | 燃料分析 | 6.95 |
| 8 | 收到基低位发热量 | $Q_{net,ar}$ | kJ/kg | 燃料分析 | 15658 |
| 二 | 锅炉参数 | | | | |
| 9 | 锅炉压力 | $G$ | kg/h | 设定 | 1000 |
| 10 | 热水压力 | $P$ | MPa | 设定 | 0.1 |
| 11 | 热水温度 | $t_{cs}$ | ℃ | 设定 | 95 |
| 12 | 进水温度 | $t_{gs}$ | ℃ | 设定 | 20 |
| 13 | 炉排有效面积热负荷 | $q_R$ | $kW/m^2$ | 查表 | 450 |
| 14 | 炉排体积热负荷 | $q_V$ | $kW/m^3$ | 查表 | 400 |
| 15 | 炉膛出口过剩空气系数 | $\alpha_1''$ | | 查表 | 1.7 |
| 16 | 炉膛进口过剩空气系数 | $\alpha_1'$ | | 查表 | 1.3 |
| 17 | 对流受热面漏风系数 | $\Delta\alpha_1$ | | 查表 | 0.4 |
| 18 | 后烟道总漏风系数 | $\Delta\alpha_2$ | | 查表 | 0.1 |
| 19 | 固体未完全燃烧损失 | $q_4$ | % | 查表 | 5 |
| 20 | 气体未完全燃烧损失 | $q_3$ | % | 查表 | 3 |
| 21 | 散热损失 | $q_5$ | % | 查表 | 5 |
| 22 | 冷空气温度 | $t_{lk}$ | ℃ | 给定 | 20 |
| 23 | 排烟温度 | $t_{py}$ | ℃ | 给定 | 250 |

### 5.5.4.2　生物质固体成型燃料燃烧设备的设计

生物质成型燃料燃烧设备的设计内容主要是对炉排和炉膛的设计。炉膛的设计关系到燃料的燃烧效率与污染物的排放：炉膛温度是沉积与结渣形成的主要因素；炉排的设计与供风量密切相关，影响燃料的燃烧。受热面的设计对提高设备效率具有重要的影响。

(1) 燃烧设备的热效率、燃料消耗量和保热系数

1) 烟气量与烟气焓的计算

烟气量与烟气焓是燃烧设备热效率、燃料消耗量、保热系数计算的基础，为此对生物质成型燃料烟气量与烟气焓进行计算[14]，其计算项目、依据及结果见表5-4和表5-5。

表 5-4　燃料完全燃烧生成烟气量计算

| 序号 | 项目 | 符号 | 单位 | 计算公式 | 数值 | | |
|---|---|---|---|---|---|---|---|
| 1 | 过剩空气系数 | $\alpha$ | | | 1.3 | 1.7 | 2 |
| 2 | 二氧化物体积 | $V_{RO_2}$ | $m^3/kg$ | $0.01866(C_{ar}+0.375S_{ar})$ | 0.8 | 0.8 | 0.8 |
| 3 | 理论空气量 | $V_{0k}$ | $m^3/kg$ | $0.889(C_{ar}+0.375S_{ar})+0.265H_{ar}-0.333O_{ar}$ | 3.5 | 3.5 | 3.5 |
| 4 | 理论氮气体积 | $V_{N_2}$ | $m^3/kg$ | $0.008N_{ar}+0.79V_{0k}$ | 2.8 | 2.8 | 2.8 |
| 5 | 理论水蒸气体积 | $V_{0H_2O}$ | $m^3/kg$ | $0.111H_{ar}+0.124M_{ar}+0.016V_{0k}$ | 0.6 | 0.6 | 0.6 |
| 6 | 理论烟气量 | $V_{0y}$ | | $V_{RO_2}+V_{N_2}+V_{0H_2O}$ | 4.2 | 4.2 | 4.2 |
| 7 | 实际烟气量 | $V_y$ | $m^3/kg$ | $V_{0y}+1.0161(\alpha-1)V_{0k}$ | 5.3 | 6.7 | 7.8 |

表 5-5　烟气的焓温表

| $\theta$/℃ | $I_{RO_2}$ $V_{RO_2}(c\theta)N_2$ | $I_{N_2}$ $V_{N_2}(c\theta)_{H_2O}$ | $I_{H_2O}$ $V_{H_2O}(c\theta)_{H_2O}$ | $I_{0y}$ $I_{R_2O}+I_{N_2}+I_{H_2O}$ | $I_{0k}$ $V_{0k}(c\theta)_k$ | $I_y=I_{0y}+(\alpha-1)I_{0k}$ | | |
|---|---|---|---|---|---|---|---|---|
| | | | | | | 1.7 | 1.9 | 2 |
| 100 | 136.0 | 362.8 | 75.0 | 574.3 | 468.9 | 902.5 | 972.9 | 1043.2 |
| 200 | 286.0 | 727.8 | 176.6 | 1190.3 | 943.2 | 1850.6 | 1992.0 | 2133.5 |
| 300 | 477.0 | 1097.6 | 268.4 | 1813.0 | 1425.9 | 2811.2 | 3025.0 | 3239.0 |
| 400 | 617.5 | 1474.3 | 363.2 | 2454.9 | 1918.4 | 3797.8 | 4085.5 | 4373.3 |
| 500 | 795.5 | 1858.6 | 461.0 | 3115.1 | 2422.6 | 4810.9 | 5174.3 | 5537.7 |
| 600 | 909.7 | 2251.5 | 562.0 | 3793.2 | 2938.1 | 5849.9 | 6290.6 | 6731.3 |
| 700 | 1169.5 | 2653.0 | 666.3 | 4468.8 | 3464.2 | 6913.8 | 7433.4 | 7953.1 |
| 800 | 1363.9 | 3062.1 | 774.0 | 5199.9 | 3998.2 | 7998.7 | 8598.4 | 9198.1 |
| 900 | 1561.8 | 3476.6 | 885.2 | 5923.6 | 4540.7 | 9102.1 | 9783.2 | 10464.3 |
| 1000 | 1762.8 | 3896.8 | 999.3 | 6658.8 | 5089.5 | 10222 | 10985 | 1748.3 |
| 1100 | 1966.7 | 4322.5 | 1116.6 | 7405.7 | 5647.5 | 11359 | 12206 | 13053.3 |
| 1200 | 2173.3 | 4752.1 | 1236.7 | 8162.0 | 6208.9 | 12509 | 13440 | 14371 |
| 1300 | 2381.4 | 5187.7 | 1359.3 | 8928.4 | 6778.4 | 13673 | 14690 | 15707 |
| 1400 | 2591.2 | 5624.4 | 1484.3 | 9699.9 | 7351.8 | 14846 | 15949 | 17052 |
| 1500 | 2802.3 | 6064.8 | 1611.9 | 10479.1 | 7928.0 | 16029 | 17218 | 18407 |

注：$1000\alpha_{fh}A_{ar}/Q_{net,ar}=1000\times0.2\times6.95/15658=0.089<1.43$，所以烟气焓未计算飞灰焓 $I_{fh}$。

2）燃烧设备热效率、燃料消耗量和保热系数的计算

燃烧设备热效率、燃料消耗量和保热系数是炉膛设计的基础，为此对燃烧设备的热效率、燃料消耗量和保热系数进行计算[15]，其计算结果见表 5-6。

表 5-6　燃烧设备热效率、燃料消耗量和保热系数的计算结果

| 序号 | 项目 | 符号 | 数据来源 | 数值 | 单位 |
|---|---|---|---|---|---|
| 1 | 燃料收到基单位发热量 | $Q_{net,ar}$ | 表 5-3 | 15658 | kJ/kg |
| 2 | 冷空气温度 | $t_{lk}$ | 表 5-3 | 20 | ℃ |
| 3 | 冷空气理论焓 | $I_{lk0}$ |  | 93.5 | kJ/kg |
| 4 | 排烟温度 | $Q_{py}$ | 表 5-3 | 200 | ℃ |
| 5 | 排烟焓 | $I_{py}$ | 表 5-7 | 2656.3 | kJ/kg |
| 6 | 固体不完全燃烧热损失 | $q_4$ | 表 5-3 | 3 | % |
| 7 | 排烟热损失 | $q_2$ | $100(I_{pv}-a_{py}I_{lk0})(1-q_4/100)/Q_{net,ar}$ | 16 | % |
| 8 | 气体不完全热损失 | $q_3$ | 表 5-3 | 1 | % |
| 9 | 散热损失 | $q_5$ | 表 5-3 | 6 | % |
| 10 | 灰渣温度 | $Q_{h_2}$ | 选取 | 300 | ℃ |
| 11 | 灰渣焓 | $(c\theta)_{hz}$ | 选取 | 264 | kJ/kg |
| 12 | 排渣率 | $a_{hz}$ | 选取 | 80 | % |
| 13 | 燃料收到基灰分 | $A_{ar}$ | 表 5-3 | 7.0 | % |
| 14 | 灰渣物理热损失 | $q_6$ | $100a_{hz}(c\theta)_{hz}A_{ar}/Q_{net,ar}$ | 0.1 | % |
| 15 | 锅炉总热损失 | $\Sigma q$ | $q_2+q_3+q_4$ | 26.1 | % |
| 16 | 锅炉热效率 | $\eta$ | $100-\Sigma q$ | 74 | % |
| 17 | 热水焓 | $h_{cs}$ | 查水蒸气表 | 397.1 | kJ/kg |
| 18 | 给水焓 | $h_{gs}$ | 查水蒸气表 | 83.6 | kJ/kg |
| 19 | 锅炉有效利用热量 | $Q_g$ | 查表 | 313500 | kJ/h |
| 20 | 燃料消耗量 | $B$ | $100Q_g/3600Q_{net,ar}\eta$ | 0.0075 | kJ/s |
| 21 | 计算燃料消耗量 | $B_j$ | $B(1-q_4/100)$ | 0.0073 | kJ/s |
| 22 | 保热系数 | $Q$ | $1-q_5/(\eta+q_5)$ | 0.925 |  |

（2）炉排的设计

炉排尺寸是燃烧设备的两组主要参数，它的大小直接关系着燃料燃烧的温度场、浓度场及空气流动场分布，直接影响着燃料的燃烧状况，其设计计算见表 5-7，其炉排结构见文献［13］。炉排的类型：为了有效地减少结渣及合理布风，在生物质成型燃料燃烧设备中，炉排的设计方面多采用活动式，通过炉排的运动、振动、转动等产生剪切力阻止结渣的形成。

1）炉排的类型

① 往复炉排　分为阶梯式和水平式两种，由固定的炉排和往复的炉排片构成，它是将燃料逐步推向后部燃烧的类型，多用于中小型生物质成型燃料燃烧设备。

② 振动炉排　炉排片借助于作用力产生定期振动，把燃尽后的灰渣落入炉排前端的灰斗内，由于工艺复杂，加工制造成本较高，在小型生物质成型燃料燃烧设备中不常用。

③ 移动式炉排　分为链带式和链条式两种，工作原理是通过链轮的带动，促使炉

排片缓慢运动。常见于中小型生物质成型燃料设备中，随着炉排的运动，空气分布比较均匀，生物质灰分能及时送入灰斗中，阻止了渣块的形成。

④ 双层炉排　这是一种分段式燃烧设备，通过双层炉排把燃料、可燃固体、可燃气体分开，有利于空气的合理分配、灰粒的及时沉降，避免高温结渣。

2）炉排的设计

炉排设计时除了计算炉排热负荷，还要考虑炉排的运行速度。炉排的运行速度要根据燃料层的厚度、燃料特点及燃烧方式来确定。当前的燃烧方式可分为以下三种。

① 分段燃烧（半气化燃烧）

② 流动燃烧　类似于链条炉排锅炉的设计，即生物质成型燃料随炉排运动，由自动控制系统保证各项参数为最佳匹配状态，并进行流动燃烧。

③ 双炉排燃烧　又称反烧，由上下两个燃烧室组成。燃料在上燃烧室进行初级燃烧和热解，析出的可燃气体透过炉排进入下部燃烧室，在炉膛的侧部或后部进行燃烧。

表 5-7　炉排设计计算

| 序号 | 项目 | 符号 | 数据来源 | 数值 | 单位 |
|---|---|---|---|---|---|
| 一 | 炉排尺寸计算 | | | | |
| 1 | 燃料的消耗量 | $B$ | 由热平衡计算得出 | 0.0075 | kg/s |
| 2 | 燃料收到基低位发热量 | $Q_{net,ar}$ | 由热值测试以得出 | 15658 | kJ/kg |
| 3 | 炉排面积热强度 | $q_R$ | 查相关热强度表 | 350 | $kW/m^2$ |
| 4 | 炉排燃烧负荷 | $q_r$ | 查相关热效率表 | 80 | $kg/(m^2 \cdot h)$ |
| 5 | 炉排面积 | $R$ | $BQ_{net,ar}/q_R$<br>$3600B/q_r$ | 0.34 | $m^2$ |
| 6 | 炉排与水平面夹角 | $\alpha$ | $>8°$ | 10 | (°) |
| 7 | 倾斜炉排面积 | $R'$ | $R/\cos\alpha$ | 0.345 | $m^2$ |
| 8 | 炉排有效长度 | $L_p$ | $\sqrt{R'}$ | 587 | mm |
| 9 | 炉排有效宽度 | $B_p$ | 选取 | 590 | mm |
| 二 | 炉排通风截面积计算 | | | | |
| 10 | 燃烧需实际空气量(标态) | $V_k$ | $(1.3+1.7)V_{k0}/2$ | 5.3 | $m^3/kg$ |
| 11 | 空气通过炉排间隙流速 | $W_k$ | 2～4 | 2 | m/s |
| 12 | 炉排通风截面积 | $R_{tf}$ | $BV_k/W_k$ | 0.0212 | $m^2$ |
| 13 | 炉排通风截面积比 | $f_{tf}$ | $100R_{tf}/R$ | 6.24 | % |
| 三 | 炉排冷却计算 | | | | |
| 14 | 炉排片高度 | $h$ | 选取 | 51 | mm |
| 15 | 炉排片宽度 | $b$ | 选取 | 51 | mm |
| 16 | 炉排片冷却度 | $w$ | $2h/b$ | 2 | |
| 四 | 煤层阻力计算 | | | | |
| 17 | 系数 | $M$ | 10～20 | 15 | |
| 18 | 包括炉排在内的阻力 | $\Delta H_m$ | $Mq_r^2/10^3$ | 96 | Pa |
| 19 | 煤层厚度 | $H_m$ | 150～300 | 300 | mm |

（3）炉膛的设计

炉膛尺寸也是燃烧设备的主要参数，它的大小也与燃料燃烧的温度场、浓度场及空气流动场分布有着直接的关系，其设计计算见表5-8，炉膛结构见文献［13］。炉膛是燃料燃烧受热面吸热的空间，炉膛的设计应能布置足够的受热面以确保工质吸热，也要保证燃料挥发分在炉内分布的均匀性及尾部受热面的合理布置。根据生物质成型燃料的燃烧特点，为了延长燃烧时间、提高燃烧效率、减少沉积与结渣，生物质成型燃料锅炉的炉膛一般设计成两个或两个以上的燃烧室。

表5-8　炉膛的设计

| 序号 | 项目 | 符号 | 数据来源 | 数值 | 单位 |
| --- | --- | --- | --- | --- | --- |
| 1 | 燃料消耗量 | $B$ | 表5-6 | 0.0075 | kJ/s |
| 2 | 燃料收到基低位发热量 | $Q_{net,ar}$ | 表5-3 | 15658 | kJ/kg |
| 3 | 炉膛容积热强度 | $q_V$ | 查相关热强度表 | 348 | $kW/m^3$ |
|  | 煤气发生强度 | $k$ | 80～120 | 85 | $kg/(m^2 \cdot h)$ |
| 4 | 炉膛容积 | $V_L$ | $BQ_{net,ar}/q_V$ 或 $360B/k$ | 0.34 | $m^3$ |
| 5 | 炉膛有效高度 | $H_{lg}$ | $V_L/R$ | 1 | m |
| 6 | 上炉膛有效高度 | $H_{lg1}$ | 灰渣层＋燃料层＋空间 | 0.60 | m |
| 7 | 下炉膛有效高度 | $H_{lg2}$ | $H_{lg}-H_{lg1}$ | 0.40 | m |
| 8 | 下炉膛面积为 | $R_2$ | $R/3$ | 0.1 | $m^2$ |
| 9 | 下炉膛有效宽度 | $B_{p2}$ | 查相关宽度表 | 370 | mm |
| 10 | 下炉排有效长度为 | $L_{p2}$ | 查相关长度表 | 370 | mm |

设计高、低温分开的燃烧室。低温燃烧室一般进行生物质成型燃料的缺氧、低温热解；高温燃烧室一般进行热解及其他的燃烧。延长燃烧过程，多段供风，保证燃料的充分燃烧。多燃烧室设计的目的是增加燃烧室的空间、降低出口烟温和烟速、减少飞灰量；燃烧室的增加延长了烟气在炉膛中的滞留时间，增大了受热面积，提高了换热效率，同时也降低了烟气温度，使之低于飞灰颗粒的熔融温度，减轻了受热面的沉积与腐蚀。

（4）辐射受热面的设计

燃烧设备中以辐射换热面为主的换热面称为辐射换热面，又称为水冷壁[16]。为了维持生物质成型燃料燃烧设备的炉温，保证生物质成型燃料的充分燃烧，在炉膛中只把上炉排布置为辐射受热面，其辐射受热面的大小和布置形式与燃料种类、燃烧设备形式、燃烧空气动力场等因素有关，其计算方法见表5-9[17]。

（5）对流受热面的设计

燃烧设备中以对流形式为主的换热面称为对流受热面，又称为对流管束[18]；对流受热面可分为降尘对流受热面和降温对流受热面。降尘对流受热面采用圆弧矩型布置，其大小可由详细热工计算[19,20]，见表5-10。

表 5-9　辐射受热面的计算

| 序号 | 项目 | 符号 | 数据来源 | 数值 | 单位 |
| --- | --- | --- | --- | --- | --- |
| 一 | 假定热空气温度 $t_{rk}$，计算理论燃烧温度 | | | | |
| 1 | 冷空气温度 | $t_{lk}$ | 给定 | 20 | ℃ |
| 2 | 热空气温度 | $t_{rk}$ | 给定 | 20 | ℃ |
| 3 | 炉膛出口过量空气系 | $a_l''$ | 燃料计算中选取 | 1.7 | |
| 4 | 燃料系数 | $e$ | 相关表中查询 | 0.2 | |
| 5 | 燃质系数 | $N$ | 相关表中查询 | 2700 | |
| 6 | 理论燃烧温度 | $\theta_\eta$ | $N/(a_l''+e)$ | 1421 | ℃ |
| 二 | 假定炉膛出口烟温和锅炉排烟温度 $\theta_\eta''$、$\theta_{py}$，计算辐射受热面吸热量 $Q_f$ | | | | |
| 7 | 锅炉有效利用热量 | $Q_{gl}$ | 由热平衡计算得出 | 87 | kW・h |
| 8 | 固体不完全燃烧损失 | $q_4$ | 相关表中查询 | 3 | % |
| 9 | 锅炉热效率 | $\eta$ | 由表 5-5 得出 | 74 | % |
| 10 | 系数 | $K_0$ | 相关表中查询 | 1.1 | |
| 11 | 热空气带入炉内热量 | $Q_{rk}$ | $0.32K_0a_l''\theta_{gl}(t_{lk}-t_{rk})$<br>$(1-q_4/100)/1000$ | 0 | kW・h |
| 12 | 炉膛出口烟温 | $\theta_{lf}''$ | 假定 | 900 | ℃ |
| 13 | 排烟温度 | $\theta_{py}$ | 相关表中查询 | 250 | ℃ |
| 14 | 辐射受热面吸热量 | $Q_f$ | $(\theta_{lf}-\theta_{lj}'')Q_{gl}/(\theta_{lf}-\theta_{py})$ | 38.7 | kW・h |
| 三 | 查取辐射受热面热强度 $q_f$，计算有效辐射受热面积 $H_f$ | | | | |
| 15 | 辐射受热面强度 | $q_f$ | 相关表中查询 | 70 | $kW/m^2$ |
| 16 | 有效辐射受热面 | $H_f$ | $Q_f/q_f$ | 0.53 | $m^2$ |
| 17 | 受热面的布置 | | 根据 $R'$ 和 $H_f$ 对受热面<br>进行布置 | | |
| 18 | 辐射受热面利用率 | $Y$ | 相关表中查询 | 0.76 | % |
| 19 | 辐射受热面实际表面积 | $H_s$ | $H_f/Y$ | 0.70 | $m^2$ |
| 四 | 根据辐射受热 $H_f$ 面积计算辐射受热面积强度 $q_f$，与炉膛出口烟温 $\theta_{lf}''$ 进行比较 | | | | |
| 20 | 实际有效辐射受热面 | $H_s'$ | 根据实际布置计算 | 0.8 | $m^2$ |
| 21 | 实际受热面的布置 | | 中间 $\phi51\times8\times590$<br>两端 $\phi80\times2\times590$ | | |
| 22 | 实际辐射受热面利用率 | $Y'$ | 相关表中查询 | 0.76 | % |
| 23 | 实际有效辐射面 | $H_f'$ | $H_s'Y'$ | 0.61 | $m^2$ |
| 24 | 辐射受热面强度 | $q_f'$ | $Q_f/H_f'$ | 63.4 | $kW/m^2$ |
| 25 | 炉膛出口烟温 | $\theta_l''$ | 相关表中查询 | 850 | ℃ |
| 26 | 炉膛出口烟温校核 | | $\theta_l''-\theta_{lj}''$ | $-50\pm100$ | ℃ |
| 27 | 实际辐射受热面吸热量 | $Q_f'$ | $(\theta_\eta-\theta_l'')Q_{gl}/(\theta_\eta-\theta_{py})$ | 42.4 | kW・h |

表5-10　对流受热面传热计算

| 序号 | 项目 | 符号 | 数据来源 | 数值 | 单位 |
|---|---|---|---|---|---|
| 一 | 计算各对流受热面吸热量 $Q_d$ 及对流受热面前后的烟气温度和工质质量 | | | | |
| 1 | 进口温度 | $\theta'$ | 表5-9 | 850 | ℃ |
| 2 | 出口温度 | $\theta''$ | 表5-3 | 250 | ℃ |
| 3 | 理论燃烧温度 | $\theta_\eta$ | 表5-9 | 1421 | ℃ |
| 4 | 炉膛出口温度 | $\theta''_l$ | 表5-9 | 850 | ℃ |
| 5 | 排烟温度 | $\theta_{py}$ | 表5-3 | 250 | kg/s |
| 6 | 锅炉热水量 | $D$ | 表5-3 | 0.28 | ℃ |
| 7 | 锅炉有效利用热量 | $Q_{gl}$ | 表5-9 | 87 | kW·h |
| 8 | 热空气带入热量 | $Q_{rk}$ | 表5-9 | 0 | kW·h |
| 9 | 锅炉烟管束吸热量 | $Q_{gs}$ | $(\theta_\eta-\theta''_l)Q_{gl}/(\theta_\eta-\theta_{py})$ | 44.6 | kW·h |
| 10 | 工质进口温度 | $t'$ | 表5-3 | 20 | ℃ |
| 11 | 工质出口温度 | $t''$ | 表5-3 | 95 | ℃ |
| 二 | 计算平均温度 $\Delta t$ | | | | |
| 12 | 最大温差 | $\Delta t_{max}$ | 受热面两端温差中较大值 | 830 | ℃ |
| 13 | 最小温差 | $\Delta t_{min}$ | 受热面两端温差中较小值 | 155 | ℃ |
| 14 | 温差修正系数 | $W_t$ | 按照 $\Delta t_{max}/\Delta t_{min}$ 查相关表 | 0.484 | % |
| 15 | 平均温差 | $\Delta t$ | $W_t\Delta t_{max}$ | 401.7 | ℃ |
| 三 | 计算烟气流量 $V_y$、空气流量和烟气流速 $W_y$、空气流速 $W_k$ | | | | |
| 16 | 工质平均温度 | $t_{pj}$ | $(t'+t'')/2$ | 57.5 | ℃ |
| 17 | 烟气平均温度 | $\theta_{pj}$ | $T_{pj}+\Delta t$ | 459.2 | ℃ |
| 18 | 系数 | $K_0$ | 相关表中查询 | 1.1 | |
| 19 | 系数 | $b$ | 相关表中查询 | 0.04 | |
| 20 | 受热面平均过量空气系数 | $H'_s$ | 根据实际布置计算 | 0.8 | $m^2$ |
| 21 | 实际受热面的布置 | $a_{pj}$ | 表5-3 | 1.85 | |
| 22 | 烟气流量 | $V_{yi}$ | $0.239K_0(a_{pj}+b)(Q_{gl}+Q_{rk})$ $[(Q_p+273)/273]$ $(1-q_4/100)1000\eta$ | 0.15 | $m^3/s$ |
| 23 | 烟气流通截面积 | $A_y$ | 按结构计算 | 0.0204 | $m^2$ |
| 24 | 烟气流速 | $W_y$ | $V_y/A_y$ | 7.4 | m/s |
| 25 | 空气流速 | $V_k$ | $0.239K_0a''_1(Q_{gl}+Q_{rk})$ $[(t_{pj}+273)/273]$ $(1-q_4/100)1000\eta$ | 0.06 | $m^2/s$ |
| 26 | 空气流速 | $W_k$ | $V_k/A_k$ | 2.9 | m/s |

续表

| 序号 | 项目 | 符号 | 数据来源 | 数值 | 单位 |
|---|---|---|---|---|---|
| 四 | 计算传热系数 | | | | |
| 27 | 与烟气流速有关系数 | $K_1$ | 相关表中查询 | 35.5 | |
| 28 | 管径系数 | $K_2$ | $[1.27\times(S_1/d)(S_2/d)-1]/(10d)$ | 0.988 | |
| 29 | 冲刷系数 | $K_3$ | 相关表中查询 | 1 | |
| 30 | 传热系数 | $K$ | $K_1K_2K^{-3}\times1.163\times10^{-3}$ | 0.041 | $kW/(m^2\cdot℃)$ |
| 31 | 受热面积 | $H$ | $Q_{gs}/(K\Delta t)$ | 2.7 | $m^2$ |
| 32 | 每个回程受热面长度 | $L$ | $(H/\pi d)\times10\times3$ | 0.53 | m |
| 五 | 对流受热面校核计算 | | | | |
| 33 | 实际布置受热面面积 | $H'$ | $3\times0.8\times10\pi d$ | 4.1 | $m^2$ |
| 34 | 考虑烟管污染传热系数 | $K'$ | $K_1K_2K_3K_4\times1.163\times10^{-3}$ | 0.0275 | |
| 35 | 对流受热面吸热量 | $Q'_{gs}$ | $K'H'\Delta t$ | 45.29 | kW·h |
| 36 | 对流受热面吸热量误差 | $\delta_Q$ | $(Q_{gs}-Q'_{gs})/Q_{gs}$ | $1.6<2$ | % |

（6）燃烧设备引风机的选型

由于该燃烧设备采用双层炉排燃烧，燃烧方式采用下吸式层状燃烧，为了满足这种燃烧方式，整个系统只布置引风机。引风机克服烟道与风道阻力，因此依据计算的烟道烟气量和全压降选择风机[21]。由于风机运行与计算条件之间有所差别，为了安全起见，在选择风机时应考虑一定的压力和流量储备（用储备系数修正），风机选型中风量与风压的计算见表5-11[22]。

**表5-11 风机风量与风压的计算**

| 序号 | 项目 | 符号 | 计算依据 | 数值 | 单位 |
|---|---|---|---|---|---|
| 一 | 烟道的流动阻力计算 | | | | |
| 1 | 烟管烟程阻力 | $\Delta h''_L$ | 烟气出口在炉膛后部时 $(20\sim40)+0.95H''_g$ | 40.25 | Pa |
| 2 | 烟管烟程阻力 | $\Delta h_{mc}$ | $\lambda\rho w_2/(2d_{dl})$ | 5.3 | Pa |
| 3 | 烟气密度 | $\rho$ | $(1-0.01A_{ar}+1.306aV_0)/V_y273/(273+t_y)$ | 0.43 | $kg/m^3$ |
| 4 | 烟气流速 | $w$ | 计算 | 7.4 | m/s |
| 5 | 阻力系数 | $\lambda$ | 查相关表 | 0.02 | |
| 6 | 烟管长度 | $L$ | 实际布置 | 2.4 | m |
| 7 | 烟管当量直径 | $d_{dl}$ | 计算 | 10.6 | mm |
| 8 | 烟管局部阻力 | $\Delta h_{jb}$ | $\sum\xi_{jb}\rho w_2/2$ | 145 | Pa |
| 9 | 烟管局部阻力系数 | $\sum\xi_{jb}$ | 查相关表 | 1.63 | |
| 10 | 烟管总阻力为 | $\Delta h_{gs}$ | $\Delta h_{mc}+\Delta h_{jb}$ | 150 | Pa |
| 11 | 烟道阻力 | $\Delta h_{yd}$ | $(\lambda L/d_n+\xi_{yd})\rho w_2/2$ | 75 | Pa |

续表

| 序号 | 项目 | 符号 | 计算依据 | 数值 | 单位 |
|---|---|---|---|---|---|
| 12 | 烟囱阻力 | $\Delta h_{yc}$ | $\rho y \omega_2/2$ | 12.7 | Pa |
| 13 | 烟气平均压力 | $b_y$ | 查相关表 | 101325 | Pa |
| 14 | 烟气中飞灰质量浓度 | $u$ | $[\alpha_{fh}A_{ar}/(100\rho_y)]\times V_{lz}$ | 0.24 | |
| 15 | 烟道的总阻力 | $\Delta h_{lz}$ | $\Delta h_{lz}[\sum h(1+\mu)](\rho y_0/1.293)\times 101325/b_y$ | 333 | Pa |
| 二 | 风道总阻力的计算 | | | | |
| 16 | 燃料层阻力 | $\Delta H_{LZK}$ $(\Delta h_r)$ | 查相关表 | 180 | Pa |
| 17 | 空气入口处炉膛负压 | $\Delta h_1'$ | | 40 | Pa |
| 18 | 风道的全压降 | $\Delta H_K$ | $\Delta H_{LZK}-\Delta h_1'$ | 140 | Pa |
| 三 | 引风机的选择 | | | | |
| 19 | 烟囱自生抽风力 | $S_y$ | $H_y t_g[273\rho_y^0/(t_{lk}+273)-273\rho_y^0/(Q_y t+273)]$ | 24.6 | Pa |
| 20 | 引风机总压降 | $\sum h_y$ | $\Delta H_{LZ}+\Delta H_K$ | 473 | Pa |
| 21 | 风机入口烟温 | $t_y$ | 查相关表 | 250 | ℃ |
| 22 | 当地大气压 | $b$ | 实测 | 0.98 | bar |
| 23 | 烟气标准状况下密度 | $\rho_y''$ | 计算 | 1.41 | $kg/m^3$(标) |
| 24 | 引风机压头储备系数 | $\beta_1$ | 查相关表 | 1.2 | |
| 25 | 引风机压头 | $H_{yf}$ | $\beta_1(\Delta h_y-S_y)(273+t_y)/(273+200)$ | 595 | Pa |
| 26 | 引风机流量储备系数 | $\beta_2$ | 查相关表 | 1.1 | |
| 27 | 引风机风量 | $V_{yf}$ | $\beta_2 V_1(V_{py}+\Delta a V_{k_0})$ | | |
| 28 | 烟囱中烟气流速 | $W_c$ | 查相关表 | 7.4 | m/s |
| 29 | 烟囱的内径 | $d_n$ | $0.0188\sqrt{V_{yt}}/W_c$ | 0.161 | |

注：$1bar=10^5Pa$。

由表5-11中风机风量与风压知，根据风机制造厂产品目录选择出的风机型号为Y5-47[23]，规格2.80，风量$1828m^3/h$，风压887Pa，转速2900r/min。根据风机型号选用的电机型号为Y90.S-2，功率1.5kW，电流3.4A，转速2840r/min。

## 5.5.5 生物质固体成型燃料燃烧关键锅炉

（1）生物质成型燃料高效直接燃烧锅炉

针对生物质成型燃料挥发分高、燃点低的特点，研发生物质成型燃料高效直接燃烧锅炉。通过采用螺旋抗结渣结构和多级配风系统，配置全自动控制装置等，研发高效抗结渣燃烧锅炉，解决了生物质成型燃料碱金属元素含量高导致燃烧时结焦结渣现象严重、燃烧效率低、寿命短等问题。

（2）生物质成型燃料循环流化床锅炉

生物质成型燃料循环流化床锅炉可适应多种生物质成型燃料以及生物质转化过程中产生的废料。流化床生物质锅炉容量在10～35t/h蒸汽范围内，其设计将满足以下要求：

① 锅炉能够适应设计燃料、校核燃料，并考虑秸秆水分在10%～30%范围内的变动；

② 燃用设计燃料负荷为额定蒸发量时，锅炉热效率大于89%（按低位发热值，环境温度20℃）；

③ 锅炉在燃用设计燃料时，采用灵活的二次风布置，建立二次燃烧控制模型，长期安全稳定运行的最低稳燃负荷不大于锅炉负荷的20%。

（3）双层炉排生物质成型燃料锅炉

双层炉排生物质成型燃料锅炉的设计过程同户用炊事炉，但由于出力大、炉膛温度高，设计时在炉膛的炉排方面有所不同。一般设计的双层炉排生物质成型燃料锅炉由上炉门、中炉门、下炉门、上炉排、辐射受热面、下炉排、风室、炉膛、降尘室、对流受热面、炉墙、排气管、烟道、烟囱等部分组成，其结构布置如图5-10所示。

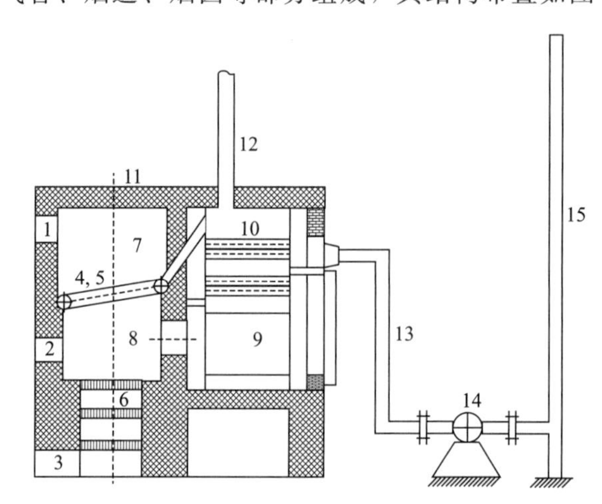


图5-10　双层炉排生物质成型燃料锅炉结构布置

1—上炉门；2—中炉门；3—下炉门；4,5—辐射受热面；6—下炉排；7—风室；8—炉膛；9—降尘室；10—对流受热面；11—炉墙；12—排气管；13—烟道；14—引风机；15—烟囱

该燃烧锅炉采用双层炉排结构即在首烧炉排一定高度另加一道水冷却的钢管式炉排。双层炉排的上炉门常开，用于投放燃料与供应空气；中炉门用于调整下炉排上燃料的燃烧和清除灰渣，仅在点火及清渣时打开；下炉门用于排灰及供给少量空气，正常运行时微开，开度视下炉排上的燃烧情况而定[24]。上炉排以上的空间相当于风室，上下炉排之间的空间为炉膛，其后墙上设有烟气出口，烟气出口不宜过高，以免烟气短路，影响可燃气体的燃烧和火焰充满炉膛，但也不宜过低，以保证下炉排有必要的灰渣层厚度（100～200mm）。

双层炉排生物质成型燃料锅炉的工作原理是，一定粒径的生物质成型燃料经上炉门加在上炉排上下吸燃烧，上炉排漏下的生物质屑和灰渣到下炉排上继续燃烧和燃烬。生物质成型燃料在上炉排上燃烧后形成的烟气和部分可燃气体透过燃料层、灰渣层进入上、下炉排间的炉膛进行燃烧，并与下炉排上燃料产生的烟气一起，经两炉排间的出烟口流向降尘室和后面的对流受热面[25]。

生物质成型燃料燃烧特性与煤、木块燃烧特性不同，根据生物质成型燃料燃烧特性，燃烧锅炉热力特性参数及热性能指标研制出适合生物质成型燃料燃烧、供热量为87kW的双层炉排专用燃烧锅炉，该燃烧锅炉具有以下优点：

① 燃烧效率达98.2%、热效率达74.4%、热负荷达87kW，各项热性能特性指标达到设计要求；

② 采用双层炉排燃烧结构，大大提高了燃料燃尽程度，降低了气体及固体不完全燃烧损失，使燃烧效率及热效率都高于单层炉排燃烧锅炉，具有消烟作用；

③ 采用特殊的降尘室对烟尘进行降尘处理，使排烟中烟尘含量低于其他类型的燃烧锅炉，同时烟气中$NO_x$、$SO_2$的含量远远低于燃煤锅炉，符合国家有关锅炉污染物排放标准要求；

④ 采用低过量空气系数与低还原层温度燃烧，降低了生物质成型燃料结渣率；

⑤ 双层炉排生物质成型燃料锅炉制造工艺简单，价格与同容量的燃煤锅炉相当，操作也比较方便。

这种燃烧方式，实现了生物质成型燃料的分步燃烧，缓解了生物质燃烧速度，达到燃烧需氧与供氧的匹配，使生物质成型燃料稳定、持续、完全地燃烧，起到了消烟除尘作用。

(4) 生物质成型燃料分段燃烧锅炉

生物质固体成型燃料分段燃烧锅炉主要由炉膛、出灰门、辐射受热面、对流受热面、往复移动炉排、烟囱等组成。炉膛可分为一次燃烧室与二次燃烧室，在一次燃烧室的上部开有加料口与一次空气进口，侧面有挡渣门与清渣门。炉排下部为灰室，出灰门有进空气口与空气量调整板，锅炉外部为保温层。其结构布置如图5-11所示。空气由

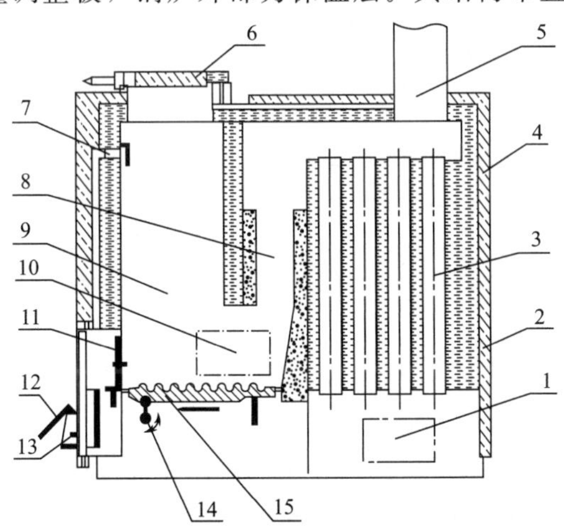


**图5-11 生物质固体成型燃料分段燃烧锅炉结构布置**

1—清灰门；2—水冷壁；3—火管；4—保温层；5—烟囱；6—加料门；7—上行风道；8—气体燃烧室；9—燃料气化室；10—清渣门；11—挡渣门；12—调节风门；13—空气进口；14—转轴；15—炉排

进气口进入后分三次进入炉膛，一次空气经上行风道进入一次燃烧室的上部作为气化空气，二次空气经挡渣门与炉排进入炉膛，与气化后的固定碳反应，三次空气通过灰室上部，从二次燃烧室下部进入二次燃烧室，与从侧面进入的可燃气混合燃烧，生成的高温烟气经对流换热面后从烟囱排出。可以看出，本锅炉优势包括采用侧吸式生物质气化技术、挥发分燃烧专用的燃烧室、两处进风的固定碳燃烧技术。侧吸式生物质气化技术与挥发分燃烧专用的燃烧室，保证了生物质中挥发分的充分燃烧，两处进风的固定碳燃烧技术，减小了炉排的热负荷，降低了固定碳的燃烧温度，可有效防止生物质灰的结渣与灰中钾等碱金属的挥发，为生物质灰作为钾肥使用提供了条件。

(5) 生物质沸腾气化燃烧锅炉

生物质沸腾气化燃烧锅炉主要部分包括分布板、螺旋进料器、炉膛、风机、保温及耐火材料、电动机等。具体锅炉如图 5-12 所示。

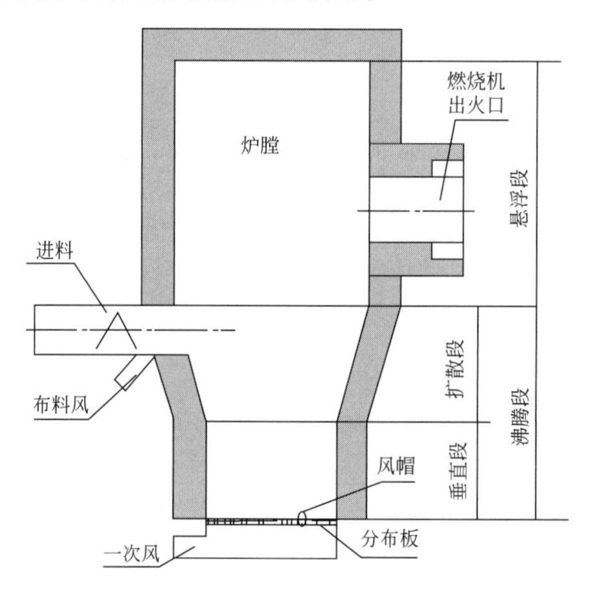


图 5-12　生物质沸腾气化燃烧锅炉

① 分布板考虑用风帽侧流式，气体扫过整个板面，消除死床，形成一个良好的起始流化条件，不易造成漏料和堵塞；

② 由于生物质在炉膛内的反应比较复杂，为使炉膛内生物质充分沸腾气化，炉膛分垂直段、扩散段和悬浮段三个阶段，炉膛尺寸的大小根据其热负荷的大小设计成具有一定分配比例的三个阶段；

③ 高压离心机可以满足锅炉需要的三次供风，且炉膛内的切线旋风以电动机直接传动，散热结构为用冷却叶轮冷却；

④ 生物质沸腾气化燃烧锅炉的外壳为铁皮，在铁皮内部利用填充式结构的保温层，将浆糊状、松散状或纤维状的保温层材料填充与敷设在锅炉外壁的特殊套网中，主要以矿渣棉作为保温材料；

⑤ 锅炉运行时焦油等以气态的形式直接燃烧，解决了生物质气化焦油含量高的技术难题，避免了水洗焦油带来的水质二次污染；

⑥ 各种含水率小于 30%，尺寸小于 30mm 的生物质成型燃料均适用。

### 5.5.6 生物质固体成型燃料燃烧设备发展趋势及面临问题

（1）生物质成型燃料燃烧设备的发展趋势

我国正处于向工业化迈进的阶段，需要改进产业结构。大力发展新能源、可再生能源及天然气等清洁能源，有助于促进我国能源结构的优化[26]。可再生能源城市是指电力、交通、供热与制冷等方面的能源消费都是以可再生能源为主的城市。根据可再生能源的特点及规律，可分为低碳型、零碳型、完全型与专业型等。未来我国生物质成型燃料燃烧设备势必会走上100%清洁燃烧之路[27]。发展循环经济，促进环境与经济协调发展，走可持续发展之路。

（2）生物质成型燃料燃烧设备开发利用面临的问题

生物质成型燃料燃烧设备的研究发展，有助于降低对化石燃料的依赖，加强新能源及可再生能源的利用。提高生物质成型燃料燃烧设备的开发及利用，进一步促进生物质成型燃料燃烧技术创新，主要从技术研发方面、人才激励方面及政策推广方面推进[28]。

1）技术研发方面

生物质成型燃料燃烧设备存在的开发潜力高于现今的开发规模。我国生物质成型燃料燃烧设备行业正处于发展阶段，技术方面没有完善的研究体制，如对燃烧设备的监控技术研究较少，设备整体自动化程度不高，没有完备的设备效率评价系统和废气排放测定标准等。针对现有的这些问题一方面可以引进国外的先进技术设备，通过结构优化实现硬件上的提高，并研究其控制系统以适应炉排式燃烧炉自动监测，从而提高燃烧炉燃烧效率，减少环境污染。另一方面可以制定行业研究标准，如效率评价指标、污染物排放指标等，规范和统一研究试验结果，提高燃烧设备研发生产的规范性和可靠性。此外，发展生物质成型燃料燃烧设备产业，不能仅局限在本身产业的技术研发，还要结合其他产业发展战略，将能源产业拓展到各个领域中，实现产业多元化发展。

2）人才激励方面

技术的发展需要人才作为支撑，人才对生物质成型燃料燃烧设备的发展起到关键性作用。加强队伍建设，有健全的生物质成型燃料燃烧设备研发机构，培养专业技术人才，培养高层次人才，引进相关技术专业人才和学术带头人，完善人才流动机制。鼓励人才到企业创业、兼职或通过技术合作、技术咨询等方式为企业服务，建立人才聚集中心，鼓励创业、创新，为优秀人才提供表现才华的舞台，激励优秀人才在新能源和可再生能源领域发展。另外，鼓励技术人才到基层进行技术知识讲解，提高公众对生物质成型燃料燃烧设备的认识，改变传统燃料使用方式，最大限度地调动起公众对新技术、新产品需求的积极性。

3）政策推广方面

每项行业的发展都离不开国家政策的支持，生物质成型燃料燃烧设备开发利用的战略发展也需要相关政策的推动。各级政府和有关部门在注重清洁能源设备的发展，提高对新能源和可再生能源地位认识的同时，更切实加强领导，积极地引导、推动高效、清洁的能源利用途径，做好统筹规划，走产业化战略发展道路。一要根据当地资源利用状况，合理安排能源开发，建立生物质成型燃料燃烧设备技术示范园，安排技术人员进行设备介绍、设备安装、技术指导及售后服务等服务，建立健全服务体制，集供给、安装、调试、技术讲解及售后为一体的产业化推广模式。二是要不断提高产品质量，降低成本，扩大市场，实现生物质成型燃料燃烧设备的标准化、系列化、通用化的开发利用，完善国家质量监控体系，增强整体质量检测服务配套体系。三是要发展壮大管理体系，促进公众参与并监督，在科技、投资、价格和税收等方面积极制定有利于现代生物质能源等新能源与可再生能源发展的政策以及中长期能源发展规划，依靠体制创新和技术创新，进一步完善宏观政策保障与技术监督管理体系，形成政府导向、市场推动、公众参与的长效发展机制。

## 5.6 生物质固体成型燃料气化技术及设备

生物质成型燃料气化技术是指以生物质成型燃料为原料，在高温条件下与气化剂（空气、氧气和水蒸气）反应得到小分子可燃气体的过程，通常所说的气化还包括生物质的热解[29]。生物质成型燃料的气化技术有气化发电、间接合成及制取氢气，而常见的上吸式固定床、下吸式固定床、横吸式固定床、开心式固定床、单流化床、循环流化床、双流化床等气化设备都可用于生物质成型燃料的气化。

### 5.6.1 生物质固体成型燃料用作气化原料的优势

（1）有效地解决了生物质加料不稳定的问题

粉末状生物质本身的能量密度和质量密度较小，在生物质气化过程中容易出现“架桥”和“棚料”等现象，进料系统密封困难等问题，而生物质成型燃料的能量密度和质量密度都较大，容易实现气化过程中的稳定连续供料和有效密封。

（2）生物质气化炉流化性能好，运行工况稳定，气化效率更高

生物质本身的流化性能不好，为了改善生物质本身的流化性能，往往在气化炉内加入惰性离子，而生物质成型燃料颗粒均匀，含水量稳定，流化性能较好，不需要在气化过程中加入惰性粒子，这就使得气化炉的运行工况更加稳定，气化效率更高。

（3）燃气质量稳定，热值高

由于生物质成型燃料流化性能好，易于在生物质气化炉内建立稳定的料层，使得运行工况稳定，从而使得生物质燃气成分质量比较稳定，热值较高。

（4）飞灰量小，焦油含量低

生物质成型燃料颗粒均匀，含水量稳定，能量密度和质量密度较大，这就使得生物质气化炉在运行过程中带出物减少，燃气中飞灰和焦油含量较低。

（5）产能大

生物质成型燃料颗粒均匀，能量密度和质量密度较大，气化炉运行稳定。

### 5.6.2 生物质固体成型燃料气化技术研究概况

（1）国外生物质成型燃料气化技术研究概况

生物质成型燃料气化技术早在 18 世纪就已出现，第二次世界大战期间，为解决石油燃料短缺的问题，用内燃机的小型气化装置得到广泛使用。20 世纪 50～60 年代，煤炭和石油等化石能源的广泛应用，能源短缺的问题得到暂时性的缓解。由于生物质成型燃料气化技术的不完善和利用率低等原因，生物质成型燃料气化技术的发展和应用产生了延滞。

20 世纪 70 年代，受石油危机的影响，世界各国再一次深刻地认识到化石燃料能源的不可再生性，重新开始了对生物质能源的开发和研究。目前，国外生物质成型燃料气化装置的规模一般都比较大，其自动化程度和工艺也都比较复杂。美国在生物质能发电方面处于领先地位，其建立的 Battelle 生物质气化发电示范工程代表了生物质能利用的先进水平。随着经济的发展，发展中国家也开始逐步重视起生物质能的开发和利用。菲律宾、马来西亚以及非洲的一些国家都先后开展了生物质能的气化、成型固化和热解等技术的研究开发工作，并形成了相应的工业化生产规模。芬兰的一些学者也做了关于流化床气化炉的焦油催化裂解的工作。

有很多学者在以生物质成型燃料为原料进行气化得到合成气、氢气等方面做了大量的研究，考察了不同气氛、不同气化设备、不同的气化反应条件对气化过程的影响。美国在利用生物质能发电应用方面处于世界领先地位。

表 5-12 为国外气化炉应用列表。

表 5-12 国外气化炉应用列表

| 国家 | 气化炉类型 | 原料 | 效率/% | 规格/(t/d) | 应用 |
|---|---|---|---|---|---|
| 美国 Taylor | 双流化床气化炉 | 能被生物分解的垃圾和废木料 | 发电效率 35～40 | 300～400 | 热电联产 |
| 美国 Silvagas | 双流化床气化炉 | 木材 | 发电效率 35～40 | 540 | 热电联产和烃燃料 |
| 美国 Range fuel | 携带床气化炉 | 林业废弃物、木材 | 热收率 75 | 125 | 燃料乙醇或混合醇 |
| 美国 Pearson | 携带床气化炉 | 废木料、锯末、稻壳等 | 热收率 70.5 | 43 | 燃料乙醇或混合醇 |
| 德国 Choren | 携带床气化炉 | 能源作物、木材 | 热收率 90.5 | 198 | 烃燃料 |
| 丹麦 Carbona | 鼓泡流化床 | 木材 | 发电效率 28 | 100～150 | 热电联产 |
| 芬兰 VIT | 循环流化床 | 林业废弃物和副产物 | | 60 | 烃燃料 |
| 芬兰 Foster | 循环流化床 | 塑料、木材、轮胎铁路枕轨 | | 336 | 热电联产 |
| 瑞典 Chrisgas | 循环流化床 | 木材、秸秆 | | 86 | 热电联产 |
| 德国 Uhde | 循环流化床 | MSW(城市生活垃圾) | 气化效率 81 | 15 | 燃料油 |
| 加拿大 Plasco | 等离子体气化炉 | MSW、塑料 | 热收率 75 | 100 | 发电 |
| 美国 Inentec | 等离子体气化炉 | 轮胎、炉渣、医疗废物 | | 218 | 热电联产、氢气、甲醇、乙醇 |

（2）国内生物质成型燃料气化技术研究概况

我国生物质成型燃料气化技术研究起步较晚，相对于西方国家而言我国的生物质成型燃料气化技术相对落后。我国的生物质成型燃料气化技术研究始于20世纪80年代，经过近30年的努力，我国生物质成型燃料气化技术也取得了较大的进步，自行研制的集中供气、发电、户用气化炉等产品已进入实用化试验及示范阶段，形成了多个系列的气化炉，可满足多种物料的气化要求，在生活用能、发电、供暖等领域得到应用。但其大都是小容量的，大容量的气化设备仍处实验室研究阶段。在供气、供暖方面有中国农业机械化研究院研制的ND系列和锥形流化床，山东科学院能源研究所研制的xFL系列，中科院广州能源所研制的CsQ系列。这些固定床气化炉在户用、集中供气和供热等方面取得了一定的社会效益、环保效益和经济效益。气化发电方面：20世纪80年代初期，我国自主研制了由固定床气化器和内燃机组成的200kW稻壳发电机组并得到推广；中国农机院、中国林科院分别在河北、安徽建立了400kW气化发电机组；胜利油田动力机械有限公司成功研制了功率190kW的180CF-RFm型秸秆气发电机组；中科院广州能源所以木屑和木粉为原料，应用循环流化床气化技术，完成发电能力为4MW的气化发电系统的开发。我国也在生物质等离子体气化、生物质成型燃料加压气化、生物质成型燃料超临界水气化制氢、生物质成型燃料高温空气气化、生物质成型燃料高温热管气化等生物质成型燃料气化技术方面开展了研究，取得一定的成果。目前生物质成型燃料气化技术也存在以下一些问题。

1）产气热值低

目前国内采用固定床气化技术生产的气体热值为3～7MJ/$m^3$，和煤、天然气等相比还有很大差距。如果将可燃气用于发电则需要储存大量气体来维持机组运行，这样就增加了投资和运行的成本。

2）焦油问题严重

焦油容易和灰分、水结成块堵塞管道，对金属材质的设备和塑料管道有很强的腐蚀作用，焦油含量高降低了气化效率和气体热值，在造成设备损害的同时又降低了经济性。焦油问题的解决主要是靠控制反应条件降低焦油的产生，可使用催化剂来减少焦油的生成。

3）燃烧的积灰结渣和腐蚀性

生物质成型燃料易结渣的特点也是不容忽视的问题。生物质成型燃料一般都含有较多的碱金属（Na、K、Ca、Mg）元素和非金属（Si、S、Cl、P）元素，它们能降低灰熔点，导致积灰结渣，从而给燃烧过程带来很多麻烦，不仅影响换热效率，还腐蚀、磨损设备。

### 5.6.3 生物质固体成型燃料气化炉气化过程

生物质成型燃料气化转换过程主要包括干燥阶段、热分解阶段、氧化阶段和还原阶段，每个阶段之间没有严格的界限，具体如图5-13所示。

（1）干燥阶段

生物质进入气化炉后，在热量的作用下析出表面水分的过程即为干燥阶段。

（2）热分解阶段

随着料层下落，温度上升，析出水蒸气、氢气、一氧化碳，当温度升高到 300℃以上时发生热分解反应，同时析出甲烷、焦油等挥发分。

（3）氧化阶段

当温度达到 1000～1200℃时，热分解后的气体和碳与引入的气化介质发生反应，释放大量的热量用于维持生物干燥、热分解及后续的还原反应。氧化反应方程式为：

$$C+O_2 \longrightarrow CO_2+408.84kJ/kg \tag{5-81}$$

$$2C+O_2 \longrightarrow 2CO+246.44kJ/kg \tag{5-82}$$

（4）还原阶段

还原反应过程中没有氧气存在，氧化层中的燃烧产物及水蒸气与还原层中的木炭发生反应，生成氢气和一氧化碳等可燃气体。还原反应方程式为：

$$C+CO_2 \rightleftharpoons 2CO-172.41kJ/kg \tag{5-83}$$

$$H_2O+C \longrightarrow CO+H_2-118.82kJ/kg \tag{5-84}$$

$$2H_2O+C \longrightarrow CO_2+2H_2-75.24kJ/kg \tag{5-85}$$

$$H_2O+CO \longrightarrow CO_2+H_2-43.58kJ/kg \tag{5-86}$$

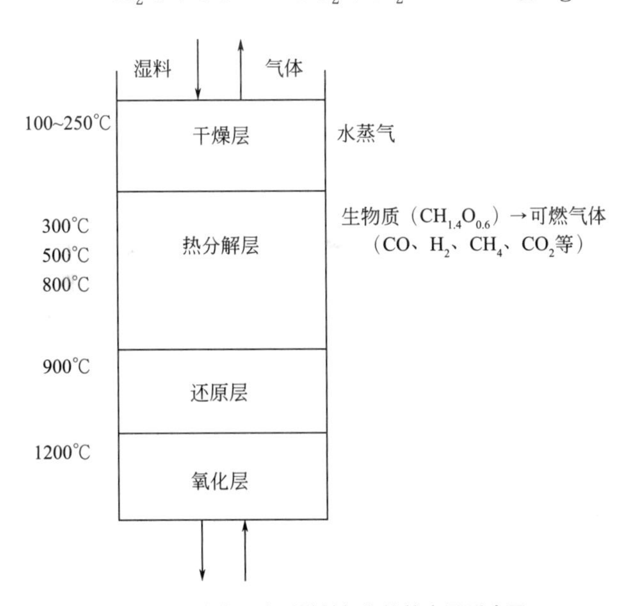


图 5-13　生物质成型燃料气化炉的主要反应层

## 5.6.4　生物质固体成型燃料气化及设备的影响因素

（1）气化温度的影响

温度是生物质成型燃料气化过程中最重要的影响因素。在适当范围内，提高气化的温度对气化效果具有很好的促进作用。温度升高，气体产率增加，气体中 $H_2$ 及 $CH_4$ 的含量增加，焦油及焦炭的产率减少，同时气体的热值升高。但炉温也不能无限地提高，因为温度越高，越多的原料与 $O_2$ 反应，生成的 $CO_2$ 越多，而且通过气化炉壁面的散热损失和气化合成气带走的热量就增多，造成热量损失增多，炉内反应压力增加，这对气化炉的材料提出了要求。

吴创之等[30] 在箱式电阻炉中对以木材等几种生物质为原料的气化动力学进行了研究，经过实验发现：反应温度对气体产量、完全热分解时间、分解产物分布以及气体成分具有决定性影响。赖艳华等[31] 在热重分析仪上对小麦和玉米秸秆在升温速率分别为100℃/min 和 30℃/min、热解温度为 150～500℃条件下的慢速热解过程进行了考察，给出了两种生物质热解反应动力学方程的指前因子、频率因子和活化能等数据。周劲松等[32] 应用层流流化床系统考察了生物质在不同温度下的气化情况，结果表明：$H_2$ 和 CO 的含量随温度的升高而增加，其中 $H_2$ 的含量增加较为显著，而 CO 的含量则随温度的升高而减少，随着反应温度的升高，各生物质的碳转化率都随之升高。李爱民等在不同温度下，进行了生物质成型燃料气化研究，发现随着温度的升高，$H_2$ 和 CO 的含量也有所增高。

（2）当量率（ER）的影响

ER 值是反映空气与生物质成型燃料质量比的一个参数。为了保证良好的气化效果，较高的 ER 值会产生高的气化温度，在高 ER 值条件下，气化温度升高可以加快气化反应速率，提高燃气质量。但是过高的 ER 值意味着有更多的氧化反应发生，产生大量 $CO_2$。对气化过程来说 ER 值的理想取值范围一般为 0.19～0.43，可以将 ER 值的影响分为两种情况来分析：当 ER 值较小时，由于氧量不足，主要发生不完全燃烧，产生大量 CO；较大的 ER 值增加了反应温度，使气化产气的热值以及（$H_2$＋CO）含量降低。这是因为加大的 ER 值在与生物质反应的同时，也部分与气化产生的 $H_2$、CO、$CH_4$ 等可燃气体发生氧化反应，从而造成了燃气品质的下降，产气率和蒸气参与反应的量均随 ER 值的变大而减少。

Zainal 等[33] 对下吸式生物质成型燃料气化炉进行了实验，发现当 ER 值为 0.38 时，气化效果达到最优，单位燃料的产气量随 ER 值增大呈线性增加关系。Mansaray 等[34] 在流化床反应器上研究了 ER＝0.25、0.30 和 0.35 三种不同条件下的气化实验，发现在流化速率为 0.22m/s 的时候，ER＝0.25 为气化的最优当量比。Garcia 等[35] 以小型流化床实验装置研究了生物质水蒸气气化过程，发现随着 ER 值的变化潜在 $H_2$ 产率从 ER＝0.17 时的 $62m^3/kg$ 增大到 ER＝0.37 时的 $1289m^3/kg$。在空气与水蒸气联合气化的研究中，Qin 等[36] 以空气-水蒸气为气化剂，变换水料比的条件考察焦油的产量，结果发现水料比为 2.7 时，焦油产量为 2.31%，水料比为 2.66 时，焦油产量为 1.71%。Lv 等[37] 考查了不同当量比对气化过程的影响，并分析了当量比的变化对合成气热值、产率及碳转化率的影响。杨建蒙等[38] 在鼓泡流化床生物质气化器内，以空气为气化介质，对木屑进行了常压气化，考察了空气当量比对气化过程的影响，发现产气率随着当量比的增加而增加，气化效率随着当量比的增加而降低，碳转化率随着当量率的增加出现最大值后开始减小。

（3）S/B 值的影响

S/B 值是气化过程中的水蒸气与生物质成型燃料的质量之比，它是影响气化过程的另一个重要因素。S/B 值与 ER 值的影响类似，适量水蒸气的加入使燃气质量提升，但是过量的水蒸气加入会导致反应器内部温度下降，这对反应是不利的，使燃气质量降低，所以水蒸气的加入量有个最优值。水蒸气的加入可以使 CO 含量下降，$H_2$、$CH_4$、

$CO_2$ 和 $C_2H_4$ 含量增加，这是蒸气重整反应发生的原因。随着蒸气量的增加，蒸气分压升高，蒸气重整反应向右进行，使 CO、$CH_4$ 和 $C_2H_4$ 的含量缓慢下降，$CO_2$ 和 $H_2$ 的含量则逐渐增加。当蒸气含量达到饱和状态，燃气成分的分布基本不变。

Chaudhari 等[39] 研究了两种生物质衍生半焦的水蒸气气化制氢研究，其通过焦油或组分的转化与催化重整两种生物质成型燃料热转化方法进行气化制取高浓度氢气。Biswa 建立了一套气化制取富氢气体的流化床反应装置，在水蒸气和生物质成型燃料摩尔比为 1.7 的反应条件下，实验结果达到了生物质成型燃料理论上最大产氢量的 78%。Kumabe 等[40] 在下吸式固定床反应器中对木质类生物质成型燃料和煤的空气-水蒸气共气化制取合成气进行了实验研究。在反应温度为 1173K 下研究发现，低生物质成型燃料比气化产生的气体适用于甲醇和烃类燃料的合成，而高生物质成型燃料比产生的气体适用于二甲醚的合成。王立群等[41] 在反应压力 600kW 的流化床气化炉上分别以空气及水蒸气及纯水蒸气为气化介质，进行了煤和玉米芯共气化的连续运转实验，发现水蒸气气化效率较高而煤气中的焦油含量明显下降。

（4）粒度的影响

生物质成型燃料颗粒越小，提供的加热表面积就越大，加热速率就越大。一般认为，生物质成型燃料气化的产气率、气体产物的分布与生物质成型燃料颗粒加热速率有关。随着加热速率的增大，焦炭、焦油的产率减少，气体产率增大。当粒度减小时，$CH_4$、CO 和 $C_2H_4$ 含量增加，$CO_2$ 含量减少。相应地，燃气热值、碳转化率和蒸气分解率均随粒度减小而增大，这可能是由于粒度较小颗粒的热解气化过程主要是由反应动力学控制，当粒度增大时，热解产生的挥发分再通过壁面比较困难，这时气化过程主要是由气体扩散控制。

吕鹏梅等[42] 研究了在流化床反应器中生物质成型燃料粒径对氢气产率的影响，结果指出当生物质成型燃料粒径由 0.6～0.9mm 减小到 0.2～0.3mm 时，氢气产率由 $1.53m^3/kg$ 增加到 $2.57m^3/kg$。有文献[43] 报道了不同粒度在流化床中对生物质成型燃料的空气-水蒸气气化特性的影响，研究结果表明，粒度对燃气组分分布和产气率均有影响，小颗粒气化的产气率和热值较高。罗思义等[44] 以固定床为反应器，在相同的床温条件下，发现随着粒径的减小，产气率、碳转化率和氢气产率逐渐增加，气化后的残余物（焦油和焦炭）逐渐减小。Rapagnà 等[45] 在流化床反应器上研究了生物质成型燃料水蒸气气化，对粒径大小以及反应温度对气化结果的影响进行了研究，结果表明当粒径大小在 300μm～1.4mm 时，高温下较小粒径之间的气化差异表现得并不明显，但当生物质成型燃料颗粒粒径大于 1mm 时，随着反应温度的升高，气体产率逐渐增大，但是总体上小于小粒径的产气率。

（5）催化剂的影响

生物质成型燃料气化重整是指对气化产生的燃气以及燃气中的焦油成分进行二次催化裂解反应，使气化燃气成分发生改变，增加燃气热值，改善燃气品质，减少燃气中的焦油成分。为了改善燃气组成，裂解焦油成分，增加 $H_2$、CO 等可燃气体成分，通常在二次重整反应过程中添加水蒸气，为了促进反应的进行，以及增加焦油的去除率，往往在固定床反应器中添加催化剂。

陈鸿伟等[46] 在自行研制的固定床快速热解试验系统上开展了玉米秸秆催化热解的实验研究，考察了催化剂对热解产物分布的影响规律，阐述了 CaO 对芳环侧链的催化机理，发现CaO对焦油裂解具有催化作用，同时促进了焦炭和气体产物的生成，使得热解气中$H_2$、CO含量均有所增大，其中$H_2$含量增大得最为明显。陈冠益等[47]在固定床反应器上开展了生物质催化热解制取富氢燃料气的实验研究，选用的金属氧化物催化剂有$Cr_2O_3$、MnO、FeO、$Al_2O_3$、CaO、CuO等，发现催化剂的加入对热解气体产物的产率和组成有影响，其中$Cr_2O_3$的催化效果最好，而CuO的催化效果最差。此外，催化剂的添加量对热解气体产物的产率和组成也有一定影响，Guo等[48]研究了四种不同白云石在氧气/水蒸气气化中的催化实验，他们发现不同的白云石催化性能不同，主要是由不同的$Fe_2O_3$含量和孔径大小引起的。

### 5.6.5 生物质固体成型燃料气化炉分类

生物质成型燃料气化炉是指使生物质成型燃料在密闭不完全燃烧的条件下通过制气炉高温干馏热解及热化学氧化作用，得到一种可燃性混合气体（主要含一氧化碳、氢气、甲烷等生物质燃气）的炉具，是生物质气化系统中的核心设备。生物质成型燃料气化产出物除可燃气外，还有灰分、水分及焦油等物质。焦油结渣会堵塞输气管道，造成产气不稳定、不易点燃等问题。按其运行方式的不同可分为固定床气化炉、流化床气化炉两种类型。

（1）固定床气化炉

固定床气化炉一般以空气为气化剂，分为开心式气化炉、横吸式气化炉、上吸式气化炉、下吸式气化炉、多层下吸式气化炉等，具有设备结构简单、易于操作等特点。

各固定床气化炉原理如图5-14所示。

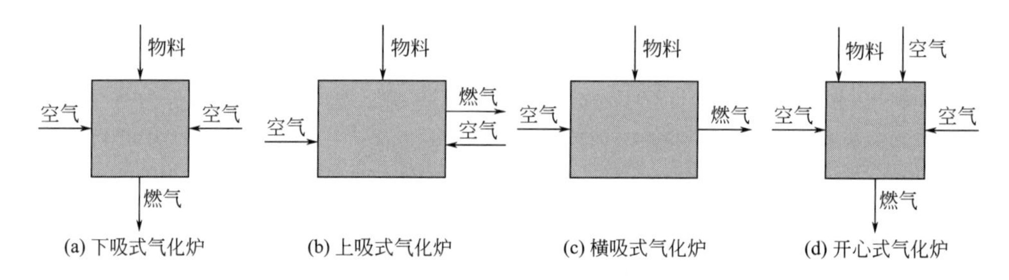


图5-14 各固定床气化炉原理

1）下吸式气化炉

下吸式气化炉是在炉子上部加入生物质原料，灰渣由底部排出，空气由氧化区加入，燃气由反应层下部吸出。炉子结构简单，气化产生的焦油在高温区被部分裂解为小分子气体，提高热值的同时减少燃气中焦油的含量，可随时加料。但要耗费较大的功率才能使引风机从炉栅下抽出可燃气且可燃气灰分多、温度高，炉内热效率低（图5-15）[49]。

2）多层下吸式气化炉

多层下吸式气化炉中空气先经过预热器预热后再进入炉内，可以提高气化炉的气化效率。第一级空气沿炉体的切线方向进入，先通过一个带缩口的分布器，并以旋转的方式进入炉内。上段炉体内导筒的存在有利于气化后的气体与产生的焦炭或未

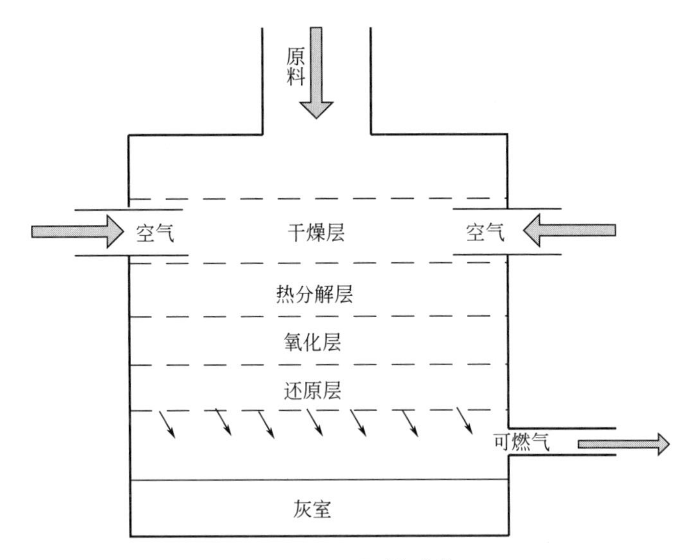


图 5-15　下吸式气化炉

转化的生物质分离，并让气体从导筒的壁面小孔排出，与第二级空气混合后再进入第二级反应，这样使进入第二级的气体混合更均匀。同时，导筒的存在也可以促使料槽中生物质原料随着气化的进行定向下沉，第二级空气从多个入口进入，故空气可以比较均匀地进入第二级气化区。由于第二级气化区主要是氧化与还原区，有利于生物质原料被氧化达到高温，同时也有利于产生的焦油被还原，从而提高了气化气产量和质量（图 5-16）[50]。

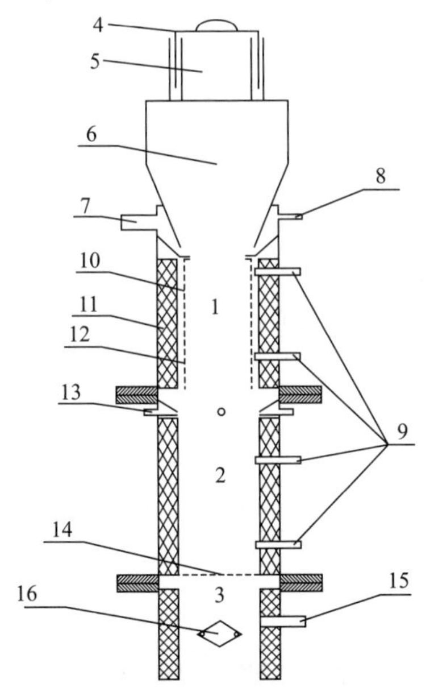


图 5-16　多层下吸式气化炉

1—上段炉体；2—中段炉体；3—下段炉体；4—加料口封盖；5—加料口；6—生物质原料储料槽；7—第一级空气入口；8—液化气入口；9—热电偶插口；10—导筒；11—保温层；12—多个小孔；13—第二级空气入口；14—炉条；15—气化气出口；16—清灰口

3）上吸式气化炉

上吸式气化炉也是在炉子上部加入生物质原料，空气从炉底下部的送风口进入炉内，可燃气从气化炉上部的气体出口引出。在可燃气经过热分解层和干燥层时，可将热量传递给原料，用于热解和干燥，又能降低自身温度，提高炉内热效率，同时有过滤作用，减少可燃气灰分，但加料不方便。可燃气中的挥发分（如焦油）多，需净化以防设备堵塞和老化，如图 5-17 所示[51]。

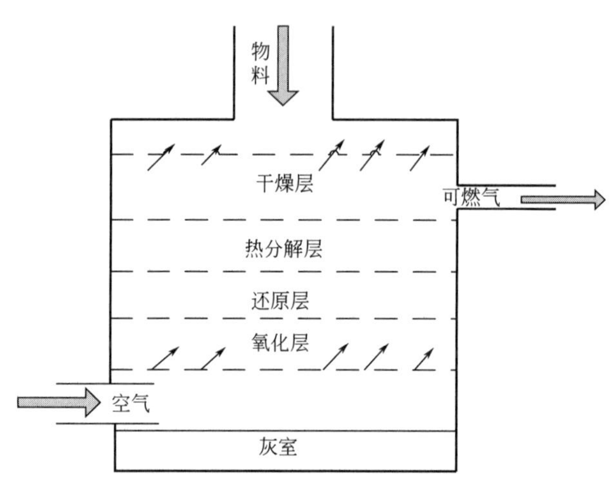


图 5-17 上吸式气化炉

4）横吸式气化炉

横吸式气化炉，其对较难燃烧的物料要求低，生产强度高，横吸式气化炉如图 5-18 所示。空气或空气与水蒸气的混合气体由喷嘴送入炉子内部进行反应，炉内气化后产生的可燃气被吸到炉外。因为整个系统生成的可燃气是呈现水平方向流动，所以又被称为平吸式气化炉。横吸式气化炉的空气由高速鼓分机鼓入，所以燃烧层的温度可高达2000℃左右。整个炉体结构紧凑，炉子的启动时间要比下吸式气化炉短 5～10min，物料负荷适应能力强。但物料燃烧在炉内的停留时间短影响了可燃气的气体品质而且由于炉子中心区的温度非常高，物料结渣的现象经常发生。同时，炉内的还原层容积很小，$CO_2$ 还原成 CO 的概率会减小，使产生的可燃气品质变差。横吸式气化炉的缺点是，

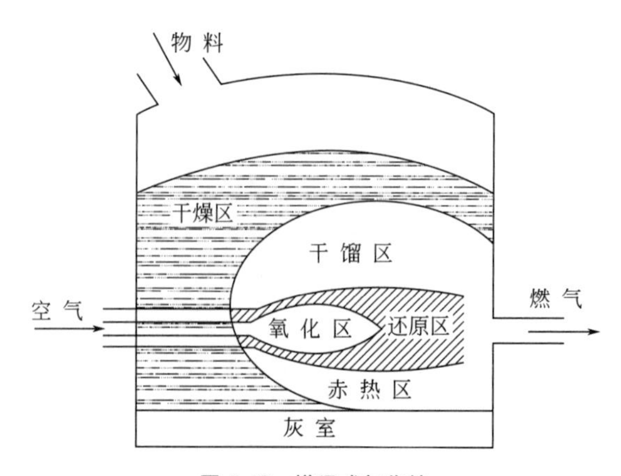


图 5-18 横吸式气化炉

它仅适用于含焦油很少以及灰分不大于 5%的物料气化，如无烟煤、焦炭和木炭等作为物料的气化。

5）开心式气化炉

开心式气化炉的可燃气焦油含量低，但灰分含量大，处理麻烦。开心式气化炉是由我国研制的，主要用于稻壳的气化。

（2）流化床气化炉

流化床气化炉可分为鼓泡流化床气化炉、循环流化床气化炉和双流化床气化炉，具有受热均匀、焦油含量少等特点。各流化床气化炉原理如图 5-19 所示。

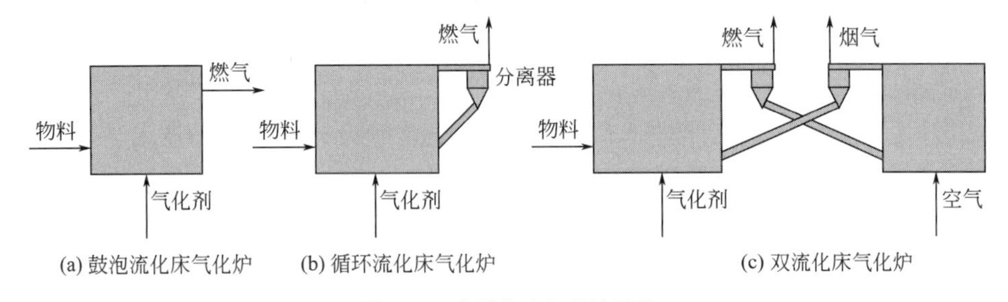


图 5-19　各流化床气化炉原理

1）鼓泡流化床气化炉

鼓泡流化床气化炉只有一个流化床反应器即鼓泡床，其结构简单，空气从底部气体分布板吹入，在床上同生物质原料进行气化反应，可燃气直接由鼓泡流化床气化炉出口进入净化系统。可燃气焦油含量较少，成分稳定，生产强度大。但气流速度慢，适合颗粒较大的物料，需加热载体。鼓泡流化床气化炉的具体结构及工作情况如图 5-20 所示。

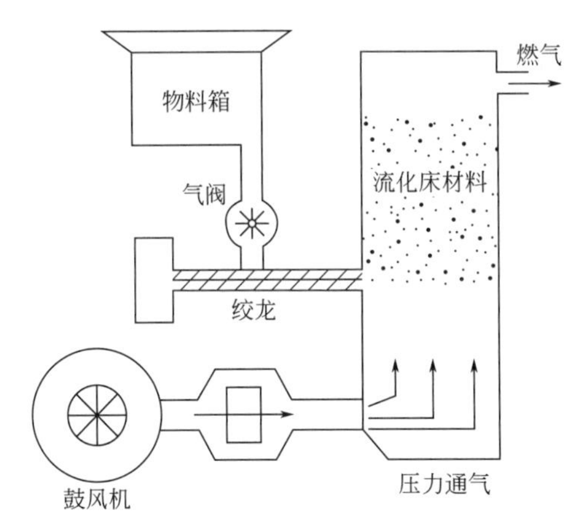


图 5-20　鼓泡流化床气化炉的具体结构及工作情况

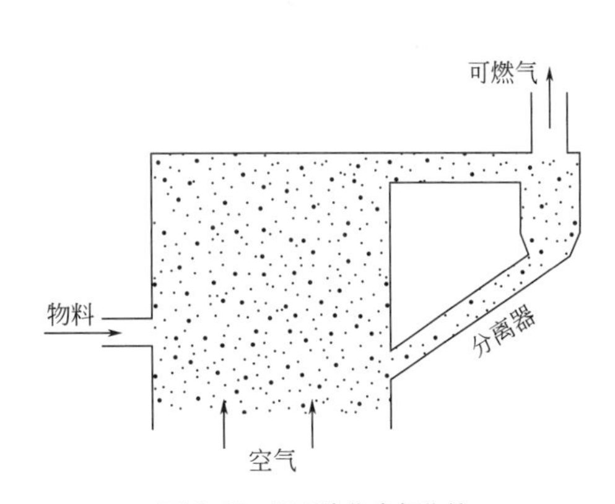


图 5-21　循环流化床气化炉

2）循环流化床气化炉

循环流化床气化炉在可燃气出口处，设有旋风分离器或袋式分离器。流化速度高，适用不同种类但较小颗粒的原料，不需加热载体，可燃气焦油含量低，产气量大，原料需预处理，如图 5-21 所示。

3）双流化床气化炉

双流化床气化炉由第一反应器和第二级反应器两部分组成。生物质原料在第一级反应器中发生裂解反应后生成的气体进入净化系统，生成的炭颗粒经料脚送入第二级反应器。碳转化率高，结构复杂，需控制好热载体循环速度和加热温度。

### 5.6.6 生物质固体成型燃料气化炉的设计

（1）上吸式气化炉的设计

上吸式气化炉的设计指标为：热功率 $P=10\text{kW}$，燃气热值 $Q_q=5.3\times10^3\text{kJ/m}^3$，热能转换效率 $\eta=52\%$，气化强度 $\Phi=200\text{kg/(m}^2\cdot\text{h)}$（干燥基）。

1）气体原料的选取和燃气组分的确定

玉米秸秆是我国农村最常见的农业废弃物，其资源分布广，成本低。所以，拟以玉米秸秆作为气化原料，设计选取玉米秸秆的参数作为设计依据。上吸式气化炉由于具体结构不同，所生产的生物质燃气会有一定的差异，而同一上吸式气化炉由于使用不同的原料所产生的生物质燃气也会有较大的变化。因此，我们用现行使用中的生物质燃气组分平均值进行设计计算，见表 5-13。

表 5-13 生物质燃气组分平均值

| 成分 | CO | $CO_2$ | $H_2$ | $CH_4$ | $O_2$ | $N_2$ |
|---|---|---|---|---|---|---|
| 含量/% | 19.2 | 11.4 | 16.0 | 2.8 | 1.9 | 48.1 |

2）上吸式气化炉主要结构设计参数

主要气化参数有产气量、燃烧消耗量、产气率；主要结构参数有气化炉内筒喉口直径、气化燃烧高度、理论空气量。喷嘴几何尺寸的计算：由于氧化层物料及燃烧后产生可燃气体的阻力，喷嘴中空气的流速必须达到一定的值，氧化层部为不完全燃烧，如果空气流速过高容易熄灭燃烧火焰，因此喷嘴处空气的流速必须为合适的值才能保证反应的顺利进行。设计取定风速，根据计算出的实际空气量和氧化层尺寸确定喷嘴的孔径和数目，在结构允许的条件下，较多的喷嘴数目有利于空气与物料的良好混合，但也增大了空气阻力，加重了风机的负荷。

关于喷嘴的几何尺寸有以下公式：

$$nr^2=\frac{G_rV_t}{3600} \tag{5-87}$$

式中 $n$——喷嘴数目，个；

$r$——喷嘴半径，m；

$G_r$——生物质耗量，kg/h；

$V_t$——喷嘴空气流速，m/s。

（2）下吸式气化炉的设计

1）气体原料的选取

了解生物质的物理特性以及物料的主要化学成分。

2）理论计算及主要结构尺寸的确定

① 理论空气量的确定　计算下吸式气化炉反应所需空气量时，应首先根据生物质原料的元素分析结果按下式计算出其完全燃烧理论空气量，然后按当量比 0.25～0.3 计

算实际所需空气量 $V_{气}$。

$$V=-\frac{1}{0.21}\left(1.886\frac{C}{100}+5.55\frac{H}{100}+0.7\frac{S}{100}-0.7\frac{O}{100}\right) \tag{5-88}$$

式中　$V$——物料完全燃烧所需的理论空气量，$m^3/kg$；

$C$——物料碳元素含量，%；

$H$——物料氢元素含量，%；

$S$——物料硫元素含量，%；

$O$——物料氧元素含量，%。

② 喷嘴几何尺寸的计算　喷嘴几何尺寸按下式计算：

$$v=\frac{GV_{气}}{360n\pi r^2} \tag{5-89}$$

式中　$G$——生物质耗量，kg/h；

$v$——嘴中空气流速，m/s；

$V_{气}$——气化所需空气量，$m^3/h$；

$n$——喷嘴数目，个；

$r$——喷嘴半径，m。

喷嘴中空气流速推荐值为 15～20m/s，根据计算出的理论空气量以及喉部的几何尺寸确定喷嘴的孔径和数量，在结构允许的条件下，较多的喷嘴有利于空气和物料的良好混合，但也增大了阻力，增加了风机负荷。

③“喉部”几何尺寸的计算　“喉部”的几何尺寸决定了下吸式气化炉的产气能力，应根据气化强度以及物料的物理特性进行计算。

$$气化强度=\frac{每小时生物质耗量}{喉部截面积}\ kg/(h\cdot m^2) \tag{5-90}$$

由于生物质物料的堆积密度、粒度相差较大，将明显影响物料在炉内的驻留时间，这就要求气化炉因物料不同而选用差别较大的气化强度。对于堆积密度较小或粒度较小的物料，其炉内驻留时间短，气化强度应相应减小，反之，应增大气化强度。一般气化强度推荐值为 500～2000kg/(h·$m^2$)。

尽管下吸式气化炉产出气中焦油含量很少，但根据产出气的不同应用场合，还应当配置不同的除焦油设备以及除尘、除湿设备以进一步提高产出气的品质[52]。

# 5.7 生物质固体成型燃料户用技术及设备

生物质成型燃料户用技术是农户以生物质成型燃料为原料进行活动的技术，生物质成型燃料可为农村居民提供炊事、取暖用能，也可以作为农产品加工（粮食烘干、蔬菜、烟叶等)、设施农业(温室)、养殖业等不同规模的区域供热燃料，另外也可以作为工业锅炉和电厂的燃料，替代煤等化石燃料。

### 5.7.1 生物质固体成型燃料户用技术及设备类型与参数

(1) 生物质成型燃料户用技术及设备类型

民用生物质炉灶主要是指农村地区以燃料秸秆、薪柴或生物质成型燃料等为原料，供炊事和供暖所需生活用能的炉灶(炕)。民用生物质炉灶按用途可分为炊事炉灶、供暖炉灶和炊事供暖炉灶三种。中国是世界上最大的发展中国家，秸秆和薪柴等是农村的主要生活燃料。由于传统的农村炉灶大多为手工堆砌的砖石结构，建造技术粗糙，使得燃烧不充分，热效率低下，造成生物质能的极大浪费。同时，燃烧不充分释放出的大量浓烟会引起污染。随着世界各国对能源效率和空气污染的不断关注，中国农村城镇化和农民生活水平的不断提高，传统炉灶及其低效的燃烧方式已不能满足需要。民用高效低排放生物质炉以其少燃料、低排放的特点，在提高农民的生活质量的同时，又能够利用废弃生物质资源，对促进社会主义新农村建设也具有重要意义[53]。

我国炉灶的发展历程主要可分为三个阶段，即原始阶段、改良与大力推广阶段和技术创新阶段。20 世纪 80 年代以前，中国农村绝大多数使用的炉灶为手工垒砌的传统旧灶，其热效率只有 12%左右；进入 80 年代，中国政府开始有计划地开展改灶节柴试点县工作，在全国推广热效率 25%以上的省柴灶(或称节能灶)[54]。随后，通过技术创新，研发了便利和高热效率的半气化直燃民用生物质炉灶。相较于热效率很低的传统旧灶，改良后的炉灶极大地减少了室内空气污染，减少了燃料的消耗量，炊事供暖效率明显提高。

根据文献 [55] 笔者通过调研 600 台民用生物质炉灶：炊事采暖炉灶 274 台，占 45.7%；采暖炉灶 204 台，占 34.0%；炊事炉灶 122 台，占 20.3%。

(2) 生物质成型燃料户用技术及设备参数

据查阅民用生物质炉具生产厂家的《产品检验报告》和现场试验相结合的方式可知，民用生物质炉具的材质有钢板、铸铁、不锈钢、搪瓷、钢化玻璃和钢化陶瓷等。检测依据及参数指标(范围)如下。

1) 检测主要依据

① 热性能检测依据 《民用柴炉、柴灶热性能测试方法》(NY/T 8—2006)、《工业锅炉热工性能试验规程》(GB/T 10180—2017)。

② 排放性能检测依据 《固定污染源排气中颗粒物测定与气态污染物采样方法》(GB/T 16157—1996)、《锅炉烟尘测试方法》(GB 5468—1991)、《固定污染源废气 二氧化硫的测定 定电位电解法》(HJ 57—2017)。

2) 参数指标

① 功率 炊事采暖炉灶 6.0～15.0kW，采暖炉灶 1.5～6.0kW，炊事炉灶 1.5～4.0kW。

② 效率 炊事炉灶的热效率 24%～43%，采暖炉灶的热效率 73%～82%，综合热效率≥70%。

③ 温度　烟气温度126～265℃。

④ 一次投料量　炊事采暖炉灶2.0～4.0kg，采暖炉灶1.5～3.0kg，炊事炉灶1.0～2.5kg。

⑤ 引火（启动）时间1～3min。

⑥ 一次投料猛火时间20～50min。

⑦ 封火（耐火）时间4～10h。

⑧ 环保性能　一氧化碳折算浓度≤0.2%，二氧化碳折算浓度≤30mg/m$^3$，氮氧化物折算浓度≤150mg/m$^3$，烟尘≤150mg/m$^3$，正常燃烧时林格曼黑度>1级。

## 5.7.2 生物质固体成型燃料户用炊事炉的设计

生物质成型燃料户用设备主要有（生物质成型燃料）户用炊事炉、（生物质成型燃料）户用采暖炉、（生物质成型燃料）户用炊事采暖炉。下面以户用炊事炉为例，进行户用设备的设计计算。户用炊事炉一般采用人工加料方式，燃烧过程中位置固定，因其燃烧方法可以称为层燃炉具，一般采用传统煤炉炉形，上方为炉口，燃料由此进入炉膛，进风口在炉具下方，进风口同时也是除灰口。

(1) 燃料计算

空气量、烟气量、空气焓和烟气焓的计算方法如下。

燃料完全燃烧以后，烟气中主要有$CO_2$、$SO_2$、$N_2$、少量水蒸气和参与燃烧后剩余的$O_2$。假设燃料完全燃烧，忽略由于不完全燃烧产生的CO、$CH_4$等气体，计算结果见表5-14。

表5-14 计算结果

| 项目 | 符号 | 单位 | 计算或数据来源 |
| --- | --- | --- | --- |
| 理论空气量 | $V_{0lk}$ | m$^3$/kg | $0.0889(C_{ad}+0.375S_{ad})+0.265H_{ad}-0.0333O_{ad}$ |
| 二氧化物容积 | $V_{RO_2}$ | m$^3$/kg | $0.01899(C_{ad}+0.375S_{ad})$ |
| 理论氮气容积 | $V_{N_2}$ | m$^3$/kg | $0.008N_{ad}+0.79V_{0lk}$ |
| 理论水蒸气容积 | $V_W$ | m$^3$/kg | $0.0124W_{ar}+0.111H_{ar}+0.0161V_{0lk}$ |
| 理论烟气量 | $V_{0y}$ | m$^3$/kg | $V_{RO_2}+V_{N_2}+V_W$ |
| 过量空气系数 | $\alpha$ |  | 根据参考文献 |
| 实际烟气量 | $V_y$ | m$^3$/kg | $V_{0y}+1.016(\alpha-1)V_{0lk}$ |
| 排烟温度 | $t_{py}$ | ℃ | 给定 |
| 实际烟气焓 | $I_{py}$ | kJ/kg | 式(5-2) |
| 冷空气温度 | $t_{lk}$ | ℃ | 给定 |
| 冷空气实际焓 | $I_{0lk}$ | kJ/kg | 式(5-3) |

空气焓和烟气焓的计算是计算排烟热损失的前提。空气焓是指空气在定压下从0℃加热到$t$℃时所需的热量；烟气焓是指烟气在定压下从0℃加热到$t$℃时所需的热量。空气焓和烟气焓的计算均以1kg生物质成型燃料为基准，且从0℃算起。

① 烟气焓计算公式为：

$$I_{py}=H_{t,CO_2}V_{CO_2}+H_{t,N_2}V_{N_2}+H_{t,H_2O}+H_{t,k}V_k \tag{5-91}$$

式中 $H_{t,CO_2}$——$CO_2$ 在 $t$℃的焓值；

$H_{t,N_2}$——$N_2$ 在 $t$℃的焓值；

$H_{t,H_2O}$——$H_2O$ 在 $t$℃的焓值。

② 理论烟气焓计算公式为：

$$I_{0py}=H_{t,CO_2}V_{0RO_2}+H_{t,N_2}V_{0N_2}+H_{t,H_2O}V_{0H_2O} \tag{5-92}$$

③ 标准状态下实际排烟焓包括理论烟气焓和剩余空气焓，计算式为：

$$I_{py}=I_{0py}+(H_t)_k\times(V_k-V_{0k}) \tag{5-93}$$

④ 冷空气理论焓值计算式为：

$$I_{0lk}=(H_t)_k\times V_{0lk} \tag{5-94}$$

(2) 热效率估算

热效率是确定户用炊事炉设计的依据，也是测试户用炊事炉设计结构的依据，可以为进一步改进提供方向。热效率值可通过计算热损失进行估算，燃烧设备的热损失包括排烟热损失、灰渣热损失、蓄热损失、炊具散热损失、炉具散热损失、气体未完全燃烧损失、固体未完全燃烧损失及其他未考虑损失（封火热损失等）。

① 排烟热损失　是指炉具排烟带走的热量，计算式为：

$$q_2=\frac{I_{py}-\alpha_{py}I_{0k}}{Q_{net,ar}}\times 100\% \tag{5-95}$$

② 气体未完全燃烧损失　是指由于不能及时供给空气或炉膛温度不够高，未燃尽的 $CO$、$H_2$、$CH_4$ 等可燃气体没有释放出完全燃烧时产生的热量而随烟气排走的热量。

③ 固体未完全燃烧热损失　是指燃料在炉膛燃烧过程中，有一小部分未燃尽的可燃物随灰渣一同排出，或者燃料透过缝隙落入灰室，或者小部分未燃尽的燃料细粉随烟气排出炉外。

④ 炉具散热损失　是指工作过程中较高温度的炉体向周围低温环境散热而损失热量。

⑤ 灰渣热损失　是指燃料燃烧后落入除灰室的灰渣带走的热量。灰渣温度低于燃料在炉膛燃烧的温度，但高于环境温度。灰渣热损失的计算公式如下：

$$q_6=\alpha_{hz}H_{t,hz}A_{ar}/Q_{net,ar}\times 100\% \tag{5-96}$$

式中 $H_{t,hz}$——灰渣焓（标态），$kJ/m^3$；

$\alpha_{hz}$——排渣率，%，根据燃料燃烧方式查有关资料可得排渣率为 70%；

$A_{ar}$——灰分收到基含量，%。

⑥ 蓄热损失　是指燃料在炉膛燃烧的过程是非稳态的，燃料燃烧放出的热量首先传给炉膛，炉膛温度逐渐升高，最后达到温度状态，这一过程所吸收的热量。如果炉具使用一次就点火一次，该项损失会较大，但是一般炉具是连续封火的，可以设定该项损失为 3%。

⑦ 炊具散热损失 是指炉具和炊具之间的空隙向周围空间散失的热量，可以按辐射传热计算，计算公式为：

$$q_8=\frac{\varepsilon\delta(T_w^A-T_{sar}^A)}{Q_{net,ar}}\times100\% \tag{5-97}$$

式中 $\varepsilon$——材料发射率；

$\delta$——黑体辐射系数，$W/(m^2\cdot K^4)$，$\delta=5.67\times10^{-8}W/(m^2\cdot K^4)$；

$T_w$——发热体温度，K；

$T_{sar}$——环境温度，K；

$A$——辐射面面积，$m^2$。

热损失还包括封火温度、加料热损失等，用$q'$表示，一般这项热损失为10%。

总热损失为：

$$\sum q=q_2+q_3+q_4+q_5+q_6+q_7+q_8+q' \tag{5-98}$$

炉具设计的热效率为：

$$\eta=100-\sum q \tag{5-99}$$

（3）设计参数确定

主要涉及参数包括燃料消耗量、燃烧室和烟囱的各项数值。

燃料消耗量确定：

$$m=\frac{Q_1}{Q_{net,ar}\eta} \tag{5-100}$$

式中 $Q_1$——所需的热量，kJ；

$\eta$——炉具设计的热效率，%。

1）炉膛参数确定

炉膛指炉排上部到炉口下部之间的部分，是燃料停留、燃烧的地方。适当的炉膛参数是燃料完全燃烧的根本保证，炉膛参数包括炉膛容积热负荷、炉排热负荷。炉膛容积的主要指标是炉膛容积热负荷，即每立方米炉膛容积中每小时燃料燃烧的发热量。炉膛容积的计算式为：

$$V_L=\frac{B_LQ_{net,ar}\eta_L}{qL_{max}} \tag{5-101}$$

式中 $\eta_L$——燃烧室设计的热效率，%；

$qL_{max}$——燃烧室最大热容强度，$kJ/(h\cdot m^3)$。

炉膛容积热负荷过大，燃料在炉内停留的时间短，不易完全燃烧；炉膛容积热负荷过小，炉膛容积过大，燃烧分散，火力不集中。炉膛形状一般设计成圆柱形或喇叭形。

2）炉排参数

炉排安装在炉膛的下部，起到支撑燃料并通风助燃的作用。空气由进风口经过炉排的空隙进入炉膛与燃料混合，混合是否均匀与炉排空隙总面积有直接联系。炉排空隙面积过小，空气供给不足，在烟囱抽力足够的情况下会使空气流速加大，增加了进风阻力而影响进风量；若炉排空隙面积过大，则会使炉膛温度降低，而排烟损失也会随之增大。

3）炉排热负荷

炉排总面积指炉排炉条总面积及炉条之间缝隙总面积之和。一般情况下，炉膛底部为圆形，则炉排总面积为：

$$A=\pi R^2=3.142\times0.150^2\approx0.071(\mathrm{m}^2) \tag{5-102}$$

炉具炉排热负荷为：

$$q_t=\frac{BQ_{\mathrm{net,ar}}\eta}{A} \tag{5-103}$$

4）炉排参数

根据《工业炉设计手册》《实用节能炉灶》，炉条面积与炉条空隙总面积之比约为1∶1；炉箅总面积$A'$为炉排总面积的1/2，即：

$$A'=\frac{A}{2}=\frac{1}{2}\times0.071\approx0.035(\mathrm{m}^2) \tag{5-104}$$

5）烟囱参数确定

烟囱的主要作用是产生抽力，但抽力过大会使冷空气过多进入炉膛而降低燃烧温度，并增加排烟热损失。烟囱高度的计算公式为：

$$H=\frac{29.72h}{p\left(\frac{1}{273+t_1}-\frac{1}{273+t_2}\right)} \tag{5-105}$$

式中　$h$——炉具的吸风压，mmHg；

$p$——平均大气压力，取值$1032h_1/760$（$h_1$为当地大气实际压力），mmHg；

$t_1$——大气中的年平均温度，℃；

$t_2$——烟囱烟气平均温度，℃。

烟囱截面积的计算公式为：

$$F=\frac{B_{\mathrm{L}}V_{\mathrm{y}}(273+t_{\mathrm{y}})}{3600\omega_{\mathrm{y}}\times273} \tag{5-106}$$

式中　$V_{\mathrm{y}}$——每小时单位燃料产生烟气量，$\mathrm{m}^3/(\mathrm{h}\cdot\mathrm{kg})$；

$\omega_{\mathrm{y}}$——要求的烟气流速，m/s；

$t_{\mathrm{y}}$——烟气温度，℃。

不考虑外界风力的影响，烟囱抽力$S$可以按下式计算：

$$S=9.81H\left(\rho_{\mathrm{bk}}\frac{273}{273+t_{\mathrm{k}}}-\rho_{\mathrm{by}}\frac{273}{273+t_{\mathrm{y}}}\right) \tag{5-107}$$

式中　$H$——烟囱高度，m；

$\rho_{\mathrm{bk}}$——标准状态下的空气密度，$\mathrm{kg/m^3}$；

$\rho_{\mathrm{by}}$——标准状态下的烟气密度，$\mathrm{kg/m^3}$；

$t_{\mathrm{k}}$——空气温度，℃。

（4）性能检测

检测依据为《民用生物质固体成型燃料采暖炉具通用技术条件》（NB/T 34006—2011）。试验方法采用煮水法，测试项目见表5-15。

表 5-15　测试项目

| 项目 | 符号 | 单位 | 数据来源 |
| --- | --- | --- | --- |
| 水的初始温度 | $t_1$ | ℃ | 实测 |
| 水的沸点温度 | $t_2$ | ℃ | 实测 |
| 起燃时所加水的质量 | $G_{a1}$ | kg | 实测 |
| 锅中水达到沸点时的质量 | $G_{s2}$ | kg | 实测 |
| 锅中水偏离沸点时的质量 | $G_{a2}$ | kg | 实测 |
| 燃料的质量 | $B$ | kg | 实测 |
| 燃料干燥基的低位发热量 | $Q_{net,ar}$ | kJ/kg | 查表 |
| 水的比定压热容 | $C_p$ | kJ/(kg·K) | 查表 |
| 水的汽化潜热 | $r$ | | 查表 |

则炉具的热效率 $\eta$ 为：

$$\eta=\frac{G_{s1}C_p(t_2-t_1)+r(G_{s2}-G_{s3})}{BQ_{net,ar}}\times 100\% \tag{5-108}$$

式中　$G_{s1}$——起燃时所加水的质量；

$G_{s2}$——锅中水达沸点时的质量；

$G_{s3}$——锅中水偏离沸点时的质量。

当 $\eta>70\%$时，炉具设计合格。

(5) 改进措施

老式的户用炊事炉都是自燃型的，存在供风量不稳定、效率较低、污染严重等问题，为此，人们提出了很多改进措施。

1) 燃烧方式的改进

为了提高燃烧效率，当前很多户用炊事炉采用了半气化燃烧的方式。这种燃烧方式把燃烧过程分成两部分：气化阶段和燃烧阶段。一次空气从炉底进入，二次空气从上部进入。当生物质成型燃料被投入炉中，首先遇到来自炉低的一次空气，被点燃并释放出部分可燃气，然后可燃气体上升，在炉膛上部遇到二次空气并燃烧。与此同时，遗留在炉底的生物质成型燃料继续气化、上升并燃烧，直至烧尽。

2) 进料方式的改进

老式炉具一般是把锅取下后从上部加料，热损失大、操作麻烦，改进后加料方式为下部或侧面加料。

3) 封火方式

老式的炉具采用直燃式燃烧，封火时燃料基本已燃尽，易灭火，再次使用时需重新点火。由于改进后燃烧方式的改变，封火时燃料中还有较多的炭未燃烧，封火后能持续较长时间不灭火。

## 5.7.3　生物质固体成型燃料户用炊事炉

灶与炉并无本质差别，习惯上将与炕连通的称为灶，而将独立燃用、不与炕相连的称为炉。目前我国农村采用的炊事炉，大都是传统样式。每次投料，初期空气量不足，造成床层内气化产物和大量挥发物质得不到充分燃烧，而变成黑色浓烟排入大气，浪费能源而又污染环境，后期空气量的过剩，使得烟气带走的能量损失增多。此外，还带来了炉内火力不均、燃烧温度周期性变化等不足。依据生物质成型燃料燃烧的基本特性，生物质成型燃料户用炊事炉应当具有以下特点[56]：充分利用生物质热解产生的挥发性物质；有效利用燃烧过程炭化物质的热辐射能量；合理地组织炉内过程，保证燃烧气体能进行有效的对流换热；空气能均匀流畅地进入炉内，连续稳定；火力足、火势均，燃烧完全，不冒黑烟，能源利用效率高。其主要结构、性能和指标见表 5-16。

**表 5-16　生物质成型燃料户用炊事炉的主要结构、性能和指标**

| 项目 | 基本要求或性能指标 |
|---|---|
| 炉具结构 | 设计合理，操作方便 |
| 外观要求 | 造型美观，表面光滑清洁，无毛边、毛刺，应防锈，保温材料不外露 |
| 热性能指标 | 额定供热量不小于标称值；<br>热效率：<br>炊事炉 $\eta_C \geqslant 35\%$；<br>采暖炉 $\eta_N \geqslant 35\%$；<br>炊暖炉 $\eta_{CN} \geqslant 35\%$；<br>炊事活力强度 $P > 3kW$ |
| 烟气排放指标 | 一氧化碳平均浓度＜0.2%；<br>二氧化碳平均浓度＜$50mg/m^3$；<br>烟尘排放平均浓度＜$50mg/m^3$；<br>林格曼黑度：1 级 |

（1）新型生物质成型燃料炉的设计

为实现上述技术要求，传统炉灶已不能满足需要，为此新型生物质成型燃料炉的设计一般遵循以下原则，结构简图如图 5-22 所示。

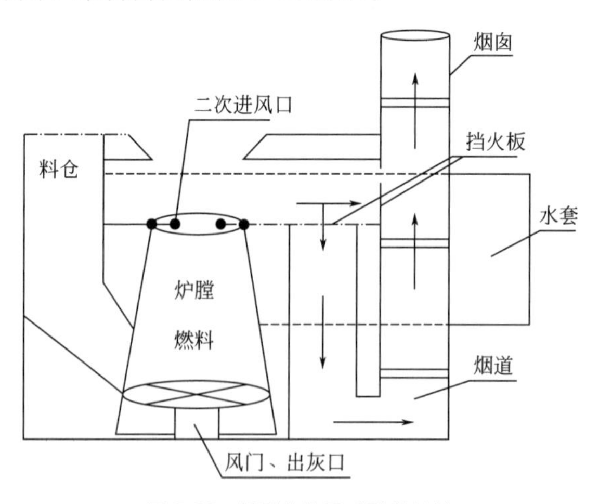


**图 5-22　新型生物质成型燃料炉**

1）二次进风口设计

生物质成型燃料挥发分析出迅速，燃烧时间短，若空气供应不当，挥发性有机物不容易被燃尽而排出。所以，在设计直燃式生物质成型燃料炉具时，在炉膛口周围和炉口壁部分应加设二次进风口。

2）延长烟道燃烧回程

生物质成型燃料燃烧过程中，挥发分析出量大，但燃烧时间短。延长烟道的燃烧回程，可以给挥发分充分燃烧提供足够的空间和时间，提高燃料的利用率。

3）一次进风口要小

生物质成型燃料中含氧量明显多于煤炭，使得生物质成型燃料易于引燃，在燃烧时可相对地减少供空气量。

4）烟道部分的水套面积要大

挥发分的燃烧使得烟道内的温度升高，可加大烟道部分水套吸热面积，充分吸收利用燃烧热量，增大热效率。

5）使用生物质成型燃料

生物质的含碳量较少，质地比较松软，易于燃烧和烧尽，但需要频繁填料。使用致密成型设备，可将结构松散的生物质压缩成型，提高能量密度，改善了生物质成型燃料燃烧中的一些不足之处，且方便储存和运输。

6）避免燃烧结焦现象

生物质成型燃料中钾元素含量很高，在燃烧温度超过800℃的炉膛内，大量氧化钾呈熔融状态，与生物质中的硅、钙等矿物质混合，温度降低时就会形成大小不等的结焦块，影响了炉灰的排出和空气补给。加大炉膛部分的水套吸热面积，可避免炉膛内温度过高，避免结焦形成。

（2）鼓风式生物质成型燃料炊事炉

鼓风式生物质成型燃料炊事炉就是基于上述原则设计开发而成的（图5-23），该炊事炉采用上吸式气化技术（逆流式气化技术），空气经一次风从灰室的炉栅处吸入，从下向上通过燃烧层，燃料从炉口顶部一次加入炉膛，亦可边燃烧边填料。在炉膛内沿气化高度，气化过程主要分为三层，即热分解层、还原层、氧化层。

1）热分解层

生物质成型燃料的热解是指燃料在气化炉上部被干燥，与气化炉下部来的热气体作用进入燃料的热分解过程，是整个气化过程中的关键部分。产物包括CO、$H_2$、$CH_4$、$CO_2$、焦油、水蒸气和固定碳等。温度是完成热分解过程的关键，温度高，完成热分解过程的时间短，高温（400～800℃）利于热分解过程。

2）还原层

$CO_2$与固定碳发生还原反应：$CO_2+C \longrightarrow 2CO+172.46kJ/mol$。有效的$CO_2$还原温度在800℃以上，因而提高温度有利于该还原反应。

3）氧化层

当生物质成型燃料的热分解完成后，剩下的是生物质成型燃料中的固定碳。固定碳要转化为燃气，需要气化剂（主要是空气）和高温条件，在空气的配合下，当温度高于1200℃以上时会产生大量的$CO_2$，同时放出大量的热量。反应式为：

$$CO+\frac{1}{2}O_2 \longrightarrow CO-282.99kJ/mol \tag{5-109}$$

$$C+O \longrightarrow CO+393.52kJ/mol \tag{5-110}$$

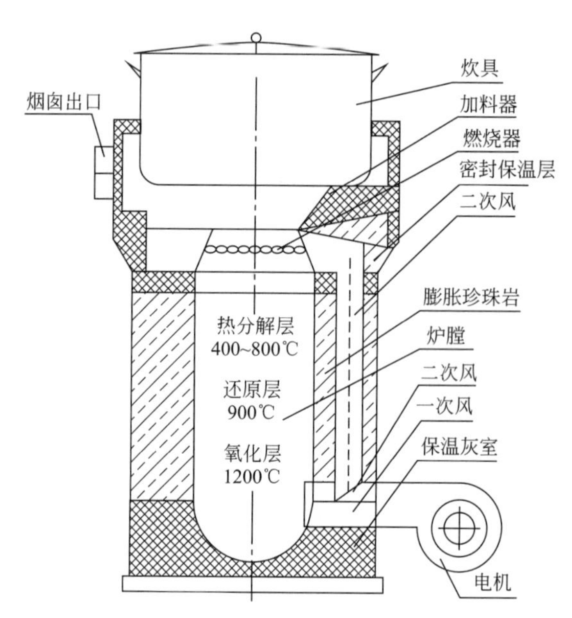


图 5-23 鼓风式生物质成型燃料炊事炉[57]

这种使生物质成型燃料气化和燃烧一体化的方式，可有效克服传统上吸式炉灶焦油多、能量利用低的问题。过程中不冷却、不除焦油、不过滤、不洗涤、不除尘，称为简易气化，也叫半气化，这种处理方法既经济又环保。在鼓风式生物质成型燃料炊事炉燃气的出口，直接配上二次风，热燃气在炉口燃烧既节能又可使焦油燃烧掉。在鼓风式生物质成型燃料炊事炉上加装微型风机后，实现了炉温和进风量可控，一、二次风可自由调节。在各个燃烧时段采用不同的配风量，实现了固定碳的气化，对燃烧热效率的提高具有突破意义。传统意义上的气化炉是连续不断加料的，各个燃烧层带的反应是同时进行的。该鼓风式生物质成型燃料炊事炉是一次向炉膛添满料，微开一次风，然后从炉口点火，炉膛烧热后开启二次风。炉口进入正常的气化燃烧后，气化进入热分解为主的第一阶段即挥发分燃烧阶段，分解温度要求400℃以上，此时可关闭或微启一次风。全开二次风，生物质成型燃料就能正常地进行气化燃烧。当生物质成型燃料的挥发分逐渐减少，进入气化的第二阶段即固定碳氧化层的气化阶段，此时逐步开大一次风，关小二次风，使气化反应继续顺利进行。第二阶段的气化很重要，一般认为生物质成型燃料挥发分气化后就完成了整个气化过程，实际上后面还有一个残留固定碳气化高峰。

(3) 炉灶一体式生物质成型燃料炊事炉

炉灶一体式生物质成型燃料炊事炉的结构中炉体为固体床上吸式结构，炉头和气化反应炉体复合为一体，生物质成型燃料在炉膛内热解气化，并将生成的燃气直接在灶头燃烧。灶头装置设计位置在原来加料口处，可以沿二次供风管的轴线方向升起并绕该轴线旋转，以实现方便地加料，炉灶一体式生物质成型燃料炊事炉结构示意图参见文献[58]。

该炊事炉的供风系统由一次供风管、二次供风管、环形供风器和灶头等组成。一次供风以切向导入环形供风器，形成供风平面，保证一次风与原料最大限度地充分接触，参与气化反应，剩余部分空气通过二次供风管上引，以切向顺时针旋入气风混合室，与切向逆时针旋入的气化气快速混合，混合后的气体在大火盖内引燃，经分火器的切旋口形成旋火，然后通过大小火盖汇聚后与锅底充分接触。在此过程中，气化气中的焦油及部分不饱和烃进入灶头高温裂解和燃烧，燃烧过程的烟尘经排烟管（与灶头相连）排出。采用这种半气化方式，在适宜风量的情况下，该炊事炉的热效率可达到 36%，炊事火力强度达 4.79kW。

（4）生物质成型燃料半气化炊事炉

生物质成型燃料半气化炊事炉中生物质成型燃料产生的气化气和固定碳均在炉膛内燃烧，在炉膛上侧增加二次进气管道，通过控制进气量，提高气化气在炉膛内的停留时间，使其充分燃烧，燃烧无烟尘和焦油产生，进一步提高了燃烧利用效率。二次进风除了补充氧气外，还可加强烟气的扰动，使燃烧更为充分。

生物质成型燃料半气化炊事炉采用双层炉胆结构即内外炉胆之间间隙为二次风道。由一次风道和挡风板、二次风道和挡风板、加料口、水套、炉箅、炉箅、辐射受热面、炉灶口、锅圈、挡火圈、烟道、烟囱等部分组成，其结构如图 5-24 所示。

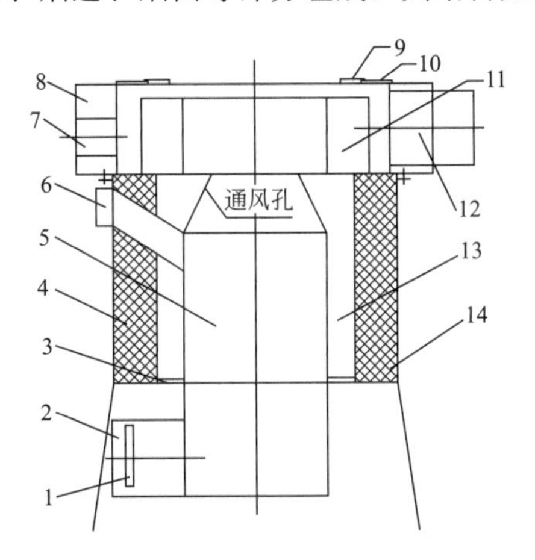


**图 5-24　生物质成型燃料半气化炊事炉结构**

1—挡风板；2——一次风道；3—二次风道和挡风板；4—保温层；
5—炉膛；6—加料口；7—观火孔；8—水箱；9,10—锅圈；
11—挡火圈；12—烟道；13—二次风道；14—炉体

（5）生物质成型燃料纯气化炊事炉

我国常见的生物质成型燃料纯气化炊事炉采用气化室分体设计，由气化发生器和燃烧器两部分组成。生物质成型燃料从填料口处进入气化发生器，在气化发生器内热解气化，利用空气中的氧与碳发生作用，转变为可燃性气体，之后较轻的燃气上行进入燃烧器二次燃烧产生热量。目前主流的生物质成型燃料炉多采用半气化燃烧。

炊事取暖炉原理上与炊事炉并无本质区别，只是在炊事炉的基础上加装了换热、蓄热和辐射装置，从而实现取暖功能。这种热能的分级利用，使得炊事取暖炉的综合热效率普遍超过 60%。

图 5-25 为在生物质成型燃料纯气化炊事炉上改进而成的一种集取暖、炊事、热水等功能于一体的生物质成型燃料炊事取暖炉。此炉依据生物质成型燃料炉具设计原则进行设计，所用燃料为玉米秸秆成型燃料。根据燃料燃烧特性选定燃烧方法为层燃，主要

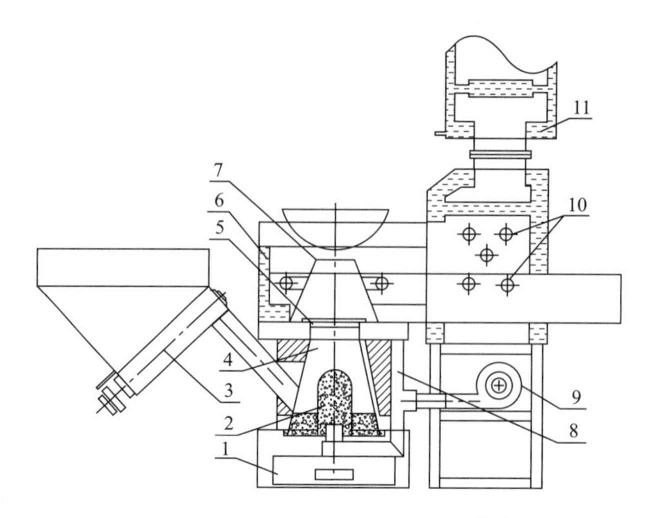


图 5-25 生物质成型燃料炊事取暖炉[59]

1—灰室；2—炉箅子组件；3—进料机构；4—炉膛；5—二次配风；
6—周向水箱；7—拔火筒；8—配风管；9—风机；
10—周向水管；11—水套

结构包括灰室、配风管、炉箅子组件、炉膛、拔火筒、周向水箱、水套、烟囱、进料机构等装置。

该炉具使用传统煤炉的炉型以符合农民炊事取暖习惯。灰室位于炉膛下部，炉箅子组件安装在灰室上面，风机安装在炉膛的右侧，之间通过炉体配风管连接，二次配风位于炉膛的正上方，炉门位于炉膛正前方，并开有自然通风道。进料装置通过进料口与炉膛以一定角度连接，拔火器安装在炉膛上方，可拆卸，炉体上部四周安装有水箱和吸热管，上出烟口位于炉体右上方，与水套相连。烟气通过拔火器，加热周向水箱和水管后，由上出烟口进入水套后排出，烟气也可通过加热水箱吸热管后由进炕烟口进入火炕。2 个烟气出口均设有开关，以实现烟气进入炕洞和进入生物质成型燃料炊事供暖炉出口之间的切换。炊事时采用加装拔火筒的方式拔高火苗的高度，以适应做饭的需要。炉体内设有周向水箱，水箱与内壁之间设有周向传热管道。在炉体上方出烟口处增设了环形水套，以利用非进炕烟气的余热。对该炉的性能测试显示，其额定热功率为 8.0kW，热效率为 69.7%，炊事热效率为 39.2%，综合热效率为 78.5%，烟气排放指标低于国家标准。

### 5.7.4 生物质固体成型燃料户用采暖炉

生物质成型燃料户用采暖炉取消了灶口，避免了敞口热损失，并采用反烧及多风口分级燃烧技术，使得生物质成型燃料燃烧更充分。多回程换热技术的采用，使得生物质成型燃料户用采暖炉有更高的热利用效率，其综合热效率可达 80%。

考虑到供暖效率，生物质成型燃料户用取暖炉的结构设计主要以生物质成型燃料的燃烧特性为基础。图 5-26 为一种典型的生物质成型燃料户用取暖炉，该炉主要由炉膛、

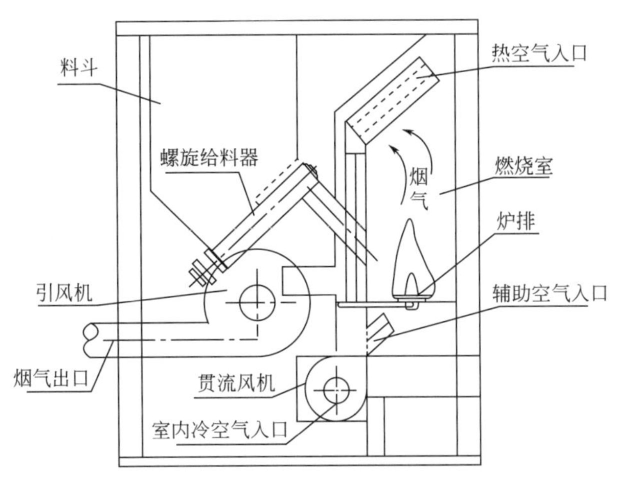


图 5-26　生物质成型燃料户用取暖炉[60]

炉排、辐射及对流换热面、点火器、引风机、贯流风机、料斗、螺旋给料器等组成。

生物质成型燃料户用取暖炉工作过程：启动生物质成型燃料户用取暖炉的开关，点火器开始工作，同时，螺旋给料器将料斗内的生物质成型燃料输送到燃烧室中的炉排上，贯流风机、引风机启动。经过一段时间，燃料开始着火并在炉排上燃烧。室外的助燃空气从燃烧室后侧的孔洞引入，产生的高温烟气经过换热器加热由贯流风机引入室内冷空气，最后烟气由引风机经排烟管道排到室外。产生的热空气从炉体的上部排出，当生物质成型燃料户用取暖炉运行一段时间时后，贯流风机、引风机的功率自动加大。

蓄热式取暖炉一般由预制板或完全由石块构成。当火焰熄灭后，炉灶仍能够长时间向室内空间释放热量。图 5-27 是一种蓄热式取暖炉，是基于下吸式燃烧原理设计的。首先，燃料在微过量空气系数条件下燃烧，然后与二次空气混合完全燃烧。炉膛由耐火黏土砖构成，炉膛内有两个排烟口，二次空气孔设在炉箅上。燃料在二次燃烧区域内完

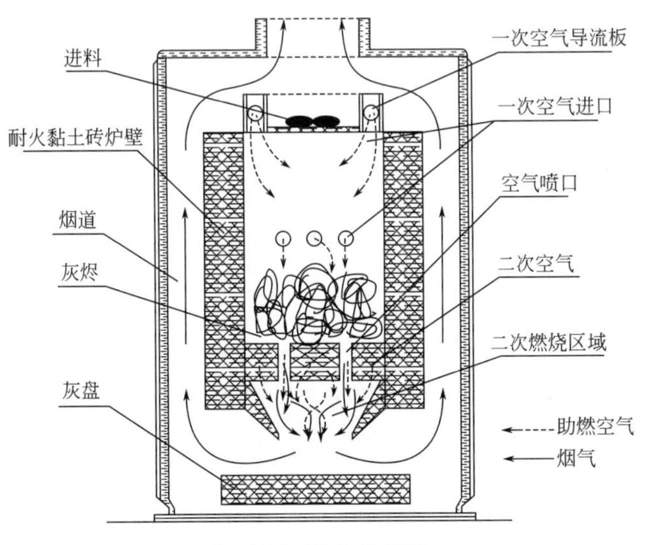


图 5-27　蓄热式取暖炉

全燃烧，然后烟道气从炉灶的底部向上流动，烟气将热量传递给热交换器后流进烟囱，加热设施充分利用了产生的大部分热量。

### 5.7.5 生物质固体成型燃料户用节能灶

在我国北方特别是东北地区，长期以来广大农村一直沿用着旧式灶与旧式炕。灶与炕常常是相连的，称炕连灶（图 5-28），而在西北某些地区，灶与炕是分置的。

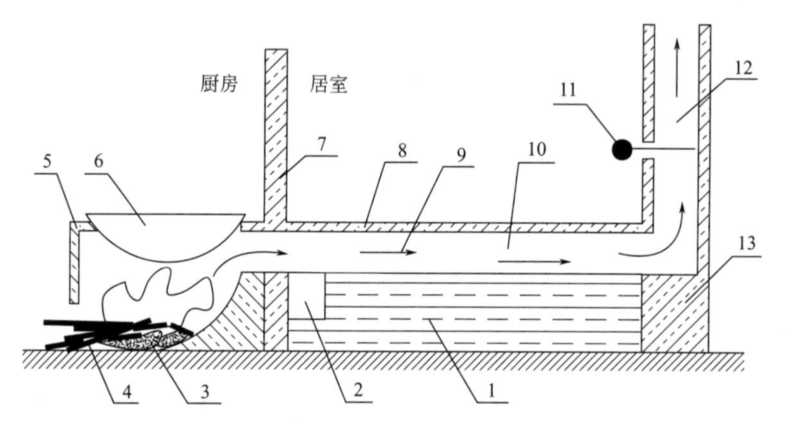


图 5-28 旧式炕连灶示意

1—炕体；2—落灰膛（有除灰门）；3—灰；4—秸秆；5—灶体；6—炊具；7—隔墙；8—炕面；9—烟气；10—炕洞；11—烟插板；12—烟囱；13—外墙

旧式柴灶所用的燃料是农作物秸秆、薪柴、草类和干畜粪等，在灶膛中（炊具下面的空间）燃烧。由于没有灶箅，供给的空气不充分，燃料常常不能彻底燃尽。灶门大，灶体保温性能差，炊具与燃料距离较远，高温烟气在灶膛内停留时间短，热能损失很大。旧式柴灶的炊事热效率是很低的，一般只有 12%左右。

旧式炕在东北地区常称为“火炕”，砌筑在居室内的地面上，又称“落地炕”（这是相对于下面所讲的“架空炕”而言）。炕多为土、砖、石结构，长度常与居室相当，宽度一般为 2m，炕洞有 4 条左右，深度一般为 40～50cm。高温烟气从柴灶出口经炕洞流入烟囱，炕面被加热，并将热量散入室内供用户采暖。炕的两个侧面通常紧贴围护墙，一侧是炕里面的窖下墙，另一侧（炕稍端）是靠近烟囱的外墙。

旧式炕的主要问题在于保温性能差，因而采暖热效率不高。烟气热量损失主要有四个方面：a. 通过炕里侧面墙（窖下墙）流失；b. 通过炕稍端墙侧面流失；c. 通过地面流失；d. 通过烟囱的烟气流失。考虑此 4 个方面热损失，旧式炕连灶的综合热效率一般为 45%左右[61]。

对旧式炕的改进是提高综合热效率的又一助力：一是改变炕洞形式（图 5-29），使烟气在炕洞中迂回流动；二是尽可能减少炕洞中支撑炕面的砖数量。通过改进，可增加从炕面向室内散发的热量，炕面上温度分布也趋于均匀。

在炕洞下方设回烟道，烟囱建在屋内，用两个烟插板控制由灶出来的烟气流向（图 5-29）。当炕面应向室内散热时（如室外气温较低需采暖时），烟气的流向如图 5-29 所示，增加烟气在坑洞中回旋的路线和时间，从而减少了烟囱流出的烟气带走的热量损失；而当不需炕面向室内散热时（如炎热的夏天），用插板阻截烟气，不让它进入炕洞，

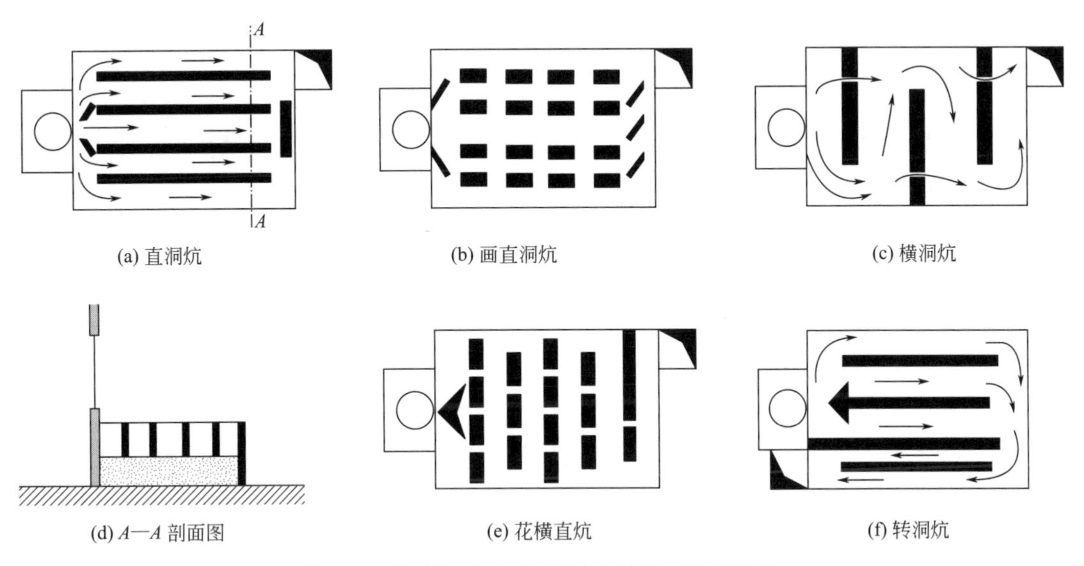


(a) 直洞炕　(b) 画直洞炕　(c) 横洞炕

(d) A—A 剖面图　(e) 花横直炕　(f) 转洞炕

图 5-29　旧式炕（落地炕）的炕洞改进示意（顶部）

由灶出来后直接从烟囱排走。

针对落地炕存在的问题，由辽宁、吉林等省份研究并推广了一种新型炕——架空炕（图 5-30）。

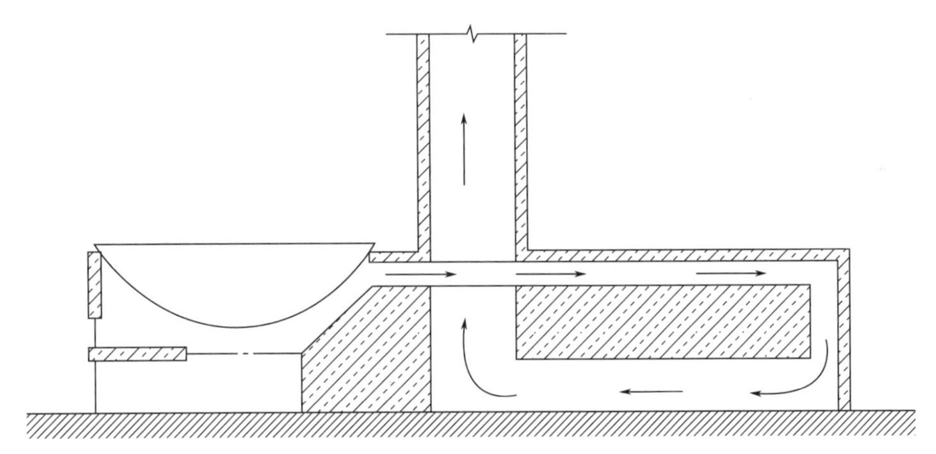

图 5-30　炕洞下方设回烟道示意[62]

此种炕不是坐落在室内的地面上，而是用砖垛架起来，其结构特点是：

① 炕像一个扁箱，中间用 4 垛砖将其从地面上支撑起来，炕面板与炕底板一般各用 9 块水泥预制板对接而成，炕面板与炕底板之间有 4 小垛面板支柱（通常用砖），取消了旧式炕的炕洞，代之的是一面宽大的空腔（基本是空的），由柴灶流向烟囱的烟气，在炕内受到的阻力很小，并且烟气与炕面板、炕底板充分接触（图 5-31）。

② 炕面板比灶面略高，进烟口沿烟气流动方向向上倾斜，有利于烟的流动。

③ 炕与维护墙接触的侧面，填加保温材料，减少了传热损失。

④ 炕面抹泥厚度不等，炕头厚，炕稍薄。

由于架空炕的炕面与炕底均能向室内散热，向维护墙侧面与地面的传热损失大大减

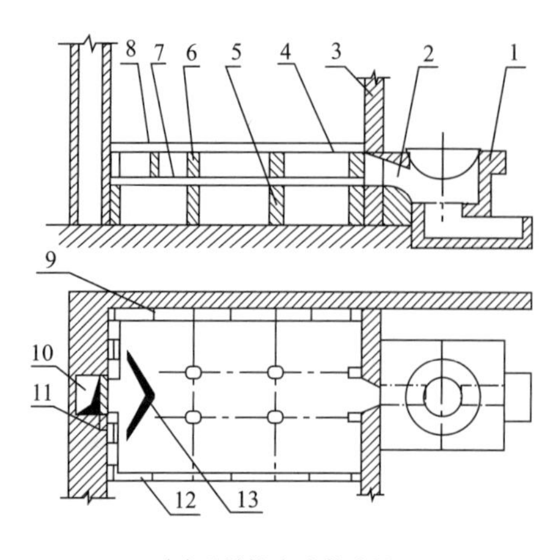


（a）预制组架空炕连灶

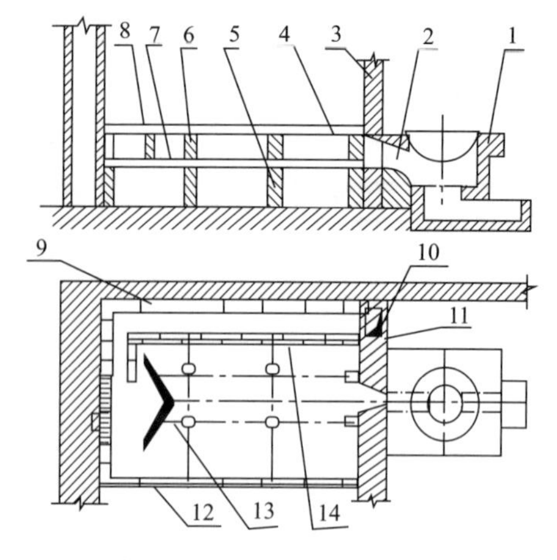


（b）预制组装洞式架空炕连灶

**图 5-31　架空炕结构示意**

1—灶；2—进烟口；3—隔墙；4—炕面板；5—底板支柱；6—面板支柱；
7—炕底板；8—抹面泥；9—保温层；10—烟囱；11—烟插板；
12—前炕墙；13—阻烟板；14—阻烟墙

少，烟气在炕内与炕面板和炕底板充分接触，降低了排烟温度，从而提高了炕的热效率。柴灶与架空炕相结合的炕连灶，综合热效率能提高至 70%左右。

## 5.7.6　生物质固体成型燃料户用技术及设备使用情况

（1）生物质成型燃料种类及经济性分析

通过文献［62］笔者调研了 600 户生物质成型燃料炉具使用农户：使用生物质成型燃料 76 户，占 12.70%；使用薪柴秸秆（含牛、羊粪）466 户，占 77.70%，使用煤炭 58 户，占 9.60%（图 5-32）。生物质成型燃料炊事采暖炉为冬季使用，日均使用 18h 以上；生物质成型燃料户用采暖炉主要在冬季使用，日均使用 8h 左右；单纯使用炊事功

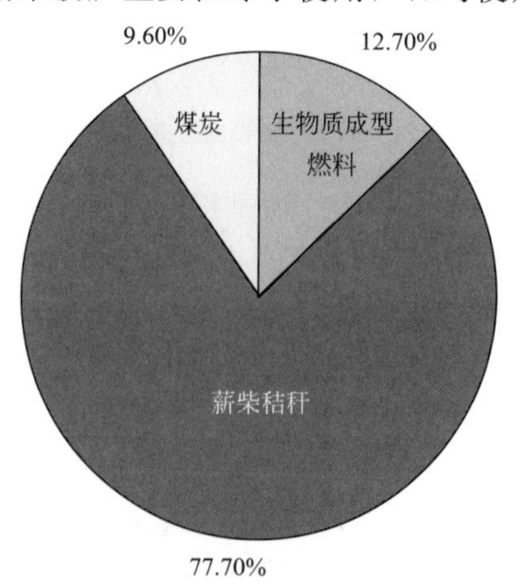


**图 5-32　生物质成型燃料炉具的燃料类型**

能，生物质成型燃料炊事炉日均使用2～3次，共2h左右。农户对生物质成型燃料炉具功能和使用效果满意的有474户，占79.0%；基本满意的有72户，占12.0%；不满意的有54户，占9.0%。以辽宁省某5口之家为例，冬季气温－20℃左右，13.2kW的生物质成型燃料炊事采暖炉能使面积80～100$m^2$的房间温度保持在15℃左右，24h需用生物质成型燃料6～8kg，在享受补贴后，每天的费用为3.6～4.8元。以湖南省桑植县某5口之家为例，生物质成型燃料炊事取暖炉单纯用于炊事时，午餐和晚餐分别用时40～50min，加上早餐，需要用生物质成型燃料2.5～3.0kg，在享受补贴后，每天的费用为1.5～1.8元。

南方省份使用薪柴秸秆为燃料的比例高于北方，薪柴秸秆需耗费劳动力收集，无需购买。使用生物质成型燃料的农户附近均建有生物质成型燃料加工企业，且享受项目资金补贴。使用煤炭的农户集中在北方省份，以河北省为例：按照低位热值4000～5000cal（1cal=4.1868kJ）的煤炭（800元/t），折算成1cal的费用0.16～0.20元；生物质成型燃料的热值为3500～4500cal，市场价格1000元/t，折算成1cal的费用0.22～0.28元。调研76户使用生物质成型燃料的农户购买燃料的价格为600～700元/t，生物质成型燃料的企业享受了项目资金300～400元/t的补贴后，生物质成型燃料的成本与煤炭持平或略低。

（2）生物质成型燃料户用技术及设备存在的问题

① 部分生物质成型燃料炉具存在设计缺陷，产品质量良莠不齐　部分生物质成型燃料炉具设计不合理，存在设计缺陷和质量问题。例如：在河北省发现部分生物质成型燃料炉具炉体周围和烟道底部温度较高，无防护措施易烫伤小孩，存在安全隐患；四川省凉山州省级项目"彝家新寨"所采购的生物质成型燃料炉具无防锈措施，锈蚀严重，挡火圈和烟道设计不合理，挡火圈未开口，烟道的烟尘难以排除。

② 农户使用方法不当，使用效率大打折扣　生物质成型燃料炉具大部分为节能减排、环保高效炉具，设计有缺氧燃烧过程。部分农户在使用过程中，炉门未关闭，放置较长的木棒进炉膛，木棒的一端露在炉门外，无缺氧燃烧过程，火力强度和效率都未达到设计标准，节能减排、环保高效的设计理念未能体现。

③ 部分生物质炉具未使用生物质成型燃料，环保理念未体现　通过文献[63]使用煤炭58户，占9.6%；炉具均设计以生物质为燃料，部分农户因生物质燃料短缺、收集不便或价格因素而使用煤炭，生物质成型燃料炉具节能环保的设计理念未能体现。

④ 部分地区燃料短缺，生物质成型燃料炉具使用率有待提高随城镇化进程推进，农村劳动力短缺，生物质收集存在一定困难，而商品化燃料（生物质成型燃料）发展滞后。使用生物质成型燃料的农户仅有76户，占12.7%，年均使用天数小于30天有68户，占11.3%，生物质成型燃料炉具使用率有待提高。

⑤ 生物质成型燃料炉具标准体系不完善，严重制约生物质炉具的发展　目前生物质成型燃料炉具有能源行业标准，尚无国家标准和农业行业标准，且能源行业标准只有生物质成型燃料炊事采暖炉和生物质成型燃料采暖炉相关的标准，无单纯炊事炉相关的标准，调研的企业反映已开发上市的生物质成型燃料中餐猛火炉、食堂用生物质成型燃料炉和生物质成型燃料锅炉无行业标准和国家标准。生物质成型燃料炉具的标准体系

不完善，严重制约了生物质成型燃料炉具行业的发展。

# 5.8 生物质固体成型燃料用于炭基缓释肥料技术及设备

缓释肥料是通过养分的化学复合或物理作用，使其对作物的有效态养分随着时间而缓慢释放的化学肥料，主要指施入土壤后转变为植物有效养分的速度比普通肥料缓慢的肥料。与传统化肥相比，具有肥料用量少、利用率高、施用方便、省工安全和增产增收等特点。

生物质成型燃料炭基缓释肥料是以生物质炭为基质的缓释肥料，其基质生物质炭具有生产成本低、制备工艺简单、材料来源广泛的特点（图 5-33）。目前，生物质成型燃料用于炭基缓释肥料技术根据炭基缓释肥料产品是否具有膜，分为包膜类生物质炭基缓释肥料和非包膜类生物质炭基缓释肥料。

图 5-33　生物质成型燃料炭基缓释肥料

## 5.8.1 生物质固体成型燃料用于炭基缓释肥料的可行性及意义

目前，我国农用化学肥料平均施用量已高达 434.3kg/hm$^2$，是国际公认施用量安全上限的近 2 倍，但我国化学肥料的平均利用率仅有 40%左右。农业生产过程中严重依赖化肥危害十分巨大，不仅会污染水资源与土壤，而且会造成大量资源与能源的浪费。化学肥料施用问题已经成为制约我国农业发展的一个相当严重的问题，不仅对经济造成了巨大损失，而且还加剧了河流、湖泊的水体富营养化和世界范围内温室气体排放量的增大。所以提高化学肥料的利用率、减轻化学肥料对环境的污染问题、高效农业和可持续发展已经成为人们关注的热点。化学肥料利用率提高的方式和改善施肥的方式不同，可以根据土壤的不同、气候的差异以及作物的不同特性而采用不同的施肥方式、施肥时间和施肥量等，如测土配方施肥等，这些施肥技术已经达到了广泛应用，并对提高肥料的利用率起到了良好的作用。研制缓释肥料，实现肥料养分释放的调控与农作物生长所需养分的匹配是新型肥料研制的方向，缓释肥料已经广泛推广，并对提高肥料利用率起到了一定的效果。由于生物质炭具有较大的比表面积和复杂的空隙结构，能够有效地吸附化学肥料，其制备的缓释肥料具有良好的缓释性能。以生物质炭为载体，分别采用简单掺混、固液吸附和化学反应工艺将生物质炭与硝酸萘进行复合，制备了三种炭基氮肥，其制备的生物质炭基肥料具有较好的控释效果[64]。利用生物质炭作为肥料的包裹材料制备了三种不同厚度的生物质炭基包裹型缓释肥料，发现制备肥料的缓释效果随包裹厚度的增大而增强[65]。利用生物质炭作为缓释肥料的基质已经成为制备缓释肥的有效方法。

生物质炭是将农作物秸秆、木屑等生物质原料在限制或隔绝氧气的环境条件下，经热解得到的固体产物。利用农作物秸秆等废弃物制备而成的生物质炭由于灰分含量较高，在工业领域的应用会受到一定限制，而在农业领域却可以广泛应用。相关研究表明：利用生物质炭与化学肥料混合或复合制备炭基肥料，施入农田后能够增大土壤的田间持水量、增强土壤团聚体的稳定性、增强土壤吸热能力、改善酸性土壤 pH 值、增大土壤阳离子交换量、增强部分土壤微生物活性和促进代谢、促进部分农作物生长和增加其产量。目前生物质炭农用的相关研究中，大多数研究者将研究方向与重点放在生物质炭与基础肥料混合施入土壤进行的农田实验，对生物质炭基肥料并没有进行成型试验，这样造成生物质在运输、储藏、施用等方面受限，无法大面积推广使用。将农作物秸秆通过热解制备成生物质炭，利用生物质炭的吸附性能，将生物质炭与化学肥料复合制备成生物质炭基肥料，能有效地解决其在运输、储藏、施用等方面的问题。

### 5.8.2 生物质固体成型燃料炭基缓释肥料技术

生物质成型燃料用于炭基缓释肥料包膜类技术主要有两种：一是先将生物质原料进行炭化，再将缓释肥料组分均匀搅拌，融入滚筒造粒机制得缓释肥料；二是先将生物质原料进行粉碎，再压制成生物质成型燃料颗粒并炭化，再将生物质成型燃料颗粒、其他包覆原料均匀混合得包覆料，在包覆料中加入核心颗粒，制得缓释肥料。包膜类缓释肥料所采用的包膜材料多来源于高分子材料，因其技术含量高，生产工艺复杂，工艺设备要求相对较高，一般只在附加值高的经济作物中使用，被称为“贵族肥料”，难以大面积推广。

(1) 缓释肥料包膜材料

目前缓释肥料包膜材料主要有 2 种（表 5-17)：有机包膜材料和无机包膜材料[65,66]。

**表 5-17　缓释肥料包膜材料**

| 包膜材料 | 种类 |
| --- | --- |
| 有机包膜材料 | 硫黄、钙镁磷肥、沸石、石膏、硅藻土、金属磷酸盐(磷酸铵镁)、硅粉、金属盐、滑石粉、玻璃体 |
| 无机包膜材料 | (1)天然高分子:天然橡胶、阿拉伯胶、明胶、海藻酸钠、纤维素、木质素、淀粉<br>(2)合成高分子:聚乙烯、聚氯乙烯、聚丙烯、聚乙烯醇、聚丙烯酰胺、脲醛树脂<br>(3)半合成高分子:甲基纤维素钠、乙基纤维素 |

(2) 缓释肥料的制造工艺

目前缓释包膜材料主要有 2 种：无机包膜物质和有机包膜物质。国内缓释肥料的制造工艺主要包括挤压法、团粒法、料浆法、熔体造粒法等[67]。挤压法是指固体原料在外部压力下进行团聚的干法造粒过程。在高压下原料粒子紧密靠近从而引起静电力、分子力、价力等，使粒子紧密结合[68]。团粒法是指在一定细度的基础肥料基础上，借助盐类自身溶解产生的液相以及水或蒸汽对颗粒表面进行润湿，通过机械搅动作用促使粒子不断运动，原料间相互挤压、碰撞、滚动使其紧密团聚黏附成粒的制造工艺[69]。料浆法是指在造粒原料的颗粒表面上喷涂料浆薄膜，随后通过加热等方式干燥这层薄膜，反复涂布和干燥，最终形成颗粒肥料的制造方法[70]。熔体造粒法是指利用尿素和氯化钾等反应生成低共熔点化合物，生成具有流动性的共熔体料浆，再使得到的料浆通过喷头喷入空气中，最终料浆经冷却固化成颗粒肥料产品，或是将这种料浆喷入机械造粒机中的返料粒子上，形成符合要求的颗粒状尿基复混肥料产品[71,72]。

1) 挤压法

挤压造粒是固体原料依靠外部压力进行团聚的干法造粒过程。原料在高压下粒子紧密靠近而引起的分子力、静电力、价力使粒子紧密结合。原料的性质如脆性、硬度、密度、磨损、腐蚀性、水分、温度、肥料粒子形状、颗粒分布、流动性等对挤压造粒影响较大。主要工艺流程如图 5-34 所示。

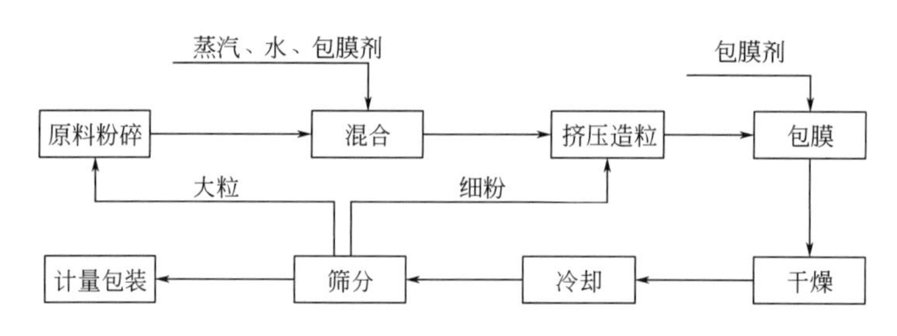


图 5-34 挤压法主要工艺流程

2) 团粒法

团粒法是在一定细度的基础肥料基础上，借助盐类自身溶解产生的液相以及水或蒸汽把颗粒表面润湿，在适宜的条件下，通过机械搅动促使粒子不断运动，原料间相互碰撞、挤压、滚动使其紧密并团聚黏附成粒。

主要工艺流程如图 5-35 所示。

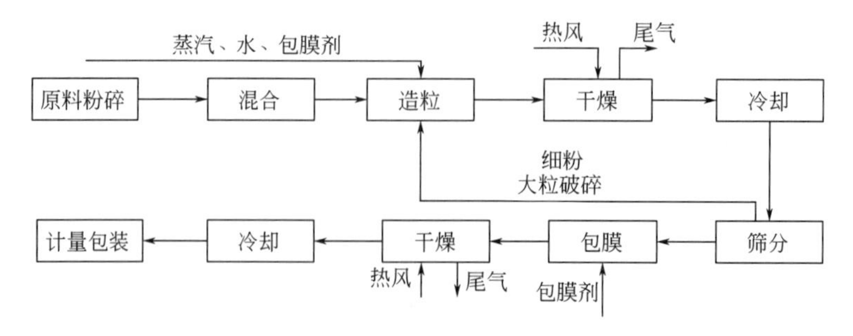


图 5-35 团粒法主要工艺流程

3）料浆法

料浆法生产工艺技术是在造粒原料的颗粒表面上喷涂一层适宜含水量的料浆薄膜，然后使这层薄膜干燥，不断地涂布和干燥使颗粒增大，形成坚硬而能自由流动，化学组成均匀的颗粒肥料。随着新工艺管道反应器的开发及应用，返料比大幅度下降，经济效益可观。目前该方法已得到了广泛应用，造粒装置相继在东方、红日、郴州、鲁西、绿源等化工厂投产。

料浆法制造的缓释肥通常是由多种基础肥料加工而成的。根据基础肥料的物理化学性质及各种缓释肥生产工艺，通常磷素原料（磷酸一铵、磷酸二铵或两者的混合物）或氮素原料（尿素或硝铵）以料浆形式加入造粒系统，钾素原料（氯化钾、硫酸钾）以固体形式加入返料系统。上海化工研究院已于 1998 年成功开发了硝铵溶液-磷铵-氯化钾体系造粒成套工程技术，1999 年又成功开发了尿素溶液-磷铵-氯化钾体系造粒成套工程技术，并实现了工业化。

料浆法工艺流程如图 5-36 所示。

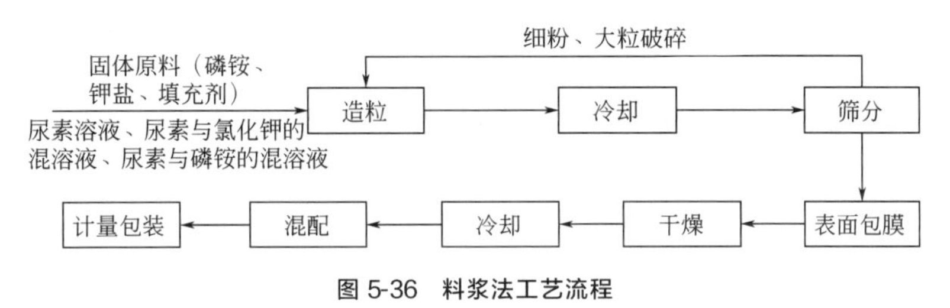


**图 5-36　料浆法工艺流程**

4）熔体造粒法

熔体造粒法是利用具有较大溶解度和较低熔点的熔融尿素与磷铵或氯化钾反应生成低共熔点且含水量很低的合成化合物，将粉状磷铵和氯化钾预热后加入熔融尿素中，生成含有固体悬浮物且具有流动性的氮磷钾共熔体料浆，再使其通过喷头喷入空气或熔体料浆不溶解的液体中，经空气或矿物油冷却固化成养分分布均匀的球状颗粒产品，或者是这种共熔体料浆喷入机械造粒机内的返料粒子上，使之在细小的粒子表面涂布或黏结成符合要求的颗粒尿基复混肥产品。

熔体造粒法工艺流程如图 5-37 所示。

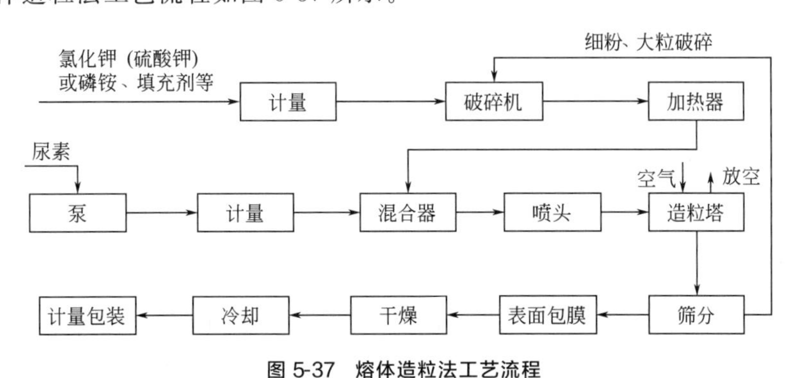


**图 5-37　熔体造粒法工艺流程**

（3）缓释肥料造粒工艺优缺点比较

虽然造粒方法很多，但各种造粒方法适用范围不一。从各缓释肥料造粒工艺的优缺点比较（表5-18）看出：挤压法设备要求低，操作简单，易实现自动化生产，可用于规模化生产，但该法的生产过程主要是对物料进行挤压，对设备的破坏较大，需要对设备经常进行维护；团粒法是目前国内主要的造粒方法，该工艺技术简单成熟，易操作，对原料适应性强，产品规格容易调整，可使用各种基础肥料造粒生产不同养分浓度的缓释肥料，装置通用性强，不受原料限制，但该法设备投资大，造出的肥料颗粒外形不规则，强度较差，生产过程中的返料率较高；料浆法是用低含水量的尿素（或硝铵）溶液造粒，既有利于整个生产装置的平衡，又在造粒过程中依赖所释放出的结晶热，不仅提高了造粒温度，还降低了造粒机的蒸汽加入量和干燥负荷，克服了传统团粒法工艺生产缓释肥料的难点，提高了产量和产品品质，降低了能耗，但该法生产设备和生产条件要求严格，颗粒大小调节范围较窄，不适合于较大颗粒的缓释肥料生产；熔体造粒法直接利用尿素，大大简化了生产流程，且造的颗粒表面光滑，不易结块，对环境的危害小，属于环境友好型造粒工艺，但该法投资较大，技术要求较高，对于小规模生产来说有一定的局限性。

**表5-18 各缓释肥料造粒工艺优缺点比较**

| 项目 | 优点 | 缺点 |
| --- | --- | --- |
| 挤压法 | (1)无需干燥和冷却,节省投资和能耗;<br>(2)腐蚀性小,设备选用一般材料,造价较低;<br>(3)能生产高浓度缓释肥料;<br>(4)挤压造粒操作简单,易实现生产自动化 | (1)生产连续性不强,劳动强度较大;<br>(2)挤压造粒机的生产能力受到限制;<br>(3)生产过程中原料对挤压造粒机的磨损较严重,设备维护要求高 |
| 团粒法 | (1)技术成熟,质量可靠;<br>(2)调整范围较宽,可生产低、中、高浓度产品;<br>(3)操作直观、简单,有一定的产量规模 | (1)工作环境差,劳动强度大,机械操作故障多;<br>(2)外观形状不规则,设备投资大 |
| 料浆法 | (1)直接利用二段蒸发尿素,生产成本低;<br>(2)无“三废”排放,环境效益好;<br>(3)强度高,外观质量改善,适合机械化施肥 | (1)设备材料要求高,投资大;<br>(2)技术性强,生产条件要求严;<br>(3)操作弹性小,产品颗粒大小范围窄 |
| 熔体造粒法 | (1)直接利用尿素,大大简化了生产流程;<br>(2)原料水分含量很低,省去了部分干燥过程;<br>(3)合格成品颗粒百分含量高;<br>(4)颗粒表面光滑、圆润,不易结块;操作环境好,无“三废”排放 | (1)产品种类受限,溶液流动性较好;<br>(2)产品颗粒大小调节范围较窄;<br>(3)温度、混合时间、配比、颗粒大小的控制要求比较严格;<br>(4)造粒塔高度有要求,投资较大 |

（4）缓释肥料制备存在的问题及解决的方法

由于缓释材料生产工艺的复杂和价格较高，致使缓释肥料价格居高不下，而且目前市场上大多聚合物包膜材料都是用化学方法合成的不可降解的高分子聚合物，随着现代农业对缓释肥料需求量的增多，缓释肥料释放殆尽以后，残留在土壤中的包膜材料不易降解，容易对土壤结构造成破坏，连年施用将对土壤造成污染[73]。综合目前的研究现状，可以看到目前缓释肥料研究的一个重点方向是研制缓释效果好、成本低、制备工艺简单、环境友好型的新型包膜肥料，为了降低缓释肥料的价格，高效、廉价、环境友好的包膜材料则是关键，可以说缓释肥料未来的发展方向集中在包膜材料的选择上。具体如下所述。

1）缓释肥料的价格高

与普通肥料相比，缓释肥料的价格较高，究其原因主要为包膜材料较贵以及制造工艺流程复杂。要将缓释肥料广泛用于田间生产，还需要进一步优化包膜材料，进一步改良工艺流程。

2）缓释肥料释放速率与农作物同步吸收的问题

尽管目前市场上有很多种类的缓释肥料，但大多数缓释肥料不能够和作物生长周期一致，导致肥料利用率低。尽管很多科研人员在研究缓释肥料的养分释放原理，但真正把释放机理和作物吸收的特性相互联系到一起的研究还较少。当然，这也为以后的研究提供了方向，将释放机理和作物吸收特性相联系，研制适于专一作物的专一型缓释肥料是以后缓释肥料的发展方向。

3）工业化生产问题

缓释肥料生产工艺较复杂，关键设备和工艺配套的研究相对薄弱，养分控制要求比较高，产业化研究与开发相对滞后。改良工艺流程，设置出更经济、更适用的机器设备，是解决工业化生产的途径。

4）缓释肥料养分元素单一

目前缓释肥料主要侧重氮素养分，对磷、钾等养分的控释研究较少。研发和制造含有磷、钾的缓释肥料，实现大量元素缓释肥料的包膜化，是今后缓释肥料发展的新方向。

5）缓释肥料促释和缓释双向调节

目前的缓释肥料主要立足于抑制养分释放，未能做到促释和缓释双向调节。因此，急需开发一种根据平衡施肥理论、用一定的方法和手段生产出能够调节养分促释和缓释相结合的缓释肥料。

6）农民对缓释肥料的认知度较低

农民对缓释肥料的认知度较低，政府示范推广和宣传的力度不够。加大宣传力度，扩大缓释肥料在广大农民群众中的影响，是实现缓释肥料普遍化的重要途径。

### 5.8.3　生物质固体成型燃料炭基缓释肥料对土壤的改良作用

（1）对土壤物理性质的改良作用

生物质成型燃料炭基缓释肥料（以下简称“生物质炭”）施入土壤中，由于其具有较大的比表面积和复杂的孔隙结构、较低的容重，可改变土壤的物理性质，生物质成型燃料炭基缓释肥料对土壤物理性质的改良作用主要表现为其对土壤持水量、土壤团聚体等的影响。

土壤持水量是指某种状态的土壤抵抗重力所能吸持的最大水量。土壤颗粒的物理化学性质特别是颗粒大小、结构和有机质含量都与此数值有关。自然状态下的土壤持水量称为田间持水量，是决定植物有效水的上限值。针对黑土的研究表明：无生物质炭基缓释肥料比附近富含大量生物质成型燃料炭基缓释肥料的土壤田间持水量土壤低15%以上。生物质炭基缓释肥料对土壤持水量的影响效果与土壤类型、施用量多少、生物质炭的种类和在土壤中的停留时间相关。生物质炭能够有效地增大黏性土壤的通透性，提高黏性土壤的田间持水量，但对轻质土壤反而会降低其通透性，抑制水分渗入土壤，降低其田间持水量。在一定土壤吸水能力的情况下，生物质炭能够有效地提高土壤的田间持水性，随着施用量增加而增大，但生物质炭超过一定的施用量反而使土壤的田间持水量降低[74]。含有亲水基团多的生物质炭对土壤的持水性能影响大于亲水基团少的生物质炭，生物质炭在土壤中的氧化[75]作用使其亲水基团增多，亲水性能随之增强，持水能力也逐渐升高。生物质炭能够有效地为土壤微生物提供持续碳源，从而提高土壤微生物的活性，使微生物多糖分泌增多及对土壤矿物的分解增强，提高了土壤稳定性团聚体形成的能力[76]。同时，由于热解制备的生物质炭的容重较低、一般无黏性，使得生物质炭能够有效地降低硬质土壤的硬度与容重。

（2）对土壤化学性质的改良作用

土壤的化学性质和化学过程是影响土壤肥力水平的重要因素。除土壤酸度和氧化还原性对植物生长产生直接影响外，土壤化学性质主要是通过对土壤结构状况和养分状况的干预间接影响植物生长。生物质炭施入土壤中，由于其灰分和吸附能力改变土壤的化学性质，对土壤的化学作用主要表现在其对土壤酸碱度、土壤阳离子交换量、土壤养分等方面的影响。

土壤酸碱度是土壤溶液的酸碱反应造成的，主要取决于土壤溶液中氢离子的浓度。土壤酸碱度直接影响农作物对土壤中养分的吸收利用。生物质炭的 pH 值一般大于 7，施入土壤可改变土壤的 pH 值，主要是因为其灰分中含有较多的可溶性无机养分，这些无机养分能够有效地使土壤中的离子饱和度提高，从而使土壤的 pH 值升高[77]。在酸性土壤施加一定量的富含钙离子的生物质炭能够有效地提高土壤的 pH 值，从而改良土壤的酸碱性，但对碱性土壤改良作用并不显著。高温热解的生物质炭相对于低温热解的生物质炭往往具有更少的挥发分和更多的灰分，高温热解的生物质炭的 pH 值高于低温热解的生物质炭。当施加到土壤中的时候，高温热解的生物质炭提高土壤 pH 值的能力比低温热解的生物质炭的效果更加明显。

土壤阳离子交换量是指土壤胶体所能吸附各种阳离子的总量，土壤阳离子交换量会影响土壤缓冲能力，也是评价土壤保肥能力、改良土壤和合理施肥的重要依据。生物质炭在土壤中停留的时间越长，对土壤阳离子交换量的影响越明显。此外，相关研究表明生物质炭对盐碱土也具有良好的改善效果，可使盐碱土中水溶性养分含量降低明显[77]。

（3）对土壤微生物的改良作用

土壤微生物是生活在土壤中的细菌、真菌、放线菌、藻类的总称。其种类和数量随成土环境及其土层深度的不同而变化。它们在土壤中进行氧化、硝化、氨化、固氮、硫化等过程，促进土壤有机质的分解和养分的转化。生物质炭对土壤微生物的影响机制是复杂的，影响土壤中微生物群落生长情况的主要因素是土壤养分含量和碳源供给。生物质炭的施用带入大量的无机营养元素和有机物，促进微生物群落的生长。生物质炭中含有一定量的易分解有机化合物，土壤微生物可以将其作为碳源，能够提高土壤微生物的生物量和活性，生物质炭具有复杂的孔隙结构，能够作为微生物及其有效养分的载体。生物质炭对土壤中微生物活性的影响与生物质炭热解温度有关，低温制备的生物质炭含较多的挥发分，挥发分一般为易分解的有机物，可作为微生物易解碳源，有利于土壤中微生物的生长，这是生物质炭能够提高微生物生物量、活性的主要原因。生物质炭能够为土壤微生物提供有效地碳源和生存载体，能够有效地改变土壤微生物生存环境，从而影响土壤中微生物的种群。将生物质炭施入大豆根际土壤中，发现其对细菌数量有促进作用，同时细菌与真菌数量比例升高，进而土壤向“细菌型”发展。细菌型的土壤被认为是土壤肥力提高的标志之一。伴随着生物质炭施用量增大，微生物的基础呼吸情况、菌落生长情况及微生物活性随生物质炭的施用量呈线性增长。生物质炭能够在一定时间范围内促进真菌生长，真菌在其表面及孔隙内生长菌丝，有利于真菌摄取营养元素和吸取水分，有助于真菌的孢子萌发和生长。此外，生物质炭施加到土壤中能够释放一定量的乙烯，从而影响土壤微生物的活性。

## 参考文献

[1] 杨高峰，杨富营，叶玉莹，等. 生物质致密燃料燃烧设备主要设计参数的试验确定［J］. 河南农业大学学报，2006，40（3）：329-332.

[2] 袁超，张明，秦立臣，等. 秸秆成型燃料锅炉的热损失试验及分析［J］. 河南农业大学学报，2005，39（3）：345-348.

[3] 赵迎芳. 新型生物质成型燃料热水锅炉的设计与研究［D］. 郑州：河南农业大学，2007.

[4] 张雪元，雷振天. 中国生物质能源概况［J］. 生物质化学工程，1997（4）：20-22.

[5] 马孝琴，李刚. 小型燃煤锅炉改造成秸秆成型燃料锅炉的前景分析［J］. 可再生能源，2001（5）：20-22.

[6] 张永照，刘全胜. 废弃物燃烧特性的试验研究及废料锅炉的设计［J］. 动力工程学报，1994（1）：7-12.

[7] 李保谦，马孝琴，张百良，等. 秸秆成型与燃烧技术的产业化分析［J］. 河南农业大学学报，2001，35（1）：78-80.

[8] 王方，韩觉民. 生物质工业型煤的性能及成型机［C］//中国动力工程学会锅炉燃烧技术学术会议. 1996：26-28.

[9] 徐康富，龙兴. 浅谈生物质型煤利用生物质能的意义及环保效益［J］. 能源研究与利用，1996（3）：3-6.

[10] 王方. 开发工业炉窑燃用的生物质工业型煤［C］//全国工业炉学术会议. 1997.

[11] 王俊芳. 生物质秸秆露天焚烧污染物排放特性及排放规模研究［D］. 杭州：浙江大学，2017.

[12] 刘圣勇，张百良，张全国，等. 玉米秸秆成型燃料锅炉的设计与试验研究［J］. 热科学与技术，2003，2（2）：173-177.

[13] 刘圣勇. 生物质（秸秆）成型燃料燃烧设备研制及试验研究［D］. 郑州：河南农业大学，2004.

[14] 宋良贵. 锅炉计算手册［M］. 沈阳：辽宁科学技术出版社，1995.

[15] 洪静，张文胜，张卫忠. 燃煤锅炉运行热效率的估算［J］. 区域供热，2003（5）：34-36.

[16] Babcock & Wilcox Company. Steam，Its Generation and Use［M］. Charleston: Nabu Press，2005：355-377.

[17] 林宗虎 徐通模. 实用锅炉手册［M］. 北京：化学工业出版社，2004.

[18] Feng J. Coal combustion：Science and technology of industrial and utility applications［M］// Coal combustion：science and technology of industrial and utility applications. Hemisphere Pub. Corp. 1988.

[19] 王皓，宋平. 工业锅炉房鼓、引风机的选择与计算［J］. 工程建设与设计，2013（7）：86-88.

[20] 李燕东. 集中供热式生物质气化锅炉的设计及理论研究［D］. 哈尔滨：东北林业大学，2010.

[21] 李军. 锅炉辅助设备［M］. 西安：西安交通大学出版社，1995.

[22] 同济大学. 锅炉及锅炉房设备［M］. 北京：中国建筑工业出版社，1986.

[23] 锅炉房实用设计手册编写组. 锅炉房实用设计手册［M］. 北京：机械工业出版社，2001.

[24] 陈立勋，曹子栋. 锅炉本体布置及计算［M］. 西安：西安交通大学出版社，1990.

[25] 李之光，李柏生. 新型锅壳锅炉原理与设计［M］. 北京：中国标准出版社，2008.

[26] 何建坤. 中国能源革命与低碳发展的战略选择［J］. 武汉大学学报（哲学社会科学版），2015，68（1）：5-12.

[27] 李伟莉. 生物质成型燃料热风采暖炉的设计与试验［D］. 郑州：河南农业大学，2005.

[28] 刘晓飞. 生物质固体成型燃料燃烧设备开发利用的战略研究［J］. 农业开发与装备，2016（2）：93-93.
[29] 姚炜. 上吸式生物质气化炉的设计，试验和模拟［D］. 合肥：合肥工业大学，2006.
[30] 吴创之，徐冰. 固体生物质气化动力学试验研究［J］. 太阳能学报，1991（2）：121-129.
[31] 赖艳华，吕明新，马春元，等. 秸秆类生物质热解特性及其动力学研究［J］. 太阳能学报，2002，23（2）：203-206.
[32] 周劲松，赵辉，曹小伟，等. 生物质气流床气化制取合成气的试验研究［J］. 太阳能学报，2008，29（11）：1406-1413.
[33] Zainal Z A，Rifau A，Quadir G A，et al. Experimental investigation of a downdraft biomass gasifier［J］. Biomass & Bioenergy，2002，23（4）：283-289.
[34] Mansaray K G，Ghaly A E，Al-Taweel A M，et al. Air gasification of rice husk in a dual distributor type fluidized bed gasifier［J］. Biomass & Bioenergy，1999，17（4）：315-332.
[35] Garcia L，Benedicto A，Romeo E，et al. Hydrogen Production by Steam Gasification of Biomass Using Ni－Al Coprecipitated Catalysts Promoted with Magnesium［J］. Energy & Fuels，2002，16（5）：1222-1230.
[36] Qin Y H，Feng J，Li W Y. Formation of tar and its characterization during air－steam gasification of sawdust in a fluidized bed reactor［J］. Fuel，2010，89（7）：1344-1347.
[37] Lv P M，Xiong Z H，Chang J，et al. An experimental study on biomass air-steam gasification in a fluidized bed.［J］. Bioresource Technology，2004，95（1）：95-101.
[38] 杨建蒙，孙学峰. 生物质鼓泡流化床气化特性的空气当量比影响分析［J］. 应用能源技术，2009（7）：1-4.
[39] Chaudhari S T，And A K D，Bakhshi N N. Production of Hydrogen and/or Syngas（$H_2$+CO）via Steam Gasification of Biomass-Derived Chars［J］. Energy & Fuels，2003，17（4）：1062-1067.
[40] Kumabe K，Hanaoka T，Fujimoto S，et al. Co-gasification of woody biomass and coal with air and steam［J］. Fuel，2007，86（5-6）：684-689.
[41] 王立群，张俊如，朱华东，等. 在流化床气化炉中生物质与煤共气化的研究（Ⅰ）以空气-水蒸汽为气化剂生产低热值燃气［J］. 太阳能学报，2008，29（2）：246-251.
[42] 吕鹏梅，熊祖鸿，王铁军，等. 生物质流化床气化制取富氢燃气的研究［J］. 太阳能学报，2003，24（6）：758-764.
[43] 吕鹏梅，常杰，熊祖鸿，等. 生物质在流化床中的空气-水蒸气气化研究［J］. 燃料化学学报，2003，31（4）：305-310.
[44] 罗思义，肖波，胡智泉，等. 粒径对生物质催化气化特性的影响［J］. 华中科技大学学报（自然科学版），2009（9）：122-125.
[45] Rapagnà S，Latif A. Steam Gasification of almond shells in fluidized-bed reactor：effect of temperature and particle size on product yield and distribution［J］. Biomass & Bioenergy，1997，106（106）：251-256.
[46] 陈鸿伟，王晋权，庞永梅，等. 玉米秸秆催化热解试验研究［J］. 可再生能源，2007，25（5）：19-22.
[47] 陈冠益，李强，Spliethoff H，等. 生物质热解气化制取氢气［J］. 太阳能学报，2004，25（6）：776-781.
[48] Guo S，Peng J，Li W，et al. Effects of $CO_2$ activation on porous structures of coconut shell-based activated carbons［J］. Applied Surface Science，2009，255（20）：8443-8449.
[49] 方进. 上吸式生物质气化炉设计与实验研究［D］. 芜湖：安徽工程大学，2012.
[50] 刘原. 下吸式生物质气化炉系统设计［D］. 北京：北京工业大学，2015.

[51] 刘运权，臧云浩，王夺等. 一种多级下吸式生物质气化炉：，CN103232859A [P]. 2013.
[52] 宋秋，任永志，孙波. 生物质气化炉设计要点 [J]. 节能与环保，2002 (2)：49-51.
[53] 张伟豪，陈晓夫，刘晓英，等. 中国生物质炉灶技术和应用进展 [J]. 化工进展，2009，28 (S1)：516-520.
[54] 刘和成，生物质成型燃料在民用生物质炉中燃烧的实验研究与数值模拟 [D]. 天津：天津大学，2009.
[55] 冉毅，王超，刘庆玉，等. 农村户用生物质炉具使用现状、问题及对策 [J]. 农业工程技术 · 新能源产业，2014，(2)：20-23.
[56] 舒伟，高效生物质成型燃料炊事炉的设计与实验 [D]. 郑州：河南农业大学，2007.
[57] 周伯瑜，生物质户用炊事炉具技术研究 [J]. 农业工程技术（新能源产业），2009 (8)：20-23.
[58] 李英俊，杨源锜，炉灶一体式民用生物质炊事炉的设计与性能测试 [J]. 可再生能源，2011. 29 (6)：153-155.
[59] 谭文英，王述洋，左光鑫，等，生物质燃料多功能炉设计与性能测试 [J]. 农业工程学报，2013. 29 (15)：10-17.
[60] 黄波，生物质成型燃料应用于取暖炉的燃烧特性实验研究 [D]. 长沙：中南大学，2011.
[61] 刘敏敏，生物质成型燃料炊事炉灶的设计与研究 [D]. 哈尔滨：东北林业大学，2008.
[62] 冉毅，王超，刘庆玉，等. 农村户用生物质炉具使用现状、问题及对策 [J]. 农业工程技术 · 新能源产业，2014 (2)：20-23.
[63] 张 雯 耿增超 何绪生，等. 生物质炭基氮肥中试制备工艺与特性分析 [J]. 农业机械学报，2014，45 (3)：129-133.
[64] 王剑，张砚铭，邹洪涛，等. 生物质炭包裹缓释肥料的制备及养分释放特性 [J]. 土壤，2013，45 (1)：186-189.
[65] 何刚，张崇玉，王玺，等. 包膜缓释肥料的研究进展及发展前景 [J]. 贵州农业科学，2010，38 (6)：141-145.
[66] 周代红，李灿华，何翼云，等. 包膜型缓释/控释复合肥造粒工艺分析 [J]. 化工进展，2004，23 (2)：216-218.
[67] 徐静安. 复合肥生产工艺技术 [M]. 北京：化学工业出版社，2000.
[68] 陈明良，朱东明. 复混肥生产技术综述 [J]. 化肥工业，2002，29 (6)：10-14.
[69] 刘军，丁德承. 喷浆造粒干燥技术 [J]. 硫磷设计与粉体工程，1999 (1)：38-42.
[70] 汪家铭. 熔体塔式造粒法生产尿基复混肥 [J]. 化肥工业，2007，34 (1)：32-34.
[71] 曹广峰. 塔式熔体造粒复合肥生产技术与改进 [J]. 磷肥与复肥，2008，23 (4)：42-44.
[72] 张民，史衍玺，杨守祥，等. 控释和缓释肥的研究现状与进展 [J]. 化肥工业，2001，28 (5)：27-30.
[73] 高海英，何绪生，耿增超，等. 生物炭及炭基氮肥对土壤持水性能影响的研究 [J]. 中国农学通报，2011，27 (24)：207-213.
[74] Cohen-Ofri I，Weiner L，Boaretto E，et al. Modern and fossil charcoal：aspects of structure and diagenesis [J]. Journal of Archaeological Science，2006，33 (3)：428-439.
[75] 尹云锋，高人，马红亮，等. 稻草及其制备的生物质炭对土壤团聚体有机碳的影响 [J]. 土壤学报，2013，50 (5)：909-914.
[76] 张阿凤，潘根兴，李恋卿. 生物黑炭及其增汇减排与改良土壤意义 [J]. 农业环境科学学报，2009，28 (12)：2459-2463.
[77] 张雯，耿增超，陈心想，等. 生物质炭对盐土改良效应研究 [J]. 干旱地区农业研究，2013，31 (2)：73-77.

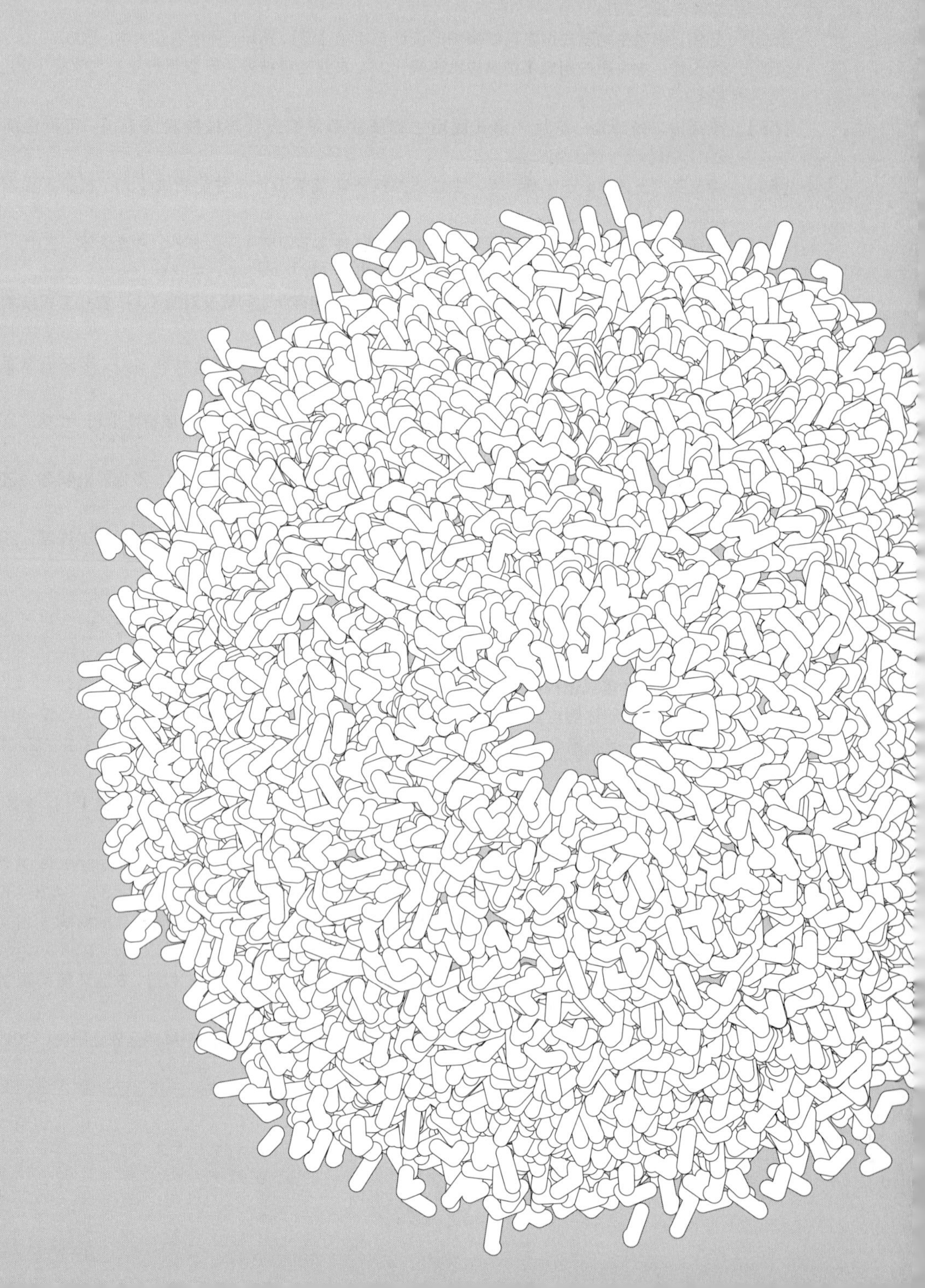

# 第6章

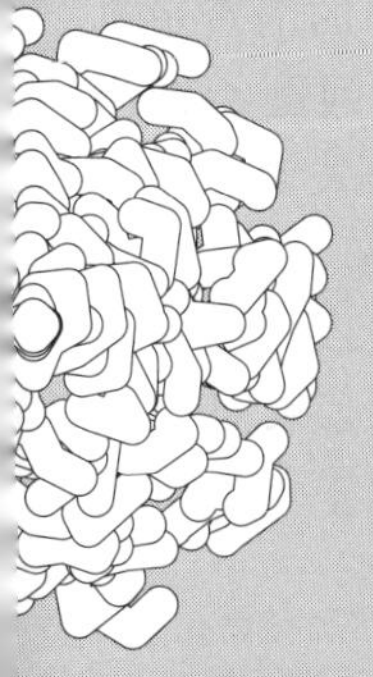

# 生物质固体成型燃料产业化生产体系



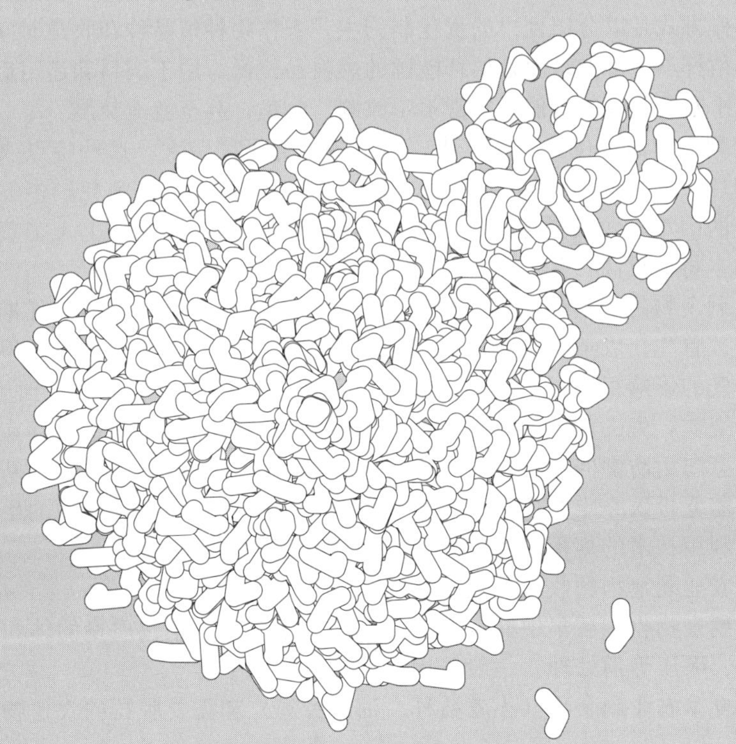

# 6.1 生物质原料收储运体系

目前我国生物质原料分布分散、收集困难，尤其是近几年农村商品能源的消费量迅速增大，导致生物质成型燃料的消费萎缩，农林剩余物浪费、闲置、荒烧问题相继出现。所以，如何组织收集生物质原料是生物质成型燃料生产及规模化利用的关键。生物质资源的收集、运输及储存直接影响生物质成型燃料规模化利用技术的发展。因此，对生物质原料的收集、运输及储存等影响因素进行研究，提出合理的组织方法以保证生物质原料供应的连续性，研究并建立农业废弃物生物质成型燃料规模化生产的原料最佳收集模式、高效合理的工业化清洁生产模式、科学有序的产业发展模式，有利于生物质成型燃料生产系统的规模化、稳定化运行。

## 6.1.1 生物质原料收集模式分析

生物质成型燃料主要以农林剩余物为原料，所以下面以农林剩余物为例进行收集模式研究。

### 6.1.1.1 农业剩余物收集模式分析

（1）农业剩余物收集的影响因素分析

农业剩余物资源分布分散，规模化收集比较困难，收集的成本较高。由于我国多年来农业的耕作方式是以分田到户的责任制为主，农作物种植品种和收集时间都不一致，集中统一收集秸秆不太可能。而且秸秆能源的燃料品位低，用于饲料和还田后剩余量大，许多农民不在乎剩余秸秆的价值，常常不予收割、收集，甚至就地焚烧。

农业剩余物的单位体积密度小，秸秆内部分子间距大，这些特点决定了其具有较大的可压缩性。秸秆的堆放体积庞大，搬运、运输、码垛需要消耗较多的人力、财力，运输有一定的困难，尤其是远距离大规模运输成本太高。如果加上人工费和含水率及运输损耗，成本将会更高，失去了低成本生产的意义。

农业剩余物的规模化储存与保管比较困难，松软、低密度的秸秆堆积储存要占据较大的空间。首先，农业剩余物的干燥脱水比较麻烦，靠自然干燥需要很长时间，而且受季节和天气的影响很明显，影响连续生产和生产规模。如果不进行预干燥就堆积储存，易于霉烂变质，失去应有的燃料特性。即使加大秸秆存储面积，还存在两方面问题：一方面要注意防雨防潮问题；另一方面还要注意安全防火问题。所以，从建储存仓库到防御措施均需要投入一定的人力、物力、财力，无形中增加了预处理的生产成本，影响农业剩余物利用技术的规模化发展。

（2）农业剩余物的收集处理

农业剩余物收割后集中储存之前由于含水率较高、单位质量的体积过大，需要对其进行脱水、碾压等预处理。一般采用的处理方法如下。

对于夏季农业剩余物（小麦秸秆、油菜秆等）和需要脱粒的农作物秸秆（稻秆、大豆秸秆、花生壳等)，由于脱粒时秸秆含水率已经很低，而且茎秆因被碾压而剥离表面蜡质和失去应力，可压缩体积空间相对减小，可以直接码垛储存，只需做好防雨防潮和防火安全工作。

对于秋季农业剩余物（玉米秸秆、棉花秸秆等)，由于秸秆含水率高达40%以上，堆放存储前需要预先脱水干燥至含水率低于20%。针对我国农村实际情况，农业剩余物干燥的方法一般采用太阳能自然干燥法。但是秋季农业剩余物收割后很快进入冬季，自然失水干燥需要时间较长，影响生产的连续性。因此，为了加速秋季农业剩余物脱水干燥，减少压缩空间，增大单位体积的储存量，堆放前需要先对农业剩余物采取碾压措施，以此消除秸秆的部分表面应力，减少农业剩余物组织的压缩空间和剥离表皮的蜡质层。然后再通风、晾晒、堆放，可以大大减少脱水时间和秸秆的堆积体积。

（3）农业剩余物的储备

为了农业剩余物利用技术的规模化应用，针对我国秸秆资源存在的以上问题需要采取积极措施消除不利因素，充分调动各方面的积极性，以推动农业剩余物规模化利用技术的产业化发展。

可用一村一点、点面结合的网状结构发展模式，由点到面再在全国大规模发展，要符合农村实际、易于实施。为此，农业剩余物储存采取以下两种方式。

1）农业剩余物户存

针对我国农业责任田制的耕作方式，对于农业经济欠发达地区采取农业剩余物户存的方式。有些农民常年以农业剩余物为主要燃料，习惯燃烧秸秆，多数农民收获季节过后常常自觉自愿地将农业剩余物在自己家的院落周围晾晒、存放。这种方式的优点是：一可以减少仓储建设费用，各家各户的农业剩余物分别存放在各自的农家小院周围或田间地头；二可以减少火灾防御投资，由于每家的农业剩余物量都不是太大，防雨防潮相当方便，又有乡邻之间互相照应，比较安全。但其缺点是：统一管理比较麻烦，思想认识不一致，最后农业剩余物的应用可能会出现扯皮现象，甚至影响生产连续性。

2）农业剩余物集中存储

第二种秸秆收集方式是针对经济较发达及集体企业较多地区。工业经济发达地区的农民，村民生活水平较高，生活节奏较快，基本上没有燃烧农业剩余物的生活习惯，这里的农业剩余物常常散落地头，无人收集和管理，收获季节过后往往出现秸秆荒烧现象。因此，需要政府积极发挥作用，对于散落的秸秆组织收集，指定地点集中堆放储存，为农业剩余物能源化利用做准备。这种方式的优点是：易于实施和管理，方便连续性生产。缺点是：收集费用高，存储管理成本高，存在一定的安全隐患，防雨防潮麻烦等。

针对以上两种农业剩余物收集方式存在的缺点还应该做到：首先，采取政策激励机制和利益驱动原则调动地方政府和农民的积极性，比如加大环境污染处罚力度，减少就地焚烧农业剩余物的行为；给予适当的财政补贴，增加农民的经济收入等，促使农业剩余物收集存放，减少随意燃烧和浪费现象；其次，加大信息传播和宣传教育的力度，普及能源知识，增强农民环境意识，从根本上提高农民的自主意识；第三，集中存储的仓储点不宜过大，适当分散堆放。

（4）农业剩余物的收集半径计算依据

农业剩余物的理论潜力定义为区域内每年所有可能的农业剩余物总的产量，可以看作是农业剩余物的量的上界。秸秆资源很分散，并且随着自然条件、季节变换、生产情况的变化而变化，在缺少实际的统计数据时，可以用估算的方法粗略地计算它的数量[1]。在给定的研究范围内的农业剩余物的理论量是各种类型的农作物种植面积、粮食产量和草谷比的函数。

$$J_n = \sum_{i=1}^{n} S_i L_i \theta_i \tag{6-1}$$

式中 $J_n$——研究范围内秸秆资源理论量，t；

$S_i$——第 $i$ 种农作物的种植面积，$km^2$；

$L_i$——第 $i$ 种农作物的平均粮食产量，$t/km^2$；

$\theta_i$——第 $i$ 种秸秆草谷比，kg/kg，玉米秸秆的草谷比，大约在 1～1.5kg/kg 之间。

在考虑实际的应用时，不是所有的农业剩余物都可以用作能源的原料，需要考虑到不同用途的原料的分配比率，还有收集、存储和运输方案的效率等因素。秸秆资源的可获得量（$J'$）是资源理论量与收集系数之积，各地的收集系数与当地的气候、天气、传统的生产习惯和秸秆的主要用途有关。

$$J' = \sum_{i=1}^{n} S_i L_i \theta_i \eta_i \tag{6-2}$$

式中 $\eta_i$——第 $i$ 种秸秆的收集系数,%。

如图 6-1 所示，农业剩余物收集半径计算公式为：

$$S = \pi R^2 = \frac{Q_y}{\theta(1-\mu)} \tag{6-3}$$

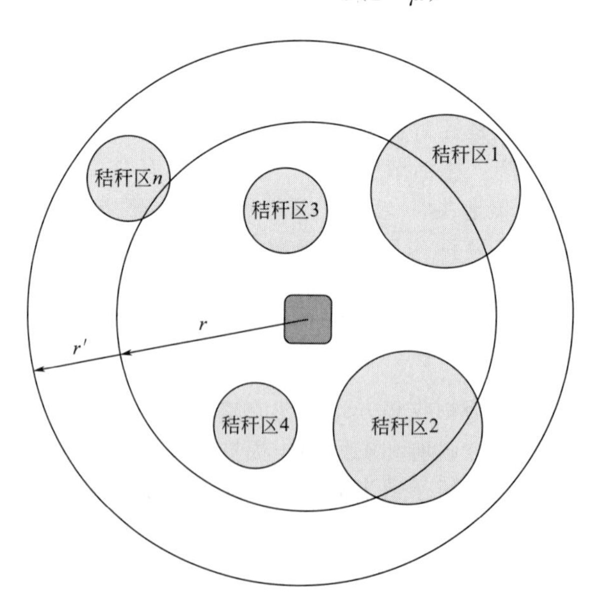


图 6-1 农作物秸秆收集半径计算示意

由于要考虑耕地面积占当地总土地面积的比例，故实际最佳农业剩余物收集半径为：

$$R^2=\frac{R_0^2}{\xi} \tag{6-4}$$

式中　$Q_y$——年消耗农业剩余物量，t/a；

$S$——农业剩余物收集面积，$km^2$；

$\theta$——单位面积年农业剩余物产量，$t/(km^2 \cdot a)$；

$\mu$——农业剩余物减量系数；

$R_0$——计算农业剩余物收集半径，km；

$R$——实际农业剩余物收集半径，km；

$\xi$——耕地面积系数。

#### 6.1.1.2　林业废弃物收集模式分析

(1) 林业剩余物的利用特性

林业剩余物利用指的是对林业生产中的采伐生产及加工生产所剩余的可利用部分施行再加工，从而生产各种产品的过程。单从获取原料，然后进行加工的生产过程看，这种利用与其他生产过程没有差别，然而其原料的特殊性决定了林业剩余物利用具有与一般生产过程不同的特殊性。

林业剩余物多属小材小料、枝丫、树皮、树叶等，其利用都要经过较深的加工程序，方可成为可供利用的产品。因此，这就使其利用过程必须有先进的科技手段才有望实现这种加工。另外，某些林业剩余物资源尚处于未被利用状态。对这部分资源的利用，便更具困难性。

林业剩余物资源的分布、种类取决于地区森林资源的分布和类型，就一个地区而言，林业剩余物种类很多，但能形成一定生产规模和加工能力的可能只有一项或少数几项。因此，少量的资源或许被浪费掉，这就要求有人为干预措施，集中采伐林业剩余物资源，形成较大的生产规模，也能使每种资源都得以集中利用。

(2) 林业剩余物的收集方法

要利用好林业剩余物（特别是枝丫），关键是要把它们运出来。运输是林业剩余物生产的关键工序，运输问题解决得好与坏，对完成林业剩余物生产的关系很大。这其中包括枝丫的挑拣、集中和搬运。根据需要，可以集运到伐区楞场，也可以运到储木场。这里包括枝丫归堆、集材及运材三个步骤。

① 拖拉机集背法　即把林业剩余物根据集材道宽进行造材，一般造成2.5～3m长，放到集材道两侧，利用拖拉机搭载板横背，每次可背5～6m。这种方法对林业剩余物的利用有负面作用，把长材短造，影响了木材的利用价值，适于集材距离近的伐区。

② 单杆集林业剩余物的方法　这种方法适用于集材距离远的伐区，一次可集25$m^3$左右。这种方法，林业剩余物不需林内造材，大捆集材，大捆装车，大捆卸车，对林业剩余物的集运都非常方便，效率也很高。但存在着捆绑方法不完善、集中搬运距离远、对拖拉机主绳磨损严重等缺点，有待进一步研究和改进。

在采伐迹地里收拣林业剩余物是一项比较困难的工作，林业剩余物分散，单株材积小，集中搬运距离较远，工效低，工人的劳动强度大。林业剩余物收拣应向装有液压抓具运输联合机方向发展，这样的联合机械可减少劳动力，提高效率。枝丫集材主要靠动力集材，动力集材是拖拉机加挂集材装置，主要有背集、拖集及挂集三种方式。

林业剩余物分散、体积大，装卸不方便，给运输带来了许多困难，应合理组织。林业剩余物的运输主要采用汽车运输，提高林业剩余物的载量是解决汽车运输效率的关键，一般采取预装的方法，如预装架预装、拖车预装等。

(3) 林业剩余物收集半径计算依据

通常情况下，某一产品生产企业从一个原料厂家收购原材料的收集距离是一定的，但由于林木生物质资源的分布特性的特殊以及林业剩余物资源的不同决定了不同林业剩余物的收集量和收集距离都是动态变化的[2]。考虑到处于收集区域不同位置的林木生物质资源的收集距离不同，在年收集总量一定的情况下，出于收集时运输费用最小化的考虑，林业剩余物收集过程中将优先选择距离企业近的林木生物质资源，在距离企业近的林木生物质资源收集完毕后才会根据需要进一步向更远处扩大收集范围，故收集区域最终形态应该是以生产企业为中心的圆形区域。该地区具有所有的林业剩余物的资源类型，A、B、C和D分别代表各种类型的林业剩余物，且每一林业剩余物资源类型在其自身的小范围内资源分布均匀，如图6-2所示。

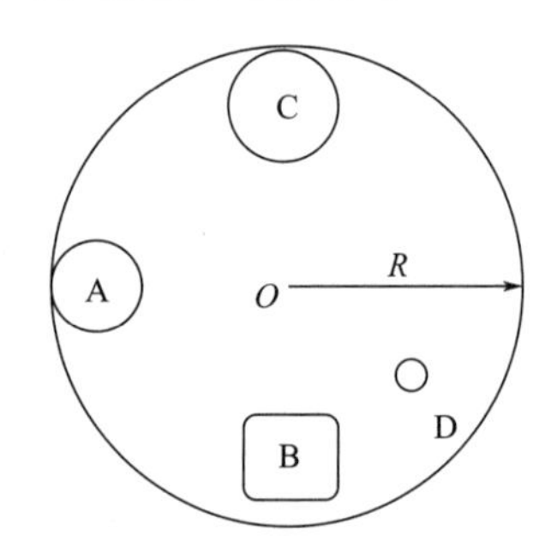


**图6-2 林业剩余物收集半径计算示意**

木材加工剩余物的资源量与该区域的面积大小不相关，它只与木材加工厂年木材消耗量有关。根据对通辽调查点木材加工厂的调查和其他地区的资料，木材加工剩余物数量为原木的34.4%；其中板条、板皮、刨花等占全部林业剩余物的71%，锯末占29%。

木材加工厂剩余物数量$W_H$：

$$W_H = JQ_1 \tag{6-5}$$

木材加工厂的资源收集量$M_H$：

$$M_H = JQ_1\rho \tag{6-6}$$

式中　$Q_1$——木材加工厂原木产量，$m^3$；

$J$——木材加工剩余物数量占原木的百分比，%，$J$取值34.4%；

$\rho$——木材的密度，$kg/m^3$。

对于现有林地木材剩余物中的中幼林抚育修枝、森林采伐、灌木林平茬、经济林和竹林的修枝，它们的剩余物产量与收集半径存在一定关系。

收集半径（$R$）与收集量（$M$）之间存在的关系是：收集量＝收集面积×林地面积占区域面积的比例×单位面积林地产出的生物量×林木生物量用于能源的比例。

以中幼林抚育修枝剩余物产量为例，其产量的计算式：

$$M_1 = \pi R^2 M_{01}\alpha_1\beta \tag{6-7}$$

总产量的计算式为：

$$\begin{aligned}M&=M_{\mathrm{H}}\beta+M_1+M_2+M_3+M_4\\&=(M_{\mathrm{H}}+\pi R^2\alpha_1M_{01}+\pi R^2\alpha_2M_{02}+\pi R^2\alpha_3M_{03}+\pi R^2\alpha_4M_{04})\beta\\&=[M_{\mathrm{H}}+\pi R^2(\alpha_1M_{01}+\alpha_2M_{02}+\alpha_3M_{03}+\alpha_4M_{04})]\beta\end{aligned} \tag{6-8}$$

得到的资源收集半径的计算公式：

$$R=\sqrt{\frac{M-\beta M_{\mathrm{H}}}{(\alpha_1M_{01}+\alpha_2M_{02}+\alpha_3M_{03}+\alpha_4M_{04})\pi\beta}} \tag{6-9}$$

式中　$M$——年木材集量，kg；

$M_{\mathrm{H}}$——木材加工厂剩余物总重量，kg；

$M_{01}$——每公顷中幼林抚育修枝剩余物产量，$\mathrm{kg/hm^2}$；

$M_{02}$——每公顷森林采伐剩余物产量，$\mathrm{kg/hm^2}$；

$M_{03}$——每公顷灌木林的剩余物产量，$\mathrm{kg/hm^2}$；

$M_{04}$——每公顷经济林、竹林的剩余物产量，$\mathrm{kg/hm^2}$；

$\alpha_1$——中幼林占区域面积的比例；

$\alpha_2$——森林采伐区占区域面积的比例；

$\alpha_3$——灌木林占区域面积的比例；

$\alpha_4$——经济林、竹林占区域面积的比例；

$\beta$——木材剩余物用于生产能源的比例；

$R$——平均资源收集半径，km。

## 6.1.2 生物质原料最佳收集半径

以年产秸秆成型燃料 20000t 的生产线为例，每年消耗秸秆约 20600t（损耗系数 3%），需要向近 6000 户农户收购，这些秸秆分夏秋两季提供，意味每年需要完成近 12000 笔秸秆收购交易，无论对收购的组织还是收集成本控制都是极大的考验。为了合理、科学、高效地利用农作物秸秆，本项目进行了生物质成型燃料生产中原料收集的最佳半径研究。

### 6.1.2.1 模型的建立

这里以秸秆成型燃料生产线为例进行分析。随着秸秆成型燃料生产线建设规模的增加，原料收集运输的成本会降低，但是却提高了生产线的投资，因此存在一个最经济的秸秆原料收集半径，此时秸秆成型燃料生产线的吨计算费用最小。

（1）生物质原料收集的经济半径

生物质原料收集的经济半径是指从生物质成型燃料生产线到最远收集点的平均距离 $R$。如图 6-3 所示。

原料收集的经济半径：

$$R=\frac{\sqrt{2}}{2}\sqrt{\frac{F}{n}}=\sqrt{2}R' \tag{6-10}$$

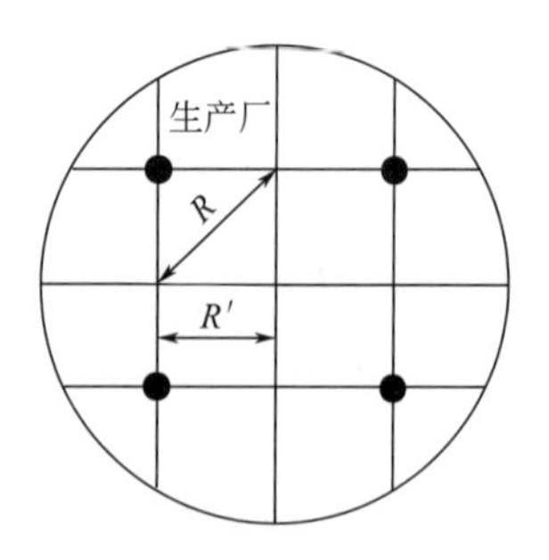


图 6-3 某区域秸秆成型燃料厂原料收集的经济半径

$$n=\frac{F}{2R^2} \tag{6-11}$$

式中 $R$——生物质收集的经济半径，m；

$n$——生物质成型燃料生产线的数目；

$F$——生物质收集区的面积，$m^2$。

(2) 生物质成型燃料生产线的计算费用

以 $B$ 表示一个生物质成型燃料生产线的造价，则 $n$ 个生产线的总造价为：

$$K_L=\frac{BF}{2R^2} \tag{6-12}$$

式中 $K_L$——$n$ 个生物质成型燃料生产线的造价，元；

$B$——单个生物质成型燃料生产线的造价，元。

生物质成型燃料生产线的运行费用 $S_y$ 为：

$$S_y=f_w+f_c+f_m+f_s+f_t \tag{6-13}$$

式中 $S_y$——生物质成型燃料生产线的运行费用，元/t；

$f_w$——维修费，元/t；

$f_c$——压缩成型费用，元/t；

$f_m$——人工费，元/t；

$f_s$——粉碎费用，元/t；

$f_t$——其他费，元/t。

生物质成型燃料生产线的计算费用可由下式确定：

$$Z_L=S_y+\frac{1000B}{2R^2CT} \tag{6-14}$$

式中 $Z_L$——生物质成型燃料生产线的计算费用，元/t；

$C$——单位面积农作物秸秆产量，$kg/m^2$；

$T$——设备回收年限，a，取 15a。

(3) 生物质成型燃料的运输油耗计算费用

生物质的价格包括材料自身的价格（$M$）、收集人工费用（$J$）和运输费用（$Q$）。其中变化的主要是运输费用。生物质自身的价格和收集人工费用在一定时间、地区内是相对稳定不变的，可视为常量。运输费用将随着运输距离的远近而变化。农村运输作业的主要消耗项目就是燃油消耗。原料的运输过程是很复杂的，是运输条件、机械结构特性参数等各种因素对耗油量的综合反映。设 $L$ 为一台机车完成一次运输的平均运程（km），则空载和实载的运程比为 1∶1。原料的运输可以等效为单台机车的重复运输，如图 6-4 所示。

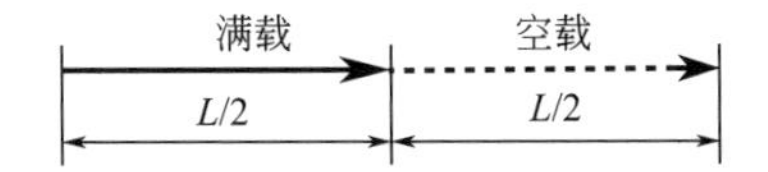


图 6-4　单台机车一次平均运程及满载和空载等效模型

设 $g_e$ 为满载时的单位功率耗油量，kg/(kW·h)；设 $g_0$ 为空载时的单位功率耗油量，kg/(kW·h)；$v_1$ 为满载时的平均车速，km/h；$v_0$ 为空载时的平均车速，km/h；$N_{en}$ 为车辆的额定功率，kW；则机车单位重量千米耗油量为 $Q$，kg/(kg·km)。

$$Q=\frac{\left[g_e\frac{L}{2v_1}+g_0\frac{L}{2v_0}\right]N_{en}}{mL}=\frac{\left(\frac{g_e}{v_1}+\frac{g_0}{v_0}\right)N_{en}}{2m} \tag{6-15}$$

上式即为综合反映运输机械结构特性参数与运输条件参数的耗油量数学模型。对于一定的司机技术水平和一定结构性能的运输机械，会反映出某种具体的数值：路面条件越好，司机水平越高，机械的性能越好，就会表现出 $g_e$、$g_0$ 较低和 $v_1$、$v_0$ 较高；反之，路面条件越差，司机水平越差，就必然造成 $g_e$、$g_0$ 较高和 $v_1$、$v_0$ 较低，从而使得耗油量值相对较高。

运输油耗计算费用可由下式确定：

$$K_Y=QLV \tag{6-16}$$

式中　$K_Y$——运输油耗计算费用，元/kg；

$L$——单台车一次运输的平均运程，km；

$V$——耗油的市场价格，元/kg。

（4）生物质成型燃料总的计算费用

生物质成型燃料总的计算费用为：

$$Z=\frac{1000B}{2R^2CT}+QLV \tag{6-17}$$

式中　$Z$——生物质成型燃料总的计算费用，元/t。

生物质成型燃料的成本价格为：

$$Z_C=S_y+\frac{1000B}{2R^2CT}+QLV+M+J \tag{6-18}$$

式中　$Z_C$——生物质成型燃料的成本价格，元/t。

#### 6.1.2.2　模型的计算结果与分析

（1）平均运输半径的分析计算

平均运输半径是指在一个周期（一次）内生物质收集时每吨原料的平均运输距离。原料的运输等效模型，相当于从某一固定地点 A（平均运输半径距离处）运输原料到生物质成型燃料成型生产线的直线运输。首先分析一个问题，当平均运程 $L$ 增加时，收

集面积 $F$ 就相应地增加，则收集农作物秸秆量 $M$ 也随之增加。面积的增加量即为面积函数 $f(x)=x^2$ 在某一处 $X_0$ 相对于 $\Delta X$ 的微分，生物质的增加量为 $dM=f'(x)\Delta xC$，则平均运输半径：

$$\overline{R}=\frac{\int_0^{R'} f'(x)Cx\,dx}{CR'^2}=\frac{\int_0^{R'} 2x^2\,dx}{R'^2}=\frac{2}{3}R'=\frac{\sqrt{2}}{3}R \tag{6-19}$$

上式即是原料平均运输半径的等效数学模型。

从单台机车一次平均运程及满载和空载等效模型中可得到平均运程：

$$L=2\overline{R} \tag{6-20}$$

此时可根据总计算费用为最小的条件求出 $R$：

$$R=\sqrt[3]{\frac{1000B}{\frac{\sqrt{2}}{3}CT\frac{\left(\frac{g_e}{v_1}+\frac{g_0}{v_0}\right)N_{en}V}{m}}} \tag{6-21}$$

（2）原料收集模型实例计算分析

这里以某单位研制生产的 SKR-2000 型（2t/h）生物质成型燃料设备为例，以农村典型的玉米秸秆为原料，测得实际运行参数见表 6-1。

**表 6-1 玉米秸秆在 SKR-2000 型生物质成型燃料设备中生产实测值** 单位：kW·h/t

| 干燥设备 | 粉碎设备 | 成型设备 | 冷却抽湿 | 其他设备 | 总计 |
|---|---|---|---|---|---|
| 3.0 | 18.0 | 33.0 | 3.5 | 0.5 | 58 |

利用生产实践中取得的基本参数来计算生物质收集的最佳半径，经计算得到生物质成型燃料生产线的最佳原料收集半径 $R=3965$m。生物质成型燃料总计算费用与生物质收集最优半径的关系如图 6-5 所示。

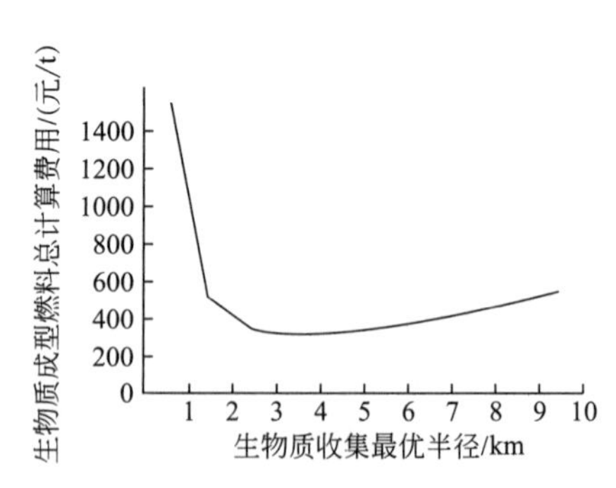


**图 6-5 生物质成型燃料总计算费用与生物质收集最优半径的关系**

从图 6-5 中可分析出，对于每小时 2t 的生物质成型燃料生产线，当收集半径小于 3km 时，收集半径越小，生物质成型燃料的总计算费用超高，并呈几何级数式趋势增加。当收集半径大于 4km 时，收集半径越大，生物质成型燃料的总计算费用超高，并呈线性趋势增加。当收集半径小于最优收集半径时，生物质成型燃料的总计算费用主要受生物质成型燃料生产线投资的控制，当收集半径大于最优收集半径时其总计算费用主要受运输市场油价的影响。生物质成型燃料的总计算费用和运输市场油价明显呈线性正比关系。

综上所述，从本项目所建立的生物质成型燃料生产线原料收集最佳半径数学模型可知，生物质的收集最佳半径随燃料生产线造价的升高而增大，收集最佳半径随运输耗油量、油价的升高而降低，对指导区域内生产线的投资，管理部门进行规划决策等都有较好的实用性。

其他规模生物质成型燃料厂收集规模参照以上收集计算步骤。

### 6.1.3　生物质固体成型燃料规模化生产系统

生物质平模成型设备的示范和推广：生物质平模成型燃料生产示范主要以平模成型设备生产生物质成型（块状）燃料[3]。生物质平模成型设备示范点之一选择建在河南省汝州市。近年来，汝州市农业经济稳步发展，汝州盛产小麦、玉米、红薯、大豆、烟叶、棉花等，全市已形成优质小麦基地、优质玉米基地和蔬菜基地。无公害蔬菜、食用菌、林果业三大产业迅速兴起，农业特色经济全面发展，全市基本实现了农产品优质化、专业化，是全国小麦商品粮生产基地、河南省重点林业县（市）。2010～2012年汝州市小麦和玉米播种面积及产量见表6-2。

表6-2　2010～2012年汝州市小麦和玉米播种面积及产量

| 项目 | | 2010年 | 2011年 | 2012年 | 3年平均 |
|---|---|---|---|---|---|
| 小麦 | 播种面积/$hm^2$ | 43722 | 44352 | 44880 | 44318 |
| | 产品产量/t | 207555 | 188416 | 220810 | 205593 |
| 玉米 | 播种面积/$hm^2$ | 36760 | 31451 | 41165 | 36458 |
| | 产品产量/t | 187315 | 188416 | 194464 | 190065 |

谷草比，麦子：秸秆＝1：1.2；玉米：秸秆＝1：1.5。玉米秸秆的收集系数在0.70左右，小麦秸秆的收集系数在0.55左右。由上分析可知2010～2012年汝州市仅在玉米秸秆和小麦秸秆资源方面，资源量达50万吨，平均可收集量达30万吨，秸秆资源非常丰富。

汝州市为大陆性季风气候，地处暖温带，四季分明，雨量充沛，光照充足。风向，春夏偏南风较多，秋冬偏北风较多，河流属淮河水系。项目选址属建设性用地。项目在自然村选点建厂，四周均是村庄和田地，农作物秸秆资源十分丰富，不需要从远地收集原料，从而减少了原料运输的成本，进而降低了项目产业化成本。

针对河南省汝州市农作物秸秆产出及分布特点，选择合适的区域，建立了以玉米秸秆等为主要原料的4个生物质成型燃料试验厂。通过调试运行，形成1个稳定生产能力为2万吨、3个生产能力为1万吨的农作物秸秆成型燃料生产线，最终完成年产5万吨的农作物秸秆成型燃料生产体系或基地。在汝州市杨楼乡黎良村建立生物质成型燃料试验厂，并形成2万吨以玉米秸秆、小麦秸秆为原料的生物质成型燃料示范生产线，覆盖面积4万亩；在汝州市王寨乡樊古城村建立生物质成型燃料试验厂，并形成 1 万吨以玉米秸秆为原料的生物质成型燃料示范生产线，覆盖面积 2.4 万亩；在汝州市庙下乡文寨村建立生物质成型燃料试验厂，并形成 1 万吨以玉米秸秆为原料的生物质成型燃料示范生产线，覆盖面积 2 万亩；在汝州市温泉镇张寨村建立生物质成型燃料试验厂，并形成 1 万吨以玉米秸秆为原料的生物质成型燃料示范生产线，覆盖面积 2.6 万亩。

该生产系统主要设备包含生物质干燥设备、粉碎设备、成型设备、干燥热源炉。工艺路线如图 6-6 所示，现场如图 6-7 所示。

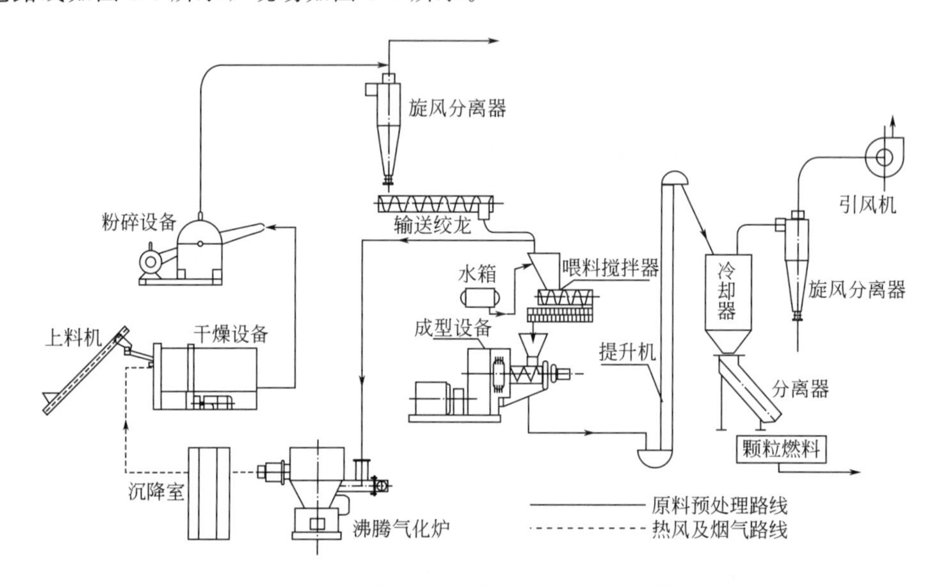


图 6-6 规模化生物质成型燃料生产工艺路线

图 6-7 规模化生物质成型燃料生产工艺路线现场

生物质原料首先被送入干燥烘干设备，烘干设备的热源由沸腾燃烧炉提供，热量经过沉降室后进入干燥设备。在干燥设备内通过等压分流的稳压箱和板式射流加热板组成高效气流组织进行干燥，干燥后的物料的含水率控制在15%左右，不均匀度小于3%，其含水率可灵活调节。干燥后的生物质进入粉碎设备进行切割粉碎，使其粒径在3～6mm之间。粉碎后的生物质经自动传输系统进入料仓斗，然后进入成型设备，压缩后形成密度为0.9～1.3g/cm$^3$的生物质成型燃料，成型后的燃料通过冷风设备使其温度从70℃降低到常温。

该生产基地经过近2年的运行，设备年生产能力和生产量达到5万吨。其中年产1万吨和年产2万吨的生物质成型燃料生产线如图6-8和图6-9所示。

图6-8　年产1万吨生物质成型燃料生产线

图6-9　年产2万吨生物质成型燃料生产线

本项目的实施以项目组成员作为基本技术人员，同时吸收具有丰富农村示范项目管理经验的管理人员以及具有长期实际工作经验的生物质成型燃料成套设备调试运行人员。研究及示范推广人员具有较高的专业理论水平、项目管理水平和实际工作经验，同时还具备良好的工作作风和团队精神，是课题研究的人才保障。投入项目工作的人员全部为申请单位、协作单位及合作企业的全职技术人员，充分保证了工作时间及工作质量，保障项目实施。

项目建设前，完成了150～200kW的电力改造，合理分配生产班次，电力供应完全适应生产的要求。生产人员实行社会招聘，其文化程度要求高中以上，年龄35岁以下，该批生产人员首先进行理论培训、考核，择优录用。建设及生产初期由河南省科学院能源研究所有限公司的技术人员负责调试设备、指导生产，培训生产操作人员。

该项目实行边示范边研发的策略，在满足实际生产的同时，搞好设备和系统的改进，为进一步推广应用做好技术准备；探索出符合生物质致密成型燃料生产组织方式，使生物质致密成型燃料生产企业可长期运行；制定相关的技术法规与规章制度等。示范运行阶段的主要任务是：加强管理，确保示范点质量；稳步发展，注重技术法规、规章制度的建设和落实；完善运行管理，促进生物质致密成型燃料技术开发推广工作健康、稳步发展。

为保证生物质成型燃料生产系统的顺利运行，由生产线所在乡政府与业主联合成立秸秆加工制粒储运公司，制定全乡范围内的秸秆收集、加工、储存、运输管理办法，即采用政府支持、协调，企业运作的办法进行。为了促进秸秆收购，政府部门会同储运公司每年确定不同秸秆的价格，向农民公布，并采取相关奖励措施，以提高农民的积极性。采取公司加农户的模式，建立秸秆收集基地，与农民签订秸秆供需协议。秸秆运输分农户自己运输或公司协助运输，但都要公平地保证农户或公司的利益。秸秆存储点可分布多处，每万吨生物质成型燃料生产线共设5个秸秆仓库，每个仓库每年可储存秸秆2000多吨，避免秸秆收集季节所出现的运输难题，也可避免设置中心大料场存在的安全隐患。

### 6.1.4 生物质固体成型燃料规模化生产的风险分析

生物质成型燃料规模化生产主要在资金、政策、市场和技术四个方面对项目的实施进行风险分析。

（1）资金风险

由于该项目投资所需资金的总投入不大，考察该项目的资金风险主要是建立健全资金的内部控制制度，加强企业资金的管理，确保企业资金安全完整、正常周转和合理使用，减少和避免损失浪费。而要建立健全行之有效的内控制度，应针对企业经营活动中的各项风险点，对业务流程重新组合，按照“职能分割，制约监督”的原则，建立业务管理、风险管理、财务管理三位一体的管理控制平台，完善事前防范、事中控制和事后监督的控制体系。事前防范，即建立科学的财务控制体系及明确的规章制度；事中控制，即保障货币资金的安全性、完整性、合法性和效益性，包括资金完整性控制，货币资金安全性控制，货币资金效益性控制；事后监督，即注重信息反馈。资金管理的事前防范、事中控制和事后监督三个环节，能有效地保证公司的各项生产经营活动的正常运行，保障企业资产的保值增值，还可加强公司管理人员和内部职工素质的提高，增强法律意识，树立现代的资金管理意识，掌握现代管理知识和技能，积极参与资金管理，促进公司资金管理的深化。本技术资金风险小。

（2）政策风险

生物质能源产业是国务院确定的战略性新兴产业之一，国家相继出台一系列政策法规，把发展生物质能源作为重点支持领域与鼓励发展的范围。《国家中长期科学技术发展规划纲要》在农业领域的发展思路中明确提出“发展农林剩余物资源化利用技术，以及农业环境综合整治技术，促进农业新兴产业发展，提高农林生态环境质量；延长农业产业链，带动农业产业化水平和农业综合效益的全面提高。”《中共中央国务院关于积极发展现代农业扎实推进社会主义新农村建设的若干意见》提出，“以生物能源、生物基产品和生物质原料为主要内容的生物质产业，是拓展农业功能、促进资源利用的朝阳产业”。国家发改委、财政部等五部委在《关于发展生物能源和生物化工财税扶持政策的实施意见》中确定：“重点推进生物化工新产品等生物石油替代品的发展”。科技部在“十一五”科学技术发展规划的先进能源技术领域中也部署了“生物质能源”等重大项目。《中华人民共和国可再生能源法》《中华人民共和国节约能源法》《可再生能源中长期发展规划》《可再生能源产业发展指导目录》《秸秆能源化利用补助资金管理暂行办法》《关于印发编制秸秆综合利用规划的指导意见》《关于印发促进生物产业加快发展若干政策的通知》《关于发挥科技支撑作用促进经济平稳较快发展的意见》等，这些文件明确了发展生物质能源科技产业的战略目标和计划，863计划现代农业技术领域、“十二五”战略研究报告，明确将发展生物质能源列为“十二五”的重点任务之一，体现了发展生物质能源的必要性，也体现了发展生物质成型燃料的必要性。本技术不具有政策风险。

（3）市场风险

随着我国经济的快速发展，对能源的需求也急剧增加，预计到2020年我国石油供应缺口将达到205亿吨，石油对外依存度将达到54%。同时，我国又是一个燃煤污染排放很严重的国家。由于不可再生的化石燃料的大量开发与利用，带来了严重的能源危机和环境危机，给社会经济的持续发展和人类的生存环境带来了严重问题。如今，在较为接近商品能源产区的农村地区，商品能源（如煤、液化石油气等）已成为其主要的炊事用能，从而使传统方式利用的生物质首先成为被替代的对象，致使被弃于田间地头而随意焚烧的秸秆量逐渐增加，不仅浪费了资源，还严重污染了大气，危害了人类的生存环境，同时也浪费了宝贵的可再生能源。大力开发利用包括生物质在内的新能源，已成为改善能源结构，减少环境污染的主要措施之一。根据国家相关文件精神，要求对效率低、效益差、污染严重的小型火电厂实行关停或进行综合利用改造，如果这些小型燃煤火力发电厂被关停，将会使得当地的电力资源更为紧张，还会对经济和就业造成较大的压力，解决这些矛盾的办法就是进行能源的综合利用，尽可能地对这些小型燃煤火力发电厂进行改造。由于生物质燃料燃烧时向环境排放很少的有害物质，与煤混烧时可降低燃烧时的有害物排放浓度，从而扩大了一些劣质煤的使用范围并降低了烟气净化费用，在工业化利用方面具有广阔市场前景。

生物质发电技术是目前世界上总体技术最成熟、发展规模最大的现代生物质利用技术，主要包括生物质直燃发电、混燃发电和气化发电。生物质成型燃料发电技术是生物质成型燃料技术和生物质发电技术的重要结合，是我国《可再生能源法》鼓励发展的方向，也是国家科技部可再生能源与新能源国际科技合作计划的优先领域。生物质成型燃料应用于发电技术，可形成一套集生物质干燥、粉碎及成型于一体的自动化、工业化的生物质成型燃料供应系统，保证成套设备运行的稳定性、可靠性和经济性。使得生产生物质成型燃料的密度、粒度及燃烧特性指标接近煤，对锅炉等燃烧设备、气化炉等气化设备具有较好的适应性，同时通过建立健全生物质原料的收集、存储及加工体系，形成一套持续稳定的生物质成型燃料生产运作模式，保证生物质发电燃料稳定供应。生物质成型燃料发电是生物质发电技术的重要发展方向之一，可解决生物质发电过程中由于原料收集困难、运输成本高、原料占地面积大而不易保存等缺点，从而满足生物质发电的持续稳定运行，具有广阔的市场前景，有较小的市场风险。

（4）技术风险

本技术的资助来自多个国家及省部级项目的资助，包括国家“863”计划子课题“生物质流化床气化过程预处理技术研究”、国家中小企业新基金“生物质颗粒燃料冷态致密成型技术及成套设备”、中国政府/世界银行/全球环境基金会赠款项目“低成本生物质颗粒燃料致密成型技术及成套设备的优化”、河南省重大公益性科研招标项目“农作物秸秆成型燃料及热解气化综合利用技术研究与示范”、国家科技支撑计划“大规模生物质成型燃料技术集成与产业化示范”等。已对各种生物质的理化特性、干燥、粉碎、冷态致密成型技术进行了深入的机理研究，先后开发了一系列生物质干燥机、粉碎机和致密成型机，并进行了一体化、自动化系统设计，经过多个地方的示范运行，效果良好，各项性能指标均达到设计要求。项目的承担单位在该领域先后完成了大量的国家、省级重大课题与科技攻关项目，取得了多项专利，发表了数十篇科研论文。同时，本项目已经在河南省郑州市、洛阳市、新乡市、汝州市等多个地方完成了生物质成型燃料的试点工作，建立了生物质成型燃料生产线，生产的生物质成型燃料用于当地村民的炊事用能，通过试点试验表明，完全能够满足全村的炊事用能需求。在江苏省兴化中科生物质发电有限公司等电厂进行了初步的工业化试验，将秸秆成型燃料用于气化发电项目，运行效果良好。因此，通过在广大农村以村为单位建立生物质成型燃料生产线实现该技术的大规模产业化应用推广示范，使农作物秸秆从不易利用的低品位能源转化为易于利用的高品位能源，并采用生物质成型燃料的配套应用技术，必然能够充分保证项目的应用与推广。该技术和设备具有较高的性价比，成本低，利润大，技术成熟，具备明显的同类产品竞争优势。综上所述，该项目具有较小的技术风险。

## 6.2 生物质固体成型燃料产品及生产标准体系

标准体系中包含若干标准，每个标准都是在一定范围内获得的最佳工作秩序，对活动或其结果规定共同能重复使用的规则、导则或特性的文件，也是处理技术活动纠纷的依据。当然，标准为生产服务，随着生产技术和市场的需要，标准可以进行相应的修订。标准体系是由若干相关标准构成的系统，它的突出特点是系统性和前瞻性。标准体系可以反映当前的技术、产业和效益水平，也可反映未来某一时期经济、技术和产业状况。标准体系不是一次性完成的，而是在规划期内分步实施、分段完成的。

中外生物质成型燃料产业状况比较：国外生物质成型燃料产业已有20余年历史，基本上都以木料加工残余物或林材加工剩余物作为原料，木质素含量和热值较高；中国生物质成型燃料则主要以秸秆为原料，堆积密度低、灰分含量高、热值低。虽然，瑞典、芬兰、丹麦等北欧国家也有以秸秆作为燃料原料的情况，但这些国家主要以大型农场为原料基地，农事耕作、加工已实现了全过程机械化，具有与生物质成型燃料加工配套的收集、运输、储存设备。中国农村实行的是家庭承包责任制，主要农作物的机械化水平只有40%左右，全国机械化程度很不均衡，这种落后的农机（技）水平（包括生物质收集、运输、储存）与自动化水平较高的生物质成型燃料加工设备经常出现配合方面的矛盾，生产系统经常出现问题。国外生产的成型设备成本高、价格贵，相同加工能力的设备是中国价格的5～8倍，利用该技术进行产业化的生产已经接近20倍；而中国的成型设备还存在一些技术上的问题，依然处于工程化的阶段[4]。

考虑到中国生物质成型燃料的具体生产和销售情况，借鉴国外已有的标准体系，建议中国生物质成型燃料标准体系由以下3部分构成。

① 技术条件　应包括原料及产品的收集、储存、加工及运输过程中的工艺和设备的技术条件标准。此外，还应包括与生物质成型燃料配套的燃具、炉具的技术条件标准。

② 检测技术条件的测试、试验标准　每个技术条件应该有相应的检测标准。没有统一的测试标准，技术条件将起不到指导和标准的作用。

③ 公用标准　原料或产品的化学成分、微量元素含量、粉尘、水分、热值及样品的制备等标准为公用标准，这些标准将在整个标准体系中重复提到或使用。标准体系中每部分包含若干具体标准，总体构成中国生物质成型燃料标准体系。

### 6.2.1 生物质固体成型燃料产品生产技术条件

生物质成型燃料的主要目的是转化为生物质能，由于其生产原料多种多样，在建立标准体系时，术语及定义部分根据来源的不同进行分类，形成一个框架结构[5]。

中国的生物质成型燃料已进入工程化阶段，在这段时期，出现了一些工程、技术和组织方面的新问题。例如：以秸秆为主的生物质成型燃料设备的能耗和磨损问题；秸秆等生物原料在收割、收集、运输、储存中的问题；生物质成型燃料燃烧带来的沉积、结渣和腐蚀等问题；农村生产和销售机制的建立等问题。这些问题的解决有赖于生物质成型燃料标准体系的及时建立。因为，完善的标准体系将能提供解决问题的标准的技术基础、技术准则、技术指南和技术保障，同时，标准体系的及时建立和颁布将能推动中国生物质成型燃料的产业化进程，保证生物质成型燃料的质量，维护消费者的利益，这些作用将比政策的引导作用还强，中国生物质成型燃料标准体系-技术条件标准体系见表6-3。

表 6-3 中国生物质成型燃料标准体系-技术条件标准体系

| 序号 | 中国生物质成型燃料标准体系-技术条件标准体系 |
| --- | --- |
| 1 | 玉米、高粱、谷物、甘蔗、芝麻秸秆收集设备技术条件 |
| 2 | 小麦秸秆收集设备技术条件 |
| 3 | 豆类、茎类秸秆收集设备技术条件 |
| 4 | 有机垃圾收集设备技术条件 |
| 5 | 树枝、树杈、树皮及木材加工剩余物收集设备技术条件 |
| 6 | 生物质原料粉碎设备技术条件 |
| 7 | 生物质原料散储技术条件 |
| 8 | 生物质原料捆储及包储设施技术条件 |
| 9 | 生物质原料青储技术条件 |
| 10 | 生物质原料散储设施基础条件 |
| 11 | 生物质捆储及包储设施技术条件 |
| 12 | 生物质原料青储设施技术条件 |
| 13 | 生物质原料运输设备技术条件 |
| 14 | 固体生物质成型燃料技术条件 |
| 15 | 固体生物质燃料加工设备技术条件 |
| 16 | 户用炊事生物质成型燃料炉具技术条件 |
| 17 | 户用炊事及取暖生物质成型燃料炉具技术条件 |
| 18 | 户用取暖生物质成型燃料炉具技术条件 |
| 19 | 小型热水、热风成型燃料炉具技术条件 |
| 20 | 成型燃料锅炉技术条件 |

技术条件标准内容主要包括以下内容。

① 原料收集设备的技术条件　生物质成型燃料的原料包含作物秸秆、有机垃圾、树木的枝和叶及木材加工剩余物。针对不同的原料，对应有不同的收集设备，所以，在该标准中包含不同形式原料的收集设备的技术条件。

② 原料储存设施及工艺技术条件　原料的热值在储存过程中会降低，而灰分则可能升高。对应于不同的原料，应根据试验确定标准的储存工艺和设施，使其热值和灰分在储存过程中的变化最小。

③ 原料粉碎技术条件　原料的粉碎情况会影响产品的生产工艺及生产过程的能耗，对应于不同的产品要求、不同的原料应设置不同的原料粉碎技术参数，这样将有利于节能和产品的生产。

④ 生物质原料运输设备技术条件　生物质原料的运输是影响生物质成型燃料连续生产的一个关键因素，结合实地考察和分析，在节约能源、保证原料正常供给的前提下，对不同生物质原料运输设备的技术条件进行标准限定将有利于该行业的健康发展。

⑤ 生物质成型燃料技术条件　该标准是为了保证产品质量而制定的标准，该标准

的实施将有利于保护消费者的合法权益，促进企业间的公平竞争。目前，国外现有的标准体系中都包含着燃料质量标准，这些标准为生物质成型燃料产品在国际、国内市场的顺利流通提供技术保障。在制定该标准中的具体参数时，应参照欧美已有标准，将中国标准与欧美标准接轨。目前，农业部已制定出了该行业标准，处于待实施状态。从国外相关标准可以看到，世界已有的生物质成型燃料标准均非常重视产品中灰分、挥发分、热值、水分、硫、氯、钾、铬、钙、铜等微量元素及有机卤素、添加剂、杂质等的含量，同时重视产品的外形尺寸、密度、含水率、机械强度及添加剂含量等。在制定农业部生物质成型燃料技术条件行业标准时，已充分考虑到中国主要以秸秆为原料这一客观事实，将产品标准中有关技术指标参数分为木质原料和草本类原料的指标，以满足中国实际生产的需要。

⑥ 生物质成型燃料加工设备技术条件　国外没有该项标准，主要是由于生物质成型燃料加工设备在国外已是一成熟产业，而生物质成型燃料加工设备的生产在国内则仅处于工程化阶段，还存在磨损、维修周期短等不足，需要标准对其进行限定，以引导该生产过程健康发展。笔者领导的课题组已完成了农业部该行业标准的制定，并通过了审核。

⑦ 生物质成型燃料运输设备技术条件　生物质成型燃料运输设备会影响到产品的热值、含水率及机械强度等性能，为了保证消费者的权益，提供统一的运输设备标准将有利于产品销售。

⑧ 生物质成型燃料燃用设施或设备的技术条件　生物质成型燃料在国内应用主要以农村炊事为主，少量富裕农户作为炊事和取暖两用，而对于城市用户，炉具的主要作用是供暖、供热水或供热风。此外，一些城市饭店、澡堂也利用生物质成型燃料小型锅炉提供热水和供暖，因此，针对不同的用户、不同的用途、不同的用量，生物质成型燃料燃用设备应该有相应的标准加以限制，以保证炉具使用的安全和高效性。

《生物质成型燃料用原料技术条件》（NY/T 1878—2010）具体内容如下[6]。

① 范围　本标准规定了生物质成型燃料用原料进场后的原料分类、技术要求、检验、安全卫生等要求。本标准适用于生物质成型燃料加工厂（场、站、点）的原料收集、贮存和加工前备料。

② 规范性引用文件　下列文件对于本文件必不可少。凡是注日期的引用文件，仅注日期的版本适用于本文件。凡是不注日期的引用文件，其最新版本（包括所有的修改单）适用于本文件。包含以下文件：《工业企业设计卫生标准》(GBZ 1)，《生产过程安全卫生要求总则》(GB/T 12801)，《环境保护图形标志》(GB 15562)，《建筑设计防火规范》(GB 50016)，《生物质固体成型燃料采样方法》(NY/T 1879)，《生物质固体成型燃料样品制备方法》(NY/T 1880)，《生物质固体成型燃料术语》(NY/T 1915)，《生物质固体成型燃料试验方法 第1部分：通则》(NY/T 1881.1)，《生物质固体成型燃料试验方法 第2部分：全水分》(NY/T 1881.2)，《生物质固体成型燃料试验方法 第5部分：灰分》(NY/T 1881.5)。

③ 术语与定义　NY/T 1915 中确立及下列术语和定义适用于本标准。

④ 分类　按种类分类。生物质成型燃料用原料按种类分类，包括农作物秸秆、农产品加工剩余物、林业三剩物等，见表6-4。

表 6-4 生物质成型燃料用原料按种类分类

| 序号 | 种类 | 来源 |
| --- | --- | --- |
| 1 | 农作物秸秆 | 农作物籽实收获后剩余部分，主要包括玉米秸秆、麦秸、稻草、棉秆、油菜秆等农作物秸秆 |
| 2 | 农产品加工剩余物 | 农产品加工过程中产生的稻壳、玉米芯、花生壳等剩余物 |
| 3 | 林业三剩物 | 林木采伐、造材、加工以及果树和园林绿化修剪过程中产生的剩余物 |

符号列举如下：玉米秸秆—YM；麦秸—MJ；稻草—DC；棉秆—MG；油菜秆—YG；花生壳—HK；稻壳—DK；玉米芯—YX；木屑—MX；树皮—SP；树枝—SZ；刨花—BH；树叶—SY；混合原料—HH；其他原料—QT。

⑤ 型号示例 YM-201506-001 表示生物质成型燃料用原料为玉米秸秆，2015 年 6 月抽样检测 001 号样品。

⑥ 技术要求 一般规定，生物质成型燃料用原料的技术要求应符合表 6-5 的规定。

表 6-5 生物质成型燃料用原料的技术要求

| 序号 | 项目 | 技术要求 |
| --- | --- | --- |
| 1 | 含水率 | 农作物秸秆≤30%；农业加工剩余物≤30%；木屑≤50%；其他林业剩余物≤30% |
| 2 | 杂质 | 无碎石、铁屑、塑料等杂质 |
| 3 | 低位发热量 | ≥10MJ |
| 4 | 灰分 | ≤20% |
| 5 | 感官评定 | 无霉变、腐烂、变质等 |

应建立与原料收集、储存、备料相适应的操作流程、安全管理和污染防治等规章制度，并严格执行。应建立规范的管理制度和技术人员培训制度，定期培训，内容至少应包括原料识别，收集、运输、储存要求，事故应急处理方法等。应编制应急预案，针对原料收集、运输、储存过程中的事故易发环节应定期组织应急演练，并定期进行修订。在生物质成型燃料生产用原料收集、储存和运输过程中，应对原料种类、来源地、重量、运输车辆车牌号、运输单位、进厂时间等基本情况进行记录，做好当班工作记录、交接班记录和每月统计报表工作，并存档。生物质成型燃料生产用原料收集、运输、储存过程安全卫生需满足 GB/T 12801、GBZ 1 的要求。收集、运输、储存系统能源和材料的消耗应准确计量，并应做好各项生产指标的统计[7]。

⑦ 原料进厂检验 原料进厂应先检验后称重。应设置快速检验区或检测室。原料进厂应检验含水率、低位发热量、灰分、杂质等。应建立原料检验登记制度，填写完整的信息标识。原料进厂检验时应采取防火、防雨等相应的安全防护措施，并设置严禁烟火标识。

⑧ 原料转运、储存、备料 原料从进厂称量、储存、备料，到预处理车间各环节之间的转运，应制定详细的运输方案、事故应急预案，并配备事故应急等设施。转运车辆应配备本规范文本、运送路线图等，应在车辆前部、后部、车厢两侧设置安全标识，进入原料储存场地时，应对易产生火花部位加装防护装置，排气管需配备防火帽。严禁转运车辆在储存场等存储原料区域加油、保养和维修等作业。在转运、储存、备料过程中应防止原料散落，并配备防霉变，防雨、雪渗漏，防雷和防火等措施。执行秸秆原料的转运、储存和备料记录制度，定期检查和维护设施。原

料堆垛方向应与当地常年主导风向平行，不同列的垛沿盛行风方向相互错开，垛与垛之间设有4～6m的消防通道。存储时单垛间每层交错摆放，且堆垛时留有通风口或散热洞，堆垛底部设有排水沟，顶部覆盖防雨布，垛体必须设置温度检测点并定期检测，严防自燃。原料在转运、储存和备料过程中与易燃易爆等环境敏感点之间的安全距离应不小于50m。

⑨ 检验　分析样品的采样和制备参照NY/T 1879和NY/T 1880的规定执行；含水率的检测按NY/T 1881.2的规定执行；低位发热量的检测按GB/T 213的规定执行；灰分的检测按NY/T 1881.5的规定执行；感官评定原则为是否霉变、腐烂、变质等。

⑩ 安全卫生　应根据GB/T 12801的相关规定，结合生产特点制定相应安全防护措施、安全操作规程和消防应急预案，并配备防护救生设施及用品。由专业人员定期对设备仪器进行检修与维护保养，发现异常情况立即处理；长期不用的设备与仪表应妥善管理与保存；定期检查和更换安全、急救等防护设施和设备。原料转运、储存区域应设置消防器材、配备安全标识，应符合GB 15562设置标识和GB 50016消防要求规定。应根据GB/T 12801的相关规定，制定相应安全防护措施、安全操作规程和消防应急预案，并配备防护救生设施及用品。原料进厂检验、转运、储存和备料等各环节，应采取防尘降尘措施[8]。

## 6.2.2　生物质固体成型燃料测试及试验标准

中国生物质成型燃料标准体系——测试、试验标准见表6-6。

表6-6　中国生物质成型燃料标准体系——测试、试验标准

| 序号 | 中国生物质成型燃料标准体系-测试、试验标准 | 序号 | 中国生物质成型燃料标准体系-测试、试验标准 |
|---|---|---|---|
| 1 | 各种生物质原料收集设备可靠性试验标准 | 13 | 生物质成型燃料几何尺寸测试方法 |
| 2 | 生物质原料粉碎机试验方法 | 14 | 生物质成型燃料破碎率测试方法 |
| 3 | 生物质原料粉碎粒度测定法 | 15 | 生物质成型燃料抽样方法 |
| 4 | 有机垃圾储存卫生条件 | 16 | 生物质成型设备能耗试验方法 |
| 5 | 生物质原料散储卫生条件 | 17 | 生物质成型设备生产率试验方法 |
| 6 | 生物质原料青储卫生条件 | 18 | 生物质成型设备运行噪音试验方法 |
| 7 | 生物质原料捆储及包储卫生条件 | 19 | 生物质成型设备运行可靠性试验方法 |
| 8 | 生物质原料储存、运输规则 | 20 | 生物质成型设备操作车间粉尘浓度试验方法 |
| 9 | 生物质原料储存、运输标志 | 21 | 民用炊事生物质成型燃料炉具热性能试验方法 |
| 10 | 生物质成型燃料运输设备可靠性试验条件 | 22 | 民用取暖生物质成型燃料炉具热性能试验方法 |
| 11 | 生物质成型燃料添加剂含量测试条件 | 23 | 小型热水、热风成型燃料炉具热性能试验方法 |
| 12 | 生物质成型燃料密度测试方法 | 24 | 成型燃料锅炉热性能试验方法 |

针对技术条件，要有相应的测试试验标准，因为所有的技术条件中都含有要测试的参数，例如：生物质成型燃料生产技术条件中需要测试产品中所含的化学成分、产品的热值、灰分等参数；生物质成型燃料加工设备技术条件中需要测试设备的维修周期、设

备的吨燃料能耗、生产率等；生物质原料的储存工艺和设施技术条件中，需要对原料的热值、灰分等参数进行测试；生物质成型燃料燃用炉具、锅炉技术条件中需要测试炉具和锅炉的热效率等参数；生物质成型燃料运输设备技术条件中需要测试燃料的破碎率、尺寸和密度等参数。虽然，公用标准可以提供一些共用参数的测试、试验标准，但对于一些特定的参数则需要有相应的测试试验标准。如产品的尺寸、破碎率、密度、设备的吨燃料能耗、生产率、生物质成型燃料燃烧设备的热效率等必须有特定的测试、试验标准。所以，除公用标准能提供的测试、试验标准外，技术条件标准中出现的其他需要测试的参数，都应逐一制定其测试、试验标准[9]。

### 6.2.3 生物质固体成型燃料公用标准

中国生物质固体成型燃料标准体系——公用标准见表 6-7。

表 6-7 中国生物质固体成型燃料标准体系——公用标准

| 序号 | 相关内容 | 序号 | 相关内容 |
|---|---|---|---|
| 1 | 生物质原料灰分测定 | 13 | 生物质成型燃料挥发分测定 |
| 2 | 生物质原料水分含量测定 | 14 | 生物质成型燃料中硫含量测定 |
| 3 | 生物质原料热值测定 | 15 | 生物质成型燃料中氮含量测定 |
| 4 | 生物质原料挥发分测定 | 16 | 生物质成型燃料中镁含量测定 |
| 5 | 生物质原料中硫含量测定 | 17 | 生物质成型燃料中氯含量测定 |
| 6 | 生物质原料中氮含量测定 | 18 | 生物质成型燃料中钾含量测定 |
| 7 | 生物质原料中镁含量测定 | 19 | 设备安全性能试验方法 |
| 8 | 生物质原料中氯含量测定 | 20 | 生产及使用过程中环保性能试验方法 |
| 9 | 生物质原料中钾含量测定 | 21 | 生物质原料样品制备 |
| 10 | 生物质成型燃料灰分测定 | 22 | 生物质成型燃料样品制备 |
| 11 | 生物质成型燃料水分含量测定 | 23 | 户用成型燃料炉具安全试验方法 |
| 12 | 生物质成型燃料热值测定 | 24 | 成型燃料锅炉安全性能试验条件 |

公用标准包含在整个标准体系中经常使用到的一些试验或检测方法，具体包含以下内容。

① 测试方法标准　原料或生物质成型燃料中的灰分、热值、含水率、挥发分及其所含碱金属 K、Na，碱土金属 Mg 及 S、N、Cl 等元素含量以及一些微量元素含量的测试方法需要有通用标准给出。国外的生物质成型燃料体系中有针对这些参数而制定的测试标准，中国的煤炭、活性炭等燃料标准体系中也有相应的测试标准，但是，固体生物质与传统能源有很大不同，其测试方法也应有很大的区别。因此，针对这些参数，应该设置相应的测试标准。

② 生产及使用过程中环保性能的测试试验方法　在生物质成型燃料的整个生产及使用过程中会随时遇到环境保护问题，需要相应的环保性能测试方法，因此，应该制定相应的标准。

③ 设备安全操作性能测试标准　在生物质成型燃料标准体系中多处涉及设备，设备的安全操作性能关系到人的生命和健康，因此，制定设备安全操作性能测试标准将有利于保护该产业工作人员的人身健康。

④ 原料及样品的制备方法　无论在化学成分测试过程中还是在原料和产品的其他技术参数测试过程中，都离不开测试样品的制备。因此，标准的样品制备方法才能保证测试结果的一致性和可信度，为生产商、消费者提供切实可信的测试数据。

## 6.3 生物质固体成型燃料燃烧利用及环境排放标准体系

### 6.3.1 生物质固体成型燃料燃烧利用方式

生物质燃烧技术主要包括生物质直燃技术、生物质成型燃料燃烧技术、生物质与煤混烧技术以及生物质气化燃烧技术等。

（1）生物质直燃技术

生物质直接燃烧是指纯烧生物质，主要分为炉灶燃烧和锅炉燃烧。传统的炉灶燃烧方式燃烧效率极低，热效率只有 10%～18%，即使是目前大力推广的节能柴灶，其热效率也只有 20%～25%。生物质锅炉燃烧把生物质作为锅炉的燃料，采用先进的燃烧技术以提高生物质利用效率，适应于生物质资源相对集中、可大规模利用的地区。按照锅炉燃烧方式的不同可分为层燃炉和流化床锅炉等。层燃炉技术是指将生物质成型燃料铺在炉排上形成层状，与一次配风相混合，逐步地进行干燥、热解、燃烧及还原过程，可燃气体与二次配风在炉排上方的空间充分混合燃烧。炉子形式主要采用链条炉和往复推饲炉排炉。生物质层燃技术广泛应用在农林业剩余物的开发利用和城市生活垃圾焚烧等方面，具有较低的投资和操作成本，一般额定功率小于 20MW。流态化燃烧具有燃烧效率高、有害气体排放少、热容量大等优点，适用于含水率较高、热值低的生物质成型燃料，根据燃烧方式可分为鼓泡流化床和循环流化床两种。生物质鼓泡流化床在较低的空床气速下，利用鼓泡流化床工艺进行生物质燃烧反应，其主要应用于规模为 20MW 左右的系统。生物质循环流化床燃烧技术是利用气固两相流化床工艺，在较高的流速条件下实现湍流流化床状态，并令大部分逸出的细粒料形成循环重返床内的生物质燃用方式，是在改善鼓泡流化床燃烧性能的基础上发展而来，其主要应用于规模超过 30MW 的系统。相对层燃炉来讲，生物质循环流化床锅炉原料适应性强，有效改善了污染物排放以及积灰结渣特性，而且更适应变负荷运行，但其运行中的床料聚团问题，必须在设计中予以重视和考虑。

（2）生物质成型燃料燃烧技术

生物质成型燃料具备体积小、密度大、方便储运，无碎屑飞扬，使用方便、卫生等特点，燃烧持续稳定、周期长，燃烧效率高，燃烧后的灰渣及烟气中污染物含量小，是一种清洁能源，其燃烧技术也是很好的利用方式。然而，由于成本较高，生物质成型燃料的压制设备尚不成熟，目前各国生物质成型燃料的利用规模仍然不大，当前还只是作为采暖、炊事及其他特定用途的燃料，使用范围有待拓展。

(3) 生物质与煤混烧技术

在燃煤工业锅炉中，采用生物质来替代部分燃煤，无需或只需对设备进行很小的改造，就其规模经济、热效率高，且能有效克服直燃生物质锅炉原料供应波动的影响而言，在现阶段是一种低成本、低风险的燃烧利用方式。在许多国家，混合燃烧还是完成 $CO_2$ 减排任务中最经济的技术选择。燃煤锅炉掺烧生物质技术的主要技术方案包括 3 种，即直接混合燃烧、间接混合燃烧和并联燃烧。所采取的工艺路线为：在原有锅炉设备基础上附加生物质接收、储存和预处理设备，使生物质燃料在粒度等性质上适于在锅炉内与煤粉混合燃烧。同时，原有燃料入炉输送系统及锅炉煤粉燃烧器需根据生物质燃料特性相应地进行局部改造。

(4) 生物质气化燃烧技术

生物质的挥发分含量高（70%～90%），在相对较低的受热温度下就会有一定量的固态燃料转化为挥发分气体析出，生成的高品位燃料气既可以供生产和生活用，也可以通过内燃机或汽轮机发电，进行热电联产联供。典型生物质气化产生的生物气的热值一般为 2～6MJ/$m^3$。目前生物质气化燃烧的主要技术为生物质-煤的混合燃烧和生物质的整体煤气化联合循环发电系统（IGCC）技术，广泛使用的气化装置是常压循环流化床（ACFB）和增压循环流化（CPCFB）。

## 6.3.2 生物质固体成型燃料燃烧利用环境排放标准

我国每年生物质资源理论上有 50 多亿吨，目前可收集的农林生物质资源约 10 亿多吨。截至 2013 年，生物质成型燃料锅炉占工业锅炉总台数的 1.5%，约 0.92 万台。2013 年民用生物质炉具保有量超过 1000 万台，年产量约 200 万台。“我国每年可作为能源利用的生物质达到 3 亿多吨标准煤，是替代中小燃煤锅炉实现清洁燃烧的必要途径。生物质成型燃料具有低灰分（产排污系数 0.5kg/t 燃料）、低硫分（低于 0.2%）和低氮燃烧的特点，其燃烧产生的烟气经过高效除尘后，烟尘排放浓度可控制在 20mg/$m^3$ 以下，经过湿法脱硫的二氧化硫排放浓度低于 50mg/$m^3$，氮氧化物浓度低于 200mg/$m^3$。生物质成型燃料锅炉大气污染物排放可以达到燃气锅炉水平。”

原环保部《关于划分高污染燃料的规定》的通知（环发〔2001〕37 号）规定：“直接燃用的生物质燃料（树木、秸秆、锯末、稻壳、蔗渣等）为高污染燃料。”国务院《节能减排“十二五”规划》（国发〔2012〕40 号）中规定：“促进煤炭清洁利用，重点区域淘汰低效燃煤锅炉。推广使用天然气、煤制气、生物质成型燃料等清洁能源。”原环保部《重点区域大气污染防治“十二五”规划》（环发〔2012〕130 号）中规定：“推动生物质成型燃料、液体燃料、发电、气化等多种形式的生物质能梯级综合利用”“使用生物质成型燃料应符合相关技术规范，使用专用燃烧设备。”

① 单台出力65t/h以上采用甘蔗渣、锯末、树皮等生物质成型燃料的发电锅炉，参照《火电厂大气污染物排放标准》（GB 13223—2011）规定的资源综合利用火力发电锅炉的污染物控制要求执行。

② 单台出力65t/h及以下采用甘蔗渣、锯末、树皮等生物质成型燃料的发电锅炉，参照《锅炉大气污染物排放标准》（GB 13271—2014）中燃煤锅炉大气污染物最高允许排放浓度执行。

③ 有地方排放标准且严于国家标准的，执行地方排放标准。

④ 引进国外燃烧设备的项目，在满足我国排放标准前提下，其污染物排放限值应达到引进设备配套污染控制设施的设计运行值要求。

依据《锅炉大气污染物排放标准》（GB 13271—2014）规定：新建锅炉自2014年7月1日起、10t/h以上在用蒸汽锅炉和7MW以上在用热水锅炉自2015年10月1日起、10t/h及以下在用蒸汽锅炉和7MW及以下在用热水锅炉自2016年7月1日起执行本标准。《锅炉大气污染物排放标准》（GB 13271—2001）自2016年7月1日废止。各地也可根据当地环境保护的需要和经济与技术条件，由省级人民政府批准提前实施本标准[10]。

以下是《锅炉大气污染物排放标准》中与生物质成型燃料锅炉排放控制要求有关的内容。

（1）适用范围

本标准规定了锅炉烟气中颗粒物、二氧化硫、氮氧化物、汞及其化合物的最高允许排放浓度限值和烟气黑度限值。

本标准适用于：以燃煤、燃油和燃气为燃料的单台出力65t/h及以下蒸汽锅炉、各种容量的热水锅炉及有机热载体锅炉；各种容量的层燃炉、抛煤机炉。

使用型煤、水煤浆、煤矸石、石油焦、油页岩、生物质成型燃料等的锅炉，参照本标准中燃煤锅炉排放控制要求执行。

本标准不适用于以生活垃圾、危险废物为燃料的锅炉。

本标准适用于在用锅炉的大气污染物排放管理，以及锅炉建设项目环境影响评价、环境保护设施设计、竣工环境保护验收及其投产后的大气污染物排放管理。

本标准适用于法律允许的污染物排放行为、新设立污染源的选址和特殊保护区域内现有污染源的管理，按照《中华人民共和国大气污染防治法》《中华人民共和国水污染防治法》《中华人民共和国海洋环境保护法》《中华人民共和国固体废物污染环境防治法》《中华人民共和国放射性污染防治法》《中华人民共和国环境影响评价法》等法律、法规、规章的相关规定执行[11]。

（2）大气污染物排放控制要求

① 10t/h以上在用蒸汽锅炉和7MW以上在用热水锅炉2015年9月30日前执行GB 13271—2001中规定的排放限值，10t/h及以下在用蒸汽锅炉和7MW及以下在用热水锅炉2016年6月30日前执行GB 13271—2001中规定的排放限值。

② 10t/h以上在用蒸汽锅炉和7MW以上在用热水锅炉自2015年10月1日起执行表6-8规定的生物质成型燃料锅炉大气污染物排放限值，10t/h及以下在用蒸汽锅炉和7MW及以下在用热水锅炉自2016年7月1日起执行表6-8规定的生物质成型燃料锅炉大气污染物排放限值。

**表 6-8　生物质成型燃料锅炉大气污染物排放限值**　　　　单位：$mg/m^3$

<table>
<tr><th rowspan="2">污染物项目</th><th colspan="4">限值</th><th rowspan="2">污染物排放监控位置</th></tr>
<tr><th>生物质成型燃料锅炉</th><th>燃煤锅炉</th><th>燃油锅炉</th><th>燃气锅炉</th></tr>
<tr><td>颗粒物</td><td>80</td><td>80</td><td>60</td><td>30</td><td rowspan="5">烟囱或烟道</td></tr>
<tr><td rowspan="2">二氧化碳</td><td>400</td><td>400</td><td rowspan="2">300</td><td rowspan="2">100</td></tr>
<tr><td>550[①]</td><td>550[①]</td></tr>
<tr><td>氮氧化物</td><td>400</td><td>400</td><td>400</td><td>400</td></tr>
<tr><td>汞及其化合物</td><td>0.05</td><td>0.05</td><td>—</td><td>—</td></tr>
<tr><td>烟气黑度</td><td colspan="4">≤1</td><td>烟囱排放口</td></tr>
</table>

① 位于广西壮族自治区、重庆市、四川省和贵州省的生物质成型燃料锅炉和燃煤锅炉执行该限值。

③ 自 2014 年 7 月 1 日起，新建生物质成型燃料锅炉执行表 6-9 规定的大气污染物排放限值。

**表 6-9　新建生物质成型燃料锅炉大气污染物排放限值**　　　　单位：$mg/m^3$

<table>
<tr><th rowspan="2">污染物项目</th><th colspan="4">限值</th><th rowspan="2">污染物排放监控位置</th></tr>
<tr><th>生物质锅炉</th><th>燃煤锅炉</th><th>燃油锅炉</th><th>燃气锅炉</th></tr>
<tr><td>颗粒物</td><td>50</td><td>80</td><td>60</td><td>30</td><td rowspan="4">烟囱或烟道</td></tr>
<tr><td>二氧化碳</td><td>300</td><td>300</td><td>200</td><td>50</td></tr>
<tr><td>氮氧化物</td><td>300</td><td>300</td><td>250</td><td>200</td></tr>
<tr><td>汞及其化合物</td><td>0.05</td><td>0.05</td><td>—</td><td>—</td></tr>
<tr><td>烟气黑度</td><td colspan="4">≤1</td><td>烟囱排放口</td></tr>
</table>

注：2014 年 7 月 1 日起新建、新购、新制造的锅炉都算是新建锅炉。

④ 重点地区锅炉执行表 6-10 规定的生物质成型燃料锅炉大气污染物特别排放限值。执行大气污染物特别排放限值的地域范围、时间，由国务院环境保护主管部门或省级人民政府规定。

**表 6-10　生物质成型燃料锅炉大气污染物特别排放限值**　　　　单位：$mg/m^3$

<table>
<tr><th rowspan="2">污染物项目</th><th colspan="4">限值</th><th rowspan="2">污染物排放监控位置</th></tr>
<tr><th>生物质锅炉</th><th>燃煤锅炉</th><th>燃油锅炉</th><th>燃气锅炉</th></tr>
<tr><td>颗粒物</td><td>30</td><td>80</td><td>30</td><td>20</td><td rowspan="4">烟囱或烟道</td></tr>
<tr><td>二氧化碳</td><td>200</td><td>200</td><td>100</td><td>50</td></tr>
<tr><td>氮氧化物</td><td>200</td><td>200</td><td>200</td><td>150</td></tr>
<tr><td>汞及其化合物</td><td>0.05</td><td>0.05</td><td>—</td><td>—</td></tr>
<tr><td>烟气黑度</td><td colspan="4">≤1</td><td>烟囱排放口</td></tr>
</table>

⑤ 每个新建燃煤锅炉房只能设一根烟囱，烟囱高度应根据锅炉房装机总容量，按表 6-11 规定执行，燃油、燃气锅炉烟囱不低于 8m，锅炉烟囱的具体高度按批复的环境影响评价文件确定。新建锅炉房的烟囱周围半径 200m 距离内有建筑物时，其烟囱应高出最高建筑物 3m 以上。

表 6-11 燃煤锅炉烟囱最低允许高度

| 锅炉房装机总容量 | MV | ＜0.7 | 0.7～1.4 | 1.4～2.8 | 2.8～7 | 7～14 | ≥14 |
|---|---|---|---|---|---|---|---|
| | t/h | ＜1 | 1～＜2 | 2～＜4 | 4～＜10 | 10～＜20 | ≥20 |
| 烟囱最低允许高度 | m | 20 | 25 | 30 | 35 | 40 | 45 |

⑥ 不同时段建设的锅炉，若采用混合方式排放烟气，且选择的监控位置只能监测混合烟气中的大气污染物浓度，应执行各个时段限值中最严格的排放限值。

(3) 固体污染物排放标准

生物质成型燃料锅炉除了排放气体污染物以外，还有固体污染物的排出，其固体污染物主要成分是燃烧后的灰分。生物质成型燃料包含70%左右的纤维含量，含硫量不到碳含量的1/10，硫和氯含量均小于0.07%，氮含量小于0.5%，因此固体灰分的含量也比较低，一般符合国家排放标准。

# 6.4 生物质固体成型燃料生产体系综合分析评价

相对于其他可再生能源，生物质可以相对容易地存储和运输。农林废弃物等生物质可以通过生物质成型燃料设备转化为生物质成型燃料来扩大其应用范围、提供其利用效率。然而生物质成型燃料在大规模推广应用之前需要对其潜在的经济效益、环境效益和社会效益进行评价分析。

为取得多目标综合的最优方案就需要考虑多个因素，而多个目标函数有时是矛盾和不协调的。在多个目标中，有些并非是确定的值，有必要将这些定性的指标定量化，避免靠经验去估计而造成的误差，最终需要把多目标通过相关性分析协调起来才能达到最优方案的选择。为了对生物质成型燃料规模化生产系统有更全面和更科学的分析，主要有以下几种评价指标。

① 经济方面　主要考虑初投资费用及年维护费用、生产能耗费用、人工成本、年运行总费用、投资回收期。

② 清洁环保　主要考虑生产过程的噪声、粉尘浓度、清洁水消耗系数、清洁能源消耗系数。

③ 生产能力　主要考虑成型系统的干燥能力、粉碎能力、成型能力、冷却能力、装配能力、总体生产率。

④ 产品质量　主要考虑生物质成型燃料的成型率、含水率、密度、抗破碎率、表面温度。

⑤ 生产稳定　设备维修周期、原料允许含水率、原料运行粒度、压辊寿命、模寿命。

### 6.4.1 经济效益分析

（1）技术经济评价指标

技术经济评价指标可分为静态评价指标和动态评价指标。静态评价指标不考虑资金时间价值，优点是便于计算，易于理解，但不能准确地反映投资项目的实际情况。动态评价指标考虑了资金时间价值，如投资回收期、净现值、内部收益率等，而且考察了投资项目在整个寿命期内的收支情况，比静态评价指标更科学、更全面。

1）净现值

按一定的折现率或基准收益率将投资项目在整个寿命周期各个不同时点所发生的净现金流量折算成期初现值，再求其代数和。其表达式为：

$$\mathrm{NPV}=\sum_{t=1}^{n}(\mathrm{CI}-\mathrm{CO})_t/(1+i_0)^t \tag{6-22}$$

式中 NPV——净现值，万元；

CI——现金流入量，万元；

CO——现金流出量，万元；

$(\mathrm{CI}-\mathrm{CO})_t$——第 $t$ 年的净现金流量，万元；

$i_0$——基准折现率，%；

$n$——一般为项目的寿命期，a。

2）内部收益率

又称为内部报酬率，是指项目在寿命周期内所有现金流入的现值之和等于现金流出的现值之和时的收益率，即净现值为零时的折现率。其表达式为：

$$\sum_{t=1}^{n}(\mathrm{CI}-\mathrm{CO})_t/(1+\mathrm{IRR})^t=0 \tag{6-23}$$

式中 IRR——内部收益率，%；

$(\mathrm{CI}-\mathrm{CO})_t$——第 $t$ 年的净现金流量，万元。

3）投资回收期

是指从项目投建之日起，项目各年的净收入（年收入减去年支出）总和将全部投资回收所需的时间，它是反映项目投资回收能力的指标。其表达式为：

$$\sum_{t=1}^{T_p}(\mathrm{CI}-\mathrm{CO})_t=0 \tag{6-24}$$

式中 $T_p$——投资回收期，年；

CI——现金流入量，万元；

CO——现金流出量，万元；

$(\mathrm{CI}-\mathrm{CO})_t$——第 $t$ 年的净现金流量，万元。

（2）经济效益分析

以河南省汝州市年产 5 万吨生物质成型燃料的生产体系为例进行分析。建设期为一年，年额定产量 5 万吨。利用动态评价指标对其进行经济性分析。

1）费用分析

初投资费用包括固定资产费用和流动资产费用。生产系统建设期为 1 年，运行年限为15年，财务基准收益率为10%，不计残值，投资费用估算见表6-12。

表6-12 投资费用估算

| 费用名称 | 原值/万元 | 折旧摊销费/(万元/年) |
| --- | --- | --- |
| 设备购置费 | 671.50 | 55.43 |
| 厂区建设费 | 230.00 | 30.25 |
| 建筑工程费 | 76.25 | 10.03 |
| 土地费用 | 112.50 | 14.78 |
| 流动资金 | 500.00 | |
| 其他费用 | 50.00 | 6.58 |
| 合计 | 1640.25 | 117.07 |

秸秆原料采用直接购得的方式，由专车负责送到工厂，秸秆单价为200元/t，年收购量为51500t（秸秆折损率约3%），农作物秸秆可免征进项税。生产用电可作为农业生产用电，一般农业生产电价为0.60元/(kW·h)，秸秆成型过程（压缩为块状）消耗电力为68kW·h/t左右，则5万吨生物质转变为生物质成型燃料消耗电力为$3.4\times10^6$kW·h左右。秸秆成型燃料包装单价为50元/t。系统运行稳定后，管理人员10人，运行人员60人，年工人工资210万元。则各项成本估算如表6-13所列。

表6-13 各项成本估算

| 项目 | 运行成本/(万元/年) | 项目 | 运行成本/(万元/年) |
| --- | --- | --- | --- |
| 折旧摊销费 | 134.58 | 工人工资 | 210 |
| 原料费 | 1030.00 | 设备维修费(2%) | 13.5 |
| 耗电费 | 204.00 | 总成本费 | 1842.08 |
| 包装费 | 250.00 | | |

2）经济评价指标分析

秸秆成型燃料生产体系运行投产后，每年销售生物质成型燃料5万吨，价格为500元/t，年销售收入2500万元，除去税金125万（减免税后销项税为5%），年销售收入2375万元。由投资现金流量可得出该成型系统的经济评价指标，见表6-14。

表6-14 该成型系统的经济评价指标

| 项目 | 建设期 | 运行期 | 项目 | 建设期 | 运行期 |
| --- | --- | --- | --- | --- | --- |
| 现金流入 | | 2375.00万元/年 | 净现金流量 | −1640.25万元 | 447.5万元/年 |
| 销售收入 | | 2375.00万元/年 | 经济评价指标 | | |
| 现金流出 | 1640.25万元 | 1927.5万元/年 | 净现值 | | 1763.5万元 |
| 建设投资 | 1640.25万元 | | 内部收益率 | | 25.15% |
| 经营成本 | | 1677.5万元/年 | 投资回收期 | | 6.60年 |
| 增值税 | | 250.00万元/年 | | | |

根据以上分析的相关数据，利用式(6-22)～式(6-24)计算得出该生物质成型燃料

系统的内部收益率为 25.15%，财务净现值[折现率($i_c$)=10%]为 1763.5 万元，投资回收期为 6.60 年（含建设期），项目盈利情况较好，内部收益率大于行业基准收益率，回收期较短。

3）盈亏平衡点分析

秸秆成型燃料生产体系正常运行时，销售收入 $Y$ 和总成本费用 $C$ 分别为：

$$Y=Q\times500\times(1-0.05) \tag{6-25}$$

$$C=200\times Q\times1.03+Q\times50+58\times0.6\times Q+1345800+2100000+135000 \tag{6-26}$$

式中 $Y$——销售收入，万元；

$Q$——秸秆成型燃料产量，t；

$C$——总成本费用，万元。

由上式可得平衡点处的秸秆成型燃料产量为 19351.35t。通过对盈亏平衡点分析，当年产销量达到生产体系设计生产能力的 39%时，即可实现保本目标，盈亏平衡点分析如图 6-10 所示。

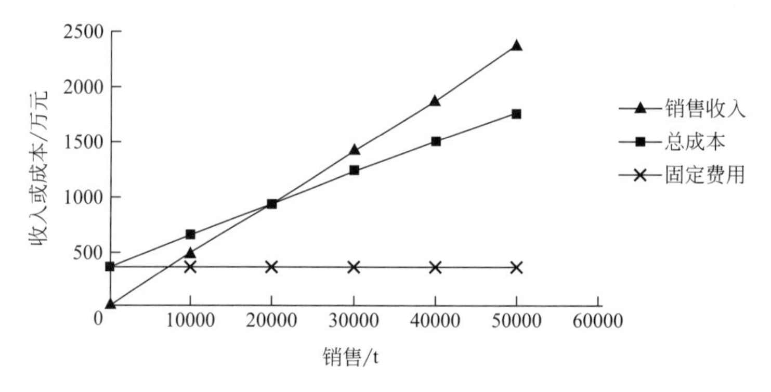


**图 6-10 盈亏平衡点分析**

4）经济效益影响因素分析

生物质成型燃料系统保持经济性时所考虑的影响因素有秸秆价格、生物质成型燃料价格、初投资费、耗电费、工人工资和包装费等，通过各因素对净现值、内部收益率和投资回收期等经济评价指标的敏感性分析可找出主要影响因素。分别将上述影响因素数值减小 10%、20%或增加 10%、20%，其他数值不变，则改变结果对该项目的净现值、内部收益率和投资回收期的影响如图 6-11～图 6-13 所示。

由图 6-11 可知：随着生物质成型燃料价格的增加，净现值增加；随着秸秆价格、初投资费、耗电费、包装费、工人工资的增加，净现值减少。其中：对净现值影响最大的首先是生物质成型燃料价格，当其数值从减小 20%到增加 20%时，财务净现值从−500.27 万元增加到 3982.30 万元；其次是秸秆价格，对应的财务净现值从 2620.66 万元减少到 890.73 万元。

由图 6-12 可知：随着生物质成型燃料价格的增加，内部收益率增大；随着秸秆价格、初投资费、耗电费、包装费、工人工资的增加，内部收益率减小。其中：对内部收益率影响最大的首先是生物质成型燃料价格，当其数值从减小 20%到增加 20%时，内部收益率从−2%增加到 50%；其次是秸秆价格，对应的内部收益率从 37%减少到 15%。

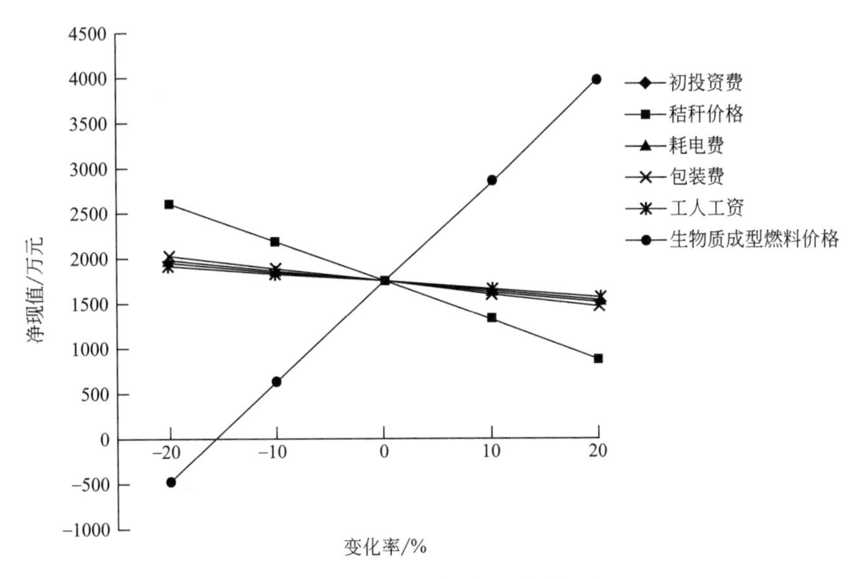


图 6-11　各影响因素对净现值的影响

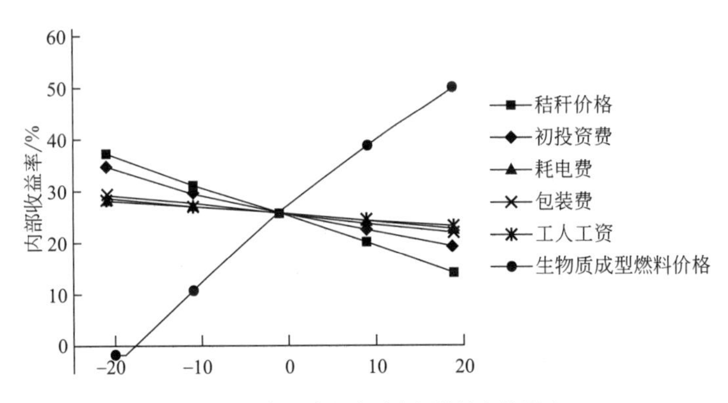


图 6-12　各影响因素对内部收益率的影响

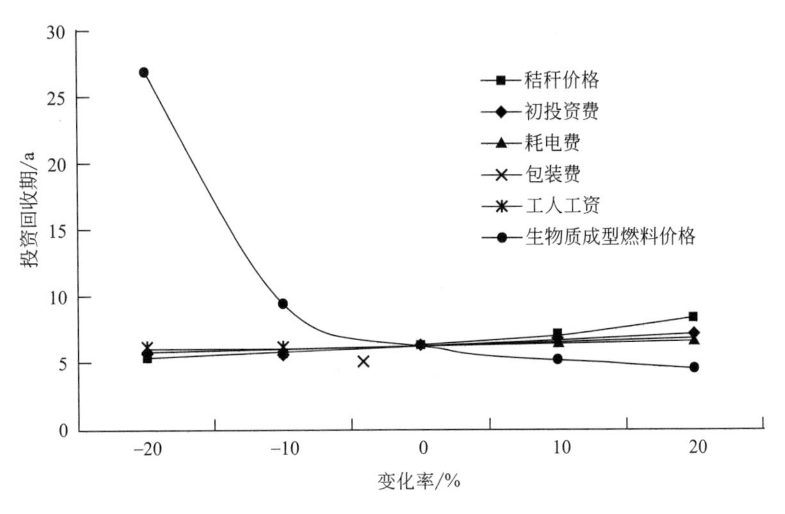


图 6-13　各影响因素对投资回收期的影响

由图 6-13 可知：随着生物质成型燃料价格的增加，投资回收期减少；随着秸秆价格、初投资费、耗电费、包装费、工人工资的增加，投资回收期增加。其中：对净现值影响最大的首先是生物质成型燃料价格，当其数值从减小 20%到增加 20%时，投资回收期从大于 27.1 年减少到 4.6 年；其次是秸秆价格，对应的投资回收期从 5.1 年增加到 8.2 年。

通过各因素对净现值、内部收益率和投资回收期等的影响大小分析，可明显地得出秸秆价格是影响经济评价指标的最主要因素，秸秆价格越高，系统经济效益越好。其次，秸秆原料的进价对经济评价指标影响也很大，秸秆进价增高，系统经济效益降低。

(3) 农民的增收和节支

1) 农民增收

采取公司加农户的模式建立秸秆收集基地，与农民签订秸秆供需协议。秸秆运输方式分农户自己运输和公司协助运输两种，一般采取公司协助运输的方式。运输公司将每吨秸秆运输费用控制在 20 元以内，秸秆收购价格为 200 元/t，农民的每吨秸秆净收入 180 元。以年产 5 万吨的生物质成型燃料生产基地为例，每年可为当地农民增收 900 万元。同时，生物质成型燃料生产企业吸收当地农民为工人，带动了当地农村经济发展。

2) 农民燃料的节约费用

将民用燃烧生物质成型燃料炉与煤炉进行对比，结果见表 6-15。

**表 6-15 民用燃烧生物质成型燃料炉与煤炉比较**

| 项目 | 生物质成型燃料 | 煤 |
|---|---|---|
| 热值/(kJ/kg) | 16000 | 23000 |
| 热值当量比 | 1.0 | 1.44 |
| 单价/(元/t) | 500 | 700 |
| 炊事、取暖综合利用效率/% | 70 | 50 |
| 利用效率当量比 | 1.0 | 0.71 |

按燃料综合利用效率计算 1.03t 生物质成型燃料相当于 1t 煤炭，煤炭价格按 700 元/t 计算，使用同样热值的生物质成型燃料较煤炭便宜 26%。按一户生活加取暖一年使用 3t 煤炭计算，价格为 2100 元，采用燃烧秸秆成型燃料的方式来生活和取暖，一户每年使用秸秆成型燃料为 3.09t，价格为 1545 元，较煤炭节省 555 元。

### 6.4.2 环境效益分析

生物质成型燃料对环境的影响可以分为其生产过程和使用过程以及相关能耗所产生的环境影响，与化石能源相比，生物质成型燃料所产生的环境效益更大。理论上讲，生物质成型燃料作为能源利用后，产生的二氧化碳等可以通过光合作用等量返回到生物质，实际上，其生命周期存在少量的温室气体的排放，主要存在于生物质成型燃料的压缩成型等环节，但在很大程度上可减少温室气体的排放，节约煤等化石燃料，同时减少秸秆等生物质就地燃烧带来的污染，环境效益显著。生命周期评价是一种对产品及其生产工艺活动给环境造成的影响进行评价的方法。它通过对能量和物质消耗以及由此造成的环境气体排放进行辨识和量化，来评估能量和物质利用对环境的影响，以寻求改善产品或工艺的途径。这种评价贯穿于产品生产工艺活动的整个生命周期。从能源消耗和环境排放出发，以较为常见的玉米秸秆成型燃料为例，分析玉米秸秆的生长、运输、压缩成型，生物质成型燃料运输、燃烧利用等单元过程，建立秸秆成型燃料的生命周期能源消耗、环境排放分析模型，对模型进行逐步分析，对考察指标进行量化，较为系统和全面地评价秸秆成型燃料的优势及特点。

（1）生命周期评价模型

玉米秸秆等生物质是一种可再生资源，理论上讲，秸秆燃烧后，产生的二氧化碳可以在秸秆的生长过程中，通过光合作用等量地返回到秸秆。但在秸秆利用过程中融合了大量的人的行为，使环境污染物的排放量和吸收量存在差异。

秸秆成型燃料的生命周期评价流程如图 6-14 所示。

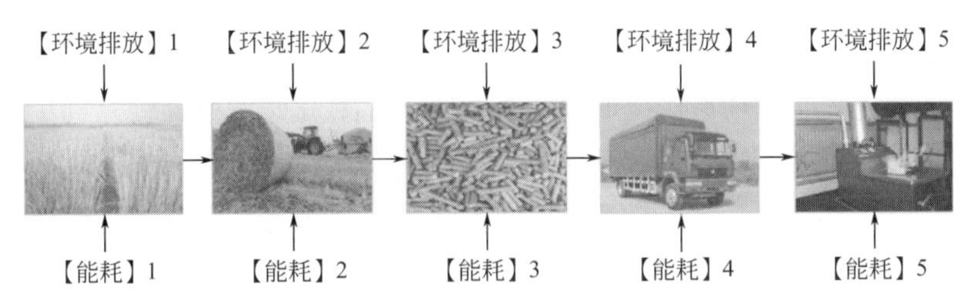


图 6-14　秸秆成型燃料的生命周期评价流程

在秸秆的生长过程中，耕作、施肥和收获都需要耗能和排放环境污染物，在农药、化肥的生产和使用过程中同样需要消耗能源和排放环境污染物。秸秆为粮食生长的附属物和废弃物，因此这里的能耗及耕作、施肥过程中排放的环境污染物不计算到秸秆的生长过程中，秸秆在生长过程中可以吸收大量的二氧化碳。秸秆的运输、压缩为成型燃料、成型燃料的运输等，都需要消耗能源和排放环境污染物。由于秸秆成型燃料可以直接替代煤等化石燃料，使用秸秆成型燃料的燃烧炉等设备在生产中的能耗可以忽略不计。

秸秆成型燃料生命周期的主要分析指标如图 6-15 所示。

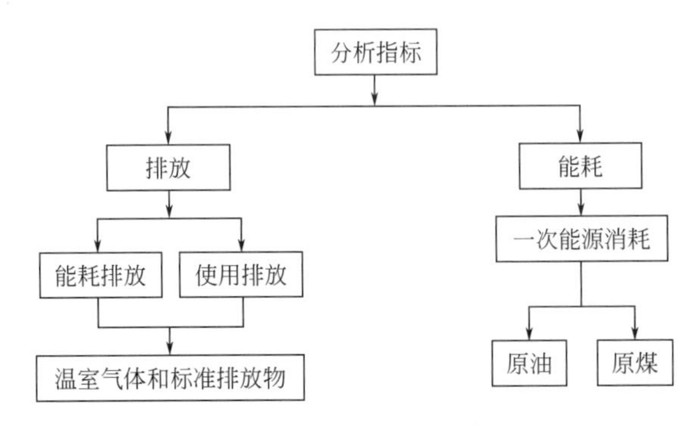


图 6-15　秸秆成型燃料生命周期的主要分析指标

（2）数据的采集和评估

1）秸秆的生产

如果不考虑粮食减产和种植面积减少等因素，则可将秸秆视为循环型能源，其二氧化碳的循环可以永久性地进行（图 6-16）。

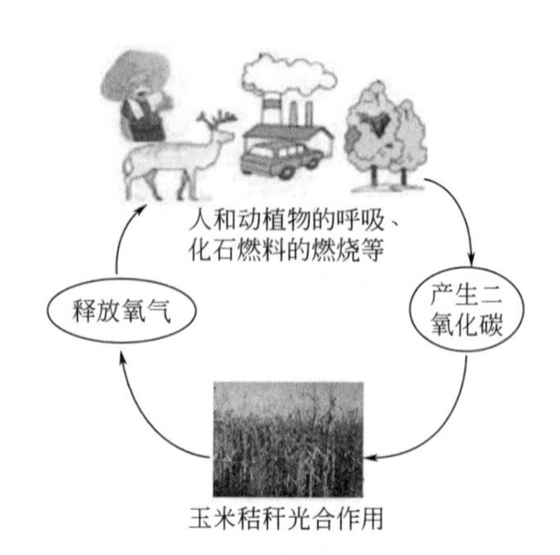


**图 6-16　秸秆的二氧化碳循环**

在燃烧利用秸秆的过程中，大气中二氧化碳在一定时期内增加，随着农作物的再一次生成，二氧化碳又被秸秆固定起来，大气中的二氧化碳浓度又恢复到了秸秆燃烧前的水平。秸秆吸收二氧化碳的反应可简单表示为

$$CO_2 + H_2O \xrightarrow[\text{叶绿素}]{\text{光合作用}} (CH_2O) + O_2 \tag{6-27}$$

2）秸秆的运输

由于秸秆的能量密度较低，在确定秸秆的利用规模时，要考虑到原料收集半径的问题。秸秆的收集包括秸秆的购买、运输等，农作物秸秆收集过程的能耗和环境排放主要由运输秸秆的车辆产生。关于粮食生产和收割过程中产生的能耗和环境排放如何划分主要有三种方法：一种是粮食和秸秆各被划给 1/2；另一种是按照粮食和秸秆的价格比划分；还有一种就是把秸秆作为农业废弃物，能耗和环境排放划给粮食。这里采用第 3 种方法，是为了便于计算和阐明道理。

设 $L$ 为单台机车完成一次运输的平均运程，则车辆空载和实载的运程比为 1∶1。综合反映运输机械结构特性参数与运输条件参数的耗油量数学模型为：

$$q = \frac{\left[g_1 \dfrac{L}{2v_1} + g_0 \dfrac{L}{2v_0}\right] N_{en}}{m \dfrac{L}{2}} = \left(\frac{g_1}{v_1} + \frac{g_0}{v_0}\right)\frac{N_{en}}{m} \tag{6-28}$$

式中　$g_1$——满载时的单位功率耗油量，kg/(kW·h)；

$g_0$——空载时的单位功率耗油量，kg/(kW·h)；

$v_1$——满载时的平均车速，km/h；

$v_0$——空载时的平均车速，km/h；

$N_{en}$——车辆的额定功率，kW；

$m$——机车载质量，$10^3$kg；

$L$——单台机车完成一次运输的平均运程，km；

$q$——机车单位质量千米耗油量，kg/(kg·km)。

式(6-28) 中的机车载质量 $m$ 与额定功率 $N_{en}$ 具有某种正比关系，即 $m$ 越大，要求配备的 $N_{en}$ 也要越大，故可设功载比 $k_n = N_{en}/m$，单位为 kW/kg。则完成一次秸秆运输所消耗柴油热量为：

$$Q_o = qLmE_o \tag{6-29}$$

式中　$Q_o$——完成一次运输所消耗柴油的热量，MJ；

$E_o$——柴油的热值，MJ/kg；柴油平均低位发热量为 39MJ/kg。

运输秸秆的货车选用农用柴油车，由于秸秆密度较低，每次平均机车载质量 1000kg。以农村运输典型砂砾路面为运输条件，对应的参数见表 6-16。

**表 6-16　秸秆运输车辆在砂砾路面的基础参数值**

| 满载车速/(km/h) | 空载车速/(km/h) | 满载耗油率/[kg/(kW·h)] | 空载耗油率/[kg/(kW·h)] | 功载比/(kW/kg) |
| --- | --- | --- | --- | --- |
| 25 | 35 | 0.382 | 0.310 | $7.2\times10^{-3}$ |

3）秸秆的压缩成型

农作物秸秆的堆积密度小，运输和储存占用空间大，这个缺点严重制约了秸秆的大规模利用。秸秆成型燃料的密度是原秸秆密度的近 10 倍，因此，可以节约大量的运输和储存费用。

玉米秸秆成型燃料生产系统电耗见表 6-17。

**表 6-17　玉米秸秆成型燃料生产系统电耗**　　单位：kW·h/t

| 干燥设备 | 粉碎设备 | 成型设备 | 冷却抽湿 | 其他设备 | 总计 |
| --- | --- | --- | --- | --- | --- |
| 3.0 | 18.0 | 43.0 | 3.5 | 0.5 | 68.0 |

以河南汝州市玉米秸秆成型燃料为例，其物性分析见表 6-18。

**表 6-18　玉米秸秆成型燃料的物性分析**

| 工业分析/% | | | | 元素分析/% | | | | | 低位热值/(MJ/kg) |
| --- | --- | --- | --- | --- | --- | --- | --- | --- | --- |
| 挥发分 | 固定碳 | 灰分 | 水分 | 碳 | 氢 | 氧 | 氮 | 硫 | |
| 71.45 | 17.75 | 5.93 | 4.87 | 39.04 | 6.16 | 42.76 | 1.05 | 0.19 | 16.32 |

注：表中数据为空气干燥基。

4）秸秆成型燃料的运输

秸秆运输工具采用农用柴油车，每次满载运输秸秆成型燃料 1500kg。柴油车的温室气体排放因子见表 6-19。

**表 6-19　柴油车的温室气体排放因子**　　单位：g/MJ

| 温室气体 | | | 标准排放物 | | | | |
| --- | --- | --- | --- | --- | --- | --- | --- |
| $N_2O$ | $CH_4$ | $CO_2$ | VOC | CO | $NO_x$ | $PM_{10}$ | $SO_2$ |
| 0.0019 | 0.0042 | 74.0371 | 0.0853 | 0.4739 | 0.2843 | 0.0413 | 0.0160 |

5）秸秆成型燃料的燃烧利用

农作物秸秆成型燃料可以提高燃烧效率，稳定燃烧火焰和温度。常用的秸秆成型燃料燃烧类型有固定式燃烧和流化式燃烧，设备有户用生物质燃烧炉、生物质流化床燃烧炉、生物质沸腾气化燃烧锅炉等。秸秆成型燃料的燃烧效率和排放与其利用设备有关，同时还与设备的功率有关。这里采用应用前景较好的生物质沸腾气化燃烧炉为例，结合国家标准，1MW 生物质沸腾气化燃烧炉燃烧秸秆成型燃料时的排放因子见表 6-20。

**表 6-20　1MW 生物质沸腾气化燃烧炉燃烧秸秆成型燃料时的排放因子**　　单位：g/MJ

| 温室气体 | | | 标准排放物 | | | | |
|---|---|---|---|---|---|---|---|
| $N_2O$ | $CH_4$ | $CO_2$ | VOC | CO | $NO_x$ | $PM_{10}$ | $SO_2$ |
| — | — | 83.2600 | — | 0.0200 | 0.0231 | 0.0150 | 0.0016 |

（3）结果与分析

1）能耗计算与分析

以规模为 50000t/a 的秸秆成型燃料生产体系为例，秸秆成型燃料供应给周边用户，平均距离为 20km，秸秆收集面积计算公式为：

$$S=\pi R^2=\frac{Q_y}{\theta(1-\mu)} \tag{6-30}$$

式中　$S$——秸秆收集面积，$km^2$；

$R$——秸秆收集半径，km；

$Q_y$——年消耗秸秆量，t/a；

$\theta$——单位耕地面积秸秆产量，$t/(km^2 \cdot a)$；

$\mu$——秸秆减量系数。

实际用于成型的秸秆资源必须考虑剔除各种用途和消耗的部分，将其在当地秸秆资源总量中所占百分比表示为减量系数。

由于要考虑秸秆成型燃料生产体系所在地区的耕地面积占当地总面积的比例，故实际最佳秸秆收集半径为：

$$(R')^2=\frac{R^2}{\xi} \tag{6-31}$$

式中　$R'$——实际最佳秸秆收集半径，km；

$\xi$——耕地面积系数，即所计算区域耕地面积占当地总面积的比例。

秸秆成型燃料厂的秸秆收集相关数据见表 6-21。

**表 6-21　秸秆成型燃料厂的秸秆收集相关数据**

| 规模/(t/a) | 秸秆耗量/(t/a) | 秸秆产量/[t/(km² · a)] | 秸秆减量系数 | 耕地面积系数 | 收集半径/km |
|---|---|---|---|---|---|
| 50000 | 51500 | 525 | 0.50 | 0.63 | 10.12 |

从表 6-21 中看出，消耗的秸秆量考虑了秸秆压缩为成型燃料的成型率等因素，生产损耗按 3%计算，秸秆运输和秸秆成型过程按 51500t/a 计算，秸秆成型燃料运输和燃烧使用按 50000t/a 计算。秸秆资源的可获得量必须剔除秸秆的各种用途部分，确定恰当的减量系数是测算秸秆资源可获得量的基础。

生产秸秆成型燃料的能源消耗量折合为原煤或原油进行计算，其中消耗的电力折合的原煤热量为：

$$Q_c=\frac{E_e \times 3.6}{\eta_e \eta_{grid}} \tag{6-32}$$

式中　$\eta_e$——电厂平均发电效率，%；

$\eta_{grid}$——电网输配效率，%；

$E_e$——消耗的电量，kW·h；

$Q_c$——折算原煤的热量，MJ。

目前，中国常规电厂平均发电效率为37%，电网输配效率为93%。玉米秸秆成型燃料生产系统电耗为68kW·h/t。根据以上分析，计算秸秆成型燃料的能源消耗见表6-22。

表6-22　秸秆成型燃料的能源消耗　　单位：$10^6$ MJ/a

| 秸秆运输 | 压缩成型 | 秸秆成型燃料运输 | 秸秆成型燃料能量 |
| --- | --- | --- | --- |
| 1.048 | 35.57275 | 1.694 | 840 |

由表6-22可以看出，玉米秸秆成型过程消耗的能源最多，占总能耗的93%；虽然压缩成型的能耗较大，但压缩后的秸秆成型燃料的密度为1.2t/$m^3$左右，便于存储和运输。

2）环境排放计算与分析

玉米秸秆压缩为成型燃料消耗的电力由燃煤电厂提供，燃煤电厂锅炉排放因子见表6-23。

表6-23　燃煤电厂锅炉排放因子　　单位：g/MJ

| 温室气体 | | | 标准排放物 | | | | |
| --- | --- | --- | --- | --- | --- | --- | --- |
| $N_2O$ | $CH_4$ | $CO_2$ | VOC | CO | $NO_x$ | $PM_{10}$ | $SO_2$ |
| 0.0003 | 0.0007 | 105.0870 | 0.0014 | 0.0119 | 0.2702 | 0.0120 | 3.2490 |

用温室气体$N_2O$、$CH_4$和$CO_2$的排放因子分别乘以各自的地球变暖指数（表6-24），便可折算为基于$CO_2$的温室气体排放量。

表6-24　地球变暖指数

| 温室气体 | 地球变暖指数 | 温室气体 | 地球变暖指数 |
| --- | --- | --- | --- |
| $N_2O$ | 310.0 | $CO_2$ | 1.0 |
| $CH_4$ | 24.5 | | |

根据以上内容可计算出玉米秸秆成型燃料生命周期内温室气体的排放量，如图6-17所示。

由图6-17可知，玉米秸秆成型燃料的生命周期中，秸秆的生长可以固定二氧化碳，其二氧化碳排放为负值，其他环节二氧化碳排放均为正值。生产过程总计碳排放为

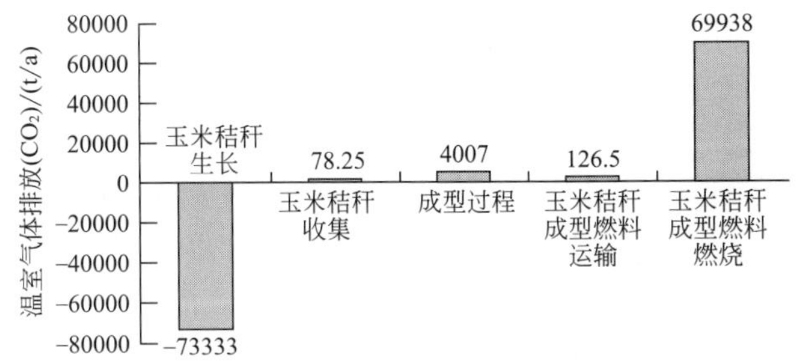


图6-17　玉米秸秆成型燃料生命周期内温室气体的排放量

74149.75t，秸秆生长过程固碳73333t，秸秆固定的二氧化碳为成型燃料和使用排放出二氧化碳的98.89%，说明玉米秸秆成型燃料的生命周期存在少量的温室气体的排放，但在很大程度上减少了温室气体的排放。

根据以上内容计算玉米秸秆成型燃料的生命周期标准排放物排放量分布，如图6-18所示。

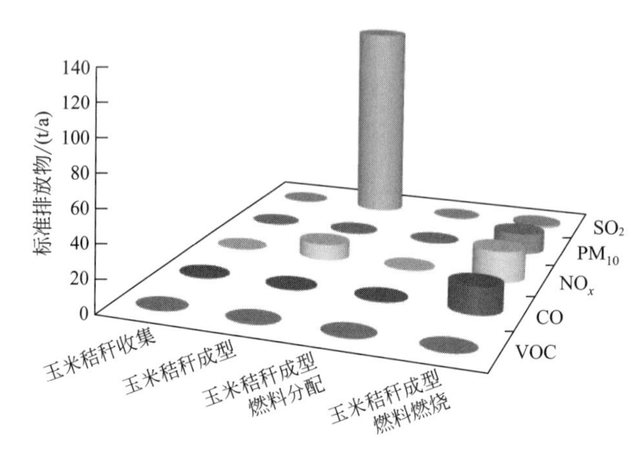


图6-18 玉米秸秆成型燃料的生命周期标准排放物排放量分布

由图6-18可知，标准排放物总量在玉米秸秆的压缩成型过程最多，其次为玉米秸秆成型燃料的燃烧利用过程。其中，$SO_2$ 的排放量在标准排放物中占的比例最大，主要产生于压缩过程的用电，即电厂的排放。$PM_{10}$ 主要产生于玉米秸秆成型燃料的燃烧利用。$NO_x$ 主要产生于玉米秸秆成型燃料的燃烧利用和成型压缩过程中电厂的排放。

## 6.4.3 社会效益分析

生物质能源是六种可再生能源中唯一可以收集、储存、运输和固定碳的可再生能源。生物质原料来源比较广泛，有农业废弃物、林业废弃物、畜禽粪便、工业有机废弃物、城市有机垃圾、能源植物等。农业废弃物是生物质能源原料的重要组成部分。河南作为农业大省，生物质资源十分丰富，仅农业废弃物资源量占全国1/10，每年全国农作物秸秆产量8亿多吨，河南产量8000多万吨。河南的农业废弃物中小麦秸秆占到了总量的近45%，玉米秸秆占到了总量的近30%（图6-19）。

按照生态工业原理，以生物质原料为基础，以生物质利用技术和相关企业为保障和平台，构建生物质利用产业链，产业链上的各种企业在农村地区形成企业群集，促进经济活动在局部空间上的集中，从而吸收大量的农村劳动力，消耗大量的生物质原料。5万吨的生物质成型燃料工厂可购买超过5万吨玉米秸秆，为当地农民增收超过900万元，并提供70多个工作岗位。每年如果把河南省的2000万吨秸秆等农业废弃物用作生物质能源，收集成本按照每吨180元计算，则2000万吨秸秆可为当地农民增收36亿元，覆盖农民1000多万人，人均增收约360元，同时，2000万吨秸秆的生物质利用产业可满足2万～3万人就业，对农业大省的经济发展方式的转变起到积极的作用。生物质的能源规模化利用，具有双向清洁作用，以秸秆为例，如果不被利用就难免被就

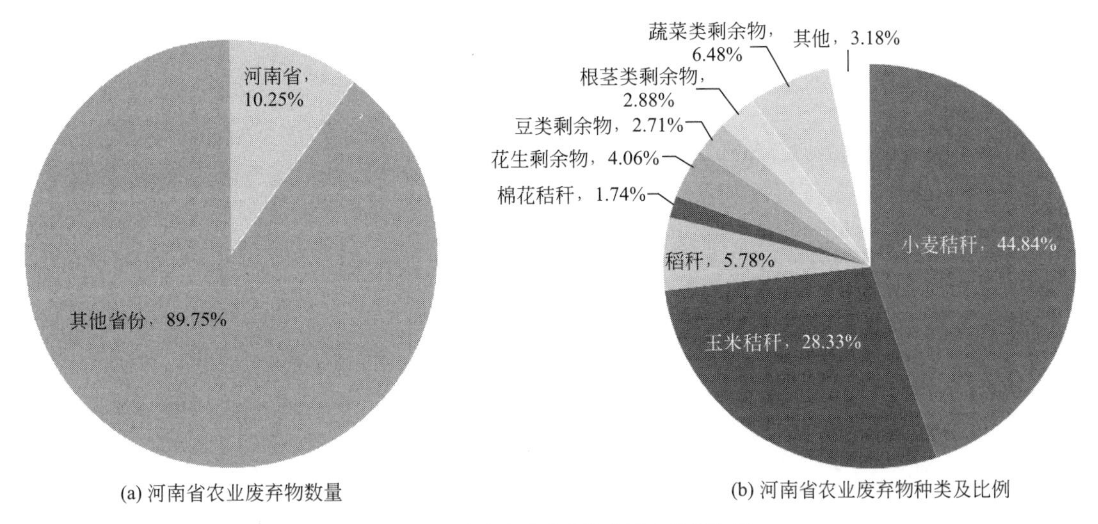


(a) 河南省农业废弃物数量　　(b) 河南省农业废弃物种类及比例

**图 6-19　河南省农业废弃物数量和种类比例**

地焚烧，随意焚烧时会释放大量的二氧化碳，导致大气中二氧化硫、二氧化氮、可吸入颗粒物三项污染指数明显升高，还会引起非常明显的雾霾现象，危害人体健康，影响民航、高速等交通的正常运营，2000 万吨的秸秆可替代标煤约 1000 万吨，减排二氧化碳 2200 万吨，减排二氧化硫 20 万吨（图 6-20）。这些农业废弃物转化为生物质能源，一方面大大缓解了农作物秸秆等生物质随意焚烧带来的空气污染；另一方面替代了化石能源，起到节能减排的作用。农业废弃物资源的能源化利用促进其规模化利用，对促进农业经济、低碳经济的发展具有重要的意义和广阔的发展前景。

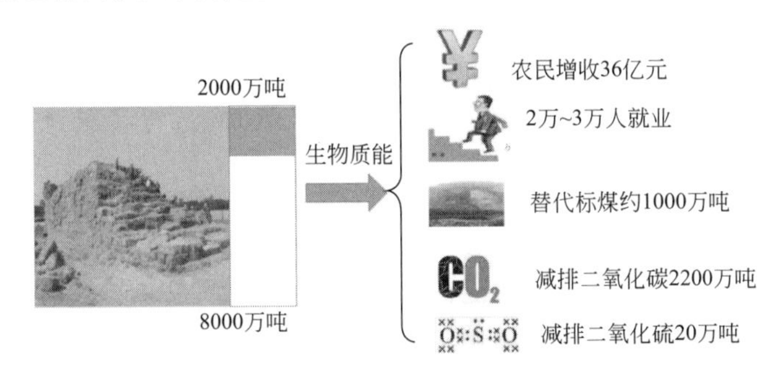


**图 6-20　河南省 2000 万吨农业废弃物作为能源的社会环境效益预测**

同时生物质成型燃料的利用对提升生物质产业竞争力，减少化石燃料消耗，提供能源安全保障，美化农村环境，促进社会主义新农村的建设和发展等具有重要意义。

（1）增强生物质产业竞争力

近年来，受石油价格上涨和全球气候变化的影响，生物质能源的开发利用受到国际社会的极大重视，发展生物质能源不仅有利于带动高科技产业的发展，而且进行规模化和产业化推广也必将形成一个新兴产业，带动一批相关配套设备产业的发展。对转变经济发展方式，调整产业结构和布局，增强产业竞争力做出卓越贡献。

（2）合理利用和开发资源

生物质是宝贵的自然资源。绝大多数的生物质（秸秆、柴草、树枝等农林剩余物）使用品位不高，运输和储存困难，大部分都以直接燃烧的方式应用，其利用效率很低

（一般在15%以下），而且使用也很不方便。将生物质能源转化为生物质成型燃料，提高了生物质能源的使用品位，是生物质合理利用的有效途径，也是资源合理开发利用的重要举措。

（3）利于保护生态和环境

生物质能源属于可再生能源，具有温室气体接近“零”排放的优点，由于含硫和氮量极低，可大大减少 $SO_x$ 和 $NO_x$ 的排放，是典型的绿色低碳能源。煤炭、燃料油等非清洁能源的大量消费是造成 $SO_x$、$NO_x$ 等大气污染物排放的主要原因。利用生物质成型燃料替代化石燃料的使用，可为节能减排奠定坚实基础，且有利于减少化石能源消耗总量，增加新能源比例，可以为实现整治空气污染和完成节能减排目标做出重要贡献。

（4）部分缓解目前燃油短缺状况

开发可再生能源是作为解决化石能源短缺的一项重要措施，已引起世界各国政府高度重视。我国作为农业大国，拥有丰富的生物质资源，每年可作为能源利用的生物质资源不低于7亿吨，通过生物质成型燃料产业合理开发利用，生物质资源可以减少我国对化石能源的依赖，缓解燃油短缺的状况。

（5）有利于农村发展

中国南方农田一年可以种二到三季农作物，北方可以种两季作物。从上一季农作物收获到下一季种植中间的时间间隔非常短暂。农民通常直接将秸秆在田里燃烧或者堆放到农田边缘，但这会直接导致空气污染或农田占用以及农业生产活动的推迟。假如将秸秆加工为生物质成型燃料，以上问题都可以得到很好的解决。用替代煤的生物质成型燃料做饭非常方便、省时，也减少了污染和CO的排放。生物质成型燃料通过增加密度节约了存储空间，延长了保存时间，秸秆堆对农村街道的占用率也可以大大降低。另外，生物质成型燃料可以转化为优质合成气用于家庭、生产或发电。这可以进一步增加能源利用效能，减轻环境压力。

（6）创造经济效益和就业机会

生物质成型燃料的生产和销售，不仅能够增加农民的收入，改善农民生活质量，创造就业，解决“三农”问题，还可以改变农村生活能源主要依靠秸秆、薪柴等生物质低效直接燃烧的传统利用方式，因地制宜解决电力供应和农村居民的生活用能，对全面建设小康社会有重要意义，还能为当地创造一定量的税收。

（7）促进经济实现可持续发展

随着经济的发展，能源供应与经济发展的矛盾十分突出，开发利用生物质资源，可以为经济的发展提供持续的能源保证，为经济可持续发展做出贡献，这也是贯彻落实科学发展观、建设资源节约型社会的基本要求。

（8）开拓新的经济增长领域

生物质能源是高新技术和新兴产业，快速发展的生物质能源已经成为一个新的经济增长点，可以有效拉动装备制造等相关产业的发展，对调整产业结构、促进经济增长方式转变、扩大就业、培养新的经济增长点具有重要的意义。

### 6.4.4 清洁生产分析

以现行清洁生产评价指标对生物质成型燃料燃气生产系统进行分析。

#### 6.4.4.1 生产工艺与装备要求指标

准则层生产工艺与装备要求指标主要体现清洁生产源头控制的指导思想，规范企业选择清洁的生产工艺与设备，减少对环境的污染影响。宏观方面主要对生产单元的工艺进行要求，采用先进清洁工艺减少副产品的生成；微观方面要求工艺与设备的选择性、公用工程装置节能等内容。生产工艺与装备的先进程度决定生产过程对环境产生影响的大小，生产设备自动化程度、各类废物回用工艺决定资源能源利用效率和废物排放量。该准则层指标是定性指标，主要包含工艺选择合理性、工艺参数控制的有效性、生产稳定性、设备自动化程度、设备布置的合理性和公用工程节能要求 6 个具体的评价指标。下面从 6 个方面对生物质成型燃料生产系统进行分析。

(1) 工艺选择合理性

指标解释：生产工艺的选择应满足国家产业政策、技术政策和发展方向，并尽可能采用国际或国内先进生产工艺，不得采用淘汰或落后的生产工艺。

目前，生物质成型燃料燃气生产利用的原料主要是农业剩余物和林业剩余物的成型燃料，生物质原料经干燥、粉碎等预处理后，在特定设备中被加工成具有规则形状的固体燃料即为生物质成型燃料，然后经过气化设备进行气化。生物质的利用虽然由来已久，但生物质成型燃料气化技术的利用 20 世纪才出现，目前生物质成型燃料气化技术要根据原料资源情况进行因地制宜地开发和利用，因此生物质成型燃料燃气也属于新能源，目前，已作为商品能源进入市场，是替代煤等化石能源的重要组成之一。生物质成型燃料燃气的利用可节省煤炭、天然气、石油等不可再生能源，改善我国能源结构；可减少二氧化碳、二氧化硫排放，减轻环境污染；可增加农民收入，促进新农村建设；对实现节能减排及低碳经济的发展具有重要的意义。生物质成型燃料气化技术经过多年来的推广和使用，总体技术比较成熟，工艺选择合理。

(2) 工艺参数控制的有效性

指标解释：工艺参数控制的有效性可以确保清洁生产工艺的开展，从源头上杜绝或减少污染物的产生，消除或减轻末端治理的压力。

生物质成型燃料气化技术所用原料为生物质资源，主要包括农业剩余物和林业剩余物的成型燃料。随着人民收入的增加，在较为接近商品能源产区的农村地区，煤、液化石油气等已成为其主要的炊事用能，从而使传统方式利用的生物质首先成为被替代的对象，致使被弃于田间地头而随意焚烧的秸秆量逐渐增加，不仅浪费了资源，还严重污染了大气，危害了人类的生存环境，同时也浪费了宝贵的可再生能源。我国又是一个燃煤污染排放很严重的国家，大力开发利用包括生物质在内的新能源，已成为改善能源结构，减少环境污染的主要措施之一。生物质成型燃料气化技术可以在获得优质能源的同时，实现对工生物质能源化处理和资源化利用，改善和提高能源的综合效益，是一种变废为宝的转化技术。所以，生物质成型燃料燃气生产技术从源头上杜绝或减少了污染物的产生，消除或减轻了末端治理的压力。

(3) 生产稳定性

指标解释：生产稳定性能确保清洁生产持续健康地发展，降低非正常工况的发生概率，消除或减少污染物的非正常排放和事故排放。

我国已进行了大型生物质成型燃料气化和燃烧系统研究，研究了生物质成型燃料沸腾气化燃烧设备与燃气燃油锅炉或燃煤锅炉配合使用的工艺，提高了生物质成型燃料高效气化燃烧效率。利用沸腾气化技术、低温燃烧技术研发生物质成型燃料沸腾气化成套设备，并对主要部件进行了优化设计，提高了气化和燃烧效率，保证了系统生产稳定。以上生物质成型燃料气化及燃烧技术主体设备保障了生产的稳定运行。

（4）设备自动化程度

指标解释：设备自动化程度决定工艺的先进程度，也是实施清洁生产的基础条件，通过自动化操作可以减少人员操作过程中造成的污染影响。

以降低能耗、减少人工操作、降低粉尘等为目的，我国组织科研团队对大型生物质成型燃料固定床气化炉进行了研发，对其关键部件进行设计优化，使其气化能力增大、气化效率提升、原料适应性扩大；完成了分段式气化工艺设计、固定床炉膛的不同温度段控制，提高热转化效率；对进料速度、进风量、反应器温度、气体排放等进行全自动控制设计，完成了生物质成型燃料大型固定床气化设备的设计和优化。

（5）设备布置的合理性

指标解释：通过合理布置设备位置，一方面可以最大限度地节省管路或传输线的距离和投资费用；另一方面可便于开展资源能源的综合利用项目。

以农业剩余物和林业剩余物为原料的生物质成型燃料，其密度、抗破碎性等都比原料具有很大的性能提高，节省了很大的空间，通过前期分析生物质成型燃料的理化特性，为生物质成型燃料提供了良好的储存条件，建立了生物质成型燃料储存和使用机制。

（6）公用工程节能要求

指标解释：公用工程的节能措施可以减少能源消耗，一定程度上可以降低生产成本，更能减轻因能源消耗而对环境造成的污染。

生物质成型燃料热解过程利用其自身提供能源，实现了能源的自循环利用，降低了系统整体能耗。生物质成型燃料干燥过程采用生物质沸腾燃烧技术提供热源，不消耗传统能源，实现生物质成型燃料到燃气的热量内使用原则，减少了燃用化石能源带来的污染。

#### 6.4.4.2 资源能源利用指标

准则层资源能源利用指标主要关注原辅材料消耗和能源消耗两方面内容，主要考虑生产过程中原辅材料和能源消耗是否得到充分利用，是否对生态环境产生不利影响。正常操作情况下，单位产品的资源能源消耗程度可以部分地反映企业的技术工艺和管理水平，既可以反映生产过程状况，也能反映出企业生产过程对生态环境的影响程度。

该准则层指标是定量指标，利用单位产品的新鲜水耗系数、物耗系数、能耗系数、清洁能源系数、资源有毒有害系数5个评价指标来表达。

（1）新鲜水耗系数

指标解释：单位产品新鲜水（不包括回用水）的消耗量。新鲜水消耗总量指的是企业厂区内用于生产和生活的新鲜水量，生活用水单独计量且生活污水不与工业废水混合排放的除外。

计算公式：

$$\text{新鲜水耗系数}(\mathrm{m^3/t})=\frac{\text{新鲜水消耗总量}(\mathrm{m^3})}{\text{产品生产总量}(\mathrm{t})} \tag{6-33}$$

生物质成型燃料燃气生产过程几乎不消耗水，所以生物质成型燃料气化系统新鲜水消耗系数为零。

（2）能耗系数

指标解释：单位产品电、油和煤等能源的消耗量。能源消耗总量指的是企业厂区内用于生产和生活的电、油、煤等能源的消耗总量（包括生产取暖、降温用能）。各种能源以总能量计，或者按照国家统计局规定的折合系数折算为标准煤进行计算。

计算公式：

$$\text{能耗系数}\left(\frac{\text{kJ/t 标煤}}{\text{MW}\cdot\text{h}}\right)=\frac{\text{能耗消耗总量(kJ/t 标煤)}}{\text{产品生产总量(MW}\cdot\text{h)}} \tag{6-34}$$

根据试验研究和推广应用数据，1MW·h燃气输送过程消耗电力约2kW·h，按照目前中国电力煤耗340g/(kW·h)计算，生物质成型燃料燃气的能耗系数为0.00068kJ/(t标煤·MW·h)。

（3）物耗系数

指标解释：单位产品主要原料和关键辅料的消耗量。原辅材料消耗总量指的是企业厂区内用于生产的主要原料或起决定性作用的辅料的消耗总量。

计算公式：

$$\text{物耗系数(t/MW}\cdot\text{h)}=\frac{\text{原辅材料消耗总量(t)}}{\text{产品生产总量(MW}\cdot\text{h)}} \tag{6-35}$$

生物质成型设备原辅材料主要为设备钢铁，8MW（设计寿命15年）的生物质成型燃料燃气设备及相关厂房钢架结构消耗钢铁10t，物料系数＝10t/8MW＝1.25t/MW。

（4）清洁能源系数

指标解释：单位产品清洁能源和二次能源消耗量之和。清洁能源和二次能源消耗总量指的是企业厂区内各种形式清洁能源的消耗量与其他能源二次使用量（包括废热综合利用等）的总和。各种能源以总能量计，或者按照国家统计局规定的折合系数折算为标准煤进行计算。

计算公式：

$$\text{清洁能源系数}\left(\frac{\text{kJ/t 标煤}}{\text{MW}\cdot\text{h}}\right)=\frac{\text{清洁能源与二次能源消耗总量(kJ/t 标煤)}}{\text{产品生产总量(MW}\cdot\text{h)}} \tag{6-36}$$

洁净能源为电力和生物质原料，生物质原料主要用于气化干燥过程，生产生物质成型燃料燃气1MW·h消耗生物质原料0.015t。结合能耗系数，清洁能源系数为0.015kJ/(t标煤·MW·h)。

（5）资源有毒有害系数

指标解释：单位产品有毒有害原辅材料的消耗量。有毒有害原辅材料消耗总量指的是企业厂区内主要原材料和辅助材料中属于有毒有害物质的消耗量。

$$\text{资源有毒有害系数[t/(MW}\cdot\text{h)]}=\frac{\text{有毒有害原辅材料消耗总量(t)}}{\text{产品生产总量(MW}\cdot\text{h)}} \tag{6-37}$$

该生产过程没有有毒有害原辅材料，所以资源有毒有害系数为零。

#### 6.4.4.3　产品指标

产品的清洁生产要求是开展持续清洁生产的一项重要内容，因为产品的生产、销售、使用过程及报废后的处理处置都可能会对环境产生影响。此外，产品的寿命长短也间接地决定产品对环境产生影响的程度和强度。准则层产品指标由定量和定性指标组合而成，主要包括产品合格率、产品寿命、清洁产品系数及产品报废后对环境的影响 4 个评价指标。这里只对前 3 个指标进行分析解释。

（1）产品合格率

指标解释：合格产品占产品生产总量的比例。产品合格率的高低可以反映原辅材料的利用率，同时影响生产过程中废弃物的产生量。

计算公式：

$$产品合格率=\frac{合格产品总量(t)}{产品生产总量(t)}\times 100\% \tag{6-38}$$

从试验和推广应用情况来看，生物质成型燃料生产燃气的主要指标燃气发热量大于 5500kJ/$m^3$，焦油杂质含量小于 10mg/$m^3$，均高于国家标准。

（2）产品寿命

指标解释：产品的设计使用寿命。多数情况下产品的寿命越长越好，可以减少生产该产品所需原料的用量，以及所产生的各类废弃物。

此处的寿命可以理解为使用效率，与秸秆生物质等直接燃烧相对比得出，生物质成型燃料燃气的燃烧效率可以是生物质直接燃烧效率的 3～7 倍。

（3）清洁产品系数

指标解释：单位产品所含有毒有害成分的总量。

计算公式：

$$清洁产品系数=\frac{产品内有毒有害成分总量(t)}{产品生产总量(t)} \tag{6-39}$$

单位产品所含的有毒有害成分为硫，其燃烧后可产生二氧化硫等有毒气体，生物质成型燃料中含硫 0.01%～0.2%，其燃气中二氧化硫含量小于 30mg/$m^3$，生物质成型燃料燃气是一种十分清洁的产品。

## 参考文献

[1] 陶敏华. 固体生物质标准体系的研究［D］. 北京：华北电力大学，2013.

[2] NY/T 1878-2010［S］.

[3] 孙寅聪，肖菊，李明魁，等. 生物质平模成型燃料设备及规模化运行系统研究［J］. 河南科学，2014，32（5）：820-824.

[4] 张百良，任天宝，徐桂转，等. 中国固体生物质成型燃料标准体系［J］. 农业工程学报，2010，26（2）：251-261.

[5] 袁振宏，谭天伟，雷廷宙. 生物质能高效利用技术［M］. 北京：化学工业出版社，2015.

[6] 吕增安. 加快制定我国生物质成型燃料的标准［J］. 政策与管理，2006，5：4-5.

[7] 张百良，王许涛，杨世关. 秸秆成型燃料生产应用的关键问题探讨［J］. 农业工程学报，2008，24（7）：296-300.

[8] 张百良，李保谦，赵朝会，等. HPB-Ⅰ型生物质成型燃料实验研究［J］. 农业工程学报，1999，15（3）：133-136.

[9]　刘军利，蒋剑春. 论生物质能源标准体系（Ⅲ）——生物质固体燃料标准化研究进展［J］. 生物质化学工程，2006，40（6）：54-58.
[10]　Baernthalera G，Zischkab M，Haraldssonc C，et al. Determination of major and minor ash-forming elements insolid biofuels［J］. Biomass and Bioenergy，2006，30（11）：983-997.
[11]　刘军利，蒋剑春. 论生物质能源标准体系（Ⅴ）——生物质能源标准体系框架的构建［J］. 生物质化学工程，2007，41（2）：69-72.

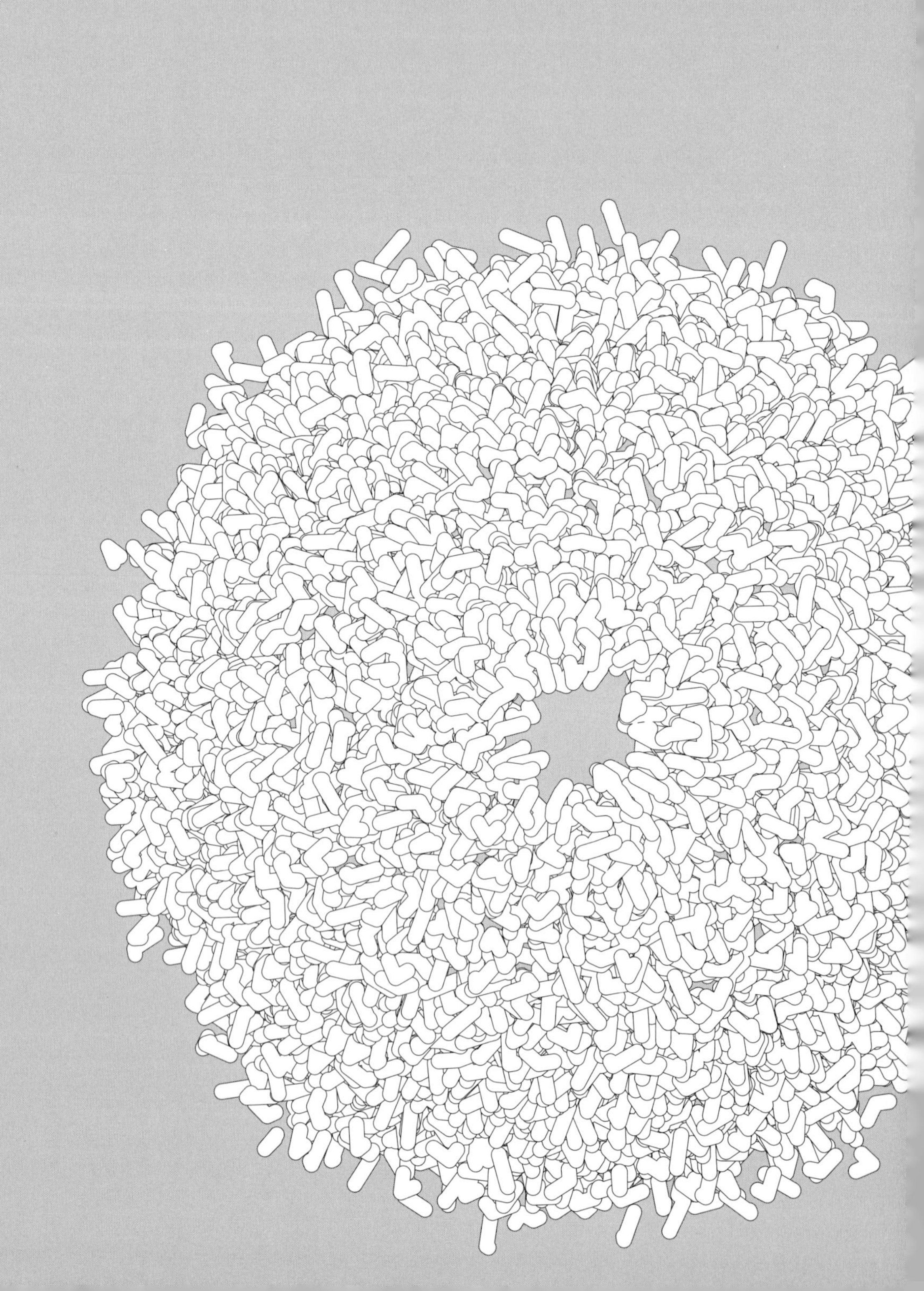

# 第7章

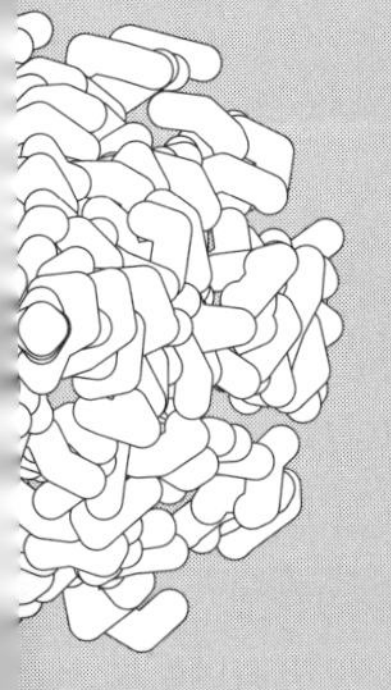

# 生物质固体成型燃料生产技术及产业发展战略



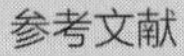

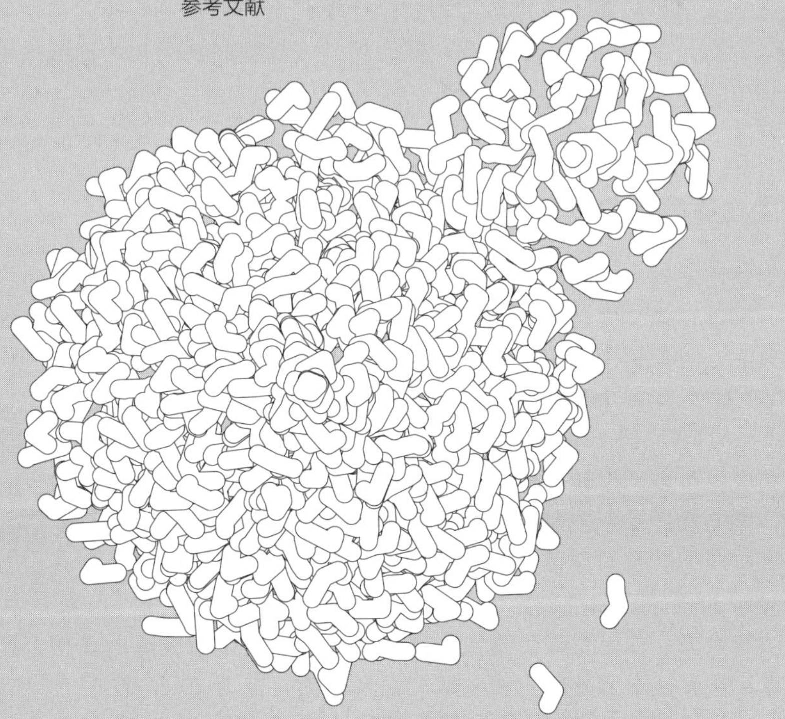

# 7.1 生物质固体成型燃料科技创新和产业发展的战略背景及可行性

生物质能是世界上重要的新能源，其技术成熟，应用广泛，在应对全球气候变化、能源供需矛盾、保护生态环境等方面发挥着重要作用，是全球继石油、煤炭、天然气之后的第四大能源，成为国际能源转型的重要力量。随着中国工业化、城镇化的高速发展，化石能源短缺、环境污染加剧、温室气体减排压力以及农林剩余物利用率低等问题对中国国民经济持续健康发展的限制作用逐渐显现，大力发展以生物质燃料为代表的清洁能源已经成为国家战略选择。生物质成型燃料是一种重要的生物质能源，它由松散的秸秆、树枝和木屑等农林废弃物挤压而成，其能源密度相当于中质烟煤，火力持久、燃烧性能好，与生物质气体或液体燃料相比，是能量转化效率最高的利用方式，可用作家庭生活燃料和电厂发电、窑炉等工业燃料，也可作为中间产物生成液体燃料等。根据国家《能源发展"十三五"规划》和《可再生能源发展"十三五"规划》，国家能源局制定的《生物质能发展"十三五"规划》中明确提出，"十二五"时期，我国生物质能产业发展较快，开发利用规模不断扩大，生物质发电和液体燃料形成一定规模。生物质成型燃料、生物天然气等发展已起步，呈现良好势头。截至 2017 年，全球生物质成型燃料产量约 3000 万吨，欧洲是世界上最大的生物质成型燃料消费地区，约为 1700 万吨。北欧国家生物质成型燃料消费比重较大，其中瑞典生物质成型燃料供热约占供热能源消费总量的 70%。我国国内生物质成型燃料年利用量约 800 万吨，折合标煤 400 万吨，主要用于城镇供暖和工业供热等领域。规模化生产和产业化模式是发展生物质成型燃料的趋势，而科学合理的工艺路线，低能耗、大规模和连续化的标准化生产线与应用装备是生物质成型燃料广泛应用的前提。

## 7.1.1 生物质固体成型燃料产业发展的战略背景

生物质通过一系列先进技术可以转化生成气、液、固 3 种形态的高品位能源，同时是唯一可以存储、方便运输的可再生能源，以其产量巨大、碳循环等优点已引起全球的广泛关注，对保护生态文明环境，实现可持续发展具有重要的现实意义和长远历史意义[1,2]。2015 年，中国生物质成型燃料产能约 700 万吨，产量约 400 万吨，较上年减少约 40%。主要原因为 2012 年财政部停止对生物质成型燃料的补贴政策，对行业的生产规模和应用市场产生较大影响，发展速度减缓。随着全国各地雾霾、空气污染情况逐渐加重，煤电发展受到限制，而生物质成型燃料所属范畴尚未完全定位，一些地方甚至限制生物质成型燃料的应用，导致生物质成型燃料发展受限[3]。

2016 年国家发改委制定的《可再生能源发展"十三五"规划》中明确指出，加快发展生物质能，积极发展生物质能供热，积极推进生物质热电联产为县城及工业园区供热；加快发展技术成熟的生物质成型燃料供热，推动 20 蒸吨/时（14MW）以上大型先进低排放生物质成型燃料锅炉供热的应用，控制污染物排放达到天然气锅炉排放水平，在长江三角洲、珠江三角洲、京津冀鲁等地区工业供热和民用采暖领域推广应用，为工业生产和学校、医院、宾馆、写字楼等公共设施和商业设施提供清洁可再生能源，形成一批生物质清洁供热占优势比重的供热区域。生物质成型燃料供热产业处于规模化发展初期，成型燃料机械制造、专用锅炉制造、燃料燃烧等技术日益成熟，具备规模化、产业化发展基础[4]。

（1）优化能源结构、保障国家能源安全的重要举措

能源对发达国家和发展中国家经济社会的可持续发展，起着至关重要的作用。如何确保充足、可靠、环保和价格合理的能源供给，提高能源利用效率是全球面临的共同挑战。能源安全关系各国的经济命脉和民生大计，对维护世界和平稳定、促进各国共同发展至关重要。

经过近几十年的高速发展，我国国内经济进入新常态，煤炭和电力行业的产能开始出现结构性过剩，但我国能源供应安全和能源环境形势依然严峻。根据国家统计局发布的《2018年国民经济和社会发展统计公报》显示，我国全年能源消费总量46.4亿吨标准煤，比上年增长3.3%。煤炭消费量增长1.0%，原油消费量增长6.5%，天然气消费量增长17.7%，电力消费量增长8.5%。煤炭消费量占能源消费总量的59.0%，比上年下降1.4个百分点；天然气、水电、核电、风电等清洁能源消费量占能源消费总量的22.1%，上升1.3个百分点。《中国油气产业发展分析与展望报告蓝皮书（2018—2019）》显示，2018年世界油气市场整体呈现复苏态势，我国原油加工量和石油表观消费量双破6亿吨，石油表观消费量达6.48亿吨，较上年增长6.95%；国内原油产量连续第3年下滑，降至1.89亿吨，与上年相比下降1.3%；全年原油净进口量达4.6亿吨，与上年相比增长10.9%，石油对外依存度升至69.8%；石油对外依存度逼近70%，天然气消费继续保持强劲增长，进口天然气9038.5万吨，同比大幅增长31.9%，对外依存度升至45.3%[5]。

我国生物质能源资源种类丰富、分布广泛，根据现有生物质能利用技术和生物质资源用途等情况，每年可利用的农作物秸秆理论资源量约为8.7亿吨，折合4.4亿吨标准煤，目前可作为肥料、饲料、造纸等用途的农业剩余物共计约3.7亿吨，可供能源化利用的约4亿吨，全国农作物秸秆的构成比例和主要用途如图7-1和图7-2所示。现有林业剩余物可用作能源利用的合计每年约3.5亿吨。随着国内农作物生产、工业产业规模的发展和居民生活水平的提高等，预计未来一段时期内，农业剩余物量保持稳定，林业剩余物量有一定增长，畜禽粪便量和废水废渣总量将持续增长[6]。

《生物质能发展“十三五”规划》中明确指出，把生物质能作为优化能源结构、改善生态环境、发展循环经济的重要内容，立足于分布式开发利用，扩大市场规模，加快技术进步，完善产业体系，加强政策支持，推进生物质能规模化、专业化、产业化和多元化发展，促进新型城镇化和生态文明建设。生物质成型燃料产业是高效、清洁、低污染、低排放的生物质能源技术体系，是最有产业化和大规模化发展前景的可再生能源，因此，发展生物质成型燃料产业是作为化石能源的补充以及温室气体减排的必由之路，是保障我国能源安全的重要举措，也是顺应经济时代发展的必然要求。

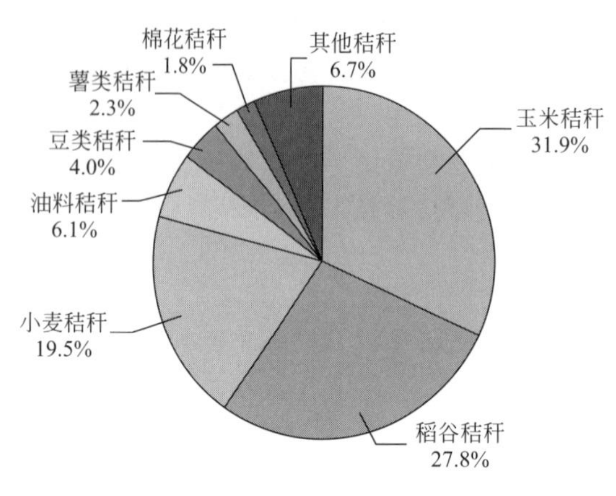


图 7-1 全国农作物秸秆构成比例

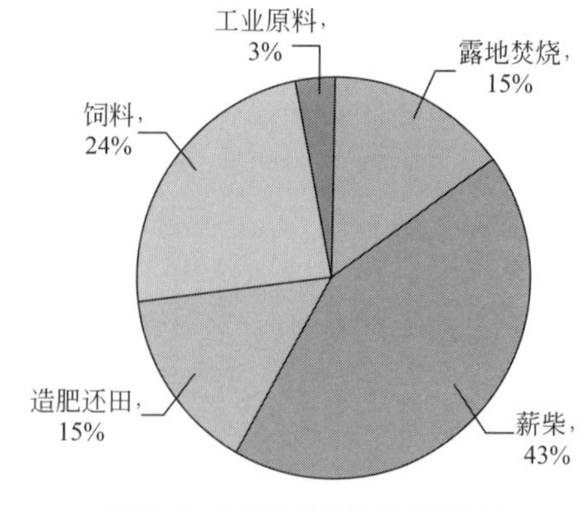


图 7-2 全国农作物秸秆主要用途

（2）应对气候变化、实现可持续发展的内在要求

《国家应对气候变化规划（2014—2020 年）》中强调，气候变化关系全人类的生存和发展。我国人口众多，人均资源禀赋较差，气候条件复杂，生态环境脆弱，是易受气候变化不利影响的国家。气候变化关系我国经济社会发展全局，对维护我国经济安全、能源安全、生态安全、粮食安全以及人民生命财产安全至关重要。积极应对气候变化，加快推进绿色低碳发展，是实现可持续发展、推进生态文明建设的内在要求，是加快转变经济发展方式、调整经济结构、推进新的产业革命的重大机遇，也是我国作为负责任大国的国际义务。到 2020 年，控制温室气体排放行动目标全面完成，单位国内生产总值二氧化碳排放比 2005 年下降 40%～45%，非化石能源占一次能源消费的比重降至 15%左右，低碳试点示范取得显著进展。

由于我国发展中国家的具体国情，长期以来的粗放式工业发展和以煤炭为主的一次能源消费结构方式，造成生态环境破坏，温室气体排放导致气候恶化，全球一体化进程要求每个国家都参与其中，2016 年近 200 个缔约方在巴黎气候变化大会上达成《巴黎协定》。世界各国逐渐由以化石能源或炭基能源为基础的发展模式向以新能源和低碳为特征的“绿色经济”发展模式转变。

（3）实现节能减排、建设节约型社会的必然选择

我国制定的《可再生能源发展“十三五”规划》和《生物质能发展“十三五”规划》中明确指出：到 2020 年，生物质能基本实现商业化和规模化利用。生物质发电总装机容量达到 1500 万千瓦，年发电量 900 亿千瓦时，其中：农林生物质直燃发电 700 万千瓦时，城镇生活垃圾焚烧发电 750 万千瓦时，沼气发电 50 万千瓦时；生物天然气年利用量 80 亿立方米；生物液体燃料年利用量 600 万吨；生物质成型燃料年利用量 3000 万吨。积极发展生物质成型燃料供热，在具备资源和市场条件的地区加快推广生物质成型燃料锅炉供热，全国生物质成型燃料建设布局见表 7-1。积极推动生物质成型燃料在商业设施与居民采暖中的应用；加快大型先进低排放生物质成型燃料锅炉供热项目建设；加强技术进步和标准体系建设。大力发展生物质成型燃料已经成为可再生能源的发展趋势，是维护我国能源安全、调整能源结构、缓解能源供需矛盾的战略举措，是减少大气污染气体排放，保护生态环境，实现可持续发展的重要措施，对于完成国家制定的节能减排目标、建设节约型社会具有重大战略意义。

**表 7-1 全国生物质成型燃料建设布局**

| 全国生物质成型燃料建设布局 | | | | | |
|---|---|---|---|---|---|
| 序号 | 重点区域 | 重点省份 | 重点 | 2020年规划年利用量/万吨 | 替代煤炭消费量/万吨标准煤 |
| 1 | 京津冀鲁 | 北京、天津、河北、山东 | 农村居民采暖、工业园区供热、商业设施冷热联供 | 600 | 300 |
| 2 | 长江三角洲 | 上海、江苏、浙江、安徽等 | 工业园区供热、商业设施冷热联供 | 600 | 300 |
| 3 | 珠江三角洲 | 广东等 | 工业园区供热、商业设施冷热联供 | 450 | 225 |
| 4 | 东北 | 辽宁、吉林、黑龙江等 | 农村居民采暖、工业园区供热、商业设施冷热联供 | 450 | 225 |
| 5 | 中东部 | 江西、河南、湖北、湖南等 | 工业园区供热、商业设施冷热联供 | 900 | 450 |
| 6 | 总计 | | | 3000 | 1500 |

根据原国家环境保护总局发布的《2016年中国环境状况公报》，474个城市（区、县）开展了降水监测，酸雨城市比例为19.8%，酸雨频率平均为12.7%，酸雨类型总体仍为硫酸型，酸雨污染主要分布在长江以南—云贵高原以东地区。338个地级及以上城市，发生重度污染2464天次、严重污染784天次，以$PM_{2.5}$为首要污染物的天数占重度及以上污染天数的80.3%，以$PM_{10}$为首要污染物的天数占20.4%，以$O_3$为首要污染物的天数占0.9%。其中，有32个城市重度及以上污染天数超过30天，分布在新疆（部分城市受沙尘影响）、河北、山西、山东、河南、北京和陕西[7]。

生物质成型燃料是能源转化效率最高的可再生能源，对于增加农村优质能源供应，改善城市工业能源消费结构，节约石油、煤炭、天然气等一次能源消费，减少能源浪费和降低废气排放，建设资源节约型、环境友好型社会具有重要的现实意义。生物质成型燃料的应用，不仅可促进农民更加珍惜和利用秸秆资源，而且可通过秸秆资源的新型能源化开发利用，有效地替代秸秆和煤炭的直接燃用消耗，降低目前能源消耗中$CO_2$、$SO_2$和$NO_x$的排放量，减轻大气污染。

（4）推进社会主义新农村和城镇化建设的有效途径

党的十八届五中全会上通过的《中共中央关于制定国民经济和社会发展第十三个五年规划的建议》，对做好新时期农业农村工作作出了重要部署。一方面，解决好“三农”问题，加快建设社会主义新农村，推进城镇化建设，为以工促农、以城带乡带来持续牵引力，拓展农业农村发展空间，实现美丽中国是我国实现现代化的重要历史任务。另一方面，在经济发展新常态背景下，农业技术改革全面展开，转变农业发展方式，促进农民收入稳定较快增长，加快缩小城乡差距，是确保如期全面建成小康社会，实现绿色发展和资源永续利用的现实难题。《国家新型城镇化规划（2014—2020年）》要求积极深入推进新型城镇化建设，辐射带动新农村建设，推动基础设施和公共服务向农村延伸，带动农村一二三产业融合发展，开展农村人居环境整治行动等。新型城镇化是现代化的必由之路，是最大的内需潜力所在，是经济发展的重要动力，也是一项重要的民生工程[8]。

“十三五”时期推进农村改革发展，加大创新驱动力度，推进农业供给侧结构性改革，保持农业稳定发展和农民持续增收，走产出高效、产品安全、资源节约、环境友好的农业现代化道路，推动新型城镇化与新农村建设双轮驱动、互促共进。为了充分发挥农村分散的生物质资源优势，在合理的收集半径内因地制宜地发展生物质成型燃料生产技术及产业，使农村地区的生物质资源就地转换为可存储、运输的商品能源，可有效延长农业产业链，提高农业效益，增加农民收入，改善农村环境，促进农村地区经济和社会的可持续发展，加快形成资源利用高效、生态系统稳定、产地环境良好、产品质量安全的农业发展新格局[9]。

① 发展生物质成型燃料产业有利于改善农村传统的低效用能现状，促进用能方式和用能效率的提高，有效改善农村卫生状况和农民人居生活环境，提高农民生活质量，建设文明和谐的新农村。在农村推广使用热值高、运输方便、清洁的生物质成型燃料，使农民逐渐放弃传统的秸秆、薪柴等生物质直接燃烧的低效利用方式，将农村高效用能、可持续发展的观点深入农民，直接从源头解决秸秆等直接露天焚烧所引起的空气污染问题。

② 发展生物质成型燃料产业有利于延伸传统农业产业链，促进农业经济增长方式转变，提高农业生产效益，促进农民就业，增加农民收入，建设经济繁荣的新农村、新城镇。通过把分散的小农种植业与生物质成型燃料产业有机结合，能够将种植业所产生的剩余物进一步转换成高密度的固体能量资源，避免可再生资源的浪费，促进了农业结构调整，对加快农工一体化进程、实施农业综合开发具有重要的推动作用。

③ 发展生物质成型燃料产业是建设资源节约型、环境友好型社会主义新农村、国家新型化城镇的重要举措。发展生物质成型燃料产业符合我国“四化同步”的发展道路，不仅使农业秸秆、花生壳、木屑、枝桠等废弃资源得到高值化利用，而且对改善农村居住环境和生产环境起到积极作用，有助于实现社会要生态，农民要致富的目标，促进了农村生产、生活、生态的协调发展，同时促进了工业化和城镇化的良性互动[10]。

### 7.1.2 科技创新和产业发展的必要性和可行性

随着国际社会对优化能源结构、保障能源安全、应对气候变化、实现可持续发展、建设节约型社会等问题日益重视，加快开发利用可再生能源已成为世界各国达成共识的重要战略举措，科技创新在其中发挥越来越重要的战略因素。持续推进生物质能源产业科技创新和产业跨越发展已是我国生物质能源产业亟待解决的核心问题，必须开展有关生物质成型燃料的关键技术及产品研发，加大科技投入，提升自主创新能力，解决产业化开发中的技术瓶颈，使得自主研发的生物质成型燃料生产技术及设备应用产品化和标准化，引领生物质成型燃料产业规模化发展。

（1）科技创新和产业发展的必要性

1）科技创新和产业发展是生物质能源战略发展的需求

生物质能源产业是国务院确定的战略性新兴产业之一，国家相继出台一系列政策法规，把发展生物质能源作为重点支持领域与鼓励发展的范围。《“十三五”国家战略性新兴产业发展规划》在构建可持续发展新模式中明确提出，深入推进资源循环利用，加强农林废弃物回收利用，基本实现畜禽粪便、残膜、农作物秸秆、林业三剩物等农林废弃物资源化利用。推广秸秆腐熟还田技术，支持秸秆代木、纤维原料、清洁制浆、生物质能、商品有机肥等新技术产业化发展。鼓励利用畜禽粪便、秸秆等多种农林废弃物，因地制宜实施农村户用沼气和集中供沼气工程。推广应用标准地膜，引导回收废旧地膜和使用可降解地膜。鼓励利用林业剩余物建设热、电、油、药等生物质联产项目。积极开发农林废弃物超低排放焚烧技术。《能源发展“十三五”规划》在能源结构调整中指出，优化能源结构，实现清洁低碳发展，是推动能源革命的本质要求，也是我国经济社会转型发展的迫切需要。清洁低碳能源将是“十三五”期间能源供应增量的主体。《可再生能源发展“十三五”规划》明确强调，加快发展生物质能，按照因地制宜、统筹兼顾、综合利用、提高效率的思路，建立健全资源收集、加工转化、就近利用的分布式生产消费体系，加快生物天然气、生物质能供热等非电利用的产业化发展步伐，提高生物质能利用效率和效益。《中共中央关于制定国民经济和社会发展第十三个五年规划的建议》提出提高非化石能源比重，推动煤炭等化石能源清洁高效利用，加快发展风能、太阳能、生物质能、水能、地热能，安全高效发展核电、煤层气、页岩气，改革能源体制，形成有效竞争的市场机制。《中华人民共和国可再生能源法》《中华人民共和国节约能源法》《可再生能源产业发展指导目录》《能源发展战略行动计划（2014—2020年）》《秸秆综合利用技术目录（2014）》《生物质能发展“十三五”规划》《关于发挥国家高新技术产业开发区作用促进经济平稳较快发展若干意见》《关于加强生物质成型燃料锅炉供热示范项目建设管理工作有关要求的通知》等，政府各类法规文献均明确给出了生物质能源的发展规划和指导意见，制定了清晰的产业战略方向和目标。

2）科技创新和产业发展是生物质能源科技发展的需求

《“十三五”国家科技创新规划》指出，“十二五”以来特别是党的十八大以来，党中央、国务院高度重视科技创新，做出深入实施创新驱动发展战略的重大决策部署。“十三五”时期，世界科技创新呈现新趋势，国内经济社会发展进入新常态。创新模式发生重大变化，创新活动的网络化、全球化特征更加突出。全球创新版图正在加速重构，创新多极化趋势日益明显，科技创新成为各国实现经济再平衡、打造国家竞争新优势的核心，正在深刻影响和改变国家之间的力量对比，重塑世界经济结构和国际竞争格局。《能源发展“十三五”规划》指明，要加快技术创新、体制机制创新和产业模式创新，进一步增强能源产业的发展活力。《国家创新驱动发展战略纲要》中明确强调科技创新是提高社会生产力和综合国力的战略支撑，必须摆在国家发展全局的核心位置。

近年来，我国生物质成型燃料发展迅速，在新能源和非传统化石能源利用中已经占有重要地位。然而，我国成型燃料产业开发利用起步较晚，尽管部分技术已经得到了逐步的应用，加工装备水平也得到了明显提高，但由于缺乏具有自主知识产权的核心技术与关键装备制造技术，我国生物质成型燃料产业总体加工技术与装备制造技术水平偏低，关键设备的国产化能力差、水平低，设备性能与国外相比存在较大的差距。因此，必须大力开发生物质成型燃料高新技术的研发和科技创新，解决目前存在的技术和经济瓶颈问题，建立具有我国完全自主知识产权的生物质成型燃料高新技术及相关配套产品，为我国生物质能源科技发展提供重要的技术支撑。

3）科技创新和产业发展是生物质能源领域科技成果转化的需求

在生物质成型燃料的工程化和产业化方面，我国的科研队伍和产业体系相对比较分散，很难在行业的重大关键性和共性问题上取得突破性进展。虽形成一些技术成果，但由于缺少完备的技术转化平台和转化体系，绝大部分技术仍然停留在实验阶段，成果转化率很低，造成了科技浪费和经济损失。

生物质成型燃料在我国仍处于产业化发展初期阶段。20 世纪 80 年代我国引入螺旋推进式秸秆成型机，开始了生物质压缩成型技术的研究与开发；中国林业科学研究院林产化学工业研究所在“七五”期间成立了生物质压缩成型机及生物质成型理论的研究课题组，研发了棒状成型机和炭化机组；在“八五”期间，经消化、吸收国外仪器经验，研制出符合我国国情的生物质压缩成型机，用以生产棒状、块状或颗粒生物质成型燃料。在成型工艺、设备加工以及生物质成型燃料应用方面有了一定的积累。生物质成型燃料行业内的优秀企业如广州森迪热能技术股份有限公司、吉林宏日新能源有限责任公司、北京宝粒特木煤机械制造有限公司等，他们生产的生物质颗粒燃料产品质量指标经过 SGS 通标标准技术服务有限公司的检测，完全符合日本和韩国等国家较高的排放要求[11]。

但是，目前生物质成型燃料生产技术和产业仍然存在生物质原料的供应、收储运模式尚未成熟，生产过程中设备耗能过高、设备适应性不强、连续化自动化生产程度低，燃烧装备尚未定型，生物质成型燃料应用领域局限等问题，必须通过加强技术研发和装备创新，以提高生产效率和能源利用效率的方式，满足产业化和规模化发展的需求。

（2）科技创新和产业发展的可行性

1）我国生物质能源潜力巨大作为前提条件

我国地大物博，生物质能源资源种类繁多，主要包括农作物秸秆及农产品加工剩余物、林木采伐及森林抚育剩余物、木材加工剩余物、畜禽养殖剩余物、城市生活垃圾和生活污水、工业有机废弃物和高浓度有机废水等。根据现有生物质能利用技术状况和生物质资源用途等情况估算，目前中国可能源化利用的生物质资源总量每年约 4.6 亿吨标准煤。根据《全国林业生物质能发展规划（2011—2020 年）》，我国现有林地面积约 3 亿公顷，现有森林面积约 2 亿公顷，森林蓄积 137 亿立方米，天然林面积 1.2 亿公顷，天然林蓄积 114.02 亿立方米，人工林保存面积 6000 万公顷，蓄积 19.6 亿立方米，林木生物质资源潜力约 180 亿吨，可供能源化利用的主要是薪炭林、林业三剩物、木材加工剩余物等，现有林木资源可用作生物质能源的潜力每年约 3.5 亿吨，目前相当部分的林木剩余物已被利用，主要是用作农民炊事燃料或复合木材制造业等工业原料，若全部开发利用可替代 2 亿吨标准煤；畜禽粪便主要来自圈养的牛、猪和鸡三类畜禽，根据不同月龄的牛、猪和鸡的日排粪量以及存栏数和粪便收集系数，估计粪便实物量为 13.4 亿吨，规模化畜禽养殖场粪便资源每年约为 8.4 亿吨，按照平均每吨畜禽粪便发酵产沼气 50 立方米计，生产沼气的潜力约为 400 亿立方米，约折合 2800 万吨标准煤；2014 年，中国垃圾清运量约为 1.6 亿吨，按其中 50％以焚烧发电方式处理，其余以填埋方式处理计算，全国生活垃圾约可替代 1200 吨标准煤；2014 年中国工业有机废水总量约为 45 亿吨，可生产 280 亿立方米沼气，相当于 2000 万吨标准煤。种类繁多，数量巨大的生物质资源为科技创新和产业发展提供了有力的支撑基础（图 7-3）。

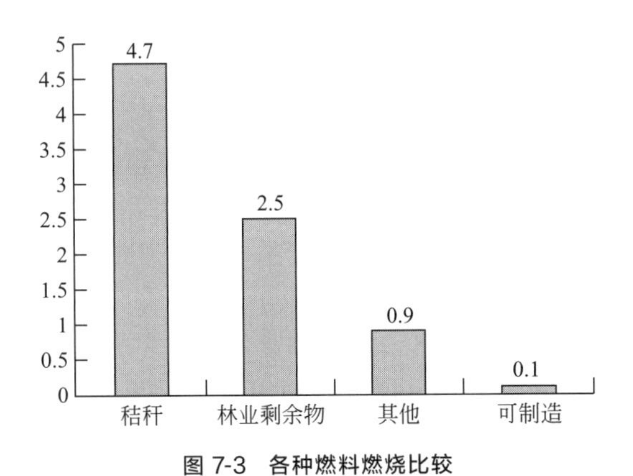


图 7-3　各种燃料燃烧比较

2）科技创新支撑、引导生物质能源产业现代化发展

生物质能源产业发展核心竞争力的提升依赖于前沿技术的原始创新，世界主要国家围绕生物质能源转化的生物技术、化学技术、信息技术和智能装备技术等方面进行核心共性技术的竞争性创新，以科技创新带动生物质能源产业发展，将创新资源向产业链高端集聚，积极抢占先机、占领产业发展的制高点，已为生物质能源产业现代化发展提供了科技支撑。科学技术的创新与突破，支撑着生物质能源科技的原始低效开发利用向高值、高效和现代的利用方式转变，推动生物质能源产业的现代化。经过多年发展，我国生物质能源利用的基础科学理论、技术装备开发、系统集成和示范应用方面也已经取得良好基础，具备了支撑产业化的条件。生物质成型燃料生产技术已基本成熟，作为供热、替代燃料将继续保持较快发展势头。

3）社会经济发展促进生物质能源产业化

在我国，生物质能源产业作为战略性新型产业的主要方向，经济发展转型的主要方式，生物质能源产业要改变传统工业的生产方式，向绿色、低碳的战略性新兴产业发展，带动经济由低效、基础投资、出口向高科技产业发展。生物质能源在整合产业链技术资源、建设产业技术创新战略联盟的基础上，已推动国内生物质能源的部分技术进入到产业化阶段，并逐步形成商业模式。以生物燃气为例，近年来我国已出现了集中供气、气—热—电—肥联产、管道入网、装备制造等商业模式，液体生物燃料方面出现了车用燃料乙醇等商业模式，为我国生物质能源产业化提供了模型。

4）政策法规推动生物质能源产业的商业化

近年来，各国生物质能源产业正是在相关规划、法规及财税政策的支持和保障下促进了生物质产业的快速发展。而且，各国结合自身国情在生物质能的规划、法规及财税政策方面略有不同，导向了各国生物质能源产业的发展特色。我国先后颁布了近 30 条法律与规划支持生物质能源产业。其中包括《中华人民共和国可再生能源法》《节约能源法》《中华人民共和国循环经济促进法》《清洁生产促进法》和《农业法》等法律及《可再生能源中长期发展规划》《可再生能源发电价格和费用分摊管理试行办法》和《农业生物质能产业发展规划（2007—2015 年）》等规划与办法，从而构建了我国生物质能源发展的政策保障[10,12]。

# 7.2 生物质固体成型燃料生产技术及产业现状分析

我国主要是以农林剩余物为原料生产生物质成型燃料，近几十年来，生物质成型燃料方向经过技术引进和研究发展、自主研发与设备完善、产业化应用的不断发展，生物质成型技术及产业逐步完善和成熟。南京林业化工研究所在“七五”期间设立了生物质压缩成型机及生物质成型理论研究课题，湖南省衡阳市粮食机械厂为处理粮食剩余谷壳，于1985年根据国外样机试制了第一台ZT-63型生物质压缩成型机。江苏省连云港市东海粮食机械厂于1986年引进了一台OBM-88棒状燃料成型机。1990年以后，陕西武功轻工机械厂、湖南农村能源办公室以及河北正定县常宏木炭公司等单位先后研制和生产了几种不同规格的生物质成型机和炭化机组。1998年初，东南大学、江苏省科技情报所和国营9305厂研制出了MD-15型固体燃料成型机。20世纪90年代期间河南农业大学、中国农机能源动力研究所分别研究出PB-I型机械冲压式成型机、HPB系列液压驱动活塞式成型机、CYJ-35型机械冲压式成型机。进入21世纪，中南林学院、辽宁省能源研究所研制的颗粒成型机，南京林产化工研究所研制的多功能成型机，河南农业大学机电工程学院研制的活塞式液压成型机，在国内都已形成或正在形成产业化。目前主要在河南、山东、辽宁、黑龙江、吉林、安徽、河北、广东、北京等地进行示范推广，我国生物质成型燃料生产技术、设备、标准及配套服务体系都得到了快速发展，生产和应用初步形成了一定的规模，组建了完整的研发队伍及机构，拥有了自主研发与创新能力，基本形成了具备自主知识产权的技术体系，建立了适合我国国情的生物质成型燃料产业发展模式与产业链，在生物质能源化利用各技术领域率先实现了规模化产业应用。

## 7.2.1 前沿研发与技术创新

我国在生物质成型燃料前沿研发与技术创新方面已基本完成了从原料干燥、粉碎到成型各生产环节的技术设备研发与创新，建立了高效合理的技术设备体系，开发出不同类型的生物质成型燃料生产设备，为生物质成型燃料产业发展提供完备的技术设备支撑。在20世纪末的20年，生物质成型燃料生产技术的发展虽然没有大的突破，但在多家高等院校、研究院所、企业的示范作用下，吸引了上百家企业加入这个行业，为生物质成型燃料生产技术的快速发展奠定了基础。近几年，生物质成型燃料生产技术的应用和燃料的生产已初步形成了一定的规模。2009年生物质成型燃料生产能力不足50万吨/年，之后每年以翻番的速度递增，到2013年，生物质成型燃料的生产能力已超过400万吨/年，生物质成型燃料设备生产企业近700家，生物质成型燃料主要用于农村居民炊事取暖、工业锅炉燃烧等。国家能源局制定的《生物质能发展“十三五”规划》明确提出，到2020年，生物质能基本实现商业化和规模化利用，其中生物质成型燃料年利用量3000万吨。规模化生产和产业化模式是生物质成型燃料发展的趋势，科学合理的工艺路线、低能耗、大规模和连续化的标准化生产线与应用装备则是生物质成型燃料大力推广应用的前提[13]。

（1）生物质成型燃料生产技术研发与创新

由于生物质原料来源广泛、种类繁多，不同物种、不同生产环境的原料理化差异造成其无规律的合适成型条件。为了保证良好的成型效果，可采取调整成型设备的环模线速度、压缩比、添加环保黏结剂等措施。

① 通过改变压缩时间、压缩速度提高生物质原料成型效果；

② 降低环模线速度来增加物料在模孔中的时间，改善生物质原料成型效果，同时有助于提高设备运行稳定性，延长设备各部件的工作寿命；

③ 在压缩过程中添加适量淀粉、废纸浆等作为黏结剂。

另外，可通过外部提供热源，使原料中的木质素在70℃的温度下就发挥黏结作用，促进物料塑化变化压缩成型，生物质成型燃料的密度一般为1.0～1.5g/cm$^3$，热值可达到11.9～18.8MJ/kg[14]。

我国在引进意大利技术的基础上，自主研究、开发了新型生物质颗粒制粒生产系统。主要特点为湿度范围较广，适应大部分生物质原料，在湿度为10%～35%时即可直接送入设备压缩成粒。成型过程的温升仅为10～15℃，压制出来的颗粒温度一般只有55～60℃，无需冷却即可直接进行包装储藏。由于省去了干燥和冷却两道工序，新型的生物质颗粒制粒生产系统的能耗比传统的工艺方法低60%～70%，减少了机器设备的磨损率，降低了生产系统的资金投入和生产成本。

（2）生物质成型燃料设备研发与创新

1）生物质颗粒燃料成型机

国内生物质颗粒燃料成型机的传动方式有皮带传动和齿轮传动两种类型。上海申德、江苏（扬州）牧羊为皮带传动的代表；江苏溧阳地区的企业为齿轮传动的代表。它们都是以美国CPM公司的产品为样板，在实际应用效果中，齿轮传动结构紧凑些，效率略高，但对承载零部件的要求也高，皮带传动的最大优势是传动中的瞬间冲击力小，设备更为安全。随着产业的发展，单个生物质颗粒燃料成型机的生产能力越来越大，目前国内产品已从400系列过渡到500系列并作为基准机型，其中：环模式成型机单机产量1～2t/h，功耗60～110kW·h/t，关键部件寿命>400h；平模式成型机单机产量0.3～0.5t/h，功耗30～100kW·h/t，关键部件寿命>200h[15]。成型设备单机产能越大，生产率越高，单位产能投资越小，有助于降低单位质量生物质成型燃料的生产成本，产业市场的发展促使大直径的环模成型机迅速得到规模化厂家的应用。

2）生物质压块燃料成型机

生物质压块燃料成型机是我国压缩成型设备的特色，由饲料压块成型机优化改进而成，结构较简单，原料适应性强。近年来，我国对生物质压块燃料生产技术及设备研发不断进行优化设计，调整改进了生物质压块燃料模具的开孔率、成型孔结构、攫取角等，大幅提高了成型设备的使用寿命，降低了生物质压块燃料的生产成本。现在生物质压块燃料成型机对原料水分的适应范围可达8%～30%。

3）生物质致密成型及炭化燃料生产设备

针对生物质质地柔软和水分波动大的特点，改进生物质干燥工艺设备，解决了设备对各类生物质原料和水分变化的适应性问题，并采用农林废弃物沸腾燃烧装置进行干燥供热，提高了能源利用效率。开发出了高湿低玻璃化点自胶黏压缩生物质成型燃料生产技术和装备，通过在外部安装电加热装置，利用原料中的木质素受热塑化的黏结性成型。生产出的生物质成型燃料不仅可以直接燃烧利用，还可进行深加工制成生物质成型炭和活性炭。炭化过程采用尾气循环利用技术，通过关键装备的研发和技术的匹配耦合，获得生物质成型燃料炭化过程的热能自给技术，实现了炭化过程的“低碳”生产。同时，通过设备的自动化控制和一体化生产，极大地缩短了炭化的周期，使炭化的周期从之前的144h缩短为36h[16]。

（3）成型配套技术设备研发与创新

生物质成型燃料的生产设备包括最关键的核心设备——成型机，以及粉碎机（或揉搓机）、烘干机（含热风炉）等辅助设备和装置。粉碎机（或搓揉机）用于保证原料的粒度（或长度），烘干机用于保证原料的含水率，它们都直接影响生物质成型燃料的产量和质量。通过对输送、分离、除尘等生产辅助设备的适应性进行改进，提高了生物质成型燃料的实际生产效率，有助于实现连续化生产。

1）生物质粉碎技术及设备创新

大部分生物质原料在利用前期都需要经过粉碎加工处理，我国在生物质粉碎技术方面相对成熟。以常见农作物秸秆中具有代表性的玉米秸秆为模型物，进行农业废弃物粉碎理论研究，找出影响生物质粉碎技术的主要因素和一般规律。以此为依据，优化设计出原料适应性强、工作范围广的系列农林废弃物粉碎设备。玉米秸秆、稻麦秆等农作物秸秆硬度小、易破碎，目前适于农作物秸秆粉碎的铡草机、粉碎机种类较多，技术成熟，通过选型能够满足生物质成型燃料预处理的要求。木质素类生物质原料切削粉碎机采用先切削后粉碎的原理，如直径低于10cm的树枝，生产率达到2.1$m^3/h$，当树枝直径为10～15cm时，功耗达到15.7kW・h/$m^3$。但多功能联合作业粉碎技术还不够成熟，有待进一步攻关研究[17]。

2）生物质干燥技术及设备创新

对农业废弃物特殊的干燥特性进行全面、系统的实验研究，探索了农业废弃物干燥的一般规律。以体积平均理论为指导思想建立干燥过程中的表征单元体，以热质平衡为基本出发点，进行干燥过程的理论分析及数值模拟，得到了农业废弃物这一特殊多孔介质干燥的基本方程；运用干燥特性实验的基础数据和数值模拟的研究成果，开发出了流化床干燥技术、回转圆筒干燥技术、筒仓型干燥技术，干燥温度大约在150～260℃之间，物料水分从40%可一次烘干至10%；优化设计了干燥能力为300～2000kg/h的系列化干燥成套设备，设备热利用率不小于70%，干燥后物料的含水率不均匀度小于2%，能有效利用各种高温气体作为热载体，具有广泛的热源适用性。

3）生物质成型炭生产技术和装备的创新

利用固体生物质成型棒在热解过程中产生的一氧化碳、甲烷、乙烷、丙烷等可燃性气体，在热解炉内燃烧以维持反应温度，保证成型炭脱水、热解、精炼各阶段的温度要求，不需要任何额外能源补充。剩余部分产生的热量用于原料干燥或用作生活用能，从而使炭化过程实现能源综合利用，尾气达标排放。该创新技术通过严格控制工艺条件，开发新型可以连续运行的炭化设备，改善了工作环境，能保证产品质量的稳定性与均衡性。成型炭产品品质可达固定碳88.0%，挥发分7.4%，发热量31150kJ/kg，产品得率从15%提高至

25%以上，优级品率从 20%提高至 70%以上。产品得率及优级品率均可较大幅度提高，且生产周期可由 3～7d 缩短至 36h 左右[16]。

（4）应用设备技术研发与创新

1）生物质成型燃料直接燃烧设备

在掌握生物质成型燃料的燃烧动力学特性基础上，针对生物质成型燃料挥发分高、燃点低的特点，开发出生物质成型燃料高效直接燃烧技术。通过采用螺旋抗结渣结构和多级配风系统，配置全自动控制装置等措施，研发出了高效抗结渣燃烧锅炉，解决了生物质成型燃料燃烧时，由于碱金属元素含量高导致的结焦结渣现象严重、燃烧效率低、寿命短等问题。

2）生物质成型燃料气化燃烧设备

针对生物质成型燃料的气化特性开发出新型混流式固定床气化炉。该装置的整个气化过程包括前气化阶段和后气化阶段，通过气化工艺进行热解气化，充分发挥了下吸式气化和上吸式气化的优点，具有焦油含量低、气体组分调控能力强、负荷适应能力强、运行稳定等特点，并具有较强的放大能力，可规模化用于工业窑炉等行业，开拓了生物质成型燃料的应用领域。

（5）炭基缓释肥技术研发与创新

生物质成型燃料除作为传统燃料外，经过炭化处理，也可做资源化利用，提高价值品位，主要是用于缓释肥制备炭基载体。生物质成型燃料炭化后产生大量的孔隙，用于缓释肥制备可将我国目前以包膜类为主的缓释肥制备向非包膜类发展，能够大幅度降低缓释肥制备成本。且缓释肥产品为炭基，肥料释放后，留在土壤中的炭具有吸光增温，增加土壤孔隙度，降低土壤容重，改善土壤通气、透水状况，提高土壤最大持水量等作用，对重金属污染、退化的土壤具有改良、修复作用，还具有杀菌、抵制地下害虫的作用。生物质成型燃料用于炭基缓释肥制备是生物质成型燃料应用的一个创新途径。

### 7.2.2 企业创新与产业模式

2012 年，国内有生物质成型燃料生产厂 500 余家，其中万吨级以上的生产厂近百家。农业秸秆燃料厂主要分布在华北、华中和东北等地；林业木质颗粒燃料厂主要集中在华东、华南、东北和内蒙古等地。

国内生物质成型燃料主要生产企业情况见表 7-2。

表 7-2　国内生物质成型燃料主要生产企业情况

| 区域 | 主要生产企业数量/家 | 主要代表生产企业 | 产能/万吨 | 2010 年销售量/万吨 | 销售平均价格/(元/t) |
| --- | --- | --- | --- | --- | --- |
| 东北地区 | 27 | 辽宁森能在省能源有限公司、阜新蒙古族自治县兴农秸秆专业合作社、杜蒙县龙睿新能源科技有限责任公司 | 121 | 85 | 490 |
| 华北地区 | 17 | 河北奥科瑞丰生物质技术有限公司、北京盛昌绿能科技有限公司、河北巴迈隆木业有限公司 | 86 | 58 | 520 |

续表

| 区域 | 主要生产企业数量/家 | 主要代表生产企业 | 产能/万吨 | 2010年销售量/万吨 | 销售平均价格/(元/t) |
|---|---|---|---|---|---|
| 华中地区 | 12 | 河南奥科新能源发展有限公司、湖北奥科瑞丰能源有限公司、河南秋实新能源有限公司 | 35 | 22 | 580 |
| 华南地区 | 42 | 广州迪森热能技术股份有限公司、广州心万拓节能科技有限公司、广西桂平市炬城生物质能源有限公司 | 60 | 54 | 980 |
| 华东地区 | 14 | 江苏溧阳华达生物质能源有限公司、苏州吉源生物燃料有限公司、安徽鼎梁生物能源科技开发有限公司 | 35 | 26 | 640 |
| 西北地区 | 7 | 瑞威生物质燃料(西安)有限公司、山西健农生物科技有限公司、新疆元煌生物燃料有限公司 | 12 | 9 | 550 |
| 西南地区 | 1 | 云南腾众新能源科技有限公司 | 1 | 1 | 950 |
| 合计 | 120 | | 350 | 255 | 673 |

国内生物质成型燃料生产技术设备主要有颗粒成型、块状成型、棒状成型和成型炭化等设备，生产能力逐年增大。生物质块状燃料成型生产技术设备是我国在该方面的特色，其特点为：比颗粒成型机结构简单，原料适应性强；大幅提高了成型设备的使用寿命，降低了生物质块状燃料的生产成本；对原料水分的适应范围为8%～30%；生物质块状燃料成型设备单机产量为0.3～2.0t/h，整套设备恒产电耗60～80kW·h/t。生物质棒状成型及成型炭化燃料生产技术基本成熟，开发出了高湿低玻璃化点自胶黏压缩成形技术及连续运行的炭化设备，产品不仅可以直接燃料利用，还可深加工制成土壤改良炭和活性炭，单条生产线年产能大于6000t，炭化的周期从之前的144h缩短为36h。

国内外生物质成型燃料生产技术情况对比见表7-3。

**表7-3 国内外生物质成型燃料生产技术情况对比**

| 区域 | 系统成型电耗/(kW·h/t) | 加工成本/(元/t) | 自动化程度 | 设备投资/(万元/万吨) | 原料适应 | 设备寿命 |
|---|---|---|---|---|---|---|
| 国内 | 50～100 | 约280 | 单机生产，连续生产能力低，生产规模小 | 约180 | 农作物秸秆、农林加工剩余物 | 主机5000h，易损件>400h |
| 国外 | 50～70 | 约350 | 一体化自动控制，实现规模化生产 | 约450 | 林业剩余物、林业加工剩余物 | 主机10000h，易损件>1000h |

针对我国生物质成型燃料产业链中存在的技术、设备和模式等问题，开发新型高效成型设备，集中研究适合我国典型区域特征的原料可持续供应保障技术和模式、生产工艺与系统集成、原料混配方案以及燃料配送技术和模式等。研究开发成型燃料自动、高效燃烧技术及设备，建设村镇集中供热系统，完善生物质成型燃料燃烧工业应用体系，健全从原料供应到燃料生产、燃料配送以及应用等整个产业链体系。

在企业创新与产业发展模式方面，出现了一批专业从事成型设备研发生产的科技型企业，有效带动生物质成型燃料生产技术的企业创新与产业发展。同时一批从事生物质成型燃料生产销售的企业逐渐壮大，探索出适合我国资源特点的产业发展模式，初步形成产供销及燃烧利用一体的生物质成型燃料产业链及市场体系。

(1) 生物质成型燃料设备市场现状

生物质成型燃料设备主要包括螺旋挤压式成型机、液压驱动冲压式成型机、机械驱动冲压式成型机、平模式压块机和环模式颗粒机。我国生产生物质成型机的生产厂家约50家，主要厂家有上海申德机械有限公司、江苏溧阳华生生物质机械有限公司、中国科学院广州能源研究所、苏州恒辉生物能源开发有限公司、阜新市隆昌制粒机厂、合肥天焱绿色能源开发有限公司等。年销售生物质燃料成型机约1200台（套）。

(2) 生物质成型燃料企业特点分析

我国生物质成型燃料企业以中小企业为主，大型龙头企业不多，目前仅3～5家，企业资金不是很充足，由于受到原料价格不断上涨的限制，企业一般处于微利或收支平衡状态运行。生产原料一般采用当地丰富的农林废弃物资源，产品以颗粒燃料、压块燃料和棒状燃料为主。

以我国华南地区为例：华南地区共有生物质成型燃料企业42家，其中广东省30家，广西壮族自治区10家，海南省2家。年生产规模3万吨以上的企业9家，其中广东省7家，广西壮族自治区2家；年生产规模2万～3万吨的企业3家，其中广东省2家，广西壮族自治区1家；年生产规模1万～2万吨的企业20家，其中广东省14家，广西壮族自治区5家，海南省1家。年生产规模1万吨以下的企业10家，其中广东省6家，广西壮族自治区3家，海南省1家。华南地区生物质成型燃料年生产规模为1万～2万吨的企业占了企业总数的50%左右，可见华南地区生物质成型燃料多为中小企业小规模生产为主。

(3) 生物质成型燃料的生产与产业模式

我国生物质成型燃料的生产方式主要有分散式生产和集中式生产两种。

分散式生产主要是个人进行生产，在有原料资源的地点个人进行投资生产，生产规模较小，生产工艺较为简单，主要根据原料的季节性阶段生产，生产过程管理成本较低，但是，抗风险能力较差。

集中式生产主要是企业投资进行生产，建立生物质成型燃料工厂，进行规模化生产，年生产规模一般在万吨以上，生产线基本实现自动化，生产原料多样化，且生产过程一般不间断，抗风险能力较强。

生物质成型燃料产业模式主要有生物质成型燃料供应商和能源合同管理两种。

1) 生物质成型燃料供应商

生产个人或企业以生产和销售生物质成型燃料为主，根据所签订生产协议和市场需求进行成型燃料生产，并进行市场销售。

2) 能源合同管理（EMC模式）

生产规模较大的企业一般采取能源合同管理产业模式，即“能源＋设备＋服务”的经营模式，该模式完成了生物质成型燃料产业上下游的连接，把原料供应、产品生产和燃料的应用有机结合起来，使整个产业链融为一体，共享利润，推动了产业发展。公司为客户投资建设生物质成型燃料锅炉及相关设备，同时和客户签订生物质成型燃料年用量的合同，在确保客户显著降低能源使用成本的同时，公司获取一定利润。对客户来说，不用承担投资风险，且运营成本更低。

（4）燃烧利用设备及其终端用户

目前我国生物质成型燃料的终端用户多集中在珠江三角洲、长江三角洲，以及如哈尔滨、长春、沈阳、北京、天津、郑州等城市及周边。西部如云南省也有规模化启动的迹象。用户所在的行业或单位性质有钢铁、造纸、食品饮料、医药化工、纺织印染、五金机械、酒店、医院、洗浴、餐饮、农业种植、机关、学校、居民社区等。生物质成型燃料的用途主要是为工业生产或服务业提供需要的蒸汽、热水，冬季建筑物采暖和农村的燃料消费。同时，不少研发机构已开始研发燃用生物质成型燃料的供暖设备，如北京万发炉业中心研发的燃用秸秆类颗粒燃料的暖风壁炉、水暖炉、炊事炉等一系列炉具，吉林华光生态工程技术研究所研发的暖风壁炉和炊事采暖两用炉等。

## 7.2.3 生物质固体成型燃料产业发展存在问题和困难

（1）技术问题

目前国内加工生物质原料的环模设备从设计到制造基本上都沿用了颗粒饲料成型机的技术，生产厂家没能根据生物质成型燃料的特定要求对设备进行实质性改进，因此用于生物质成型燃料生产就存在维修周期很短，成本、耗能都比较高的问题。秸秆类成型燃料加工主要问题是：成型系统和喂入机构磨损太快，块状成型机产品加工质量不高，密度较低，表面裂纹太多，运输、储运、加料过程中机械粉碎率远远超过行业标准；棒状燃料机构比较复杂，生产率较低，能耗较高。

（2）市场问题

中国生物质成型燃料产业还处于初级阶段，主要表现如下。

① 无序发展：原料和产品价格都处于议价交换阶段。

② 设备没有标准：没有衡量设备实际状况的技术检测和鉴定标准。

③ 没有独立的标准体系：收获、运输、储运与加工机械化程度差别大。

④ 生物质原料多数是花生壳、玉米芯等农副产品加工剩余物，玉米秸秆等大宗秸秆资源还没有得到充分利用。

⑤ 生物质成型燃料使用对象以乡镇锅炉、茶炉、热风炉为主，农户使用比例很小。

⑥ 生物质成型燃料企业80%以上是个体经营，缺乏现代化企业管理意识，没有抗风险能力。

（3）项目建设和运行模式问题

由于行业准入门槛较低，除少数几家专业大公司外，大多数生物质成型燃料企业规模都比较小。由于企业规模小，生产装备落后，集约化程度低，其生产模式是间歇式生产，规模效益不显著，成本很难随产量下降。为了进一步获得市场份额，大部分小企业在竞争中不断压低产品价格，迫使整个行业产品价格下降，造成市场恶性竞争加剧，进一步削弱了行业利润率，严重影响了国内生物质成型燃料的质量和产业效益。小企业成本低、价格低、技术含量低，为了进一步压缩成本，在收购时只好恶意压低原料价格。

由于秸秆收购价格达不到农民心理预期水平，大多数农户更加不愿意主动出售秸秆，进一步放大了原料瓶颈。小企业多数是家族企业经营，经营者大多没有受过正规管理培训，在财务税收和管理方面比较混乱。其管理模式尽管在创业初期具有初始融资、内部信息通畅和良好人际关系等优势，但其自身还存在着一些缺陷，例如：对销售市场缺乏充分了解；经营管理方法不够科学规范；缺乏良好的企业文化，不利于优秀人才进入企业核心阶层；企业行为容易受短期行为与投机心理干扰等。这种管理模式跟不上产业发展，将越来越不适应市场变化。

# 7.3 生物质固体成型燃料生产技术及产业发展趋势

依据我国生物质原料分散、种类繁多的特点，分析我国生物质成型燃料产业发展中的瓶颈问题，以农林生物质原料能源化高效利用、提升转化、应用技术和构建全产业链为目标，实现生物质成型燃料的规模化生产和产业化模式。加快建立适宜不同规模的农林生物质原料收储运体系，突破高效、低能耗转化技术与设备难关，提高生物质成型燃料生产系统自动化水平，建立适合不同区域的供热模式与系统，健全从原料供应到燃料生产、燃料配送以及燃料应用等整个产业链体系。

## 7.3.1 生物质固体成型燃料生产技术发展趋势

完善适宜不同区域、不同规模的农林生物质原料收储运体系；高效、低能耗转化技术与设备研究，解决生产各环节匹配难题，推进产业不断升级；突破应用关键技术，建立适宜不同规模的供热系统，解决生物质成型燃料产业化发展的问题；以生物质成型燃料为基础开发低成本、环境友好、缓释效果好的炭基缓释肥，拓宽生物质成型燃料应用新途径；完善生物质成型燃料激励政策，健全标准体系，构建生物质成型燃料产业化保障体系等是生物质成型燃料相关技术发展的主要趋势。

（1）生物质原料供应体系发展趋势

农林生物质原料具有分散性和季节性特点，目前原料收集主要依靠人工和小型机械，运输主要依靠通用运输工具，收储运效率低，难以满足生物质能规模化利用的需要。因此必须建立专业化原料收集、运输、储存及可持续供应的收储运体系。

农林生物质原料收储运运营模式是解决生物质成型燃料产业化发展的关键问题，因地制宜地建立农林生物质原料收储运示范点，解决农林生物质原料收储运成本费用问题，建立健全农林生物质原料收储运服务体系，利用原有的粮、棉等收储机构的人员和场地，将广大农民有效地组织起来，发展农林生物质原料经纪人团体或组建专业公司，积极促进农林生物质原料供应专业合作组织建设，将农林生物质原料生产与供应纳入物流体系，切实增加农民的经济收入，提高农民的组织化程度。

针对不同区域、不同规模的生物质成型燃料生产厂，研究不同的农林生物质原料收储运运营模式，合理确定收集半径，探索收集、储运和预处理模式，着力解决农林生物质原料的分散性、周期性供应与生产集中性的矛盾。建立适宜不同区域、不同规模的农林生物质原料收储运体系，已成为下一步发展的重点。

（2）生物质成型设备技术发展趋势

随着化石能源价格连续攀升和生物质成型技术的不断成熟，生物质成型燃料已进入了产业化示范和市场化起步阶段，在“十一五”“十二五”期间，围绕生物质成型燃料方面的工作，部署了生物质成型燃料产品开发应用及低能耗装备研制等课题。以替代化石能源为市场需求，生物质成型燃料的产业链得到进一步的整合和发展。目前，我国生物质成型燃料设备主要存在的问题有：a. 核心部件寿命较短，设备稳定性差；b. 系统连续运行能力低；c. 成型设备适应范围小，规范标准不统一。研发成型机组可靠性能强、模具耐磨损性能好、能耗低、产能高等关键技术及自动化运行技术，是生物质成型燃料生产设备发展方向。

生物质炭化成型燃料的生产是利用生物质资源的一个有效途径。目前，我国在生物质炭化成型燃料的生产技术方面已经取得了很好的成绩和一定的突破，但是仍然存在着如下问题：成型设备和工艺的原料适用性差，关键部位易磨损使用寿命短，自动化程度低，单机产量较低，成型密度低，燃烧效率有待提高等。因此，研制具有原料适用性广、使命寿命长的设备及部件，并且通过技术的研发和创新提高单机产量、增加成型密度和燃烧效率将会是今后生物质致密成型及炭化燃料生产设备的发展趋势。

（3）生物质成型工艺技术发展趋势

根据我国不同区域生物质资源特点，研究生物质成型燃料生产技术工艺，并选择优化设备，达到各系统、工序的配合协调，研究开发在线监测与控制系统，实现系统全程自动操作运行和实时监控，最终建成自动、连续、高效、环保的生物质成型燃料生产线，解决目前国内生物质成型燃料生产多为低产率的单机作业，没有形成各环节合理配套的生产线，系统配合协调能力差等问题，因此建立连续、稳定、环保、智能化的生产线，解决生产各环节匹配难题，推进产业不断升级是生物质成型工艺技术发展的重点。

（4）生物质成型燃料应用设备及技术发展趋势

生物质成型燃料的市场适用范围还比较窄，积极探索生物质成型燃料在工业锅炉、民用采暖、气化发电、缓释肥制备等方面应用的新方法、新技术将是今后生物质成型燃料应用设备及技术主要的发展方向。

生物质成型燃料燃烧设备未来将在高效燃烧利用、低污染物排放等方面发展。燃烧设备将：结合燃煤、燃油、燃气等工业锅炉的改造工程而逐步升级；结合生物质发电技术的要求，逐步改善结焦结渣等缺点，发展规模化、成熟稳定的大型生物质成型燃料锅炉；结合民用炊事炉具的使用逐步发展低成本、易操作的燃烧炉具。

生物质成型燃料作为气化原料具有加料稳定、流化性能好、气体产率高等特性。开发适合生物质成型燃料特性的气化设备，工艺稳定、产能大、焦油含量低的生物质成型燃料气化炉是今后主要发展方向。

生物质成型燃料用于炭基缓释肥制备是其应用的一个新方式。目前，我国缓释肥主要为包膜类缓释肥，所采用的包膜材料多来源于高分子材料，其技术含量高，生产工艺复杂，工艺设备要求相对较高。生物质成型燃料经炭化后能够进行非包膜类缓释肥制备，具有生产成本低、环境友好、缓释效果好的特点，能够进行大规模推广和使用。因此，以生物质成型燃料为基础制备炭基缓释肥是生物质成型燃料应用的一个新的技术发展趋势。

## 7.3.2 生物质固体成型燃料产业发展趋势

以生物质成型燃料市场定位为出发点，以建立健全生物质成型燃料产业链为产业化路径，以合同能源管理或新能源服务公司等形式为产业化模式，以生物质成型燃料激励政策、标准体系建设为产业化保障，提出生物质成型燃料产业的发展趋势。

（1）生物质成型燃料产业化市场定位

生物质成型燃料及气化可燃气与传统化石燃料相比具有良好的政策优势、环保优势和价格优势等，不仅可广泛应用于城镇和农村家庭炊事、取暖，设施种植业、设施养殖业采暖，也可以作为工业锅炉的燃料替代天然气、燃料油等。

今后生物质成型燃料应用重点在以下几个方面。

1）农村生活用能

主要包括农户家庭及村镇养老院、中小学校、医院等公共设施，用于炊事、取暖等，通过改造小型燃煤炉具，采用适宜生物质成型燃料的炉灶炕等，对改善农村用能结构和农户家庭的室内空气质量，减少空气污染、节约能源，具有重要作用。

2）冬季区域供热采暖

主要用于北方地区村镇公共机构，如农村社区、中小学校、镇政府等，通过改造燃煤锅炉，建立生物质成型燃料区域供热示范工程，为公共机构冬季供暖，实现区域集中采暖，能够替代煤炭，有利于实现社会主义新农村建设。另外，用于设施农业冬季采暖，如在北方地区的设施种植业（温室大棚）、设施养殖业等，用于育苗、蔬菜、特色水果的种植和畜禽养殖等，采用小型的生物质锅炉，实现分区域的供暖，减少污染，实现绿色、无公害的种植养殖。

3）替代燃煤、燃油、燃气工业锅炉

在经济发达的地区，如长江三角洲、珠江三角洲等，有大量的中小型企业采用燃煤、燃油、燃气工业锅炉，生产工艺用蒸汽等，随着油气价格的增加，企业生产成本也随之增加，同时也造成严重的污染，通过改造燃煤、燃油、燃气工业锅炉，采用生物质成型燃料，替代煤炭，能够减少污染，降低企业生产成本。

（2）生物质成型燃料产业化路径

针对我国生物质成型燃料产业链中存在的技术、设备和模式等问题：开发新型高效成型设备、集成研究适合我国典型区域特征的原料可持续供应保障技术和模式、生产工艺与系统集成、原料混配方案、燃料配送技术和模式等；研究开发生物质成型燃料自动、高效燃烧技术及设备，建设村镇集中供热系统，完善生物质成型燃料燃烧工业应用体系，健全从原料供应，到燃料生产、燃料配送以及应用等整个产业链体系。

我国生物质成型燃料产业化路径如图 7-4 所示。

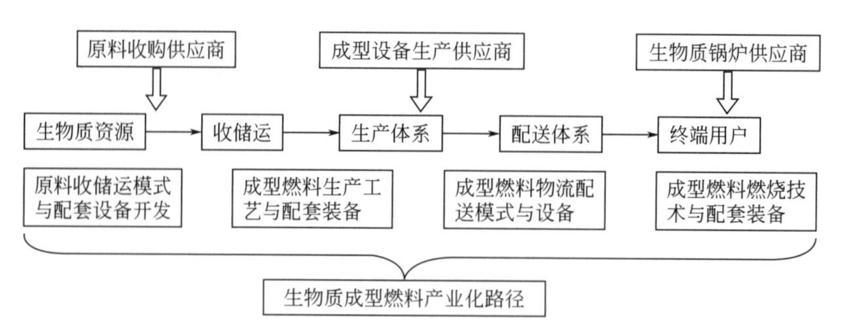


图 7-4 我国生物质成型燃料产业化路径

(3) 生物质成型燃料产业化模式

生物质成型燃料产业化模式重点以合同能源管理（EMC）或新能源服务公司为形式，生物质成型燃料生产企业将从事生物质成型燃料的生产和合同能源管理服务，以追求公司利润的最大化。以迅速占领终端核心市场为导向，全面介入生物质成型燃料应用市场，通过不断扩大市场占有率，推进生物质成型燃料从上游基地燃料生产到市场终端用户的流转，实现合理的产业利润。

(4) 生物质成型燃料产业化保障

与欧美国家相比，尤其是北欧国家，我国的生物质成型燃料产业除在生产能力、技术发展水平等方面存在差距以外，在激励政策和标准方面，尤其是转化、应用阶段的补贴政策还存在较大的差距。因此根据我国区域特征和实际情况，进一步完善生物质成型燃料激励政策和标准是实现产业化发展的重要保障。

制定差异化补贴，不再实行单一的原料补贴制度，转而实行政策组合；建立配额制与绿色交易证书体系，在不同区域制定有条件的限煤禁煤措施，以硬性约束手段以及对某些产业做出消费量规定，提高工业生产中生物质成型燃料的消费比例；完善融资政策，积极支持通过资产重组建立大型企业集团，并引导大型企业集团与各类小型生产厂建立稳定的合作关系和利益联合机制，充分发挥规模集成、技术传递、信息集合等优势，提高生产者的市场地位和应对市场风险的能力。

针对我国生物质成型燃料产业检验方法和技术标准的空白，根据生物质成型燃料生产全过程对标准的需求和标准体系自身分类特点，按照生物质成型燃料产业链，构建一个结构优化、层次清晰、数量合理的标准体系，健全相关标准，用以规范生物质成型燃料项目建设和保证生物质成型燃料产品质量，提升企业和产品的档次，使生物质成型燃料行业健康有序发展。

# 7.4 生物质固体成型燃料生产技术及产业主要任务

根据我国生物质成型燃料产业发展现状，针对不同形式技术类型，对全技术产业链进行研发，以高效、低能耗生产为主导，以关键技术突破为总体目标，部署原料、工艺、产品、应用等各个环节主要任务。

### 7.4.1 生物质固体成型燃料生产技术及产业发展目标

根据生物质成型燃料产业发展路线、产业发展现状，需突破的关键技术等制定生物质成型燃料发展近期及中长期目标。近期目标主要以突破关键技术为主导，中长期目标以产业化、规模化生产及应用为主导。

（1）指导思想

以科学发展观和战略性新型产业的形成规律为指导，以实现农业生态文明、保障国家能源安全和全面建设农村小康社会、推进城镇化为目标，以改革创新为动力，集合产业发展现状，将科技创新与生态系统工程实践相结合，采取因地制宜、协调发展、重点突破、综合利用的原则，充分体现“资源供给多元化、转化技术高效化、设备装备成套化、终端产品高值化、多元产品联产化、产业布局区域化”的发展思路（农业部，2007年）。

全面贯彻党的十八大、十八届三中、四中、五中全会和中央经济工作会议精神，坚持创新、协调、绿色、开放、共享的发展理念，紧紧围绕能源生产和消费革命，主动适应经济发展新常态，按照全面建成小康社会的战略目标，把生物质能作为优化能源结构、改善生态环境、发展循环经济的重要内容，立足于分布式开发利用，扩大市场规模，加快技术进步，完善产业体系，加强政策支持，推进生物质能规模化、专业化、产业化和多元化发展，促进新型城镇化和生态文明建设[18]。

（2）近期目标

建立生物质原料理化数据库；揭示生物质成型燃料成型机理；开发适合多种原料的粉碎、干燥等设备；研制高效、低能耗成型设备；建立多条万吨级生物质成型燃料规模化生产线；突破生物质成型燃料应用燃烧效率低、腐蚀严重等技术瓶颈；开拓生物质成型燃料应用新途径；总产量争取超过1000万吨；产业总产值争取达到100亿元，产业利润争取达到25亿元[19]。

《生物质能发展“十三五”规划》明确指出，到2020年，生物质能基本实现商业化和规模化利用。生物质能年利用量约5800万吨标准煤，生物质成型燃料年利用量3000万吨，替代化石能源1500万吨/年。

（3）中长期目标

生物质成型燃料达到产业化、规模化生产及应用；生物质成型燃料生产成本进一步降低，可进行大规模进行燃油、燃气替代，与煤炭形成相当竞争力；生物质成型燃料应用新途径初见成效；生物质成型燃料总产量争取达到5000万吨；产业总产值争取达到550亿元，产业利润争取达到150亿元。

（4）产业发展目标

千万吨生物质成型燃料科技工程：在东北、华北建立以农作物秸秆为主的原料收储运体系，在华东、华南建立以林业剩余物为主的原料收储运体系。开发适合多种原料的粉碎、干燥、成型等设备，提高生物质成型燃料生产系统自动化水平，实现生物质高效、低能耗智能化生产。突破生物质成型燃料应用燃烧效率低、腐蚀严重等技术瓶颈，建立适合不同区域的供热模式与系统。健全从原料供应，到燃料生产、燃料配送以及应用等整个产业链体系。生物质成型燃料生产成本进一步降低，可进行大规模燃油、燃气替代应用，与煤炭形成相当竞争力；建立10万吨/年以上生物质成型燃料规模化生产基地20个，打造生物质成型燃料高科技龙头企业20家，生物质成型燃料总产量争取达到$1\times10^7$t/a。预计到2025年，生物质成型燃料形成规范的生产、应用市场体系，总产量达到$3\times10^7$t/a[12]。

区域供热工程是重要应用领域。国家能源局、原环境保护部联合出台了《关于开展生物质成型燃料锅炉供热示范项目建设的通知》，拟建120个生物质成型燃料锅炉供热示范项目，总投资50亿元。需满足的条件是：项目规模不低于20t/h（14MW），其中单台生物质成型燃料锅炉容量不低于10t/h（7MW）。示范项目应当按照以下要求严格控制排放：烟尘排放浓度小于30mg/m$^3$，二氧化硫排放浓度小于50mg/m$^3$，氮氧化物排放浓度小于200mg/m$^3$。采用生物质成型燃料区域供热技术，在村镇机关、医院、中小学等建立区域供热工程，解决采暖用能，替代燃煤，也可以用作家庭炊事、取暖炉燃料。

## 7.4.2 生物质固体成型燃料生产技术及产业发展路线

针对我国生物质成型燃料目前存在的技术、设备、产业化等问题，通过对原料理化特性及成型机理研究，建立原料种类和水分、压缩比等因素对生物质成型燃料的影响模型，开发高效、低能耗成型设备。优化生物质成型燃料生产工艺，降低生产系统能耗，实现规模化、产业化生产。通过对生物质成型燃料品质的研究，为规模化应用提供基础。通过对生物质成型燃料不同应用技术及设备的开发和研制，实现生物质成型燃料规模化替代化石能源。

我国生物质成型燃料技术发展路线和产业发展路线如图7-5和图7-6所示。

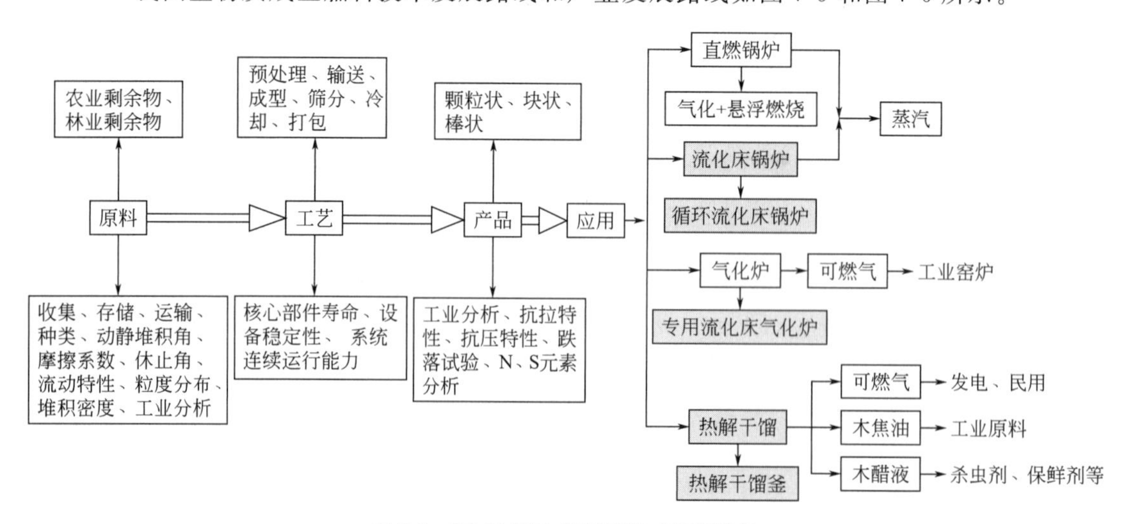


图7-5 我国生物质成型燃料技术发展路线

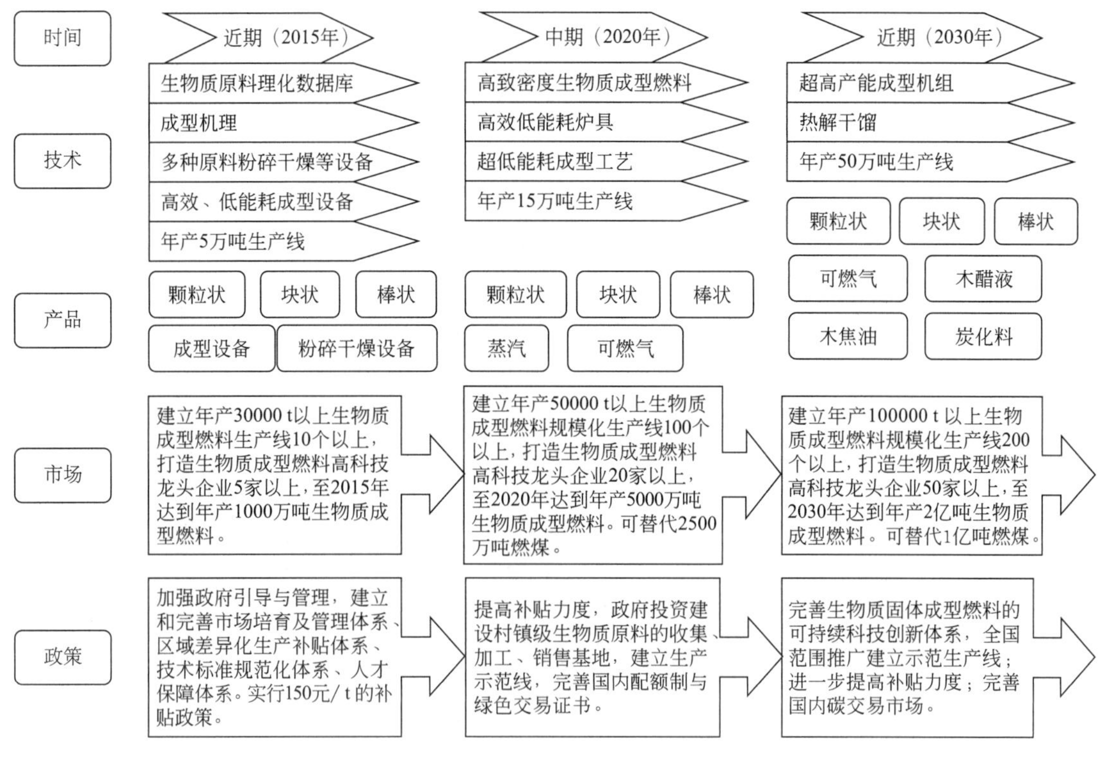


图 7-6　我国生物质成型燃料产业发展路线

### 7.4.3　生物质固体成型燃料生产技术及产业发展任务

依据根据生物质成型燃料产业发展路线及近期和中长期目标，将产业链分为原料、工艺、产品、应用几个环节，原料以收储运模式建设和理化特性研究为主要任务，工艺以生产线优化组合、降低能耗、自动化控制为主要任务，产品以特性研究满足应用为主要任务，应用以专用设备开发及新途径为主要任务。

（1）原料供应体系发展任务

研究农作物秸秆收储运运营模式，合理确定收集半径，探索秸秆收集、储运和预处理模式，着力解决秸秆的分散性、周期性供应与生产的集中性问题，在农作物和林业加工集中区域，按照收集半径建立分布式农作物秸秆收储运示范点，为秸秆能源化利用解决原料问题。

对不同种类原料堆积密度、堆积角、原料与外界物的外摩擦系数、原料内部之间的内摩擦系数、流动特性、工业分析等物理特性进行试验研究，建立生物质原料理化特性数据库，为成型技术研究、关键部件改进提供基础数据，揭示生物质资源的理化特性与成型机理的关系。

（2）成型技术发展任务

1）原料预处理技术发展任务

开展不同种类原料粉碎及干燥特性实验，掌握不同种类原料粉碎及干燥规律。对生物质原料粉碎、干燥设备进行优化设计，降低粉碎能耗，提高干燥效率，开发适应不同原料种类特性的多级粉碎及干燥设备。

2）生物质颗粒燃料技术发展任务

进行成型压力与生物质颗粒燃料密度的研究，建立环模压缩比、原料种类和水分等因素对生物质颗粒燃料密度的影响模型，开发出高产能、低能耗的成型机组；建设一批万吨级生物质颗粒燃料产业化示范生产线，对生产线机电设备进行优化组合，降低系统能耗。

3）生物质块状燃料技术发展任务

开展生物质块状燃料加工设备的设计优化，实现模具寿命延长、生产能耗降低、生产成型率提高、原料适应性变广的目标；开发生物质块状燃料成型成套设备及生产工艺流程，实现全系统的一体化运行，使系统运行连续稳定，形成规模化生产。

4）生物质致密成型及炭化燃料技术发展任务

研制热改性生物质快速成型技术，降低压缩成型机的能耗和磨损。研究开发高湿低玻璃化点自胶黏压缩生物质成型技术和装备，研制双头生物质棒状成型装备，降低电耗；研制生物质成型物热能自给连续热解技术及其装备，实现生物质成型物炭化过程热能自给，有效地调节和控制炭化温度、炭化时间；研究炭化热能回用干燥技术；开发热解焦油资源化利用技术，选择性控制热反应途径，联产高附加值化学品。

5）生物质致密成型自动化控制技术发展任务

采用自动化控制系统，实现生物质成型燃料大规模产业化生产。针对生物质成型系统的工艺要求，以生物质成型过程特性参数准确采集为关键研发技术，研究生物质原料特性参数、生物质成型过程特性参数以及成型产品特性参数在线式数据采集与控制系统，通过 PLC 运算分析实现生物质成型系统智能化控制。

（3）产品发展任务

研究生物质原料处理方式、压缩方式、成型压力、模子几何形状、原料物理特性等因素对生物质成型燃料产品松弛密度、原料压缩比、机械耐久性等的影响，保证生物质成型燃料产品满足运输、存储及应用要求。

（4）应用技术发展任务

1）生物质直燃锅炉的开发

针对生物质成型燃料挥发分高、固定碳低的燃烧特性，设计开发专用生物质锅炉。选用“气化＋悬浮燃烧”的直燃方式，合理选择一次风、二次风的配比，适当扩大炉膛结构，采用绝热的燃烧室来防止受热面的碱金属腐蚀，来保证生物质锅炉高效、清洁燃烧。

2）生物质成型燃料循环流化床锅炉开发

研发适合生物质成型燃料特点的专用循环流化床锅炉，针对不同种类生物质成型燃料的水分变化，循环流化床锅炉能够适应设计燃料、校核燃料；锅炉热效率进一步提高；锅炉的烟气浓度和灰渣排放满足国家相关的环保标准。

3）生物质成型燃料气化炉的开发

以应用于生物质气化发电行业的气化炉为基础，根据生物质成型燃料气化中试装置的研究成果，对气化炉的设备结构与辅助设备进行改进。开发出适应于工业窑炉，具有运行周期长、工艺稳定、产气质量好、产能大的生物质成型燃料气化炉。

4）炭基缓释肥应用的开发

以生物质成型燃料炭化技术为基础，开发非包膜类炭基缓释肥专用成型设备及工艺。研究成型温度、成型压力、水分、粒径、炭化工艺等参数对缓释肥成型性的影响。对炭粉预处理系统、定量配比系统、搅拌混合系统、成型系统、冷却系统、筛分系统及包装系统等进行优化，实现炭基缓释肥低成本生产。

### 7.4.4 生物质固体成型燃料生产技术及产业发展重点

针对技术特点与科技产业链条不同，根据科技创新和产业发展目标，在主要任务的布局下，确定生物质成型燃料产业科技发展重点，为战略新兴产业奠定基础（表7-4）。

表7-4　近期生物质成型燃料产业科技创新技术发展方向

| 专题方向 | 不同方面 | 主要方向 |
|---|---|---|
| 生物质成型燃料 | 重大基础问题 | 1.生物质成型机理及数理模型建立 |
| | | 2.生物质原料理化特性数据库创建 |
| | | 3.我国生物质成型燃料资源构成、分布及可收集利用的资源特征 |
| | | 4.生物质成型过程中能量传递机理 |
| | | 5.成型设备关键部件磨损机理研究 |
| | 前沿技术与核心技术 | 1.生物质成型燃料产品及设备标准体系 |
| | | 2.高效长寿命生物质成型模具研发 |
| | | 3.高湿低玻璃化点自胶黏压缩生物质成型技术 |
| | | 4.秸秆成型燃料燃烧结渣特性与结渣机理 |
| | | 5.秸秆成型燃料燃烧颗粒物排放特性机理研究 |
| | | 6.秸秆成型燃料热解炭化多联产技术 |
| | 共性关键技术 | 1.生物质成型燃料高产能、低能耗大规模工业化生产关键技术设备 |
| | | 2.生物质成型燃料一体化工业生产自动控制系统关键技术研发 |
| | | 3.生物质炭化燃料工业化生产及副产品高值利用关键技术 |
| | | 4.生物质成型燃料工业化生产模式与最佳产业规模 |
| | | 5.生物质成型燃料高效清洁燃烧关键技术 |
| | 新产品研发 | 1.生物质成型燃料一体化大型成套生产设备 |
| | | 2.生物质致密成型及炭化燃料工业化生产技术设备 |
| | | 3.生物质成型燃料直燃热电联产设备系统 |
| | | 4.生物质成型燃料气化燃烧系列设备 |
| | | 5.生物质成型炭基缓释肥及应用开发 |
| | 产业(商业模式)方向 | 1.生物质成型燃料原料收储运供应体系建设 |
| | | 2.生物质成型燃料规模化生产与产业运行模式 |
| | | 3.生物质成型燃料规模化应用产业体系的建立 |
| | | 4.区域化特征生物质原料和生物质成型燃料物流产业 |
| | | 5.建立特征区域供热供暖系统 |

（1）生物质成型燃料高效低成本生产与装备

针对目前生物质成型燃料生产技术及示范推广过程中普遍存在的原料供应差、加工成本高、产品应用效率低等问题，建立适合我国不同地区生物质原料产出特征的原料收储运模式及产业化生产模式，开展生物质成型燃料大型成套设备与一体化工业生产自动化控制系统关键技术研发，实现生物质成型燃料的工业化生产。研发生物质成型燃料气化清洁燃烧关键技术设备，开发生物质直燃热电联产技术及设备研发，实现生物质成型燃料的高效清洁燃料利用规模化替代燃油、燃气等清洁燃料，形成完善的生物质成型燃料产业化市场体系。

1）前沿技术

重点开展生物质成型燃料大型成套设备与一体化工业生产自动控制系统关键技术研发；研究建立生物质原料的收储运模式，并建立数理模型，实现量化计算最佳收集半径及建厂规模；研究生物质物料特性参数、生物质成型过程特性参数以及成型产品特性参数在线式数据采集与智能化生产自控系统；开展生物质成型物热能自给连续热解炭油联产新技术研究。

2）关键核心技术

围绕生物质成型燃料产业发展目标，开展生物质成型燃料收储运供应体系及生产建设规模研究，生物质成型燃料智能化生产自动控制系统研究，生物质成型燃料高效低成本工业化省产管件技术设备研究开发，生物质致密成型及炭化燃烧高效低成本工业化生产关键技术设备研究开发。生物质成型燃料直燃热电联产设备系统关键技术开发，生物质成型燃料高效气化及清洁燃烧关键技术设备开发。

3）重大产品及产业化（示范）

在我国不同特色原料的区域，建成规模不小于10万吨/年的生物质成型燃料收储运生产示范体系；生物质成型燃料生产系统智能化控制，稳定生产时间提高到5000h/a；开发出以木本原料为主的高产能、低能耗的生物质颗粒燃料成型机组，单机生产规模达到3～5t/h，生产电耗达到60kW·h以下，示范生产线规模达到$3\times10^4$t/a；开发出以草本原料为主的高产能、低能耗的生物质块状燃料成型机组，单机生产规模达到3～5t/h，生产电耗达到40kW·h以下，示范生产线规模达到$3\times10^4$t/a；开发出以木本原料为主的高效、低能耗的生物质致密成型及炭化成套设备，单机生产规模达到0.3～0.5t/h，示范生产线规模达到$5\times10^3$t/a；建成年产2万吨成型炭生产基地。开展生物质成型燃料规模化替代化石能源关键技术研究与工程示范，研究生物质成型燃料直燃热电联产设备系统，研究生物质成型燃料气化替代工业窑炉燃料关键技术与示范。

（2）生物质成型燃料工业化生产关键技术研发与应用

1）生物质成型燃料原料收储运供应体系及生产建设规模研究

根据我国不同地域的生物质原料分布产出规律，结合生物质成型燃料三种生产模式及生产企业运营实际情况，开展收储运的理论研究和试验示范，建立生物质原料的收储运模式，并构建数理模型，实现量化计算原料最佳收集半径及建厂规模，解决农林生物质原料收储运成本费用问题。建立健全农林生物质原料收储运服务体系，建立适宜不同区域、不同资源、不同规模、不同生产凡事的农林生物质原料收储运体系。在我国有代表性的区域，建成规模不小于10万吨/年的生物质成型燃料收储运生产示范体系。

2）生物质成型燃料智能化生产自动控制系统研究

研究生物质物料特性参数、生物质成型过程特性参数以及成型产品特性参数在线式数据采集与控制系统，对成型生产系统的粉碎机主电机电流、红外线在线水分测量、在线皮带秤、水流量计、进烘干机烟气温度与出烘干机烟气温度进行实时监测，根据原理成型最佳工艺条件设定程序，对粉碎机进料速度、加水速度、成型机运行负荷等进行智能化控制，从而达到原料尺寸与含水率为最佳成型条件。实现全生产系统的智能化控制，保证成型系统稳定持续运行。将生产系统稳定生产时间提高到5000h/a，实现工业化连续生产。

3）生物质颗粒燃料工业化生产关键技术设备研发及产业化生产示范

根据我国不同地域原料特性，开发出以木本原料为主的高产能、低能耗的生物质颗粒燃料成型机组，单机生产规模达到3～5t/h，生产电耗达到60kW·h以下配套设备完整匹配，形成一体化连续生产力，示范生产线规模达到$3\times10^{4}$t/a，选择代表性区域，建成年产10万吨以上生物质颗粒燃料示范生产基地。

4）生物质块状燃料工业化生产关键技术设备研发及产业化生产示范

根据我国不同地域原料特性，开发出以草本原料为主的高产能、低能耗的生物质块状燃料成型机组，单机生产规模达到3～5t/h，生产电耗达到40kW·h以下配套设备完整匹配，形成一体化连续生产力，示范生产线规模达到$3\times10^{4}$t/a，选择代表性区域，建成年产10万吨以上生物质块状燃料示范生产基地。

5）生物质致密成型及炭化燃料工业化生产关键技术设备研发及产业化示范

研制热改性生物质快速成型技术，根据我国不同地域原料特性，开发出以木本原料为主的高效、低能耗的生物质致密成型及炭化成套设备，成型机单机生产规模达到0.3～0.5t/h，开发完整匹配的成套设备，形成一体化连续生产的炭、气、油联产体系，示范生产线规模达到$5\times10^{3}$t/a，选择代表性区域，建成年产2万吨成型炭生产基地。进一步研究炭化热能回用干燥技术，开发热解焦油资源化利用技术，实现副产物的高值利用。

（3）生物质成型燃料工业化生产关键技术研发与应用

针对目前生物质成型燃料在燃料利用环节存在能源转化效率不高、应用规模小、高效综合利用及清洁燃烧技术水平不高等问题，开展生物质成型燃料气化清洁燃烧关键技术设备研发，同时开发生物质直燃热电联产技术及设备研发，从而实现生物质成型燃料的高效清洁燃烧利用，规模化替代燃油、燃气等清洁燃料。

1）生物质成型燃料直燃热电联产设备系统

研究生物质成型燃料直燃热电联产设备系统关键技术，开发生物质成型燃料直燃锅炉及热点联供系统。发电系统装机规模不小于12MW，能源转换效率85%，各项环保指标达到同等规模热电厂排放指标。建设年消耗10万吨生物质成型燃料热电联产示范工程，实现生物质能源在直燃热电联产应用的突破。

2）生物质成型燃料气化替代工业窑炉燃料关键技术与示范

研究生物质成型燃料高效气化及清洁燃烧关键技术，开发生物质成型燃料混流式气化炉，研制低热值燃气高效燃烧及污染控制技术，取得生物质气化系统与工业窑炉耦合调控技术。燃烧设备规模达到14MW，能源转换效率达到75%，各项环保指标达到燃油或燃气窑炉排放指标。建设年消耗3万吨生物质成型燃料的气化燃烧替代工业窑炉燃料的示范工程，实现生物质能源在工业窑炉上应用的突破。

# 7.5 生物质固体成型燃料生产技术及产业发展政策建议

2005 年 2 月颁发、2006 年 1 月 1 日正式施行的《可再生能源法》标志着生物质能的开发利用正式有了国家律法支持，标志着生物质能发展进入新的发展阶段。国务院相关部门随后出台了一系列的综合性政策及规划。

综合性政策：国家发改委根据《可再生能源法》颁布了《可再生能源产业发展指导目录》，生物质发电、生物质成型燃料生产、生物质设备/部件制造和原料生产被列入其中，作为国务院相关部门制定和完善技术研发、项目示范、财政税收、产品价格、市场销售和进出口等方面的优惠政策的依据。近年来，先后颁布有《国务院办公厅关于印发促进生物质产业加快发展若干政策的通知》（国务院办公厅，国办发〔2009〕45 号，2009 年）、《关于印发编制秸秆综合利用规划的指导意见的通知》（国家发改委、农业部，2009 年）、《秸秆综合利用技术目录（2014）》（发改办环资〔2014〕2802 号）、《关于能源行业加强大气污染防治工作方案》（发改能源〔2014〕506 号）、《关于加强生物质成型燃料锅炉供热示范项目建设管理工作有关要求的通知》（国能新能〔2014〕520 号）、《关于开展生物质成型燃料锅炉供热示范项目建设的通知》（国能新能〔2014〕295 号）等。

综合性规划：国家发改委 2007 年颁布的《可再生能源中长期发展规划》（发改能源〔2007〕2174 号）指出了中长期阶段可再生能源的发展目标，要求逐步建立和完善可再生能源产业体系和市场及服务体系，促进可再生能源技术进步和产业发展。近年来，我国颁布有《能源发展“十三五”规划》（发改能源〔2016〕2744 号）、《可再生能源发展“十三五”规划》（发改能源〔2016〕2619 号）、《生物质能发展“十三五”规划》（国能新能〔2016〕291 号）、《能源发展战略行动计划（2014—2020 年）》（国办发〔2014〕31 号）等。

综合而言，我国生物质成型燃料产业已形成了良好的政策法规环境。2015 年，生物质成型燃料产能约 700 万吨，《可再生能源发展“十三五”规划》和《生物质能发展“十三五”规划》中明确指出到 2020 年，生物质成型燃料年利用量达 3000 万吨。目前我国生物质成型燃料技术及产业发展仍然具有巨大的潜力，结合国家发展战略需求，为实现生物质成型燃料产业化、标准化，应完善市场政策和监督机制，加强政府引导与管理，建立健全生物质能的政策法律体系，并在体系完善和建设过程中提供必要的政策支持，进一步促进相关行业的创新发展及产业化应用，促进生物质成型燃料产业的健康发展，在“十三五”期间以及未来相当长的时期，发挥重要的化石能源替代燃料作用。

### 7.5.1 生物质固体成型燃料产业市场准入制度与监督机制

(1) 完善产业市场准入制度

生物质成型燃料终端用户情况如图7-7所示。

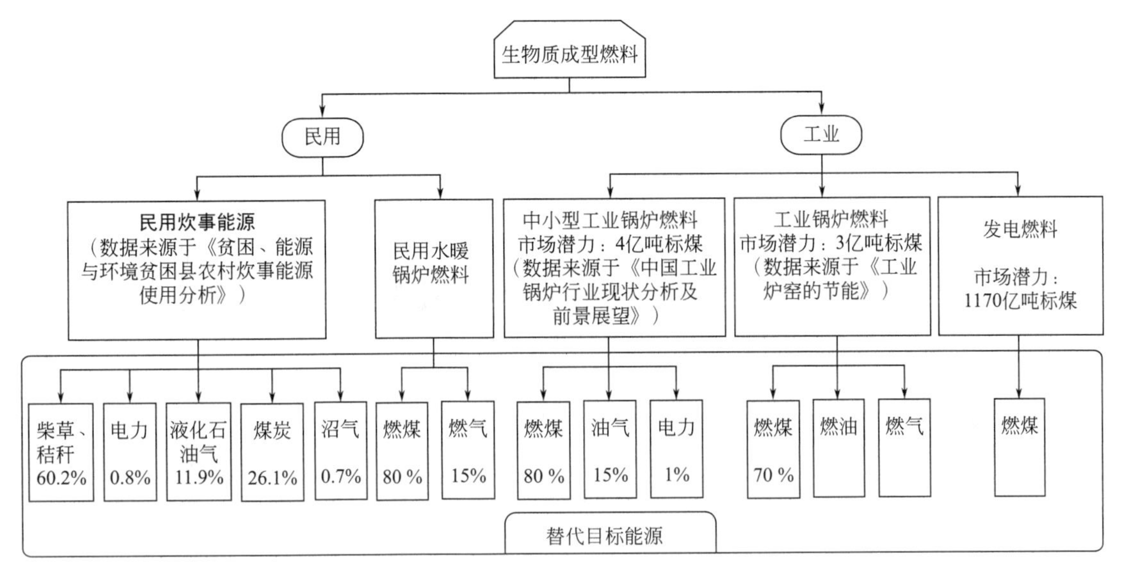


图7-7 生物质成型燃料终端用户情况

1) 提高产品进入条件，完善产业标准体系

政府应严格生物质能源市场准入制度，构建生物质能源产品标准体系，加强产品质量的检测监管，提升企业和产品的档次，使生物质能源行业健康有序地发展。例如，在生物质燃气行业，借鉴电力系统、石化行业、农业部门有关热电联供、民用天然气、车用压缩天然气、生物肥料等标准，规范生物质燃气产品标准以及发酵残余物循环利用标准。针对生物质柴油行业，必须对地沟油生产生物柴油施行特许经营管理，确保产品质量与生产过程环保达标，防止环境污染，防止原料和粗放加工产品盲目外流。

2) 放开市场准入限制，促进市场良性竞争

严格的产业标准和市场准入制度是生物质能源产业有序发展的基本保障，但是应当鼓励企业在产品满足标准的前提下宽松进入市场进行良性的竞争，一定程度地放开企业垄断的现象，通过良性竞争促进整个生物质成型燃料产业的发展。在生物质气化发电行业中，目前气体发电机的单机容量相对较小，不符合国家有关机组上电网的要求，但作为可再生能源在环保方面有重要意义，所以国家应鼓励及允许小机组上网。生物质能产业的健康发展需要完善的产品标准和市场准入制度，这样既能保证不会因盲目扩大产能而降低产品质量，也能保证在有标准可依的情况下企业有一个健康的行业竞争环境，共同促进生物质能行业的长期健康繁荣。

(2) 强化市场管理、监督机制

我国现行的生物质能管理体制还存在诸多不足，需要从我国生物质能发展的实际出发，借鉴吸取国外的经验，建立集中管理、管监分离、协调高效地生物质能管理体制。政府对行业的监管主要是国家出台一系列相关监管法律法规，国家监管部门或机构通过

对该行业安全、环保以及公平竞争的监督管制，鼓励并促进生物质能的可持续发展。《可再生能源法》第六章第二十七条规定："电力企业应当真实、完整地记载和保存可再生能源发电的有关资料，并接受电力监管机构的检查和监督。"第三章第十一条规定："国务院标准化行政主管部门应当制定、公布国家可再生能源电力的并网技术标准和其他需要在全国范围内统一技术要求的有关可再生能源技术和产品的国家标准。"这些法律法规为我国生物质能监管提供了直接的依据。

为了保障政策体系的顺利实施，加强组织协调，建议构建以政府为主导，以企业为主体，以县镇为基础的组织保障体系。坚持统筹规划、统筹协调、统筹发展，强化组织领导和服务保障，在国家有关部门的指导下，成立第三方机构，统筹协调落实国家、省、市扶持政策措施。它的主要职责包括：

① 根据国家生物质能发展规划，编制并实施本省（区）市生物质成型燃料计划；

② 编制生物质成型燃料年度市场价格调整方案，并报国家批准后执行；

③ 对各生物质成型燃料场发展情况和补贴使用情况进行跟踪监测和统计；

④ 负责标准制定与执行，设备市场准入、资金补贴等方面工作。

需要指出的是，我国现行生物质能的政府监管侧重于投资、价格、生产规模等经济性管理，对于环境、安全、质量、资源保护等外部性问题的监管相对较弱，客观造成了重生产轻消费、重供应轻节约的现象。由于生物质成型燃料是具有社会效益的可再生能源，需要政法在收储运、燃料应用的项目中接入工程的实施情况，配套设备开发、调试和投入产出、价格等方面加强监管，防止出现与民争地、与民抢粮的情况，确保减少对环境造成的危害。

## 7.5.2 生物质固体成型燃料产业政府规制与激励政策

（1）经济激励政策

1）加大财税金融政策扶持，强化金融支持

在整合现有政策资源、充分利用现有资金渠道的基础上，建立稳定的财政投入增长机制，设立战略性新兴产业发展专项资金，着力支持重大关键技术研发、重大产业创新发展工程、重大创新成果产业化、重大应用示范工程及创新能力建设等。结合税制改革方向和税种特征，针对战略性新兴产业特点，加快研究完善和落实鼓励创新、引导投资和消费的税收支持政策。制定生物质成型燃料产品财税补贴政策。针对生物质成型燃料产业的发展目标和方向，在加强现有政策执行力的同时，针对性地制定新的生物质成型燃料产品的补贴政策，根据市场变化注重补贴力度的时效性。例如，生物质成型燃料继续执行现行的每吨生物质成型燃料不低于150元的补贴政策，并根据原料、人工、土建等各类生产因素的差异造成的生物质成型燃料成本不同的情况，建议由国家财政部主导，联合税务总局、发改委、农业部、林业部等部门，推行区域差异化的财政政策组合，针对性地进行原料直接补贴以及对秸秆类原料实行最低价格保护，适当进行减税（主要是调减增值税），合理地进行生产设备投资补贴。生物质混燃发电也应当被鼓励发展并与生物质直燃发电享受同样的优惠电价［固定电价0.75元/(kW·h)］，并且可以通过对生物质成型燃料产品销售进行税收减免等其他财政补贴政策进一步提高相关行业企业的积极性和盈利能力。

加强金融政策和财政政策的集合，运用风险补偿等措施，鼓励金融机构加大对战略性新兴产业的信贷支持。扶持发展创业投资企业，发挥政府新兴产业创业投资资金的引导作用，扩大资金规模，推动设立战略性新兴产业创业投资引导基金，充分运用市场机制，带动社会资金投向处于创业早中期阶段的战略性新兴产业创新型企业。健全投融资担保体系，引导民营企业和民间资金投资战略性新兴产业。积极支持通过资产重组建立大型企业集团，并引导大型企业集团与各类小型生产厂建立稳定的合作关系和利益联合机制，充分发挥规模集成、技术传递、信息集合等优势，提高生产者的市场地位和应对市场风险的能力。

2）建立原料保障补贴体系

原料保障补贴体系对生物质能健康持续发展至关重要，国家应重视建立多元化原料培育与收集体系，并在财税方面给予支持。建议由各市发改委主导，联合当地农业、林业等部门，设立非粮原料价格风险保障资金，在农业秸秆和林业剩余物最佳收集半径（30～50km）内，合理布局生物质成型燃料的收集、储运、加工和销售网点，建立科学的原料收集运输储藏和生产体系，实现生产加工点与原料供应之间的合理衔接。同时鼓励生产企业和收运散户或农户建立战略合作关系，形成集约式的原料收储运运行模式等。针对废弃物的原料可以直接进行补贴，包括对秸秆等原料实行最低价格保护，对新兴的资源作物类的原料，可以加大非粮种植在边际土地的种植面积，大力推进现有生物能源良种的重视和推广。原料收集与储运是个系统工程，需要政策体系的保障和相应补贴方案的配合实施，才能保证整个产业链的完整、积极发展。

（2）科技政策

1）加大科技投入，布局科技工程

按照生物质成型燃料在“十三五”及未来不同发展阶段的目标，制定技术发展规划，凝练研发项目，通过国家科技计划对生物质成型燃料产业进行支持和政策倾斜，在前沿探索、基础研究、关键共性技术、重要设备与装备、系统集成技术、工程示范和产业化示范等方面部署相关研发项目。引导生物质成型燃料产业规划发展，最终形成系统的技术体系、规范的科学标准，为产业的持续发展提供有效的技术保障。

2）提升创新能力，引导产业升级

引导和鼓励行业企业加强科技创新能力建设，增强产业化竞争能力，推进产业升级，有效提升企业的科技创新能力。对面向应用、具有明确市场前景的政府科技计划项目，建立由企业牵头组织、高等院校和科研机构共同参与实施的有效机制。进一步加强财税政策的引导，激励企业增加研发收入。

加强行业知识产权体系建设。加强生物质成型燃料产业内重大发明专利、商标等知识产权的申请、注册和保护，鼓励国内研究院所、企业申请国外专利。健全知识产权保护相关法律法规，制定适合战略性新兴产业发展的知识产权政策[20]。

### 7.5.3　生物质固体成型燃料产业技术标准规范体系管理

（1）建立健全技术标准规范体系

建议构建结构优化、层次清晰、数量合理的标准体系。用以规范生物质成型燃料项日建设和保证生物质成型燃料产品质量，提升企业和产品的档次，使生物质成型燃料行业健康有序发展（图 7-8）。

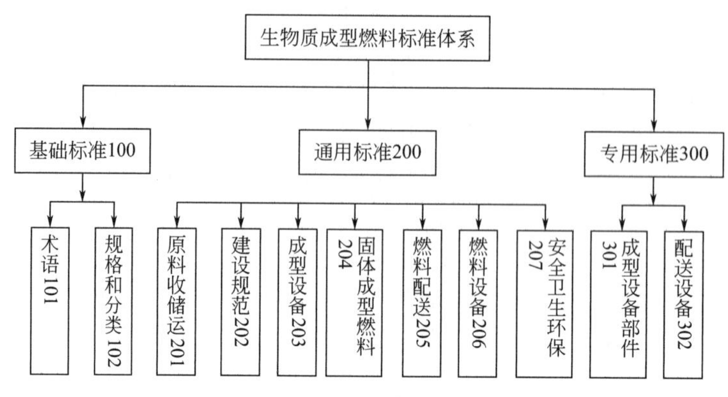


**图 7-8 生物质成型燃料标准体系构成**

1）基础标准

阐述了标准化的总体需求、涉及的概念与术语、标准的组成与相互关系，是制定生物质成型燃料生产技术规范和标准的基础。此层次包括生物质成型燃料术语、生物质成型燃料规格和分类 2 项标准，建议近期制定完成。

2）通用标准

适用于本行业的通用性标准包括：原料收集、运输和储藏；生物质成型燃料厂的建设规划和设计规范；固体成型设备的技术条件和试验方法；生物质成型燃料的取样和样品制备、物理特性和试验方法、化学特性和试验方法、质量保证等；生物质成型燃料配送技术规范；各种燃烧设备的命名、分类、技术条件、试验方法以及污染物排放；安全、卫生和环境保护等标准。

3）专业标准

适用于某一具体对象的专业标准，包括成型设备的关键部件（如模具、压辊）、配套设备（如粉碎机）等。

生物质成型燃料产品的测试和研究项目主要包括原料松弛度、原料压缩比、机械耐久性、热值、工业分析指标等。生物质成型燃料的应用研究主要包括直燃锅炉、流化床锅炉的开发、气化设备的研制和干馏设备的研制等。生物质成型燃料的标准体系主要包括相关基础标准、通用标准、专业标准等。农业部等已发布的生物质成型燃料主要相关标准见表 7-5。

**表 7-5 生物质成型燃料相关标准**

| 标准编号 | 标准名称 |
|---|---|
| DB11/T 541—2016 | 生物质成型燃料 |
| DB13/T 1175—2010 | 生物质成型燃料 |
| NY/T 1878—2010 | 生物质固体成型燃料技术条件 |
| NY/T 1879—2010 | 生物质固体成型燃料采样方法 |
| NY/T 1880—2010 | 生物质固体成型燃料样品制备方法 |
| NY/T 1883—2010 | 生物质固体成型燃料成型设备试验方法 |

续表

| 标准编号 | 标准名称 |
| --- | --- |
| NY/T 1881.1—2010 | 生物质固体成型燃料试验方法　第1部分：通则 |
| NY/T 1881.2—2010 | 生物质固体成型燃料试验方法　第2部分：全水分 |
| NY/T 1881.3—2010 | 生物质固体成型燃料试验方法　第3部分：一般样品水分 |
| NY/T 1881.4—2010 | 生物质固体成型燃料试验方法　第4部分：挥发分 |
| NY/T 1881.5—2010 | 生物质固体成型燃料试验方法　第5部分：灰分 |
| NY/T 1881.6—2010 | 生物质固体成型燃料试验方法　第6部分：堆积密度 |
| NY/T 1881.7—2010 | 生物质固体成型燃料试验方法　第7部分：密度 |
| NY/T 1881.8—2010 | 生物质固体成型燃料试验方法　第8部分：机械耐久性 |
| NY/T 1915—2010 | 生物质固体成型燃料术语 |
| DB13/T 1407—2011 | 生物质成型燃料炉具 |
| DB51/T 1387—2011 | 固体生物质成型燃料发热量测定方法 |
| LY/T 1973—2011 | 生物质棒状成型炭 |

(2) 生物质成型燃料人才保障体系

加强生物质能产业人才培养。依托各地市的中等职业学校，建立国家级技能型紧缺人才培养基地和省级高技能人才培养基地，结合生物质固体成型企业的技术研发需求，通过设立奖学金等方式，为生物质固体成型企业培养一批优秀的初、中级技术和管理人才。

积极吸引优秀人才包括：一是对新引进的企业急需的中高层技术人员、管理人才，从国家政策方面给予一定补助；二是国家各部委通过项目支持形式鼓励龙头企业与国内生物质能源领域的知名大学和研究院所联合，共建生物质成型燃料的实验室、技术中心、博士后工作站，搭建高层次人才的引进平台[21]。

### 7.5.4　生物质固体成型燃料推广宣传

对我国在生物质成型燃料宣传工作中存在的重大缺陷进行深入的分析，并提出具有针对性的建议，以期待社会民众能对其拥有广泛的认识，并支持生物质成型燃料生产技术及产业在我国的发展，使其得到推广与应用。

对于生物质成型燃料的宣传教育，第一，认识到生物质成型燃料宣传教育活动参与主体的特定性。生物质成型燃料产业在我国目前的条件下，是一种经济效益不高的产业。很多生物质成型燃料生产企业只有微薄的利润，或者基本能收支平衡，更多的甚至是亏本经营。因此，主体的特定性意为由政府相关部门与相关企业主导。第二，生物质成型燃料的宣传教育具有目的性。主要是让社会大众加强对生物质成型燃料的认识，主动接受、使用与支持生物质成型燃料产业的发展，宣传和教育的目的十分明确。第三，生物质成型燃料的宣传教育具有现实性和社会性。政府主导参与的宣传教育，使群众意识到生物质成型燃料对于保护生态环境、应对气候变化、实现可持续发展具有重要的现实意义，同时加强了节能减排、建设节约型社会的理念，具有高度的社会性。

（1）我国生物质成型燃料宣传教育现状

在法律建设方面，2006 年中国正式出台《可再生能源法》，其中第十六条规定："国家鼓励清洁、高效地开发利用生物质燃料，鼓励发展能源作物。"在 2007 年出台的《节约能源法》中第四十五条规定："国家鼓励开发和推广应用交通运输工具使用的清洁燃料、石油替代燃料。"在国家发改委 2007 年制定的《可再生能源中长期发展规划》中提出："要提高全社会的认识。全社会都要从战略和全局高度认识可再生能源的重要作用，国务院各有关部门和各级政府都要认真执行《可再生能源法》，制定相关配套政策和规章，制定可再生能源发展专项规划，明确发展目标，将可再生能源开发利用作为建设资源节约型、环境友好型社会的考核指标。"在原农业部制定的《农业生物质能产业发展规划（2007—2015 年）》中规定："要开展教育、宣传和培训工作。充分利用网络、电视、报纸、杂志等多种媒体，采取多种形式，广泛宣传加快农业生物质能开发利用的重要意义，宣传先进典型和成功经验，形成全社会关心、支持农业生物质能开发利用的良好氛围。"

在宣传的组织机构方面，在国家的一些政策规划中，也有所提及。例如国家发改委制定的《生物产业发展"十一五"规划》中规定："要加强组织领导，形成推进生物产业发展的合力。国家建立生物产业发展重大问题的协调机制，加强生物产业体制改革、产业发展、技术研究开发、生物安全监管等方面的有机衔接，形成推进生物产业发展的合力。设立国家生物产业发展专家咨询委员会，就生物产业发展重大问题提出咨询意见。依法组建中国生物产业协会和国家生物产业标准化专业技术委员会，开展市场调查、信息交流、标准制修订、行业自律、政策咨询等方面的工作，促进生物产业的健康发展。"在农业部制定的《农业生物质能产业发展规划（2007—2015 年）》中规定："加强领导，精心组织。成立以农业部领导为组长的农业部生物质能产业发展领导小组，成员由农业部内有关司局领导和专家组成，负责统筹规划、研究制定产业发展重大政策，审议重大行动方案，加强宏观指导。明确各成员单位职责，形成分工合理、密切配合、整体推进的工作格局。创新工作机制，整合现有资金、技术和人才等各种要素和资源，充分调动科研院所、地方政府、广大农民群众、社会企业等方面的积极性，共同推进生物质能产业的发展。"

对于普通民众或者消费者方面的宣传工作，国家和社会也做了一些努力。在国家发改委的网站上，以"生物质"作关键词，能够搜索出很多国家关于生物质能方面的国家政策、法律，以及全国各地关于生物质能的建设发展情况。另外，还有非政府组织设立的一些网站中，也有很多关于生物质能方面的信息。例如废油网、中国生物质能网等，也为社会民众提供了很多丰富的关于生物质能方面的知识，供人们查阅。

（2）加强生物质成型燃料宣传教育的对策建议

① 建立统一的第三方/管理机构　根据中国的实际情况，可以由国家发改委、国家能源局牵头，组建中国生物质能发展领导工作小组，负责生物质能在中国的发展规划，协调各职能部门在生物质能的宣传管理工作。在地方，设立同样的工作小组，负责执行国家生物质能发展领导小组制定的政策和管理本地区生物质能发展的具体工作。这样，可以使政府的办事效率得到极大的提高，能够及时有效地贯彻中央制定的关于生物质能各个方向的决策。对于加强地区的生物质能宣传与推广工作具有重要的意义。

② 选择适当的宣传形式和正确的受众对象　以网络宣传为主导、科普教育为重点，

以传统的广告、电视媒体宣传为辅助宣传工具，扩大在人民群众中的宣传。建议在国家能源局网站中，下设生物质能专题网站，或者改版中国生物质能网，由中国生物质能发展领导工作小组直接监管。发布生物质能的相关知识、国家法律政策、国内外最新科技成果、生物质能发展动态等信息，方便民众、生物质能相关企业查找相关信息资料，增强对生物质能的宣传效果。

③ 加强对生物质能相关工作、企业的投资力度，特别是要加强对生物质能教育事业的投资。一方面，在生物质能发展的初期阶段.只有国家加强对生物质能的扶持和投资，才能吸引更多的企业投资生物质能产业，推动生物质能的发展，进而推动生物质能在中国的宣传与推广。另一方面，加强对生物质能教育事业的投资，提高中小学生对生物质能的认识，提升国民素质，让他们积极支持中国生物质能的发展。

④ 积极推动生物质能专项立法工作，促进生物质能管理的规范化　加强生物质能专项立法，有利于使生物质能在中国的发展有法可依，促进国家对生物质能及其相关产业的管理与宣传。

⑤ 积极推动生物质能产品市场推广工作　生物质能最终的目的是要替代当前的石化能源，如果不把生物质能产品应用到实际生活、生产中去，那么对于生物质能各项宣传、扶持的努力都将白费，不能达到预期的宣传效果。建议与能源终端销售商沟通，通过财政补贴、税收优惠等财政政策。降低生物质能产品的市场价格，使其具有竞争优势，让生物质能产品及时销售到市场中运用，这是对生物质能最好、最有效的宣传方式。同时，要积极做好生物质能的示范利用工作，推动政府公车、城市公交车、出租车等公共交通工具利用生物质能产品，打消消费者对生物质能产品安全性的顾忌，增强其对生物质能的利用动机。

加强生物质能在社会的宣传教育工作，将有效推动生物质能在社会的推广和应用，对国家、社会、人民群众都是有积极影响作用的[21]。

## 参考文献


[1] 闫金定. 我国生物质能源发展现状与战略思考［J］. 林产化学与工业，2014，34（4）：151-158.

[2] 吴创之，周肇秋，阴秀丽，等. 我国生物质能源发展现状与思考［C］. 中国可再生能源学会第八次全国代表大会暨可再生能源发展战略论坛论文集. 2008：91-99.

[3] 国家可再生能源中心. 2016 中国可再生能源产业发展报告［M］. 北京：化学工业出版社，2016.

[4] 中华人民共和国国家发展改革委. 可再生能源发展“十三五”规划［发改能源（2016）2619 号］.

[5] 中国石油企业协会. 中国油气产业发展分析与展望报告蓝皮书（2018-2019）.

[6] 国家统计局. 2018 年国民经济和社会发展统计公报.

[7] 国家环境保护总局. 2016 年中国环境状况公报.

[8] 中共中央办公厅，国务院办公厅. 关于全面推进政务公开工作的意见（中办发〔2016〕8 号）.

[9] 2016 年中央一号文件（全文）. 中共中央国务院关于落实发展新理念加快农业现代化实现全面小康目标的若干意见.

[10] 贾敬敦，孙康泰，蒋大华，等. 我国生物质能源产业科技创新发展对策研究［J］. 中国农业科技导报，2014，16（1）：1-6.

[11] 生物质成型燃料在京遇冷，激起业界争鸣一片［N］. 中国能源报，2014.

[12] 贾敬敦，马龙隆，蒋丹平，等. 生物质能源产业科技创新发展战略［M］. 北京：化学工业出版社，2014.
[13] 李保谦. 生物质成型燃料技术的现在与未来，2014 中国（国际）生物质能源与生物质利用高峰论坛.
[14] 中国可持续能源项目. 中国生物质成型燃料产业化发展研究，2012.
[15] 中国可再生能源规模化发展项目办公室. 农林剩余物能源化利用技术及装备调研报告，2008.
[16] 刘石彩，蒋剑春，刘汉超，等. 农林废弃物制成型炭生产过程对环境的影响［J］. 林产化工通讯，2004，38（5）：23-26.
[17] 姚宗路，田宜水，孟海波，等. 木质类生物质粉碎机设计［J］. 农业工程学报. 2011（S1）.
[18] 中华人民共和国国家发展和改革委员会. 生物质能发展“十三五”规划，2016.
[19] 国家发改委. 可再生能源中长期发展规划农业生物质能产业发展规划（2007—2020 年）.
[20] 周凤翱，赵保庆，朱晓红，等，生物质能政策与法律问题研究［M］. 上海：上海科学技术出版社，2013.
[21] 中科院广州能源所. 中国固体成型燃料政策研究［R］，2012.

# 索　　引

## J



## K



## L



## M



## N



## P

**T**



**W**



**X**



**Y**

**Z**